青岛市科技发展战略研究报告（2016）

青岛市科学技术信息研究院　编著

中国海洋大学出版社
·青岛·

图书在版编目（CIP）数据

青岛市科技发展战略研究报告.2016/ 青岛市科学
技术信息研究院编著.—青岛：中国海洋大学出版社，
2017.8

ISBN 978-7-5670-1435-0

Ⅰ.①青… Ⅱ.①青… Ⅲ.①科技发展—发展战略—
研究报告—青岛—2016 Ⅳ.① G322.752.3

中国版本图书馆 CIP 数据核字（2017）第 124822 号

出版发行	中国海洋大学出版社
社　　址	青岛市香港东路 23 号
邮政编码	266071
出 版 人	杨立敏
网　　址	http://www.ouc-press.com
电子信箱	flyleap@sohu.com
订购电话	0532-82032573（传真）
责任编辑	由元春
电　　话	0532-85902495
印　　制	青岛圣合印刷有限公司
版　　次	2017 年 10 月第 1 版
印　　次	2017 年 10 月第 1 次印刷
成品尺寸	210 mm × 285 mm
印　　张	18.25
字　　数	566 千
印　　数	1—1000
定　　价	66.00 元

发现印装质量问题，请致电 0532-83025558，由印刷厂负责调换。

编辑委员会

主　　编　谭思明

副 主 编　于升峰　李汉清

统　　稿　崔洪章　牛海萍　李浩家

编　　委　（按姓氏笔画为序）

王　栋　　王云飞　　王志玲　　王春玲　　王春莉

王淑玲　　厉　娜　　朱延雄　　刘　瑾　　刘振宇

李汇简　　李浩家　　孙　琴　　肖　强　　吴　宁

何　欢　　宋福杰　　初　敏　　初志勇　　张卓群

尚　岩　　周文鹏　　房学祥　　赵　霞　　姜　静

秦洪花　　徐文亭　　蓝　洁　　燕光谱　　檀　壮

前言

    为贯彻落实中央、省市关于创新驱动发展战略的部署要求,更好地为青岛市科技、经济和社会发展提供咨询服务,在青岛市科技局的领导和支持下,青岛市科学技术信息研究院(青岛市科技发展战略研究院)围绕"科技体制改革""创新创业与服务""高新技术产业和战略性新兴产业""海洋科技""民生科技"等方面开展了战略研究,探索了"十三五"科技创新发展、科技体制机制改革、科技成果转化和孵化、企业技术创新、海洋科技创新、创新资源集聚和民生科技等重大战略问题的发展路径,提出了解决问题的对策措施及建议。

    本书是该院科研人员2016年的研究成果,内容翔实,论据充分,分析透彻,建议可行。部分报告得到了青岛市有关领导的肯定,有些建议被相关政府部门采纳并进入决策程序,充分发挥了战略咨询研究机构为领导科学决策提供智力支撑的作用。

    本书可以为各级领导和政府部门提供决策参考,也可以为企业和研发机构了解产业技术发展现状、加强国内外合作、提高创新能力提供参考。在本书的编写过程中,得到了有关领导、专家学者的热情帮助和支持,在此表示衷心的感谢!因编者水平有限,书中难免有不妥之处,欢迎读者批评指正。

编　者

2017 年 2 月

目录

科技体制改革

创新创业与服务

高新技术产业和战略性新兴产业

海洋科技

民生科技

科技体制改革

国内外科技计划项目管理专业机构建设的经验与启示

建设科技计划项目管理专业机构是国家科技计划管理改革的重要内容。近年来,随着创新驱动发展战略的实施,从国家到地方财政科技计划项目投入都呈现出快速增长的势头。随着科技项目资金的不断加大和投入方式方向的转变,科技项目管理的复杂性和难度也随之增加,以往政府直接管理项目的模式已无法满足科技创新的要求。为了充分提高科技经费的使用效率,亟须借鉴发达国家的成功经验,引入专业化的科技计划项目第三方管理机构,2016 年国家出台的《中央财政科技计划(专项、基金等)项目管理专业机构管理暂行规定》,明确了专业机构的定位、职责、遴选委托、运行和监督评估等事项,并开展了专业机构遴选试点工作。广东、四川等省近些年也在积极探索培育专业的项目管理机构参与科技项目管理工作。学习借鉴国内外科技计划项目管理专业机构建设经验,对于加快推进青岛市科技体制机制改革具有重要意义。

一、国外科技计划项目管理专业机构的建设

(一)国外科技计划项目管理专业机构的设置类型

各国科技计划项目管理专业机构的设置主要与该国的科技管理体制有关。根据专业管理机构设置的不同层次,可以将专业科技项目管理机构分为 3 种模式:第一类是中央政府直接授权和监管且独立的国家专业管理机构,如美国国家科学基金会、德国科学基金会等,主要支持自由探索的基础科学研究。第二类是挂靠政府部门且独立运行的政府内部的二级机构,这类机构又分为两种,一种是自身不搞研究,独立地管理特定的科技项目的机构,如美国国防部的 DARPA、日本科学技术振兴机构;一种是兼具研究与资助功能的专业机构,如美国国立卫生研究院。第三类是非盈利的社会化专业管理机构,如德国航空航天中心项目管理机构,这一类中主要包括依托大型科研机构、产业协会和著名专业咨询公司建的项目管理机构。目前美国、英国主要以第一类和第二类为主,法国以第一类为主,日本、韩国主要以第二类为主,德国以第一类和第三类为主。而中国除了第一类的国家自然科学基金委,其他基本属于由政府部门直接管理(部分事务性工作交由下属事业单位完成)的模式。下面重点介绍德国在专业化科技项目管理机构建设方面的具体做法。

（二）德国科技项目管理机构建设的经验

1. 德国科技项目管理机构的发展历程

德国政府部门依托专业科技项目管理机构管理科技项目经历了一个不断完善的发展过程。20 世纪 70 年代初德国的项目资金数量激增，单是联邦政府对企业的资助资金，就从 1970 年的 15 亿马克，增加到 1973 年的 23 亿马克，仅靠政府本身来管理好这么庞大的资金已经感到力不从心，迫切需要借助外部力量的协助。因此，从 1974 年开始德国联邦研究和技术部开始启用项目管理机构，来协助政府完成一些事务性的工作。这些项目管理机构主要设在一些由联邦政府资助的国家研究中心，像德国电子同步加速器研究所（DESY）、德国宇航研究中心（DLR）、于利希研究中心（PZJ）、卡尔斯鲁厄研究所（KIT）均建有专业化项目管理机构。从 1995 年起，联邦教研部陆续向一批项目管理办公室授权。被授权单位不仅为教研部科技项目的资助决定做前期准备工作，而且在一定的业务范围内和政府部门协商后有权自主决定资金下拨。2010 年后，德国科技计划管理面向全社会公开，一些协会、公司甚至个人都可以参加联邦教研部等部委组织的项目管理招标，中标者可以代管政府部门的科技计划。目前，德国已形成了由 10 多个专业化项目管理机构组成、拥有 3 000 多名管理人员的科技项目管理体系。

表 1 简要梳理了其中有代表性的 11 家项目管理机构，包括 4 家依托德国大研究机构建立的项目管理中心、4 个咨询公司和 3 个依托产业协会建立的项目管理机构的名称、成立时间、员工数、专业领域和业务范围。

表 1　德国主要专业化项目管理机构一览表

名　称	成立时间	员工数 （2013 年年底）	参与管理的总经费（欧元， 2013 年）	专业领域与业务范围
（一）依托大科研机构建立的项目管理中心				
德国宇航研究院项目管理中心 （PT-DLR）	1974	900	约 10 亿	信息、环保、文物保护、健康
于利希项目管理中心（PtJ）	1974	819	约 14.2 亿	生命科学和生物技术、能源、材料技术、可持续和气候保护、地球系统、航运和海洋技术等
卡斯鲁厄研究中心（PTKA）	1975	25	约 1.5 亿	先进制造、水处理技术
德国电子同步加速器中心 （PT-DESY）	1974	40	约 1.92 亿	利用大型装备的基础研究项目，如基本粒子、航天粒子、浓缩物质等
（二）咨询公司性质的项目管理机构				
VDE 技术中心有限公司	1975	200	约 3 亿	电气工程、纳米材料、光电、医学技术、新能源、公共安全
VDI/VDE 创新＋技术有限公司	1978	310	约 3 000 万	纳米材料、光电技术
德国莱茵 TUV 公司	1993	30	历年累计 7.5 亿	运输和交通技术
欧洲标准有限公司	1994	70	累计 25 000 课题	融资业务和技术管理、市场、技术趋势
（三）依托产业协会建立的项目管理机构				
可再生原材料专业协会（FNR）	1998	83	6 000 万	可再生资源
德国联邦工业合作研究会（AiF）项目有限公司	1990	110	与 Ptj 等共同负责联邦经济部中小企业核心创新计划（ZIM），ZIM 年总经费 5 亿	光电、材料、生命、信息技术、中小企业创新
设施和反应堆安全协会有限公司 （GRS）	1977	450	5 700 万	核反应堆安全、化学废物安全处理、辐射安全、地热信息系统

2. 政府部门科技项目的委托管理机制

在德国,联邦教研部不直接管项目,委托项目管理机构具体负责科技计划项目管理,项目管理机构和政府的决策部门有紧密联系,但两者的工作层次划分得很清楚。

项目管理机构不是一个独立机构,一般挂靠在国家大科学研究中心、大研究院所或专业技术社团实体(如德国工程师协会)等非盈利的单位,人员编制属于大科学研究中心等单位,但独立开展工作。这样有两个好处:其一,利用现成的人事、财务管理以及基础设施,有利于规范化管理,节省人员和开支;其二,教研部等政府部门委托管理的项目随时会有增减变化,但被聘任的项目管理人员可以相对保持稳定。

教研部采用招标方式确定在哪里设置项目办并和依托单位签订委托合同以确定相互之间的法律关系。以于利希研究中心为例,1974年到2011年初,于利希研究中心等机构依据无限期的项目管理框架协议承担德国教研部(BMBF)委托的科技项目管理任务。2011年2月BMBF终止了项目管理框架协议,所有科研计划一律采用竞争择优方式选择项目管理单位,并签署有期限的项目管理任务合同。合同甲方为教研部(部内由专业处、财务处、人事处等有关处室协调),乙方为要建项目办的依托单位。合同详细规定了被聘项目管理人员的编制人数、应承担的管理和办公费用(占所管理科研经费的5%~15%)。合同根据项目期限一般从两年到四年重签一次。

3. 科技项目管理机构的主要任务

项目管理机构主要负责组织实施政府科技资助计划,管理科技项目,具体工作包括:① 针对不同的需求者提供有关科技计划的专业咨询;② 负责预备项目的遴选,完成遴选清单并提交委托部门(部分项目管理机构有权就一些资助计划自主决定遴选结果);③ 监督项目实施进展;④ 评审项目成果及转移转化效果。联邦部门通过建立统一、集中的科技项目资助信息管理系统来掌握科技计划的进展、经费的流动、科技项目现状等信息,以及监督项目管理机构的工作。项目管理机构同时也定期向委托部门汇报任务完成情况。

除组织实施科技计划外,项目管理机构还承担了政府部门委托的其他业务,例如提供科技政策咨询、协助制定科技资助计划、组织交流研讨会、推进国际合作、传播知识等任务。

4. 科技项目管理机构的组建和质量控制

项目管理机构是具有广泛科技专业、财务预算、经济管理、行政管理能力的科技管理机构,其工作人员具有很宽的专业背景和项目管理、市场运作经验。它按照有关预算和行政的法规,特别是受政府部门的委托和指示,以在竞争中保持中立为条件进行工作。

专业科技项目管理机构在组织机构和人员素质上都必须具有较高水准,以"于利希项目管理中心"为例,2013年底,该中心共有819名工作人员,其中394名为具有科技背景的管理人员,主要负责提供专业咨询、评估项目申请、评价项目进展情况;经营管理类的人员245名,主要负责评价项目申请的经费计划、管理资助项目的经费使用情况;日常办事人员180名,负责保证科研计划按既定的时间和任务节点推进落实。图1是于利希项目管理中心的构架图。

项目管理机构的中心工作是审定项目资助。为了不断提高工作效率,完善质量标准,于利希项目管理中心2004年引入质量管理体系,2005年通过DINEN ISO 9001认证。项目资助工作是按照统一的规则进行的,每一个具体管理步骤都在操作过程手册中有说明,每位工作人员都必须按照手册的规定进行管理。其中的关键数据体系确保了申报处理时间、申报咨询服务等核心流程的管理质量水平。通过对某些指标和某段工作时间流程的比较,可以客观了解现实的管理质量水平,并在此基础上明确进一步提高质量的重点措施。另外,于利希项目管理中心还定期在任务委托部门和项目承担单位以及该中心工作人员中开展问卷调查。有关结果也转化为不断提高管理质量水平的具体措施,以不断提高管理服务的理解和认可度。

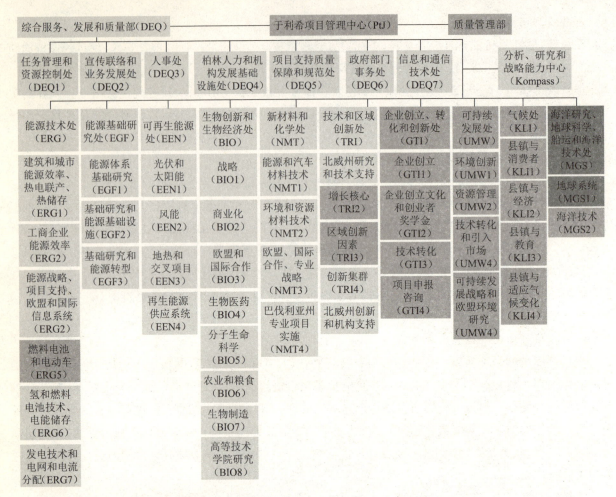

图 1　于利希项目管理中心构架图（2014 年 8 月）

二、我国科技计划和科技项目管理改革政策

为了适应新形势的要求，2014 年国务院出台了《关于深化中央财政科技计划（专项、基金等）管理改革的方案》（国发［2014］64 号），方案要求建立一个决策平台、三个管理支柱。一个决策平台指的是科技部牵头，财政部和发展改革委等部门参加的部际联席会议制度，其职责主要是制定科技规划与重点攻关方向，引导政府部门将重心放到宏观管理层面，重点管规划、管协调、管监督、管绩效。三个管理支柱主要包括以下几方面：一是建立战略咨询与综合评审委员会，主要负责为联席会议提供决策参考，对建设项目评审专家库、规范项目评审提出意见和建议，提供科技发展攻关的战略咨询；二是建立专业化的科技项目管理机构，其内部不仅要设置理事会、监事会，还要有一整套的制度化设计；三是建立一套科技计划与科技项目监管系统，从而实现政府部门的有效监督管理。另外，还要建立一个全国联网的科技信息管理系统，实现科技项目信息的公开化、透明化。

2016 年 2 月，国家重点研发计划正式启动实施。该计划实行跨部门协作、充分论证，共有 50 多个部门、20 多个行业协会及相关地方参与各个实施方案的整体规划，形成了 59 个重点专项的总体布局和优先启动 36 个重点专项。项目采取从基础前沿到应用示范的全链条设计和一体化实施，项目的日常管理工作，由第三方的专业机构负责，包括申报受理、评审立项、检查验收等。为此，科技部、财政部出台了《中央财政科技计划（专项、基金等）项目管理专业机构管理暂行规定》，《规定》明确了专业机构的定位、职责、遴选委托、运行和监督评估等事项，明确了专业机构推荐和申请的基本程序，并从组织结构、治理结构、管理制度、管理能力、管理条件、社会信誉六个方面细化了专业机构的标准。

首批遴选确定的7家专业机构(科技部中国农村技术开发中心、中国生物技术发展中心、中国21世纪议程管理中心、高技术研究发展中心,以及农业部科技发展中心、工业和信息化部产业发展促进中心、国家卫生计生委医药卫生科技发展研究中心),之前均有管理科技项目的经验。以高技术研究发展中心为例,为做好重点专项管理工作,科技部与高技术中心签署了重点专项管理任务委托协议书,确定了专项管理工作方案,明确要求按照重点专项"全链条设计,一体化实施"的总体思路,借鉴国外科技项目管理的成功经验,构建科学、规范、高效、廉洁的专项管理体系、管理机制和管理流程,从加强目标管理、发挥专家作用、竞争择优支持、分类管理评价、实施动态管理、强化服务意识等方面对重点专项实施管理。

三、国内部分省市的改革进展

(一)广东省

目前,广东的科技计划项目主要由省科技厅管理,将部分事务性工作,如项目评审等,以工作任务的方式委托下属事业单位承担。广东省人民政府办公厅于2014年7月发布了《关于印发政府向社会力量购买服务暂行办法的通知》(粤府办〔2014〕33号),指出"政府履职所需辅助性事务等事项,原则上通过政府向社会力量购买服务的方式,逐步转由社会力量承担"。按照这一要求,广东省科学技术厅制订了《广东省省级科技计划项目管理服务机构资格(首批)招标方案》并指出,要面向社会公开招标,从符合一定资格的机构中选择了11家承担单位(广东省技术经济研究发展中心、广东省科技创新监测研究中心、广东省科技合作研究促进中心、广东省科技基础条件平台中心、广东省科技人才服务中心、广东省科学技术情报研究所、广东科学中心、广东省生产力促进中心、广州生产力促进中心、广州市国际工程咨询公司、广州市信佰信息技术咨询有限公司,其中前9家是广东省科技厅和广州市科技局下属事业单位,后两家为咨询公司),以委托购买包括项目管理制度建设前期研究及效果评价、项目指南调研与编制辅助服务、项目立项评审服务、项目过程监理服务、项目结题验收服务、项目绩效评价服务、项目管理信息化平台和项目档案管理支撑服务等在内的科技项目管理相关服务,并按省科技专项资金投入资金的1%~2%作为预算科技项目管理经费。

(二)重庆市

重庆市于2005年成立了科技计划项目管理服务中心,率先开展了委托专业机构管理项目的尝试。

一是在业务经营上,将行政事务与专业管理相结合。中心精心打造项目管理、科技评估、科技统计和发展战略研究四大核心业务。在项目管理上,起初仅涉及项目受理,后发展到涉及项目立项评审、预算评审、中期检查和绩效考评等项目管理的诸多环节,将科技计划管理从单一的行政化管理转变为行政、专业相合的管理模式。

二是在项目管理系统建设上,实现信息化、智能化、客观公平的管理过程。中心建成了完善的网上项目申报和查询系统,从功能上实现了所有市级科技计划项目的在线申报、系统自动形式审查、账号分级管理以及项目的远程专家评审等;建立了信用信息记录系统,确立了信用信息采集点;建设了重庆市科技咨询专家库,不仅为市科委的立项评审、预算评审以及中期检查提供了客观公正的评价结果,而且为广大科研人员提供了规范和专业的服务。

三是在制度建设上,提供了专业化的评价、预算经费监管体制。针对中期检查,中心设计了一套工作流程和评价指标;针对预算评审,制定了专门的经费监管工作体系和财务考评规范;针对信用体系建设,制定了相关管理办法。

四、对青岛的启示和建议

青岛市最新出台的《关于深入推进科技创新发展的意见》中提出,要从对具体项目、具体企业的支持,转变为对创新过程的全链条设计和一体化实施。逐步将项目立项、绩效评估、科技奖励、管理验收等职能转移给第三方专业机构。围绕十大科技创新中心建设,把科技项目立项权和资金分配权下放给产业技术创新战略联盟或产业技术研究院等平台组织,按照"成熟一个启动一个"的原则开展试点。这一改革措施为青岛市加快科技计划管理改革和科技计划项目管理专业机构建设提出了明确的要求。为了能够更好地落实该项政策,提出如下建议:

一是加快政府职能转变。要从政府职能转变入手,对科技管理体制机制进行全流程再造,政府部门要从科技项目管理的烦琐事务中解脱出来,加强政府宏观的管理能力,将目光聚焦于宏观指导、规划布局、政策制定、监督检查,在科技发展战略、规划、政策、布局、评估、监管等方面进一步强化或完善政府职能。成立青岛科技计划战略咨询与综合评审委员会,对科技发展战略规划、科技计划布局、重点专项设置和任务分解、项目评审规则、科技项目评审专家库、规范专业机构的项目评审等提出咨询意见和建议。

二是出台青岛市科技计划项目管理专业机构管理办法。从制度上规范青岛市科技项目管理专业机构建设,明确专业机构的主要职责任务和运行规范、专业机构推荐和申请的基本程序、专业机构改建与任务委托环节的关键步骤,对专业机构的内部管理和监督评估等。

三是开展科技计划项目管理专业机构遴选工作。可以采取向社会公开招标、政府购买服务的方式,开展培育专业机构从事科技计划项目管理的相关工作。在对各部门现有符合条件的科技管理类事业单位进行改造的同时,重点围绕十大科技创新中心建设,委托组织结构、治理结构、管理制度、管理能力、管理条件、社会信誉等方面符合要求的产业技术创新战略联盟或产业技术研究院等平台组织,按照十大科技创新中心确定的建设任务,开展科技项目管理试点工作,成熟一个启动一个。

四是建立评估监管和动态调整机制。要强化对科技项目管理专业机构监督工作,监督和评估主要采取日常检查、专项检查、专项审计以及绩效评估评价等方式。在监督评估的基础上,建立有进有出的动态调整机制,对不符合要求的专业机构进行调整。

五是建立科技项目信息管理系统。建立青岛科技管理信息系统和报告系统,促进计划管理工作规范公开,接受社会监督,对财政科技计划、指南发布、项目申报、立项和预算安排、科技计划的进展、经费的流动、科技项目现状、验收结题等全过程进行信息管理,并对项目管理机构的工作进行监督。

六是制定扶持科技项目管理专业机构发展相关政策。建立健全有利于科技项目管理专业机构健康发展的组织制度、运行机制和政策法规环境,要给予项目管理工作经费保障。目前,广东科技计划项目管理工作经费比例较低,不足 1%;而德国的项目管理费占所管理科研经费的 5%～15%;美国科技计划项目管理费用比例也达 5% 以上(如美国国家科学基金会)。建议从科技项目经费中按一定比例划拨管理经费,给予科技项目管理机构工作的开展以稳定的经费支持。

参考文献

[1] 葛春雷,裴瑞敏. 德国科技计划管理机制与组织模式研究[J]. 科研管理,2015,36(6):128–136.

[2] 胡光. 德国的科技项目管理队伍[J]. 全球科技经济瞭望,2005,(10):27–31.

[3] 赵清华. 德国的专业化科研项目管理机构——以"于利希项目管理中心"为例[J]. 全球科技经济瞭望,2015,30(10):35–40.

编　写:王淑玲

审　稿:谭思明　李汉清

美国科技成果转化制度体系建设的成功经验及启示

美国作为当今世界上科学技术最先进的国家,在科技成果转化方面取得了丰硕的成果,这与其完善的科技成果转化体系是分不开的。科技成果的转化需要一个支撑的制度体系,总的来说,美国科技成果转化的制度体系包含四方面的内容:首先法律是科技成果转化支撑体系的基石,其次科技中介机构是支撑科技成果转化的桥梁,再次稳定的资金投入是保障,最后完善的人才政策是该支撑体系的催化剂。美国在科技成果转化方面的成功正是这个制度体系中多方面共同努力的结果。

一、美国科技成果转化制度体系的主要经验

(一)美国促进科技成果转化的法律在科研成果产权明晰、成果转化、收益分配等方面发挥了巨大的作用

(1)科技成果产权明晰,激励作用凸显。1980年出台的《拜杜法案》理顺了发明的产权归属问题,允许小企业、大学和非营利机构拥有联邦政府资助的发明的所有权,可申请专利,并通过科研成果转化而商业化。

(2)完善成果转化收入分配制度,提高科研人员积极性。《联邦技术转移法》明确指出专利权的使用费收入不再交给国库而归各实验室所有。发明人有权分享专利授权许可的收入,发明人的个人所得占技术转让总收入的比例约为15%。

(3)明确技术转移为联邦政府的一项职责。1980年通过的《史蒂文森-怀德勒技术创新法》明确了政府机构在联邦实验室技术成果转化中的责任,规定拥有联邦政府实验室的各部门对国家投入的R&D成果的转化负有责任,并要求各联邦实验室成立专门的技术转移服务职能机构负责下属实验室科研及成果转化。

(4)支持企业技术创新。美国政府颁布了《小企业创新发展法》等支持中小企业技术创新的法律,创设了"小企业创新发展研究计划",该计划要求联邦政府机构要为小企业科研提供资金支持,满足了小企业创新的资金需求;还建立了"小企业技术转移计划",资助小型企业与大学、联邦资助研发中心或非盈利研究机构共同参与合作研发项目。

(5)鼓励大学、科研机构和企业的合作。《拜杜法案》、《12591号总统令》、《小企业研发加强法》等明确规定,促进企业与大学等非营利组织间的合作。

（二）组织严密、分工明确的中介服务体系在美国的科技成果转化中发挥了巨大的作用

（1）非营利性科技中介机构占据主体地位。无论是国家设立的还是民间设立的技术转移中心，它们都属于非营利性的，保证了这些机构以提供科技成果转化的专业服务为宗旨，不追求经济利益，不参与商业竞争，真正做到免费提供服务，为促进国家科技成果转化起到了保驾护航的作用。

（2）美国的科技中介机构能提供非常专业和全面的服务，几乎涵盖了搭建信息平台、风险投资、知识产权服务等科技成果转化过程中的所有环节，保证了科技成果的所有者和需求者在进行科技成果转化时可以得到专业而有效的服务。

（三）美国科技成果转化的成功很大程度上得益于完善的科技成果转化投资机制

美国的科技成果转化除了稳定持续的科研投入及各种科技成果转化专项基金为其提供支持外，美国众多的风险投资公司、纳斯达克市场及完善的金融服务体系也是成果转化必不可少的资金来源。

（四）美国的各种高层次人才培养计划及激励政策保障了科技成果转化体系的良性运转

科技成果转化需要全社会的共同努力，美国非常重视对科技人才的培养，同时对科研人员的研究工作给予鼓励，对失败者宽容并继续给予资金支持，同时设立各种奖项，激励科研人员及科技中介人员和机构进行科技成果转化，给科技成果转化提供了良好氛围。

二、启示与建议

基于美国科技成果转化制度体系的成功经验，建议青岛市应在以下几个方面加以强化，努力推动科技成果的转化应用。

（一）进一步明确政府职能，营造有利于科技成果转化的政策环境

贯彻落实《中华人民共和国促进科技成果转化法》、《实施〈中华人民共和国促进科技成果转化法〉若干规定》、《国务院办公厅关于印发促进科技成果转移转化行动方案的通知》及相关政策措施，进一步完善青岛市科技成果转移转化的政策体系。

（1）加快开展促进科技成果转化政策创新和试点工作，在推动科技成果使用权、处置权和收益分配权改革的基础上，探索职务科技成果权属混合所有制改革，将科技成果转化纳入对高校、科研机构的绩效考核体系，激发科技成果转移转化的积极性；改革科研经费的管理和使用方式，横向项目合同经认定为技术转让和技术开发合同后，与纵向项目同等管理标准。

（2）建设重点科技成果发布与企业技术需求对接、重大成果转化示范项目等平台。按照科技成果所属产业分类、技术成熟度、成果形式、成果所处阶段，梳理出已转化、近期可转化、远期可转化成果，编制工作清单台账，加快科技成果转化。

（二）提升科技成果转化服务能力

（1）构建区域性科技成果转移转化网络。打造线上与线下相结合的技术交易网络平台，开展市场化运作，坚持开放共享的运营理念，支持各类服务机构提供信息发布、融资并购、公开挂牌、竞价拍卖、咨询辅导等专业化服务，引导高校、科研院所、国有企业的科技成果挂牌交易与公示。

（2）加强科技成果转化服务机构能力建设。支持有实力的企业、产业技术创新联盟、工程技术（研究）中心等面向市场开展中试和技术熟化等转化服务。鼓励成果转化服务机构拓宽服务领域，建立健全专业服务标准体系，鼓励高校科研院所申请设立市场化的技术转移机构、知识产权交易机构和科技成果评价机构，引导成果转化服务机构向规范化、专业化、网络化发展，积极推进科技成果转化。

（3）实施科技服务机构引进培育行动。积极引进知名知识产权服务机构，探索建立"专利银行"，开展专利收储、培育、布局和运营转化；引进培育一批第三方检验检测认证机构，支持构建一批重点领域的认证公共服务平台,打造具有国内一流水平的检验检测平台,提升科技服务机构对科技成果转化的支撑和支持能力。

(三)加强科技成果转化人才队伍建设

(1)推进"青岛人才特区"延伸政策正式落地,率先试行海外人才技术移民制度,简化国际高端科研人才引进审批流程,引进、培养科技创业类领军人才,放宽科技人员因公出国审批管理,畅通科技人员双向流动渠道。

(2)建立科技成果转化中介服务队伍,推动有条件的高校设立科技成果转化相关课程,鼓励和规范高校、科研院所、企业中符合条件的科技人员从事技术转移工作,引进和培养具有专业技能和管理经验的技术经纪人和团队,鼓励高校院所对从事基础和前沿技术研究、应用研究、成果推广等不同活动的人员建立分类评价制度。

(3)鼓励行业领军企业及产业技术联盟实施人才战略,支持通过举办高端学术会议、短期培训、创业大赛等活动,吸引各类人才入区开展创新创业活动。构建"互联网+"创新创业人才服务平台,提供科技咨询、人才计划、科技人才活动、教育培训等公共服务,实现人才与人才、人才与企业、人才与资本之间的互动和跨界协作。

(4)充分发挥专家智库在科技成果转移转化过程中的决策咨询作用,对科技成果的技术评价、商务评价等重大问题进行咨询、研究、论证和评估,集中各方智慧,指导和支撑科技成果的转移转化。

(四)强化科技金融支撑

(1)鼓励各类金融机构设立科技支行、科技金融事业部或区域分部,加强差异化信贷管理,提高科技信贷不良贷款容忍率,将银行机构支持科技创新情况纳入宏观审慎评估体系。

(2)强化货币信贷政策引导,匹配与科技信贷投放相适应的再贷款额度。发挥担保、保险等机构作用,不断创新信贷风险补偿金池、投贷联动、知识产权质押、专利保险等业务模式,打造覆盖创新企业全生命周期的科技金融服务体系,分散和化解高新技术产品研发、成果转化及企业创业的风险。

(3)扩大财政引导基金规模,健全智库基金、专利运营基金、成果转化基金、孵化基金、天使投资基金、产业投资基金等股权投资体系,分阶段、针对性地发挥基金的杠杆作用,引导信贷资金、创业投资资金以及各类社会资金的加大投入。设立贷投联动引导资金,推动创投机构与商业银行合作,为科技型中小企业提供股权和债券相结合的融资服务。

(4)采取降低风险投资税率、给予补助等多种措施鼓励风险投资。建立健全科技金融风险补偿机制。对政府引导资金参股的创投、天使等各类基金,按照社会资本在其中的持股比例享受风险补贴。设立科技金融服务中心,汇聚各类科技金融专营机构,为企业提供投融资服务。

🪐 参考文献

[1] 孙元花. 美国科技成果转化的成功经验及其启示研究[J]. 淮海工学院学报,2011(2):17-19.

[2] 中国广播网. 科技成果转化率不足5%,需提高全民族科学素养 [EB/OL].(2011-09-30)http://www.chinanews.com-cj/2011/09-30/3365935.shtml

[3] 李行,白丽,徐慧磊,等. 国内外科技成果转化典型模式比较及政策启示[C]// 低碳经济与科学发展——吉林省第六届科学技术学术年会论文集. 吉林省科学技术协会:2010:654-656.

编　写:孙　琴

审　稿:谭思明　李汉清　刘　瑾

对山东半岛国家自主创新示范区建设的建议

一、美国制造业创新中心建设进展

（一）战略布局

为促进美国制造业科技创新和成果转化，2012年3月，美国奥巴马政府宣布启动国家制造业创新网络（简称 NNMI, National Network Manufacturing Innovation）计划，计划由联邦政府出资10亿美元，建设15个区域性制造业创新研究所（简称 IMIs, 以德国弗劳恩霍夫研究所为蓝本）作为区域制造业创新中心，建立起全国性的制造业领域的政产学研协同创新网络，从而重新确立美国制造业在全球的领导地位。

经过4年的发展，美国制造业创新网络计划已初见成效。2016年2月，美国国会发布《国家制造创新网络计划年度报告》及《国家制造创新网络战略计划》显示：目前已建成7家制造业创新中心，分别由国防部和能源部支持建设。其中，增材制造、数字化制造、轻量合金、集成光子、柔性电子等5家中心由国防部支持，电子电力器件、复合材料领域两家中心由能源部支持。2016年4月1日，美国防部宣布成立研发革命性纤维和纺织品创新中心，NNMI 计划制造业创新中心数量达到8家。

（二）运行机制

1. 组织结构——产学研用联合，共建创新综合体

美国制造业创新中心通过国防部（DOD）和能源部（DOE）开放竞争程序招标遴选，经过跨部门技术专家审查后公布中标团队的程序建立。根据规定，各创新中心由一个美国本土的、独立的、具有相当影响力的非营利机构牵头，该机构需要有能力组织产业技术研究和人力分配以及进行基础设施布局。成员涵盖政府、企业、研究型大学、社区学院、非营利机构等产学研用各方，以董事会的形式进行管理。创新中心的主要职能包括：① 进行先进制造领域新技术的应用研究、发展和示范，从而降低这些技术发展和推广的成本和风险；② 在各层面开展教育和培训工作；③ 发展创新的手段方法，以提高供应链的整合能力和扩大整个供应链的容量；④ 鼓励中小型企业的参与；⑤ 共享基础设施。

以美国制造（America Makes）为例，由国防部牵头组建成立，国防制造与加工中心负责运行管理，成员包括波音、洛克希德·马丁、诺斯罗普·格鲁门、雷神、通用动力、通用电气、穆格、3D 系统公司、Stratasys 公司、ExOne 公司、Sciaky 公司、美铝、PTC 等企业，以及政府机构、高校院所和商业组织。主要承担以下四项任务：① 解决增材制造技术的工程化难题，降低商业化风险和成本；② 探索一条高效、可持续的"创新-商业化-生产"发展途径；③ 鼓励中小企业在制造上实施创新，并且鼓励它们在生产中应用新技术；

④ 培育先进制造技术人才，提高工人技能水平。

2. 资助模式——多元化构成，逐步自负盈亏

美国制造业创新中心采用的资助模式都是公私合营模式（即 PPP, Public-Private Partnership），在项目启动的 5～7 年间，各创新中心将获得联邦政府 7 000 万～1.2 亿美元不等的资金，然后企业、院所、地方政府等非联邦成员按照 1:1 比例的配比投资，总资本一共为 1.4 亿～2.4 亿美元。在设立的前 3 年，联邦政府资金按照设备、基础项目资助和启动资金的类别投入；第 4 年以后联邦政府会取消启动资金投入，并开始增加竞争项目资助；第 5 年及以后取消设备投入，并以基础资助和竞争项目资助方式投入。随着运转成熟，制造业创新中心可通过收取会员费、收费服务活动、知识产权使用许可、合同研究或产品试制等多种灵活的方式实现财务独立，并逐步实现自负盈亏。

如美国制造（America Makes）就根据每年缴纳会费的不同，将会员分为铂金卡、金卡、银卡三种类别，每年分别需要缴纳 20 万美元、5 万美元、1.5 万美元会费，享受不同的权益。铂金卡会员享有一切权益；金卡会员不享受服务器加速包的权益，如需要战略咨询等服务需缴纳一定费用；银卡会员除享受使用新的研发基金、共享数据资源、知识产权保护、项目调用、共享研究报告、参加研讨会以及培训折扣等基础服务之外，需要付费进行战略咨询，并且不享有参与制定技术路线图、获得治理委员会席位、研发设施的使用权、服务器加速包等相关权益。

3. 项目运营——分批启动，公开招标

作为首家建立的制造创新中心，美国制造（America Makes）已经启动三批共 31 个应用研究项目和 5 个特别主题项目。其中，国防工业牵头承担 9 项，参与了至少 12 项；大学牵头承担了 19 项；其他增材制造厂商以及非营利机构牵头 8 项。项目的设置依照中心制定的技术路线图，从设计、材料、工艺、供应链和增材制造基因组 5 个领域，促进美国增材制造工业基础与创新能力提升。

项目申报在细分领域采取公开招标模式开展，项目招标周期大致为 6～9 个月。项目评选主要依据评分标准和分值区间对项目申报书进行打分，评分标准更加关注关键技术开发、应用和示范，同时强调项目对美国制造业竞争力提升的作用以及中小型制造业企业能否从中受益。项目评审组会将针对问题阐述、研究方法、创新性、项目管理计划、团队资质、成本费用等方面对申报书进行打分。

4. 协调与评估——建立协调机制，发布年度报告

根据复兴美国制造业创新法案（RAMI），美国商务部通过下属的国家标准技术研究所（NIST）建立了 NNMI 的执行和监督团队，先进制造国家项目办公室（AMNPO）负责协调管理，执行下述任务：① 监督 NNMI 计划的规划，管理和协调。② 依据联邦部门和机构的谅解备忘录，执行 NNMI 计划目标。③ 建立协调 NNMI 计划的活动所需的程序、流程、标准，以促进与其他联邦部门和机构最大限度地合作。④ 建立有关 NNMI 计划活动的公共信息交流中心（clearinghouse）。⑤ 担当网络计划的召集人（根据 NNMI 计划，商务部部长是为制造创新网络召集人）。⑥ 更新战略计划——不得少于每 3 年一次，以指导 NNMI 计划。⑦ 扩展霍林斯制造业扩展伙伴关系（MEP）到 NNMI 方案规划，以确保 NNMI 计划涵盖中小企业。

此外，作为 NNMI 计划的有机组成部分，计划还要求评估和汇报，定期发布《国家制造创新网络战略计划》与《国家制造创新网络计划年度报告》。2016 年 2 月 19 日，美国国会发布最新的战略规划和年度报告，介绍了该计划的历史和已成立的各制造创新中心的最新进展。未来的报告将包括对计划活动的年度财年审查、三年一度审查，以及战略计划的更新等。

（三）推进举措

1. 制定技术路线图

创新中心进入实质运行后，将通过制定技术路线图，凝聚产业学研用各方共识，描绘领域发展路径，并以此作为中心发布项目指南的重要依据。以美国制造（America makes）为例，2015 年 2 月，美国制造正

式发布公开版的"美国增材制造技术新版路线图"（图2），明确了设计、材料、工艺、价值链和增材制造基因组5个技术焦点领域，同时在每个技术焦点领域下分别划分了子方向，并按照其技术成熟度分别对每个领域2014～2020年的发展重点进行了详细规划。美国制造已经启动三批项目招标中的项目基本依照这份技术路线图设置。

2. 培育中小企业

NNMI十分注重中小企业在项目申报、实施中的参与与收益，要求各创新中心与中小企业取得实质性的关联，同时和服务于中小企业的中介机构、中心和网络一起合作。比如，在数字化制造与设计创新中心2015年年初公开招标的工厂基础设施网络安全评估项目的招标意向书中，明确要求项目的成功实施必须要有至少一家中小型制造企业和网络安全技术提供商参与合作。中小企业参与进来后，NNMI还会为其提供充足的资金用于开展科技创新活动，提供大型试验设备用于攻克关键技术，提供包括K-12课程、实习机会、技能鉴定、与社区学院和大学的合作、硕博研究生培训等机会，评估其所需的技能和证书，帮助中小企业快速成长以便能够迅速拓展市场。

3. 重视知识产权保护

NNMI将知识产权保护作为一项重要建设内容。美国一向注重对知识产权的保护，国家制造业创新网络也将其作为重要建设内容。NNMI组成成员之间通过签订协议的形式对知识产权的开发、应用以及管理等相关细节进行了规定。如项目开发期间的知识产权归参与者共同所有；被带入项目中的背景知识产权任何人没有权利没收，参与项目的成员有权利共享项目所涉及的背景知识产权；背景知识产权的拥有者可以用其代替会费或成本份额。如果NNMI的成员违反了相关协议规定，被侵权者有权利通过司法程序、行政程序以及仲裁制度对其进行诉讼以保护自己的知识产权。

二、对加快推进山东半岛国家自主创新示范区中心建设的启示

2016年4月，国务院正式批复设立山东半岛国家自主创新示范区，要求充分发挥山东半岛地区的创新资源集聚优势，全面提升区域创新体系整体效能，打造具有全球影响力的海洋科技创新中心，努力把山东半岛国家高新区建设成为转型升级引领区、创新创业生态区、体制机制创新试验区、开放创新先导区。因此，山东省应充分借鉴美国制造业创新中心的建设经验，发挥济南、青岛、淄博、潍坊、烟台、威海等6个国家高新技术产业开发区的区域创新优势，建立区域优势产业创新中心，加快推进山东半岛国家自主创新示范区建设，强势推动全省产业创新和经济社会发展。

1. 以政府引导市场运作为保障，注重发挥政府的服务作用

产业创新中心建设前期，政府应明确定位，前瞻谋划，合理布局，制定切实可行的建设方案，建立专门的统筹管理机构，明确产业创新中心的职能定位和运行机制，设立专项资金用于产业创新中心的前期启动扶持，保障产业创新中心建设工作的顺利推进。待产业创新中心正式运行一段时间后，政府的角色应由扶持逐渐转为服务，让产学研用在中心建设中唱主角，政府主要围绕知识产权、检验检测、职业技能培训、助力中小企业科研成果产业化等方面提供服务，培育良好的创新创业环境。此外，可以通过制定投融资、后补助等扶持政策保障产业创新中心的可持续发展。

2. 以建设创新综合体为目标，注重产学研用深度合作

美国制造业创新中心运行模式的一个亮点是在政府主导下集聚跨部门、跨行业的优势资源，组织产学研用各方联合共建，实现创新链和产业链紧密联结，同时充分强调信息、设备等共享。因此，产业创新中心的建设也应该集聚全省行业领域优势创新资源，选择具有行业影响力的牵头机构和带头人，联合企业、高等院校、科研院所以及中介机构等，发挥企业的主导作用和高校院所的支撑作用，通过多元化的融资渠道，集成政产学研用各方资源，建成产学研用深度合作的创新综合体。

3. 以项目研发为牵引，注重技术路线图制定

为激发中心成员的合作积极性，形成利益共同体，美国国家制造业创新中心采用项目研发方式开展合作，并通过制定技术路线图凝聚共识，作为公开招标的项目指南。因此，山东省在推进产业创新中心建设的过程中，应借鉴美国制造业创新中心经验，产业创新中心建立运行后，共同制定中心发展创新路线图，凝练技术攻关方向，围绕领域关键共性技术的联合攻关，建立风险共担、收益共享的合作模式，注重知识产权的共享与保护，实现创新中心的高效运行。

4. 以人才培养为重点，注重中小企业培育

美国的制造业创新中心是一个产业集群，共享关键设备和基础设施，帮助中小企业应用新的先进制造工艺和技术。同时，中心还可作为"教学工厂"，帮助培训制造业企业员工提高劳动技能，为企业研发和运营提供技术支持。因此，产业创新中心也应充分调动企业、高校和科研院所的积极性，形成"产学研用"联合人才培养机制，支持人才的再培训，以满足产业创新发展的人才需求，并为中小企业发展提供支持。

5. 以绩效评估为抓手，注重中心建设的实效

作为美国制造业创新中心建设的有机组成部分，NNMI 计划采用多种方法和途径对计划进展进行评估，并定期发布《国家制造创新网络战略计划》与《国家制造创新网络计划年度报告》。山东省产业创新中心建设之初，应明确产业创新中心的评价机制，建立合理的综合评价体系，短期以成员数量统计、合作关系、研发活动及产出（如专利、工艺等）为评价指标；中期以新产品、专利许可活动、资本投入、企业成长等来衡量评价；长期评价则可包括投资回报、行业间扩散及对更广泛行业的影响等。

参考文献

[1] 甄炳禧. 智能制造与国家创新体系——美国发展先进制造业的举措及启示[J]. 人民论坛·学术前沿，2015(11)：27-39.

[2] 丁明磊，陈志. 美国建设国家制造业创新网络的启示及建议[J]. 科学管理研究，2014(5)：113-116.

[3] 汪逸丰. 美国国家制造创新网络计划（NNMI 计划）及其最新进展[EB/OL]. 上海行业情报服务网. (2014-09-30) [2016-04-12]. http://www.istis.sh.cn/list/list.aspx?id=8457.

[4] 刘亚威. 美国国家增材制造创新机构的技术路线图和项目概览 [EB/OL]. (2016-01-18) [2016-04-15] http://www.360doc.com/content/16/0117/08/16788185_528533933.shtml

编　写：王志玲

审　稿：谭思明　蓝　洁

青岛市科技创新载体分布现状及对策建议

国内外大量实践经验和研究表明，科技创新载体是有效整合和配置科技资源的重要手段，是培育高科技企业、发展高新技术产业的载体，同时也是服务于全社会科技进步与创新的技术支撑体系。

一、科技创新载体资源概述

（一）科技创新载体类型

科技创新载体是创新创业活动的承载基础，是区域创新体系建设的重要组成部分。科技创新载体主要分为三种类型：一是区域综合类，包括高等院校、科研院所、引进院所等；二是专业特色类，包括重点实验室、公共研发平台等；三是企业主导类，包括工程技术研究中心、产业技术创新联盟等。

（二）科技创新载体发展趋势

在各类科技创新载体类型中，新型研发组织发展迅速，组织形式呈现多样化，采用"民办非企业"、产学研联合共建等多种形式，尤其在东部沿海地区，出现了一批服务于区域和产业发展的产业技术研究院，以及许多机制灵活的致力于基础和前沿研究的科研院所。与传统研发机构不同，新型研发组织的主要特点在于组织和运行机制的创新性，以及适应研发机构发展形成新的管理制度，如实行理事会领导下的院所长负责制等，从而带来业务方向和发展方式的独特性。

（三）发达地区先进经验

随着世界经济全球化和知识化的日益深入，科技创新成为国家和地区提升核心竞争力的关键，而战略性新兴产业集群中关键技术与核心技术创新存在的"市场失灵"，使得集成创新要素、汇聚创新资源的创新载体建设，成为各级政府培育战略性新兴产业集群的重要举措。

江苏省科技厅早在 2005 年 2 月就印发了《关于加强科技创新载体建设的若干意见》，提出要加快研究开发载体、成果转化载体、创新创业服务载体建设，提高自主创新能力，促进技术成果转化和高新技术产业化。2003 年 11 月浙江省政府下发《关于引进"大院名校"联合共建科技创新载体若干意见》。2012年 12 月深圳市科技创新委员会制定了《深圳市促进科研机构发展行动计划（2013—2015 年）》，4 年间全市新增国家及省市级重点实验室、工程实验室、工程中心、企业技术中心等创新载体 679 家，超过前 30 年的总和，截至目前，各类创新载体达到 1 106 家。

二、青岛市科技创新载体分布现状

(一)青岛市科技创新载体发展历程

1984年,青岛市成立了第一家部级重点实验室,中国科学院实验海洋生物学重点实验室;1994年,青岛市成立了第一家省级工程技术研究中心,山东省纳米材料工程技术研究中心;2009年,青岛市开始加快引进大院大所,首批引进了中科院生物能源与过程研究所;2010年,青岛成为全国首个国家创新工程试点市,开始全面推进产业技术创新战略联盟建设,当年确定了14家市级联盟名单,涉及家电电子、先进装备制造、新材料、新能源等产业领域;2013年,青岛市全面启动公共研发平台建设,当年即签约启动了包括青岛市生物医学工程与技术公共研发服务平台在内的10个平台项目。

自2003年以来,青岛市先后颁布了《青岛市科学技术局高端研发机构引进管理暂行办法》、《青岛市科学技术局科学研究智库联合基金》、《青岛市工程技术研究中心管理办法》、《青岛市重点实验室建设与运行管理办法》、《青岛市产业技术创新战略联盟构建与发展管理办法》等15部地方政策,为创新载体建设提供了有力支撑。

(二)青岛市科技创新载体资源分布

截至2015年,青岛市共拥有重点实验室、工程技术研究中心、产业技术创新联盟、高等院校、科研院所、引进院所、公共研发平台等科研与技术开发机构582家。

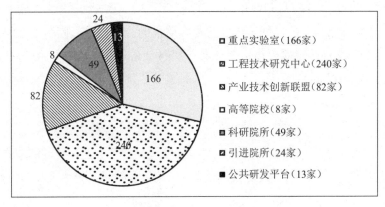

图1　青岛市科技创新载体资源分类示意图

其中,重点实验室166家(占29%)、工程技术研究中心240家(占42%)、产业技术创新联盟82家(占14%)、高等院校8所(占1%)、科研院所49家(占8%)、引进院所24家(占4%)、公共研发平台13家(占2%)。

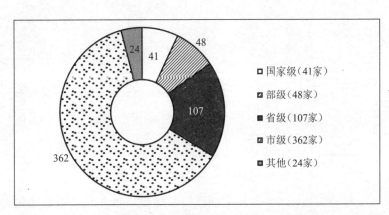

图2　青岛市科技创新载体资源分级示意图

按机构级别划分,国家级机构有 41 家(占 7%)、部级 48 家(占 8%)、省级 107 家(占 19%)、市级 362 家(占 62%)、其他 24 家(占 4%)。

表 1 青岛市科技创新载体资源分布汇总

	国家级	部级	省级	市级	其他	总计
重点实验室	9	48	43	66		166
工程技术中心	10		53	177		240
产业技术联盟				82		82
高等院校	3		5			8
科研院所	19		6	24		49
引进院所					24	24
公共研发平台				13		13
总计	41	48	107	362	24	582

如表 1 所示,青岛市重点实验室和工程技术中心的分级梯度较均衡,创新载体既有国家级领军型,又有省部级先进型,同时市级配套创新载体的学科与产业覆盖全面;而产业技术联盟和公共研发平台主要以市级创新载体为支撑,尚需进一步探索新的发展机制与模式。

(三)青岛市科技创新载体产业分布

依据青岛市科技创新资源分布、特色优势及产业发展潜力,将载体资源按产业类型进行划分(图3),在 25 个产业类型中,青岛市科技创新载体主要分布在机械装备、农业与食品、生物技术、海工装备、家电电子等传统优势领域,而石墨烯、3D 打印、机器人、精准医学等新兴领域的研究载体数量则相对较少。

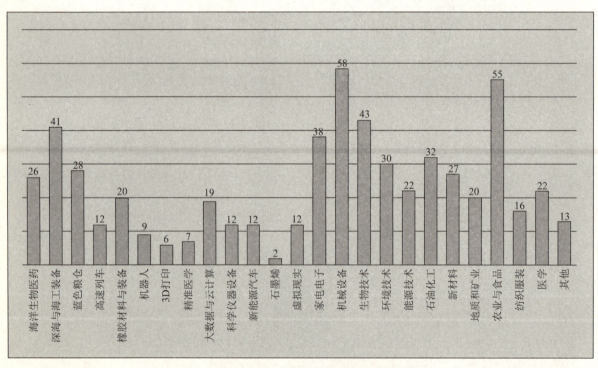

图 3 青岛市科技创新载体资源产业分布示意图

2016 年 2 月,青岛市科技局出台《十大科技创新中心建设总体方案》,拟重点建设海洋科技、高速列车、石墨烯等十大科技创新中心,瞄准高端前沿、谋取发展先机;10 月,青岛市委、市政府印发《青岛市建设国家东部沿海重要的创新中心、国家重要的区域服务中心、国际先进的海洋发展中心和具有国际竞争力的先进制造业基地行动计划》,明确了"三中心一基地"的建设任务。本报告按照上述规划,选取 13 个高度相关产业进行重点分析。

1. 海洋生物医药

青岛市海洋生物医药创新载体共有 26 家,其中国家级 6 家、部级 4 家、省级 4 家、市级 12 家。

表 2　海洋生物医药资源分布汇总

	重点实验室	工程技术研究中心	产业技术创新联盟	高等院校	科研院所	公共研发平台	总　计
国家级	2	1		1	2		6
部　级	4						4
省　级	1	3					4
市　级	5	1	4		1	1	12
总　计	12	5	4	1	3	1	26

2. 深海与海工装备

青岛市深海与海工装备创新载体共有 41 家,其中国家级 8 家、部级 5 家、省级 4 家、市级 18 家、其他 6 家。

表 3　深海与海工装备资源分布汇总

	重点实验室	工程技术研究中心	产业技术创新联盟	科研院所	引进院所	公共研发平台	总　计
国家级	1	1		6			8
部　级	5						5
省　级	3	1					4
市　级	3	9	4			2	18
其　他					6		6
总　计	12	11	4	6	6	2	41

3. 蓝色粮仓

青岛市蓝色粮仓创新载体共有 28 家,其中国家级 1 家、部级 4 家、省级 8 家、市级 15 家。

表 4　蓝色粮仓资源分布汇总

	重点实验室	工程技术研究中心	产业技术创新联盟	科研院所	总　计
国家级				1	1
部　级	4				4
省　级	4	3		1	8
市　级	3	10	2		15
总　计	11	13	2	2	28

4. 高速列车

青岛市高速列车创新载体共有 12 家,其中国家级 2 家、省级 1 家、市级 6 家、其他 3 家。

表 5　高速列车资源分布汇总

	重点实验室	工程技术研究中心	科研院所	引进院所	总　计
国家级		1	1		2
省　级		1			1
市　级	2	4			6
其　他				3	3
总　计	2	6	1	3	12

5. 橡胶材料与装备

青岛市橡胶材料与装备创新载体共有 20 家, 其中国家级 1 家、部级 2 家、省级 7 家、市级 10 家。

表 6　橡胶材料与装备资源分布汇总

	重点实验室	工程技术研究中心	产业技术创新联盟	高等院校	科研院所	公共研发平台	总　计
国家级		1					1
部　级	2						2
省　级	3	3		1			7
市　级	1	6	1		1	1	10
总　计	6	10	1	1	1	1	20

6. 机器人

青岛市机器人创新载体共有 9 家, 其中省级 3 家、市级 4 家、其他 2 家。

表 7　机器人资源分布汇总

	重点实验室	工程技术研究中心	产业技术创新联盟	引进院所	总　计
省　级	2	1			3
市　级	1		3		4
其　他				2	2
总　计	3	1	3	2	9

7. 3D 打印

青岛市 3D 打印创新载体共有 6 家, 均为市级。

表 8　3D 打印资源分布汇总

	工程技术研究中心	产业技术创新联盟	公共研发平台	总　计
市　级	3	2	1	6
总　计	3	2	1	6

8. 精准医学

青岛市精准医学创新载体共有 7 家, 其中省级 3 家、市级 4 家。

表 9　精准医学资源分布汇总

	重点实验室	工程技术研究中心	产业技术创新联盟	公共研发平台	总　计
省　级	2	1			3
市　级	1	1	1	1	4
总　计	3	2	1	1	7

9. 大数据与云计算

青岛市大数据与云计算创新载体共有 19 家,其中国家级 2 家、部级 1 家、省级 2 家、市级 13 家、其他 1 家。

表 10　大数据与云计算资源分布汇总

	重点实验室	工程技术研究中心	产业技术创新联盟	高等院校	引进院所	公共研发平台	总　计
国家级		1		1			2
部　级	1						1
省　级		2					2
市　级	3	5	3			2	13
其　他					1		1
总　计	4	8	3	1	1	2	19

10. 科学仪器设备

青岛市科学仪器设备创新载体共有 12 家,其中国家级 4 家、省级 2 家、市级 5 家、其他 1 家。

表 11　科学仪器设备资源分布汇总

	重点实验室	工程技术研究中心	产业技术创新联盟	科研院所	引进院所	公共研发平台	总　计
国家级		1		3			4
省　级		1		1			2
市　级	1		3			1	5
其　他					1		1
总　计	1	2	3	4	1	1	12

11. 新能源汽车

青岛市新能源汽车创新载体共有 12 家,其中市级 11 家、其他 1 家。

表 12　新能源汽车资源分布汇总

	工程技术研究中心	产业技术创新联盟	引进院所	总　计
市　级	8	3		11
其　他			1	1
总　计	8	3	1	12

12. 石墨烯

青岛市石墨烯创新载体共有 2 家,为市级。

表 13　石墨烯资源分布汇总

	产业技术创新联盟	公共研发平台	总　计
市　级	1	1	2
总　计	1	1	2

13. 虚拟现实

青岛市虚拟现实创新载体共有 12 家,其中国家级 2 家、市级 9 家、其他 1 家。

表 14　虚拟现实资源分布汇总

	重点实验室	工程技术研究中心	产业技术创新联盟	引进院所	总　计
国家级	2				2
市　级		4	5		9
其　他				1	1
总　计	2	4	5	1	12

三、对策建议

(一)优化创新载体布局

目前,青岛市的国家级科技创新载体主要分布在深海及海工装备、海洋生物医药等涉海领域;省、部级机构主要分布在地质和矿业、石油化工等领域;市级机构分布较广,主要集中在机械装备、农业与食品、生物技术、家电电子等领域;而石墨烯、3D打印等潜力型前沿产业的创新载体机构很少,急需加快布局。因此,青岛市创新载体规划要突出特色,避免建设趋同和无序竞争,应面向"蓝色、高端、新兴"产业进一步优化布局,实现科技资源的合理配置与利用。

(二)促进研发与产业深度融合

在青岛市现有科技创新载体类型中,重点实验室、科研院所等偏重技术研发,工程技术研究中心、产业技术创新联盟等偏重产业应用。在海洋科技、家电电子、橡胶材料与装备等领域中,各类型创新载体发展较为均衡,其研发与产业结合更为紧密。因此,青岛市传统优势产业与新兴产业,均要充分依靠科技创新,实现转型升级,在突破关键核心技术和产业共性技术的同时,形成更具竞争力的产业优势。

(三)探索创新载体发展新模式

创新载体的数量从一定程度上反映了科技资源的规模,而创新载体的质量则关系到区域创新驱动发展的内在水平。一是要继续加强科研院所引进,积极试点新型研发组织建设,探索"政产学研资"发展新模式;二是要深挖现有载体资源潜力,通过机制创新,盘活存量资源,激发载体活力,带动创新升级;三是要切实增强市场配置创新资源的决定性作用,鼓励企业参与,实现科技资源与市场需求的有效结合。附表:

附表 1　青岛市科技创新载体资源产业类型分布汇总

	重点实验室	工程技术研究中心	产业技术创新联盟	高等院校	科研院所	引进院所	公共研发平台	总　计
海洋生物医药	12	5	4	1	3		1	26
深海与海工装备	12	11	4		6	6	2	41
蓝色粮仓	11	13	2		2			28
高速列车	2	6			1	3		12
橡胶材料与装备	6	10	1	1	1		1	20
机器人	3	1	3			2		9
3D打印		3	2				1	6
精准医学	3	2	1					7
大数据与云计算	4	8	3	1		1	2	19
科学仪器设备	1	2	3		4	1	1	12

	重点实验室	工程技术研究中心	产业技术创新联盟	高等院校	科研院所	引进院所	公共研发平台	总　计
新能源汽车		8	3			1		12
石墨烯			1				1	2
虚拟现实	2	4	5			1		12
家电电子	10	13	9	1	3	2		38
机械装备	1	44	7	1	2	3		58
生物技术	10	25	8					43
环境技术	13	11	4		2			30
能源技术	6	9	3		2	1	1	22
石油化工	14	12		1	3	2		32
新材料	7	13	4		1	1	1	27
地质和矿业	10	8	1		1			20
农业与食品	14	19	11	1	9		1	55
纺织服装	4	7	2		3			16
医　学	19			1	2			22
其　他	2	6	1		4			13
总　计	166	240	82	8	49	24	13	582

附表 2　青岛市科技创新载体资源级别分布汇总

	国家级	部　级	省　级	市　级	其　他	总　计
海洋生物医药	6	4	4	12		26
深海与海工装备	8	5	4	18	6	41
蓝色粮仓	1	4	8	15		28
高速列车	2		1	6	3	12
橡胶材料与装备	1	2	7	10		20
机器人			3	4	2	9
3D打印				6		6
精准医学			3	4		7
大数据与云计算	2	1	2	13	1	19
科学仪器设备	4		2	5	1	12
新能源汽车				11	1	12
石墨烯				2		2
虚拟现实	2			9	1	12
家电电子		3	3	30	2	38
机械装备	2		7	46	3	58
生物技术	2	1	5	35		43
环境技术		8	4	18		30
能源技术	1	1	5	14	1	22

续表

	国家级	部 级	省 级	市 级	其 他	总 计
石油化工	5	2	11	12	2	32
新材料		1	5	20	1	27
地质和矿业	1	6	9	4		20
农业与食品	4	4	9	38		55
纺织服装		1	5	10		16
医 学		5	4	13		22
其 他			5	8		13
总 计	41	48	106	363	24	582

参考文献

[1] 周华东. 产业技术研究院的新发展和运行机制变迁[J]. 中国科技论坛, 2015, 0(11): 29-33.

[2] 梁红卫. 应用技术型高校产业技术研究院构建研究[J]. 中国高校科技, 2015, 0(8): 94-96.

[3] 李培哲, 菅利荣. 企业主导型产业技术研究院组织模式及运行机制研究[J]. 科技进步与对策, 2014, 31(12): 65-69.

编　写:姜　静

审　稿:谭思明　李汉清　王淑玲

(注:本报告为 2016 年度青岛市社会科学规划研究项目"基于十大科技创新中心建设的青岛创新载体发展研究"阶段性研究成果)

关于青岛市建设新型智库的思考及建议

在全面深化改革和建设创新型国家的关键时期,中央发布《关于加强中国特色新型智库建设的意见》,国内科研机构、大学、政府机构、政治团体、社会团体、企业等社会各界掀起了参与智库建设的热潮。这充分体现了我国政府决策、社会治理、产业发展、国际贸易、外交与国际关系等领域宏观管理决策咨询的迫切需求,以及全社会参与智库的服务热情。

一、新型智库建设背景

经过三十多年的改革开放,我国社会与经济发展进入了一个新的关键时期,面临如何跨越中等收入陷阱,如何突破发展障碍,如何实现国家可持续发展,如何实现全面的协调发展,如何应对国际竞争与全球危机,如何建立和谐的国际发展环境等一系列问题。

党的十八大以来,中央确立了"四个全面"的战略布局,一方面推动经济、产业的模式转型,另一方面推进政府管理、社会治理结构的变革。同时,突破单纯的国际竞争理念,营造友好健康的国际发展环境,赢得更多的国际合作机遇。因此,需要建立一个开放的政府,构建和谐发展的开放治理结构,需要广泛吸收社会各界的治理思想、政策建议,建立全社会参与治理的管理机制;需要建立强大的符合中国政治、社会、经济发展需要的新型智库体系,挖掘和利用全社会智慧,实现管理思想、管理理念、管理措施的集成,进而实现政府管理的优化,提高管理决策效益。因此,智库服务是实现管理决策科学化、民主化的有效方式。

2013年,党的十八届三中全会报告提出"加强中国特色新型智库建设,建立健全决策咨询制度"。2015年1月,中央发布了《关于加强中国特色新型智库建设的意见》,标志着中国特色新型智库建设正式上升为国家战略。2015年11月《国家高端智库建设试点方案》获得批准并确定25家试点高端智库,中国特色新型智库建设全面启动。可以预见,智库在政府科学民主决策方面将发挥日益重要的战略作用和政策问题研究与咨询作用,将促进国家决策战略咨询制度的不断完善。

二、国际智库发展主要趋势

建设青岛市特色新型智库,既需要结合中国国情,也需要学习借鉴其他国家的经验。欧美国家智库的专业化建设和发展时期比较长,决策咨询机制顺畅,形成了智库建设、管理、运行的有益经验,对中国智库建设具有重要的启示意义。

1. 全球智库数量不断快速增加

在过去的几十年里,全球智库数量快速增加,美国宾夕法尼亚大学从2007年开始进行全球智库发展状况调查评价,2008年起每年出版《全球智库评价研究报告》(Global Go To Think Tank Index Report)。根据该报告的统计评价分析,从20世纪40年代,全球每年新增智库12家,到90年代,全球每年新增智库142家。尽管过去十年中,智库数量的增长速度有所下降,但从总体看,全球智库数量仍然稳步增长。根据《全球智库评价研究报告》的统计,2007年以来,全球智库数量的变化情况如表1所示。2014年进入该统计系统的全球智库有6 618家,主要集中在北美、欧洲和亚洲地区。

表1　全球智库数量变化情况

年　度	全　球	北　美	亚　洲	欧　洲	拉美和加勒比海	中东和北非
2007	5 080	1 924	601	1 681	408	192
2008	5 465	1 872	653	1 722	538	218
2009	6 305	1 912	1 183	1 750	645	273
2010	6 480	1 913	1 200	1 757	690	333
2011	6 545	1 912	1 198	1 795	722	329
2012	6 603	1 919	1 194	1 836	721	554
2013	6 826	1 984	1 201	1 818	662	511
2014	6 618	1 989	1 106	1 822	674	521

2. 国家政府决策对智库的依赖日益加深

各国的重要智库,特别是政府附属性智库,正在成为政府重要公共政策的策源点、政策内容的设计者、政策效果的评估者、政策实施的营销宣传者、社会话语权的主导和引领者。

智库在当今西方社会中的地位与作用越来越突出,其中尤以美国为甚。无论是总统、内阁、国会还是中情局、五角大楼、国家安全委员会,几乎任何一项政策和决策,都会受到智库直接或间接的影响。

在美国,有专门的制度安排,要求联邦政府及各部门的重要政策在出台前都要进行专家和公众咨询。美国联邦、州、市(县)三级政府都重视公共政策过程中的专家咨询和公共咨询。其中,公众咨询是美国公共政策决策过程中的重要程序,特别是必须通过各级议会批准和公众支持的政策,都有明确的法定程序让公众对公共政策有全面知情权和参与政策制定过程并发表自己意见的权利。

3. 智库成为引领和影响社会舆论的意见领袖机构

国际知名智库对国际和全球性挑战、世界各国的经济社会发展等研究报告,常常成为引领和影响社会舆论的重要思想利器。

研究和提出思想是智库的核心能力。智库的本质是"思想工厂",是生产知识、智慧和思想的地方,思想与观点是智库生存的第一要素。智库善于发现现实中影响社会、政治、经济、外交等发展的关键问题,运用新思想、新理论对问题做出令人信服的分析,并提出解决问题的方案。通过多种传播途径将其传播给社会大众,引导社会思潮,进而影响政府的决策选择。国际上的著名智库都是凭借着新思想、新观点、新理论而崛起成为国际一流的智库。

三、国外一流智库发展的特点

1. 明确清晰的战略定位,政策实用主义的发展使命

智库不是学术性研究机构。尽管智库的研究要建立在学术的基础上,但智库的目标不是学术研究,而是政策设计和政策建议。影响公共政策和决策是智库重要的历史使命和社会责任,因而智库的发展目

标或使命,完全是影响政策制定的实用主义,即通过研究成果来影响政府决策和公共政策。如果智库的研究成果得不到国际、国家政府、社会公众的关注,智库研究是没有意义的。

2. 相对独立性和客观性,成为智库发展的特色和公信力之基

标榜独立性是美国智库最独特的特点,尽管许多智库带有浓重的党派色彩——如胡佛研究所,既是一个历史悠久的保守主义智库,又被称为共和党的"影子政府"。许多智库都处于庞杂的网络中,与企业界、政界、大学、媒体等存在密切联系,但它们都无一例外地标榜自身的独立性。所谓独立,包括立场独立、财务独立、研究独立等,其中研究独立是最基本的要求,也是美国智库成功的重要因素。

3. 追求高质量的研究成果产出,采取严格的成果内外部评审机制

高品质成果是智库高影响力的根基。为保证研究的高品质,智库一方面聘用那些具有高学历多学识的高级研究人员进行研究,一方面也会通过质量审查对研究成果的质量进行评审。大多数智库通过组织学术顾问委员会的形式对智库成果的质量进行评审与监督。兰德公司制定了一套内部质量标准,称为《高质量研究与分析的标准》,除此之外,还制定了反映其战略研究抱负、体现其战略研究特点的研究标准。美国国家研究理事会制定了一套标准的组织流程和评审机制,同时整个战略研究过程中实行了监督与利益冲突审查,使其所提供的战略咨询报告具有很高的价值并获得政府与公众的信赖与认可。

4. 创新的方法体系与数据信息系统,支撑基于数据信息的专业政策分析研究

国外智库强调基于严谨的学术研究得出科学可信的结论,重视科学研究方法的使用和开发。注重方法的研究和使用是智库机构实施战略研究的一个重要特点。其在研究中采用的科学方法包括定标比超、案例研究分析、成本分析、经济分析、建模模拟和最优化、绩效评估、政策分析、战略规划、调查研究和技术评价等,除此之外,还有德尔菲法、博弈论、路线图、探索性建模、离散选择模型、长期政策分析等预测方法与模型。

此外,国外智库还非常重视研究成果和研究数据的积累,重视构建领域数据库、知识库,建设领域知识的可视化平台。比如兰德公司在业务研究中,开发和积累了大量的特色数据库,包括统计数据库、调查数据库、案例库等。这些数据信息的积累,为专业研究与分析提供了基础数据支撑。

5. 以全球化发展视野,建设国际化网络型智库

国外一流智库具有国际化的研究和发展视野。主要表现在两个方面:一是致力于解决国内和全球共同关心的问题,如能源、环境、气候变化、可持续发展等;二是建设国际化的网络型智库,选择在具有重要意义的国家和地区建设智库分支机构,将研究触角延伸到重要的国家和地区。

建设全球网络的途径包括在海外设立办事处,与海外智库合作成立研究中心,聘用海外研究人员从事相关方面的研究等。布鲁金斯学会、卡内基国际和平研究所与我国清华大学分别合作建立了公共政策研究中心、全球政策研究中心等。这些举措都在无形中使得欧美智库掌握了强大的舆论影响力和国际话语权,成为国家软实力的重要组成部分。

6. 重视研究成果传播,强化政策和社会影响力的生成和放大

智库政策研究为己任,以影响公共政策和舆论为目的。影响公共政策的途径有两种:一种是通过咨询、向政府提交报告、参加听证会、向政府输送人才等方式直接参与政策的制定;另一种是向公众宣传自己的观点,引导公众舆论,从而达到影响公共政策的目的。因而,智库要证明自己的价值和意义,就必须重视对外传播,注重媒体公关以及传播策略。

四、青岛建设新型智库的几点建议

2016年10月,青岛市委宣传部正式公布了青岛市新型智库建设试点单位名单,遴选确定了11家智库作为青岛市首批新型智库建设试点。其中综合类智库2家,高校科研机构类智库8家,企业类智库1家。

由此,开启了青岛市新型智库建设的新篇章。

为更好地推动青岛市新型智库建设,提出以下几点建议:

1. 建立智库与决策部门间的常态化沟通与成果报送机制

智库在咨询研究方面,一方面,必须坚持"决策问题导向"的研究机制,围绕政府决策的相关问题开展研究,针对性服务,持续化发展,才能形成针对特定方向、专门领域政策问题的研究积累和影响力。这就需要建立智库与政府之间的常态化沟通渠道,实现"问题下达"、"咨询建议上达"的良好互动关系。另一方面,智库也是一类学术机构,应当具备学术前瞻和预见的能力,也完全可以采取"潜在决策问题前瞻导向"的研究机制,超前选题,就潜在的政策问题开展前瞻性研究,其研究成果要发挥咨询作用,也需要有将其决策咨询建议送达政府决策用户的常态化管道机制。因此,应当建立和畅通不同类型智库、不同隶属关系智库等向上级不同部门便捷报送咨询建议的适当渠道和制度化机制。

2. 建立战略与政策研究型一流人才培养使用机制

智库是"思想工厂"、"政策车间",是智囊型研究机构,提出创新的政策思想并服务政府决策是智库的根本追求,因此,高水平的战略与政策研究型一流人才的培养、使用是智库产出重要咨询成果、产生政策咨询影响力的关键。

智库要实现政策咨询研究与决策应用耦合的问题,需要吸纳了解政府管理与决策过程的研究人员。在这方面,可以学习欧美国家的智库与政府部门的"旋转门"人才机制。一方面,需要探索建立了解政府管理与政策制定过程、具有政策研究能力的政府公务员向智库的人才交流机制,另一方面,政府应当吸纳优秀智库研究人才进入政府部门工作以提升政府管理与决策的科学化水平和效率。这种双向人才交流模式对智库发展、政府管理都是有益的。中国科协 2015 年 9 月发布的《中国科协关于建设高水平科技创新智库的意见》中提出将"卸任政府官员"等纳入智库专家队伍的意见,就是这种人才机制的一个突破。

3. 建立指导性分类评价体系引导各类智库健康发展

智库的咨询建议受到各级决策者的批示以及政府部门的决策采纳,无疑是现在衡量智库表现的最重要标尺。在这方面,政府智库具有得天独厚的优势,非政府智库难以得到这方面的评价。

智库有各种类型,可以从隶属关系(官方、半官方、高校、社会等)、研究领导(综合、经济、科技、军事、外交等)、资金来源(政府委托、基金会、会员会费等)等不同角度分类。各种不同类型的智库,尽管都是政策研究与咨询机构,大的发展目标是相同或相近的,但肯定有其特殊性,不是每个智库都能拿到政府领导对于研究报告的批示。要想建立面向所有类型智库的大而全的统一评价体系,显然是不科学的。因此,应当面向不同类型智库的发展定位和目标,建立分类评价体系,评价体系之间,可以有相同的评价指标,也可以有不同的特殊的评价指标,以有利于引导各类智库的健康发展。

4. 探索建立符合新型智库特点的现代治理机构与运行机制

智库的定位在于决策咨询,智库的产出在于思想产品,智库的影响在于咨询的成效。因此,智库机构在管理上,既有与一般意义的研究机构类似的地方,也应当有其特殊之处。智库要探索适宜的人事人才管理机制,重点是人才队伍培养使用机制、人员薪酬体系、职称评审制度、激励机制等。

在研究项目经费和资源的使用制度上,要重点向人倾斜,允许智库机构将项目经费的大多数用到人才的开支上。同时,还要加强科学研究方法的应用,要适应大数据大信息时代的特点,创新数据与信息分析、领域知识发现的科学方法与工具,建设和不断完善业务研究领域相关数据信息与知识系统。在此基础上,开展专业型、计算型、战略型、政策型、方法型"五型融合"的战略与政策的严谨研究,保证智库研究成果的科学性、思想性和政策性于一体。

5. 智库与政府保持相对的独立性

青岛市现有智库多数属于官方或者半官方性质,隶属于政府,主要功能是作为政府政策的宣传者和诠释者,智库数量虽然不少,但存在思想不多的尴尬局面。保持相对的独立性是指虽然资金来源于政府,但政府无权干预资金使用的项目和研究成果的导向,让智库拥有更多的自由选择权和提出独到见地的权利,而非仅仅是政府的代言人。同时,需要大力发展民间智库,推进青岛市智库建设的多元化发展,摆脱单一的管理体制。

参考文献

[1] 张志强,苏娜. 国际智库发展趋势与我国新型智库建设[J]. 智库库理论与实践,2016(1):9-23.

[2] 李红兵. 加快科技智库建设服务科技创新[J]. 安徽科技,2015(3):18.

[3] 打造创新引领的高端科技智库——解读《中国科协关于建设高水平科技创新智库的意见》. 科技日报,2015.10.1,第4版。

编　写:肖　强
审　稿:谭思明　于升峰

完善创新产品与服务政府采购政策体系的建议

创新产品与服务的政府采购政策是包含创新产品与服务认定政策和政府采购政策的一组政策体系，是政府激励创新重要的政策工具。

创新产品与服务的认定政策可以为企业的技术创新、产品创新提供目录式的指引，引导企业有效配置创新资源、选择研发方向，培育经济新动能。

与之配套的政府采购政策可以为创新产品与服务打入市场提供"第一桶金"，降低企业创新活动所面临的市场风险，促进大众创业、万众创新。

通过政府采购产生的示范效应，还能使企业更容易获得第三方投资，对产业上游供应链资源的配置产生引导作用，从而通过乘数效应拉动经济转型发展，创造新的有效供给。

政府采购支持创新的成功在于严谨的制度设计、有效的激励机制和严格的执行措施，促进创新的政府采购需要一套有效的规则和组织架构。

一、新时期新战略部署下的新政策要求

2015 年，《中共中央 国务院关于深化体制机制改革加快实施创新驱动发展战略的若干意见》（中发[2015]8 号）明确了创新驱动发展战略的顶层设计，提出"建立健全符合国际规则的支持采购创新产品和服务的政策体系，落实和完善政府采购促进中小企业创新发展的相关措施，加大创新产品和服务的采购力度。鼓励采用首购、订购等非招标采购方式，以及政府购买服务等方式予以支持，促进创新产品的研发和规模化应用"。

综合来看，随着经济在新常态下的持续运行，作为全面落实创新驱动发展战略的重要举措之一，完善并实施激励创新的政府采购政策面临新的要求：

一是要求政策目标更加多元化。《国务院关于大力推进大众创业万众创新若干政策措施的意见》（国发[2015]32 号）、《国务院关于积极发挥新消费引领作用加快培育形成新供给新动力的指导意见》（国发[2015]66 号）都提到要发挥创新产品与服务政府采购的作用，说明政府采购政策的目标从支持自主创新能力、加速技术转移转化扩大到推动经济转型升级、支持创业和稳定就业等多个方面。

二是要求政策的制定和落实更加规范。《中华人民共和国政府采购法实施条例》、《政府采购非招标采购方式管理办法》等多项法规的出台一方面为制定政府采购政策提供了坚实的法制基础，另一方面也对政策的规范落实提出了更高的要求。

三是要求政策的实施更加务实有效。对于创新产品与服务的政府采购,中央已经明确了"鼓励采用首购、订购等非招标采购方式,以及政府购买服务"等实施方式和路径,说明政府采购在激励创新中应当以更加务实有效为操作原则。

四是要求政策的衔接更加具有系统性。在新修订的《中华人民共和国促进科技成果转化法》中新增的第五条已明确提出"加强科技、财政、投资、税收、人才、产业、金融、政府采购、军民融合等政策协同"的要求。在国务院的统一指导下,各级政府已着手对各项政策逐步清理和归并,政府采购政策体系的基本架构正在逐渐明确。

为了落实中央和国务院上述指示意见,《中共山东省委 山东省人民政府关于深入实施创新驱动发展战略的意见》(鲁发〔2015〕13号)与《中共青岛市委 青岛市人民政府关于大力实施创新驱动发展战略的意见》(青发〔2015〕8号)都提出"加大对创新产品和服务采购的支持力度","探索(或采用)首购、订购等非招标采购方式,促进创新产品研发和规模化应用"。

二、创新产品与服务政府采购政策体系的基本框架

从发达国家和国内先进省份的实践经验来看,创新产品与服务政府采购的政策体系主要由创新产品与服务认定政策与政府采购政策构成(图1)。其中,创新产品与服务认定政策是整个政策体系的基础和核心,政府采购政策则是政策目标顺利实施的关键和保障。

创新产品与服务认定政策

政府采购政策

图1 创新产品与服务政府采购政策体系框架

(一)创新产品与服务认定政策体系

1. 政策来源

国内的创新产品与服务认定政策是建立在一系列政策演变发展的基础之上,其最直接也是最主要的来源是科技部原有的自主创新产品认定政策以及国家与地方两级的重点新产品计划(表1)。

表1 创新产品与服务认定政策主要来源和参考

政策来源	管理部门	支持重点
国家自主创新产品(中止)	科学技术部财政部	具有自主知识产权和自主品牌、技术含量高的新产品
重点新产品计划	科学技术部各级科技主管部门	拥有自主知识产权、技术含量高的新产品

2. 各地实践

目前,国家的创新产品与服务认定政策还处于探索阶段,科技部国家重点新产品计划尚未包含工程、服务等类型。此外,由于"十三五"期间国家科技计划体系与"十二五"期间相比有了重大调整,新的"技术创新引导计划"中对创新产品与服务如何界定和具体实施尚未出台。

从各地实践看,北京、上海和广东在创新产品与服务认定的探索上走在全国前列,均已出台了相关的政策和办法。从具体的政策对象和实施办法来看,上述三地的做法各具特色(表2):

表 2 北京、上海和广东创新产品与服务认定政策比较

政策名称	管理部门	重点领域	界定和表述
北京市新技术新产品（服务）认定管理办法	北京市科学技术委员会 北京市发展和改革委员会 北京市经济和信息化委员会 北京市住房和城乡建设委员会 北京市质量技术监督局 中关村科技园区管理委员会	大气污染防治、污水处理、垃圾处理、智能交通、城市安全运行和应急救援、绿色建筑、住宅产业化及新农村建设，以及文化惠民、健康养老、居民消费等民生领域	企业、高等学校、科研院所和各类社会组织通过原始创新、集成创新和引进消化吸收再创新等方式，取得技术先进、产权明晰、质量可靠、市场前景广阔的产品（服务）
上海市创新产品推荐目录编制办法（试行）	上海市经济和信息化委员会（牵头、负责实施） 上海市科学技术委员会（牵头） 上海市张江高新技术产业开发区管理委员会（牵头） 上海市发展和改革委员会 上海市国有资产监督管理委员会 上海市工商行政管理局 上海市质量技术监督局 上海市版权局 上海市知识产权局 上海市食品药品监督管理局	本市重点发展的新兴产业以及现代服务业领域	企事业单位和各类社会组织通过原始创新、集成创新和消化吸收再创新等方式开发或生产的，代表先进技术发展方向的，产权明晰、质量可靠、节能环保、具有市场潜力的产品
广东省财政厅广东省科学技术厅关于创新产品与服务远期约定政府购买的试行办法	广东省财政厅 广东省科学技术厅	政府行政办公、环保和资源循环利用、公共安全、医疗卫生、交通管理、基础设施建设以及其他重点范畴	现有市场未能满足的产品与服务

从界定和表述来看，北京和上海的办法对创新产品与服务表述比较详细，广东采用的"现有市场未能满足"的表述则相对宽泛。北京和广东的表述均包含产品与服务，上海的表述没有包含服务。

从开展的重点领域来看，三地都涵盖了重点产业、战略性新兴产业、节能环保等领域，广东将"政府行政办公"也列入认定范围。

从管理和实施部门来看，北京和上海的办法都明确了由管理（或牵头）单位组成认定小组或编审委员会组织实施的方式，不同之处在于北京市由科委列牵头单位第一位，而上海则由经信委负责发布指南和组织申报。广东则是由广东省财政厅和广东省科学技术厅委托第三方机构负责需求征集和发布。

此外，北京和上海的办法都将创新产品与服务的认定工作与政府采购工作独立开来，广东没有采用创新产品与服务认定和政府采购分开的做法，而是直接针对现有市场未能满足但政府有购买需求的产品与服务进行征集和发布，并将其与远期约定政府购买这一行为放在一个文件中进行规范和管理。

3. 青岛现状

目前，山东省和青岛市在国家下文中止自主创新产品认定工作后，均未建立新的创新产品与服务认定办法与目录（表3）。

表 3 青岛市创新产品与服务相关认定政策现状

认定政策	省市两级	实施情况
自主创新产品	山东省	2007 年实施，现中止
	青岛市	2008 年实施，现中止
重点新产品计划	山东省	组织申报国家计划
	青岛市	组织申报国家计划

（二）政府采购及相关政策体系

1. 国家政策配套

在国家对自主创新产品的采购政策中止后,当前关于自主创新产品、重点新产品实质上均无政府采购政策支持,主要是通过计划、专项、审批等其他配套政策来实施支持(表4)。

表4　国家创新产品政府采购及相关配套政策情况

认定政策	采购配套政策	其他配套政策
国家自主创新产品(中止)	《财政部关于印发〈自主创新产品政府首购和订购管理办法〉的通知》(财库〔2007〕120号)	中止实施
重点新产品计划	不设采购配套政策	国家科技计划立项

2. 各地实践

各地围绕创新产品与服务的政府采购政策主要以首购、订购,远期约定购买等政策为主(如表5)。

（1）首购、订购政策。

北京(中关村自主创新示范区内)和上海两地首先施行,采购主体及资金来源包括国家机关、事业单位和团体组织使用的财政性资金。其中,首购政策针对的是列入前述表2中两个目录,且首次投向市场的产品(服务);订购政策针对的是采购主体需要研究开发的重大创新产品、技术、软科学研究课题等。

此外,北京和上海在首购政策实施上略有区别。北京规定了"采购主体及其委托的采购代理机构应邀请首购产品的供应商参加政府采购活动,非首购产品供应商不得参加采购活动";上海则规定"采购人采购的货物属于本办法第六条规定的首购产品的,应将政府采购合同直接授予提供首购产品的供应商"。相比而言,上海的办法对存在多个首购产品供应商的情况缺乏解决路径,可能限制具体的政策落实。

（2）远期约定购买政策。

广东首先试行,主要参考欧盟的实践和做法,是一种与订购政策类似的需求侧创新激励政策,主要针对"现有市场未能满足的产品与服务购买需求",由政府委托的第三方机构通过一定的程序,征集、确定、发布并实施采购程序。

从政策本身来看,广东的政策取得了一些突破,也存在一些的问题。主要表现在:

一是相比北京、上海施行的订购政策,广东将采购主体扩大到"政府机关、事业单位、团体组织、省属国有(控股)企业,省级财政性资金全额投资或部分投资项目的出资、建设和管理单位";将采购资金来源扩大到"纳入政府预算管理的资金、财政管理的其他资金、以财政性资金作为还款来源的借贷资金、省属国有(控股)企业用于基本建设的资金",相当于将政府采购政策扩大到包含国资及其控股实体的范围,这是一项很大的政策突破。

问题在于,广东出台的《关于印发〈关于创新产品与服务远期约定政府购买试行办法〉》的通知(粤财教〔2015〕91号)仅由广东省财政厅、科学技术厅联合下发,省国有资产管理部门等关键性相关方未背书,对政策的最终落实可能带来制度约束。

二是广东政策中对采购程序的规定为"通过省级公共资源交易平台等进行远期约定购买"、"以招标形式确定中标单位";北京、上海施行的订购政策中则提出"可采用非公开招标方式"、"财政部门可实行一揽子批复"。

相比之下,北京、上海的订购政策更加符合"创新产品与服务"的采购特点和要求,更加具有可操作性。广东政策对采购方式和程序的规定可能会影响政策效率,且在面临采购供应商小于三家时,未预留其他采购程序的可选入口,采购程序将无法实施。

表5　各地政府采购政策情况

采购政策	代表地区	支持对象和方式
首购、订购	北京(中关村自主创新示范区内)、上海	对首次投向市场的新技术、新产品实施政府首购政府对创新产品、技术的需求实施订购
远期约定购买	广东	政府、国有企事业单位对创新产品、技术的需求实施远期约定购买

3. 青岛现状

目前,山东省和青岛市均未施行首购、订购、远期约定购买等创新产品与服务的政府采购支持政策。

三、主要建议

(一)明确政策体系框架

明确划分创新产品与服务的认定政策、政府采购政策、其他配套政策三类政策包。

(二)完善政策的顶层设计探索

建立由市政府主要领导挂帅的工作领导机制,由市政府办公厅牵头的工作协调机制。

利用市科技创新委员会已建立的协作、议事机制,明确各相关部门在政策研究、政策制定、政策实施、考核和保障方面的具体职责。

明确创新产品与服务政府采购政策体系各阶段的工作时间表、路线图,写入工作计划,明确考核方案,用制度约束保障工作的推进和落实。

(三)探索建立新技术新产品(服务)政府首购制度

借鉴上海市的做法,重点围绕蓝高新、战略性新兴、现代服务业及初创企业发展,探索制定新技术新产品(服务)政府推荐目录,根据不同产业的领域特征,分类确定目录的有效期限。

在新技术新产品(服务)政府推荐目录基础上,对其中首次投向市场、技术先进的,由政府通过非公开招标方式实施首购。

(四)试行创新产品(服务)政府远期采购制度

借鉴广东省政府远期约定购买的做法,重点围绕在提供医疗、交通、安全等公共服务时产生的新技术、新产品、新服务需求,跨部门整合,探索建立统一的需求征集、筛选、对接、发布制度。

在创新产品(服务)政府远期采购需求征集的基础上,探索采用分散采购、自行采购、非招标等方式进行远期约定采购,试行财政部门统一审核、集中批复的监管制度。

(五)建设公共支撑平台

借鉴北京中关村、广东省等相关做法,建设新技术新产品和政府远期采购网上供需服务平台,通过线上发布、线下推介等多种方式,实现供需信息的有效对接。

(六)加强相关政策协同

完善首台(套)装备、小微企业采购、政府绿色采购等相关扶持政策,建立政府信息共享机制,为取得相关认定资质、获得政府采购支持的企业提供行政审批、计划项目、人才引进等其他配套政策支持。

(七)完善政府采购相关政策保障

对列入首购、远期采购需求目录的新技术新产品(服务),政府采购政策试行通过暂不列入集中采购目录、适当提高采购限额、允许采用非招标采购等方式予以支持和保障。

完善相关政府采购项目立项、采购预算、采购过程、采购结果及采购合同等信息的公开制度,加强政府监管、审计及社会监督。

参考文献

[1] 黄军英. 发达国家利用政府采购支持创新的政策及启示[J], 科技管理研究, 2011(17): 22-25.

[2] 李建军, 朱春奎. 促进自主创新的政府采购政策[J]. 中国科技论坛, 2015(O2): 15-19.

[3] 宋河发, 张思重. 自主创新政府采购政策系统构建与发展研究[J]. 科学学研究, 2014(11): 1639-1645.

编　写: 王　栋
审　稿: 谭思明　李汉清　王淑玲

加快青岛蓝谷建设的对策建议

《中华人民共和国国民经济和社会发展第十三个五年规划纲要》明确要求山东等地要深入推进全国海洋经济发展试点区建设,提出"建设青岛蓝谷等海洋经济发展示范区"。

作为落实国家"十三五"规划部署,深入推进山东半岛蓝色经济区建设的重要举措,《山东省国民经济和社会发展第十三个五年规划纲要》提出要支持青岛在蓝色经济区建设中发挥龙头带动作用,要"打造青岛中国蓝谷"。

在国家与山东省两级规划蓝图的指引下,青岛明确了青岛蓝谷"构建创新—孵化—产业化空间产业链条"的建设方略,为青岛蓝谷确立了海洋科技自主创新高地、海洋文化教育先行区、海洋新兴产业引领区、滨海生态科技新城四大发展目标。

青岛蓝谷,包括"一区一带一园"。"一区"即蓝谷核心区,包括即墨市鳌山卫、温泉两镇陆域和海域全部,规划陆域总面积 218 平方千米,海域面积 225 平方千米。"一带"由核心区向南,沿滨海大道延伸至崂山区科技城,形成一条海洋科技创新及成果孵化带,崂山区范围内规划陆域面积 70 平方千米。"一园"即青岛国家高新区胶州湾北部园区,规划陆域面积 63 平方千米。

青岛蓝谷已聚集大批高端研发资源,其中海洋科学与技术国家实验室、国家深海基地等"国字号"科研机构 12 个,山东大学青岛校区、天津大学青岛海洋工程研究院等高等院校设立校区或研究院 12 个,科技型企业 110 余个;其中,在谈项目 200 余个,研发类项目占 70% 以上。通过项目带动已引进各类涉蓝人才 3.9 万人,其中硕士或副高以上高端人才 1.6 万人,"两院"院士、国家"千人计划"、"泰山学者"等高层次人才 300 余人。

青岛蓝谷主要功能定位于海洋科技研发、成果孵化、人才集聚和海洋新兴产业培育等方面,通过吸引集聚全球海洋高端人才和要素,组织重大前沿海洋科技创新,推动海洋技术成果和项目向半岛地区转移转化,带动半岛海洋新兴产业发展来助力半岛蓝色经济区的建设。

青岛蓝谷在政策、服务与协同方面存在一些明显的短板和问题,制约了蓝谷自身创新能力的提升,阻断了创新成果的转化和溢出,影响了蓝谷辐射带动作用的发挥。集中体现在以下几个方面。

(一)政策短板

1. 人才引进政策短板

主要集中在外籍创新创业人才的引进、居留、工作及创业的准入政策等方面。青岛蓝谷聚集了一批国家级的高端创新平台,汇聚全球海洋领域的高端人才是其必然选择。目前,青岛蓝谷外籍科研人员来青工作的年龄、居留年限、签证类型和期限等领域尚有诸多政策限制;外籍留学生毕业后留青就业、创业等政策上也存在不衔接、不顺畅的现象。

2. 人才激励政策短板

主要集中在人才评价、经费管理和成果转化政策等方面。青岛蓝谷由聚集基础科研的核心区、聚焦创业孵化的科技创新孵化带及定位产业发展的高新区胶州湾北部园区组成,各种功能复合,创新、创业、服务和产业等各类人才皆具。但是,对各类人才的评价以及对各类人才项目(包括科技项目)经费管理重点的差异化目前还不明确。国家级创新平台与地方配套、主办、主营的孵化、服务机构所享受的股权激励等成果转化政策不匹配、不衔接。

3. 需求侧政策短板

目前青岛蓝谷的各类支持、扶持政策绝大部分属于供给侧政策,需求侧的扶持政策严重不足。以政府采购、商业化前期引导、技术标准等典型的需求侧科技创新政策为例,青岛蓝谷现有政策体系基本属于零覆盖。受益于前期大力度的供给侧政策,蓝谷各类产业将会初步形成新供给和新产能,为了更加有效地引导与启动市场需求,需要加快完善与之配套的需求侧扶持政策。

(二)服务短板

1. 金融服务短板

主要体现在三个方面:一是金融服务资源分布不均衡。青岛蓝谷科技创新孵化带紧邻青岛市财富管理金融综合改革试验区,金融资源较为集中。与其相比,蓝谷核心区、高新区胶州湾北部园区在金融服务资源聚集上还有较大差距。

二是金融服务类型不协调。青岛市财富管理金融综合改革试验区主要以贸易、消费类金融和资产交易服务资源聚集为主,试点政策也主要集中在跨境贸易、外汇结算等领域,科技和创新创业方面的金融服务资源相对不足。

三是政府资金对海洋科技金融的支持力度还需加码。山东省和青岛市都建立了针对蓝色产业的投资基金,青岛市2015年设立了海洋科技成果转化基金,首期出资2 000万元。但政府投入与海洋科技成果转化市场对资金的需求量相比仍显得杯水车薪。

2. 创新创业服务短板

主要体现在三个方面:一是创业服务机构数量少。青岛蓝谷经过几年的启动建设,大量的孵化和创业载体已开始逐步投入运行。消化这些载体空间,通过导入各类创业服务机构来带动创业团队和创业企业入驻是下一时期的重点任务。

二是创业服务层次较低。多数创业服务机构提供法律、财务、税务、知识产权、市场推广等一般性服务,研发、检验检测、试产试制等专业性服务供给不足。

三是创新创业服务供需双方信息不对称。创业服务机构提供的服务信息创业者难获取、难甄别,创业者的需求信息服务机构不了解、不掌握,以及双方的一些历史信用等信息不透明等此类情况广泛存在。

3. 公共服务供给短板

主要体现在三个方面:一是政府行政和公共服务体系建设存在问题。政府资源为一些孵化、创业服务载体的项目建设提供了有力支撑,但在转入运行和运营期后退出不及时,充当市场参与者,可能影响了相关服务市场的正常发育。

二是生活配套设施不完善。居住、生活、通勤、医疗、教育等生活配套设施建设滞后于创新创业载体建设,影响了创新人才、机构的导入,在一些载体中已经出现了签约但不迁入的情况。

三是交通基础设施不完善。青岛蓝谷三个功能区之间以及与半岛蓝色经济区其他地市间直接联系的公共交通体系发展滞后,直接通勤不便捷。人才在跨区通勤时需要经由主城区、老城区进行中转,无法实现直达,一定程度上影响了创新人才、机构的导入和蓝谷辐射带动作用的发挥。

(三)协同短板

1. 内部协同短板

青岛蓝谷内部三个功能区之间有分工无协同。蓝谷内部三个功能区基本没有联合举办过活动,没有联合制定过政策,没有联合发布过文件,没有联合接洽过项目,反而存在同一项目大家一起争等内部竞争的情况。三个功能区管理机构与属地政府之间互动良好,功能区属地政府之间协同不足。

2. 跨区协同短板

青岛蓝谷与蓝色经济区其他地市间协同不足,孵化链条没有建立下游合作延伸,与承接毕业企业转移的产业园区间缺乏联系。蓝谷核心区以及功能区的科技成果成功孵化为毕业企业时,不能及时转移到其他地市的专业园区当中,制约了蓝谷龙头带动作用的发挥。

四、对策建议

(一)加快将蓝色硅谷打造成为海洋国家科学中心

建议山东省委省政府积极争取国家相关部委支持,以蓝色硅谷为核心承载区,建设青岛海洋国家海洋科学中心。瞄准世界海洋科技前沿,聚焦海洋强国战略需求,以建设重大科技基础设施为基础,以集聚海洋高端人才为核心,汇聚和配置全球创新资源,发挥顶尖科学家的集聚引领作用,提升山东省在海洋科学前沿领域的源头创新能力,建成具有全球影响力的海洋科学中心。

(二)支持将蓝色硅谷核心区纳入山东半岛国家自主创新示范区建设

建议山东省委省政府积极争取国家相关部委同意将蓝色硅谷核心区纳入山东半岛国家自主创新示范区建设范围,支持蓝色硅谷在外籍人才引进便利化、重大科学基础设施建设运营保障、职务发明所有权改革、进口科研试剂通关便利化及税收减免等方面先行先试,加快形成一批在全省可复制、可推广的经验做法。

(三)试行建立省市海洋科技计划体系联动机制

建议山东省政府相关部门与蓝色经济区各城市建立海洋类科技计划体系联动机制,充分发挥蓝色硅谷特别是海洋科学与技术国家实验室的创新引领作用,联合各地创新机构组建团队,面向蓝色经济区海洋科技创新链与产业链发展需求,组织实施一批重大海洋科技合作计划,形成创新过程的全链条设计和一体化实施协同机制。

(四)完善蓝色经济区科技基础设施协作共享机制

建议山东省委省政府相关部门加强统筹,牵头建立蓝色经济区大型科研基础设施、设备、公共服务平台、信息数据系统间的协作共享机制,与海洋科学与技术国家实验室在建的海洋科考船舶码头、高性能仿真计算等公共服务平台对接,进一步推动已建、在建大型科学仪器设备的协作共享,减少重复建设,提高科技基础设施利用效率。

(五)建设山东海洋科技成果转移转化网络体系

建议山东省政府支持青岛国家海洋技术转移中心与山东蓝色经济区产权交易中心及蓝色经济区内

其他地市间有关机构加强合作,构建山东海洋科技成果转移转化网络体系。强化蓝色硅谷的辐射带动作用,优先在威海、烟台、日照等沿海城市布局建设面向海洋生物医药、海洋农业、海洋工程等海洋专业领域的技术转移分中心,形成以青岛国家海洋技术转移中心为核心、以专业领域分中心为依托的一总多分的整体布局。

(六)完善海洋科技与产业发展金融服务支持体系

建议山东省政府相关部门支持蓝色经济区各地市加强协作,联合组建研发基金、孵化基金、天使及风投基金、成果转化基金和海洋产业发展基金等各具特色的引导基金,分阶段、有针对性地发挥财政资金的引导作用。不断创新信贷风险补偿金池、投贷联动、知识产权质押等业务模式,打造覆盖创新企业全生命周期的科技金融服务体系。充分发挥各类省级交易中心作用,为企业提供股权融资、债券融资、并购融资、资产证券化等产品和服务,促进海洋科技企业上市融资发展。

(七)完善支持蓝色产业发展的政府采购政策

建议山东省政府相关部门完善政府采购支持政策,在涉海科研基础设施、科技服务平台建设、科技示范项目中支持采购国产仪器设备、配套设施、成套系统,探索试行国产新型仪器设备、配套设施、成套系统政府首购订购制度,鼓励科研基础设施、科技服务平台承建方与科研机构合作开发专用仪器设备、配套设施、成套系统,加大先进仪器设备、成套系统的标准研制开发工作支持力度,完善相关市场的技术准入和技术规则,引导海洋产业健康有序发展。

(八)探索蓝色硅谷科技成果跨地区产业化新模式

建立山东省政府支持各地市政府间协作,借鉴上海、广东等地有关经验,通过PPP等方式引导有实力的第三方开发商,联合蓝色硅谷通过设立分园等形式,在日照、潍坊等地建立"飞地式"孵化、加速和产业化园区,探索跨地区孵化、产业化的收益共享机制。支持创新链上下游机构加强跨地区合作,建立蓝色经济区创新链联盟,携手为创业企业提供科技成果转化、孵化、加速和产业化服务。

(九)规划建设蓝色硅谷核心区至红岛间交通快速通道

建立山东省政府相关部门统筹谋划论证在蓝色硅谷核心区与红岛高铁枢纽、青岛胶东新机场之建立交通快速通道,从根本上改变"在青岛市里花的时间比从济南到青岛花的时间还多"这一制约人才跨地区通勤的障碍,实现蓝色硅谷核心区及青岛东部客流经由红岛枢纽向青连、青荣等干线的快速分流,为增强青、烟、威及鲁南各地间的创新合作和经济联系提供基础设施保障。

参考文献

[1] 韩立民. 中国"蓝色硅谷"的功能定位、发展模式及创新措施研究[J]. 海洋经济, 2012, 2(1): 42-47.

[2] 韩立民. 关于中国"蓝色硅谷"建设的几点思考[J]. 经济与管理评论, 2012, (4): 133-136.

[3] 冷静. 推动青岛蓝色硅谷加快发展的对策研究[J]. 青岛职业技术学院学报, 2014, 03: 20-25.

[4] 刘文俭. 建设蓝色硅谷实现蓝色跨越的对策研究[J]. 青岛行政学院学报, 2012, 01: 46-50.

编　写:王　栋
审　稿:谭思明　李汉清　王淑玲

城市创新国际对标研究

随着我国实施创新驱动发展战略,一些城市开始规划建设国际化创新型城市,上海提出要建设具有全球影响力的科技创新中心,深圳提出了"建成现代化国际化创新型城市"的新概念,青岛决策层也站在建设国际化城市的高度,提出了全新的城市发展战略:即"以世界眼光谋划未来,以国际标准提升工作,以本土优势彰显青岛特色"。要建设国际化创新型城市,就必须要站在全球的大背景下进行谋划,要把城市放到全球城市的坐标系中加以比较分析,审视城市现在所处的发展阶段,看清自身的差距与不足,努力向国际上的先进城市学习,做好寻标、对标、达标、夺标、创标这五篇文章,才能科学地规划城市科技创新的未来发展方向和目标。

一、国内外科技创新指标体系研究概况

国内外与科技创新相关的评价指标体系,从层面来看可以分为国家层面和区域层面。区域层面的包括州或省层面和城市或地区层面,从地域来看可以分为本国内部区域的评价和国际上区域之间的评价。从现有的评价指标体系来看,在国际上基于国家层面的比较多,区域层面本国内部的评价比较多,而区域之间的国际比较比较少。

国际上国家层面的评价主要有:世界经济论坛(WEF)发布的《全球竞争力报告》(GCR)、洛桑国际管理发展研究院(IMD)发布的《世界竞争力年鉴》(WCY)、经济合作与发展组织(OECD)的《科学、技术和产业计分表:知识经济基准》、亚太经济合作组织(APEC)的知识经济状态指数、欧盟的《欧洲创新计分牌》(包括《全球创新计分牌》)。英国罗伯特·哈金斯协会的《世界知识竞争力指数》(WKCI)是基于区域层面的国际比较,但是在发布了2008年的报告以后,至今没有新的版本出现。

国内对科技创新评价体系的研究和实践,主要是一部分学者和机构借鉴上述指标体系并结合我国实际,建立了评价体系并做了一些比较研究。中国科学技术发展战略研究院发布的《国家创新指数报告2012》,是国家层面的国际横向比较。区域层面有北京科学学研究中心、北京科技统计信息中心等单位联合研究发布的《中国创新城市评价报告》,对国内城市之间的创新指标体系进行了研究;中科院地理科学与资源研究所的《中国创新型城市发展报告》对地级以上城市综合出现水平进行了评价;科技部的《全国科技进步统计监测报告》是对省一级的评价。

国内基于城市或地区层面的国际评价研究,大都仅仅是设计了指标评价体系,或者只做了部分数据的分析,还没有见到一个评价体系完整、数据完备的国际城市创新指标评价的应用实例。因此,本研究建

立了一套适合我国城市与国际城市之间进行比较的城市创新国际评价指标体系,用于监测我国城市创新的发展进程,评价我国城市创新指标与国际先进城市的差距与不足,预测与规划我国未来城市创新发展的趋势与目标定位。

二、城市创新国际指数的建立

(一)城市创新国际指数体系设定

本文根据国内外与创新国家、创新地区和创新城市评价有关的研究成果,将创新城市基本特征定义为充分的创新资源和创新条件、理想的创新投入水平、较高的产业创新水平、达到一定规模的创新产出、良好的创新绩效。

城市创新国际指数评价指标的选取除了依据创新城市基本特征外,还遵循了公开性、标准化、连续可得、联系实际等原则。

根据以上创新城市基本特征,并遵循了以上原则,我们建立了由创新资源、创新投入、创新产业、创新产出、创新绩效等 5 个一级指标和 20 个二级指标组成的城市创新国际指数评价指标体系,详见表1。

表 1　城市创新国际评价指标体系和评价标准

一级指标	二级指标	标准值
创新资源	专业技术人员占从业人员比重(%)	45
	百万人口大专院校在校学生数(万人/百万人)	15
	人均 GDP(千美元)	5.5
	千人国际互联网络用户数(户/千人)	300
创新投入	R&D 经费支出与 GDP 比例(%)	6
	政府 R&D 经费支出与 GDP 比例(%)	3
	企业 R&D 经费支出与 GDP 比例(%)	4
	风险投资额占 GDP 比例(%)	3
创新产业	高技术产业从业人员占从业人员比例(%)	16
	知识密集型服务业从业人员占从业人员比例(%)	10
	高技术产业增加值占 GDP 比例(%)	30
	知识密集性服务业增加值占 GDP 比例(%)	40
	高技术产品出口占工业制成品出口的比重(%)	50
创新产出	百万人发明专利授权量(件/百万人)	1 200
	百万人 PCT 国际专利申请量(件/百万人)	1 000
	每亿美元 GDP 发明专利授权量(件/亿美元 GDP)	3.5
创新绩效	高技术产业劳动生产率(千美元/人)	200
	知识密集性服务业劳动生产率(千美元/人)	1 000
	劳动生产率(千美元/人)	120
	综合能耗产出率(元/千克标准油)	10

（二）城市创新国际指数标准设定

在建立的指标体系中,20个二级指标都设定了一个标准值,标准值的设定大部分选取了各城市数值中的最大值,个别参考了欧盟《欧洲创新计分牌》和国家统计局"创新型国家进程监测指标体系"的监测标准。同时,考虑到现实水平和发展趋势,适当地调高了各指标的评价标准,使城市创新国际评价标准明显高于创新型国家的评价标准,基本达到发达国家先进城市的最高水平。采用发达国家先进城市较高标准,更有益于城市创新国际评价以及评价标准的长期稳定,也符合目前各城市的实际情况。标准设定详见表1。

（三）创新城市的选择

结合哈金斯《2008年世界知识竞争力指数》科技创新实力格局的分析,并考虑到青岛建设全国首个技术创新工程试点城市、国家创新型试点城市和知识产权示范城市,大力发展高新技术高端产业和战略性新兴产业,高水平建设山东半岛蓝色经济区,以及青岛"十二五"、2020年、2030年三个阶段创新发展的要求,本文选择了美国的圣何塞、圣迭戈、奥斯汀等3个城市,欧洲的慕尼黑、不来梅、赫尔辛基等3个城市,亚洲的日本大阪、爱知、静冈、滋贺等4个城市和地区,韩国蔚山和大田等2个城市,以及新加坡和中国台湾的新竹市等,加上青岛共15个城市作为研究对象。

圣何塞作为哈金斯《2008年世界知识竞争力指数》排名第一的城市,对于我们分析世界城市或地区科技创新实力格局具有定位作用,同时作为"硅谷之都",它是高科技企业最多、各类经济服务组织最全、经济发展总量最大、经济发展势头最强的城市;圣迭戈作为美国斯特里普海洋研究所所在地,其生物研发和技术集聚,以及公共服务平台促进集群发展的模式,对青岛市海洋科技发展和公共服务平台建设提供了样板;美国奥斯汀20世纪90年代吸引了大型高技术企业分支机构集聚,促进了创新型城市跨越式发展,对青岛市产业结构调整有很好的借鉴作用;近些年,北欧国家科技创新能力持续上升,其注重创新、低碳和全社会高强度的研发投入值得我们学习借鉴,因此选择了北欧的赫尔辛基;德国的慕尼黑,其高端制造业处于世界前端;不莱梅的港口特色、产业结构和城市文化与青岛有一定的可比性;日本大阪的环境、新能源、生物医学等新兴产业较为发达,爱知、静冈、滋贺这3个地区产业结构合理、生产制造业技术基础较好,新兴产业特色鲜明;韩国蔚山的汽车、造船、石油化工等制造业水平较高;韩国大田被称作"韩国硅谷",近些年科技引领城市发展成效明显,1998年,以促进全球高科技城市间交流与发展为宗旨的世界科技城市联盟在大田成立;新加坡的信息基础设施世界领先,是"智慧城市"建设的典范;有"台湾硅谷"之称的中国台湾新竹市,其科学工业园区的发展也是值得我们研究借鉴的。

三、青岛城市创新国际指数评价

根据数据可比性原则,我们选取了14个对标城市2007、2010、2011和2012四年的统计指标数据(个别指标缺失的以城市或地区所在的国家或省、州、县的数据代替,部分数据选用了哈金斯《世界知识竞争力指数》中的指标数据),采用统计综合评价方法,计算得出15个城市创新国际指数及各一级、二级分指标的指数和排名,开展青岛与对标城市的比较。

（一）城市创新国际指数评价

2012年青岛的城市创新国际指数为21.3,与2011年相比指数提高2,增速有所提高,列第15位,为排名第一的圣何塞的31.8%(2011年为29%),相差39.7,是排名第10的蔚山的60.1%,相差13.9(2011年是排名第10的爱知的51%,相差18.4),与排名第14的中国台湾新竹市相比,是新竹的70%,相差9.1(2011年与排名第14的静冈相比,只是静冈的58%,相差14)。目前,青岛城市创新国际指数虽然处于落后位置,但由于青岛正处于高速发展时期,差距在不断缩小。2007、2010、2011、2012 年青岛与对标城市的科技创新国际指数和排名见图 1。

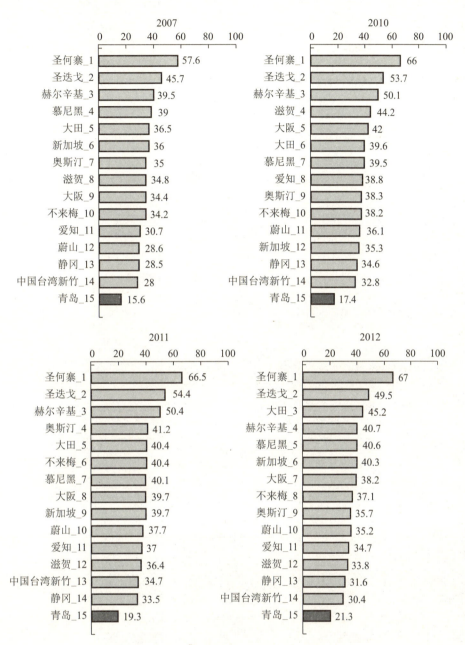

图 1　青岛与对标城市的科技创新国际指数和排名(2007,2010,2011,2012)

(二)城市创新资源指标评价

创新资源是一个城市持续开展创新活动的基本保障,反映了全社会创新人才资源的状况以及创新活动开展的基础和条件。2012 年,青岛创新资源指数为 27.5,与 2011 年相比指数提高 0.2,排名第 15 位,与前几年相比增速下降,与对标城市的差距变化不大。与排名第 1 的圣何塞相比,指数相差 44.3,是圣何塞的 38.3%(2011 年与排名第 1 的圣何塞相比,指数相差 42.6,是圣何塞的 39.1%);与排名第 7 的赫尔辛基指数相差 27.4,是赫尔辛基的 50.1%(2011 年与排名第 7 的新加坡指数相差 23.4,是新加坡的 53.8%);与排名接近的中国台湾新竹相比,指数相差 8.2(2011 年与排名接近的滋贺相比,指数相差 8.5)。2007、2010、2011、2012 年青岛与对标城市的创新资源指数和排名见图 2。

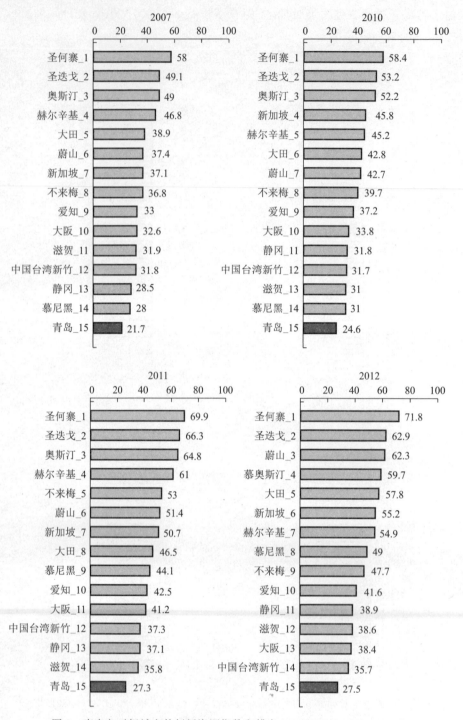

图 2　青岛与对标城市的创新资源指数和排名(2007, 2010, 2011, 2012)

(三)城市创新投入指标评价

没有创新投入就难以开展创新活动,创新水平的高低体现为政府、企业、个人等对创新的重视程度和投入水平。2012 年青岛的创新投入指数为 25.4,比 2011 年指数提高了 1.3,排名第 13 位,排名不变,但差距缩小。与排在第一的圣何塞相比,差距较大,相差 50.6,是圣何塞的 33.4%;指数与排名第 6 位的大阪相差 8.7,是滋贺的 74.5%;该指数与排在青岛前面的新加坡只差 3.8,高于奥斯汀和蔚山 9.3。2007、2010、2011、2012 年青岛与对标城市的创新投入指数和排名见图 3。

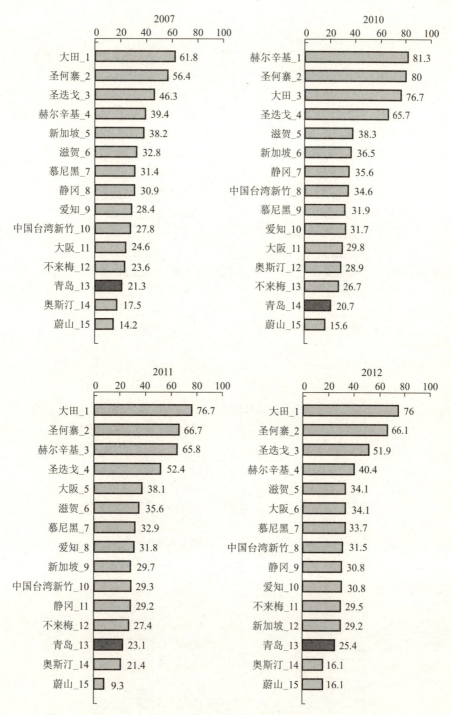

图3　青岛与对标城市的创新投入指数和排名(2007，2010，2011，2012)

（四）城市创新产业指标评价

产业创新是测度一个城市或地区中产业结构转型升级的指标。2012年青岛市的创新产业指数为11.6，比2011年提高0.3，排名第15位。与排在第1的圣何塞相比，指数差距较大，相差41.4，是圣何塞的21.9%；指数与排名第9的滋贺相差19.1，是排名第9的滋贺的37.8%；指数与排名在青岛之前的爱知相比，相差4，只是爱知的45.3%。说明青岛的高端产业的发展规模与对标城市相比差距仍然悬殊。2007、2010、2011、2012年青岛与对标城市的创新产业指数和排名见图4。

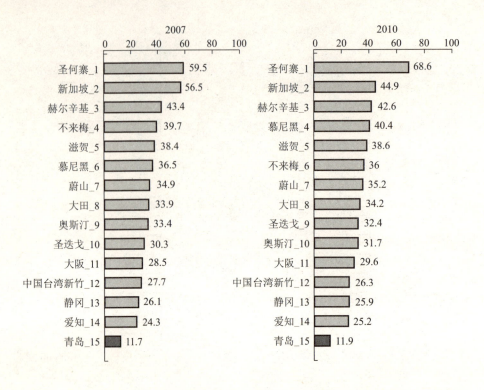

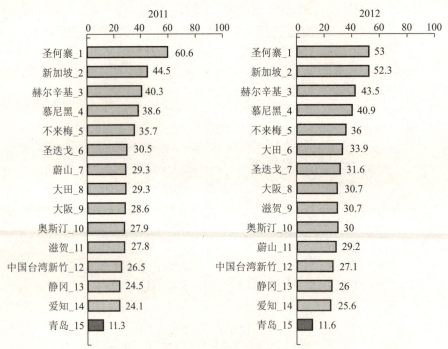

图 4　青岛与对标城市的创新产业指数和排名（2007，2010，2011，2012）

（五）城市创新产出指标评价

创新产出是创新水平的重要体现，专利数量是反映一个城市或地区的科技活动产出水平的重要指标。2011 年，青岛的创新产出指数为 8.9，比 2011 年提高了 4，排名由为第 15 位提高到 13 位。指数与排在第 1 的圣迭戈相差 37.2，是圣迭戈的 19.3％；与排在第 6 位的赫尔辛基相差 15.1，是赫尔辛基的 37.1％；指数与排位接近的静冈相差 0.3，比蔚山高 0.2，比不来梅高 2.1。青岛创新产出 2012 年有较大提升，与对标城市差距缩小。2007、2010、2011、2012 年青岛与对标城市的创新产出指数和排名见图 5。

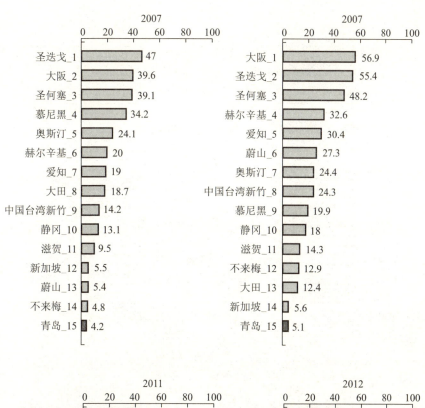

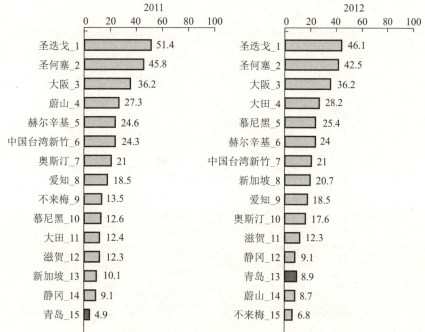

图 5 青岛与对标城市的创新产出指数和排名(2007,2010,2011,2012)

(六)城市创新绩效指标评价

创新绩效更为重要的是体现在对城市经济发展方式转变的贡献上,即劳动生产效率的提高,包括劳动投入效率和能源投入效率的提高。2012年青岛的创新绩效指数为33.2,比2011年提高了3.1,位次由第15位提高到14位。指数与排在第1的圣荷塞相比,差距较大,相差66.8,是排在第7的慕尼黑的61.5%,指数与排在第13的中国台湾新竹相差3.7,比大田高3.1。这项指标与其他对标城市仍有一定差距,但差距在缩小。2007、2010、2011、2012年青岛与对标城市的创新绩效指数和排名见图6。

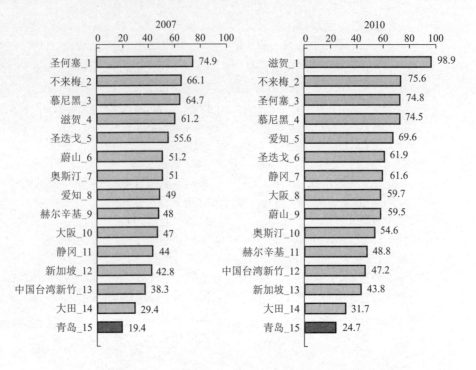

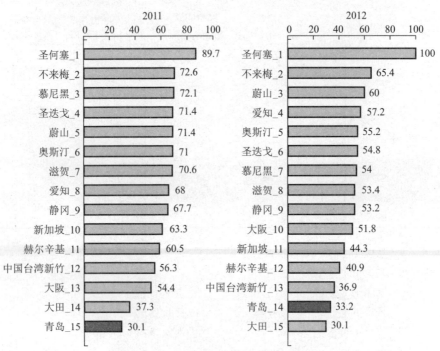

图 6　青岛与对标城市的创新绩效指数和排名（2007，2010，2011，2012）

四、青岛科技创新与国际标准的差距及展望

（一）青岛科技创新能力与国际标准的差距

我们将青岛科技创新国际体系中所有指数的标准值设定为100，从图7中可以看出，2012年青岛的五项一级指标中，创新资源指数为27.3，与其他对标城市比较没有太大的落差，与对标城市的差距没有太大变化；创新投入指数为25.4，表现较弱，国际上的经验表明，经济发达国家的发展初期和新兴工业化国家都先行增加政府的 R＆D 投入，并制定相应的政策推动企业 R＆D 投入和加强风险投资等投融资

力度,因此,持续增加创新投入仍是一项亟待解决和长期艰巨的任务。2012 年政府 R & D 投入虽有较大回落,但全社会投入强度有所提高,与对标城市的差距有所减小;创新产业指数为 11.6,表现较弱,反映出青岛创新产业的发展还有很大的发展空间;创新产出指数由 2011 年的 4.9 提高到 8.9,是 5 项一级指标中最弱的一项,也是提高最大的一项,反映出青岛科技活动产出水平与国际标准水平相比差距在缩小,追赶的步伐已经加快;创新绩效指数为 33.2,由于创新绩效受到创新资源、创新投入以及创新产业的影响,使得创新绩效指数的表现不强,但差距在缩小。

从图 7 中我们可以看出,在 20 个二级指标中青岛的百人国际互联网络用户数、R&D 经费支出与 GDP 比例、企业 R&D 经费支出与 GDP 比例、高技术产业劳动生产率、高技术服务业劳动生产率等 5 项指标比较占优势,差距在 70% 到 50% 之间,说明这几方面青岛与国际标准的差距相对较小。而在风险投资、高技术服务业从业人员比例和关于创新产出的三项专利指标等 5 方面表现得比较薄弱,差距大于 90%,与国际标准差距较大,说明这几方面基础比较薄弱,应加快发展的步伐。其他 10 项指标差距均在 90% 至 70% 之间,这些方面也应该加快发展。

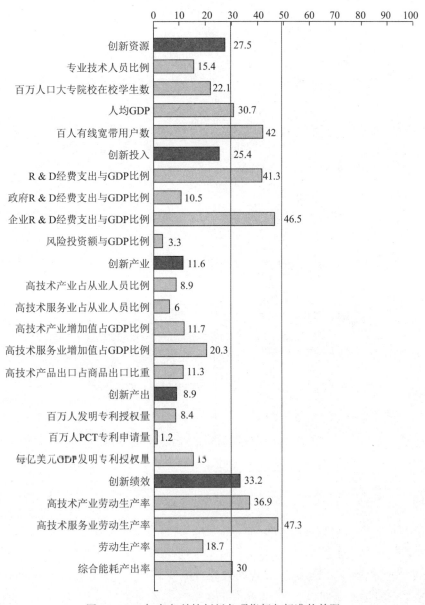

图 7　2012 年青岛科技创新各项指标与标准的差距

（二）青岛科技创新展望

根据我们测算的城市科技创新国际指数,我们将所选的 14 个对标城市分为三个方阵,即 2012 年综合指数大于 50 的城市为第一方阵,指数在 50～40 之间的城市为第二方阵,指数小于 40 的城市为第三方阵。2012 年只有圣何塞综合指数均高于 50,为第一方阵;圣迭戈、大田、赫尔辛基、慕尼黑、新加坡综合指数都在 50 和 40 之间,为第二方阵;大阪、不来梅、奥斯汀、蔚山、爱知、滋贺、静冈、中国台湾新竹综合指数低于 40,为第三方阵。从图 8 可以看出,我们对 14 个对标城市所划分的三个方阵,基本代表了世界城市或地区创新竞争力的强弱梯度。因此,青岛城市创新评价综合指数及各分项指标与 14 个对标城市的比较基本反映了目前青岛城市创新发展水平及在全球城市中的位置。14 个对标城市可以作为青岛建设创新型城市和国际化城市不同阶段学习和追赶的坐标。

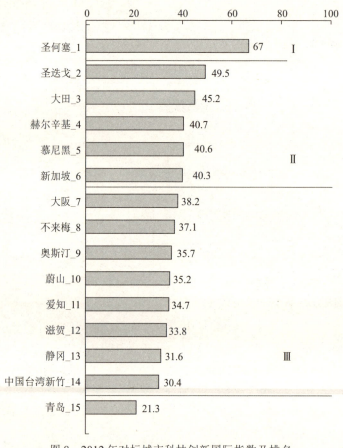

图 8 2012 年对标城市科技创新国际指数及排名

从图 9、10 可以看出,青岛的指数年均增长率由 2007 至 2011 年的倒数第 4 位成为 2007 年至 2012 的第 4 位,增速排名大大提高,与对标城市的差距在缩小。因此,如果我们继续不断加快科技创新发展步伐,以高于对标城市的增长速度,就有可能实现赶超对标城市创新水平、进入第三方阵的发展目标。

五、结论

综上所述,参照国际创新指数标准并与对标城市相比较,青岛创新基本表现为:第一,与国际上先进城市的差距仍然较大,不在一个数量级上,但是创新水平提高的步伐正在加快。第二,从投入产出比来看,政府的财政科技投入仍然处于较低水平,并且绩效有待提高。第三,高技术产业和高技术服务业提升空间较大,并且需要协调发展。第四,创新人才的引进和培养亟待加强。因此,我们必须继续深化科技体制机制改革,提高科技资源配置效率,才有可能缩小与对标城市的差距,实现建设创新型城市的目标。

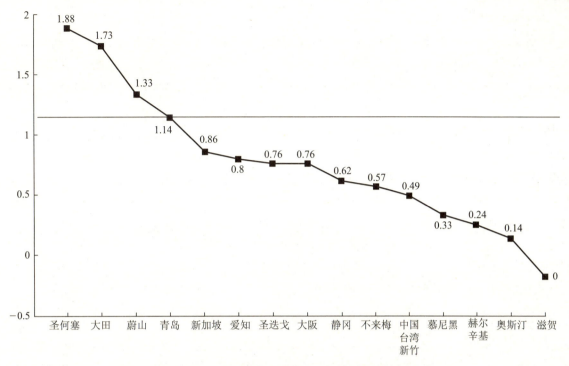

图 9   2007～2012 年对标城市科技创新国际指数年均增长率排名

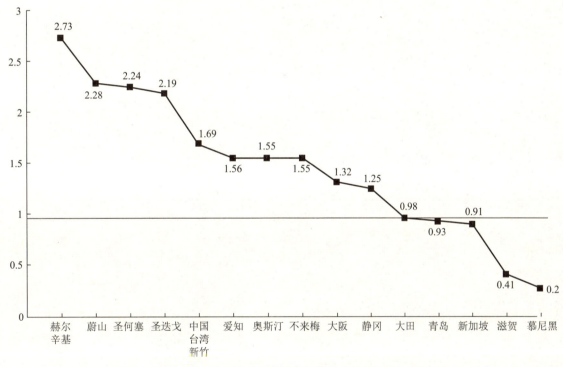

图 10   2007～2011 年对标城市科技创新国际指数年均增长率排名

参考文献

[1] World Economic Forum. The Global Competitiveness Report 2010-2011[R]. World Economic Forum, 2010.

[2] International Institute for Management Development. World Competitiveness Yearbook[R]. IMD, 2011.

[3] Organisation for Economic Co-operation and Development. OECD Science, Technology and Industry

Scoreboard 2009[R]. OECD, 2009.

[4] European Commission. European Innovation Scoreboard 2009 Comparative Analysis of Innovation Performance[R]. PRO INNO Europe, 2009.

[5] Robert Huggins Associates. The World Knowledge Competitiveness Index 2008[R]. Pontypridd: Robert Huggins Associates, 2008.

[6] 中国科学战略发展研究院. 国家创新指数报告 2012[R], 2012.

[7] 北京科学学研究中心, 北京科技统计信息中心, 等. 2013 中国创新城市评价报告[R], 2013.

[8] PETER Hal1. Cities in Civilization [M]. London: Orion Publishing, 2006.

[9] 邹德慈. 构建创新型城市的要素分析[J]. 中国科技产业, 2005, (10): 13-15.

[10] 叶帆. 创新型城市的构建要素与实现路径[J]. 福州党校学报, 2006, (2): 49-52.

[11] 杜辉. "创新型城市"的内涵与特征[J]. 大连干部学刊, 2006, 22(2): 10-12.

[12] 扬平. 欧盟建立创新评价指标体系及其与美日的比较[J]. 全球经济瞭望. 2002, 8: 24-25.

[13] 方成. 区域技术创新系统评估体系的研究[J]. 运筹与管理, 2003, 12(4): 124-127.

[14] 刘顺忠, 官建成. 区域创新系统知识吸收能力的研究[J]. 科学学研究, 2001, 19(4): 98-102.

本文作者:王淑玲　谭思明　王云飞　管　泉　初志勇

（注:本文发表于《科技和产业》2016年第1期）

青岛市科技计划管理改革创新研究

科技计划是政府支持科技创新活动的重要方式。科技计划管理是科技工作的核心内容。2014年《国务院关于改进加强中央财政科研项目和资金管理的若干意见》和《国务院关于深化中央财政科技计划（专项、基金等）管理改革的方案》出台之后，国内江苏、广东等先进地区在加强科技项目和资金的统筹监管等方面做了大量的探索，并提出了一些新的改革方向。近年来，随着创新驱动发展战略的实施，青岛市财政科技经费支出也呈现出明显的增长态势，财政科技专项资金从2005年0.77亿元增加到2014年的6.89亿元，年均增幅27.6%。但与此同时，科技计划和资金管理的政策体系不够完备、市场在科技项目和经费分配中发挥的作用不足、科技资金投入方式较为单一、管理水平有待提高等一系列问题也有所显现。因此，对国内外科技计划管理改革的路径、创新模式以及顶层设计等一系列系统科学的过程进行研究，对更好地发挥青岛政府资金在引导和带动科技发展方面的作用具有重要意义。

一、国外科技计划管理模式及经验借鉴研究

（一）国外科技计划管理体制

1. 科技计划的统筹协调

从体制层面来看，国外科技计划管理体制大致划分为两种：一种以美国为代表的没有设立科技主管部门的分散型管理模式，另一种则是被英、法、德、日、韩等国家广泛采用的集中型管理模式，设有科技主管部门配合科技统筹协调部门进行国家科技战略、政策的制定，明确国家财政科技资源的重点分配方向[1][2]。不论是采取分散型管理模式还是集中型管理模式的国家，在国家决策层面都有一个高于部门之上的科技政策资源配置的统筹协调机构，在科技工作顶层规划和统筹协调方面起到了十分重要的作用，有效地实现了科技工作的统一管理。

2. 充分发挥市场机制在科技经费配置中的作用

依托专业机构管理科技项目，是国际上主要国家的通行做法。在德国的科研经费管理体制中，政府主要负责提出研究框架、组织专家委员会研究评审和组织项目单位进行申报，而项目申报方案的筹划、审查、评估等工作则交由中介咨询机构和专业评估机构承担，充分发挥中介组织在科研经费管理中的作用[3]。

（二）科技计划的管理机制

1. 科技计划的组织实施

国外对不同的科技计划普遍采取不同的组织实施模式。以德国为例,德国联邦科技计划由联邦各部门按照职能分工进行组织实施与管理,其中,联邦教研部(BMBF)是联邦政府最主要的科技主管部门,其他还有联邦经济与能源部、联邦农业部等管理与本部门职能相关的科技计划。除部门各自负责的科技计划外,联邦政府对跨部委的科技计划采用横向联合管理、联合资助的组织实施方式,参与部门按领域分工管理计划中的某一部分,主管该计划的部门负责组织协调;对于专项计划,设立一个由企业、高校、科研机构、政府代表组成的工作组,自上而下地对科技计划任务进行分解,对计划目标、研究问题和行动领域进行顶层设计;在计划实施过程中建立协同研究平台,确保计划有效实施[4]。

2. 科研项目的分类管理

德国联邦政府的科研经费分为三部分,一部分"机构式资助",主要为四大科研组织提供基础运行费;一部分就是所谓的"项目资助",还有一部分是资助联邦各部委下属研究机构。项目资助又分为直接项目资助(direkte Projektförderung)和间接项目资助(indirekte Projektförderung),直接项目资助的项目一般涉及某个专业研究领域,目的是使该领域的研发达到或保持国际先进水平;而间接项目资助的目的主要是用来支持研究机构和企业(尤其是中小企业)的研发活动,如用于研究基础设施、合作研究、创新网络的发展与壮大,以及研究机构与企业之间的人员交流等[5]。

3. 科技计划项目的委托管理

20 世纪 70 年代初德国联邦和州政府开始将科技计划的执行与管理工作委托给具有科技专业知识和科研创新管理能力的专业化项目管理机构代管。专业化项目管理机构在科研项目的申报咨询、组织实施、过程管理、监督评估、成果转化以及科技发展战略咨询、科普宣传、国际交流与合作等方面发挥了重要作用,成为科技计划委托方(联邦和州政府)与科技计划承担方(高校、科研机构和企业等)之间的重要中介机构。这些项目管理机构主要依托大型科研机构和专业协会建立,主要业务领域与其研究领域相关,是具有广泛科技专业、财务预算、经济管理、行政管理能力的科技管理机构,其工作人员具有很宽的专业背景和项目管理、市场运作经验。

二、国内科技计划管理改革方向

（一）国家科技计划改革相关政策

为了建立以目标和绩效为导向的科技计划(专项、基金等)管理体制,由科技部、财政部共同起草的《关于深化中央财政科技计划(专项、基金等)管理改革的方案》(以下简称《方案》)于 2014 年 12 月 30 日发布实施,科技计划整合为国家自然科学基金、国家科技重大专项、国家重点研发计划、技术创新引导专项(基金)、基地和人才专项等五类政府各部门不再直接管理具体项目,不再管理资金和项目的具体分配,重点抓战略、抓规划、抓政策、抓监督。科研项目的具体管理工作由专业机构负责,强化顶层设计,建立联席会议制度。建立公开统一的国家科技管理平台,对部分具备条件的科技计划(专项、基金等)进行优化整合,打破条块分割。

（二）各地科技计划管理改革趋势

1. 加强顶层设计,建立科技计划统筹协调管理新机制

建立健全统筹协调与决策机制。江苏、广东等建立科技部门牵头,由财政、发展改革等部门参加的科技计划(专项、基金等)管理联席会议制度,扎口管理各类科技计划(专项、基金等),将优化整合后的省级科技计划(专项、基金等)纳入平台集中管理。

探索管办分离的管理机制,培育专业的项目管理机构,委托其承担纳入省级科技管理平台项目的申请、评审、立项和过程管理等具体事项。

2. 整合优化各类科技专项资金,实行科研项目分类管理

广东省优化整合各部门管理的科技专项资金,对定位不清、重复交叉、实施效果不好的,要通过撤、并、转等方式进行必要调整和优化,要优化提升项目层次和质量,合理控制项目数量。自2014年起广东将科技计划项目调整为知识创新计划、技术创新计划、协同创新计划、创新环境建设计划、科技应用示范计划等五个大类。对基础、前沿类科研项目、公益性科研项目、市场导向类项目、重大科技专项分别提出不同的管理目标、管理方式和资助方式。

3. 加强科技管理制度建设,完善和强化科技项目和资金管理

江苏建立项目指南制定和发布制度,完善科研项目立项制度,实现立项过程"可申诉、可查询、可追溯",改进专家遴选制度,完善评审专家数据库,改革科研项目验收管理制度;健全信息公开制度,完善项目资金支出管理,改进科研项目资金结算方式,改进项目结转结余资金管理办法。广东规范科研项目资金使用行为,改进科研项目资金结算方式,规范项目预算编制,及时拨付项目资金,规范科研项目经费的财务管理,改进项目结转结余资金管理办法。

(三)小结

从发达国家科技计划管理的体制机制情况可以看出,政府的重心工作是放在科技计划的制定、科技计划的组织和监管等顶层设计上,项目资助类别分类清晰,而具体的管理事务交由专业机构按照项目质量管理标准进行规范化管理。而国内由于管理体制和管理制度的不完善,政府集决策、执行和监督三方于一身,加之科技主管部门与其他管理部门之间、国家与区域之间,以及科技管理部门内部的条块分割,造成政府职能定位不清和项目支持方向定位不清,政府将相当一部分的研发资金投到了所谓的"国际领先、国内领先"的具体项目上,造成了各类科技计划重复、分散、封闭、低效等现象,以及资源配置"碎片化"等问题。要解决这些问题,必须从三方面着手:一是加强顶层设计,打破条块分割,加强横向、纵向统筹协调;二是加强各项制度建设,规范和加强科技项目和经费管理和监督,建立公开透明的管理平台,逐步建立起专业化的科技项目管理队伍;三是实行科研项目精准化分类管理。

三、青岛市科技计划管理现状

(一)加强科技计划管理顶层设计

为加快创新驱动发展战略落地,加强科技创新的统筹协调,青岛市成立了市科技创新委员会和办公室,加强科技政策和计划管理顶层设计,着力解决科技资源碎片化问题。市长兼任创新委主任,办公室设在市科技局,从市级层面以创新委的构架来协同中央、省驻青高校院所,以及各类企业的创新资源。各区市及功能区也分别成立了科技创新委,构建了上下联动的新格局。

(二)科技计划管理平台建设情况

2015年年底,"青岛科技大数据平台"上线运营,整合数据,开通创新地图,推进各项科技管理业务信息化,实现了数据分析和决策支撑等基础功能,搭建政策超市,服务社会大众。

(三)青岛市科技计划项目执行情况

从2008年至2014年青岛市科技计划总经费呈现增长的趋势,从1.17亿元增长到5.21亿元,但是前5年增长比较平稳,年均增幅为11.5%,2013年呈现爆发式增长,2013年比2012年增幅高达169%,2014年又在2013年的基础上提高9%。围绕创新链需求,优化财政科技资金投入方向,重点投向平台载体建设、科技成果转化以及人才引进培育等方面,2014年公共创新载体建设投入占科技专项资金的比例

达到 70% 以上。在投入方式上,由"相马"转变为"赛马",加大普惠性政策支持力度。

2015 年科技计划体系比 2014 年之前的更加目标清晰,主要分为自主创新、成果转化和成新环境 3 部分,主要聚焦重大专项、支持中小企业创新的"千帆计划"、技术转移、平台建设、高端研发机构引进和人才引进。大力促进"大众创业、万众创新",实施"千帆计划",培育科技型中小企业。针对制约科技型中小企业发展的"瓶颈",改"漫灌"为"滴灌",重点支持企业的首投、首贷、首保。出台研发投入奖励、高企认定补助、金融支持等 8 项配套细则并落地实施,年内"千帆"入库企业 1500 家。

(四)存在的问题

目前青岛市科技计划和资金管理主要存在以下问题:

一是科技计划管理制度建设不够完备和细化。近几年,国内上海、广州、浙江、福建、深圳等地都出台了科技计划项目经费管理办法和各类专项经费(基金)管理办法,目前青岛市出台了科技计划项目和经费管理办法,但是专项经费(基金)管理办法还不够系统,科技项目分类管理还需要进一步加强。

二是市场在科技项目和经费分配中发挥的作用不足。虽然青岛市的科技项目申报指南主要根据企业、高校、科研机构等单位提供的技术需求来确定,但研究项目的确定过于依赖专家评审,未能充分发挥产业技术创新联盟、产业协会、行业龙头企业、中介机构等市场主体在科技项目和经费分配中的作用。

三是科技资金投入方式较为单一。急需找准普惠政策着力点,理清财政与市场的边界,开展风险投资、普惠性补助、以奖代补等支持方式,引导和撬动金融资本和社会资金全面跟进。

四是对中小企业的支持力度仍然不够。青岛市企业研发投入总体分布不平衡,超过三分之一的研发资源仍主要集中在大企业集团,研发活动点高面低的格局依然未变。全市具有一定科技水平和创新能力的中小企业,仅占中小企业总数(约 7.9 万家)的 3.7%。

五是项目管理水平有待提高。专家评审评估决策参考机制、科技管理信息化系统相对国内先进地区还不够完善。

四、青岛市科技计划管理改革对策与建议

(一)优化统筹全市科技计划项目管理

加强青岛市创新委在科技计划工作中的统筹协调作用,由市科技局牵头,优化整合各部门管理的科技专项资金,建立健全统筹协调与决策机制,加强对科技工作重大问题的会商与沟通,协同推进计划的实施。完善"青岛科技大数据平台",推动政府相关部门、各区市功能区科技管理部门的互联互通,加强科技创新政策、规划及改革举措的统筹协调和有效衔接,建设"政策超市";建立市级科技计划项目管理平台,将目前青岛市各局委办的科技计划项目进行全面梳理,统一纳入平台进行管理;增加对国家、省级项目的财政资金配套支持、打造能够有效连通国家、省、市各级科技管理部门和科研任务承担单位,充分实现信息共享、信用体系共建、责任主体明确的科技管理信息系统。

(二)加强科技项目的分类管理

从支持方向上来看,德国近年来在不断地加大对基于"德国 2020 高科技战略"的直接项目资助的比例,而国内科研基础条件较薄弱的地区(如深圳)加强了对创新载体的建设,因此,科技项目的资助重点是与该地区的创新体系的基础条件相关的,不能盲目地借鉴。因此,应以青岛现有产业需求和科技创新发展方向为基础,尊重科研活动的规律和特点,合理筹划财政科研资助的方向和资助方式,加强科技项目的分类管理,对不同类别的科技项目制定相应的管理办法,并加强对已有各类管理办法的协调。逐步淡化对竞争性领域的扶持,加大对城市科技创新载体、人才方面的投入,鼓励以企业为主体开展产学研协同创新,探索实施以政府财政科技资金为引导,社会资金、金融资本广泛参与的扶持方式,加大和引导财政资

金向科技型中小企业投入,减少资金投向已经发展成熟、具备自我研发能力的大企业集团,探索以投资基金为主的扶持科技创新和成果转化新路径。

(三)加强各项科技计划管理制度建设

建立覆盖指南编制、项目申请、评估评审、立项、执行、验收全过程的科研信用记录制度;建立健全信息公开制度,除涉密及法律法规另有规定外,对科技计划实施过程中项目申报、立项、实施、结题等关键环节的管理信息依法、准确、真实、及时公开,接受社会监督,提高科技计划管理工作透明度和公众知晓度;完善科技项目中期检查和重大事项报告制度;改革项目验收和绩效评估办法;建立科技报告制度,加强对科技计划相关政策和科技计划执行情况的评估,编制青岛市科技计划年度报告。

(四)培育科技项目管理专业第三方机构

前期依托市科技局下属具备科研管理经验的单位组建专业的第三方科技项目管理机构,对青岛市各级各类科研计划项目进行试点管理,由该机构负责聘请由技术专家和财务专家等有关专家组成的项目咨询专家委员会,负责对项目财务账目的建立、经费使用等情况进行监督,对项目技术进行监理,对项目进展情况进行检查和督促,并为中小企业、高校、研究机构提供科技计划的有关咨询。在实践中,制定统一的专业机构管理制度和标准,并完善此类机构的监督、审核与评估机制,逐步准许其他有资质的法人单位从事这一领域。

参考文献

[1] 潘慧. 部分发达国家科技计划管理经验对我国的启示[J]. 广东科技,2011,20(21):91-93.

[2] 江笑颜. 美国、欧盟、日本科技计划管理现状、特色做法以及启示[J]. 广东科技,2013,22(16):1-3.

[3] 胡光. 德国的科技项目管理队伍[J]. 全球科技经济瞭望,2005,(10):27-31.

[4] 葛春雷,裴瑞敏. 德国科技计划管理机制与组织模式研究[J]. 科研管理,2015,36(6):128-136.

[5] Bundesministerium für Bildung und Forschung. Bundesbericht Forschung und Innovation 2014[EB/OL]. http://www.bmbf.de/pub/BuFI_2014_barrierefrei.pdf. [2014-3-18]/[2015-12-20].

本文作者:王淑玲 檀 壮 王 栋

(注:本文发表于《科技和产业》2016年第7期)

青岛与深圳科技创新能力对比分析

近年来,深圳构建了前瞻性、系统化的自主创新政策体系,新建了一批重大创新载体,成长出一批具有国际竞争力的创新龙头企业,培育了一批发展速度快、创新成果多、产业化能力强的新型研发机构,完善了自主科技创新支撑服务体系,形成了一个由政府机构、服务体系、政策体系、科研院所和创新企业共同组成的自主创新模式,推动深圳从要素驱动步入创新驱动阶段,逐步实现从应用技术创新向关键技术、核心技术、前沿技术的创新转变,在创新驱动的发展新常态下,处于领跑位置,形成了创新驱动发展的深圳之路。本文对深圳和青岛的创新能力进行比较,从中找出深圳对青岛科技创新发展的经验和启示。

一、创新投入和条件对比

(一)研发经费总量和研发投入强度差距在增大

青岛 R & D 经费投入强度 2005～2008 年呈逐年下降趋势,2009 年以来扭转了这一局面,以平均每年 0.2 个百分点的增幅逐年上升,2013 年达到历史最高水平,2013 年 R & D 投入经费 218.73 亿元,占全市 GDP 比重达到 2.73%,在 15 个副省级城市中排名第 7。

深圳 2013 年 R & D 投入经费 584.01 亿元,在副省级城市中排名第 1,占 GDP 的比重为 4.00%,在副省级城市中排名第 2,经费投入规模和投入强度均达到了历史最高水平(图1、图2)。通过比较可以看出,2013 年青岛研发经费总量是深圳的 37.5%,投入强度低于深圳 1.27 个百分点,差距仍在加大。

图 1　2009～2013 年青岛和深圳 R & D 经费支出总量情况

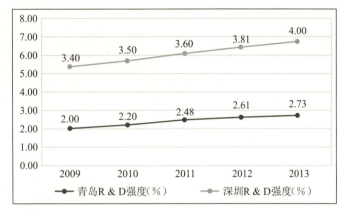

图 2　2009～2013 年青岛和深圳 R & D 经费支出强度情况

（二）青岛政府财政科技拨款比例偏低

2013 年青岛财政科技经费支出达到 25.93 亿元,较 2012 年的 17.29 亿元增长了 50%,在副省级城市中排名第 8。近几年,青岛财政科技拨款有大幅提高,2013 年创历史新高,但由于基数低,仅为深圳的 19.7%,财政科技经费支出占地方财政支出的比重为 2.56%,低于深圳 5.32 个百分点,在副省级城市中排名第 10（图 3、图 4）,处于较低的水平。

图 3　青岛地方财政拨款情况（2004～2013 年）

深圳 2013 年财政科技经费支出高达 131.6 亿元,在副省级城市中位列第一,财政科技经费支出占地方财政支出的比重为 7.88%,位居副省级城市第 1（图 4）。

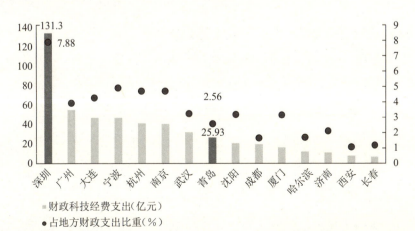

图 4　2013 年深圳和青岛在副省级城市财政科技经费支出及占地方财政支出的比例

（三）青岛研发人员总量和密度较低

青岛全市人才资源总量超过 155 万人，万人研究与研发人员数为 46.24 人/万人，是深圳的 27.3%。R&D 活动人员总数近 6 万人，其中，两院院士 28 人，外聘院士 33 人，"千人计划"人才 90 人。

目前，深圳全市人才资源总量约 400 万人，万人研究与研发人员数为 169.39 人/万人，累计"海归"5 万人，全职院士 12 人，"千人计划"人才 103 人。

（四）深圳创新载体建设独具特色

青岛市现有公办普通本科高校 7 所，其中国家部属高校 2 所、省属高校 5 所；国家 211 重点院校 2 所。国家驻青科研机构 19 家，省属科研机构 6 家。截至 2014 年年底，青岛市共拥有重点实验室、工程技术研究中心、产业技术创新联盟、高等院校、科研院所、引进院所、公共研发平台等创新载体将近 900 家，引进科研院所 18 家。

2013 年深圳有普通高等学校 10 所，科研机构 22 家，科研机构以四所培育研究生院校为主，包含部分内地大学深圳研究院、深圳著名三甲医院以及华大基因、光启在内的新型科研机构。深圳与青岛一样，在全国同类城市中，高校和科研机构数量不多，但是深圳新型研发机构建设独具特色，到 2013 年年底，全市有新型研究机构 115 家，其中以深圳清华大学研究院、中科院深圳先进技术研究院、深圳华大基因研究院、深圳光启高等理工学院四家最为典型。另外，深圳虚拟大学园入驻国内外著名高校 57 家。深圳目前国家及省市级重点实验室、工程实验室、工程中心、企业技术中心等各类创新载体达到 1 000 多家，民办非企业类科研机构 208 家。

二、创新产出和产业对比

（一）深圳发明专利密度、PCT 专利高居榜首

2014 年，青岛市发明专利申请 39 979 件，同比增长 21.5%，位居副省级城市首位，发明专利授权 2 864 件，同比增长 48.4%，增幅连续三年保持副省级城市首位，在副省级城市中的位次由 2013 年的第 10 位升至第 8 位；PCT 国际专利申请专利 225 件，位居副省级城市第 5 位。截至 2014 年年底，全市拥有有效发明专利 8 506 件，每万人拥有有效发明专利 9.76 件。

2014 年，深圳发明专利申请量 31 097 件，发明专利授权量 12 032 件，同比增加 9.5%；PCT 国际专利申请量 11 646 件，同比增加 15.9%，连续 11 年位居全国大中城市之首，占全国 PCT 申请总量的 48.5%。截至 2014 年年底，有效发明专利 70 870 件，位居全国大中城市第二，每万人口发明专利拥有量 65.75 件，位居全国大中城市之首。

（二）深圳技术成交额在计划单列市中位居榜首

2014 年，青岛市成交技术合同项目 3 743 项，在副省级城市中排名第 10 位，成交额达 60.53 亿元，在副省级城市中的排名第 11 位，交易额增长率列副省级城市首位（图 5、图 6）。

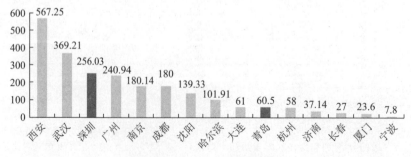

图 5　2014 年副省级城市技术交易成交总额（亿元）

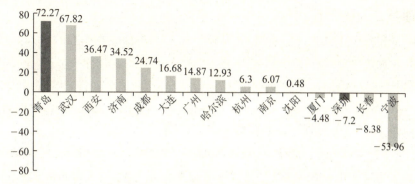

图6　2014年15个副省级城市技术交易额增长比(%)

2014年,深圳成交256.03亿元,在副省级城市中的排名第3位,是青岛的4.2倍,远高于大连、青岛、宁波和厦门等计划单列城市。

(三)深圳高新技术产业持续领先

2014年,青岛市高新技术产业产值6618.95亿元,是深圳的42.5%,高新技术产业产值占规模以上工业总产值比重40.73%,低于深圳23.17个百分点。2014年新认定高新技术企业257家,总数达746家,列副省级城市第10位(图7)。海尔、海信、南车、北车、青啤、即发、中铁二十局、赛轮、北海船舶重工、汉缆、澳柯玛等大企业合计工业总产值占全市高新技术企业总产值近七成。

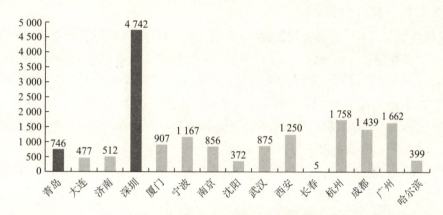

图7　2014年副省级城市高新技术企业数量(个)

2014年,深圳市高新技术企业高达4742家,列副省级城市首位,高新技术产业产值为15 560.07亿元,5年内平均增速为12.9%,高新技术产业产值占规模以上工业总产值比重为63.9%(图8)。

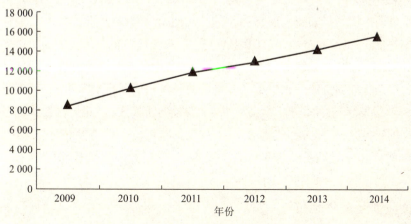

图8　2009～2014年深圳高新技术产业产值

（四）企业创新能力的比较

在青岛，70%以上研发机构设立在企业，70%以上研发人员集中在企业，80%以上研发资金来源于企业，接近 70%申请的专利数量出自企业。青岛 R&D 投入中企业资金持续提高，从 2004 年的 39.53 亿元，提高到 2013 年的 183.07 亿元，所占比例基本在 83%左右。2015 年上半年，青岛规模以上工业企业中，有 708 家开展了研发活动，占全部规模以上工业企业的比重为 15.2%。但青岛的企业研发投入过多集中在大型骨干企业，中小企业科技创新资金投入不足。

在深圳，企业的创新主体地位比较突出，集中表现在四个"90%"，即 90%以上研发机构设立在企业，90%以上研发人员集中在企业，90%以上研发资金来源于企业，90%以上职务发明专利出自于企业。近年来，深圳规模以上工业企业 R&D 经费稳步增长，2014 年达到 549.53 亿元，占全市 R&D 经费投入的约 94%。目前深圳科技型企业超过 3 万家，其中产值超千亿元的 2 家，超百亿元的 13 家，超十亿元的 124 家，超亿元的 1 167 家。

三、深圳的经验和启示

创新资源的富集程度并非必然导致创新结果的优劣，路径和方法更具有决定性。深圳的科技创新能够取得一定程度的成功，是因为正确把握了中国国情的特点，并采用了适合自己的路径。透过深圳推动科技创新的成功经验和做法，有六大理念值得我们学习借鉴。

（一）全面深化科技体制改革

2012 年深圳在全国率先成立科技创新委，主要承担有关科技行政管理、高新技术企业服务、高新技术产业园区管理服务职责等工作，让"科技"、"创新"与"产业"、"城市"紧密联系。近几年来，深圳把创新确立为城市发展主导战略，形成了覆盖创新全过程的政策链。2014 年深圳在全国率先启动科技体制改革，主动承接国家、省的 6 项重点改革任务，努力使"市场发挥决定性作用和更好发挥政府作用"在科技创新领域得到率先体现。一是以科技投入方式改革激发企业创新活力。出台了全国首个《科技研发资金投入方式改革方案》，利用财政资金引导、放大和激励作用。其中通过银政企合作贴息，政府以 5 000 万元成功撬动了近 20 亿元银行资金投向科技中小微企业，财政资金被放大了近 40 倍，为有效解决中小微企业融资难、融资贵问题提供了新路径。二是通过股权有偿资助，将以往的政府无偿资助改为阶段性持有股权，有效实现财政科技资金的保值增值。

（二）加快创新载体建设

为了解决深圳研究型大学、公立科研机构等科技资源比较缺乏的问题，2012 年 12 月深圳市科技创新委员会制定了《深圳市促进科研机构发展行动计划（2013—2015 年）》。随后，深圳在创新载体建设和培育发展进展方面呈现出明显的加速发展态势，4 年间全市新增国家及省市级重点实验室、工程实验室、工程中心、企业技术中心等创新载体超过前 30 年总和。目前已初步建立起一个以产业化、市场化为导向，以开放合作、民办官助、企业主体为特色的创新载体体系，各类创新载体成为深圳科技创新体系强有力的支撑，加快了国家、广东省创新资源的聚集。最具特色的是深圳的新型科研机构，新型科研机构以市场需求为导向，融合了"科学发现、技术发明、产业发展"全链条创新模式，是深化科技体制改革的标杆。新型研发机构虽然研究领域各异，但都具有共同的特征，如在机构定位上都是促进科技与产业的结合，在组织运行机制上都大胆创新，俗称"四不像"，引入资本要素，进行商业模式创新，聚焦核心研究领域，注重学科交叉融合等。

（三）强化企业创新主体地位

深圳是自发性创新的代表，开放的经济以及市场经济先行一步，使得创新成为企业的内生动力，以需求为导向,以应用促发展,发挥企业在技术创新决策、研发投入、科研组织和成果转化的主体作用。积极为企业提供"定制式"的贴身服务。优先在具备条件的骨干企业布局创新载体,促进技术、人才等创新要素向企业流动,形成以市场导向、企业主导、产带学研、自下而上的协同创新机制。2014年度,落实1 574家企业研发费用加计扣除额228.15亿元、减免税收57.03亿元。

(四)重视自主创新和知识产权

深圳很早就重视自主创新和知识产权,并将其从产业发展战略层面提升到城市发展的主导战略。由于高校少、基础研发薄弱,深圳转变渠道,开始逐步完善以市场为导向,以企业为主体,以产业化为目的,以大学和科研院所为依托,走官、产、学、研、资、介相结合的区域创新体系。这也使得专利申请特别是企业为主体的专利申请表现突出,更贴近市场。企业申请的专利,大部分可以直接转化为生产力和效益。2013年,具有自主知识产权的高新技术产品产值占深圳全市高新技术产品产值的比重约为61.20%。

(五)实施人才强市战略

制定出台高层次专业人才"1+6"文件、人才安居工程等政策,大力实施引进海外高层次人才的"孔雀计划",举办国际人才交流大会,集聚海内外各类创新型人才,构建人才发展的良好环境,为创新驱动提供了智力支持和人才保障。

(六)打造综合创新生态体系

深圳推动科技、产业、金融、文化、商业模式等方面创新的有机结合,致力于建设包括科研生态、人才生态、创新产业链生态、金融生态、全球化资源配置生态等在内的创新生态系统,推动了大众创业、万众创新的蓬勃发展。

四、对青岛科技创新工作的建议

(一)创新科技管理体制机制,以科技投入方式改革激发企业创新活力

抓好创新驱动发展战略顶层设计,发挥青岛市科技创新委员会对科技体制改革的统筹领导作用。在继续加大财政科技资金投入力度的同时,调整财政科技资金投入方式,综合运用"拨、投、贷、补、奖、买"等手段,发挥财政资金"四两拨千斤"的杠杆作用,撬动各类社会资本支持创新创业。扩大各类政策性引导基金规模,提高天使投资基金财政出资比例。建立科技金融风险补偿、知识产权质押融资风险补偿机制。调整科技资金投入方向,重点用于技术创新服务平台建设、科技成果转移转化及鼓励创新创业。制定创新人才股权激励办法,最大限度激发人的创造力。

(二)以需求拉动研发,突出企业创新主体地位

强化技术需求市场,把资源配置的重心不仅放在成果转化的环节,而且要通过壮大产业的技术创新能力所产生的知识和技术需求来形成反向拉动疏通创新链。发挥大企业创新骨干作用,推广海尔"人人创客"的模式,鼓励有条件的企业建设创客空间,设立天使投资基金。激发企业的内生动力,帮助中小企业解决技术和资本问题,加快实施促进科技型中小企业发展的"千帆计划",重点解决初创企业的首投首贷首保。全面落实企业研发费用税前加计扣除、高新技术企业税收优惠等普惠性激励政策。

(三)引进高端要素,提升高校院所创新服务能力

引进院所融合青岛行动,制定"一所一策"服务计划。支持引进院所组建成果转化公司和创投基金,推进引进院所派驻人员"五险一金"实施本地化管理。鼓励高校院所围绕青岛主导产业和新兴产业发展方向,设立青岛发展研究机构和专职专岗的应用技术研究机构,发展创客教育,建立创业学院,打造创客空间,更好地服务地方经济社会发展。

（四）打造良好的"众创生态"，营造有利于创新创业的良好氛围

编制众创空间发展规划，实施"创业青岛千帆启航工程"，开展"全城创客"行动，全方位支持大众创业、万众创新。大力弘扬"三创"文化，倡导鼓励创新、宽容失败、敢为人先、脚踏实地的城市观念，打造一批"三创"品牌，推出一批"三创"典型，讲好青岛创新创业故事，让大众创业、万众创新在全社会蔚然成风。

参考文献

[1] 蒋玉涛. 创新型城市建设路径及模式比较研究——以广州、深圳为例[J]. 科技管理研究，2013，33(14)：24-30.

[2] 简兆权. 建设创新型城市的深圳模式研究[J]. 科技管理研究，2009，29(11)：1-4.

[3] 倪芝青，林晔，沈悦林. 十八城市 2005 年科技竞争力比较研究[J]. 科技管理研究，2008，(2)：81-83.

[4] 桂乐政. 苏州——深圳人才经济发展水平比较研究[J]. 经营管理者，2012，0(05X)：13-13.

[5] 杨君游，谈冉. 城市创新能力简便测评指标体系研究——以深圳与其他城市的比较为例[J]. 科学与管理，2015，0(1)：7-15.

本文作者：王淑玲　吴　宁　檀　壮

（注：本文发表于《科技成果管理与研究》2016 年第 5 期）

青岛蓝色硅谷核心区建设思考及发展研究

一、蓝色硅谷发展历程

2011年1月,国务院批复《山东半岛蓝色经济区发展规划》,山东半岛蓝色经济区建设正式上升为国家战略。随后,青岛市委、市政府率先提出打造"中国蓝色硅谷",并做出战略部署。

2012年1月,青岛蓝色硅谷核心区工作委员会、青岛蓝色硅谷核心区管理委员会正式成立,蓝色硅谷核心区规划建设全面启动。

2012年2月,青岛市发布《青岛蓝色硅谷发展规划》,明确提出要将蓝色硅谷打造为全国海洋科技自主创新示范区、国际海洋科技教育中心核心区、全国海洋高端新兴产业发展引领区、全国滨海科技生态文化新城示范区。

2012年9月,"青岛蓝色硅谷"被正式写入国务院《全国海洋经济发展规划(2011—2015年)》,将建设青岛蓝色硅谷海洋科技自主创新示范区,标志着蓝色硅谷上升为国家海洋发展战略的组成部分。

2013年12月,科技部发文支持蓝色硅谷开展国家海洋科技自主创新先行先试,对海洋科技研发、海洋科技成果转化、海洋新兴产业培育等方面给予重点支持。

2014年9月,经国家海洋局专家评审,蓝色硅谷核心区成为全国第五个国家科技兴海产业示范基地,着重打造国家海洋高技术集聚区,为推动海洋经济发展方式转变提供有力支撑。

2014年12月,《青岛蓝色硅谷发展规划》获国家发展和改革委员会、教育部、科技部、工业和信息化部、国家海洋局5部委联合批复,青岛蓝色硅谷正式上升为国家战略。

2015年12月,青岛市政府颁布《青岛蓝色硅谷核心区管理暂行办法》,设立青岛蓝色硅谷核心区管理局,通过体制机制创新,激发青岛蓝色硅谷核心区发展活力。

2016年3月,《国民经济和社会发展第十三个五年规划纲要》明确提出"建设青岛蓝谷等海洋经济发展示范区",蓝色硅谷成为国家重点发展的海洋经济发展示范区。

二、核心区建设现状

蓝色硅谷核心区规划总面积443平方千米,其中陆域面积218平方千米(可供开发面积97平方千米),海域面积225平方千米,含即墨市鳌山卫、温泉两个镇。蓝色硅谷定位于海洋生物医药、海洋装备制造、海水综合利用、海洋新能源、海洋新材料等涉海产业的培育与发展,是国家生物产业基地、船舶与海洋工程装备产业示范基地、海洋新药及海洋生化制品研发和生产基地,海水综合利用走在国内城市前列,海洋防腐、生物质纤维等新材料产业也初具规模。

(一)总体概况

目前,蓝色硅谷核心区引进重大科研及创新创业项目 210 余个、总投资 2 422 亿元、总规划建筑面积 2 304 万平方米,已累计投入各类建设资金 537 亿元,开工建设面积达 700 万平方米。2015 年,蓝色硅谷实现地区生产总值 63.2 亿元、同比增长 15.2%,完成地方公共财政预算收入 7.7 亿元、增长 48.1%,完成固定资产投资 227.5 亿元、增长 49.8%。

(二)高端机构

蓝色硅谷核心区内拥有青岛海洋科学与技术国家实验室、国家深海基地、国家海洋设备质量监督检验检中心、国家海洋局第一海洋研究所蓝色硅谷研究院、国土资源部青岛海洋地质研究所、山东大学青岛校区、哈工大青岛科技园、天津大学青岛海洋技术研究院等机构。其中,"国字号"重点项目 14 个,高等院校设立校区或研究院 16 个,科技型企业 110 余个。目前海洋科学与技术国家实验室等 6 个项目已投入使用,国家海洋设备质量监督检验中心等 45 个项目正加快建设,国家水下文化遗产保护基地等 20 余个项目正在加紧前期建设工作,具备了发展海洋科技、开展创新服务的独特条件和优势。

(三)孵化体系

蓝色硅谷核心区内科技类项目孵化器规划 418 万平方米,已开工建设 165 万平方米,竣工 80 万平方米。其中,蓝色硅谷创业中心项目已正式投入使用,面积 15.8 万平方米,引进了山东半岛蓝色经济区海洋生物产业联盟、深蓝创客空间等 40 余家科技型创新企业和团队。

(四)人才引进

蓝色硅谷核心区累计引进各类涉海、涉蓝人才 3.9 万人,其中硕士及副高以上高端人才 1.6 万人。通过项目带动,引进全职与柔性人才共计 3 200 余人,其中博士 715 人、硕士 679 人、本科 1 158 人,"两院"院士、国家"千人计划"专家、"长江学者"、"泰山学者"等高层次人才 300 余人,海外人才 52 人(其中外籍专家 37 人)。

(五)管理体制

蓝色硅谷成立之初,组建了青岛蓝色硅谷核心区工作委员会和青岛蓝色硅谷核心区管理委员会,由即墨市管辖,采取属地化管理方式,青岛市政府下放了 121 项市级经济管理权限。其中,核心区管委会下设科技与人力资源部、经济发展与投资促进部、规划建设部、财务审计部、综合事务部、科技创业综合服务中心六个部门。由于管委会模式无独立法人地位,不能依法承担公共事务管理和公共服务职能,2015 年 12 月,青岛市政府正式设立青岛蓝色硅谷核心区管理局,负责核心区的开发建设、运营管理、招商引资、制度创新、综合协调等工作。同时设立青岛蓝色硅谷核心区理事会,负责研究确定核心区的发展战略规划,行使重大事项决策权,以及青岛蓝色硅谷核心区监事会,对蓝谷管理局开发、建设、运营和管理活动进行监督。相应决策机构、执行机构、监督机构的设立,使得蓝色硅谷核心区的决策权、执行权和监督权充分衔接,健全了有效制衡的法人治理结构。

(六)现有政策

2014 年 11 月,青岛蓝色硅谷核心区管理委员会印发《青岛蓝色硅谷核心区扶持创新创业暂行办法》,支持孵化器等创新创业载体建设、科技型中小企业培育和创新创业人才的引进。另外,《中国蓝谷行动计划纲要(2016—2020)》已完成意见征求和稿件调整,即将颁布实施,该纲要结合国家海洋强国、创新驱动发展和"一带一路"战略,将在新的起点推进蓝色硅谷实现跨越式发展。

三、问题与差距

（一）政策体系存在短板

目前蓝色硅谷的各类支持、扶持政策绝大部分属于供给侧政策，需求侧的扶持政策严重不足。以政府采购、商业化前期引导、技术标准等典型的需求侧科技创新政策为例，蓝色硅谷的现有政策体系基本属于零覆盖。受益于前期大力度的供给侧政策，蓝色硅谷各类产业将会初步形成新供给和新产能，为了更加有效地引导与启动市场需求，需要加快完善与之配套的需求侧扶持政策。另外，国家级创新平台与地方配套、主办、主营的孵化、服务机构所享受的股权激励等成果转化政策不匹配、不衔接。科技创新创业的激励和扶持政策体系存在的一系列短板需要补齐。

（二）高端创新资源紧缺

蓝色硅谷聚集了一批国家级高端创新平台，但涉海机构与人才无论从数量还是质量上，与国际先进地区还有一定差距，尚需汇聚具有国家战略意义的重大基础科研设施，以及全球顶尖海洋科研领军人物和团队，以打造具有国际影响力与竞争力的世界一流海洋科研机构与平台。目前，蓝色硅谷的机构引进与建设正在有序进行，部分项目尚处规划和起步阶段，在国家积极支持的同时应争取更多的国际支持，吸引世界尖端科研机构与组织参与建设，并寻求与拓展政府间项目。在人才策略上，外籍科研人员来青工作的年龄、居留年限、签证类型和期限等领域尚有诸多限制，外籍留学生毕业后留青就业、创业也存在不衔接、不顺畅的现象，影响高端人才集聚的速度和质量。

（三）创新创业能力不足

一是企业创新创业能力不足以支撑产业发展。蓝色硅谷聚集了一批创新创业型企业，其创新创业意识强，但世界级高水平创新不多，成果产出率不高，涉及领域分散且产业化能力不足，对区域创新与产业带动尚不能形成有力支撑。二是创新创业服务机构数量少、层次低。蓝色硅谷经过几年的启动建设，大量的孵化和创业载体已开始逐步投入运行，但仅有蓝色硅谷创业服务中心等几家机构投入使用，急需导入各类创新创业服务机构来带动创业团队和企业入驻。另外，区内创新创业服务机构多提供法律、财务、税务、知识产权、市场推广等一般性服务，而研发、检验检测、试产试制等专业性服务供给不足。三是创新创业服务供需双方信息不对称。服务机构提供的服务信息创业者难获取、难甄别，创业者的需求信息服务机构不了解、不掌握，以及双方的历史信用等信息不透明等此类情况广泛存在，在管理层面缺乏相关信息平台的搭建。

（四）公共设施配套滞后

一是政府行政和公共服务体系建设存在问题。政府资源为一些孵化、创业服务载体的项目建设提供了有力支撑，但在转入运行和运营期后退出不及时，充当市场参与者，可能影响相关服务市场的正常发育。二是生活配套设施不完善。居住、生活、通勤、医疗、教育等生活配套设施建设滞后于创新创业载体建设，影响了创新人才、机构的导入，在一些载体中已经出现了签约但不迁入的情况。三是交通基础设施不完善。蓝色硅谷三个功能区之间以及与半岛蓝色经济区其他地市间直接联系的公共交通体系发展滞后，直接通勤不便捷。人才在跨区通勤时需要经由主城区、老城区进行中转，无法实现直达，一定程度上影响了创新人才、机构的导入和蓝谷辐射带动作用的发挥。

（五）金融支持有待加强

一是政府与社会资金对科技金融的支持力度不够。山东省和青岛市都建立了针对蓝色产业的投资基金，青岛市2015年设立了海洋科技成果转化基金，首期出资2 000万元，但与海洋科技成果转化市场对资金的需求量相比，投资仍显得杯水车薪，且投资资金来源单一，主要为政府注资，而社会资金注入不足，参与度不高。二是金融服务资源分布不均衡。青岛蓝谷科技创新孵化带紧邻青岛市财富管理金融综合改革试验区,金融资源较为集中。与其相比,蓝色硅谷核心区在金融服务资源聚集上还有较大差距。三是尚未形成完善的科技金融组织体系和服务平台,投融资新模式探索乏力,金融供给和支撑有限,PPP 模式未得到深化推广。

参考文献

[1] 冷静. 推动青岛蓝色硅谷加快发展的对策研究[J]. 青岛职业技术学院学报,2014,27(3):20-25.

[2] 夏凡. 青岛蓝色硅谷核心区新型产业模式探讨[J]. 经济师,2014,(3):35-37.

[3] 姜绍华. 山东半岛蓝色硅谷建设的基础背景分析[J]. 环渤海经济瞭望,2014,(3):8-11.

[4] 袁圣明,吕学昌,盛洁. "蓝色"功能区布局研究——以青岛蓝色硅谷核心区为例[J]. 科技与创新,2014,(5):111-112.

[5] 刘文俭. 青岛蓝色硅谷建设国家海洋科技自主创新示范区的战略研究[J]. 青岛科技大学学报:社会科学版,2012,28(4):74-78.

[6] 韩立民. 中国"蓝色硅谷"的功能定位、发展模式及创新措施研究[J]. 海洋经济,2012,2(1):42-47.

本文作者:姜　静　王　栋
(注:本文发表于《管理观察》2016 年第 13 期)

创新创业与服务

国内外科技服务业发展案例及青岛市科技服务业的发展路径

一、国外科技服务业发展典型案例

（一）德国弗朗霍夫协会（Fraunhofer-Gesellschaft，FhG）

德国弗朗霍夫协会是德国也是欧洲最大的应用科学研究机构之一，是公助、公益、非营利的科研机构，协会下设80多个研究所，年经费10亿欧元。

1. 弗朗霍夫协会主要的技术转移模式

弗朗霍夫协会技术转移的主要途径有合同科研、专利许可、衍生公司、创新集群等形式。合同科研是弗朗霍夫协会技术转移最主要的途径，协会每年的研究经费有40%来自为企业开展的合同研究，通过接受政府、企业、其他组织的合同委托，针对某一具体的问题或需求进行研究或开发；专利许可也是弗朗霍夫协会技术转移的主要途径之一，协会与企业合作开发所形成的专利一般归协会所有，技术开发的委托企业或合作企业获得专利技术的实施权；对于有市场前景的项目或愿意用所开发的项目创业的员工，协会允许他们离开协会独立开办企业（即衍生公司），协会每年从衍生公司获得2亿欧元左右的收入，其中绝大部分是研发和专利许可收入。

2. 主要经验与启示

（1）弗朗霍夫协会拥有先进的技术转移理念。

弗朗霍夫协会的技术转移理念主要经历了三个阶段：① 单纯技术的转移，这个阶段的技术只是单纯地从开发者转移到应用者手中，双方缺乏有效的互动；② 技术转移＋沟通交流，这个阶段除了技术从开发者转移到应用者手中之外，双方还要进行有效的交流，如后期的服务、培训等；③ 技术能力的转移，这个阶段开发者和应用者从技术开发伊始就在一起工作，直到技术投入应用，最终将应用技术的能力建立并转移到应用者一方。这种方式不仅包括了技术本身，更包括了相关的知识、技能、方法乃至设备、人才等。

（2）适应国家创新体系的组织定位。

弗朗霍夫协会技术转移取得成功的一个重要的外部因素就是德国国家创新体系对科学、技术和产业系统的一个清晰划分。协会契合了德国国家创新体系的要求，定位于应用研究，与其他的创新主体之间建立了良好的分工与合作关系，在从事基础研究的高等院校与从事产品、服务开发的产业研发间建起一座联系的桥梁。

（3）市场化的技术开发及转移模式。

弗朗霍夫协会面向产业界采取市场化的定制技术开发与转移模式：研究人员与企业就问题或需求进行充分沟通，为客户定制高满意度的技术解决方案；产业专家从技术研发项目的早期开始介入，对技术路线、技术方案的产业化进行评估；采取精细化的项目管理手段，项目经费分阶段拨付，最多支持两个阶段，技术开发的第三阶段资金，需要从市场上募集资金支持，若未筹集到必要的资金，项目须终止或者转移到协会外的机构或企业。

（4）符合技术与产业规律的评价体系。

弗朗霍夫协会注重对研究所宏观的综合评估，并且以 5 年为一个周期，评估委员会由学术界、产业界和政府部门的专家组成。对具体技术开发项目的评估主要考察是否获得企业的支持合同、形成专利、转让到衍生企业等方面，并将结果体现到对研究所的综合评估中。这一评价体系既符合技术开发具有时间尺度的技术规律，也符合应用导向的产业规律。

（二）美国 Y-Combinator

Y-Combinator（以下简称 YC）于 2005 年由保罗·格雷厄姆（PaulGraham）在硅谷发起成立，短短几年内，YC 成了全球孵化器的标杆。在 2012 年《福布斯》网络版"十大美国创业孵化器与加速器"的排行榜中，YC 位居榜首。截止到 2015 年 8 月，YC 自主投资的企业数量共有 940 家，而获得 YC 自主投资却失败的企业数量只有 177 家。

1. YC 的运营模式

YC 项目主要对象是那些因为无法募集到启动资金而无法开始创业的企业家，YC 会向每个创业团队提供种子资金以及为期三个月的创业孵化班。

入驻的 2 周内，YC 会为所有的创业团队举办一次"项目模型展示"，向其他团队展示自己的创意。在整个孵化周期进行到大约一半时，YC 会邀请红杉资本的合伙人作为免费咨询顾问，与创业团队进行交流。之后，YC 会专门为创业团队安排与风险投资者、天使投资者等投资机构有接触机会的"路演日"（Demo Day），帮助创业企业获得各类资源度过初创期。（具体的运营模式如图 1 所示）。

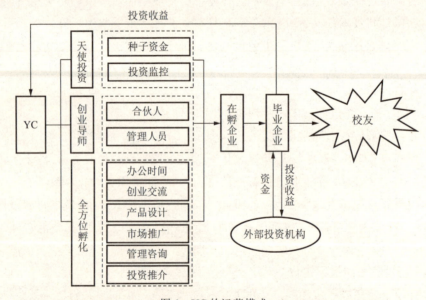

图 1　YC 的运营模式

2. 主要经验与启示

（1）严格的创业团队筛选标准。

YC 严格的创业团队筛选标准是吸引投资者的重要原因之一。筛选标准主要包括创业构想、市场需求和团队三个方面。创业构想方面,创业团队不需要具有非常高明的创意,但能够为用户提供比现有技术更好的技术;市场需求方面,能够把握市场需求,不需要做完美产品,只需要发行试用版并不断根据用户反馈进行改善;团队方面,主要看中创业团队是否真聪明、是否具有坚定的信念以及面对问题的灵活性。严格的筛选标准让大多数投资者认为不需要做调查就可以对从 YC 毕业的企业进行投资。

(2)强大的资源整合能力——校友网络。

YC 拥有经验丰富的管理团队、高素质管理人员、创业者同伴社区及企业发展战略、品牌经营和公司治理结构方面的专业支持,侧重点是校友网络。YC 的"校友网络"类似于由初创企业创始人组成的兄弟会。YC 的"校友资源"不仅仅可以帮助公司筛选项目和提供咨询建议,也为后来再加入的创业者扮演了市场开拓者的角色。

(3)渠道畅通,具备可持续性和扩展性。

在 YC 的发展模式中,面对不同的资本市场与技术市场,通过工作日会谈、原型展示日、红杉资本对接日、天使投资对接日及项目展示日等营销渠道,为入驻企业吸引投资、并购。在工作日会谈与原型展示日,创业者汇报公司进度,YC 内部投资人选拔投资对象;红杉资本对接日保证每个创业项目与红杉资本合伙人交流 30 分钟;天使投资对接日会为每个项目匹配两个天使投资人,天使投资人会选择项目进行下一轮投资。项目展示日是客户群体选择 YC 创意企业的最大活动,投资者会选择值得投资的创业项目,实行并购或后续投资。

二、国内科技服务业发展案例

(一)武汉东湖新技术产业开发区

1. 科技服务业发展情况

武汉东湖新技术产业开发区是全国科技创新发展的后起之秀,园区综合实力连续两年位列全国第 3,知识创造和技术创新能力位列第 2 位。目前,武汉东湖新技术产业开发区拥有 8 家产业技术研究院,省级和国家级产业创新平台 466 家,产业技术创新联盟 39 家(其中国家级联盟总数达 8 个)。有 22 家银行在高新区设立了分支机构,其中 15 家设立了科技(分)支行,成为国内科技支行最密集的区域;拥有孵化器 33 家,其中国家级孵化器 10 家,在孵企业超过 3 000 家;拥有加速器 8 家,省级加速器 6 家。"武汉·中国光谷"区域品牌已经在全球范围内形成了较强的影响力和品牌知名度。

2. 主要经验与启示

在科技金融领域,一方面围绕科技创新链构建金融服务链,形成多层次的科技金融政策体系。出台了有关科技融资的六项融资机制:信用激励机制,风险分担补偿机制,多方合作机制,差异化持续融资机制,金融人才激励机制,科技金融创新与风险防范互动机制。在技术创新起步阶段、成果转化初期阶段、科技成果产业化规模化发展阶段,提供了不同类型的科技金融支持。另一方面积极发挥资本市场和信贷市场功能,不断推动科技金融产品创新。创新财政投入方式,引导股权投资发展;创新工作机制,推动企业资本市场融资;创新信贷服务模式,助推企业发展,为科技企业自主创新提供了优良的金融生态环境。

在创业孵化领域,通过建设"苗圃—孵化—加速"创业孵化链条,打通了创业项目孵化的全生命周期的载体和创业孵化服务;创新孵化服务模式,形成了高校科技成果转化"四级跳"、"创业辅导 + 天使投资"、"开放式平台 + 天使投资"、"企业化运营 + 专业化服务"等孵化服务模式的创新。

(二)凡特网:专业、权威检测机构的第三方平台

1. 基本情况

凡特网是国内乃至世界首家市场化运作、基于 B2B 电子商务的分析测试服务交易平台,是西安科技大市场探索科技资源市场化的实践与创新。平台以实验室分析测试服务为交易主体,涉及食品、金属材

料、环境、能源化工、药物、纺织品及纤维、电气、建筑与建材等多个领域。

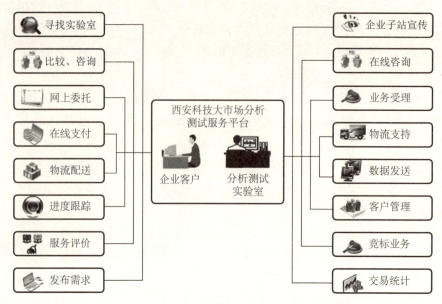

图 2　凡特网服务模式

2. 主要经验与启示

（1）行业选择。

凡特网以本地实验室资源为依托，专注于分析测试行业，采用市场化的商业模式对科技资源进行统筹，实现了检测机构技术优势与科技企业检测需求的无缝对接。此模式对于提升科技对经济社会的支撑引领作用，加快创新型经济增长模式的转变，具有重要的意义。

（2）目标定位。

凡特网以"科技惠民"的服务理念为先导，关注与国计民生息息相关的热点行业，其业务涵盖新材料、地质矿产、电子产品、环境卫生、医药、食品、纺织品、石化产品等八大门类。凡特网的核心目标就是要打造一条客户和实验室之间的快速通道，协助分析测试实验室拓展业务，进而构建一个规范化的分析测试服务市场。同时，随着服务能力的提升、各类业务的深化以及平台的市场推广，平台成为分析测试实验室业务链中不可或缺的关键组成部分。凡特网的业务选择及各种特色服务的成功，有力地推动了本地产学研用创新服务的发展。

（3）商业模式。

凡特网商业创新的示范目标是要重构现有科技资源的价值链，以新的商业模式整合人才、技术、产品、服务以及市场，进而优化升级产业结构，培育新兴产业和新经济形态，使科技资源优势转化为创新优势、产业优势和经济优势，为科技资源统筹提供了可复制的商业创新范本。

三、青岛市科技服务业发展现状和问题

（一）发展现状

近年来，青岛市大力实施创新驱动发展战略，以加快科技成果转化为主线，不断完善科技服务业体系，科技服务业增加值保持逐年平稳较快增长，成了唯一同时承担科技服务业行业和区域试点的计划单列市。2015 年全市科技服务业增加值将突破 200 亿元，科技服务业总规模将达到 450 亿元。2015 年全市发明专利申请 44 962 件，连续三年居副省级城市首位，同比增长 12.5%；发明专利授权 5 170 件，同比增长 80.5%，增幅位居副省级城市第二。技术合同交易额 89.54 亿元，同比增长 48%，超过大连，居副省

级城市第九。高新区获批全国首批科技服务业区域试点,西海岸新区获批国家知识产权示范区、崂山区获批国家知识产权服务业集聚发展试验区。新增6家国家级技术转移机构,总数14家,由副省级城市第八跃升至第五。

(二)存在的问题分析

1. 行业规模偏小

青岛科技服务业发展处于起步阶段,与国内其他同类城市相比,科技服务业总体规模偏小。2014年青岛科技服务业增加值为122.5亿元,北京市科技服务业增加值为3 635.6亿元,不足北京的1/25;西安科技服务业增加值为489亿元,约为西安的1/4;广州科技服务业增加值为420亿元,约为广州的1/3。从科技服务业占服务业比重来看,2014年青岛科技服务业占服务业的比重为2.7%,而同期,西安占比为16%,青岛科技服务业对服务业和区域经济发展的带动作用尚未充分发挥。

2. 市场化程度不高

目前,青岛市的高校、科研院所和事业单位等国有科技服务机构基本不以营利为目的,运作主要依靠财政资金注入,需要政府"持续输血",其提供的服务与市场上的科技服务需求不适应,导致科技服务资源错位和浪费;此外,由于其不以营利为目的,缺乏提升服务质量的动力,加之市场化科技服务机构数量少,缺乏竞争氛围,导致服务效率偏低。

3. 与产业黏合度不够

与青岛市产业发展需求相比,当前科技服务业服务水平偏低,与产业的黏合度不够,难以支撑产业创新发展。存在专业孵化器数量偏少,投融资、创业辅导等高端服务相对滞后,创业企业培育、成长加速机制不完善;小试和中试服务环节缺失,成果转移效率不高,高校科研机构的研发成果与产业需求脱节,不足以支撑产业技术创新;市场化的科技金融机构较少,企业信用评估机制不完善等问题。

四、青岛市科技服务业发展路径

(一)打造开放共享的公共研发服务体系

围绕企业的创新需求,统筹协调驻青高校、科研院所和大企业的科技研发资源,开展驻青高校、科研院所融合青岛行动计划;依托高等院校、科研院所和行业龙头企业组建软件与信息、轨道交通、橡胶新材料等领域的产业技术研究院及公共研发服务平台;培育新型研发服务组织,探索发展研发众包等新模式、新业态,完善面向产业发展的研发布局。

(二)搭建功能完备的创业孵化服务体系

推进众创空间等新型创业服务平台建设,构建"众创空间、孵化器、加速器、产业园区"于一体的创业孵化链条;建立政府购买创业服务目录,引导和支持社会机构提供创新创业服务,开展创业教育培训;打造千帆"1+N"系列品牌,举办千帆创业大赛、千帆路演、创业训练营、创客活动周等各类创业活动,并将各项活动系列化、常态化。

(三)健全协同规范的技术转移服务体系

重点推进国家海洋技术转移中心建设,建立面向各专业领域的技术转移分中心,扩大海洋科技成果转化基金规模,建设国家海洋技术交易市场;探索通过合同科研、专利使用许可、衍生公司、概念证明中心、创新集群等多种途径实施技术转移转化,推进科技成果成熟度评价和价值评估在技术交易中的应用;引导和支持社会第三方机构开展技术转移服务,推动有实力的企业、产业联盟、工程中心等面向市场开展中试和技术熟化等集成服务;建立科技成果转化基金,以"做市商"的方式,引导专业化技术转移机构由传统的咨询中介服务向资本运作转型。

（四）构建专业高效的知识产权服务体系

建设国家知识产权局青岛专利代办处,构建"1+6"知识产权服务体系;完善青岛国际版权交易中心功能,鼓励中介机构参与版权登记、交易和保护;推进设立"知识产权银行",推动专利转化、交易和运营;鼓励知识产权服务机构拓展服务范围,形成专利代理、专利分析、专利运营等特色鲜明的差异化优势服务机构;培育壮大知识产权中介服务品牌,开展机构分级评价,建立健全信用管理制度,提升服务质量。

（五）完善适应创新链需求的科技金融服务体系

建立财政科技投入与社会资金搭配机制,广泛吸纳社会资本;支持高校院所、领军企业或创投管理机构,设立服务特定领域的投资基金;鼓励企业对接多层次资本市场,开展互联网股权众筹试点;引导科技金融服务中心建立科技企业信用评价标准;鼓励社会资本设立科技投资公司、科技融资担保公司等多业态的新型科技金融服务机构;鼓励金融服务机构不断开展产品创新,全方位服务科技型企业融资发展。

（六）提升检验检测市场化服务能力

围绕重点产业搭建一批融合检验检测、分析试验、标准研制、技术研发、培训咨询功能的检验检测公共服务平台;加强公共检验检测机构信息化建设,积极引进和培育一批为企业提供分析、测试、检验、计量、标准化等全链条服务的第三方检验检测认证机构;鼓励社会资本建设第四方服务平台,探索检验检测服务供需对接模式,推动线上检验检测服务的发展;推动检验检测认证机构按照国际规则开展认证结果和技术能力国际互认。

（七）提升科技咨询专业化服务能力

推动科技战略、科技评估、产业生态评估、科技招投标、工程技术、科技情报等科技咨询服务机构规范有序发展,支持高等院校和科研院所结合地方需求设立青岛发展研究院;将科技咨询等公共科技服务列入政府采购目录,培育壮大科技咨询服务市场;重视专业化智库建设,整合专家资源和科技资源,着力构建一批专业化高端科技智库。

（八）提升科学技术普及社会化服务能力

鼓励和支持科技馆、博物馆、图书馆等公共场所免费开放,推动高等学校和科研院所向社会开放非涉密科研设施,鼓励企业、社会组织和个人捐助或投资建设科普基地;引导科普服务机构采取市场运作方式,加强科普产品研发,拓展传播渠道;融合大数据、云技术和网站集群技术,推动科普信息化建设;支持各类出版机构、新闻媒体开展科普服务,发挥科普阵地的示范辐射带动作用,积极开展青少年科普阅读活动,加大科学技术传播力度,提高全民科学素质。

（九）提升综合科技服务能力

围绕青岛市创新发展的实际需求,创新服务模式和商业模式,开展线上线下相结合的专业化综合科技服务;拓展科技大数据平台功能,绘制"创新地图",完善"政策超市",利用"一卡通"为创新主体提供"一站式"综合科技服务;创新服务手段,运用各类新媒体,打造"青岛科技通"、"掌上孵化器"等一系列科技服务品牌,实现"指尖上的科技服务"。

参考文献

[1] 杨英. 发达国家科技服务业运营及服务模式对中国的启示[J]. 当代经济,2016,(4):4-5.

[2] 陈小微. 开放性数字媒体实验室管理系统的研究与实践[J]. 数字技术与应用,2012,(10):111-113.

[3] 阎康年,姚立澄. 国外著名科研院所的历史经验和借鉴研究[M]. 北京:科学出版社,2012.

[4] 刘媛,黄斌,姚缘. 我国典型科技服务业集聚区发展模式对江苏的启示[J]. 科技管理研究,2016,36(2):189-193.

[5] 李霞. 先进地区科技服务业发展经验及对唐山的启示[J]. 环渤海经济瞭望,2015,(9):20-24.

[6] 张清正. 中国科技服务业集聚的空间分析及影响因素研究[J]. 软科学,2015,29(8):1-4.

编　写:刘　瑾

审　稿:谭思明　李汉清

青岛市科技服务业人才现状与对策建议

科技服务业是以知识、智力资本投入为基础的现代服务业。从科技服务业发达的美、德、日、英等国家的发展过程中可以看出，除了先进合理的社会创新体制保障之外，人才是科技服务业发展中最重要、也是最活跃的因素，是创造价值的核心竞争力。在我国实现促进自主创新、引领产业升级、培育新兴产业的过程中，科技服务业有着不可替代的作用。我国科技服务业经过近三十年的发展，目前无论从管理水平还是整体效益上看仍处于一个比较低的水平。要提高科技服务业对社会经济发展的支撑能力，需要在健全完善相关体制的同时，大力培养一批具有创新能力的高技术人才和具有较强服务能力、水平的专业人才，这对于发展我国科技服务业至关重要。

一、科技服务业人才的特征

（1）科技服务行业人才的范围界定。

科技服务业涉及的领域较为广泛，包括咨询业（包括工程咨询、管理咨询、技术咨询等）、技术贸易服务业、科技信息服务业、科技孵化业（包括企业孵化器及各类科技园）、科技风险投资业、科技培训业、技术监督服务业、知识产权服务业及其他技术服务业等各类行业。科技服务业从业机构众多，基本可以分为两大类：一是科技研究与技术开发机构类，包括各类科研院所、民办科研机构、社会科学研究机构、重点实验室、工程技术研究中心、企业技术中心、大学的研发机构等；二是科技交流与技术推广服务机构类，包括科技园区及基地、生产力促进机构、科技服务与中介结构、科技推广机构等。相应地，科技服务业人才是指专职在科技服务部门中直接或间接从事科技服务工作的从业人员，涵盖各个理、工、医、文、法等多种学科，学历从大专到博士研究生都有。

（2）科技服务业人才需要具备的能力与素质。

通过梳理科技服务业人才的从业特征，可以把科技服务业人才分为创新研发型人才和管理服务型人才两大类。

创新研发型人才的主要工作是运用专业知识进行创新型的生产、创造、扩展和应用，主要有科学研究、科技开发、软件服务、技术支持、网游动漫、电子商务、生物医药、工程设计、工业设计、建筑设计、广告设计、文化传媒等。

创新研发型人才的能力基本包括：较高的创新素质和创新的意识，较强的创新思维、知识、能力和人格，较强的学习能力、信息能力、研究能力和操作能力，较深的专业知识和从业经验等。

管理服务型人才的主要工作是实现成果转化及技术转移等管理与服务,如科技中介、孵化器、创业投资、金融信息服务、物流配送、人才培训与服务、技术服务、网络运营服务、增值服务、法律、会计、审计、评估、咨询等岗位。

管理服务型人才的能力基本包括:较高的综合素质,较强的服务意识,较高的职业道德和较强的领导能力等。

二、我国科技服务业人才总体状况

科技服务业是知识智力密集程度很高的行业。相对其他服务业,科技服务业对从业人员的知识层次要求更高,要求从业人员不仅要具有深厚的科技知识背景,更要有广阔的视野,而且要通晓现代管理、经济、金融、法律等多学科知识。随着我国政府对自主创新的大力扶持,我国科技服务业的发展已有一定规模,2015年科学研究和技术服务业投资额为2 176亿元,研究与试验发展(R&D)经费支出10 240亿元,占国内生产总值的1.97%,全国共有R&D人员约40万人,呈逐年递增趋势,企业规模也从中小型逐步向综合型集团企业发展,越来越得到国家与政府的重视。但由于我国科技服务业仍处于发展初期,以及由于过去重技术引进、轻消化吸收再创新的传统理念,和我国科技产业层次及科技服务水平总体偏低、自主创新能力弱等原因,导致目前我国的科技服务从业队伍总体素质不高。再就是区域差异较大,科技服务业发展与科技资源储备正相关,我国科技服务业发展较好的地区主要分布在环渤海、长三角、珠三角等经济发达和科技资源丰富地区;以行业法人数为例,2014年北京市拥有科技服务业行业法人38 136个,占全国科技服务业行业法人总数的11.7%,而新疆科技服务业行业法人数仅为3 582,占全国比重仅为1.1%;从科技服务业市场规模和完善度来看,北京、上海比较成熟,处于第一集团,广东、浙江、天津、浙江等省市科技服务业有一定基础,在当地政府的大力支持下发展迅猛,而新疆、西藏等西部地区基础较差,发展比较落后。然后是科技服务业专业人才、特别是高层次人才仍很匮乏,即使在发展较好北京、上海、广东、浙江等地区,懂技术、懂市场、懂管理、懂法律的复合型人才也很缺乏。造成这种状态的原因与我国现有的科技体制、教育体制有很大关系。目前,在市场化运作的大中型服务机构极其稀少的背景下,科研院所普遍缺乏引导研究者转型成为服务者的动力,高等院校缺乏专门针对科技服务的人才培养计划和资质,而职业学校的教育又无法胜任日趋专业和复杂的服务需求,这些都导致了高素质科技服务人才队伍的供给渠道不畅,与市场需求之间存在巨大鸿沟。最后,我国目前还没有统一的科技服务人员职业资格认证标准,致使科技服务人员素质参差不齐,既没有执业资格考核制度,又没有强制退出机制。科技服务业人才队伍建设滞后,成为我国科技服务业与发达国家最大的差距和制约瓶颈,因此,构筑人才基础成为发展科技服务业的当务之急。

三、青岛科技服务业人才状况

1. 科技服务从业群体增长迅速

根据青岛市统计年鉴"科学研究与技术服务业"2010~2015年统计数据的分析结果(见下表,百分比均取小数点后两位,采用四舍五入)可以看出,在过去的6年中,青岛市科技服务业从业人数从2.8万人发展到5.6万人,翻了一倍,平均每年增加16.6%。其中前三年增长缓慢,每年仅0.2万人;2013年是从业人员增加的高峰,达到1万人;最近两年增量渐小。

6年中青岛市科技服务从业人数占全市第三产业(服务业)社会从业人数百分比由1.32%增长到2.17%,年均增幅17%,是整个服务业年增长率(6年中从211.33万人增至258.01万人,年均增长率4.07%)的4倍;占全市国民经济各行业城镇单位(国有、集体、其他所有制)从业人数的比例由1.04%增长到1.81%,年均15.4%,是全市国民经济各行业城镇单位从业者年均增长率(6年中从269.4万人增至 309.2 万人,年均增长率 2.79%)的 5.5 倍;从更大范围——占社会总从业人数比例看,6 年中从 0.52% 增至 0.94%,年均增幅 8.4%,而社会总从业人数年增长率仅为 1.96%(6 年中从 540.34 万人增至 595.44 万人)。从以上几组数字都可以明显看出,青岛市科技服务从业群体处于快速增长之中。

2. 区域发展不平衡

从科技服务从业人员的区域分布来看,大部分在市内三区(市南、市北、李沧),2010 年为 1.8 万人,2011 年略有下降,为 1.5 万人,2012、2013 两年回升至 1.7 万人,2014、2015 年分别增至 2 万人、2.1 万人,总体呈稳步增长趋势。但三区占总体从业人数的比重则是逐年下降,从 64.29% 下降到 37.5%,主要原因是其他区市科技服务业的崛起,特别是黄岛、崂山,改变了青岛市科技服务业的传统格局。其中黄岛近两年科技服务业从业人数增长最明显,这主要是西海岸经济新区建制后对该区域科技服务业有极大的促进作用,使黄岛区成为目前青岛市科技服务业发展热区。崂山区从业人数前 3 年在 2 000~4 000 人,近3 年一直稳定在 1 万人左右。城阳区在前几年曾发展到 3 000~5 000 人,近两年则下降至 1 000~2 000 人。即墨、胶州等区市科技服务业人员数量变化幅度较小,缓慢增加,人数在 1 000~3 000 人。

2010~2015 年青岛市科技服务业从业人员情况统计表

年 度		2010	2011	2012	2013	2014	2015
从业人数(万人)		2.8	3.0	3.2	4.2	5.0	5.6
从业人数区域分布(万人)/占比	市内三区	1.8/64.29%	1.5/50%	1.7/53.13%	1.7/40.48%	2.0/40%	2.1/37.5%
	崂山区	0.2/7.14%	0.4/13.33%	0.4/12.5%	1.0/23.81%	1.0/20%	1.0/17.86%
	黄岛区(西海岸新区)	0.4/14.29%	0.4/13.33%	0.6/18.75%	0.5/11.90%	1.0/20%	1.3/23.21%
	城阳区	0.1/3.57%	0.3/10%	0.3/9.38%	0.5/11.90%	0.1/2%	0.2/3.57%
	即墨市				0.1/2.38%	0.1/2%	0.1/1.79%
	胶州市	0.1/3.57%	0.1/3.33%	0.1/3.13%	0.1/2.38%	0.2/4%	0.2/3.57%
	平度市				0.1/2.38%	0.4/8%	0.3/5.36%
	胶南市	0.1/3.57%	0.2/6.67%				
	莱西市	0.1/3.57%	0.1/3.33%	0.1/3.13%	0.2/4.76%	0.2/4%	0.3/5.36%
第三产业社会从业人数(万人)/占比		211.33/1.32%	218.08/1.38%	225.14/1.42%	231.71/1.81%	250.61/2.00%	258.01/2.17%
全市单位国民经济各行业从业人员人数(万人)/占比		269.4/1.04%	275.9/1.09%	283.2/1.13%	293.7/1.43%	303.0/1.65%	309.2/1.81%
社会从业人数(万人)/占比		540.34/0.52%	551.18/0.54%	559.88/0.57%	571.47/0.73%	588.97/0.85%	595.44/0.94%

(数据来源:青岛市统计信息网)

3. 科技服务人员队伍整体素质不高,高端专业人才短缺

据调查,2013 年青岛市常住人口教育程度大专及以上每 10 万人有 1.7 万人,为 17%,与同省济南市(22.9%)相比有较大差距;专业技术人员占就业人员比重为 6.4%,在副省级城市中居中下水平。在人才引进方面,2013 年青岛市共引进人才 114 913 人,其中博士和正高职称及以上高层次人才只占 1%,高端人才引进不足,“引不来”、“留不住”现象比较突出。由于科技服务业内容的专业性、复合型、复杂性特征,对人才的知识储备、实践经验乃至外语水平均提出了很高的要求。从我国目前发展需要来看,科技服务业从业人员大学本科以上学历的人数应占到 50% 以上,青岛市目前离这个比例还有差距,高职称、高学历人员比例偏低,高端型、跨领域复合型人才较少。近几年,青岛市科技服务业中的技术转移、创业孵

化、科技金融、科技咨询和知识产权等知识密集型服务业呈快速发展态势,但相应的经纪人、代理人、评估师、分析师、设计师、律师、金融家、投资家等高端人才仍存在很大的缺口。以知识产权服务为例,青岛市目前仍缺乏 PCT 国际专利代理的专家级人才;在大型科研仪器设备共享方面,没有相关的管理人才和机构;在检验检测认证等方面也面临类似的问题。

四、加强青岛市科技服务业人才建设的建议

青岛市在孵化器、众创空间等科技服务硬件实力方面走在全国副省级城市前列,但科技服务软实力仍有较大欠缺,其中人才是最突出的问题之一。因此,加大人才培养和引进力度是发展青岛市科技服务业的当务之急。从实际情况看,近年来青岛市在科技服务业发展中比较注重从业人员素质问题,采取了系列措施引进人才,并取得了一定的成效,但由于起步晚、基础条件相对薄弱,再加上缺乏相关的人才认证制度,青岛市科技服务人力资源环境与国内发达省市相比还有不小差距,特别是高素质科技人员仍十分欠缺。而科技服务业是最具知识经济特征的领域之一,其最主要的财富和资本就是人才,人才的质量对于科技服务业的发展至关重要,要想取得长足发展必须加大科技人才引进和培养力度,具体措施如下:

1. 人才引进方面:栽下梧桐树,引进金凤凰

与北京、上海等发达地区甚至一些副省级城市相比,青岛市对高端人才的吸引力、薪酬、社会资源网络等各个方面都不具备优势,吸引科技人才长期入驻比较困难。为此,政府必须建立一套完善的体制机制用于吸引拔尖人才,筑巢引凤,吸引高端人才落户。一是政府应研究、完善各种宏观政策和措施吸引各类优秀科技人员,特别是吸引其长期留驻的各项政策。在青岛市设立的科技人才专项资金和专项人才引进计划中,专门为科技服务业预留指标用于青岛市科技服务业人才的引进培养;企业和其他用人单位应该制定各种配套政策和措施用于吸引本单位急需的科技人才,在具体实施中可根据不同人才的特殊需要制定相应微观政策,做到政府、企业双保障。二次是大力鼓励兴办各类科技中介服务机构,同时积极开展合作,引进国内外著名科技服务机构,鼓励国内外优秀人才创办科技服务企业,并给予相应的税收优惠,提高工资基数。三是加大投入,形成科技服务产业集群,从根本上做大做强科技服务业,提高青岛市吸引、留住科技服务业高端人才的硬实力。从全国范围看,科技服务业发达的城市,政府拨款的比重都较高,是科技服务经费的主流和刺激提升科技服务业发展的重要手段。青岛市科技服务业要提升水平、取得后发优势,在未来一段时间内政府仍需加强资金扶持力度,将科研经费更多地投入科技服务业中,根据全市及各区市的实际情况,扶持青岛市科技服务业主体单位;同时要优化科技经费来源结构,完善拓宽其他融资渠道,如吸引国外投资及风险资本加入等,促进科技服务业的发展。

2. 人才培养方面:短期靠引进,长期靠培养

人才引进虽能在短期内解决部分现实问题,但从长远发展来看,青岛市科技服务业发展需要拥有一大批具备较高理论知识、丰富的行业和专业工作背景,能较好地把握技术创新的各个关键环节,具有综合运用、管理或集成科技资源能力的高水平、高素质人才,而这些光靠引进是远远不够的,必须在引进的同时有计划有步骤地培养。青岛市应完善科技服务人员培养机制,制定科技服务人才需求及培养计划、设立科技服务业人才培养专项任务。特别是政府应以驻青高校和科研机构为重要依托,强化合作,采用"政府、企业、高校"三主体联合培养模式,根据实际需要量身培养专业技术开发与管理服务人才,例如,可加强驻青高校下属研究院与科技服务企业的双向沟通与合作,在两者之间建立一种"订单式"、"点对点、点对面"新型科技服务人才委托培养关系,进而以此为基础,鼓励高等院校调整相关专业设置。同时,重视加强职业教育,大力兴办职业技能教育,建立科技服务业专业人才定期培训、层次提升体系。通过这些措施,培养培训一大批满足市场不同需求的、多层次科技服务业实用型人才,提高从业人员的整体素质,为青岛市科技服务业发展建立强大的人才储备,推动产业的快速发展。

3. 人才区域策略方面：扬长避短，差异发展

针对青岛市各区市科技服务业人才发展不平衡的状况，应研究各区市高校、院所、企业、产业园区的分布情况及区域特点，扬长避短，量身定制各自人才发展战略。市内市南、市北、李沧三区因得益于青岛市的大部分科技资源、经费，一直是青岛市科技服务人才主要聚集区，因此应继续发挥其地理优势，通过创造新的产业增长极战略、培育科技创新机制和产业政策，在稳定目前人才保有量的基础上进一步拓展；崂山区应依靠紧邻市内三区的区位便利，充分吸收三区科技产业外溢辐射效应，同时发掘区域内资源潜力，做好与市内三区科技服务业的衔接，据此制定本区域的人才战略；黄岛区应紧抓西海岸新区的大好发展机遇，充分利用科技人才、海洋资源、产业基础、政策环境等多方面优势，大力发展科技服务业，制定更有吸引力的人才政策，成为青岛市科技服务业的增长引擎；即墨则应充分围绕"蓝色硅谷"做好海洋科技服务业文章，重点吸引和培养专业服务人才；莱西、平度作为东北部、西北部内陆区市，地理和交通优势不明显，科技服务业发展基础薄弱，从现有发展情况看，其科技服务市场培育潜力较大，在未来一段时间内政府应重点扶持培养科技创新孵化、转化及产业化，加大科技服务业发展规模，尤其是科技人员及经费的投入、制定符合需要的科技人才吸引和培育政策。

4. 人才创业环境方面：营造公平，优化保障

为科技服务人才创业、发展提供优良的环境，以环境培养人才，给人才提供适合生存和发展的空间。一是从整体上努力营造公平、公开、公正的科技服务人才市场环境，建立成熟完善的人才选拔、人才评价和人才激励奖励机制；二是对于引进的国内外高层次科技服务业人才，在工作条件、生活条件上要给予必要的保障，如在项目扶持、住房、安家、子女就学、医疗等方面给予政策上的优惠，解决他们的后顾之忧，使其全身心投入科技服务工作，充分施展他们的创造、劳动和智慧；三是提高科技服务人员物质待遇，完善科技人员基本社会保障制度，使青岛成为备受科技服务业人才青睐的创业基地。

参考文献

[1] 梁凤君，王小倩. 关于中小城市科技服务业发展的思考[J]. 信息系统工程，2016, 02: 117.

[2] 谢运佳，郑文丰. 科技服务业的关键岗位研究[J]. 广东科技，2011, 24: 12-13.

[3] 张孟裴. 中国科技服务业策略研究[D]. 渤海大学，2014.

编　写：张卓群

审　稿：谭思明　于升峰　肖　强

青岛高新区科技服务业调研报告

一、青岛高新区科技服务业总体发展概况

青岛高新区面向科技创新和产业发展需求,汇聚科技服务资源,搭建科技服务平台,突出发展科技服务业,将科技服务业作为第三产业的新兴业态大力发展,并积极促进科技服务业与战略性新兴产业的良性互动,引领带动战略性新兴产业的快速发展。目前,青岛高新区获科技部批准成为首批国家科技服务业区域试点,"新兴产业组织创新示范工程"被科技部列入实施"创业中国"行动纲领计划,获批成为全国第二批科技创新服务体系建设试点单位和创新人才培养示范基地。

1. 科技服务资源集聚发展

青岛高新区将科技服务业作为主导产业大力发展,聚集了一批科技创新资源,形成了规模化的科技服务机构群体。据统计,截至 2015 年 10 月底,青岛高新区拥有 7 家科研机构,43 家高新技术企业,13 家工程技术研究中心,19 家市企业研发中心培育基地,1 家市级重点实验室,4 个市技术创新战略联盟,1 家国际技术转移中心,2 家国家技术转移示范机构,8 家市级技术转移服务机构,9 家市级国际科技合作基地,2 家国家级孵化器,1 家国家级大学科技园,8 家市级科技企业孵化器。

2. 服务平台功能日益完善

青岛高新区根据"1+5"主导产业格局,打造软件与信息服务、蓝色生物医药等 8 个公共技术服务平台。其中,软件与信息服务技术平台一期完成验收,可满足 1 万名软件用户的 IT 资源需求,向近 300 家中小企业提供技术服务,目前正在一期云数据中心的基础上搭建移动应用公共研发平台,强化软件与信息服务公共研发平台在移动互联网方面的支撑能力;生物医药公共研发平台建成运行,建成 1 885 平方米的孵化中心平台,成立青岛首支生物医药产业基金,引进生物医药项目 50 余个,总投资近 80 亿元,在谈储蓄项目 60 余个;石墨烯公共技术服务平台筹备建设,引进石墨烯项目 20 余个,投资 6.07 亿元;机器人、海工装备公共服务平台即将启动建设。

3. 行业管理商会正式成立

在高新区管委引导和支持下,2015 年 1 月,由科创(青岛)科技园、橡胶谷集团、青岛智能产业研究院、青岛高新区创业园管理有限公司共同发起成立了青岛市科技服务业商会,现有众创空间运营机构、青岛银行科技支行、蓝色生物医药产业园、青岛高创孵化器、清泰知识产权等科技服务业单位近 40 家。商会通过举办沙龙、培训、考察等活动,搭建起全市科技服务业从业机构之间的沟通交流、资源共享、共谋发展

的平台,通过整合产业资源和技术力量,促进创新创业链条的无缝对接,实现各成员单位之间优势互补、资源共享、共赢发展,引领青岛市科技服务业的快速发展。

4. 政策环境体系持续优化

青岛高新区立足自身发展实际,积极落实国家、省、市各类科技创新政策,在科技创新、创业服务、产业组织、财政支持、科技金融、人才引进等方面进行部署,出台了《青岛高新区支持创新创业创客发展暂行办法("创业十条")》《青岛高新区主导产业发展专项资金管理暂行办法》《青岛高新区鼓励科技服务产业发展扶持政策实施意见》等一系列科技创新和创业的相关政策,科技服务业发展政策环境不断优化。

二、青岛高新区科技服务业各细分领域发展情况

1. 创业孵化服务

青岛高新区全面实施"蓝贝创客计划",打造"蓝贝"等创新创业服务品牌和创客空间,开展"贝客汇"活动,初步形成"苗圃—孵化器—加速器"的科技创业孵化链条,提供"联络员 + 辅导员 + 创业导师"的三级服务体系。

2015 年,截至 10 月底,青岛高新区新开工建设孵化器 36 万平方米,投入运营 32.8 万平方米,新引进创新型中小企业 360 余家,在孵创新型中小企业总数达到 660 家;全面推进青苹果、红苹果、金苹果创业活动,举办首届"青岛创客节"和全球青年创客领袖"三创"论坛暨"红苹果计划"创业大赛等大型创新创业活动;与清华大学、北京大学、山东大学共建大学生创业基地,与海尔集团共建"海创汇"创客孵化中心,300 多个创客团队整体落户高新区;与黑马会、创业家、bingo 创业咖啡等创业平台开展合作,打造贝客汇沙龙、红岛创业咖啡吧、天使下午茶等多个交流平台;"新兴产业组织创新示范工程"被列入科技部"创业中国"行动纲领计划,萤伙虫创业工坊等 3 家众创空间通过了科技部审批纳入国家级科技企业孵化器的管理、服务和支持体系;蓝贝创新园被共青团中央授予"全国青年创业示范园区"。

2. 研究开发服务

青岛高新区以中科院、中船重工为主要方向,汇集国内外高端研发机构和人才团队,建设"中科青岛研发城"项目,依托创新源头和载体,全面提高资源整合链接能力、项目孵化加速能力、技术输出转移转化能力,搭建人才发展平台、公共研发平台、技术服务平台、科技金融平台、国际合作平台,强化协同创新,壮大研发服务平台。目前,高新区已经成为青岛市中科院研发基地的聚集区,引进建设了"中科系"中科院光电院、声学所、软件所、自动化所,在中科院青岛"两所七基地一中心"发展格局中居于重要地位。中船重工投资 50 亿元建设青岛国际海洋装备科技城,引进中船重工海洋装备研究院、710 所等 15 个研究机构。

3. 技术转移服务

青岛高新区与市科技局共建青岛技术交易市场,先后荣获"国家技术转移示范机构"、"国家海洋技术转移中心"、"国家科技成果转化服务示范基地"等 6 个国家级称号。2015 年 1～9 月,实现技术交易 3525 项,技术交易额 47.55 亿元,较上年同期增长 54.63%(仅高新区内光电院一家院所,2015 年挂牌成交技术成果 23 项,实现技术交易额 827.6 万元)。青岛技术交易市场的建立运行,吸引了蓝色科技技术转移培训学校、创筹科技、卓飞技术和蓝海创新科技股份有限公司等 8 家技术转移服务机构来高新区注册(其中,青岛市科技创业服务中心和青岛蓝色科技信息管理公司分别为 2014 年科技部认定的国家技术转移示范机构)。在"中国合伙人计划"、"雄鹰返巢计划"中,高新区的青岛创筹科技管理咨询有限公司和青岛卓飞技术管理咨询有限公司发挥了重要作用。

4. 科技金融服务

青岛高新区紧紧围绕股权基金、科技信贷、金融服务等重点环节,着力打造"股权投资 + 科技信贷

＋金融服务"三位一体的科技金融服务体系,全省首家科技型银行、全省规模最大的融资担保公司、全省首家互联网金融产业园已集聚高新区,近百家风险基金携上百亿资金与高新区的科技创新创业活动深度融合,2家区内企业在新三板挂牌,14家区内企业进入区域性股权交易市场,17家区内企业与券商正式签约。截至10月底,青岛银行科技支行已累计为区内40多家科技企业发放科技信贷近3亿元,陆续推出了"科易贷"、"智易贷"、"集合贷"、"知识产权质押保险融资"等一系列创新金融产品,有效改善了科技企业的融资环境。

5. 知识产权服务

青岛高新区积极对接整合优质知识产权服务机构、山东省司法厅及省律协、青岛市司法局及律协、青岛市仲裁委员会、青岛市中级人民法院等各方资源,全力推进"五位一体"的知识产权综合服务平台(青岛高新区知识产权综合服务平台、青岛高新区知识产权公益维权援助中心、青岛高新区知识产权调解中心、青岛高新区知识产权仲裁庭、青岛高新区知识产权巡回法庭)建设,共同开展知识产权的检索、申请、维护、维权、评估、咨询工作,为园区企业提供知识产权"一站式"服务。目前,"五位一体"知识产权综合服务平台仍处于初期建设阶段,预计2016年将投入使用。

6. 检验检测服务

高新区拟搭建青岛市石墨烯公共检测平台,为园区企业提供专业检测服务,目前该公共检测平台的建设已经得到批准;青岛市政府与山东出入境检验检疫局联合建立的青岛高科技综合检测服务基地落户在青岛高新区,项目总投资3.6亿元,吸纳了禽流感监测、食品安全等8个国家级重点实验室搬迁入驻。作为独立的第三方检测评价认证机构,位于高新区内的山东世通检测评价技术服务有限公司拥有2 000平方米的检测分析实验室和450平方米的微生物实验室,截至10月底,世通检测为高新区内约70家单位提供了检验检测服务。

三、青岛高新区科技服务业发展过程中存在的问题

青岛高新区科技服务业的发展虽然取得了一定成就,但与打造国内一流、升级版的"蓝色高新区"的期待相比,与高新区加快高端特色产业发展的需求相比,还存在一定差距。主要表现在以下几个方面:

1. 不同领域发展参差不齐

青岛高新区科技服务业各细分领域发展参差不齐,科技服务业总体协同发展水平较差。创业孵化、技术转移、科技金融、研发服务等领域发展相对较好,产业发展初具规模;知识产权服务、检验检测服务拥有一定基础,取得了一定进展,当前处于稳步推进阶段;而科技咨询、科学普及等领域基础不足,目前发展相对较弱,仍不成熟。科技服务业各细分领域相互关联、相互促进,科技咨询、科学普及等领域的发展相对落后,导致科技服务业产业总体协同发展水平较差,对区域经济发展的带动作用未能充分发挥。

2. 科技服务能力有待加强

与产业发展需求相比,青岛高新区科技服务能力相对偏低,难以支撑产业创新发展。创业孵化领域,孵化器、加速器等创新创业载体建设需要进一步推进,服务功能需要提升,创业企业发现、成长加速机制仍需完善;技术转移领域,区内机构服务能力和水平有待加强,在2014年青岛市科技创业服务中心标准化考核中,仅有青岛蓝海创新科技股份有限公司一家考核优秀,青岛国科光电科技有限公司一家考核良好,其他六家均为合格;研究开发领域,缺乏紧盯市场的市场化研发机构,研发成果与产业需求存在脱节现象,不足以支撑产业技术创新;科技金融领域,企业信用评估机制尚未形成,缺乏同时掌握科技创新内在规律与金融业运行的高端人才;知识产权领域,区内注册及办公的知识产权服务机构仅有青岛清泰知识产权服务有限公司一家,竞争机制尚未形成;检验检测领域,区内的检测服务资源较少,尚未形成集聚态势,产业公共检测服务平台在对外服务的机制方面有待进一步探索。

3. 服务机构创新协同不足

青岛高新区的创新活动多分散在单个企业或科研机构中,尽管高新区通过产业组织在一定程度上能够解决产业链上下游企业相互匹配的问题,但园区之间、企业机构之间的联系和互动仍需加强,尚未建立以市场为纽带的协同关系,未形成企业之间以及企业与科研院所协同创新的局面。另外,供需对接平台有所欠缺,产业链创新资源整合能力有待提升,政产学研资介合作关系需进一步加强。

4. 配套基础设施仍需完善

经过多年的开发建设,高新区的功能配套设施建设不断加强,招商引资环境和区内企业、职工的生产生活条件得到明显改善,但与产业聚集发展需求相比仍存在一些不足:一是交通基础设施还不完善,对科技服务机构到高新区开设分支机构产生了影响;二是教育资源、医疗卫生机构、商业服务设施、文化体育设施等的配置存在不足,对吸引科技服务业高端人才到高新区创业发展形成了障碍。

四、青岛高新区科技服务业发展建议

在经济新常态背景下,全国各大高新区科技服务区域试点正在如火如荼地推进。青岛高新区作为国家首批科技服务业区域试点之一,应紧跟国家的政策导向,瞄准传统产业升级和新兴产业对科技服务的需求,加快探索科技服务业发展的新模式与新业态,不断深化科技服务体系建设,提升科技服务对科技创新和产业发展的支撑能力。

1. 定期开展科技服务业发展研究和评价工作

根据《国家科技服务业统计分类(2015)》,建立高新区科技服务业统计调查制度,开展高新区科技服务业统计工作,定期发布科技服务业统计信息和报告;加强科技服务业统计监测分析和数据开发利用,建立高新区科技服务业评价指标体系,定期开展科技服务业发展研究和评价工作,为进一步推进高新区科技服务体系建设提供参考。

2. 在科技服务领域探索运用 PPP 模式

贯彻落实国务院办公厅转发财政部发展改革委人民银行《关于在公共服务领域推广政府和社会资本合作模式的指导意见》(国办发〔2015〕42号),探索运用政府和社会资本合作的 PPP 模式,鼓励民营资本与政府合作参与高新区主导产业公共服务平台建设,创新公共服务供给机制。

3. 完善公共服务平台运行机制

搭建高新区统一的科技服务业公共服务平台,整合高新区内科技服务中介机构、科研院所、产业园区、公共平台等资源,构建集信息查询、发布、交易于一体的科技服务业公共服务平台,为创新创业提供无缝对接服务;强化对各类公共服务平台运行质量的跟踪和监测,制定公共服务平台考核评价体系,定期对平台的运行管理、服务能力、运行成效、信息公开等情况进行考核,依据考核结果对平台进行表彰并适当给予奖励补助。

4. 增强综合性科技服务能力

以"五位一体"知识产权服务平台为载体,启动特色产业专利导航试点工作,开展专利预警分析,构建支撑产业发展和提升企业竞争力的专利储备;推动青岛科技馆在红岛的建设,积极在高新区内组织科普主题活动,开展科学普及、科学体验、科学实验、科技培训、科技娱乐及学术交流活动等服务,提高全民科学素质;统筹全区科技服务资源,搭建科技服务业综合服务平台,发展线上线下结合的集成化服务模式,努力实现组织网络化、功能社会化、服务产业化。

5. 多途径支持科技服务业企业发展

完善政府购买科技服务的相关办法,逐步将公共科技服务列入政府采购目录,引导和支持社会机构提供各类科技服务;认真落实科技服务业企业用地政策、融资担保和用电、用气、用水、用热价格等优惠政策;设计示范科技服务企业认定标准工作,对符合认定的标杆企业给予享受高新技术企业的税收优惠政策鼓励和达标奖励支持;贯彻落实青岛市关于科技服务业的相关文件,加大对高新区科技服务业人才的扶持力度,探索推行创新券等扶持政策;发挥科技服务业商会的作用,进一步提升科技服务业行业自律和服务能力,加强科技服务业企业之间的资源共享和互联互通,制定科技服务机构评估管理办法,建立高新区科技服务业企业诚信档案和名录库。

参考文献

[1] 刘会武,张莹. 国家高新区:科技服务业发展的主阵地[J]. 中国高新区,2014,(9):30-33.

[2] 林玮. 科技服务业发展与高新区转型升级研究[J]. 改革与战略,2013,(11):91-94.

[3] 夏燕燕. 苏州高新区:全链条催化科技创新[J]. 江苏企业管理,2015,(5):15-16.

[4] 王吉发,敖海燕,陈航. 辽宁省科技服务业的现状及发展对策研究[J]. 江苏商论,2015,(5):35-40.

[5] 黎翔,石会昌,李明,牛瑜洁. 科技集成服务探索与实践——以江门高新区科技服务集成为例[J]. 中国高新区,2014,(1):128-131.

编 写:厉 娜

审 稿:谭思明 刘 瑾

关于加快建设青岛大数据交易平台的建议

　　近些年,大数据、云计算、物联网等新技术的应用层出不穷,已广泛渗透至社会生活的方方面面,尤其是大数据产业,随着世界各国的关注程度逐渐提高,大数据已上升为国家战略,对大数据商业价值的挖掘日益深入。据贵阳大数据交易所发布的《2016年中国大数据交易产业白皮书》,2015年全球大数据产业规模达到1 403亿美元,我国大数据市场规模达到284亿美元。全球大数据市场中,行业解决方案、计算分析服务、存储服务、数据库服务与大数据应用的市场份额排名靠前。我国大数据市场可细分为大数据硬件、大数据应用、大数据技术服务、数据源、大数据衍生产品、大数据交易。2015年大数据交易的市场份额较小,但各地加速建设大数据交易平台,大数据交易价值日益凸显,各行业开放大数据的热情高涨,包括政府大数据在内的各种类型大数据均已加入到大数据交易平台中,大数据交易的市场规模将持续上升。

一、国内外大数据交易现状

　　随着社会的进步和信息通信技术的发展,信息系统在各行业、各领域的应用快速拓展。这些系统采集、处理、积累的数据越来越多,数据量增速越来越快。

　　大数据交易与软件交易、金融产品交易等商品交易相同,是数据提供方、数据购买方及数据代理人对原始或经处理后的数字化信息进行交易的活动。大数据交易理论上可分为在线数据交易、离线数据交易、托管数据交易三种模式。世界各国均在加速建设大数据交易平台,加速数据的流通,挖掘大数据的商业价值。

(一)欧盟

　　2011年欧盟报告指出,欧盟公共机构产生、收集或承担的地理信息、统计数据、气象数据、公共资金资助研究项目、数字图书馆等数据资源需向社会开放。除了社会公共数据之外,为了应对数字时代个人数据的新挑战,并且确保欧盟规则的前瞻性,欧盟委员会重新审视现有的个人数据保护法律框架,于2012年11月制定了具有更强包容性和合作性的《一般数据保护条例》,旨在消除成员国因数据流动带来的相关可能风险,也在一定程度上保证个人数据的流动。

　　英国政府近年来在公开平台上发布各类数据资源,通过高效率地使用这些数据提高政府部门的工作效率,刺激其他机构在数据获取和使用上的积极性。

　　2011年法国推出公开的数据平台 date. gouv. fr,实现公共数据的查询和下载,数据资源包括国家财政支出、空气质量、法国国家图书馆资源等。

（二）美国

在大数据的发展方面，美国是最先推出大数据战略的国家，但大数据交易缺乏相关的规范体系。2009 年，美国 Data. gov 正式上线，政府数据向社会公众开放。2012 年美国政府启动"大数据研究和发展计划"，以加快科学研究、加强国家安全以及促进专业人才发展。美国政府希望以改良的政策框架和法律规则来解决隐私权保护的问题，一方面鼓励大数据技术更广泛的应用，另一方面通过完善政策、法律，加强公民隐私权保护。

（三）日本

日本政府推出了 data. go. jp 网站，开放政府大数据，目的是提供不同政府部门和机构的数据。并且鼓励各行业开放数据的使用，根据数据使用者的反馈意见对数据分类网站进行完善。2014 年发布了大数据应用个人数据使用报告，有助于企业使用大数据进行创新和开发。通过建立商业和用户间的信任，数据提供者确定可披露的数据内容。

（四）国内情况

我国在大数据的研究方面起步较晚，但近年来，大数据产业发展迅速，大数据相关技术研究如火如荼，同时国内许多城市已建成并正式运营大数据交易平台。

2014 年年初，数海大数据交易平台在北京中关村启动，2014 年年底，北京市软交所主办的"北京大数据交易服务平台"正式上线，同时也发布了大数据交易的 10 条标准规范。2015 年 4 月，贵阳大数据交易所正式挂牌运营，7 月底，武汉东湖大数据交易中心成立，11 月，华中大数据交易所投入运营，12 月，华东首个大数据交易平台江苏省大数据交易中心落户盐城。2016 年 4 月，上海数据交易中心在上海静安区市北高新园区挂牌成立。上海数据交易中心将形成多个数据供应源，通过市场手段形成公开的供需价格，未来将打造成为面向全国的大数据交易平台。

二、青岛市大数据产业发展现状

近年来，大数据在规划、城建、公安、应急、城市管理、交通运输、环保等领域的应用日益增多，青岛市加快推进大数据重点项目和信息基础设施建设，正在建设惠普软件全球大数据应用研究及产业示范基地、清华—青岛大数据工程研究中心等项目。2016 年挂牌成立的"青岛国际航运大数据交易中心"开启了青岛市大数据交易服务的新篇章。

青岛国际航运大数据交易中心。青岛国际航运大数据交易中心在 2016 年 1 月挂牌成立，整合国内外港航相关数据及资源，通过数据清洗、分析、建模、可视化，深入发掘航运大数据的潜在价值，形成了具有高附加值的航运数据，促进数据流通交易，健全航运大数据交易体系，向社会提供完善的数据交易、结算、交付、安全保障、数据资产管理和融资等综合配套服务。

青岛软交所。青岛软交所在 2016 年 4 月正式揭牌，专注于软件交易、科技金融、知识产权三大领域，充分利用软交所在产业信息与资源方面高度集聚的优势以及软件标准化交易的思路，未来将依托北京软交所搭建大数据交易中心、招标采购中心、正版软件交易平台、国际软件外包交易平台、科技金融服务平台等，通过多方技术、人才、资本等的合作，使青岛的信息化建设在解决方案、信息服务、软件外包、技术支持和人才培养等方面得到快速发展。

惠普软件全球大数据应用研究及产业示范基地。2014 年惠普软件全球大数据应用研究及产业示范基地项目落户青岛灵山湾影视文化产业区，建成后将通过与青岛市在技术、人才、资本等多方面的合作，使青岛市的信息化建设，尤其是大数据应用在解决方案、信息服务、技术支持和人才培养等方面得到全面快速的发展。

清华—青岛大数据工程研究中心。2015 年 4 月,清华—青岛大数据研究中心在青岛高新区启动,项目以清华—青岛数据科学研究院为技术依托,建成后将围绕青岛市在大数据、云计算、物联网、移动互联网、互联网金融、海洋科技、现代制造等重要领域的科技需求,开展前沿技术创新、系统集成创新、工程化研发和科技成果转移转化,推进青岛互联网大数据产业集群式发展。

三、对策建议

目前,青岛市尚未构建专门开展各类大数据交易的平台,存在数据采集、交易模式、大数据所有权、数据验证、数据接口等问题。因此,开展大数据交易平台相关研究,破解制约大数据交易平台发展的瓶颈问题,引导更多的企业开放大数据、使用大数据,提出科学合理的发展路径,是加快推动大数据交易平台建设的必然要求。

（1）推动社会数据的开放与融合,鼓励更多的企业开发各自行业、领域的数据。按照"市场导向、政府扶持、企业主体"的原则,加大数据开放力度,对源数据进行深度挖掘,提供适应市场需求的数据产品,拓展数据交易广度和深度,形成"立足青岛、面向全国"的"跨行业、跨地区"数据交易态势。

（2）依托青岛国际航运大数据交易中心等单位成立青岛市大数据交易中心,搭建以海洋、航运数据为基础的开放、协同、高效的大数据资源库、交易与服务体系。青岛国际航运大数据交易中心开展港航等数据交易,未来可联合青岛海洋科学与技术国家实验室等单位,加入海洋、气象等数据,丰富交易中心数据种类,提供数据接口开发、数据定价等服务,推动数据资源开放、共享与应用。加强数据监管,保护数据所有权。从建设企业信用系统、在法律上明确对数据隐私的保护、加大处罚力度等方面加强对大数据交易平台的监管,解除企业公开大数据的后顾之忧,促使企业充分挖掘大数据价值,推出适合数据需求方要求的数据内容。

（3）加速制定大数据交易行业标准,规范大数据交易。从数据格式、数据交易定价、数据安全防范、数据交易监管、市场主体考核等方面构建大数据交易标准体系,以完善网络安全建设和客户隐私保护为重点,加强机制建设,营造安全、稳定的交易环境。

（4）培育、引进大数据人才,开展相关的技术研究。构建大数据交易人才团队,培育引进技术、交易、数据管理等人才。加强大数据环境下的网络安全问题研究和基于大数据的网络安全技术研究,落实信息安全等级保护、风险评估等网络安全制度,建立健全大数据安全保障体系。加强平台的可靠性及安全性评测、应用安全评测、监测预警和风险评估,在技术层面上为大数据交易平台稳定运行提供保障。

◉ 参考文献

[1] 贵阳大数据交易所:2016 年中国大数据交易产业白皮书[R]. 贵阳:贵阳大数据交易所,2016.
[2] 工业和信息化部赛迪智库:大数据发展白皮书(2015 版)[R]. 北京:工业和信息化部赛迪智库,2015.
[3] 贵阳大数据交易所. 交易所十大标准及规范 2016-01-20. http://www.gbdex.com/website/view/dealRule-norm.jsp

编　写:周文鹏

审　稿:谭思明　蓝　洁

海洋信息服务业发展现状及青岛市发展建议

大力发展海洋信息服务业,对海洋产业转方式,调结构,提高服务业比重,促进电子信息产业的发展,推动整个海洋经济持续、快速、健康发展,具有重要意义。青岛市作为山东半岛蓝色经济区核心区龙头城市,加快海洋信息服务业发展,抢占海洋信息服务的市场,推进海洋产业结构优化升级,构建现代海洋经济产业发展新体系,显得尤为重要而紧迫。青岛市科学技术信息研究院梳理了海洋信息服务业发展现状,研究提出了促进全市海洋信息服务业进一步发展的建议,供参阅。

一、海洋信息服务业简介

海洋信息服务业是指基于利用计算机、网络、现代通信技术等手段,对海洋信息进行生产、收集、加工、存储、检索和利用,并以信息为产品,为海上航运、滨海旅游、沿海养殖、海洋渔业、海洋资源开发等企业、管理部门、研究机构提供智能化服务。海洋信息服务是海洋经济增长的倍增器、发展方式的转换器和产业升级的助推器。

近几年随着电子信息产业发展,以及云计算、大数据等技术的不断成熟,海洋信息服务的类型越来越多,服务越来越专业化个性化,时效性越来越强。目前的海洋信息服务主要有:

(1)海洋信息监管服务:主要用于渔业、船舶等海洋产业和海洋静态动态环境的实时监控管理,并为海洋生态环境保护提供信息及技术咨询服务。

(2)海洋信息交易服务:涉海行业的电商信息交易服务,如水产品、船舶装备信息等。

(3)海洋数据信息服务:海洋数据服务平台、海洋地理信息系统、海洋自然资源平台、海洋数据库等。

(4)海洋信息预报服务:海洋灾害预警报、海洋环境预报和海上突发事件应急预报。

(5)综合性海洋信息服务:提供国内外海洋经济、海洋科技、政策、法律法规、海洋人才、滨海旅游、海洋知识科普、专题评论等信息。

二、海洋信息服务业发展现状

目前国内的海洋信息服务业发展初具规模,特别是近几年发展迅速。国内的海洋信息服务的主体开始慢慢从政府向企业转变,信息服务的内容也从单一的海洋环境监测和预报等数据服务向船舶信息监管服务、电商信息服务、海洋人才信息服务、海洋政策战略服务、海洋综合信息服务等多样化专业化服务发展。国内海洋信息服务业详情见表1。

表 1　国内海洋信息服务

服务类型	平台名称	服务机构	服务内容
监管服务	航海运营服务平台	中船航海科技有限责任公司	船舶、港口、海洋监控、鱼群鱼汛预报等信息服务
	宁波市近海雷达监管系统	中船重工鹏力(南京)大气海洋信息系统有限公司	进行了多源传感器整合和水文等信息的集成处理,增加了高兼容度联动跟踪、船舶运动轨迹记录重放及二次跟踪、自定义任意区域告警等功能
	浙江省近海小目标雷达监控系统	北京海兰信数据科技股份有限公司	对该区域内海上动态、静态目标主动扫描,自动探测,对港口及近海渔船进行动态监管,对涉渔违法违规行为精准打击和伏季休渔精细化管理
	海南省环岛近海雷达综合监控系统	北京海兰信数据科技股份有限公司	大中型船舶跟踪识别和信息处理,对近海非法捕捞、盗采海沙、非法海上旅游、海洋环境污染等实施精准打击,对环岛海上交通运输、渔业安全生产、灾害天气防御、应急搜索救助等提供信息服务
	海南锚泊浮台信息系统	中电科海洋信息技术研究院有限公司	支持海域态势感知、海洋环境观测、海上综合通信以及海域信息服务等业务
交易服务	中华航运网	上海航运交易所	提供信息中心、船期预告、运价指数、市场评述、统计数据、政策法规、会员导航、报备运价、船舶买卖、船舶租赁、企业资信、人才交流等
	中国航运网		2010 年创立于福建泉州,面向航运、海事、外贸、船舶、物流等相关企业提供在线交易、新闻资讯以及网络推广、企业信息化建设等综合性的电子商务服务
	龙船设备网	上海龙船网络科技有限公司	船海产品推广代理、船海软件开发外包、人力资源及招聘猎头、信息中介咨询等业务
	中船通	舟山中船通大数据发展有限公司	提供供应商信息和产品选择清单,船舶物质数据和船坞动态信息,技术解决方案、产品技术设计方案、生产技术设计方案、企业外部信息化服务
	山东蓝色经济区产权交易中心	山东蓝色经济区产权交易中心	为山东半岛蓝色经济区内各类产权交易提供场所、设施、信息和鉴证服务
	中国水产网	中国水产流通与加工协会	对水产行业的大数据挖掘和压缩交易环节,提供全程的一体化供应链服务
	环球水产品交易中心	烟台安德水产(集团)有限公司	远洋水产 B2B 交易服务,大宗商品现货交收与仓储管理功能
数据服务	中国 Argo 实时资料中心	卫星海洋环境动力学国家重点实验室国家海洋局第二海洋研究所	已经在太平洋、印度洋等海域投放了 364 个 Argo 剖面浮标,为我国的海洋研究、海洋开发、海洋管理和其他海上活动等提供实时观测资料和产品
	国家海洋调查船队	国家海洋调查船队协调委员会办公室	共享船队信息、调查数据、航次信息
	海洋科学数据中心	中国科学院海洋研究所数据中心	对海洋先导专项、近海观测研究网络黄东海站、海洋开放共享调查航次的原始数据和分析处理数据,以及海洋所已有的海洋科学研究数据进行处理
	海洋数据服务中心	厦门展网信息技术有限公司	海洋数据服务、数据可视化服务、数据加工定制服务、数据可视化插件、海洋数据共享的解决方案
预报服务	国家海洋环境预报中心	国家海洋环境预报中心	海洋环境预报、海洋灾害预报和警报的发布及业务管理
	海洋监测与信息服务平台	厦门大学和厦门南方海洋研究中心	海洋灾害跟踪与风险评估、海洋工程支撑与服务、海岸带动态变化监测、水环境安全以及海洋经济发展布局
	黄海海域浒苔变化趋势	中科遥感科技集团有限公司	针对黄海海域浒苔泛滥生长的情况,中科遥感研究发展中心收集了黄海海域自 2015 年 5 月下旬以来的遥感影像,持续监测黄海海域浒苔变化趋势
	福建海洋预报 APP	福建省海洋预报台	通过该软件,公众可利用手机便捷获取福建滨海城市及沿海海区的海洋环境预报信息

续表

服务类型	平台名称	服务机构	服务内容
综合性服务	中国海洋	国务院新闻办公室	中国海洋事业战略规划、海洋经济可持续发展、前端海洋科技力量、海洋权益与争端、中国极地与大洋科考事业、中国海域与海岛发展
	中国海洋在线	国家海洋局	宣传国家海洋政策,交流管海用海经验,传递沿海经济信息,传播海洋科技知识等服务
	中国海洋经济信息网	国家海洋信息中心	海洋法律法规、海洋经济动态、海洋经济发展规划、海洋经济统计公报、《海洋经济》期刊等服务
	中国海洋网	多人共同发起运营	创办于2011年,发掘与传播海洋文化、经济资讯,为广大的海洋行业相关产品、企业、企业家提供咨询服务
	海洋财富网	山东海洋网络科技有限公司	海洋资讯、蓝黄经济、区域经济、关注海洋、海洋动态等海洋信息服务
	深圳海洋服务网	深圳市气象局、深圳市港澳流动移民办公室	海洋新闻、海洋法规、海洋经济、海洋生物、深圳海洋、海洋机构、海洋科普、自然保护区、海洋防灾减灾、海洋产业等海洋信息服务
	国家海洋人才网	国家海洋信息中心	人才政策、海洋人才库、海洋人才港、教育培训等海洋信息服务
	China Ocean Network TV	中国海洋网络电视台	旅游者、海上运动爱好者、海洋科研人员、海洋军事爱好者、海洋意识教育受众、以及国内外海洋城市、海洋经济区等相关组织进行 CIS 识别,围绕主题传播划分 12 类社区
	国家海洋局海洋发展战略研究所	国家海洋局海洋发展战略研究所	开展海洋发展战略、方针、政策、法规的研究
	上海行业情报服务网	上海图书馆上海科学技术情报研究所	海事行业情报分析、海事信息查询、海事动态、海事战略研究等

从各省市的情况来看,上海的海洋信息服务业发展较早,现已向专业化发展。上海的航海运营服务平台,为船舶和海洋相关用户提供船舶航行保障、船舶管理、全球维修保障以及海洋环境信息支持等全方位的服务;上海航运交易所主办的中华航运网,提供船期预告、运价指数、市场评述、统计数据、政策法规、会员导航、报备运价、船舶买卖、船舶租赁、企业资信、人才交流等信息服务。

浙江和海南近几年海洋信息服务业发展迅速,与企业之间的合作越来越频繁。浙江宁波与鹏力科技集团合作建成了近海智慧渔业安全监管系统,标志着我国渔业监管系统首次实现国产化。海南将与中电科海洋信息技术研究院合作建设蓝海网络信息体系示范系统。其中北京海兰信公司分别与浙江合作了近海小目标雷达监控系统,与海南合作了环岛近海雷达综合监控系统。

广东通过将服务器等硬件集中管理运维,已建成集海域动态管理系统、渔业安全生产通信指挥系统、渔业船舶信息管理系统、渔港信息管理系统等海洋信息服务的综合信息管理平台。

各省市纷纷出台政策规划。天津出台了《天津市海洋服务业发展专项规划》,要求加快发展海洋信息服务业;福建"十三五"海洋经济发展专项规划提出积极培育发展海洋信息服务业;海南"十三五规划"提出发展"互联网 + 海洋",将海洋信息服务业作为重点发展领域;山东科技厅"十三五规划"提出建设"透明海洋",重点发展监测数据分析应用技术、海洋环境和气候预测预报技术、海洋环境观测 / 监测装备研发等。

三、青岛市海洋信息服务业发展现状

近几年黄岛区光谷国际海洋信息港、红岛高新区国家海洋装备高新技术产业化基地、蓝色硅谷国家科技兴海产业示范基地的建设,为发展海洋信息服务业提供了良好的载体。随着董家口港、邮轮母港等海洋交通运输业的发展,以及与日韩、欧美国家经贸合作的不断深化,对青岛的海洋信息服务提出更高的要求。

目前青岛市建设了提供基础性信息和资源共享服务的海洋信息公共服务平台,提供海洋产权交易信息的青岛国际海洋产权交易中心以及提供人才信息的青岛西海岸新区国际海洋人才港平台,青岛市知识产权局建立了我国首个海洋专利数据库。青岛海洋科学与技术国家实验室将建设海洋大数据平台,提升地区港航、物流、渔业、船舶、旅游等行业的服务水平,详见表 2。

表 2　青岛海洋信息服务

服务类型	平台名称	服务机构	服务内容
监管服务	海洋信息公共服务平台	青岛国际海洋信息港	提供青岛基础地理、海域管理、船舶动态查询、海岛海岸、海洋经济、海洋环境、海洋灾害等服务信息
交易服务	青岛国际海洋产权交易中心	青岛国际海洋产权交易中心	交易功能、海洋产品定价、融资功能、投资功能和信息平台功能
	青岛国际航运大数据交易中心	青岛国际航运服务中心	向社会提供完善的数据交易、结算、交付、安全保障、数据资产管理和融资等综合配套服务
数据服务	海洋专项数据管理平台	中国科学院海洋研究所数据中心	针对海洋专项数据管理需求,设计开发了海洋专项数据管理平台,对所有数据进行统一管理、调用。
	国家海洋局第一海洋研究所网站	国家海洋局第一海洋研究所	中外文海洋论文、《海洋科学进展》和《海岸工程》期刊、国际合作项目数据信息等服务
	中国地质调查局区域海洋地质数据库	青岛海洋地质研究所	元数据服务、数据服务、地图服务和专业应用等
	海洋专利数据库	青岛市知识产权局	全球 102 个国家关于海洋方面的专利数据,分为十大门类,涵盖了海洋新能源、海洋生物医药、船舶装备制造等
预报服务	国家海洋局北海预报中心	国家海洋局北海预报中心	负责为北海区防灾减灾、应急管理、海洋经济、国防建设和科学研究提供海洋环境观测、预报、评价、海洋灾害预警、调查与评估公共服务
综合性服务	中国蓝网	新华(青岛)国际海洋资讯中心	提供海洋经济、海洋科技、海洋生态、项目推介、智库专家等海洋信息服务
	中国·青岛蓝色经济网	青岛市发展和改革委员会、青岛市蓝色经济区建设办公室主办,青岛财经日报社承办	首个以蓝色经济为主的官方网站,传播现代海洋观和现代海洋意识,解读"山东半岛蓝色经济区"发展规划、政策法规和产业布局,推介全球海洋经济和蓝色经济的前沿信息。
	青岛西海岸新区国际海洋人才港平台	青岛西海岸新区国际海洋人才港	提供人才港新闻、新区人才工作动态、人才服务、创新创业环境和政策等信息

四、青岛市目前存在的问题

随着青岛海洋经济的蓬勃发展,对海洋信息服务的需求增长迅速,但目前青岛市海洋信息服务业的占比仍然较低。青岛市的传统服务业占比在副省级城市中最高,信息传输和信息技术等高新技术服务业却在 5% 左右,服务业结构并不合理。青岛的船舶监管信息、沿海地理信息还没有全部覆盖,现在为 8 300 余艘渔船装设了电子标识,但渔船违规出海违规作业时有发生。

青岛市对海洋信息服务的要求越来越高,尤其是精细化和个性化的海洋信息服务,但现在青岛市的海洋信息服务的类型依然单一,还是以政府为主体提供的海洋环境监测预报和渔港渔船监管服务。青岛正在建设国际水产品交易中心,还将创建海陆休闲垂钓示范基地,目前都还缺少提供完善实时的专业信息服务平台。

低水平重复建设和信息资源割裂的现象依然存在。随着海洋数据的不断增多,低水平的信息建设无法提供顺畅的信息服务,并且服务平台的海洋信息不能实时更新。由于海洋数据的格式不统一和人为因素,导致海洋信息只能在内部共享。

五、加快青岛市海洋信息服务业发展的建议

（1）重视海洋信息服务业的发展,提高海洋信息服务占比。如大力发展海洋电子信息产业,加强海洋信息化建设,设立青岛市海洋信息服务业专项基金,鼓励和引导大型企业和金融资本参与青岛市海洋信息服务业建设,培育提供海洋信息服务的小微企业。

（2）发展多样化专业化的海洋信息服务。推进海域动态监控系统、海洋环境在线监测系统、海洋预警报系统、渔港船舶系统的专业化建设,加快电商交易、出海垂钓、海岛旅游等多样化海洋信息服务。

（3）建立系统间海洋信息互联互通机制,统一海洋数据格式,利用海洋大数据技术,建立高储存、高配置、可长期利用的综合性海洋信息服务平台,实时更新海洋信息。

参考文献

[1] 陈翠,郭晋杰. 海洋服务业产业结构的经济学分析及发展对策研究[J]. 海洋开发与管理,2014,（09）:83-87.

[2] 宋转玲,刘海行,李新放,宋庆磊,丁明. 国内外海洋科学数据共享平台建设现状[J]. 科技资讯,2013,（36）:20-23.

[3] 张镭,吴文婷. 海洋信息服务网站整合模式研究[J]. 海洋技术,2013,（04）:114-117.

[4] 路涛. 海洋服务业如何在发展中"掘金"[N]. 中国海洋报,2013-01-08（03）.

编　写:尚　岩

审　稿:谭思明　于升峰　王云飞

青岛市科技型中小企业调查分析与发展对策研究

一、引言

科技型中小企业又称中小型科技企业、创新型中小企业，是从事高科技产品的研究、开发、生产、销售，自主经营、自负盈亏的知识密集型经济实体，是现代社会经济中技术创新以及科技成果转化的主体。在中国调整产业结构、转变经济增长方式的过程中，科技型中小企业起着不可替代的重要作用，已成为支撑国民经济稳定快速增长的重要力量。

虽然中国科技企业中小型保持着快速的发展势头，但由于规模小、底子薄，普遍面临市场占有率低、竞争力差、生存能力弱等困难，以及存在外部政策法规体系、区域创新网络、成长环境不完备等制约因素，从总体上看成长状况不容乐观，多数处于有成长无持续或有持续无成长的状态，甚至大量的中小型科技企业腾飞一时就很快陷入困境进而销声匿迹。据统计，中国中小型科技企业5年存活率低于10%，10年以上的中小企业仅有6.95%，即使在美国中小型科技企业的成功率也只有15%～20%，超过80%的企业在早期的成长过程中就受挫，一些项目的成功率甚至低于3%，由此可见中小型科技创业企业在发展过程中面临极高的风险。

科技型中小企业的发展除了与自身因素、行业状况、市场环境等有关外，还与所在的区域创新环境有密切关系。区域创新是国家创新体系在具体领域和具体地区的深化和细化，在这一过程中，各地政府承担着区域创新体系建设和运行管理的职责，其中很重要的是区域创新环境的营造与优化。除了市场机制以外，在助力科技型中小企业突破发展瓶颈中，政府以其特殊的地位发挥着其他创新主体无法替代的作用。

近年来青岛地区的科技型中小企业取得了一定发展，特别是青岛市政府发布《关于大力实施创新驱动发展战略的意见》及"千帆计划"多个实施细则后，对众多科技型中小企业起到了扶持作用。但青岛科技型中小企业的总体发展情况如何、遇到的主要困难以及有哪些成长需求，需要进行认真的调查研究。弄清上述问题，将为青岛众多中小型科技企业解决成长困境、实现健康快速发展带来新的启示和巨大的助益。

二、青岛科技型中小企业现状

青岛市的科技型中小企业主要集中在全市各类科技企业孵化器、大学科技园、中小企业产业园和创业基地等各类孵化载体中。这些载体的管理分别归属不同的政府职能部门，各职能部门对于科技型中小企业概念的理解和统计口径并不一致。相较而言，青岛市科技部门的统计口径更规范一些。从2012年开始，在推进"千万平方米孵化器"工程的过程中，青岛市科技局参照科技部原有的火炬统计系统和相关指标,建立了科技企业孵化器业务管理平台,定期对全市的孵化载体、在孵企业、毕业企业的信息进行统计,并编写了年度发展报告。本文中,青岛市科技型中小企业主要是指入驻在孵化器内的各类科技型企业,包括在孵企业、毕业企业等。

本文的分析基础主要有两个数据源:一个是在青岛市科技企业孵化器业务管理平台上登记的在孵企业、毕业企业统计信息;另一个是 2013 年年底,青岛市科技局组织的对全市在孵企业发展现状的问卷调查数据。其中基本情况分析的基础是业务平台的统计信息,存在问题分析主要基于 2013 年年底的调查数据。

(一)相关统计数据

1. 企业数量

截至 2015 年年底,全市共有科技型中小企业 5 358 家,2015 年新增企业 1 554 家,企业数量保持稳步增长。

2. 销售收入及研发活动

本研究共抽查了 303 家企业的销售收入,统计情况详见表 1。

表 1 科技型中小企业年收入抽查结果

序 号	年销售收入	企业数	占 比
1	10 万以下	4	1%
2	11 万~50 万	31	10%
3	51 万~100 万	50	16%
4	101 万~200 万	43	14%
5	201 万~500 万	43	14%
6	501 万~1 000 万	55	18%
7	1 001 万~2 000 万	51	16%
8	2 000 万以上	12	4%
调查总数		303	

从表 1 看,科技型企业的年销售收入主要依次集中在 501 万~1 000 万元、1 001 万~2 000 万元、51 万~101 万元、101 万~200 万元、201 万~500 万元五个层次,占比分别为 18%、16%、16%、14%、14%。10% 的企业销售收入在 50 万以下,70% 的企业销售收入在 50 万~1 000 万元之间,20% 的企业销售收入在 1 000 万元以上,销售收入分布呈现两头小、中间大的纺锤形结构。此外,从销售收入来看,规模以上企业(年营业收入超过 2 000 万元,国家统计局 2011 年 1 月)约占 4%,规模以下企业占比为 96%,规模以下企业是青岛科技型中小企业的主体。被抽查企业研发活动情况详见表 2。

表 2 科技型中小企业研发情况抽查结果

序 号	研发投入占比	企业数	占 比
1	0	13	4%
2	1% 以内	23	7%
3	1%~2%	42	14%
4	2%~3%	33	10%
5	3%~5%	57	18%
6	5% 以上	141	45%

表 2 显示 96% 以上企业具有研发活动,45% 的企业研发投入占总销售收入的比例超过 5%。发达国家的经验尺度是企业的技术创新费用要占营业收入的 1% 以上才具有一定的竞争能力,按照这一标准,总体上青岛的科技型中小企业对研发投入还是比较重视的,近 90% 以上具备一定的竞争力,但这一结论只是理论性的,还需经过与国内其他城市的横向比较进行验证。

3.法人性质构成

从调查企业的法人性质分析,全市科技型中小企业以股份制为主体,占 64%;其次是私营企业,占 29%;其他法人性质的企业比例共计 7%。见表 3。

表 3　被调查企业所属法人性质分布

序　号	类　型		企业数	占　比
1	国有		1	0.3%
2	集体		1	0.3%
3	私营		94	29%
4	股份制	有限责任	196	61%
		股份有限	11	3%
5	联营		0	0
6	外商投资		18	6%
7	港澳台商投资		1	0.3%
8	股份合作		12	4%

4.人力资源结构

共有 307 家企业填报了人员构成信息,共聘用人员 6 903 人,平均每家企业聘用 23 人。以此可推算,全市科技型中小企业共吸纳就业人员 10 万人左右。从就业人员的教育背景来看,本科占比 40%,硕士占比 7%,博士占比 3.1%,其他类人员占比见表 4。

表 4　科技型中小企业人员构成

类别	按职称		按学历				按专业		其他	总人数
	高级职称	中级职称	博士	硕士	本科	专科以下	技术类	管理类	海归	
人数	376	698	220	529	2 790	2 206	2 965	1 279	60	6 903
占比	5.4%	10%	3.1%	7%	40%	31%	43%	18%	0.87%	

5.行业分布

共有 311 家企业填报了所属行业信息,详见表 5。调查结果显示,青岛科技型中小企业最集中的三个行业分别是电子信息、高技术服务业、新能源及节能产业。

表 5　被调查企业所属行业情况

序　号	类　型	企业数	占　比
1	电子信息	74	23%
2	高技术服务业	51	16%
3	新能源及节能	44	14%
4	新材料	33	11%
5	高新技术改造传统产业	29	9%
6	生物与新医药	25	8%

序　号	类　型	企业数	占　比
7	资源与环境	20	6%
8	航空航天	1	0.3%
9	其他	72	23%

（二）企业需求调查统计

本研究对青岛科技型中小企业资金需求、人才需求、服务需求、扶持方式需求四项指标进行了主观性抽样调查。

1. 资金需求

在得到反馈信息的 316 家科技型中小企业中,资金需求量主要集中在 201 万～500 万、51 万～100 万的水平,分别有企业 84 家、79 家,占比为 27%、25%;90% 以上的企业资金需求在 1 000 万以下。详见表 6。

表 6　科技型中小企业的资金需求情况

序　号	企业资金需求量	企业数	占　比
1	10 万以下	6	2%
2	11 万～50 万	31	10%
3	51 万～100 万	79	25%
4	101 万～200 万	49	16%
5	201 万～500 万	84	27%
6	501 万～1 000 万	41	13%
7	1 001 万～2 000 万	15	5%
8	2 000 万以上	11	3%

在得到反馈信息的 561 家科技型中小企业中,自有资金和银行信贷是科技型中小企业主要的资金来源,以风险投资方式获得资金的企业非常少,占比约为 2%,见表 7。

表 7　科技型中小企业的资金来源情况

序　号	企业资金来源	企业数	占　比
1	自有资金	310	97%
2	银行信贷	101	31%
3	政府投资	26	8%
4	孵化器投资	24	8%
5	民间借贷	23	7%
6	风险投资	7	2%
7	其他融资	70	21%

2. 人才需求

调查发现,营销人员、技术专家以及技术人员是青岛市科技型中小企业最缺乏的三类人才,占比分别为 60%、51%、48%，详见表 8。

表 8　科技型中小企业缺乏人才调查

序　号	缺乏人员类型	企业数	占　比
1	营销人员	187	60%
2	技术人员	159	51%
3	技术专家	149	48%
4	熟练工人	80	25%
5	财务人员	27	9%
6	招商人员	64	2%
7	其他	13	4%

3. 科技服务需求

从对科技型企业的服务需求信息分析，政策咨询是企业需求最迫切的科技服务，其次是融资咨询、企业管理咨询，见表 9。

表 9　科技型中小企业服务需求调查

序　号	服务类型	企业数	占比 %
1	政策咨询	227	72.99
2	融资咨询	143	45.98
3	企业管理咨询	125	40.19
4	市场咨询	112	36.01
5	专利咨询	88	28.3
6	人力资源咨询	66	21.22
7	财务咨询	47	15.11

针对政策咨询，本课题同时调查了青岛科技型中小企业获取政策信息的渠道，统计结果分别为孵化器、行业朋友、网络、传统媒体、政府渠道等，见表 10。

表 10　科技型中小企业获取政策信息的主要渠道

序　号	信息渠道	有	没有
1	孵化器	89.84%	2.95%
2	行业朋友	81.97%	8.20%
3	其他网络资源	81.64%	9.84%
4	传统媒体（电视、电台、报纸）	74.75%	17.38%
5	政府渠道	69.51%	20%
6	其他	2.62%	22.30%

4. 扶持方式需求

从调查数据看，帮助开发市场、提供种子资金是中小型科技企业最希望获得的扶持方式。这在一定程度上反映出,大部分科技型企业尚处于种子期或创业期,见表 11。

表 11　科技型中小企业最希望获得的扶持方式

序　号	帮助类型	企业数	占比%
1	帮助开发市场	172	56.03
2	提供种子资金	164	53.42
3	完善孵化体系	114	37.13
4	提供特色服务	112	36.48
5	协助获得外部金融支持体系	104	33.88
6	拓展服务功能	103	33.55
7	完善服务机制	100	32.57
8	协助获得外部中介服务支持	44	14.33

(三)科技型中小企业发展阶段分析

综合资金需求与当前资金来源(表 6、表 7)数据,可将全市科技型企业做如下的发展阶段划分:资金需求超过 1 000 万的为成熟期,约占 8%;资金需求在 500 万~1 000 万的为扩张期,约占 13%;资金需求在 100 万~500 万的为创业期,约占 43%;资金需求在 100 万以下的为种子期,约占 37%。从调查数据可以得出科技型企业大部分处于创业(成长)期,处于扩张期和成熟期的企业相对较少。

将上述结果对纳入科技孵化器业务平台统计的 5 358 家匡算,处于不同成长阶段的青岛市科技型中小企业数量见图 1。

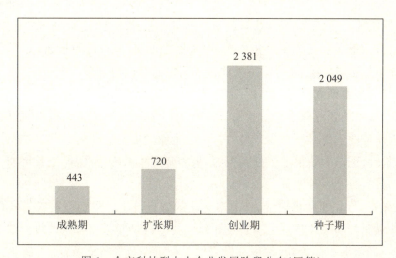

图 1　全市科技型中小企业发展阶段分布(匡算)

三、突出问题分析

1.科技型中小企业专业技术人才缺乏

尽管总体上看,此次调查数据显示青岛科技型中小企业从业人员的学历结构相对合理,但专业人才缺乏仍是企业面临的难题之一,特别是营销人员、技术专家、技术人员最为缺乏,这三类专业人才对于企业进入扩张期是最需要的资源要素。其次,高学历、高层次人才在从业人员中所占的比例还不高,硕博高学历人员在科技型中小企业中占 10%,与以创新生存发展的科技型企业的人才素质要求尚有差距。技术创新的关键在于人才,特别是高素质的研究开发人员。人才缺乏直接导致企业的研发力量弱、创新能力不强,这一问题成为制约青岛市科技型中小企业发展的一个瓶颈。

2. 政府公共政策信息渠道不畅

本次调查还显示出,政策咨询与解读是科技中小型企业最需要的科技服务。但从企业获取政策信息的调查结果看,相比孵化器、人脉、网络、传统媒体等信息渠道,通过政府搭建的公共信息渠道获取政策信息的企业比较少,即政府公共渠道在传达政策信息方面的作用最小。这从侧面反映出政府公共政策信息渠道不畅,政府相关部门对于科技型企业的政策宣传力度、手段等存在不足。

3. 企业融资困难

从调查数据看出,青岛科技型中小企业主要的两种资金来源为自有资金、银行贷款,以风险投资方式获得资金的企业非常少,只占2%。从此可以看出,从事新兴产业的科技型企业融资方式仍局限于传统产业金融服务,未形成与资本市场的有效匹配。对青岛市的科技型中小企业来说,近几年通过资本市场融资的渠道几乎走不通。而占比96%的规模以下科技型中小企业对种子资金、成长资金的需求量很大,然而,只有7家企业获得了风险投资公司的投资。这说明青岛市的风险投资事业发展滞后,无法满足众多科技型中小企业技术创新对资金的渴求,其中一个重要原因是青岛风投行业与新兴产业资金需求之间的信息不对称。

四、发展对策

经过对青岛市科技型中小企业的现状与发展需求分析,提出以下发展对策:

1. 加大政策信息宣传力度

政策信息的有效获取对于科技型中小企业非常重要,尤其是对于种子期企业和成长期企业,快速及时的获得相关政策信息可以大大降低创业成本,提高创业的成功率。目前政策信息解读是青岛市在孵企业需求最迫切的创业服务,但现有政府信息渠道不能满足企业对政策信息的需求。科技企业管理部门应优化科技服务体系,加大政策类信息的宣传力度,拓宽信息渠道,通过政策巡讲、定期组织政策解读培训活动等方式,提高政策信息的传播效率,满足企业对政策信息的迫切需求。

2. 加强企业融资服务体系建设

青岛大部分科技型中小企业都处于创业成长阶段,由于缺乏足够的资本积累,资信程度不高,筹措资金难度较大,困扰着企业的创新研发与生产经营。由于企业融资渠道和能力有限,缺乏稳定的资金支持,当技术创新遇到挫折时,无法有效地继续投入人力、物力开展技术攻关,因此很有可能因为资金链的断裂导致企业的失败。

政府应通过政策引导,拓宽融资渠道,建立多元化的融资机制。鼓励金融机构向科技型企业的园区集聚,制定贴息政策鼓励其面向科技型中小企业开展相关金融业务;同时,通过政策倾斜鼓励资金雄厚的大型商业银行加强金融服务产品创新,积极开展科技型中小企业贷款服务;加大商业银行开展科技型中小企业贷款业务的财政补偿、税收减免等政策支持力度,从体制和机制上为缓解小企业融资难提供政策保障。

其次是完善青岛风险投资体系。风险投资是科技型中小企业技术创新筹集资金的重要渠道。但目前青岛的风险投资基金规模小,要拓宽这条渠道,可从本地的实际出发,首先打通信息沟通渠道,促进风险投资来源的多元化,积极吸引机构投资者、大公司、国外的风险投资机构的投资,扩大风险投资规模。

3. 根据企业发展阶段制定扶持政策

扩大科技型中小企业创业项目扶持范围,降低政策门槛,让更多的企业申报创业扶持项目,项目评审通过后及时落实项目扶持资金,鼓励项目承担企业通过政策贴息的方式通过金融杠杆放大扶持资金规模;积极探索为处于高速成长期的企业提供政策扶持,不断创新政策扶持方式,为创业项目提供从孵化到发展,直至扩张的全链条政策扶持体系。

4.加强人力支撑体系建设

近年来,青岛市通过区位优势、资源优势引进了小少高层次创新创业人才,但仍然不能满足科技型企业发展的需求。这需要政府与企业从两个层面努力加强人力支撑体系建设。政府应在战略规划和制度建设上加强对科技人才,特别是具有较高业务能力的学术和技术领军人才的引进、培养和开发使用,从营造区域环境、完善人才竞争市场方面加大青岛对科技型、知识型人才的吸引力,筑巢引凤,为留住高端科技型人才创造良好的居住、工作、创业环境,并激励科技型企业对科技人才的培养和留用。从企业角度上,应提供人才发展的平台,建立适合人才的环境和制度,包括完善的长期激励机制、企业文化等,同时应认真研究人才自身的具体需求。只有建立起有保障的人力支撑体系,才能使青岛科技型中小企业获得持久的发展动力。

本文作者:宋福杰

(本文发表于《青岛行政学院》学报 2016 年第 5 期)

青岛应用型技术研发机构建设对策研究

应用型技术研发机构主要分为三种类型,一是区域综合类,包括高等院校、科研院所、引进院所等;二是专业特色类,包括重点实验室、公共研发平台等;三是企业主导类,包括工程技术研究中心、产业技术创新联盟等。

一、青岛应用型技术研发机构发展历程

1984年,青岛市成立了第一家部级重点实验室,中国科学院实验海洋生物学重点实验室;1994年,青岛市成立了第一家省级工程技术研究中心,山东省纳米材料工程技术研究中心;2009年,青岛市开始加快引进大院大所,首批引进了中科院生物能源与过程研究所;2010年,青岛成全国首个国家创新工程试点市,开始全面推进产业技术创新战略联盟建设,当年确定了14家市级联盟名单,涉及家电电子、先进装备制造、新材料、新能源等产业领域;2013年,青岛市全面启动公共研发平台建设,当年即签约启动了包括青岛市生物医学工程与技术公共研发服务平台在内的10个平台项目。

自2003年以来,青岛市先后颁布了《青岛市科学技术局高端研发机构引进管理暂行办法》、《青岛市科学技术局科学研究智库联合基金》、《青岛市工程技术研究中心管理办法》、《青岛市重点实验室建设与运行管理办法》、《青岛市产业技术创新战略联盟构建与发展管理办法》等15部地方政策,为创新载体建设提供了有力支撑。

二、青岛应用型技术研发机构资源现状

截至2015年年初,青岛市共拥有重点实验室、工程技术研究中心、产业技术创新联盟、高等院校、科研院所、引进院所、公共研发平台等科研与技术开发机构499家。其中,高等院校7所,市级以上科研院所49家,国家部委、省、市三级重点实验室155家,国家级、省级、市级工程技术研究中心202家,产业技术创新战略联盟58家,引进院所18家,公共研发服务平台10家。

这些机构主要集中在海洋科学、电子信息、石油化工、材料科学、农业科技、医学、纺织、化工等领域,推动了青岛市相关产业的发展。另外,青岛还有各级科技孵化器77家、企业研发中心120家等多种形式的创新载体。

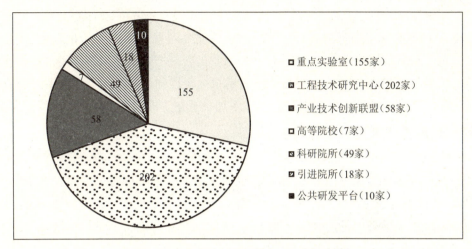

图1 青岛市科技创新载体资源分类示意图

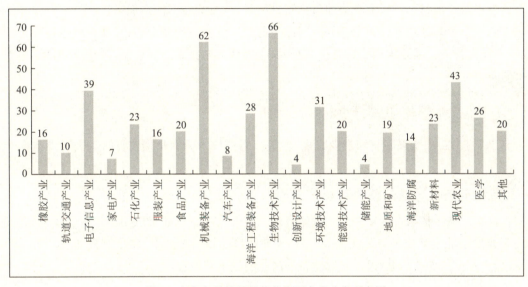

图2 青岛市科技创新载体资源产业分布示意图

三、青岛应用型技术研发机构存在的问题

与其他同类城市相比,青岛市支撑重点产业发展的研究机构数量偏少,实力偏弱,一些引进院所刚刚起步,规模较小,作用发挥尚不明显,存在以下问题和不足。

(一)市级科研院所力量薄弱

20世纪90年代末期,为配合国家科技体制改革,青岛市下发了《青岛市市属独立科研机构体制改革方案》(青办发〔1997〕80号)、《关于进一步加快科研机构体制改革有关政策的暂行规定》(青政发〔1998〕13号)、《青岛市进一步加快市属科研机构体制改革有关政策的补充规定》(青政发〔2000〕146号)等一批文件,市级科研机构纷纷改制,半导体所、食品所等10家市级研究所并入相关企业,化工所、机械所等13家市级研究所转为科技开发型企业,建材所等6家市级研究所转为企业化管理,仅有农科所等5家市级科研机构得到保留。由于此次改革采取一刀切,缺少过度和政策扶持,步伐过快过猛,科研经费匮乏,使得被改制的科研院所发展艰难,大部分已名存实亡,科研力量十分薄弱。

(二)大院大所引进有待加强

为进一步加强创新源头建设,青岛围绕重点产业发展,先后与中国科学院、中国船舶重工集团、中国电子科技集团、中国海洋石油总公司、哈尔滨工业大学等国家级科研院所、知名高校和央企建立了长期合作关系,至今已有 19 家高端研发机构落户青岛。例如:引进中科院自动化研究所建设的青岛智能产业技术研究院,聚焦电子信息和智能产业,力争使青岛成为我国智能产业枢纽城市。引进机械科研研究总院建设青岛分院,聚焦机械制造产业,目标是将青岛打造成为全国知名的高端专用装备制造业研发、制造、服务基地与集聚区。目前,这些研发机构刚刚起步,多处于基建阶段,且规模较小,作用发挥尚不明显。

(三)科研院所重研究轻转化

青岛各级高校和科研院所由于现行体制机制原因,重研究轻转化,即重视前期研究、论文产出、报告撰写等环节,而对成果转移转化重视不够,所做出的研究成果一般仅停留于书面评审阶段,缺乏有效转化。另外,国家、省部级科研院所的科研项目多为省级以上级别,虽然落户青岛但缺乏市级项目承接,对青岛产业技术对接支持力度不够。

(四)企业研发中心缺乏共性技术研究

企业研发中心一般只为该企业或集团内部提供科研、开发和技术改造服务,由于企业间的竞争关系,企业研发中心很少参与行业共性技术研究。因此当前模式的企业研发中心,只能解决企业自身的技术创新问题,而不能与行业共赢发展的大背景相结合,缺乏共性关键技术研究机制,不能有效引导整个行业的产业技术创新。

四、建设应用型技术研发机构的作用

结合青岛科技、经济发展现状和产业需求,加快应用型技术研发机构建设将有力促进地方产业和经济发展。

(一)有利于培育区域战略性目标产业群

围绕青岛市十条千亿级产业链和七大战略性新兴产业发展需求建设应用型技术研发机构,将有利于突破制约产业发展的关键技术和共性技术,培育区域战略性目标产业群,实现研究开发与产业化同步推进,形成新型产业技术支撑体系,促进区域内新兴产业的集聚和发展。

(二)有利于协同创新多方共赢

应用型技术研发机构通过整合政产学研资用各方创新要素和创新资源,有利于开展协同创新,促进技术、人才等创新要素向企业流动,带动区域内企业技术升级和产业结构调整,实现多方共赢。

(三)有利于科技成果转移转化

应用型技术研发机构将重点解决高校和科研机构创新成果在中试研究环节的断链问题,通过科技资产资本化运作,以"合同科研"等方式为行业内企业提供具有创新性和实用性的科研成果,带动社会资本促进科技成果产业化。

(四)有利于新兴产业孵化育成

应用型技术研发机构兼顾青岛产业发展需要与未来前沿技术的发展趋势,通过技术转移、建立衍生公司及孵化创新企业等方式,为青岛企业特别是广大中小企业提供技术创新支撑和公共服务支撑,促进新兴产业的孵化育成。

(五)有利于产业人才培育衍送

应用型技术研发机构通过鼓励科技人员创办科技型企业,以及为企业高端管理与研发人员提供交叉任职或兼职岗位等方式,促进技术和人员向企业转移,助力企业人才培育。

五、对策建议

（一）根据现有资源深挖研发潜力

对青岛市级已建科研院所和已有科研力量进行调研梳理，挖掘场地、设备、人员、技术等潜力，统筹规划、合理扶持，争取最大限度盘活存量，将有效资源投入到应用型技术研发机构的组建中，加快应用型技术研发机构的建设步伐。同时，引导、鼓励其他高校和科研院所采用"合同科研"等方式，加强应用技术研究，促进科技成果转化。

（二）围绕产业发展加快院所引进

围绕青岛市十条千亿级产业链和七大战略性新兴产业发展需求，采用多主体的投资方式、多样化的组建模式和企业化的运作机制，引进建设一批应用型技术研发机构。新引进的应用型技术研发机构应具有高端化、开放化、市场化、国际化的特征，能聚焦并引领产业发展，能迅速转化技术优势，能开拓创新国际合作，能将科技资源与市场需求高效整合，进一步提高现实生产力、服务区域经济发展。

（三）鼓励企业发展应用型技术研发机构

科研院所无论是以基础研究为主还是以应用研究为主，最终都需面向市场落实成果转化；而企业发展应用型技术研发机构，可以充分发挥市场作用，将技术创新、政府支持、社会资本、风险投资有机结合在一起，构建以企业为主体的技术创新体系，使创新既有研究基础又可直接面向产业化，进一步加快技术转移和成果转化。

（四）加强应用型技术研发机构机制建设

应用型技术研发机构已成为深化科技体制改革、实施创新驱动发展的生力军，其体制机制建设应破除旧有樊篱，可在全面推行理事会领导下的院所长负责制，集体决策、独立核算、动态考核、规范管理，促进创新——产业——资金链条的紧密结合，实现科技资源的优化配置与合理利用。

参考文献

[1] 周华东. 产业技术研究院的新发展和运行机制变迁[J]. 中国科技论坛, 2015, 0(11): 29-33.

[2] 梁红卫. 应用技术型高校产业技术研究院构建研究[J]. 中国高校科技, 2015, 0(8): 94-96.

[3] 熊文明, 顾新, 赵长轶. 产业技术研究院建设模式与途径研究[J]. 决策咨询, 2015, 0(3): 75-78.

[4] 乔辉. 国家产业创新视角下产业技术研究院角色研究[J]. 科技进步与对策, 2014, 31(22): 36-39.

[5] 李培哲, 菅利荣. 企业主导型产业技术研究院组织模式及运行机制研究[J]. 科技进步与对策, 2014, 31(12): 65-69.

本文作者：姜　静　王淑玲
（注：本文发表于《科技成果管理与研究》2016年第4期）

大数据条件下政府舆情监测的挑战与对策

随着互联网技术快速发展,公众更习惯通过论坛、贴吧、社区、博客、微博、微信等社交平台来发表意见、表达诉求,网络成为社会舆情的"风向标"。由于互联网信息共享、传播便捷、主体匿名等特点,一些虚假和负面消息也在网上广泛传播,特别是在一些别有用心的人员组织下,会加速发酵传播,产生极大的负面影响,甚至引发群体事件,干扰社会的正常秩序和安定和谐,由此越发凸显舆情监测的重要性。

一、当前网络舆情新变化

(一)"三微一端"移动舆论成新重心

互联网全面进入移动互联时代。截至 2015 年 6 月,我国互联网普及率 48.8%,网民总数达 6.68 亿人,其中九成用户使用手机上网。而以微信、微博、(微)视频、客户端为代表的"三微一端"移动舆论场成为中国网络舆论新重心。

(二)正能量舆情被广泛关注

事关国内大事件、大决策的相关热点事件总能引发网络舆论的普遍关注和理性客观看待,如关于全面二孩、十八届五中全会、9·3 抗战胜利阅兵等年度热点事件,朋友圈里全是积极的建言献策和爱国情怀。

(三)经济领域舆情引发广泛关注

世界范围内经济萎靡,我国经济也进入"新常态",由于外部环境和过程原材料、人力、环境成本的相继提高,传统行业举步维艰。互联网等新兴经济领域却方兴未艾,持续引发关注。例如微信、打车软件等新技术、新手段的应用,由于该领域与普通公众切身利益休戚相关,因而引发了高度关注和热议;经济下行大环境引发了国民普遍忧虑,而李嘉诚撤资刚好切中舆论痛点;经济下行,我国股市于 2015 年 6 月中旬和 8 月的 A 股断崖式暴跌,引发对救市政策的高度关注。

(四)突发事故类舆情仍是重点

突发类事件往往能够挑动网民的神经,如 2015 年的哈尔滨大火、上海外滩踩踏、福建漳州 PX 项目爆炸、东方之星沉船、荆州电梯吞人和天津港爆炸,2016 年的雷洋事件、广州退休牙医被砍死事件,看似是天灾人祸具有突发性和偶然性,但大都含有很深刻的社会原因,网民往往会"推人及己"而引起热烈讨论。

（五）旅游和环保类舆情成为新热点

随着国内外经济环境变化,公众对于自身生活质量的期待值显著提高。一方面表现在对环保要求更高,另一方面表现在对消费环境的规范化要求上,因而关于旅游和环保类舆情成为公众关注的新热点,例如青岛天价大虾、云南导游辱骂游客、上海外滩踩踏事件,柴静的纪录片《穹顶之下》等。

（六）舆情事件的主体指向性往往不明确

在各类热点舆情事件中旅游和环保类舆情逐渐成为新热点,意识形态领域的舆情开始显现,而这些舆情普遍具有主体指向性并不明确的特点。主体指向性不明确主要表现为两方面:一是责任主体不明确,二是责任主体的具有多方和广泛性。如优衣库不雅视频,责任主体并不明确,只能勉强跟警方监控搭上关系。而关于柴静关于雾霾的纪录片,责任主体更是十分广泛。类似股灾、李嘉诚撤资等经济类舆情,与我国经济的大制度和大环境密切相关,牵涉的已经不是一个具体的管理部门的事情。

二、大数据条件下政府在舆情监测中面临的困难和挑战

（一）困难之一：认识不到位,变"监测"为"监控"

一些政府部门和人员存在网络舆情理念落后于潮流、思路偏离于现实、行为有违于宗旨等问题,造成了在网络舆情汹涌的大环境下,面对网络民意,一些政府部门和人员做出一系列不当、甚至错误行为,如主观排斥拒绝网络民意、轻视网络舆情以致无视、野蛮删帖、盲目封堵等。从近年来多起政府舆情处置的案例来看,政府舆情监测易走偏,最大的误区就是把舆情监测作为"监控"手段来使用。

（二）困难之二：处置不当,变"澄清"为"灭火"

发现问题后第一时间想到的不是如何正确解决问题,而是如何"灭火"。由于缺乏对舆情的正确认识,很多地方把舆情监测当成舆论监控,当政府发现负面信息时,不是本着负责、服务的态度,首先弄清楚网上所曝是否属实、了解公众对这些负面问题的态度和评论,而是不问青红皂白地第一时间在想怎么去删除这些负面言论,或者通过行政手段打压发帖人,控制媒体的报道传播等。

（三）困难之三：机制不全,变"系统全面"为"单打独斗"

由于舆情监测的机制并不十分健全、运行程序尚未理顺、加之建立大数据舆情监测系统和分析平台需要投入大量资源,需要政府各个部门无间对接和配合等困难,在舆情监测的实际操作中往往成了某个部门或者某几个人的事,如此在社会舆情突发时难以快速反应和响应得当,所以需要加强舆情监测机构和政府其他部门之间的信息共享和信息反馈,形成制度合力有效应对。

（四）困难之四：缺乏专业监测、数据分析人才和团队,制约监测分析水平

单纯的舆情监测对于舆情管理和研究还远远不够,还需要有能够对数据进行生产、分析、研判的专业人员。目前政府中依然缺乏专业的舆情监测和分析人员,大多是兼职或调配人员,他们对于舆情的专业性、敏感性和分析能力都不到位,从而极大制约了对网络事件的监测和分析能力。

（五）挑战之一：舆情监测数据由样本向全量数据的变化

传统数据分析的是个体、片面的样本数据,大数据时代则要关注与这些个体相关的所有人、事、物的全量数据。在传统的数据分析过程中,把所有人作为个体来看,或者作为平面来看。但在大数据时代,是用立体化的方式刻画这个人。

（六）挑战之二：提高大数据舆情分析能力,防止决策失误

大数据也并非完全可靠,虽然大数据技术可以在更大范围内对舆情信息进行统计分析,其中也掺杂着非理性因素,但如果过于依赖大数据,过分相信数据分析结果,将会做出很多不必要的决策。由此看来,

还需要专业网络舆情分析师对监测到的舆情数据进行综合分析,去粗取精,为决策提供最终参考。

(七)挑战之三:舆情监测向舆情预测的变化

信息聚合共生,可从大量数据中分析出非常有价值的信息。现在舆情监测主要是在事件发生后采取找寻原因、深究应对之策,比如近期的公务员试题泄漏事件,只有当事情暴露出来,才会倒逼有关部门出面澄清和解释。

舆情监测应逐步向舆情预测转变。目前舆情监测是追踪动态网站、论坛、微博、微信等媒体,检索网络中有关语料库中的敏感字词,发现舆情动向。由于长期关注和积累,可逐渐梳理出语料之间的关联关系,通过专业数据挖掘和建模,进而达到舆情预测、提前报警的目的。

三、大数据条件下政府舆情监测的应对策略

(一)实现大数据与政务公开相结合,提升政府公信力

党的十八届四中全会提出了"全面推进政务公开,坚持以公开为常态、不公开为例外原则"。我国现阶段的政务公开工作并不到位,政府部门间是一个相对封闭、独立的"信息孤岛"和"数据烟囱",这种现象在改善民生、提升政府效能,在惠民、为民等方面都存在很大障碍,容易发生政府的政策落实不到位、监督不到位、宣传不到位,群众对于政府的行为理解不透彻、加深政府与公众间的隔阂感和利益冲突,容易引发网络维权事件,从而造成较大的网络舆情压力。

传统的信息公开是依申请公开,而大数据时代的数据开放则是主动进行数据推送,公众需要的信息已经包含在公开共享的数据集里,供公众按需自取。我们要在保障数据安全的基础上,探索建立我国的大数据政务公开系统,引导社会力量参与对公共数据的挖掘和使用,让数据发挥最大价值,提升政府公信力。

(二)实现大数据与突发事件相结合,提升政府舆情危机处理能力

网络舆情与大数据、社会突发事件总是息息相关的,往往网络中不起眼的一条微博微信,碰巧是网民的"痛点",很可能在短时间内形成较大规模的舆情压力。为此,政府应加强大数据的分析研究,建立"舆情量化指标体系"、"演化分析模型"等数据模型,综合分析事件性质、事态发展、传播平台、浏览人数、网民意见倾向等各方面的数据[3],快速准确地划分舆情级别,确定应对措施,解决传统的舆情分级中存在的随意性、滞后性等问题,做到科学研判、快速处置。

(三)实现大数据与主流媒体相结合,提升政府舆论引导能力

"喇叭多,事实少",是自媒体的先天不足,但在马航失联、司法案件、医疗事故这样具有较高专业门槛的事件中,仅仅依靠网民七嘴八舌是难以还原事实真相的。这个时候需要政府和专业新闻媒体,特别是党报、国家通讯社、国家电视台等主流媒体保障新闻事实和专业分析的供给,及时回应网民关切,为网络信息去伪存真。主流媒体的一个重要使命,就是听取和考量所有利益相关方的声音,主流媒体应注意均衡地照顾社会各阶层的利益,尊重甚至主动"打捞"那些沉没的声音,让各方利益的代表充分表达意见和诉求,于合作博弈中求取改革的最大公约数。

(四)实现大数据与舆情管理相结合,提高政府网络舆情整体掌控能力

要运用大数据突破传统舆情管理的狭窄视域,建立网络舆情大数据台账系统,实时记录网站、博客、微博、微信、论坛等各个网络平台数据,全面分析舆情传播动态,从瞬息万变的舆情数据中找准管理重点,合理配置资源,提高管理效能。

（五）舆情处置应有底线思维

充分释放网上舆论，相信其自净、对冲机制。在民生领域公共事件讨论中，"一刀切"式的封堵容易坐实阴谋论，给舆论遐想的空间，使事件泛政治化；而充分探讨则有助于凝聚社会共识。

参考文献

[1] 金鸿浩. 虚拟社会中网络舆情的现状研究[J]. 电子政务，2013，123（3）：8-17.

[2] 戴建华，廖瑞丹. 基于时间记忆的网络舆情意见交互模型研究[J]. 现代情报，2016，36（2）：8-11，42.

[3] 李丽蓉，和小全. 大数据环境下公安网络舆情分析与监管[J]. 山西警官高等专科学校学报，2015，23（4）：53-55.

[4] 杨海龙. 论大数据背景下的网络舆情监测[J]. 情报探索，2015，216（10）：132-135.

本文作者：徐文亭　肖　强　张卓群　王春莉

（注：本文发表于《决策与信息》2016 第 6 期）

高新技术产业和战略性新兴产业

"十二五"期间青岛市战略性新兴产业发明专利分析及对策建议

　　战略性新兴产业具有知识技术密集、成长潜力大等特点,对于提升城市核心竞争力、抢夺未来发展制高点具有重要作用,发展战略性新兴产业是青岛市"十三五"期间的重大战略任务。专利作为记录发明创造成果的重要信息载体,是衡量一个产业或区域科技创新能力的重要指标之一。专利的拥有量既能反映出该产业或区域科技成果的原始创新能力,又能折射出这些成果的市场应用潜能。通过对相关技术领域的专利数据进行统计和分析,实现以专利指标直接定量衡量战略性新兴产业创新状况,可以清楚地了解各产业在创新能力上的不同特点,利于决策部门推出适宜的产业政策,以加快推动战略性新兴产业发展。为此,青岛市科学技术信息研究院(青岛市科技发展战略研究院)对青岛市及其他副省级城市"十二五"期间的发明公开及授权专利进行了统计分析,总结出青岛市战略性新兴产业专利创新活动特点。针对存在的薄弱环节和差距,提出了实施战略性新兴产业专利创造能力提升工程、培育知识产权优势企业、培育高价值专利、促进知识产权转移转化、建设高素质人才队伍、发挥区域优势实现差异化发展等对策建议,供各级领导和有关部门参考。

一、"十二五"期间青岛市战略性新兴产业专利创新活动特点

　　根据国家知识产权局公布的战略性新兴产业分类与国际专利分类对照表,对青岛市及其他副省级城市"十二五"期间的发明公开及授权专利进行了战略性新兴产业分类。经统计分析,结果如下:

　　(一)青岛市战略性新兴产业专利创新活力持续增强。

　　"十二五"期间青岛市战略性新兴产业发明专利公开量及授权量呈持续增长态势,战略性新兴产业发明公开专利总计30718件,占全市发明公开总量的41.9%,年均增长率82.2%,超过全市发明专利公开量平均增速1.9个百分点;战略性新兴产业发明授权专利5 323件,占全市发明授权总量的44%,年均增长率48.2%,超过全市发明专利授权量平均增速3.0个百分点(图1);战略性新兴产业PCT发明授权专利154件,占全市PCT发明授权专利总量的49.4%;战略性新兴产业有效发明授权专利4 773件,失效发明授权专利550件,有效率89.7%。

　　(二)崂山区、黄岛区和市南区专利创新活动最为活跃。

　　如图2所示,战略性新兴产业发明专利授权量排在前三位的区市是崂山区、黄岛区和市南区,这三个区的合计授权量占全市总量的63.5%,其他区市的授权专利数量产出较少。其中,崂山区专利数量居全

市首位,占 25.3%,黄岛区占 19.5%,市南区占 18.7%,黄岛区年均增速居全市首位。崂山区在新材料产业、新一代信息技术产业领域具有较强创新优势,黄岛区在节能环保产业、新能源产业领域具有创新优势,市南区在生物产业领域具有创新优势。各区市在高端装备制造、新能源汽车产业和新能源汽车三个产业领域的授权专利均表现较弱,表明这三个产业专利创新能力整体表现还不强,见图 2 和图 3。

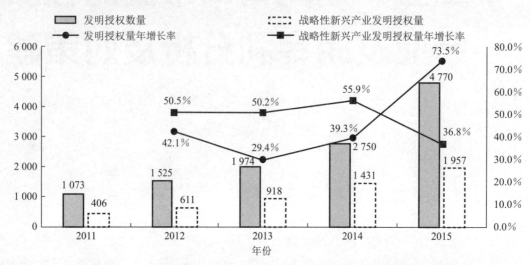

图 1 2011~2015 年青岛发明授权专利及战略性新兴产业发明授权专利发展态势

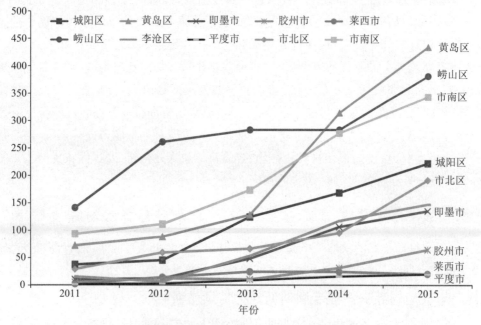

图 2 青岛市各区市战略性新兴产业发明专利授权量年度分布

(三)青岛市生物、节能环保和新材料产业三个产业相比其他产业最具技术创新活力。

表 1、图 4、图 5 显示,"十二五"期间,青岛市生物产业、节能环保产业、新材料产业的发明专利公开量及授权量居青岛市战略性新兴产业前三位,这三个产业合计发明公开量占总量的 85.8%,发明授权量占总量的 81%。生物产业的发明专利授权总量居各产业首位,五年授权总量占战略性新兴产业总量的 48.9%,节能环保产业以 23.8% 的占比次之,新材料产业和新一代信息技术产业分别排位第三(占 8.3%)和第四(占 8.1%),新能源产业排位第五(占 7.4%)。居于后两位的是高端装备制造产业和新能源汽车产业,专利授权量较少,新能源汽车产业的专利授权量仅有 9 件,居于七大战略性新兴产业的末位。

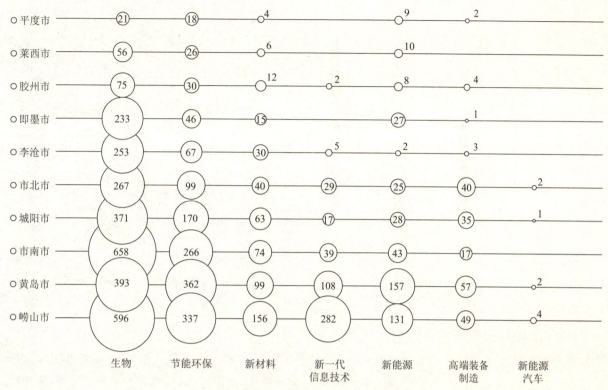

图 3　各区市七大战略性新兴产业发明授权专利分布图

表 1　战略性新兴产业各年度发明专利授权量统计表（单位：件）

战略性新兴产业	2011 年授权量	2012 年授权量	2013 年授权量	2014 年授权量	2015 年授权量	合　计
节能环保	123	165	266	328	539	1421
新一代信息技术	49	78	82	94	179	482
生物	166	300	495	905	1057	2923
高端装备制造	32	28	32	35	81	208
新能源	39	72	94	99	136	440
新材料	46	57	83	129	184	499
新能源汽车	0	1	1	2	5	9

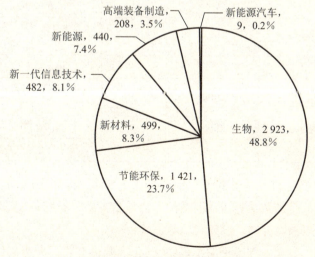

图 4　战略性新兴产业发明专利授权量分布

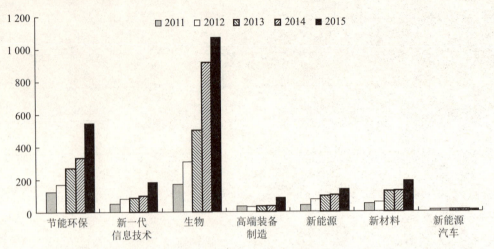

图 5　战略性新兴产业各产业发明专利授权量年度分布图(单位:件)

从增速上看,发明专利授权量年均增速排在首位的是生物产业,年均增速达 58.9%;节能环保产业、新材料产业、新一代信息技术产业年均增速较高,分别为 44.7%、41.4%、38.2%。

(四)高校科研院所具有较好的支撑作用

青岛市战略性新兴产业发明授权专利主要由企业、高校、科研院所及个人申请,企业共 541 家,合计授权量占总量的 46%,不足总量的一半,高校及科研院所等 69 家研究单位,合计授权量占总量的 30%,691 名自然人,合计授权量占 26%。发明授权专利总数排名前 20 位的机构见表 2,其中高校院所有 12 家,授权专利占比达 57%,高于企业授权专利总量,发明授权量在百件以上的有 8 家,占百件以上机构的 2/3,表现出青岛市高校科研院所对战略性新兴产业专利创新发挥了较好的支撑作用。

表 2　青岛市战略新新兴产业发明专利授权量排名前 20 的机构

排 名	机 构	授权专利(件)	排 名	机 构	授权专利(件)
1	海信集团有限公司	362	11	青岛大学	129
2	中国海洋大学	279	12	中国水产科学研究院黄海水产研究所	121
3	山东新希望六和集团有限公司	231	13	蔚蓝生物集团	96
4	海尔集团公司	215	14	中国科学院青岛生物能源与过程研究所	71
5	山东科技大学	159	15	青岛理工大学	69
6	青岛绿曼生物工程有限公司	153	16	南车青岛四方机车车辆股份有限公司	52
7	中国石油大学(华东)	150	17	山东省花生研究所	43
8	青岛科技大学	149	18	青岛科瑞新型环保材料有限公司	39
9	青岛农业大学	139	19	青岛市市立医院	39
10	中国科学院海洋研究所	132	20	青岛易邦生物工程有限公司	35

节能环保产业发明授权专利相对集中在大学、科研院所等机构。中国石油大学(华东)、山东科技大学和中国海洋大学发明授权专利数量位居前三名。专利技术主要分布在环境保护专用设备制造、工业三废回收和资源化利用以及农林废弃物资源化利用等领域。

新一代信息技术产业的发明授权专利主要集中在企业,海信集团拥有明显优势。新一代信息技术产业专利技术主要集中在基础电子元器件领域。

生物产业发明授权专利数量在企业、高校、科研院所间分布均衡,山东新希望六和集团有限公司、中国海洋大学和青岛绿曼生物工程有限公司是主要创新机构。生物产业专利技术主要集中在生物药品制造、生物农业用品制造和生物化工用品制造等领域。

高端装备制造产业发明授权专利集中在企业、高校、科研院所,企业持有专利数量多于大学科研院所的持有量。高端装备制造产业专利技术主要集中在轨道交通装备、海洋工程装备和智能制造装备等领域,南车青岛四方机车车辆股份有限公司具有明显创新优势。

新能源产业中企业、高校、科研院所的发明授权专利持有数量均超过发明授权专利数量的30%,高校、科研院所的支撑作用明显。新能源产业专利主要分布在生物质能及其他新能源设备制造技术领域,中国科学院青岛生物能与过程研究所最具创新活力。

新材料产业发明授权专利集中在企业、高校、科研院所,青岛科技大学是主要创新主体。专利技术主要分布在工程塑料材料制造领域。

新能源汽车产业专利还较少,技术创新点主要集中在新能源汽车装置及配件制造技术领域。南车青岛四方机车车辆股份有限公司和青岛易特优电子有限公司分别有2件授权专利,其他机构授权专利各有1件。

(五)发明专利授权量增速位居十五个副省级城市首位。

"十二五"期间,青岛战略性新兴产业发明专利授权量位列全国十五个副省级城市第九位,排在深圳、南京、杭州、广州、武汉、成都、西安、济南之后。从发展速度来看,青岛排名第一,年均增长率达48.2%,超过十五个城市平均增速32个百分点。自2014年以来,青岛的发展势头极为迅猛,与先进城市的差距在缩小,尤其是2015年,战略性新兴产业发明专利授权量超过了位于青岛前列的西安和济南。见图6。

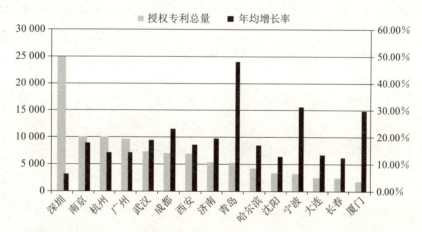

图6 2011～2015年副省级城市战略性新兴产业发明授权专利及增长率

(六)青岛生物产业在十五个副省级城市中具有比较优势。

"十二五"期间,十五个副省级城市战略性新兴产业各领域发明专利授权情况如图7所示。十五个副省级城市在节能环保产业、新一代信息技术产业和生物产业的专利创新活动最活跃,合计授权量占战略性新兴产业发明授权总量的73%。青岛与其他副省级城市相比,生物产业授权量排名第四,年均增长率排名第一,授权量占副省级城市总量的9%,排在广州、南京、杭州之后,年均增长率超过平均值38.4个百分点。排名居中的产业是节能环保、新一代信息技术和新能源产业,这三个产业年均增长率均排名第一,其中节能环保产业授权量排名第九,年均增长率超过副省级城市平均增长率23.7个百分点;新一代信息技术产业授权量排名第十,年均增长率超过平均值30.2%个百分点;新能源产业授权量排名第九,年均增长率超过平均值11.9个百分点。排名靠后、创新能力亟待提高的产业是高端装备制造产业、新材料产业和新能源汽车产业,发明授权量分别排名第13位、第14位和第15位,年均增长率分别排名第6位、第2位和第4位。

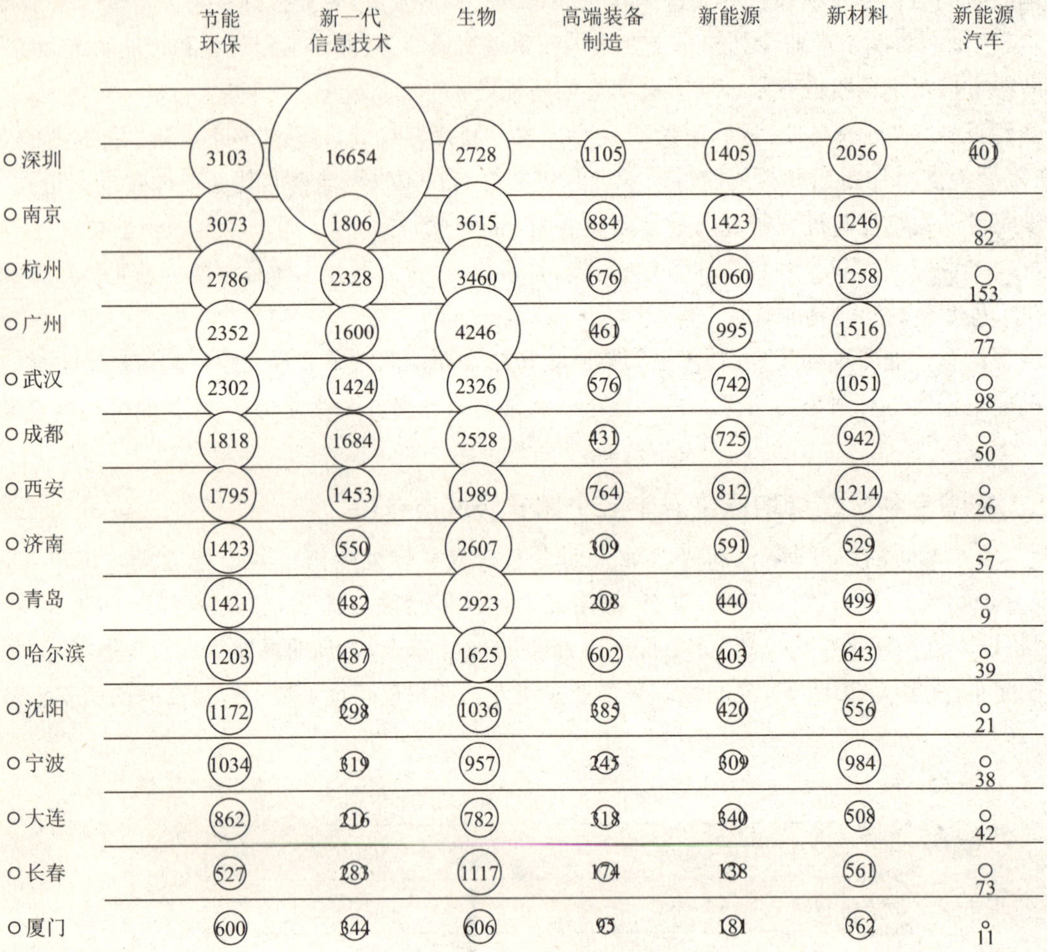

	节能环保	新一代信息技术	生物	高端装备制造	新能源	新材料	新能源汽车
深圳	3103	16654	2728	1105	1405	2056	40
南京	3073	1806	3615	884	1423	1246	82
杭州	2786	2328	3460	676	1060	1258	153
广州	2352	1600	4246	461	995	1516	77
武汉	2302	1424	2326	576	742	1051	98
成都	1818	1684	2528	431	725	942	50
西安	1795	1453	1989	764	812	1214	26
济南	1423	550	2607	109	591	529	57
青岛	1421	482	2923	208	440	499	9
哈尔滨	1203	487	1625	602	403	643	39
沈阳	1172	298	1036	385	420	556	21
宁波	1034	319	957	143	309	984	38
大连	862	116	782	113	340	508	42
长春	527	283	1117	174	138	561	73
厦门	600	344	606	95	181	362	11

图 7　2011～2015 年副省级城市发明授权专利产业分布

二、青岛市战略性新兴产业专利创新值得关注的问题

(一)战略性新兴产业整体专利创新能力不强。

青岛市战略性新兴产业发明授权总量还较少,在副省级城市中排名第九位,与排名首位的深圳相比差距较大,深圳的发明授权量 25 017 件,大约是青岛的 5 倍,排名第二位的南京和第三位的杭州,其发明授权量均已突破万件,大约为青岛的 2 倍。另外,青岛市战略性新兴各产业专利产出量高低不均,差距较大,81%的发明授权专利集中在生物、节能环保和新材料三个产业,其他产业专利量较少。反映出青岛市战略性新兴产业整体专利创新能力还不强,各产业专利创新能力强弱不均。

(二)专利产出与产业产值未呈现正相关性特征。

战略性新兴产业是知识技术密集、物质资源消耗少、成长潜力大、综合效益好的产业,已逐步成为引领和拉动青岛市经济发展的重要力量。2015 年青岛市战略性新兴产业实现产值 3 490 亿元,增长 15.2%,占规模以上工业总产值比重突破 20%。但青岛市战略性新兴产业专利产出与产业产值没有呈现正相关性特征,即表现为产值高的产业其专利产出少,专利产出多的产业其产值较低。如产值排在七大战略性新兴产业前两位的高端装备制造产业和新一代信息技术产业,其发明授权量排在七大战略性新兴产业的第6位和第4位,反映出这两个产业的创新能力还不强;专利产出排在前两位的生物产业和节能环保产业,其产值排在七大战略性新兴产业的第4位和第5位,分析显示这两个产业各占65%和56%的专利是由高校院所和个人申请,表明这两个产业的专利转化能力不强,专利创新还没有成为产业发展的重要驱动力。反观深圳,专利产出排在首位的新一代信息技术产业,2015年产业增加值达3173.07亿元,同比增长19.1%,高出深圳市战略性新兴产业年均增速3个百分点,专利产出与产业产值呈现出明显的正相关性特征,其技术创新能力强,产业发展动力强劲。

(三)企业整体创新能力表现较弱。

全市战略性新兴产业发明授权量中来自企业的比例仅占46%,低于企业发明授权量在全市发明授权量占比70%的比例,也远远低于深圳的企业发明授权量在其战略性新兴产业发明授权量中占89.5%的比例。反映出青岛市战略性新兴产业企业整体专利创新能力还不强,企业作为技术创新主体的地位尚未确立。

(四)各区市产业专利创新活动存在不平衡现象

一是全市63.5%的战略性新兴产业发明授权专利集中在崂山、黄岛、市南三个区市,城阳、市北、李沧、即墨、胶州、莱西、平度七个区市合计授权量仅占36.5%,表明青岛市各个区市在战略性新兴产业的专利技术创新能力方面差距较大,存在区域发展不平衡现象;二是各区市在生物和节能环保两个产业领域的授权专利数量均排在前两位,较其他五个产业具有明显优势,表明青岛市各区市专利创新主要集中在生物和节能环保两个产业,存在同质化现象,产业发展集中度过高,没有呈现出错位发展、良性竞争的格局。

三、青岛市战略性新兴产业专利创新发展的对策建议

(一)实施战略性新兴产业专利创造能力提升工程。

围绕节能环保、新一代信息技术、生物、高端装备制造、新能源、新材料、新能源汽车七大战略性新兴产业,建设一批产业专利战略支持中心,把握产业发展态势,开展专利预警分析,确立产业专利布局,引导创新创业人才集聚,支持专利创造,加速提升青岛市战略性新兴产业专利创造能力。

(二)培育知识产权优势企业。

开展知识产权试点企业和优势企业培育工作,支持开展知识产权创造、保护、人员培训、信息利用、战略研究等工作,提升企业运用知识产权制度增强核心竞争力的能力和水平。帮助企业建立鼓励发明创造的长效机制,加快专利技术转化及产业化,逐步建立知识产权保护和监控体系,完善企业自主知识产权体系,提高企业核心竞争力。

(三)培育高价值专利。

充分发挥驻青高校、科研院所技术研发资源优势,通过"高价值专利培育计划"支持,鼓励高校、科研院所与青岛市战略性新兴产业企业及知识产权服务机构共同组建高价值专利培育示范中心,开展以战略性新兴产业领域知识产权联合研发、评估引进、许可转让等高价值的专利培育活动。

(四)促进知识产权转移转化。

搭建青岛市知识产权运营公共服务平台,设立战略性新兴产业专利运营基金。鼓励社会资本出资开展知识产权运营,鼓励知识产权运营公司开展专利运营试点,推动企业、高校和科研院所知识产权转移转化。

（五）建设高素质人才队伍。

加快落实高校、科研院所和国有企业等科技人员职务发明创造的激励机制。加大吸引海外优秀人才来青创新创业力度，依托"千人计划"和海外高层次创新创业人才基地建设，加快吸引海外高层次人才。加强高校和中等职业学校战略性新兴产业相关学科专业建设，改革创新人才培养模式，建立企校联合培养人才的新机制，促进创新型、应用型和复合型人才的培养。

（六）发挥区域优势实现差异化发展。

各区市依据各自的产业基础、区位条件、资源禀赋以及生态环境承载力，选择重点发展的战略性新兴产业领域，通过引进培育相关产业的人才团队、研发机构、科技型企业，建设专业孵化器、产业园区等载体平台，加快集聚创新资源要素，完善创新链、资金链和产业链，形成各自的优势产业，实现差异化发展。

参考文献

[1] 黄鲁成,黄斌. 基于模糊集的国际专利分类与产业的关联性评估[J]. 情报杂志,2014(7):76-80.

[2] 王淼,马捷,冀小强,李明霞,王晓浒,刘磊. 国际专利分类与生物医药产业对照表的构建及应用[J]. 中国医药生物技术,2011(5):392-394.

[3] 曾志华,彭茂详. 全球专利创新活动研究报告[M]. 北京:知识产权出版社,2015.

编　写:赵　霞　秦洪花　初志勇　王云飞
审　稿:谭思明　李汉清

青岛专利创新能力 50 强评价报告（2016）

一、青岛专利创新 50 强及战略性新兴产业 20 强排名

（一）青岛专利创新 50 强排名

"十二五"期间，青岛共获得 12092 件发明授权专利，其中有效专利 10 910 件，占比 90.2%，PCT 发明授权专利有 312 件，占比 2.6%。其中，专利授权人包括 1 135 家企业，合计发明授权专利量占总量的 52%；110 家高校及科研机构，合计发明授权专利量占总量的 33%；1 140 名自然人，合计发明专利授权量占总量的 16%。

依据机构专利创新能力评价指标体系测算，入选 50 强的有海信集团公司、海尔集团公司、山东新希望六和集团有限公司、青岛科瑞新型环保材料有限公司、青岛九龙生物医药有限公司、青岛蔚蓝生物集团有限公司、中车青岛四方机车车辆股份有限公司等企业，以及中国科学院青岛生物能源与过程研究所、海洋化工研究院、中国海洋大学、中国石油大学（华东）等高校院所。50 强名单及得分详见附件 1。

（二）七大战略性新兴产业 20 强排名

1. 总体排名

"十二五"期间，青岛在战略性新兴产业领域共获得 5 323 件发明授权专利，其中有效专利 4 773 件，占比 89.7%。其中专利授权人包括 541 家企业，合计发明授权专利量占总量的 46%；69 家高校及科研机构，合计发明授权专利量占总量的 30%；691 名自然人，合计发明授权专利量占总量的 26%。

依据机构专利创新能力评价指标体系测算，青岛战略性新兴产业入选最具专利创新能力 20 强的有海信集团、山东新希望六和集团有限公司、海尔集团公司、中国科学院青岛生物能源与过程研究所、中车青岛四万机车车辆股份有限公司等机构。战略性新兴产业 20 强排名得分等详见附件 2。

2. 战略性新兴产业七大产业领域排名

战略性新兴产业机构专利创新能力排名分析与总排名分析方法一致，只有规模达到一定条件的机构，才能入选某一产业的机构专利创新能力评价体系。由于青岛在七大战略新兴产业领域的授权发明专利发展情况不同，因此每个产业入选的机构数量也不同。

（1）节能环保产业排前 10 位的为：海尔集团公司、海信集团有限公司、山东科技大学、中国科学院海洋研究所、中国石油大学（华东）、青岛科瑞新型环保材料有限公司、中国海洋大学、青岛理工大学、青岛科技大学以及青岛农业大学。

（2）新一代信息技术产业排前 5 位的为：海信集团有限公司、海尔集团公司、青岛歌尔声学科技有限公司、中国海洋大学以及中国电子科技集团公司四十一所。

（3）生物产业排前 10 位的为：中国科学院青岛生物能源与过程研究所、山东新希望六和集团有限公司、蔚蓝生物集团、中国海洋大学、青岛农业大学、中国科学院海洋研究所、青岛理工大学、海尔集团公司、青岛绿曼生物工程有限公司以及中国水产科学研究院黄海水产研究所。

（4）高端装备制造产业排前 4 位的为：中车四方机车车辆股份有限公司、中国海洋大学、中国石油大学（华东）以及山东科技大学。

（5）新能源产业排前 10 位的为：中国科学院青岛生物能源与过程研究所、海尔集团公司、山东电力集团公司青岛供电公司、海信集团有限公司、中国海洋大学、中国石油大学（华东）、山东科技大学、青岛隆盛晶硅科技有限公司、青岛科技大学、青岛理工大学。

（6）新材料排前 10 位的为：海信集团有限公司、中国科学院青岛生物能源与过程研究所、青岛科技大学、中国海洋大学、海洋化工研究院有限公司、青岛科瑞新型环保材料有限公司、中国石油大学（华东）、青岛大学、山东科技大学以及中国船舶重工集团公司第七二五研究所

（7）新能源汽车。青岛在新能源汽车产业领域"十二五"期间发明授权专利数仅为 9 件，处于起步阶段。

二、青岛专利创新能力特点

（一）青岛专利创新能力 50 强涉及行业广泛

从进入前 50 强的机构行业分类看，企业、高校、科研院所等三大科技创新主体均有机构进入前 50 强。其中，企业 29 家，合计发明授权专利量占总量的 46%；高校 7 家，合计发明授权专利量占总量的 38%；科研院所 14 家，合计发明授权专利量占总量的 16%。

从进入前 50 强的 29 家企业的行业分布看，共涉及 15 个行业。表明青岛市众多产业均有专利创新能力较强的企业。其中，生物行业有 7 家机构入选，数量居首。其次家电电子、能源电力、环保产业、食品饮料、医疗卫生、橡胶制品、建筑工程、纺织机械这 8 个行业均有 2~3 家机构入选。此外，装备工程、橡胶机械、软件信息、电气机械、化工材料、交通运输行业等行业也有企业入围。

（二）龙头企业呈现较强的专利创新能力

青岛专利创新前 10 强中企业占据 7 席，主要是这些企业在专利质量等指标上表现突出，平均专利保有率为 99%。海信集团有限公司、海尔集团公司、山东新希望六和集团有限公司三家企业综合指数在 70 分以上，是青岛市专利创新能力最强的领军企业。以海信集团、海尔集团为代表的家电电子产业平均每个机构获得发明专利授权 627 件及平均综合指数得分 64 分，两项均居 50 强各行业平均数量之首，是青岛市表现最强的专利创新行业。环保行业共有 2 家入围 50 强，平均得分为 60 分，排各行业平均得分第二位。山东新希望六和集团有限公司、蔚蓝生物集团、青岛九龙生物医药有限公司等三家生物行业企业进入前 10 强，在 50 强共有 7 家生物行业企业，显示出青岛市生物相关产业在专利创新能力方面具有较强实力。中车四方是高端制造行业唯一入围的企业，表现突出，在行业中排名第 3 位。

（三）高校院所起到较好的支撑作用

青岛专利创新 50 强中，高校、科研院所主要占据排名的中间位置，合计发明授权专利量占总量的 54%。表明青岛市高校、科研院所对青岛市专利创造发挥了较强的支撑作用。目前，青岛市主要的高校与科研院所，如中国海洋大学、中国石油大学（华东）、青岛农业大学、山东科技大学、青岛科技大学、青岛理工大学、中科院海洋所、中科院生物过程与能源研究所等都入选了 50 强，基本排在 20 名左右。特别是

青岛市 2009 年引进建设的中科院生物过程与能源研究所专利创新能力综合指数排名列第四位,排在青岛市高校、科研院所之首,值得关注。

(四)战略性新兴产业总体呈现增长态势,其中生物产业表现突出

"十二五"期间,青岛市战略性新兴产业发明授权量呈持续增长态势,战略性新兴产业发明授权量年均增长率 48.2%,从 2011 年的 406 件增长到 2015 年的 1 957 件,平均增速高于发明专利授权总量的增长水平。战略性新兴产业 20 强中,合计发明授权专利量占总量的 47%;高校 7 家,合计发明授权专利量占总量的 43%;科研院所 5 家,合计发明授权专利量占总量的 10%。战略性新兴产业 20 强中,生物产业占据 10 席,位居榜首,节能环保产业占据 5 席,位居第二位,新材料和新一代信息技术各占 2 席,高端装备制造占据 1 席。新能源与新能源汽车未有机构入围。

在生物产业领域,企业、高校院所、自然人表现最为活跃。主要研发方向集中在生物药品制造领域。山东新希望六和集团有限公司、蔚蓝生物是生物产业领域的重要领军企业。在节能环保领域,企业申请人较为分散,主要研发方向集中在空调、新兴建筑材料等方向。在新一代信息技术产业领域,主要专利产出机构是海信集团有限公司,研发方向集中在通信设备制造。在高端装备制造产业领域,主要专业产出机构为中车青岛四方机车车辆股份有限公司,研发方向为铁路高端装备制造。在新能源产业领域,企业申请人分散,主要研发方向为太阳能产业及装备以及智能变压器、整流器和电感器制造。在新材料领域,企业申请人同样呈现分散趋势,主要研发方向为高性能纤维复合材料制造。在新能源汽车领域,仅 9 件专利,处于起步阶段。

三、值得关注的问题

(一)专利创新能力整体水平有待进一步提高

目前,青岛机构创新能力主要存在两个问题。一是专利规模小。"十二五"期间,发明专利授权数量在 100 件以上的机构仅有 16 家,占发明专利授权总数的 60%;20～100 件的机构仅 33 家,占发明专利授权总数的 13%;6～20 件的机构 102 家,占发明专利授权总数的 10%;小于 5 件的机构共 960 家,占发明专利授权总数的 17%。因此,本次对青岛市机构专利创新能力的评价只能评选出 50 强,战略性新兴产业只能评选出 20 强。二是高质量专利数量少,特别是能够占领国际市场的核心专利缺乏。"十二五"期间,青岛仅有 PCT 专利 312 件,仅占发明授权专利总数的 2.6%。战略性新兴产业方面,PCT 发明授权专利 154 件,同样仅占战略性新兴产业发明授权专利总数的 2.9%。这些专利主要分布在海尔集团公司、海信集团有限公司、中车青岛四方机车车辆股份有限公司以及中国海洋大学等几家机构,其他企业及高校院所在 PCT 专利申请方面亟待实现突破。

(二)企业整体专利创新能力表现不强

"十二五"期间,全市企业的发明授权专利数量占总量 51%,战略性新兴产业中,企业的发明授权专利数量占总量 46%,在青岛专利创新 50 强中,企业的发明授权专利数量占总量的 46%,综合指数得分平均值为 51.1 分,与高校、科研院所综合指数得分平均值 51.5 分相差不大。这说明青岛市企业未表现出作为技术创新主体应有的地位,特别是在战略性新兴产业和 50 强排名方面表现较弱。青岛市与深圳等城市在专利产出方面主要来自企业相比,差距较大。

(三)高校院所高质量专利产出能力需进一步加强

在专利质量方面,青岛市高校院所的专利保有率均值仅为 78%,最低值达到 54%,低于企业均值的 99%。在专利影响力方面,高校科研院所仅有 46 件 PCT 专利,是企业的 1/5。这表明高校院所在专利质量、影响力方面的表现不如企业,其申请获得的授权专利市场价值也低于企业。因此,高校科研机构的专利在高质量专利产出、成果转化、产业化及获得市场回报等方面的能力还需进一步加强。

（四）七大战略性新兴产业发展不均衡

生物产业、节能环保领域机构专利创新能力表现较好。生物产业、节能环保产业的发明专利授权数量分别位于青岛市七大战略新兴产业第一位与第二位。无论是参与的企业、高校科研院所数量都远远高于其他产业。新材料与新能源产业领域缺少领军企业。节能环保产业、新材料与新能源领域的发明专利授权数量分别位于青岛市七大战略新兴产业的第三位与第五位。但进入新材料与新能源产业领域排名前列的机构中，企业占比小，在专利规模方面也低于高校院所，缺乏创新能力强的领军企业。新一代信息技术、高端装备制造产业领域创新力量单一。新一代信息技术产业领域发明授权专利数量位于第四位，但发明专利授权量在 10 件以上机构仅有 6 家，专利产出主要依赖于海信集团有限公司。高端装备制造产业领域发明授权专利数量位于第六位，专利产出主要依赖于中车青岛四方机车车辆股份有限公司。在这两个战略性新兴产业领域，出现一家独大的情况，且专利总体规模小，其创新能力与产业发展规模不匹配。

四、促进青岛机构专利创新能力提升的对策建议

（一）实施专利导航产业发展工程

支持"一谷两区"以及重点产业园区（基地）建设专利导航产业发展实验区，以家电电子、橡胶、轨道交通装备、新一代信息技术、高端装备制造、生物技术、节能环保等青岛优势产业和战略性新兴产业为重点，开展专利预警分析，确立产业专利布局，探索专利集群管理，推动专利集成运用，培育专利密集型产业，加速提升青岛市重点产业特别是战略性新兴产业整体专利创造运用能力。

（二）培育专利创新优势企业

推行专利特派员制度，引导企业建立并完善知识产权管理制度，把专利工作纳入研究开发、技术改造、技术贸易、生产经营、人才流动等各个环节。帮助企业建立鼓励发明创造的长效机制，加快专利技术转化及产业化，逐步建立知识产权保护和监控体系，完善企业自主知识产权体系，提高企业核心竞争力。

（三）实施高价值专利培育计划

充分发挥驻青高校、科研院所技术研发资源优势，通过"高价值专利培育计划"支持，鼓励高校、科研院所与青岛市重点企业及知识产权服务机构共同组建高价值专利培育示范中心，开展以重点产业领域知识产权联合研发、评估引进、许可转让等高价值专利培育活动。加强专利技术前瞻性布局，强化研发过程专利管理，建立专利申请预审机制，提升专利申请文件撰写质量，加强专利申请后期转化服务，推动青岛市高价值专利数量快速提升。

（四）完善激励政策提高创造运用效能

探索建立健全知识产权价值分析标准、评估方法和市场定价机制，鼓励高校、科研院所和企业完善职务发明制度和股权激励政策，提高科研人员成果转化收益比例，提升知识产权创造运用效能，为创新创业发展营造良好的知识产权环境。

参考文献

[1] 黄庆,曹津燕,瞿卫军.专利评价指标体系(一)——专利评价指标体系的设计和构建[J].知识产权,2004,14(5):25-28.

［2］曹津燕，肖云鹏，石昱．专利评价指标体系（二）——运用专利评价指标体系中的指标进行数据分析［J］．知识产权，2004，14（5）：29-34.

［3］何燕玲，袁杰．基于专利奖励的国内外专利评价指标及运用研究综述［J］．科技管理研究，2014，34（16）：136-139.

编　写：王云飞　赵　霞　初志勇　秦洪花
审　稿：谭思明　于升峰

附件 1：2016 年青岛专利创新能力排名

基于科学性、客观性、可操作性、可比性原则,根据青岛机构专利数据本身特点,构建了专利规模、专利质量、专利影响力和专利对战略性新兴产业贡献四个一级指标,发明专利公开总量、发明专利授权量、专利保有率、每授权专利权利要求数、每授权专利施引专利数、每授权专利 INPADOC 同族专利国家／地区数以及每授权专利涉及战略新兴产业分类数量七个二级指标构成的青岛专利创新能力评价指标体系,并利用 CRITIC 权重赋值法,确定综合指数,进行专利创新能力综合指数排名。

表 1　2016 年青岛专利创新能力前 50 强

排　名	机　构	综合指数	行　业
1	海信集团有限公司	75.14	家电电子
2	海尔集团公司	74.04	家电电子
3	山东新希望六和集团有限公司	71.84	生物产业
4	中国科学院青岛生物能源与过程研究所	67.59	科研院所
5	海洋化工研究院有限公司	65.65	科研院所
6	青岛科瑞新型环保材料有限公司	62.30	环保产业
7	青岛九龙生物医药有限公司	59.32	生物产业
8	青岛蔚蓝生物集团有限公司	58.63	生物产业
9	青岛双瑞海洋环境工程股份有限公司	57.94	环保产业
10	中国海洋大学	57.77	高校
11	青岛易邦生物工程有限公司	57.39	生物产业
12	中车青岛四方机车车辆股份有限公司	57.14	装备制造
13	中国石油大学(华东)	56.54	高校
14	山东电力集团公司青岛供电公司	55.03	能源电力
15	青岛农业大学	54.98	高校
16	青岛琅琊台集团股份有限公司	54.87	食品饮料
17	青岛绿曼生物工程有限公司	54.83	生物产业
18	青岛科技大学	54.66	高校
19	山东科技大学	54.39	高校
20	中国科学院海洋研究所	54.05	科研院所
21	青岛隆盛晶硅科技有限公司	53.33	能源电力
22	国家海洋局第一海洋研究所	53.30	科研院所
23	青岛理工大学	53.03	高校
24	青岛黄海制药有限责任公司	52.97	生物制药

续表

排　名	机　构	综合指数	行　业
25	中国水产科学研究院黄海水产研究所	50.56	科研院所
26	青岛云路新能源科技有限公司	49.93	能源电力
27	青岛大学	49.42	高校
28	软控股份有限公司	49.32	橡胶机械
29	青岛市市立医院	48.34	医疗卫生
30	青岛歌尔声学科技有限公司	48.13	软件信息
31	中国农业科学院烟草研究所	48.06	科研院所
32	中交一航局第二工程有限公司	46.74	建筑工程
33	中国电子科技集团公司第四十一研究所	46.01	科研院所
34	山东省花生研究所	45.56	科研院所
35	山东省海水养殖研究所	45.23	科研院所
36	山东省科学院海洋仪器仪表研究所	44.74	科研院所
37	中国船舶重工集团公司第七二五研究所	44.48	科研院所
38	青岛开世密封工业有限公司	44.19	橡胶制品
39	青岛乾程电子科技有限公司	42.52	电气机械
40	青岛昊河水泥制品有限责任公司	42.50	化工材料
41	青岛瀚生生物科技股份有限公司	42.49	生物产业
42	青岛澳柯玛股份有限公司	42.46	家电电子
43	青岛东佳纺机（集团）有限公司	42.40	纺织机械
44	青岛啤酒股份有限公司	41.87	食品饮料
45	青岛大学医学院附属医院	41.46	医疗卫生
46	青岛双星集团	41.25	橡胶制品
47	青岛港（集团）有限公司	40.96	交通运输
48	青岛宏大纺织机械有限责任公司	39.03	纺织机械
49	山东高速青岛公路有限公司	36.58	建筑工程
50	山东出入境检验检疫局检验检疫技术中心	34.03	科研院所

附件 2：战略性新兴产业青岛创新能力排名

战略性新兴产业青岛创新能力排名与综合指数计算方法与青岛专利创新能力评价方法一致。

表 2　战略性新兴产业青岛专利创新能力前 20 强

排　名	机　构	指　数	战略性新兴产业
1	海信集团有限公司	81.29	新一代信息技术
2	山东新希望六和集团有限公司	71.33	生物产业
3	海尔集团公司	68.44	生物产业
4	中国科学院青岛生物能源与过程研究所	68.35	生物产业
5	中车青岛四方机车车辆股份有限公司	64.96	高端装备制造
6	中国海洋大学	63.22	生物产业
7	中国石油大学（华东）	62.70	节能环保
8	青岛农业大学	62.17	生物产业
9	青岛科技大学	61.75	新材料产业
10	蔚蓝生物集团	60.59	生物产业
11	山东科技大学	59.66	节能环保
12	海洋化工研究院有限公司	59.51	新材料产业
13	青岛理工大学	56.08	节能环保
14	青岛科瑞新型环保材料有限公司	56.08	节能环保
15	青岛大学	54.49	生物产业
16	中国水产科学研究院黄海水产研究所	52.92	生物产业
17	国家海洋局第一海洋研究所	51.95	生物产业
18	中国电子科技集团公司第四十一研究所	51.20	新一代信息技术
19	青岛绿曼生物工程有限公司	50.96	生物产业
20	青岛云路新能源科技有限公司	50.47	节能环保

青岛市机器人产业研发人才分析及对策建议

机器人技术研发及市场应用已成为衡量一个国家和地区科技创新和高端制造业水平的重要标志,而人才是机器人产业发展的基础和关键。青岛是国家重要的装备制造业基地,具有发展机器人产业的良好基础,随着国家机器人高新技术产业化基地在青岛高新区的设立,青岛对于机器人人才,尤其是高端人才及优秀产业人才的需求越来越紧迫。因此对机器人产业的人才现状分析研究对于青岛市机器人产业引进各类人才特别是创新创业领军团队,提高引才聚才工作的靶向性十分重要。

一、我国机器人产业高端优秀人才分布

(一)总体情况

经查询文献数据库和互联网,我国机器人领域各类高端优秀人才约256人。其中院士25人,国家"千人计划"特聘专家13人,"新世纪百千万人才工程"国家级人选22人,"国家特支计划"人选4人,"百人计划"人选20人,长江学者33人,国家有突出贡献中青年专家8人,享受国务院政府特殊津贴人员62人,国家杰出青年科学基金获得者41人,教育部"新世纪优秀人才支持计划"人选39人,具有省、部级等其他称号的54人,有的专家有多个荣誉称号。

(二)地域与机构分布

机器人高端优秀人才来自30个城市,主要集聚在哈尔滨及环渤海、长三角、珠三角和中西部城市,其中环渤海区域主要有北京、沈阳、天津、大连、秦皇岛,长三角区域主要有上海、杭州、南京、无锡、苏州等,珠三角区域主要是广州和深圳,中西部城市主要是武汉、长沙、西安、成都等。其中全国52%的高端人才来自北京(51人)、哈尔滨(35人)、上海(27人)和沈阳(17人)。

机器人产业高端人才共来自68家机构,3人以上的机构有29家(图1),主要机构有哈尔滨工业大学、上海交通大学、中国科学院自动化研究所、中国科学院沈阳自动化研究所、浙江大学,这5家机构的高端人才数量占全部高端人才的37%。

(三)院士分布

院士主要分布在北京、哈尔滨、武汉、沈阳,另有长沙、西安、无锡、大连、上海、天津、杭州等地。主要来自哈尔滨工业大学、华中科技大学、清华大学、西安交通大学、中国科学院沈阳自动化研究所、中国科学院自动化研究所、中南大学等。院士平均年龄70岁,80岁以上的院士有8位,70岁以下的有11位。主

要机构及其院士数量见表 1。

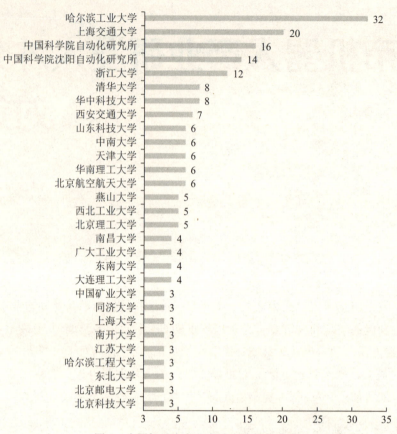

图 1　全国机器人产业高端人才机构分布

表 1　院士单位及人员统计

单　位	院士人数
哈尔滨工业大学	3
华中科技大学	3
清华大学	2
西安交通大学	2
中国科学院沈阳自动化研究所	2
中国科学院自动化研究所	2
中南大学	2
大连理工大学	1
德国汉堡大学	1
东北大学	1
上海交通大学	1
天津大学	1
浙江大学	1
中国船舶重工集团公司第七〇二研究所	1
中国科学院	1
总参 61 所	1

二、青岛机器人产业研发人才分布

（一）基础研究人才

据中国知网期刊数据库统计,青岛机器人基础研究人才有1686人(发文938篇),国家有突出贡献的中青年专家等高端基础研究人才有6人,发文量10篇以上的作者有4人,4篇以上的作者有56人,发文最多的是山东科技大学的樊炳辉教授(24篇)。基础研究人才主要具有以下特点:

（1）青岛机器人高端基础研究人才及高产出作者(发文量10篇以上)占比很低,约占0.5%。

（2）青岛机器人基础研究人才主要来自5所大学:山东科技大学、中国海洋大学、青岛科技大学、青岛大学及中国石油大学(华东)。山东科技大学的人才数量占总量的64%。

（3）发文4篇以上的基础研究人才,86%的人员具有高级职称,高学历人才占82%（博士占66%,硕士占16%）。"70后"是青岛市机器人基础研究的主力,占46%。

（二）应用研究人才

经国家知识产权局知识产权出版社专利信息服务平台统计,青岛共有机器人专利发明人才669人,申请专利375件,应用研究人才主要具有以下特点:

（1）高产出的应用研究人才较少。专利申请量超过5件的人员占7.6%,申请量超过20件的仅有2人,分别是青岛海艺自动化技术有限公司的张磊(23件)和青岛汇智机器人有限公司的刘超(22件)。占92.4%的应用研究人员专利申请量不超过5件。

（2）专利质量不高。全市发明专利174件(占47%),实用新型181件,外观设计20件。有效专利占48.8%,发明授权40件,发明授权率为23.0%,有效发明授权占63.4%。

（3）应用研究人才主要来自大学。应用研究人才分布于70家机构,其中大学10家,有379人,占57%,申请专利124件,占33%;公司人才有250人,来自58家公司,占37%,申请专利196件,占52%;研究所2家,有20人,申请专利5件。其中来自山东科技大学的应用研究人才占全市的38%。

（4）青岛市形成了3个人员较集中且稳定的研发团队。团队成员全部为机构内部人员,一是山东科技大学团队,主要成员有:樊炳辉,张志献,孙爱芹,王传江,李玉霞等;二是青岛海艺自动化技术有限公司团队,主要成员:马书根,孙翊,张磊;三是青岛汇智机器人有限公司团队,主要成员:刘超,杜繁荣,王志强,董伟平。

（5）产学研协同创新能力不足。跨机构、跨团队的合作范围有限,参与合作的机构数量及合作的专利数量较少,基本呈独自研究、独立申请状态。

（6）应用研究的主要技术方向包括并联机器人、水下机器人、履带机器人、码垛机器人、控制理论与控制工程等。

三、青岛与国内其他城市高端优秀人才对比

工信部赛迪研究院于2016年4月发布的2016年版《中国机器人产业发展白皮书》显示,中国机器人产业已形成环渤海、珠三角、长三角和中西部四大区域集群。目前这四大区域也是我国机器人高端人才集聚区。各区域集群主要城市的高端人才分布情况见表2。

青岛共有6名高端人才,全部来自山东科技大学,分别是樊炳辉、曾庆良、张维海、彭延军、曹茂永、李玉霞,其中1人是"新世纪百千万人才工程"国家级人选,1人是国家有突出贡献的中青年专家,3人享受国务院政府特殊津贴,2人是山东省泰山学者,6人是山东省有突出贡献的中青年专家。青岛与其他城市的对比情况:

（1）人才数量和人才层次远高于青岛的城市有:北京、哈尔滨、上海、沈阳、杭州、西安、广州、天津、武

汉、长沙。

（2）从高端人才数量上看，与青岛相近的城市有无锡、大连、深圳、成都、苏州。但从人才层次上看，青岛与之相比差距较大：大连有高端人才4名，院士1名，国家杰出青年2名，百千万人才2名；深圳有高端人才4名，千人计划2名，长江学者1名，万人计划1名，百人计划1名；苏州有高端人才2名，国家杰出青年1名，长江学者1名；无锡有高端人才3名，院士1名；成都有高端人才3名，千人计划1名，国家杰出青年1名，长江学者1名。

表2　中国机器人四大区域集群主要城市的高端人才分布情况

区域集群	城　市	高端人才数量	院士	千人计划	国家杰出青年	长江学者	百千万人才工程	万人计划	百人计划
东北及环渤海	北京	51	7	/	16	7	5	/	12
	哈尔滨	35	3	3	5	7	4	/	/
	沈阳	17	3	/	/	/	/	/	4
	大连	4	1	/	2	/	2	/	/
	天津	10	1	/	3	1	1	/	/
长三角	上海	27	1	1	2	6	/	/	/
	杭州	15	1	2	2	1	3	2	/
	南京	6	/	/	1	/	/	1	/
	无锡	3	1	/	/	/	/	/	/
	苏州	2	/	/	1	1	/	/	/
珠三角	深圳	4	/	2	/	1	/	1	1
	广州	12	/	/	2	1	1	/	1
中西部	武汉	9	3	/	2	3	/	/	/
	长沙	8	2	/	1	1	1	/	/
	西安	14	2	2	/	/	/	/	/
	成都	3	/	1	1	1	/	/	/

四、青岛机器人研发人才优势与不足

（一）优势

通过对青岛市机器人基础研究人才及应用研究人才的分析，发现青岛机器人研发人才从数量上看已形成一定的规模，已成为青岛市机器人技术创新发展的智力支持。主要体现在以下几点：

1. 构建了从基础研究到产业技术研究较完整的人才体系

青岛机器人的研发具有较好的基础，包括大学、研究所及企业在内有70家机构在从事相关的研究，构建了从基础研究到产业技术研究较完整的人才体系。

2. 企业研发人才成为推动青岛市机器人产业技术进步的重要力量

青岛市共有基础研究人员1 686人，专利发明人才669人，其中公司人才有250人。公司研发力量占全市产业研发人才的37%，但专利技术产出已超过青岛市机器人专利的一半。

3. 产业研发人才数量在逐年壮大，专利技术产出增长迅速

从专利产出来看，青岛在机器人研发方面起步较早，从2001年海信集团申请首件智能清洁机器人以来，至2016年青岛市已申请机器人专利375件，2014年和2015年的申请量已过百件，近2年的专利申

请年均增长率达 9.8%,发明人数年均增长率达 10%。

(二)不足

1. 高端人才缺乏,总体实力较弱

我国机器人高端人才主要集聚在哈尔滨、环渤海、长三角、珠三角及中西部城市,北京、哈尔滨、上海、沈阳位居国内前 4 位,这 4 个城市的高端人才占全国高端人才的比例达 52%。排位在青岛前面的城市还有:西安、杭州、广州、天津、武汉、长沙、南京、合肥、秦皇岛、深圳等。青岛高端人才缺乏,青岛机器人高端人才仅 6 人,占全国的 2.3%。

2. 人才分布零散,研究团队较少

不管是基础研究人才,还是应用研究人才,从数量上看虽已形成一定规模,但高产出的人员数量很少(发文量 10 篇以上的高产出作者仅占 0.5%,申请量超过 5 件的专利人才不足 8%),一方面反映出青岛市人才学术产出和产业技术产出能力不足,总体实力还较弱;另一方面反映出人员分布零散,进行独自研究的人多,开展联合研究的团队少。目前青岛市只有 3 个研究团队,成员全部为机构内部人员,山东科技大学的团队成员在 10 人以上,而青岛海艺自动化技术有限公司团队和青岛汇智机器人有限公司团队只有 3~4 名成员组成。

3. 龙头核心研究机构少,企业研发实力整体较弱

从人才所在机构创新能力来看,研发能力最强的是山东科技大学和青岛海艺自动化技术有限公司,从事机器人研究的时间较长,发明人数较多,专利申请量较大,技术产出活跃。其他较强的机构还有青岛汇智机器人有限公司、青岛远创机器人自动化有限公司、中国石油大学(华东)、青岛海通机器人系统有限公司、青岛德和丰科贸有限公司、青岛海尔机器人有限公司、青岛里奥机器人技术有限公司、青岛创想机器人制造有限公司、青岛大学、青岛海尔模具有限公司、青岛农业大学、青岛智能机器人工程技术中心有限公司、中国海洋大学。其他大学和公司的研发能力还在培育中,目前技术产出还较少。至 2016 年青岛市 64% 的基础研究人才和 38% 的应用研究人才来自山东科技大学,其他大学和企业对青岛市机器人产业创新发展的支撑作用还待提高。

五、青岛机器人人才发展对策与建议

2014 年年底国家机器人高新技术产业化基地在青岛高新区设立,标志着青岛机器人产业正式进入国家产业布局版图。青岛在全球机器人产业出现井喷式增长的发展机遇面前,抓住新常态下工业转型升级的有利时机,于 2015 年发布《关于加快机器人产业发展的意见》(青政办字〔2015〕86 号),在政策配套、资金扶持、项目建设、技术攻关、公共服务平台建设、市场拓展、人才支持等方面全面布局,加快机器人产业的发展。

目前,青岛高新区直接从事机器人及相关产品生产的企业已达 40 家,企业总投资达 116.38 亿元,建立了机器人产品融资租赁平台及人才培训基地及工业机器人公共技术服务平台、智能机器人工程技术研究中心,成立了机器人本体机构研究实验室、控制系统研究实验室、智能夹具研究实验室。累计引进软控科捷、日本安川、宝佳、诺力达、速霸数控设备等 35 个机器人项目,总投资 84.2 亿元,14 个项目建成投产。众多项目的实施、平台的建设必将进一步加快青岛市机器人人才资源的集聚发展。

人才就是生产力,随着国家机器人高新技术产业化基地在青岛高新区的设立,青岛对于机器人人才,尤其是高端人才及优秀产业人才的需求会越来越紧迫。青岛要成为国内具有影响力和竞争力的国家级机器人产业基地,应加快推进机器人产业人才队伍建设,不断提高高端优秀人才对发展机器人产业的支撑能力,提出以下建议:

（一）引进国内外高端人才

当前，青岛市正处于产业结构调整和工业转型升级的关键时期，要解决机器人产业科技创新人才短缺的问题，引进是时效性极强的一项重要举措。一是聚焦高端。重点引进掌握关键技术、带动学科和产业发展的国内外领军人才和创新团队。青岛高新区根据机器人产业发展重点，积极对接国家"千人计划"、"长江学者"等专家团队，已引进蔡鹤皋院士、王天然院士、封锡盛院士、曲道奎博士、王飞跃教授等一批国内专家团队，大大提升了青岛市智能机器人产业核心技术自主创新能力。二是加大支持。对重点人才给予重点资助，并整合科技项目、科技金融、风险投资等各类资源给予集中支持。三是创新机制。引导和鼓励高校、科研院所、科技园区和企业联合引才，建立"柔性引才"机制，推动全球高端人才和智力资源向青岛市集聚。

（二）打造高水平人才平台，拓展人才成长和发展空间

打造高水平人才平台，加强院士工作站、国家、省部委重点实验室、工程技术研究中心、博士后科研工作站等各类创新平台的建设，提升科技园、高新区建设水平，同时注重人才公共服务、人才项目集聚、人才交流服务、人才经营服务等平台的构建。通过搭建平台、创造机会，为各类人才的创新创业、人才成长和发展提供更为广阔的空间。

（三）加大力度培养自给人才

一是扩大学校师资队伍，提升教师教学能力。依托重大科研和工程项目、重点学科和科研基地、国际学术交流合作项目，着力培养一批推动机器人产业发展的高端人才。二是通过政校企携手合作，增加"政校企联合实训基地"，培养地方实用型人才。驻青高校的课程建设、教育教学管理、人才培养等工作应结合青岛市机器人产业发展实际，力争实现人才就业与职业岗位零距离对接。青岛高新区在推动园区企业与驻青高校开展合作方面进行了有益探索，区内机器人企业与山东省轻工工程学校、青岛市技师学院、青岛职业技术学院开展合作办学，设立了焊接技术及自动化、机器人制造与应用专业，打造机器人专业实践教学基地，形成了企业、院校、政府、学生共赢的有利局面。

（四）发展机器人创客空间，激活现有机器人人才的创新活力

为将青岛打造成我国北方最大的工业机器人产业基地，青岛应着力打造适合机器人产业发展的生态环境，大力支持发展机器人创客空间。建议出台相应的扶持政策，为机器人创客空间提供研发用房、技术转移等服务，吸引国内外机器人产业高端领军人才、创新创业团队以及中小型企业加入机器人创客空间，为其创造良好的工作、生活条件，提供充足的科研经费，配备高效的合作团队，创造拴心留人的良好氛围，推动研发成果向机器人产业转移转化。

（五）完善人才激励机制，营造人才成长的良好环境

一是优化政策环境。制定机器人产业人才队伍建设的专项政策措施，从财税、金融、政府采购、知识产权等方面给予支持，加强各个部门之间政策的配套衔接，形成支持合力，不断提高国内外优秀机器人人才来青创新创业的吸引力。二是打造宜居环境。为高层次人才提供就医、配偶和子女就业、入学及落户等方面的优惠服务。目前，青岛为高层次人才提供服务绿卡，为子女在入学、驾照换领、出入境、科技项目申报等方面提供服务。应发挥好服务绿卡的作用，为青岛市引进人才、用好人才、留住人才提供保障。

🌐 参考文献

[1] 青岛将打造国家级机器人产业基地[J]. 制造技术与机床，2015，0(11):2-3.

[2] 迟永慧. 青岛大棋局 落子机器人[J]. 机器人产业，2015，0(3):94-98.

[3] 张炳君. 发挥青岛优势大力发展工业机器人产业[J]. 环渤海经济瞭望,2013,(10):14-17.

[4] 陈香香. 我国机器人产业发展之人才是关键[J]. 机器人技术与应用,2015,0(1):19-20.

[5] 姜磊. 常州市机器人及智能装备产业人才支撑体系构建[J]. 中小企业管理与科技,2012,(33):282-283.

编　写:秦洪花　赵　霞

审　稿:谭思明　于升峰　赵　霞

大数据在现代农业中的应用及对青岛市的发展建议

一、什么是现代农业大数据？

农业大数据是融合了农业地域性、季节性、多样性、周期性等自身特征后产生的来源广泛、类型多样、结构复杂、具有潜在价值，并难以应用通常方法处理和分析的数据集合。它保留了大数据自身具有的规模巨大（volume）、类型多样（variety）、价值密度低（value）、处理速度快（velocity）、精确度高（veracity）和复杂度高（complexity）等基本特征，并使农业内部的信息流得到了延展和深化。

农业大数据作为大数据的重要分支，包括气象数据、生物信息数据、环境数据、农业生产数据、管理数据、市场数据和统计数据等，涉及种植、养殖、加工方方面面。农业大数据涉及耕地、播种、施肥、杀虫、收割、存储、育种等各环节，是跨行业、跨专业、跨业务的数据分析与挖掘，以及数据可视化。包括：

（1）从领域来看，以农业领域为核心（涵盖种植业、林业、畜牧业等子行业），逐步拓展到相关上下游产业（饲料生产，化肥生产，农机生产，屠宰业，肉类加工业等），并整合宏观经济背景的数据，包括统计数据、进出口数据、价格数据、生产数据乃至气象数据等。

（2）从地域来看，以国内区域数据为核心，借鉴国际农业数据作为有效参考，不仅包括全国层面数据，还应涵盖省市数据，甚至地市级数据，为精准区域研究提供基础。

（3）从粒度来看，不仅应包括统计数据，还包括涉农经济主体的基本信息、投资信息、股东信息、专利信息、进出口信息、招聘信息、媒体信息、GIS 坐标信息等。

二、大数据在现代农业发展中的主要应用

大数据的应用，一方面可以全息立体地反映客观事物，洞悉全样本数据特征，促进事物之间的深度耦合，提升效能；另一方面是通过数据间的关联特征，预测事物未来的发展趋势，增强预见性。

目前，从农业生产、经营、消费、市场、贸易等不同环节来看，大数据在精准生产决策、食品安全监管、精准消费营销、市场贸易引导等方面已经有了较为广泛的应用。主要包括：① 发挥要素耦合效应，提升精准生产决策；② 跟踪流通全程，保障食品安全质量；③ 挖掘用户需求，促进产销精准匹配；④ 捕捉市场变化信号，引导市场贸易预期。

三、大数据在现代农业发展中的核心技术

（一）农业大数据处理和应用主要流程

从各大 IT 公司的大数据处理流程来看，基本上可以分成数据获取、数据存储、数据分析处理和数据服务应用等几大环节。农业作为信息技术的应用部门，其生产、流通、消费、市场贸易等过程，分别融入大数据的流程之中，根据大数据的获取、分析处理和服务应用等方面开展大量集成创新。

（二）大数据获取技术

根据农业大数据来源的领域分类，大致可以分为农业生产数据、农业资源与环境数据、农业市场数据和农业管理数据。针对不同领域的农业大数据，大数据获取技术主要包括感知技术（传感器、遥感技术等）、识别技术（RIFD、光谱扫描、检测技术）、移动采集技术（智能终端、APP）等。

未来大数据获取技术改进的重点将是在信息技术与农业的作物机理、动物的行动状态和市场的实时变化紧密结合，将在提升信息获取的广度、深度、速度和精度上有所突破。

（三）大数据分析处理技术

在大数据环境下，由于数据量的膨胀，数据深度分析以及数据可视化、实时化需求的增加，其分析处理方法与传统的小样本统计分析有着本质的不同。大数据处理更加注重从海量数据中寻找相关关系和进行预测分析。例如，谷歌做的流行病的预测分析，亚马逊的推荐系统，沃尔玛的搭配销售，都是采用相关分析的结果。总体来看，由于农业生产过程发散，生产主体复杂，需求千变万化，与互联网大数据相比，针对农业的异质、异构、海量、分布式大数据处理分析技术依然缺乏，今后农业大数据的分析处理应该将信息分析处理技术与农业生理机理关键期结合，与市场变化过程紧密结合。

（四）大数据服务应用技术

国际上有关农业信息服务技术的研究主要集中在农业专家决策系统、农村综合服务平台和农业移动服务信息终端、农业信息资源与增值服务技术以及信息可视化等方面。国内近些年，先后开展了智能决策系统、信息推送服务、移动终端等，针对农业产前、产中、产后各环节的关联，开发大数据关联的农业智能决策模型技术；针对大众普遍关注食品安全的状况，开发大数据透明追溯技术；针对农民看不懂、用不上等问题，结合移动通信技术、多媒体技术，开发兼具语音交互、信息呈现、多通道交互的大数据可视化技术。

四、国外农业大数据典型案例

美国农业部建立了一个门户网站，该网站能链接到大约 350 个农业数据集。下列是一些公司运用大数据来为农业提供服务的典型案例。

（一）天气意外保险公司（The Climate Corporation）

该公司总部位于美国加州，为农业种植者提供涵盖全年各季节的天气保险项目（TWI）。每天从 250 万个采集点获取天气数据，并结合大量的天气模拟、海量的植物根部构造和土质分析等信息对意外天气风险做出综合判断，以向农民提供农作物保险。该保险的特点是：当损失发生并需要赔付时，只依据天气数据库，而不需要烦琐的纸面工作和恼人的等待。

（二）农场云端管理服务商 Farmeron

创建于克罗地亚，旨在为全世界的农民提供数据跟踪和分析服务。农民可在其网站记录和跟踪自己饲养畜牧的情况（饲料的库存、消耗和花费，畜牧的出生、死亡、产奶，农场的收支等信息）。Farmeron 帮着农场主将支离破碎的农业生产记录整理到一起，用先进的分析工具和报告有针对性地监测分析农场及

生产状况,有利于农场主科学地制定农业生产计划。

(三)土壤抽样分析服务商 Solum

成立于 2009 年,总部位于美国硅谷。致力于提供精细化农业服务,目标是帮助农民提高产出、降低成本。其开发的软、硬件系统能够实现高效、精准的土壤抽样分析,以帮助种植者在正确的时间、正确的地点进行精确施肥。既可以通过公司开发的 No Wait Nitrate 系统在田间地头进行分析,即时获取数据;也可以把土壤样本寄给公司的实验室进行分析。

(四)日本"都城"市利用云和大数据进行农业生产

日本宫崎县西南部的"都城"市已经开始利用云和大数据进行农业生产。通过传感器、摄像头等各种终端和应用收集和采集农产品的各项指标,并将数据汇聚到云端进行实时监测、分析和管理。富士通和新福青果合作进行卷心菜的生产改革,两家公司在农田里安装了内置摄像头的传感器,把每天的气温、湿度、雨量、农田的图像储存到云端。还向农民发放了智能手机和平板电脑,让大家随时记录工作成果和现场注意到的问题,也都保存到云端。这样,使卷心菜增产 3 成,光合作用也实现了 IT 管理。

(五)机器替代手工挤奶

在英国,自动挤奶设备普及率达 90% 以上。机器人还在挤奶过程中对奶质进行检测,检测内容包括蛋白质、脂肪、含糖量、温度、颜色、电解质等,对不符合质量要求的牛奶,自动传输到废奶存储器;对合格的牛奶,机器人也要把每次最初挤出的一小部分奶弃掉,以确保品质和卫生。

在美国,来自明尼苏达州 Astronaut A4 挤奶机,不仅可以代替农场主喂牛,还会使用无线电或红外线来扫描牛的项圈,辨识牛的身份,在挤奶时对牛的几项数据进行跟踪:牛的重量和产奶量,挤奶所需的时间、需要喂多少饲料,甚至牛反刍需要多长时间。机器也会从牛产的奶中收集数据。每一个乳头里挤出的奶都需要查验颜色、脂肪和蛋白质含量、温度、传导率(用于判断是否存在感染的指标),以及体细胞读数。每头牛身上收集到的数据汇总后得出一份报告。一旦 A4 检测到有问题,奶农的手机上会得到通知。

五、国内农业大数据发展现状

2015 年 9 月国务院印发的《促进大数据发展行动纲要》中,将数据定义为国家基础性战略资源,同时强调了要大力发展农业农村大数据。当下,大数据正在驱动农业生产向智慧型转变,数据逐渐成为现代农业生产中新兴的生产要素。

2016 年初,农业部发布《关于推进农业农村大数据发展的实施意见》(以下简称《意见》),提出到 2018 年基本完成数据的共用共享,2020 年实现政府数据集向社会开放,2025 年建成全球农业数据调查分析系统。《意见》还明确了农业农村大数据发展和应用的五大基础性工作和十一个重点领域,包括夯实国家农业数据中心建设,推进数据共享开放,发挥各类数据的功能,突出支撑农业生产智能化,实施农业资源环境精准监测等 11 个重点领域。

近几年,已有多位互联网大佬触及现代农业:网易创始人丁磊公布了广为外界所知的养猪计划;京东商城董事局主席刘强东则在家乡种植大米;联想控股董事长柳传志也将现代农业作为未来联想控股上市的核心增长动力之一。

西北工业大学通过各种现代化电子元件和设施系统,采集合作社农业生产区域土壤温度、土壤湿度、空气温度、空气湿度、光照强度、二氧化碳含量等多项指标数据,通过互联网进行传输。西北农林科技大学专家通过这些数据分析,拿出科学的生产操作规程再提交给互联网,西北工业大学专家又帮助合作社用农业专家的管理方案,通过远程操控,实现了对生产管理的控制与操作。

六、青岛市农业大数据发展现状

自 2011 年青岛市政府提出"建设农业科技 110"以来,青岛市积极探索农业信息化工作新思路,依托云计算、大数据、互联网等现代信息技术,推动互联网与农业生产、经营、管理、服务的深度融合,全面推进"农业科技 110"综合信息服务平台建设,全市农业信息化总体水平为 44%,青岛市被认定为全国农业农村信息化示范基地。"互联网 + 农业"新业态的雏形已初步形成,为促进现代农业的发展发挥了积极作用。

(一)农业信息服务体系日益完善

全市构建了市、区(市)、镇(街道)、村(社区)"四位一体"的农业信息服务体系;成立了由 100 名农业科技专家、300 名农业专业技术人员组成的农业信息服务队伍。

(二)农业信息服务平台基本建成

整合农业信息资源,构建了统一、开放的公众服务、农业监管、专家保障的"农业科技 110"综合信息"云"服务平台,建设了远程视频诊断、农产品质量监管、农产品电子商务、农业物联网等 22 个服务应用系统,初步实现了"一站式"信息服务,"一站式"农业监管、"一站式"专家保障。

(三)农业信息服务方式不断丰富

提供了 12316 热线、手机短信、手机客户端、农民一站通等多种农业信息服务方式,满足了农民多样化的应用需求。目前,全市 265 家农产品生产基地(合作社)纳入农产品质量监管系统,实现了生产过程、农产品质量可追溯;38 家高毒农药经营单位实现了农药登记备案和远程视频监控,2 000 余家农资经营业户纳入农资产销及施用跟踪监测系统;12 个农业园区(基地)纳入农业物联网服务系统;培训新型职业农民 6.7 万人次,2 万人获得新型职业农民资格证书。

(四)政策保障体系更加完善

青岛市政府出台了《关于实施现代农业十大重点工程的意见》(青政发〔2013〕2 号),实施智慧农业建设工程,全面部署农业农村信息化建设工作。率先出台了《青岛市"互联网 + 现代农业"行动计划(2015—2020 年)》(青政发〔2015〕16 号),实施"互联网 + 生产、+ 经营、+ 服务、+ 管理、+ 创业"五大行动。将农业农村信息化服务列入财政预算,每年安排专项资金用于硬件采购、平台建设、软件开发、技术支持等。

七、青岛市发展现代农业大数据产业存在的问题及对策建议

青岛市农业大数据研究尚处于起步探索阶段,还存在整体研究水平不高、研究与应用不够深入,农业数据资源的集聚能力不强,农业数据安全缺乏保障,农业大数据人才紧缺等问题。为加快发展农业大数据产业,全面提升青岛市现代农业发展,应做好以下几方面的工作。

(一)制定农业大数据发展规划

首先明确农业大数据发展的长期目标和近期目标。在分析农业大数据行业的市场规模、发展现状与未来前景的基础上,从发展规模、平台建设、技术研发、数据积累和技术服务等方面,提出农业大数据发展的长期和近期目标。其次制定农业大数据发展的长期计划和近期计划。制定操作性强的农业大数据发展长期和近期计划,确保农业大数据研究成果在现代农业中的推广应用。

(二)加强人才队伍和平台建设

加强农业大数据人才培养,要根据农业大数据发展和现代农业的应用需求,制定农业大数据技术和应用人才培养计划,为青岛市农业大数据的研究与发展提供人力和智力支撑。

着力建设政府主导的国家农业大数据平台体系。由市政府主管部门牵头,集成农业生产、流通、管理环节的数据资源,建设国家级、省级农业大数据中心,逐步建成适应国家、本省、本市三网合一的农业大数据平台体系。

(三)加强技术创新,制定标准和规范

将农业大数据研究纳入青岛市科技发展战略,从课题申报审批、立项管理、资金扶持等方面给予适当倾斜,加大支持力度,推动技术创新,通过研究攻关,占领农业大数据研究制高点。

基于农业大数据发展目标,结合技术水平和现实需求,从数据采集、数据格式、存储方式、通信协议、数据共享等方面,制定科学合理的农业大数据技术标准和使用规范,指导和规范农业大数据研究与应用。

(四)完善农业大数据管理与运行机制

政府管理部门应积极筹建农业大数据管理机构,架设政产学研用之间的桥梁,形成农业大数据服务现代农业发展的管理体制和运行机制,加强农业数据的统一管理,构建农业数据管理、使用、保护的机制,积极推进数据资源的开发和利用。

🪐 参考文献

[1] 张浩然,李中良,邹腾飞,等. 农业大数据综述[J]. 计算机科学,2014,41(s2):387-392.

[2] 古发辉,赖路燕. 大数据背景下现代农业信息管理与应用体系构建研究[J]. 电脑知识与技术:学术交流,2015,11(33):3-5.

[3] 许世卫. 大数据与农业现代化[J]. 中国科技奖励,2016(4).

[4] 陈颖. 大数据发展历程综述[J]. 当代经济,2015(8):13-15.

编　写:王春莉

审　稿:谭思明　于升峰　肖　强

供给侧改革形势下青岛市家电行业发展的思考与建议

自 2015 年以来,"供给侧改革"成为各方关注的焦点,国家领导人也在各种场合多次提及,要加强供给侧结构性改革,要在供给侧和需求侧两端发力促进产业迈向中高端。从 2016 年春节国人境外消费 600 亿元人民币,折射出国民追求更高质量产品、更高质量生活的迫切愿望,也凸显出我国制造业供给侧改革的必要性和迫切性。

青岛是家电行业的重要制造、研发基地,如何在严峻的国内、国际环境下谋求发展,如何有效推进家电行业的供给侧改革是亟待解决的问题。为此,市科学技术信息研究院(市科学技术发展战略研究院)对青岛市的家电行业发展现状、存在的主要问题进行梳理,并从供给侧角度给出行业发展建议。

一、青岛市家电行业发展现状

青岛市海尔、海信等知名家电企业实力雄厚,在青岛市政府的大力支持下,青岛市家电行业正朝着高新技术、高端产业发力,用高端、高科技、高附加值的产品,完成自身产业形象重塑,青岛正朝着成为世界级的家电基地迈进。

(一)家电产值规模不断增长

通过对比海尔、海信公开的年度报表数据(表 1),在经济新常态下,两家公司的营业收入金额在逐年增长,表现出较好的发展态势,但也面临着巨大压力,尤其是海尔在 2015 年的营业收入增长率为负7%。

表 1 2013～2015 年度海尔、海信公司的营业收入情况

年 度	海尔		海信	
	营业收入		营业收入	
	金额(亿元)	同比增减(%)	金额(亿元)	同比增减(%)
2012	798.56	—	252.51	—
2013	864.87	8.30	284.8	12.78
2014	969.29	2.51	290.1	1.86
2015	897.48	−7.41	301.90	4.08

（二）技术研发能力不断增强

海尔在全球建立 29 个制造基地，10 个全球研发中心，19 个海外公司，全球员工总数超过 7 万人。海尔依靠其高端化差异化产品、物流、营销、服务网络的大力推动，取得了有质量的增长。

海尔累计申请专利 7 000 多项，其中发明专利 819 项，软件著作权 589 项目，是国内累计申请专利最多的家电企业。参与 86 项国内、国际标准的制定，拥有 3 项国际标准提案，2005 年成为国际电工委员会的发展中国家的唯一代表；成功开发出数字解码芯片，拥有 5 大系列，销量达 2 000 万片；网络家电目前已经开发出第三代，并成为我国第一个网络家电行业标准；在互联网时代，海尔实践"人单合一"的创新模式，创造出各方得利的社群生态。

图 1　海尔十大创新研发中心

海信自 2014 年以来在多种不同的技术路线上率先发力，强化布局 ULED，公布激光电视规划，呈现出超越国际巨头的技术创新势头。2015 年 11 月，海信在北京发布了自主研发的 SOC 级画质芯片 Hi-View Pro 的智能电视，建立了从芯片到显示技术高度垂直一体化的核心产业链布局。海信智能交通信号控制系统能提供 6 大类 22 种丰富的控制策略，并自适应缓堵策略。在光通信产业领域，海信已经突破了 100G SR4 光模块产品的研发，并在 5G 产品上提前布局。

（三）创新体系不断完善和开放

海尔大力打造物联网、互联网交互新模式，实施电商化及 O2O 转型。面对家电行业需求放缓等挑战以及互联网＋战略布局，海尔大力推进网络化转型及适应消费升级趋势的产品结构、渠道业务的升级，通过加速内建智慧互联工厂，打造开放创新的 HOPE（Haier Open Partnership Ecosystem，简称 HOPE）、创吧、众创意、海创汇等平台，外搭 U＋智慧生活平台的步伐，实践工业 4.0 构筑从大规模制造转向大规模定制的能力，鼓励内部员工成为创客，广泛吸引合作伙伴为消费者提供各种服务，给海尔带来了一次"裂变"。

技术立企是海信的信条。海信已在海外建起了分布于美国、德国、加拿大等地的七大研发中心，实现了 24 小时不间断研发。自 2011 年起，海信通过海外招聘、收购团队、引进技术带头人等方式储备人才、改善人才结构。这些世界一流的研发人才，使海信在多媒体研发、电视芯片研发以及前沿技术储备等方面,形成了强大的技术支撑,也使海信研发出了更多适合本土消费者的领先产品。

图2　海信全球布局

二、供给侧角度青岛市家电行业面临的主要问题

(一)产品供需无法精准对接

由于缺乏供给侧思维,家电产品的供给一方面是产能扩大,忽视了技术创新和新品研发,导致大量低端产品积压;另一方面,社会对于高端产品的需求量缺口扩大,高质量、高性能的产品供不应求,导致国人到国外的"购物热",从而制约了企业发展和行业的转型升级。

(二)产品同质化严重

缺乏供给侧思维,导致家电产品同质化严重。家电产品更新换代快,有的企业过分发挥"唯快不破"的规律,无暇深入技术研发,导致许多产品在外观设计、产品结构甚至是技术方面均有雷同,推广的各种新技术也不过是"新瓶装旧酒"。

(三)产品质量有待提高

由于缺乏供给侧思维,企业无法准确把握市场需求,缺乏用户需求准备数据,导致企业生产的产品质量不高。同时在全球一体化的当下,产品生产标准依然是"内外有别",对于出口的产品质量标准高,内销的产品质量一般,导致国人到国外购买"Made in China"的商品。初看这是需求侧的问题,深挖则是家电在供给侧存在深层次问题。

(四)消费能力提前透支

由于缺乏供给侧思维,国家对家电行业的扶持多体现在各种补贴上,使得一部分消费需求被提前透支。政府补贴带来的消费透支会持续影响家电市场,家电属于耐用品,家电下乡等政府补贴行为给家电业带来了一段时间的高销量,以致市场处于饱和状态,行业发展不景气。同时,家电企业在此期间积压了大量低端产品,给化解产能过剩、推动产业转型升级造成了不小的困难。

（五）企业核心技术不足

通过选取海尔的优势产品冰箱和海信的电视进行专利检索，并与国际家电巨头三星进行比较，不难发现海尔、海信的专利仍以实用新型和外观设计为主。海尔冰箱的发明专利仅占其取得冰箱专利的17.5%，海信电视的发明专利仅占其电视专利的20.1%；而在三星的专利布局中，在冰箱和电视领域都以能够体现核心技术的发明专利为主，比重分别达到了57.3%和45.2%。核心技术不足将直接影响企业和产品的竞争力。

三、供给侧改革形势下青岛家电行业发展的建议

（一）依靠科技创新，破题家电供给侧改革

当前国家在适度扩大总需求的同时，着力加强供给侧结构性改革，着力提高供给体系质量和效率，其核心在于提高全要素生产率，科技创新无疑是促进供给侧改革的重要举措，科技创新同样也是引领中国家电业发展的第一动力。

通过建设类似于海尔的HOPE技术共享平台，提升青岛市家电企业核心技术的占比率；通过建立支持技术创新的人力资源体系，大力引进行业领军型创新创业人才团队，促进整体专业技能的提升；通过对新技术、新材料、新工艺的综合运用，努力提高科技成果转化率，达到提升产品品质，实现供需对接的目的。

（二）提升产品品质，实现"产品制造"向"精品制造"的转变

新近出台的"十三五"规划提出，要实施工业强基工程，开展质量品牌提升行动，支持企业瞄准国际同行业标杆推进技术改造，全面提高产品技术、工艺装备、能效环保等水平。通过产品品质提升，解决消费者对国产电器产品和品牌信任的缺失问题，让国产产品脱离低质低价的形象怪圈，重塑国产品牌形象，打造真正的国货品牌。

（三）瞄准灵活供给机制，实现全产业结构升级

当前家电行业正经受经济衰退和互联网的双重影响，在抑制了消费者对家电产品需求的同时，也放大了消费者的话语权。在青岛市推动的"三创"活动中，要通过科技创新、产业创新、产品创新、企业创新、市场创新、业态创新、管理创新来激发新动能，企业要转变经营模式，让用户和利益相关方加入到生产经营中，实现灵活供给机制；从消费者实际需求出发，开展基于网络大数据的定制服务，让消费者成为产品设计理念的主导者，体现个性化定制思维，加快实现企业转型升级，避免过剩产能聚集。

（四）依托电商大数据平台，化解"供需错位"

依据京东提供的用户大数据，从空调和冰箱两个品类来看，消费者在搜索时首先选择的是品牌。而在平板电视品类，性价比则成了消费者的首选，消费者会首先搜索屏幕尺寸。依据这一大数据分析结果，在空调和冰箱品类上，家电厂商应该强化品牌建设；而在平板电视品类，围绕不同屏幕尺寸的型号进行针对性创新才是关键。若有类似的大数据分析作为支持，家电厂商将能很快建立起消费驱动式发展模式，实现供需精准对接。

（五）避免盲目扩张，注重结构平衡

企业发展需要向行业的上下游产业拓展，但多领域盲目扩张则危害极大，为此必须努力做好主营业务，防止因盲目扩张导致的资金链断裂和迷失企业发展方向。

海尔、海信都已投身于房地产行业，虽然能够给企业带来不菲的现金流，但房地产毕竟属于短期布局。长期看，随着人口红利的退出、人口老龄化的加剧和城镇化进程的结束，房地产也将进入缓慢增长的

阶段,这必会分散企业巨额资金和大量精力用于房地产投资,也将会弱化企业自身在主营业务方面的竞争力、市场占有率。因此,必须根据自身优势,调整产品结构、产业结构、市场结构,合理布局全球战略,引导家电企业向质量效益型发展。

参考文献

[1] 刘宝亚. 深化供给侧结构性改革加快电子信息产业发展[J]. 新重庆, 2016, 0(5): 13-14.

[2] 宁波杭州湾新区管委会. 以供给侧结构性改革引领跨越式发展[J]. 宁波经济丛刊, 2016, 0(3): 6-7.

[3] 于升峰. 我国家电制造业科技创新能力分析及对策研究[J]. 现代情报, 2011, 31(6): 12-15.

[4] 杨秋霞. 经济新常态下家电业供给侧管理的思考[J]. 轻工标准与质量, 2016, 0(3): 70-70.

编　写:徐文亭

审　稿:谭思明　于升峰　肖　强

人脸识别技术发展趋势及对青岛市的建议

一、人脸识别技术概述

人脸识别技术是基于人的脸部特征,对输入的人脸图像或者视频流判断人脸及其位置、大小和各件主要面部器官的信息,提取身份特征,将其与已知的人脸进行对比,从而识别每个人脸的身份的技术。人脸识别涉及的领域十分广泛,包括生物学、生理学、心理学、认知学、图形图像学、模式识别等领域,是生物特征识别技术的重要组成部分。对于人脸识别的研究最早源于19世纪末期发表在NATURE杂志上的Calton写的文章,随着计算机的发展和模式识别的发展,人脸识别以它应用范围广的特点再次受到人们的重视,成为计算机视觉和模式识别领域的一个热门子领域。

人脸识别技术应用领域广泛。目前主要应用于政府、军队、银行、社会福利保障、电子商务、安全防务等领域。近年来,由于反恐、国土安全和社会安全的需要,世界上各个国家都对安防领域加大了投入,而身份识别正是安防的一件核心问题。随着计算技术和识别技术的快速进步,基于生物特征识别(简称"生物识别")的身份识别技术得到了迅猛的发展,在今后数年内生物识别将成为信息产业最为重要的技术革命之一。人脸识别作为用户接受度最高、最自然、最直观的可视化生物识别技术,其技术和应用价值正在突显。

从应用情况看,该市场在未来5年内仍将保持高速增长,并发展成为一个极具潜力的朝阳产业。市场研究机构Research and Markets发布的"人脸识别市场全球产业分析"表明:2014年全球人脸识别市场价值为1 307亿美元,预计全球市场会在2015年以9.5%的复合年增长率快速增长到2022年。中国人口众多,市场基础很好,经过前几年的市场培育和酝酿,中国的人脸识别市场现阶段正处于技术应用和产业发展的一个极佳时期。长城证券、华林证券等券商获准作为首批试点人脸识别的开户券商;海通证券在上线了基于人脸识别技术的远程单向视频网上开户系统、推出自助"刷脸开户"后,单日开户量达3万,创行业和历史之最。银行也引进了人脸识别技术:重庆银行上线人脸识别系统,实现密码重置、出金和DIY贷三类业务可通过"刷脸卡"完成。招商银行在其柜面及VTM渠道应用人脸识别技术后,宣布推出"ATM刷脸取款"业务。互联网金融也不甘人后,P2P众可贷宣布上线人脸识别技术,以期解决降低借款人借款成本、提升效率以及精准识别借款人的真实身份等问题。在2015年召开的全球最知名的IT和通信产业盛会CeBIT(汉诺威展会)上,阿里巴巴掌门人马云向德国总理默克尔和中国副总理马凯演示了蚂蚁金服的Smile to Pay扫脸技术,为嘉宾从淘宝网上购买了1948年汉诺威纪念邮票。来自中国自动识别技术协会的数据显示,2014年我国人脸识别行业市场规模为14.9亿元,人脸识别行业产量为

69.5万套。据专家分析,2020年,中国的人脸识别技术市场将达到千亿级,加上集成软件和服务市场大概是三千亿元规模。

二、人脸识别技术国际专利分析

利用美国汤森路透公司开发的 THOMSON INNOVATION 系统通过 DWPI 专利体系进行查询,对截止到 2015 年 12 月 31 日公开的专利进行检索,经过数据清洗后得到 15 305 件专利。通过分析得到如下结论:

(1)人脸识别技术正处于迅速发展时期。人脸识别技术从 1996 年开始一直处于发展态势,经历过两次发展高潮,目前正处于第三次发展高潮期,反映在专利上表现为,从 1996 年起每一年的专利公开数均比上一年有所增长。虽然年增长率较高,但由于在 2006 年之前专利数一直没有突破 500,专利量基数比较低,因此处于第一次发展阶段。从 2006~2015 年的 10 年间,公开专利数年均增长量达到 20.8%,但在 2011 年和 2014 年只有 5%和 6.5%,明显低于平均值,据此划分为三个发展高潮期。其中 2007 年为 38%,2012 年为 26.7%,2013 年为 34.8%,2015 年为 28.5%。因此该技术目前正处于快速发展阶段(详见图 1)。

(2)中国、美国、日本、韩国为世界人脸识别技术的研发大国。目前,专利公开量前 4 位的国家为中国、美国、日本、韩国,公开数为 12 084 件,约占全部公开数的 80%。其中,中国的专利申请数量在近 5 年来增长迅速。美国、日本、韩国的研发实力也比较雄厚,每年专利申请量也较大。根据此前引用专利的排名可见,前 10 位的专利均为美国专利,可见美国掌握着此技术的核心专利。因此,中国虽然专利公开数量众多,但研发实力仍有差距。未来这些国家在人脸识别技术上依然保持领先地位。

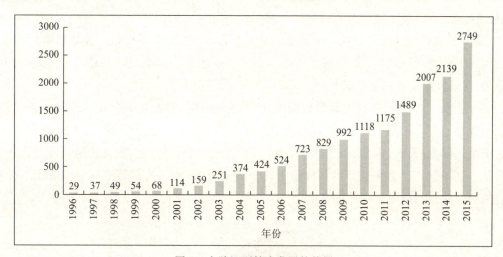

图 1　人脸识别技术发展趋势图

(3)人脸识别技术发展平稳,相关应用领域发展迅速。根据专利 IPC 的分析可以看出,人脸识别技术主要涉及识别技术、图像分析技术、图像处理技术、图像特征抽取技术、信息检索技术几大类,在应用领域上主要应用于电子设备识别、摄影摄像系统(电视、闭路电视等)、以及独个输入口或输出口登记器上。从文本聚类分析上看,特别是在 2011 年~2015 年之间,在智能交通、智能安防、录像摄像、移动领域、机器人领域等应用领域都有显著的发展,生物特征信息提取和识别技术以及三维人脸模型技术的发展为人脸识别技术的快速进步提供了基础。

(4)重点研发机构研发能力较强。日本的索尼、佳能、东芝、NEC、尼康等企业拥有较强的研发实力,而美国主要是谷歌、微软、英特尔等企业进行相关研究。韩国虽然只有三星一家,但却在专利公开量上占据第一的位置,且比第二高出一倍,可见三星超强的研发实力。同时,荷兰的飞利浦也在其中占据一席之地。虽然中国的专利总量比较大,但前 10 名中没有一个中国专利权人,可见我国人脸识别技术的研发能力总体较强,但相对比较分散,缺乏领军机构(表 1)。

表 1　国际人脸识别技术主要竞争者综合实力比较(前 10 名)

	专利权人	所属国家	专利公开数	占比(%)
1	三星	韩国	837	5.5
2	索尼	日本	383	2.5
3	佳能	日本	370	2.4
4	东芝	日本	290	1.9
5	谷歌	美国	284	1.9
6	微软	美国	272	1.8
7	飞利浦	荷兰	215	1.4
8	尼康	日本	205	1.4
9	NEC	日本	189	1.2
10	英特尔	美国	184	1.2

备注:专利权人以 THOMSON INNOVATION 系统中的"专利权人代码-DWPI"为准,此为经过筛选后的专利权人。

三、国内人脸识别技术发展态势分析

根据中国知识产权局专利信息分析系统进行分析统计,截至 2015 年 12 月 31 日,我国关于人脸识别的公开专利数达到 2 938 件。通过分析得到如下结论:

(1)中国在该领域一直发展迅速。中国的人脸识别技术从 2002 年开始一直处于增长的态势,年均增长率达到的 82%。特别是 2015 年专利公开为 1 057 件,比 2014 年的 501 件增长 1.1 倍,为历史最高,由此可见中国在该产业发展迅猛的态势,并且仍处于高速发展期。

(2)广东、江苏、北京在该领域占据优势地位,山东发展较慢。专利区域分布详见图 2,可以看出广东、江苏、北京为发展该技术的第一阵营,展现出较强的研发实力和产业的聚集能力;上海处于第二阵营;四川、浙江处于第三阵营;天津、福建、山东处于第四阵营。山东的公开专利数,无论从经济实力还是从科研实力来看,都与之不符。作为未来能够达到数千亿规模的产业,专利数甚至落后于经济还不够发达的贵州省,这表明山东对该产业还没有足够重视。

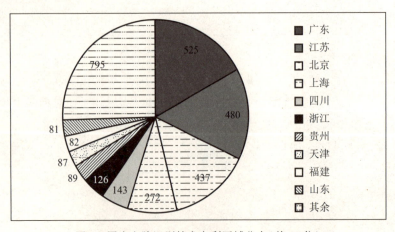

图 2　国内人脸识别技术专利区域分布(前 10 位)

（3）应用研发能力较强,基础研发能力有待加强。专利公开数前10位的专利权人中,企业占据8席,高校占据2席,这表明企业已经逐渐成为研发主体。进一步分析发现,企业主要集中于应用类的研发,而高校主要进行基础类的研发。苏州福丰科技有限公司的专利应用领域比较广泛,贵州永兴科技有限公司主要应用于锅炉安全上,天津瑞为拓新科技发展有限公司主要应用于门禁系统,鸿海精密工业股份有限公司、广东欧珀移动通信有限公司主要应用摄影摄像系统(电视、闭路电视等),汉王科技股份有限公司、小米科技有限责任公司均进行了人脸识别基础技术和应用技术的研究;上海交通大学、西安电子科技大学主要进行了基础研究。另外从发明人数上看,高校的发明人数明显要高于企业,这也证明了高校的研发能力较强(详见表2)。

表2　我国人脸识别专利权人综合分析(前10位)

申请人	专利件数	占本主题专利百分比(%)	活动年期	发明人数	平均申请年限
苏州福丰科技有限公司	126	4.05	2	2	2
贵州永兴科技有限公司	82	2.63	1	4	2
汉王科技股份有限公司	79	2.54	9	48	5
上海交通大学	39	1.25	11	89	6
广东欧珀移动通信有限公司	36	1.16	4	34	2
上海银晨智能识别科技有限公司	30	0.96	9	29	9
西安电子科技大学	29	0.93	9	114	4
鸿海精密工业股份有限公司	29	0.93	7	41	6
小米科技有限责任公司	23	0.74	3	22	1
天津瑞为拓新科技发展有限公司	22	0.71	1	1	2

四、青岛人脸识别技术发展现状

根据中国知识产权局专利信息分析系统的分析统计,截至2015年12月31日,青岛关于人脸识别的公开专利数共18件(自然人除外),最早专利公开年为2008年,其中有16件为2013年以后公开。从专利权人来看,共有专利权人10个。公开专利数超过两件的专利权人为:海信集团有限公司(5件)、青岛歌尔声学科技有限公司(3件)、青岛大学(2件)和青岛网媒软件有限公司(2件)。从专利类型上以应用类较多,共计13件,主要涉及电视显示和安防方面,只有海信集团和青岛大学的5件专利涉及人脸识别的方法研究。可见青岛在该技术的研发方面上存在较大的差距,但目前已经逐步开始得到创新主体的重视。

五、制约青岛人脸识别技术发展存在的问题

（1）市场各主体对该技术重视不够。人脸识别技术及其相关产业是一个数千亿级的大产业,青岛有着众多的大企业和高校科研院所,研发实力不弱。但青岛进入该领域较晚,且在世界人脸识别技术高速发展的阶段,青岛未能在此领域跟上世界发展的步伐,充分显示出市场各主体对该技术重视还不够。

（2）研发能力较差。从专利分析上可以明显看出,青岛无论在专利公开数还是在专利权人数量方面均较少,与青岛整体的研发能力与产业实力不匹配。

（3）没有相关的科研和产业政策。人脸识别技术具有巨大的市场需求,但目前青岛尚未开始对该领域制定相关的科研和产业政策,不利于该技术和产业的快速发展。

六、对青岛市的对策及建议

（1）加强政府对人脸识别技术研发的导向作用。目前,青岛市在各主体对该技术还不够重视的情况下,政府必须发挥引导作用,利用目前的各种科研和产业政策鼓励各企业、高校、研究机构进行相关技术的研发,特别是目前青岛在此领域有一定技术基础的单位,如青岛大学、海信集团有限公司、青岛歌尔声学科技有限公司、青岛网媒软件有限公司加强产业技术合作,形成创新合作机构,争取先从技术上赶上国内平均水平。

（2）在重视人脸识别技术基础类研究的同时,加强应用类技术的研究。基础类技术例如识别技术、图像分析技术、图像处理技术、图像特征抽取技术、信息检索技术等技术,研发时间长,研发难度大。在目前青岛市已经比较落后的情况下,在进行基础类技术研究的同时,加大力度探索人脸识别技术在新领域的应用。这样可以比较快速地占领市场,形成产业链,产生产业的集聚效应,加速青岛市在该产业上的发展。

（3）加强研发创新能力建设。加大创新资源建设,建立人脸识别技术的创新体系、技术支撑体系、产业创新体系、科技服务支撑体系等科技创新资源。依托重点企业、高校建设研发中心、重点实验室、工程技术中心,建设专门的孵化器或产业园区。加强人才的引进和培养,争取把青岛建设成为中国人脸识别技术的和产业的中心之一。

（4）引进知名企业,加快推进人脸识别技术产业化进程。目前,青岛市人脸识别技术发展还处于起步阶段,产业发展更是薄弱。因此,应当抓住这个时机,引进国内外知名人脸识别技术企业,引领和激励青岛市相关市场主体对该领域加强重视,加大投入,从而实现加快发展的目的。

参考文献

[1] 汪海洋. 人脸识别技术的发展与展望[J]. 中国安防,2015,21:62-65.

[2] 刘晗. 人脸识别技术在十大领域的创新应用[J]. 中国安防,2015,21:66-69.

[3] 章九九. 人脸识别技术的现在与未来[J]. A & S:安防工程商,2015,1,88-89.

编　写:何　欢

审　稿:谭思明　于升峰　肖　强

太赫兹技术研究现状及青岛市的对策建议

太赫兹技术是当前受到极大重视的交叉学科前沿，为人类社会发展提供了一个非常诱人的机遇。近二十多年来，太赫兹技术已经取得了一些重要的研究成果，太赫兹技术的应用也不断扩展到波谱、成像、通信、雷达、天文、气象、石油、化工、军事、安全、国防、航空航天等各个领域，并正在取得不断的突破和进步。

一、太赫兹技术概念及研究成果和进展

（一）太赫兹技术概念

太赫兹(terahertz，简称 THz)波通常是指频率在 0.1～10 THz(波长在 0.03～3 mm)波段的电磁波，它的长波段与毫米波(亚毫米波)相重合，是宏观经典理论向微观量子理论的过渡区，也是电子学向光子学的过渡区，称为电磁波谱的"太赫兹空隙(THz gap)"。由于太赫兹波段在电磁波谱中所处的特殊位置，使它有很多优越的特性，在相关研究领域有着非常重要的学术和应用价值，因此太赫兹科学技术受到各国政府、科研机构、高等院校和高科技企业等部门的高度重视，投入了大量的人力、设备、资金和物质，受到了极大的关注和支持。

太赫兹技术综合了电子学与光子学的特点，涉及物理学、化学、光学工程、材料科学、半导体科学技术、真空电子学、电磁场与微波技术、微波毫米波电子学等学科，是一个典型的交叉前沿科技领域。太赫兹技术之所以引起人们的广泛关注，首先是因为物质的太赫兹光谱包含着非常丰富的物理和化学信息，研究物质结构在该波段的光谱特性对于物质结构探究具有重要意义；其次是因为太赫兹波与可见光、红外线、微波等其他波段的电磁波相比具有很多独特的性质，有着潜在的应用价值和应用前景。太赫兹波具有独特的瞬态性、高穿透性、宽带性、相干性和低能性等特性，例如，太赫兹波的光子能量在毫电子伏量级，只是 X 射线光子能量的百万分之几，低于各种化学键的键能，因此太赫兹辐射破坏被检物质，非常适用于针对人体或其他生物体的活体检测。太赫兹波对水分子十分敏感，水分子对太赫兹辐射的强吸收有利于利用太赫兹成像技术实现对水分含量及其分布的无损检测。太赫兹波对许多介电材料和非极性物质具有良好的穿透性，可对不透明物体进行透视成像，是 X 射线成像和超声波成像的有效互补手段，可用于安检和质检过程中的无损检测。另外，由于大多数极性分子和生物大分子等有机分子的振动和转动能级间距位于太赫兹波段，利用宽带太赫兹光谱可以检测这些分子的指纹特征谱，进一步结合量子化学计算和分析，可以识别分子结构并分析物质成分，所以太赫兹光谱成像技术不仅能够穿透塑料、陶瓷、皮革、

布料以及脂肪等物质分辨物体的形貌,而且还可以鉴别物体的组成成分、分析物体的物理化学性质。

(二)太赫兹研究成果和进展

太赫兹技术领域是电子学与光子学交叉融合的一个电磁波谱新领域,在 20 世纪 80 年代人们正式提出太赫兹波的概念以前,相关研究分别划归亚毫米波和远红外线研究领域。自从 20 世纪 80 年代以来基于飞秒激光技术的太赫兹辐射产生与探测技术发展起来以后,太赫兹技术研究得到了很大的发展,特别是太赫兹时域光谱技术和太赫兹成像技术,已经取得了很多有价值的研究成果。

1. 太赫兹技术可以为科学研究提供强有力的新方法

太赫兹技术在物理学、化学、生物医学、天文学、材料科学和环境科学等方面有极其重要的应用。太赫兹波不仅可以成像,而且可以作为一种特殊而有效的探针,对物质内部进行深入研究,提供关于物质的化学及生物成分、波谱特性、太赫兹标记、分子动力学过程,乃至量子相互作用过程等重要信息。利用太赫兹的高时域分辨率研究光导量子过程、纳米晶格中载流子的输运过程,以及调控原子/分子的无辐射量子跃迁等方面均取得了重要的新成果,太赫兹量子光学和量子计算机应用及强磁场下半导体的太赫兹辐射等方面也做出了突出的贡献。大功率太赫兹辐射可激发起物质内部原子及分子的非线性动力学过程,因此可利用大功率超短脉冲 THz 辐射在分子水平上研究物质的非线性特性。太赫兹技术被公认为是分子生物学的一种非常有用的工具,在等离子体检测方面也有重要的优势,利用太赫兹辐射可以探测出高温、高密度等离子体中密度的空间分布。太赫兹在天文学研究上的应用也很突出,利用 THz 望远镜可观察到很多重要的新星体,对于研究宇宙的起源和星体的形成有重要意义。

2. 太赫兹技术对国民经济发展将起重要的推动作用

太赫兹在生物医学上的应用具有很大的吸引力,在皮肤癌的诊断和治疗、DNA 的探测、太赫兹断层成像、太赫兹药物分析和检测等方面都显示了强大的功能和成效。基于对蛋白质及基因特性等的研究,可建立起太赫兹生物分子诊断技术。由于生物大分子的振动和转动频率均在太赫兹波段,而太赫兹辐射技术又可提取 DNA 的重要信息,因此,太赫兹在植物特别是农业选种等方面可以起重要的作用。太赫兹科学技术对食品加工等行业也有重要的应用。另外,太赫兹辐射可以穿透烟雾,又可检测出有毒或有害分子,在环境监测和保护方面可以发挥重要的作用,目前太赫兹环境监控设备已在一些先进国家投入使用。

3. 太赫兹技术在国家安全、反恐方面的应用有着独特的优势

利用太赫兹可以穿透非极性物质的特性,太赫兹摄像机已在机场安全检查方面进行试用,效果很好。利用太赫兹波谱可以快速、有效地检查和识别毒品、易爆品等,可用于检查邮件等项目,包括太赫兹化学和生物制品检测等。

4. 太赫兹技术是新一代 IT 产业的基础

科学家们预计,一旦太赫兹辐射源、太赫兹传输、太赫兹检测技术等发展以后,太赫兹将在现代 IT 科学技术和工业领域有极强的竞争力。随着太赫兹科学技术的发展,很多高科技公司相继诞生,如英国建立了 ThruVision 公司,专门从事有关太赫兹成像设备的商品化工作,已开发出被动式太赫兹成像仪。英国剑桥大学孵化出一个高科技公司——TeraView,从事太赫兹摄像机的开发。美国 Univ. of Michigen 及 Univ. of Stanford 孵化出 Picometrix 等公司。日本也有很多公司从事包括高功率太赫兹辐射源在内的有关太赫兹科学技术的研究、开发及成果的商业化等工作。可见,以太赫兹科学技术为基础的新一代 IT 产业已开始逐步形成。

二、国外太赫兹技术研究现状

在美国,激光引导编码技术推进单一像素太赫兹成像取得了重要进展,这是一项简单有效的实现太

赫兹成像的突破性成果。同时,太赫兹传感器在病毒爆发前对病毒的检测,使该项技术在疾病检测、疫苗研发、疫情监测等方面具有革命性的发展空间。另外,一个研究团队开发出室温下紧凑型高功率太赫兹源,将在室温下产生高功率太赫兹源成为可能。桑迪亚国家实验室的研究小组创建了一个等离子体晶体,可以在一定的范围内可调谐地传输太赫兹光,这是一种潜在的、有用的高速数据传输的方法。2014年,世界上首个太赫兹真空放大器,由美国国防部高级研究计划局"太赫兹电子学"项目的研究人员设计产生,将其用于超高速数字通信应用,可以使无线网络传输速率超过 100 Gb/s。

在英国,650 万英镑的项目——"解锁"太赫兹光谱,由来自英国伦敦大学学院、剑桥大学、利兹大学的研究人员,共同展开对太赫兹光谱在科学和商业方面广泛应用的研究。

在德国,太赫兹脉冲源取得了重要进展,一项"开启太赫兹源"的研究项目基于激光光源产生的短太赫兹脉冲,达到了实验室记录中的最高峰值,成为这一领域的新突破。另外,德国的一个研究小组创下了 100 Gb/s 的太赫兹无线数据传输速率新纪录。

在日本,爱德万测试开发 Terahertz 光谱及成像分析平台,帮助研发人员达到高精度、高效率的实验要求,同时大幅扩大了应用范围。

在加拿大,一个团队开发出第一个宽带太赫兹隔离器,该装置对于太赫兹信号源的各种应用至关重要。另外,在利用太赫兹波实现 DNA 损伤和修复方面,一项新的研究结果产生,太赫兹脉冲损伤 DNA 同时诱导 DNA 修复,表明人的皮肤由于接触强烈的皮秒太赫兹辐射引起 DNA 损伤,同时也可快速有效地修复,这可以帮助身体对抗癌症。

在西班牙,研究人员利用太赫兹光波揭示以前被认为未署名的一幅画中隐藏的碳签名的特征,实现了太赫兹碳签名的呈现。

在澳大利亚,太赫兹透镜成为生物学的新工具,具有比目前其他任何超材料透镜高 10 倍的分辨率,使其成为生物学成像强有力的工具。

在奥地利,太赫兹量子级联激光器功率达到 1w,成为目前世界上功率最大的太赫兹量子级联激光器,对太赫兹技术的应用而言,这将是一个重要的里程碑。

三、我国太赫兹技术研究现状

在中国,2013 年国内首个室温太赫兹自混频探测器问世,从而填补了该类探测器的国内空白;上海微系统所实现了太赫兹实时视频通信演示,为未来的太赫兹无线通信技术奠定了基础;首都师范大学研制成功了被动式波束扫描太赫兹成像系统,成像距离达到了 10 m 以上,这为太赫兹安全检查奠定了基础;同时,作为太赫兹安全检测系统的核心部分,中国航天科工太赫兹光谱仪面世;上海理工大学在"模式分裂:非对称入射的产物"方面取得了重要进展,该项基础研究对太赫兹器件的设计具有非常重要的意义;首都师范大学太赫兹时域光谱仪的研发已经取得了初步的进展,在其研制的原型样机基础上,与国内重点光电企业——一大恒新纪元科技有限公司联合,即将生产出适合于不同应用需求的太赫兹时域光谱仪;合肥市太赫兹安检工程技术研究中心正式获批,专注于攻克太赫兹安检关键技术;天津大学在时域太赫兹雷达研究中取得重要进展,该项研究填补了我国在该领域的空白;《科学报告》发表武汉光电国家实验室太赫兹光电子学团队的研究成果,该项工作将对新型太赫兹空域及频域控制器件的设计起到重要作用;同时,《科学报告》也发表了首都师范大学的重要研究成果——光控太赫兹空间调制技术,这对于实现太赫兹波段多功能光学成像系统和光学信息传输系统具有很大的推动作用;远方光电成立院士工作站,涉足太赫兹光谱仪,将开展"太赫兹光谱仪及相关检测技术研究"和"紫外—可见—近红外绝对光谱灵敏度校准系统及技术研究"等科学研究项目;来自中国石油大学(北京)油气太赫兹波谱与光电检测重点实验室的团队,把开发太赫兹时域光谱(THz—TDs)作为一种有效的方法来检测生成石油和天然气中的油页岩,这在改善油页岩分析中有很大潜力;由上海理工大学、公安部第三研究所和上海拓领光电科技有限公司联合研制的主动式太赫兹成像设备亮相,这套具有革新性的太赫兹安检成像设备,是真正意义上使用多源多探头的主动式太赫兹成像设备;半导体所制备成功的太赫兹量子级联激光器系列产品,这是一种通过在半导体异质结构材料的导带中形成电子的受激光学跃迁而产生相干极化 THz 辐射的新型太赫兹光源;中国航天科工二院 203 所太赫兹脉冲计量领域取得关键性进展,为我国在太赫兹脉冲计量领域的研究揭开新的一页。

四、青岛市太赫兹技术研究基础

青岛市太赫兹技术及产品开发实力较强的有中国电子科技集团公司 41 所青岛分所、中国电子科技集团公司 22 所青岛分所以及山东科技大学等单位。中国电子科技集团公司 41 所青岛分所是我国实力最强的专业电子测量仪器研究所,主要从事微波毫米波、光电、通信、通用基础等专业门类的电子测量仪器、自动测试系统和微毫米波功能部件等的研制、生产和服务,产品广泛应用于国防、通信、广电、教育等领域,在载人航天、光纤通信干线等国家重大工程中发挥重要作用。科研队伍规模达到 1 500 人,其依托单位青岛依爱电子产业园(中电科仪器仪表有限公司)年产值实现 10 亿元。

中国电子科技集团公司 22 所是国内唯一从事电波环境特性观测和研究的国家级专业研究所,也是国际上规模较大的国家级电波环境特性观测和研究机构之一。青岛分所的专业研究方向是电波环境特性的观测和研究、应用。研究范围从地(水)下、地(海)面、对流层、电离层到外层空间,研究频段从超长波到毫米波。在为各种电子系统设计提供基础数据、传播模式、论证报告和信息服务的同时,重点进行较大型软硬结合的信息化系统装备研制。

山东科技大学太赫兹技术研究所成立于 2003 年,由刘盛纲院士任所长,是国内较早开展该领域研究的单位之一。目前在太赫兹时域光谱技术及其成像、光学差频太赫兹源与太赫兹光纤激光器的开发和应用、太赫兹器件三个方向开展研究,具有独特的学科优势和良好的前期研究积累。实验室拥有一支学术水平高、研发经验丰富的研究团队,承担和完成了多项国家和省、市级科研项目,在太赫兹时域光谱技术及相关器件等方面具有较强的科技创新能力。

青岛大学教授陈沙鸥、迟宗涛、滕冰等,2016 年主持青岛嘉业安邦科学仪器有限公司《太赫兹相机研制与开发》、《太赫兹激光控制系统研制与开发》等系列项目的研发。

太赫兹光谱系统在过去的 20 年时间里取得了很大的进展,改进了光源和探测手段,目前仍在进一步扩展太赫兹技术的应用领域,并把太赫兹系统从实验室逐步转移到工业中。2016 年 6 月,中国电子科技集团公司顺利完成了首部全固态太赫兹成像雷达系统样机的研制,主要指标均达到预期效果,标志着中国电科的太赫兹成像雷达相关技术已经达到国内一流、国际先进水平。青岛市拥有中国电子科技集团公司 41 所青岛分所、中国电子科技集团公司 22 所青岛分所以及山东科技大学太赫兹技术研究所等高端研发资源,可以充分依托它们研究开发太赫兹时域光谱技术、可调谐差频太赫兹辐射源技术、太赫兹光纤激光器和太赫兹器件,重点攻克激光探测、光电测量、成像光谱仪等技术;开发成像光谱仪、太赫兹探测分析装备、智能楼宇安防系统等光电子器件及产品,将现有的科研优势转化为高科技产品,实现太赫兹技术的产业化。

五、对策建议

(一)加大政策扶持力度

加强太赫兹技术研究及产品开发,发挥政府的引导作用,制定青岛市太赫兹产业发展规划,开展太赫兹产业技术路线图研究。加大资金投入,引入风险投资,构建多元化、多渠道的科技投入体系。

（二）搭建公共研发平台

建立科技资源开放共享机制，支持产学研协同创新，组建太赫兹技术研究中心、工程技术中心、公共研发服务平台等创新平台，促进中国电子科技集团公司 41 所青岛分所、中国电子科技集团公司 22 所青岛分所以及山东科技大学太赫兹技术研究所等高端研发资源为当地科技型企业服务。

（三）引进高端专业人才

制定太赫兹专项人才引进计划。从政策、资金、项目等方面加大人才引进力度，大力引进国内外太赫兹领军人才和团队，加强本地太赫兹技术人才的培育。

（四）加快科研成果产业化

开展太赫兹专利研究分析，制定青岛市太赫兹知识产权发展战略。推进太赫兹科研成果产业化，支持研发机构与企业联合开展技术攻关，缩短成果产业化进程。

参考文献

[1] 赵国忠. 太赫兹科学技术研究的新进展[J]. 国外电子测量技术，2014(2)

[2] 姚建铨. 太赫兹技术及其应用[J]. 重庆邮电大学学报（自然科学版），2010，22(6)：703-707.

编　写：吴　宁
审　稿：谭思明　蓝　洁

关于抢抓"区块链"技术发展机遇的建议

信任是世界上任何价值物转移、交易、存储和支付的基础,缺失信任,人类将无法完成任何价值交换,甚至无法进行任何合作。

人类历史已经走过了依靠血缘和宗族,依靠宗教和道德,依靠法律和组织来建立信任的阶段,在数字化和互联网的时代,人们发现建立信任成了网络最大的难题。

于是,人类又一次开启了伟大的发明之门,开始通过数学算法来建立网络时代的信任。区块链技术就是这一时代降临的一把钥匙。

区块链技术是一个完美的数学解决方案,能够为素未谋面的各方提供一个无须第三方参与,却强大有力、稳定安全的信任机制。

随着人类步入建立在算法之上的信任时代,一切的社会经济活动才真正有了插上网络翅膀的基础和可能,人类社会发展的方方面面必将迎来一次新的颠覆和革新之旅。

站在时代的十字路口,综合全球各机构、专家对区块链技术和应用前景的研判,山东需要前瞻谋划、迅速跟进,在互联网、物联网、金融、社交、公共服务等等这些可能即将发生颠覆性变革的领域争夺未来的一席之地和话语权。

一、区块链技术概述

(一)起源

2008 年全球性金融危机爆发后,国际上开始出现以"比特币"为代表的数字货币体系,甚至对目前以中央银行为中心的货币发行和金融监管体系提出了挑战。而支撑这一颠覆性金融创新的,是一项名为"区块链"(Block Chain)的核心关键技术。

随着各国监管态度的分化,数字货币的发展陷入困境。但区块链技术作为数字货币的底层核心技术,已引起了世界范围的高度重视。在 2016 年世界经济论坛(冬季达沃斯)上,与会者就大胆预测,到 2027 年世界 GDP 的 10% 将被存储在区块链网络上。

(二)热潮

在过去的 2015 年,数字货币及区块链技术的创新在迎接蔓延全球的资本寒冬,与资本间碰撞出的炽热火花就能够充分说明其热度。

WTO框架下青岛市财政科技资金投入方式改革的建议

当下,科技创新已经成为影响一个国家经济发展的重要力量。世界各国政府无不在努力构建能够调动经济、科技、教育等的系统以支持企业创新发展的科技新体制。但根据 WTO《补贴与反补贴协议》要求,政府对科技创新的推动必须在有利于促进国家竞争力提高的同时,又不对国际贸易产生扭曲效果。从这个意义上说,审视财政科技资金分配与使用方式,对进一步深化改革和推动科技创新,具有十分重要的现实意义。

一、对 WTO《补贴与反补贴协议》的一般理解

补贴是指某个成员政府以各种形式的价格支持和收入支持,直接或间接地增加其从境内输出某种产品或减少自境外输入某种产品的政府性措施。政府补贴的目的在于增强本国产品在国内市场和国际市场上的竞争地位,从而起到保护国内市场和促进出口的作用。所以,WTO《补贴与反补贴协议》仅从字面上理解,它就是要对补贴依不同情况进行区别对待,既要发挥补贴在成员经济与社会发展中不可替代的作用,又要防止补贴对贸易自由化的不利影响。为此,协议将给予企业或产业(以下简称特定企业)的补贴区分为禁止的补贴、可申诉的补贴和不可申诉的补贴三大类,其性质类似于交通规则中的"红灯"、"黄灯"和"绿灯"。但对所有非特定企业都适用的补贴,则不属于协议管理的范畴。

(一)禁止的补贴

禁止的补贴是指各成员既不得授予也不得维持的补贴。主要包括两类,一类是指直接针对出口的补贴,一类是指根据替代进口政策而实施的补贴。某个成员如果被控使用了属于禁止的补贴,只要经 WTO 争端解决机构确认属实,则必须立即取消。

(二)可申诉的补贴

可申诉的补贴是各成员可以使用的补贴,但不得给其他成员的利益造成不利影响。某个成员如果能够证明该补贴造成了不利影响,则实施补贴的成员负有义务采取措施,以减轻此种不利影响或取消补贴。

(三)不可申诉的补贴

凡不属于禁止和可申诉范畴内的特定补贴,均为不可申诉的补贴。不可申诉的补贴是可以使用的补贴,主要是指以下三种情况:

（1）对企业所从事的特定科研活动的资助。

（2）对成员领土内落后地区的资助。

（3）为帮助和促进企业适应有关环境法律法规的变化,而给予有关企业改善现有设施的一次性或非重复性的资助。对于不可申诉的补贴,原则上不能向争端解决机构提出申诉,也不能直接采取征收反补贴税的措施。

二、WTO《补贴与反补贴协议》对政府推动科技创新行为的规范

按照协议的规定,政府对企业科技创新的财政资助,实际上可以分为三类:

（一）基础研究资助

基础研究通常是指与工业或者商业目的无关的一般科学和技术知识的扩张。政府对此类研究的资助不受协议约束,不论其研究的主体是特定企业还是高等学校、研究机构。

（二）商业化前期研究资助

具体包括两种情况:

（1）工业研究,是指旨在发现新知识的有计划地研究或者决定性地调查,其目的在于这种知识可用于开发新产品、新工艺、新服务,或者给现有产品、工艺、服务带来重大改进。

（2）竞争前开发活动,指不论是为了销售还是使用,将工业研究成果转化为新的、改进后的产品、工艺和服务,包括生产不能用于商业目的的第一原型。也可以包括产品、工艺和服务抉择的概念表述和设计以及初期示范或者主导项目,条件是这些项目不能转换为或用于工业应用、商业开发。不包括对现有产品、生产线、制造工艺、服务和其他程序操作的常规或者定期的改变,尽管这些改变可以代替改进。当政府对商业化前期研究的资助对象有特定企业时,要求资助金额不得超过工业研究合法费用的 75%,或不得超过竞争前开发活动合法费用的 50%,或者不超过该两项之和的 62.5%。满足上述要求的资助属于不可申诉的补贴范畴,但超过规定比例的资助金额,属于可申诉的补贴。当政府资助的对象仅为高等院校或研究机构而不包括特定企业时,此类资助是否受协议约束并不明确。

（三）商业化后期研究资助

商业化后期研究是指将竞争前开发活动所取得的成果,转化为能够直接实现某种商业目的的单件或批量产品生产的应用研究。政府对特定企业任何满足某种商业目的的项目资助,均将受此协议的约束。当这种研究资助涉及出口产品或进口替代产品时,即属于禁止的补贴;当为其他的情形时,则属于可申诉的补贴。当政府资助的对象仅为高等院校或研究机构时,此类资助是否受协议约束范围也不明确,但如果这些高等院校和研究机构将其成果无偿地应用于工业生产时,其效果毫无疑问是相当于政府的间接补贴,此时的此种行为应受到协议的约束。

三、从WTO《补贴与反补贴协议》看财政科技资金投入中的问题

（一）政府对以产品为导向的科技创新资助计划可能不完全符合WTO补贴与反补贴规则

据统计,在现行的国家科技创新计划中,诸如科技攻关计划、863 计划、火炬计划、科技成果重点推广计划等十余项国家重点支持的科技计划,都是以科技成果商业化为目的的,且一般并不区别为工业研究还是竞争前开发或者商业化前期研究项目。对这些计划如果不作适当调整,其政府的财政资助将处于"黄灯"区,一些涉及提高产品的出口竞争力或以替代进口为目的的研究资助,更属于"红灯"区禁止的范畴。而如果对此进行相应调整,同时政府对商业化前期研究的资助又不能加大时,则有可能进一步削

弱企业科技创新能力和我国的国际竞争力。面对 WTO 的挑战,以产品为导向的科技创新资助计划需要做出重大调整,政府必须遵循市场机制来推动科技创新与科技体制的改革。产品创新与产品竞争力的提高,应该完全是企业行为,政府应该从这一领域逐步退出,而转向对企业科技创新能力的培育。

(二)由于政府对科技成果商业化前期研究资助不够,其结果是加大了企业科技创新的风险责任

按照 WTO 协议的要求,科技成果商业化前期的研究,政府可以在不超过合法成本 62.5% 的幅度内给予资助,企业只承担相应研究费用的 37.5% 左右。但由于我国现有的科技创新计划并不区别商业化前期研究与商业化后期研究,其结果是企业被迫承担了许多本不该由其承担的商业化前期研究的投资风险,政府又因其对商业化后期研究的资助而闯入协议的"红灯"或"黄灯"区。虽然基础研究的成果不可能直接应用于商业化的产生过程,但并不意味着其不具有转化为现实生产力的可能性。对其进行商业化前期研究,就是为了探讨这种可能性及其实现途径。如果商业化前期研究提供了商业化的前景,其成果大多属于具有原始创新性的科技成果,则有可能形成自主的知识产权,导致一个新的产业诞生,或对现有技术、工艺、材料等方面的重大改进,从而对特定企业发展产生不可替代的意义。当然,商业化前期研究也可能会得到否定性的结论,这虽然对该特定企业生产经营的意义不大,但仍有助于其他特定企业减少相应的研究风险。由于商业化前期研究风险的不确定性,让企业承担大部分的研究风险,显然不符合市场机制的运行规律。所以,商业化前期研究的风险应该主要由政府承担,企业承担部分或小部分。只有当科技成果的商业化前景明朗时,其进一步的研究即商业化后期研究完全交给企业才是恰当的。

(三)高等院校及研究机构仍然是科技创新的重要主体之一,其作用不应忽视

一些独立的研究机构实行企业化经营或并入企业,对于加强我国企业的科技创新能力很有必要。但问题是,这不应以削弱高等院校与研究机构的科技创新能力为代价,特别是不应取代其所应该承担的基础研究与商业化前期研究的主体地位。如果科研经费主要投向应用研究和企业的科技创新活动,会导致高等院校和研究机构的研究经费不足,使基础研究受到极大的削弱。其结果是可供商业化前期研究的选题有限,而且也难以得到重视,这也恰是导致我国原始创新性成果少的根本原因之一。实践表明,作为现代高科技制高点的原始创新,其研究主体只能是以高等学校和研究机构为主。企业基于其以盈利为目的本性,难以成为具有不确定风险的原始创新性研究的主体。在此条件下,培育企业的科技创新能力固然重要,但发挥高等院校和研究机构在这方面的主导作用,则更加符合市场机制的运行规律。

四、WTO《补贴与反补贴协议》对政府财政资助的启示

我们从协议的上述规定中,可以得到以下启发:

(1)政府对企业科技创新活动的财政资助应遵循市场经济原则,即凡是能够从市场上直接得到回报的商业化后期研究,其风险只能由企业承担,政府不应给予财政资助;凡是不能够直接从市场得到回报的基础研究,其风险不应由企业承担,而由政府责无旁贷地资助;至于从基础性研究到商业化后期研究的中间阶段,即商业化前期研究,由于其是否能够从市场上得到回报的前景并不明朗,则需要由政府和企业共同承担风险,政府可按一定比例给予财政资助。

(2)协议事实上鼓励政府对高等院校和研究机构所从事的基础研究的财政资助,对其独立进行商业化前期与后期研究的财政资助,有比对特定企业更大的灵活性。

(3)协议只约束政府对特定企业的财政资助,非财政资助如金融支持不属于协议约束的范围。但WTO对财政资助的定义是广义的,不仅包括中央和地方政府的补贴行为,也包括政府干预私人机构的补

贴行为,如政府向某些基金注资,委托或指令私营机构履行部分政府职能,都被认为是间接财政资助。因此,类似政府性基金等金融方式也属政府财政资助范畴,同样受协议约束。

五、青岛市财政科技资金使用的建议

(一)按照 WTO 规则梳理分类科技创新计划

根据 WTO 上述规则,重新调整青岛市科技创新计划。建议分别按照基础研究、商业化前期研究和商业化后期研究进行项目分类。分类标准可参照国家科技成果标准化评价体系进行试点,可将评价体系中的 1~4 级(即报告级-仿真级)定为基础研究阶段,5~7 级(即初样级-环境级)定为商业化前期研究阶段,8~13 级(即产品级-回报级)定为商业化后期研究阶段。根据项目所处的不同研究阶段,设计不同的科技创新计划,明确各类计划可以补贴的范围,从而配套相应的财政支持方式,使财政科技资金可以给予高等院校、研究机构和特定企业合理且合法的支持。

(二)各类政府性基金资助应遵循 WTO 规则

为规避 WTO 规则,政府采取向筹资机构注资等方式隐性地对特定企业或者产业实施补贴,基本上都是间接性补贴,受协议约束。因此,在进行这类补贴时,要警惕政府性融资带来的风险,不能简单地将财政资助变相为金融产品(包括各类基金)进行隐蔽补贴。建议按照基础研究、商业化前期研究和商业化后期研究阶段成立不同类别的政府性基金,这些基金在对项目提供资助的同时,同样应遵守 WTO 的补贴规则。

(三)对基础研究成果商业化应根据成果所处阶段给予不同形式的资助

因为与工业或商业目的无关的基础研究不受 WTO 协议约束,不论其研究的主体是特定企业还是高等院校、研究机构,政府对此类研究的财政资助不受限制。但若基础研究的成果被无偿应用于工业生产时,则相当于政府间接补贴,同样受到协议约束。因此,对基础研究成果的转移转化,政府应根据成果所处的不同阶段选择不同形式的资助方式。处于商业化前期研究成果的转化可参照商业化前期研究规则进行补贴,将商业化后期研究成果的转移转化完全交由市场有序进行。

(四)政府应加大对商业化前期研究的资助力度

国内外实践表明,如果政府对商业化前期科技创新活动的财政支持减弱,会导致该国科技创新能力的削弱,其代价将是高昂的。因此,建议政府充分利用 WTO 协议中不可申诉补贴条款增加对商业化前期研究的投入,对研发实施补贴的金额可按照 WTO 规则要求,即不超过工业研究成本的 75% 或商业化前期开发活动费用的 50%,或者不超过上述两项之和的 62.5% 进行补贴。

☄ 参考文献

[1] 奚庆华. WTO 规则与我国政府在科技活动中支持方式的冲突研究 [J]. 价值工程,2008,27(12):44-48.

[2] 余莹. WTO 框架下我国科技产业政策的运用——中美集成电路增值税案评析 [J]. 科技进步与对策,2007,24(7):1-3.

[3] 汪涛. WTO 有关协定/协议及中国入世有关承诺对我国科技管理工作的影响 [J]. 中国科技论坛,2004,(6):33-36.

[4] 高仁全,辜萍,郭红. 加入 WTO 对四川科技计划和政策的影响分析 [J]. 西南民族大学学报(人文社会科学版),2004,25(2):226-229.

[5] 黄跃雄. WTO 对我国科技发展的影响与对策 [J]. 技术与创新管理,2002,(3):23-26.

[6] 李炼. WTO《补贴与反补贴协议》与我国科技体制改革反思 [J]. 科技进步与对策,2001,18(12): 25-27.

[7] 俞文华. 加入 WTO 对我国国家科技计划的影响及其政策含义 [J]. 科学学研究,2000,18(4):48- 55.

编　写:姜　静
审　稿:谭思明　李汉清

麻省理工学院媒体实验室创新模式
对青岛海洋科学与技术国家实验室
体制机制建设的启示

一、MIT 媒体实验室概况

（一）麻省理工学院简介

美国麻省理工学院（Massachusettes Institate of Technology，MIT）是世界名校，培养造就了一批适应知识经济时代、具有创新意识和创新能力的人才，形成了创新教育的最优环境和自身独特的企业创新生态，有效地刺激科研活动直接贡献于产业创新，使大学与产业界形成了密不可分的关系。MIT 通过大学和科研机构创新，创造出了技术和知识产权推动型的产学研合作模式。MIT 媒体实验室就是在麻省理工学院这个极具创新的环境中涌现出的创新机构。

（二）MIT 媒体实验室简介

MIT 媒体实验室成立于 1980 年，由 MIT 第十三任校长杰罗姆·威斯纳（Jerome B. Wiesner）及 MIT 教授尼古拉斯·尼葛洛庞帝（Nicholas Negroponte）共同创办。媒体实验室现有 40 多位教授和科技专家，80 多位研发人员，每年的经费预算约为 3 500 万美元，大部分来自于实验室在全球的 70 多家联盟会员（包括海信集团），目前每年有 350 多个研发项目，涉及传媒技术、计算机、生物工程、纳米和人文科学。中国门户网站搜狐网的最初创意和第一笔投资都源自该实验室。

（三）MIT 媒体实验室的创新理念

MIT 媒体实验室的研究内容都属于新兴交叉学科的范畴，是具有前瞻性的创新研究。这类研究难度很大，有相当大的风险。在没有成功把握的情况下，为保证某项研究的顺利开展，需要清晰的研究理念作为指导。几十年来，MIT 媒体实验室的创新理念主要侧重以下四个方面：

1. 实用性

研究内容直接针对人的需求，直接和人们的日常生活（如学习、娱乐等）息息相关，而不是就技术论技术。例如，研究如何开发廉价芯片，怎样把计算机更普遍地应用于日常生活。

2. 交叉性

研究内容涉及多学科融合，远远超出传统意义上的跨学科范畴，如生物工程与纳米技术结合，产生了可编程催化剂；电影与网络技术结合，发展了对交互式电影的研究；网络与社会学结合，产生了对社会化媒体的研究课题。

3. 独创性

在美国的创新环境下，只要有市场，要把一项研究成果变成产品相对来说比较容易。对于创新研究而言，主要困难是创新思想、研究思路和及时开拓新的研究方向。因此在 MIT 媒体实验室，极少出现盲目科研跟风现象，相反由于最注重独创性的研究方向和课题，该实验室的创新常常因为"奇葩另类"而被讥笑缺乏科研价值。

4. 开放性

MIT 媒体实验室是一个完全开放的实验室。实验室有超过 180 个来自企业界、学术界和政府机构的赞助或合作单位。每天有 5～8 个企业界、学术界和政府机构的访问小组来实验室参观；而实验室的教授和研究员，每月外出学习交流非常频繁。正是这种开放性，使得研究人员不断获得创新的动力和灵感。

二、MIT 媒体实验室的创新模式

MIT 媒体实验室独特的创新模式可以从 MIT 的创新环境、实验室的合作研发模式创新以及创新特点等方面反映出来。这些方面的完美结合，是 MIT 媒体实验室创新活力和创新能力的重要保障。

（一）MIT 媒体实验室的创新环境

媒体实验室这种特色创新机构在 MIT 出现绝非偶然，这与 MIT 整体的创新环境密不可分。麻省理工学院独特的科研体制和机制为其营造了很好的创新氛围，其中全球工业联盟和技术许可办公室是 MIT 极具特色的创新设计，对于推动 MIT 走技术和知识结合的产学研合作创新之路，并取得巨大成功，起着重要的作用。

1. MIT 全球工业联盟

1948 年，MIT 面向全球领先创新企业专门创立了全球工业联盟（Industrial Liaison Program, ILP），成为美国和全球范围内第一个高校与产业界开展全面合作的战略联盟。60 多年来，ILP 在促进 MIT 科技成果转化和企业资助教育与科研的产学研合作方面作用巨大，成为世界上最成功、最大的技术联盟平台之一。目前，杜邦公司、微软公司、福特公司、西门子公司、意大利 Telecom Italia、日本 TDK 公司、英国电公司、中国海尔、中国华为公司、全球能源产业公司等来自世界各地的 195 家全球顶级和创新领袖企业、高科技企业与 MIT 建立了战略合作关系，加盟成为会员，享受 MIT 的有偿科研与技术服务。同时，MIT 借此平台吸引全球企业向它提供科研资助。目前，ILP 会员企业提供 MIT 的单边研发经费和赞助费占其总数的 31%。

ILP 技术服务实行会员注册制，入会企业年均注册费 6 万美元。通过这一平台，形成 MIT 研究人员与合作企业之间彼此对等、相互切磋的研究伙伴关系，而非单纯的买卖关系，有利于深化科研合作，拓展合作渠道。ILP 负责为会员企业和 MIT 研究人员安排对口洽谈和会议活动机会，提供最新研究信息和技术动态，促进双方开展科研项目合作与合同服务，实现强强联合、互利双赢。

2. MIT 技术许可办公室

技术许可办公室（Technology Licensing Office, TLO）是 MIT 进行科研成果商业化的主要机构，其主要工作就是科研成果的市场运作。市场运作需要具有雄厚的工程技术、法律、金融等多方面的能力与经验，大学教授和一般管理人员难以胜任，MIT 从社会招聘具有工商管理学位、有企业长期实践经验的技术专家、管理专家、法律专家等从事技术许可工作办公室的各项工作，并给予专门编制和运转费用。MIT 技术许可办公室的二级机构设置按照生物医药、电子信息、新材料等领域进行划分，实行一条龙服务与管理，包括专利授权与管理、专利分析与专利策略、技术许可与转让、企业合作、融资与企业孵化等各项工作。在人员岗位配置方面，技术许可办公室的重点是技术许可经理、依次为专利管理人员、商业开发人员及日常办公行政人员。

技术许可办公室在制度设计上有效规避了MIT学术活动和商业活动的可能冲突。MIT不允许教师在校外商务机构里"兼职",以保证教师的主要精力用于完成教学和科研任务。但受到《拜杜法案》的刺激,大学职务成果转化积极性高涨,科研活动与成果商业化活动的矛盾不断凸显。技术许可办公室及相关制度的设计有效缓和了可能产生的冲突。在现有制度下,大学本身不从事专利技术的转化,而技术许可办公室负责申请专利和向公司发放专利许可。技术转移途径主要有两条:一是技术许可、技术发明人与新创企业没有任何正式关系,最多为企业提供必要的技术咨询;二是创办衍生企业,技术发明人和相关技术从麻省理工分离出来(MIT不允许教师在企业兼职)。技术许可办公室将技术转移活动对学校正常教学科研秩序的可能冲击做了有效控制,巧妙地化解了学术价值与商业价值的可能冲突。

(二)MIT媒体实验室的合作研发模式

与麻省理工学院全球工业联盟的组织模式类似,MIT媒体实验室也建立了类似的合作模式。媒体实验室与各类企业、政府和科研机构建立了各类合作关系,并确立了相应的合作原则和合作方式。详见表1。

表1 MIT媒体实验室与赞助机构的合作模式

合作模式	简 介
合作原则	实验室的赞助商一般不要求实验室从事特定的研究,多数课题及内容由实验室决定,以确保自主、前瞻和原创。实验室通过赞助商了解市场动态,获取必要的资源。赞助商可参加多个项目,得到与研究人员及其他赞助商就近互动的机会,连续三年赞助研究经费,以实现双赢
知识产权安排	实验室的赞助者有权分享媒体实验室该年的知识产权与研究成果,获得技术咨询而无须支付授权金及权利金。非合作厂要等专利生效二年后才可能获得授权,这种知识产权共用模式加快了创造性研究及知识产业化的进程,并分散了投资研发的风险
合作方式	咨询式合作:一种非正式的合作方式,主要针对中小型企业,对其提供咨询但不分享研究成果和知识产权,合作年费为十万美元,至少三年
	项目合作:以项目研究为基础的项目合作方式是最为普遍的,所有合作商有权分享整个项目的知识产权和研究成果,获得技术咨询而无须支付产权转让费与专利费。合作年费为二十万美元,至少三年
	企业级合作:企业级合作是最高级的合作方式,企业级合作商不受单个项目的限制,还可以派遣研发人员常驻媒体实验室,目前企业级合作包括与美国银行合作的未来银行中心,以及未来公民媒体中心等

具体到每一个研究领域,媒体实验室采用小组研究的方式,不同的研究主题构成不同的结盟团队。这些研究小组由40多位教授、资深研究人员以及访问学者带领,研究经费来自于众多世界领先的企业和赞助商。每个研究小组都有自己独立使用的基金供其进行研究和开发。

(三)MIT媒体实验室的创新特色

除了合作研发模式创新外之外,MIT媒体实验室在技术包装、淡化功利、交叉协作、容忍失败等几个方面也极具特色。

1.技术包装

科技创新不仅仅是技术的革命和更迭,更是对现有技术的重新思考和包装。MIT媒体实验室的研究重点是对新兴技术的重新理解和包装。即研究同样一项技术在不同领域、针对不同群体、在不同时间和空间发挥的多样化效应。

2.淡化功利

媒体实验室从机制设计上保证了研究的独立性和公益性。赞助单位每年分别为MIT媒体实验室注资几十万美元,赞助商由此可以免费使用MIT媒体实验室的发明成果,也随时可以向实验室的教授咨询。

但是,赞助企业无权指示实验室去做指定研究,也没有权力阻拦别的赞助商使用相同的研究数据。

3. 交叉协作

由于 MIT 媒体实验室的教授之间、学生之间背景不同,而研究内容又互相交叉,使得教授与教授、教授与学生、学生与学生之间的协作非常紧密和频繁。为了便于协作,实验室的所有研究小组相互交叉组成数字化生活、未来新闻、会思考的物体等 5 个大组。教授和学生每周举行固定的大组会议,相互交流研究思路。

4. 宽容失败

MIT 媒体实验室给予研究人员充分宽松的科研环境,允许他们不受思维限制,激发热情专注项目本身。尽管并非每个项目都可以获得赞助商或者公众的喜爱,甚至有不少项目并没有取得预期的效果,但不会对研究人员造成压力;相反,敢于尝试,容忍失败的创新环境使得实验室创造出了更多值得关注和喜爱的创新成果。

(四)MIT 媒体实验室发展历程的反思

20 世纪 90 年代是 MIT 媒体实验室最风光的时期,其创办人之一,被谓为媒体实验室之父的计算机科技界教父尼古拉斯·尼葛洛庞帝也是众人注目的焦点。他既是麻省理工学院的教授,也是全球多家公司的董事、全球知名投资人,在商界和学界都具有崇高的声望和号召力。由他出任媒体实验室主管使各界资源相得益彰,对于媒体实验和他本人的声誉都有增益。2000 年后,随着尼古拉斯·尼葛洛庞帝的离开,MIT 媒体实验室作为全球知名计算机科研中心的光环日渐退去。每年获得的赞助开始减少,实验室使用教学楼的冠名权不再炙手可热,实验室的各项目负责人开始为研发经费的不足而担忧。

作为世界瞩目的名牌实验室,MIT 媒体实验室一度代表着媒体技术的前沿,并创造了大量商业奇迹。然而关键人物的去留与媒体实验室的兴衰关系值得反思。

三、青岛海洋科学与技术国家实验室体制机制建设亟待解决的问题

2013 年 12 月国家科技部正式复函同意建设青岛海洋科学与技术国家实验室。作为国内海洋领域唯一的国家实验室,海洋国家实验室承担着探索科技管理体制改革新模式,在管理体制和运行机制中进行创新试点的重要任务。根据现有建设方案,海洋国家实验室在管理架构、项目管理机制、经费管理机制、项目评价机制、人员聘用与管理机制、协同创新机制、资源共享机制、成果转化服务等诸多方面做了初步规划。为了推进青岛海洋国家实验室的建设与发展,在体制机制方面需解决好以下四方面问题:

1. 与全球各类海洋相关机构的联系与互动

在满足国家海洋科研任务的前提下,吸引各类社会资源参与海洋国家实验室的创新活动,通过与各类主体的信息互动,充分了解多元海洋科研与产业需求,通过创新科研合作模式,不断提升创新能力。这需要在管理体制架构及产学研合作机制等方面做出相应的设计。

2. 多元科研需求主体的利益融合

从功能定位上,满足国家海洋发展战略需求是青岛海洋国家实验室的主要目标之一。此外,青岛海洋国家实验室如何发挥科研、人才、设施等创新资源的辐射效应,与青岛市的社会经济发展需求相结合,需要有相应的体制机制设计作为支撑。

3. 海洋国家实验室主任的学科背景

国家实验室主任肩负着通过各功能实验室和工程技术研究中心,统领涉海各学科领域的科研、成果转化、产业化推进及其管理等责任,因此其不应仅是在全球海洋界具有一定影响力的权威大师,最好还应具备商业、法律、管理等方面的工作经历和背景,才能更好地领导国家实验室的全面工作。

4. 平衡学术价值与商业价值冲突的缓冲机制

作为科技管理体制改革试点单位,国家海洋实验室既承担着海洋基础研究任务,又承担着科研成果转移转化任务,如何处理好基础科研与工程化研究、科研活动与商业化活动之间的关系,是海洋国家实验室未来面临的一个重要课题。如何通过体制机制设计,最大限度地控制科研成果商业化活动对实验室日常科研活动秩序的冲击,是海洋国家实验室体制机制改革过程中的一个难题。

四、MIT媒体实验室对推进青岛海洋国家实验室体制机制建设的启示

麻省理工学院及媒体实验室富有特色的创新机制、创新理念、产学研模式及发展过程中的一些问题都为青岛海洋国家实验室的体制机制建设提供了宝贵经验。具体来说,青岛海洋国家实验室在推进体制机制建设的过程中,应重点借鉴以下四个方面的经验。

1. 组建全球海洋科技产业联盟,充分利用各类产学研资源

为最大限度地聚集全球海洋科研资源,建议由海洋国家实验室牵头,与全球主要海洋科技企业、海洋科研机构签订联盟协议,组建全球海洋科技产业联盟;以此为平台,选择部分海洋科技领域,接受联盟会员赞助,积极创新科研合作模式,构建开放的全球海洋科技合作网络,充分利用各类产学研资源,最终确立海洋国家实验室在全球海洋科技产业创新链中的重要地位。

2. 完善与企业的信息交流与科研合作机制

科研成果商业化是实现海洋国家实验室与青岛市社会经济需求融合的重要途径。要保证海洋科研成果商业化的有序开展,与企业建立完善高效的信息交流与合作机制是海洋国家实验室发展过程中的一个重要工作内容。建议成立企业合作办公室,搭建海洋国家实验室与企业的合作交流平台,根据预期研究成果知识产权的授权形式,与海洋领域相关企业开展合作。企业根据协议获得相关领域的研究方向和研究进展,实验室从企业及时获得市场的技术需求,以及相关的经费和支持,以实现海洋科研成果与经济发展的有效融合。

3. 选择兼具产学研多元背景的跨学科人才担任实验室主任

海洋国家实验室主任人选关系重大,除关注既定的相关海洋领域的学科背景优势外,应优先选择具有科技、产业、工商管理等多学科背景,富有产学研各界从业经验的领军人物。同时应进一步明确实验室主任的职位要求,充分挖掘利用领军人才的人脉资源,有效发挥其影响力和号召力,实现在较短时间内为海洋实验室聚集各类人才和资源的目标。为减轻实验室主任离任对实验室发展的冲击,在选择实验室主任时,应完善人才储备机制,以保证前任主任到期后,短时期内就能找到合适的继任人选。

4. 设立技术转移办公室,平衡科研活动与商业活动的冲突

科研工作与技术转移工作的矛盾,是国内外科研机构面临的共同问题。为保证青岛海洋国家实验室科研活动和技术转移活动的有序进行,建议参照麻省理工学院的模式,成立专门的技术转移办公室,整合科研成果在技术转移过程中的各项工作。聘任专业的技术转移人才从事专利授权与管理、专利分析与专利策略、技术许可与转让、企业合作、融资与企业孵化等各项工作。同时应严格限制科研人员同时参与科研与技术转移两项工作,用技术转移办公室将两者分离。海洋国家实验室通过技术转移办公室为企业提供必要的技术咨询,科研人员不应直接参与;科研人员要创办衍生企业,须辞去原有的科研岗位,并得到技术转移办公室相关科技成果的授权。

参考文献

[1] 李季. 创意为王——探访MIT媒体实验室[J]. 新闻研究导刊,2012(1):69-70.

[2] 郭伟峰. 实验中心开发实验室的风险管理[J]. 实验科学与技术, 2011, 9(1): 147-148.

[3] 陈小微. 开放性数字媒体实验室管理系统的研究与实践[J]. 数字技术与应用, 2012(10): 112-113.

[4] 爱德华·利弗森. 麻省理工的社会容器[J], 建筑创作, 2013(1): 398-399.

[5] 车将, 廖允成. 加强高校实验室管理建设的几点看法[J]. 实验科学与技术, 2011, 6(3): 183-185.

[6] 杨继明, 李春景. 麻省理工学院与清华大学技术转移做法比较研究及启示[J]. 中国科技论坛, 2010, (1): 148-149.

[7] 胡微微. 解构美国大学技术转移的 MIT 模式[J]. 高等工程教育研究, 2012, (03): 11-125.

编　写: 宋福杰　房学祥

审　稿: 谭思明　李汉清

青岛市企业研发机构建设情况
调研报告

一、青岛市企业研发机构建设概况

围绕企业技术创新体系建设,青岛市不断加强企业工程技术研究中心、企业重点实验室、企业技术中心、企业工程实验室等各类企业研发机构建设。2013年专门启动实施企业研发中心培育工程,推动企业研发机构建设,计划到2016年实现企业研发中心数量、投入、人员、发明专利申请量四个"翻一番"和对大中型企业和高新技术企业两个"全覆盖"。

截至2013年年底,青岛市规模以上工业企业研发机构总数达515家,占全市规模以上企业的10.69%。企业研发机构共分三类,分别由科技部门、经信部门和发改部门认定和管理。企业重点实验室共16家,其中国家级5家,省部级2家,市级9家;企业工程技术研究中心共116家,其中国家级9家,省部级9家,市级98家。企业技术中心353家,其中国家级27家,省级69家,市级257家。国家工程实验室76家,其中国家级13家,省级12家,市级51家。2012年全市R&D(研发)经费支出总额已达190.45亿元,同比增长15.91%,占GDP比例为2.61%,同比增加0.13%。其中,82.39%R&D经费来自企业,77.10%R&D经费投向企业,极大地促进了企业技术创新能力的提升。

企业研发机构是企业创新发展的发动机,是科学技术向生产力转化的桥梁,是技术开发、先进工艺和重要技术应用、新装备开发的重要平台。青岛是国家推进以企业为主体技术创新体系建设工程的实验田,从2004年开始承担了全国唯一的国家技术创新体系建设企业研发中心试点工作,探索在企业建立国家重点实验室和工程技术研究中心,得到了科技部的高度肯定,助推了国家在企业建立国家重点实验室和工程技术研究中心的决策实施。通过配合国家试点,青岛市探索和凝练了建立以企业为主体技术创新体系建设的做法和经验,相继在海尔、海信、安工院等企业建设了14家国家级企业重点实验室和工程技术研究中心。

二、企业研发机构对企业转型升级的重要性

企业研发机构的建立在推动青岛市企业自主创新、产业转型升级等方面发挥了至关重要的作用,主要表现为以下几个方面:

1.成为聚集企业创新人才的载体

研发机构的建立为企业技术创新提供了良好的环境,成为企业引进、培养创新人才的载体。全市515

家规模以上工业企业研发机构共拥有 R&D 人员 21 690 人,其中博士毕业 451 人,硕士毕业生 3 620 人,占 R&D 人员总数的 18.77%。这些专业技术人才利用企业研发机构较完备的工程化综合配套条件,通过开展技术创新、工程化研究,不断开发新产品,为产业化持续提供成熟、配套的技术、工艺、装备和专利。

2. 成为推动企业自主创新的主体

截止到 2013 年年底,青岛市共有 5 家企业国家重点实验室,数量居全国同类城市首位;拥有依托企业建设的国家级工程技术研究中心 5 家;形成了以海信、海尔、南车青岛四方和青岛高校软控为代表的企业研发中心群体,企业的研发创新能力不断加强;全市发明专利申请 32 901 件,授权 1 930 件,同比分别增长 172.2% 和 26.5%,均居全国同类城市首位,其中由企业研发机构申请的专利数量占比为 68.6%。

3. 成为企业搭建技术合作的平台

以企业为主体,以企业研发机构为依托成立的产业技术创新战略联盟推进产学研协同创新作用明显。自 2012 年以来,青岛市 42 家联盟累计承担科技计划项目 1 370 项,500 万元以上的在研项目 109 项,千万元以上的在研项目 83 项;项目研发资金总计 29.38 亿元,其中争取中央财政经费 13.78 亿元,占 46.9%;地方财政经费 2.3 亿元,占 7.8%。联盟已建设国家、省、市级研发机构及各类创新平台达 142 个;申请专利 4 269 件,授权专利 2 259 件;累计制订、修订国际技术标准 3 项,国家标准 64 项,行业标准 77 项,地方标准 26 项;获得国家、省部级科技成果奖励 107 项。

三、青岛市企业研发机构存在的问题

1. 中小企业研发投入不足

以 2012 年统计数据为例,当年青岛市全社会研发投入超过 190 亿元,占 GDP 比重 2.61%,总量和比重均居全国同类城市第 7 位,与杭州(2.92%)、深圳(3.81%)相比,无论从经费规模还是占 GDP 比重来看,仍存在很大的差距。其中企业研发投入占全社会研发投入的比重为 77%,但企业研发投入过多集中在大型骨干企业。占规模以上企业总数 3.2% 的 159 家大型企业研发投入占全部规上企业研发投入的比重高达 64.2%,而占规模以上企业总数 96.8% 的 4 758 家中小企业研发投入只有 35.8%。由此可见青岛市研发投入主体为大型企业,中小企业科技创新资金投入不足。

2. 企业研发机构的数量有待提高

目前,青岛市 4817 家规模以上企业建有研发机构的比例仅为 10.69%。大中型企业具有技术、人才和资金上的优势,使其研发机构在认定上较容易成为国家、省及市级技术中心,成为青岛市企业研发机构的主要受益者。如:青岛市现有的国家级、省部级重点实验室及工程技术研究中心等高端研发机构主要建立在海尔、海信、高校软控等大型工业企业中,而部分中小企业虽有设立研发机构的意愿,但受能力、资金等条件的制约无法如愿。

四、加强青岛市企业研发机构建设的对策建议

1. 加大研发经费投入

一是加快推进建设以企业投入为主体,政府财政投入为引导,社会投入为支撑的企业研发经费投入体系,引导企业加大研发投入力度,将研发机构建设投入纳入企业年度预算,并建立稳定的投入增长机制。二是鼓励社会多元化投入,设立引导资金,募集社会资金支持企业技术创新。三是全面落实企业研发费用加计扣除政策,建立国有企业研发投入考核制度,市国资监管部门每年安排一定比例的国资收益,用于支持企业技术创新。

2. 鼓励企业发展多种形式的企业研发机构

形式上,企业研发机构可以是独立法人的研发中心,也可以是企业内部的技术开发部门;或与高校和

科研院所设立的联合研发机构，或通过投资控股、参股等方式共建的研发机构。政策上，对有发展前景的企业或政府扶持行业的企业研发机构，要研究制定税收、土地优惠政策和人才服务措施等专项优惠政策，并制定诸如研发资金补助、科技创新券、成果推广专项经费等鼓励企业开展创新活动的管理办法，使企业能够最大限度地享有政府扶持企业研发机构建设和发展的各项待遇。

3. 引导企业参与公共研发平台的建设

采用灵活多样的模式，打破企业间条块分割、相互封闭的格局，建立由社会科技力量为主导，企业充分参与，投入和利益共享的运行管理机制。引导那些自身研发实力不足，不能自主建设技术研发中心的企业，积极参与社会化、专业化科技创新基础研发平台的建设，与其他技术创新主体共同投入、共同分享研究实验基地、大型科学仪器设备和数据信息等科技创新资源，推动企业科技创新驱动发展。

4. 健全科技型中小企业融资保障机制

建立政府科技计划、重大产业化项目与银行信贷、创业风险投资等互动机制和模式，发展多种资金来源、多种组织形式、多层次结构的创业投资、融资担保和资本市场体系。建立政策性信用担保机构风险准备金制度，形成担保机构的资本金补充和多层次风险分担机制，完善担保代偿评估体系，实行财政有限补偿担保代偿损失，引导和激励社会资金建立中小企业信用担保机制。鼓励银行与创业投资机构建立横向合作机制，开发股权质押、知识产权质押、订单融资、应收账款质押等适合科技型小微企业的信贷产品，提升企业科技研发活力。

参考文献

[1] 汕头市人民政府办公室. 汕头市推进企业研发机构建设实施意见 [J]. 汕头科技, 2014, (1): 7-10.

[2] 石火培. 基于研发机构视角的企业创新能力研究 [J]. 中国集体经济, 2014, (7): 26-27.

[3] 孙逊, 徐士军. 宿迁市企业研发机构建设发展状况及对策建议 [J]. 企业科技与发展 (下半月), 2014, (1): 7-8.

[4] 方建中. 建好企业研发机构发展创新型经济 [J]. 群众, 2013, (11): 55-56.

[5] 李旭东, 孙峰, 张玉赋, 等. 江苏省大中型工业企业研发机构建设现状与对策研究 [J]. 特区经济, 2013, (1): 43-45.

[6] 朱霞. 加快推进企业研发机构投入的思考 [J]. 科技创新与应用, 2012, (23): 250-250.

[7] 谭明星. 企业建立研发机构的动因模型研究 [J]. 当代经济, 2012, (5): 124-125.

编　写: 厉　娜

审　稿: 谭思明　管　泉

国内外产业技术研究院建设
经验与启示

产业技术研究院是以产业共性技术和关键技术为研究对象,以推进先进技术的产业化、促进产业结构升级为目标,具有独立法人地位的新型研发组织。与企业所属研发机构以及大学、科学研究机构等其他研发组织不同的是,产业技术研究院创新活动主要体现出三个特征:一是面向特定的产业技术研发领域,有较强的行业属性和应用导向;二是强调市场和需求驱动创新,在职能上通常融知识创新、技术创新和衍生创业为一体;三是植根区域经济发展,比一般的大学和科研机构更加明显地体现出公共技术服务和创新网络组织功能。

一、国内外产业技术研究院建设情况

在发达经济体国家或区域技术创新体系中,通常除了企业、大学、国立科学研究机构等研发力量外,还活跃着一批以应用研究与创新为核心目标的公共产业技术研发机构。它们承接来自产业和政府的研究合同,不以机构赢利为目标,致力于为客户提供高端技术解决方案和科研创新服务,在促进区域经济社会发展中起着独特而卓有成效的作用。

我国于2006年全国科技大会提出了增强自主创新能力、建设创新型国家的重大发展战略。2009年开始,在各地推进自主创新的举措中,不少省市把建立工业技术研究机构作为整合、集成科技资源,加强产学研合作,解决中小企业当前和未来发展面临的技术问题,推动转型升级的一项重要抓手。目前,据不完全统计,国内已经和正在建设工业技术研究机构的省市有北京、上海、浙江、江苏、四川、湖北、陕西等地。

(一)德国弗朗霍夫应用研究促进协会

弗朗霍夫应用研究促进协会(FhG,以下简称弗朗霍夫协会)成立于1949年,总部设在慕尼黑,是欧洲最大的应用研究中心,拥有分布于德国40个州的80多个科研单位,包括59个研究所,18 000名科学家和工程师,年预算约16.6亿欧元(2010年数据),研究内容涵盖信息通讯、能源、材料、生命科学、国防安全等领域。

从法律地位和机构性质上来看,弗朗霍夫协会是民办、公助的非营利科研机构。所谓"民办",是指其在法律地位上是独立的非营利机构,不隶属于任何一个政府部门,同时在日常运营中不受政府部门的干预,拥有完全的自主权;所谓"公助",是政府部门提供其基本的运行经费,以及协会的各个研究所通过竞争取得政府的科研项目;所谓"非营利",是指该协会不以营利为目的,但可以进行有收入的、与科研工作有关的活动,取得的收入不得用于出资人和机构人员的分配,而是用于事业的再发展。作为非营利机构,按照德国的相关法律,该协会享有税收优惠。

在弗朗霍夫协会的经费收入中,70%来自竞争性合同研发,如企业、私人研发合同和政府部门等的项目合同,剩余30%来自于政府划拨,用于其中长期技术储备。协会于1973年对传统财务管理制度进行了大胆的改革,推出了著名的"弗朗霍夫财务模式"。这一模式的核心是将政府下拨的事业基金与协会上年的收入水平挂钩,以此作为对各个研究所分配经费的依据。首先将国家下拨的事业费中的少部分(约占1/3)无条件分配给各研究所以保证战略性、前瞻性研究,而其余大部分则同研究所上年的总收入和来自企业合同的收入挂钩,按比例分配。根据这一财务模式,研究所科研经费的理想结构,应为"非竞争性资金"占20%~30%,"竞争性资金"占70%~80%;其中"非竞争性资金"的一半应来自企业合同,另一半则来自联邦政府、州政府乃至欧盟的招标项目。实践证明,这种做法,既保证了科研机构基本公益目标和基本运行秩序的实现,又有效地提高了"非竞争性资金"的使用效率,提高了各研究所开拓客户资源和自主发展的能力。因此,这一模式推出之后一直受到国内外的高度关注,已成为许多欧洲国家建构新型科研机构财务管理制度的主要参考样本。

(二)江苏省产业技术研究院

江苏省产业技术研究院是经江苏省人民政府批准成立的新型科研组织,不设行政级别,不以营利为目的,以"总院 + 专业性研究所"为组织构架,实行理事会领导下的院长负责制,推行项目经理制,归口省科技行政主管部门管理。

总院为具有独立法人资格的省属事业单位,实行固定人员和流动人员相结合的用人机制,原则上人员与事业编制不挂钩。主要开展研究所的遴选、业务指导、绩效考评、前瞻性科研资助以及重大项目组织、产业技术发展研究等。

专业性研究所经申请审定后产生,与总院签署加盟协议,其原有机构性质、隶属关系、投资建设主体和对外法律地位等保持不变。主要开展产业核心技术、共性关键技术和重大战略性前瞻性技术等研究与开发。所有加盟研究所不从事基础研究,而是专注产业应用技术研发、技术转移和成果转化,以填补基础研究和产业化之间的空白。

(三)上海产业技术研究院

上海产业技术研究院成立于2012年8月,运作模式为"政府引导、顶层设计;合同管理、柔性参与;资源联投、利益共享"。联合研发的组织形式包括:依托上海产业技术研究院下属的专业技术研发实体组织实施;以项目方式将创新研发团队引入上海产业技术研究院,开展集中技术攻关,项目完成后创新团队可选择"去"和"留",实现人才的柔性流动;上海产业技术研究院通过委托合同的方式,公开择优,选择上海产业技术研究院以外的机构协助研发。

(四)陕西工业技术研究院

陕西工业技术研究院是由西安交通大学、陕西省科学技术厅及西安、咸阳、宝鸡、延安、榆林五个市政府和西电集团公司等五个大型国有企业共同出资组建的,具有独立事业法人(省属自收自支事业单位)资格的,企业化运作的非营利研究开发机构(NPO),现有理事单位15家,实行理事会领导下的院长负责制,下设综合服务部、创新服务部、技术开发部和资产管理部。

(五)常州西南交通大学轨道交通研究院

常州西南交通大学轨道交通研究院主要依托轨道交通国家实验室(筹)和牵引动力国家重点实验室,由两名中科院院士、两名工程院院士、三名长江学者等专家和江苏轨道交通领域企业家组成专家委员会;建有磁浮列车与磁浮技术研究所、轨道交通检测技术研究所、轨道交通装备技术研究所、振动与噪声研究所等四个研究所,以及磁浮列车与磁浮技术实验室、轨道车辆服役与安全预警检测中心、振动实验室、声学实验室等轨道交通重大公共服务平台。

(六)浙江大学苏州工业技术研究院

浙江大学苏州工业技术研究院由浙江大学与苏州国家高新技术产业开发区管委会共同建设,是浙江大学在苏州设立的独立事业法人单位。作为浙江大学在江苏省的科技创新与产业化总部,研究院以浙江大学的科技成果为基础,重点涉及智慧城市、高端装备、中药现代化、医疗仪器、公共安全、分布式能源、节能环保等研究领域。

二、国内外产业技术研究院经验借鉴

综观世界上绩效显著的产业技术研究院,均以产业共性技术和关键技术为研究对象,以推进应用技术产业化为核心目标,且具有"民办、公助、非营利"的典型特征。

(一)产业技术研究院共性特征分析

一是有效的制度设计。除了体现本国或本区域的政治和社会体制特点外,都无一例外地建立起非营利性机构,既与政府之间高度互动,又保持了与产业互动的主动性。

二是强大的研发能力。主要表现在以下三个方面:首先,建立独立自主的实体研发机构;其次,着眼于共性、公益性、前瞻性的技术产出,使其能以蓬勃的生命力成为产业技术创新能力与竞争力之源;最后,能够培养产业创新型人才,为产业的后续发展提供丰富的人力资源保障。

三是清晰的目标定位。定位于前瞻性、适用性的应用技术开发和商业化,一不做基础研究,二不与企业争市场。这种清晰的目标定位解决了基础研究机构不愿意做、企业不敢做、政府不能做的事情,搭建起了跨越技术与市场之间鸿沟的桥梁。

四是政府的持续支持。如果没有政府的持续资助,很难保证其非营利性,其可持续发展能力也将受到怀疑。对德国弗朗霍夫协会和中国台工院 2010 年的收入来源研究表明,政府经费的比例在 45%~89% 之间。

(二)产业技术研究院建设模式分析

在国内,根据产业技术研究院的主要依托单位和建设主体,可细分为不同模式,其中以大学主导的专业化产业技术研究院和政府主导的综合性产业技术研究院最为典型。

1. 大学主导型产业技术研究院

目前我国在建或筹建的产业技术研究院中大部分属于这种类型,如常州西南交通大学轨道交通研究院、浙江大学苏州工业技术研究院、陕西工业技术研究院等。这些产业技术研究院基本上采取"高校(研究机构)+当地政府"的组建模式,促使高校(科研机构)的研发成果(队伍)在当地落地。这一建设模式的主要特点是:大学是产业技术研究院的主要依托单位,大学借助学科结构全、科研基地多、创新能力强、高层次人才汇聚等优势,通过联合推进共性关键技术研发、吸引国际高端人才、转移与推广技术等形式,支持产业技术研究院的发展,为产业升级和区域经济服务。

2. 政府主导型产业技术研究院

政府主导型产业技术研究院是完全由地方政府出资筹建,并任命管理人员负责运行管理的产业技术研究院。其最大的特点是地方政府根据区域产业发展规划,依托产业技术研究院的平台,吸引相关科技研发资源,进行产业共性技术、关键性技术、前瞻性技术和公益性技术的研发和应用,为地区产业结构调整和产业升级服务。

这类研究院与国外产业技术研究院最为接近,也最能体现产业技术研究院的概念内涵。其往往采取行政化推动(即政府将之作为产业和科技政策的具体执行者)、企业化运作(即民办非企业运作模式),以整合地区科技资源为目标,为深化自主创新,提升区域科技竞争力提供统筹、支撑、服务的综合性领导平台,努力完成应用研究、技术服务、成果转化、人才集聚、产业规划五大任务。因为是政府主导,该类产业技术研究院定位为非营利性科技研发与服务机构,也使之能发挥统筹和引领的角色。

政府主导型产业技术研究院又可细分为两种,即以上海产业技术研究院为代表的"总院 + 研发团队"型和以江苏省产业技术研究院为代表的"总院 + 专业性研究所"型。

在"总院 + 研发团队"型产业技术研究院中,研发团队可以是总院自有的科研实体或团队,也可以是以项目或合同方式引进的院外研发机构或团队。总院既可通过其院内团队直接组织实施项目研发,又可通过项目引进与院外团队开展合作研发,还可通过委托合同方式择优选取院外团队协助研发。而在"总院 + 专业性研究所"型产业技术研究院中,总院并不直接参与产业应用技术研发,而是主要开展研究所遴选、绩效考评、资助管理等事务性工作。研究所经总院审定后,与总院签署加盟协议,形成加盟关系,其原有主体地位保持不变,可自主开展项目研发、合同科研等业务,接受总院的业务指导、经费资助和考核。

三、青岛产业技术研究院建设基础

截至 2013 年,青岛市共拥有高校、科研院所、重点实验室、工程技术研究中心、企业研发中心等科研与技术开发机构 765 家,其中,高等院校 7 所,市级以上科研院所 51 家,国家部委、省、市三级重点实验室 133 家,国家级、省级、市级工程技术研究中心 140 家。这些机构主要集中在海洋科学、电子信息、石油化工、材料科学、农业科技、医学、纺织、化工等领域。另外,青岛还有各级科技孵化器 47 家、公共研发服务平台 10 家、产业技术创新战略联盟 42 家等多种形式的创新载体。

但是,与其他同类城市相比,青岛市支撑重点产业发展的研究机构数量偏少,实力偏弱,为进一步加强创新源头建设,青岛市围绕重点产业发展,加强了大院大所的引进,先后与中国科学院、中国船舶重工集团、中国电子科技集团、中国海洋石油总公司、哈尔滨工业大学等国家级科研院所、知名高校、央企建立了长期合作关系,至今已有 19 家高端研发机构落户。新引进的研发机构基本都是按照产业技术研究院进行定位,具有支撑、服务产业发展的建设目标。比如:引进中科院自动化研究所建设的青岛智能产业技术研究院,聚焦电子信息和智能产业,力争使青岛成为我国智能产业枢纽城市。引进机械科研研究总院建设青岛分院,聚焦机械制造产业,目标是将青岛打造成为全国知名的高端专用装备制造业研发、制造、服务基地与集聚区。

大院大所的引进建设,集聚了大批高端创新资源,为青岛市产业技术研究院的建设奠定了很好的基础。但是,这些研发机构刚刚起步,规模较小,作用发挥尚不明显。青岛市产业技术研究院的发展现状与青岛市产业调整升级的现实需求还有一定的距离。

四、启示与建议

借鉴国内外产业技术研究院建设经验,结合青岛市发展现状和产业需求,从建设模式、体制机制等方面提出如下建议:

1. 政府引导、市场运作

以政府为引导,以市场为导向,建立市场化运作机制,按照市场需求,推进产业技术研究院发展,努力实现研究开发与产业化同步推进,建立市场化发展路径。

2. 协同创新、多方共赢

整合政产学研资用各方创新要素和创新资源,开展协同创新;以利益为纽带,积极探索和创新利益协调机制,促进技术、人才等创新要素向企业流动,实现多方共赢。

3.统筹兼顾、分步实施

兼顾青岛市产业发展需要与未来前沿技术发展趋势,统筹部署、协调发展;形成"成熟一个、启动一个"的建设原则,分步实施,稳步推进。先期可启动信息技术研究院、橡胶化工产业技术研究院和储能产业技术研究院建设。

4.技术共研、产业共享

强化共性技术的研发及应用示范,通过突破制约产业发展的关键技术和共性技术,以"合同科研"等方式为行业内企业提供具有创新性和实用性的科研成果,培育本区域战略性目标产业群,促进区域内新兴产业的集聚和发展。

参考文献

[1] 陈烈,岳增蕾,刘宇.国外产业技术研究院建设与发展经验及启示[J].黑龙江科学,2014,5(11):145-145.

[2] 陈烈,刘宇,岳增蕾.黑龙江省产业技术研究院建设与发展的对策建议[J].黑龙江科学,2014,5(10):142-142.

[3] 吴金希.公立产业技术研究院与新兴工业化经济体技术能力跃迁——来自台湾工业技术研究院的经验[J].清华大学学报(哲学社会科学版),2014,(3):136-145.

[4] 吴金希.论公立产业技术研究院与战略新兴产业发展[J].中国软科学,2014,(3):57-67.

[5] 甘锦锋.建设新型产业技术研究院的初步思考[J].中国科技产业,2014,(2):38-41.

[6] 杨明海,荆扬,王艳洁,等.产业技术研究院的建设机制探究——以天津大学产业技术研究院为例[J].科技管理研究,2013,33(24):92-94.

[7] 林志坚.政府主导型产业技术研究院运作模式的创新思考[J].科技管理研究,2013,33(21):37-40.

[8] 杨艳红.江苏省产业技术研究院建设现状[J].江苏科技信息,2013,(16):9-10.

[9] 王健.当前国内产业技术研究院存在的问题及对策建议[J].中小企业管理与科技,2013,(6):167-168.

[10] 樊立宏.德国非营利科研机构模式及其对中国的启示——以弗朗霍夫协会为例的考察[J].中国科技论坛,2008,(11):134-139.

编　写:姜　静　王淑玲
审　稿:谭思明　李汉清

国内外公共研发平台建设经验及青岛市对策建议

一、国外公共研发平台发展趋势

（一）政府重视

20世纪80年代以来，西方国家政府全面介入科学技术知识的产生、转化过程，为科技创新提供全面的公益性服务。如美国实施国有科学数据完全开放共享政策，财政设立专项资金支持数据中心群建设，建立了国家技术信息中心、全国性的技术转让联合体、国家技术转移中心，并利用法律手段保障其信息畅通。英国政府把进一步加强一流科技基础设施建设作为最具优先权的任务。

（二）形式多元

国外的公共研发平台形式呈多元化发展，包括以国家级科学技术研究与利用为主的公共服务平台；以研发计划为载体的公共服务平台；高校、科研机构、大型企业等建立的开放性知识管理和技术服务平台；以政府推进建设，由社会技术服务机构参与的多元化平台；社会科技中介服务机构提供的专业性或综合性公共服务平台等。如美国国家技术转让中心定位为技术转移及技术成果产业化配套服务供应中心，华盛顿技术中心是产学研合作的积极推进者，德州"集科研究中心"则是面向产业科研的国际性专业服务机构。欧盟的"创新驿站"设在大学的技术中心、商会、区域发展机构和国家创新机构等，在创新合作、技术转移和成果开发方面提供咨询服务。德国通过"主题研究计划"的方式来支持由企业和公共研发机构组成的联合体，突破重点产业的关键共性技术，推动产业升级换代。日本推动民间企业和公共科研院所合作成立"技术研究组合"，共同进行10~20年内实用性关键核心技术的研发，以提高重点产业领域的研发能力和竞争能力。

（三）功能综合

国外的科技公共服务平台功能不尽相同，但都较为综合。一般而言，信息交流和咨询服务是各类公共服务平台的基本功能。此外，有些平台还具有科普教育、监管、技术合作等功能。如美国科学促进会提供的平台功能包括加强科学家、工程师和公众间的交流，促进科学及其应用领域的国际合作，提高科技运作和利用的规范性，加强对社会公众进行科普教育，加大对科技企业的支持力度，为科学家提供职业帮助，对有影响的课题实施监督管理等。

二、国内公共研发平台建设经验

(一)上海研发公共服务平台

2004年,上海市启动研发公共服务平台建设,在"科技创新行动计划"研发平台建设专项资金等优惠政策的支持下,平台已形成较强的服务能力,服务体系建设日趋完善。目前,已构建了集信息采集、发布、加工和管理功能于一体的信息共享平台,建设了用户认证、服务申请、服务过程跟踪、服务结果传输的信息化服务平台;设立了呼叫中心,开通了创新服务热线(800-820-5114),形成了专家咨询、服务配送等直接面向用户需求的综合服务能力。

表1　上海公共研发服务平台建设规划

时　间	发展阶段	完成目标
2004~2006年	规划试点期	制定和完善总体规划,积极推进平台建设的各项基础工作,完成若干重点领域科技资源的整合,实施一批对推动科技创新具有重要意义的试点工程,启动相关环节的立法调研工作,初步形成以共享为核心的制度框架,适时启动平台对外服务
2007~2010年	建设推进期	推广试点经验,初步形成以平台技术、标准和法规体系为核心的共享管理制度,建设与平台发展相适应的专业化人才队伍和研究服务机构,建成适应科技创新和科技发展需求的研发支撑体系,成为国家科技基础条件平台的重要铸成部分,为最终建成布局合理、功能齐全、体系完备、共享高效的上海研发公共服务平台奠定基础
2010~2020年	稳定提高期	完善政策法律环境,健全运行机制,实现科技资源的高效流动和低成本使用,建成布局合理、功能齐全、体系完备、共享高效的上海研发公共服务平台,促进原始创新,加快产业进步,为上海地区的政府决策、科技创新、经济增长、社会发展以及国家安全提供完备的科技基础设施和公共服务保障,全面提升城市国际竞争力

1. 经费支持

上海市科委设立"科技创新行动计划"研发平台建设专项资金,为社会提供信息共享、研发设计、联合攻关、测试验证、风险与安全性评估、中试孵化等特色鲜明的、公益性的专业技术服务,探索科技服务社会化运营模式。

2. 集聚与整合科技创新资源

平台通过加盟、合作、联合等机制的创新和应用,调动了各行业各部门各单位的积极性;通过市区联动与多方合作,上海在所有17个区县都建立了研发平台服务分中心,并在上海20个行业协会以及32个各类高新园区建设了服务站,打造了全市性的科技创新一站式服务体系;通过举行定期的交流合作、资源传递等各种形式,将资源与服务推送到企业。

3. 技术创新服务平台

2010年,按照《国家技术创新工程上海市试点方案》的要求,上海市科委启动和部署了包括上海市生物医药产业、集成电路产业、新能源汽车产业、高性能宽带信息网技术、动漫技术等首批12家技术创新服务平台的试点推进工作,通过进一步加强资源整合力度、创新资源共享机制,加强对企业特别是中小企业技术创新的服务支撑,增强自主创新能力,促进产业结构优化升级,提升产业竞争力。

4. 专业技术平台

2010年,上海市科委出台《关于组织评选上海市专业技术服务平台的通知》(沪科(2010)第385号)。截止到目前,上海已累计评选出上海市化学化工数据共享、塑料橡胶高分子材料检测、基因测序与分析、集成电路设计专业等60家专业技术平台,实现公共服务平台服务主体的多元化、社会化,有效地支撑了中小企业的技术创新。

5. 科技创新券

2013年10月,上海研发公共服务平台与浙江省长兴县开展"科技创新券"的跨区域试点工作。据统计,科技创新券涉及金额 233 万元,惠及 233 家企业。

"科技创新券"是针对科技型中小微企业普遍存在的创新资源缺乏、经济实力有限、创新需求不足而设计发行的科技代金券,是一种事前补贴企业、事后兑现服务的政府购买方式和需求导向的新型创新政策工具。政府向企业发放创新券,企业用创新券向服务平台购买科研服务,服务平台持创新券到财政部门兑现。"科技创新券"不仅有助于提高财政资金投入的有效性,发挥市场配置作用,也有助于促进政产学研资源的有效整合。

（二）杭州科技创新服务平台

2005 年 12 月,杭州市启动科技创新服务平台建设。杭州市政府和科技局先后出台《关于推进科技创新服务平台建设的实施办法》(杭政办〔2006〕24 号)和《杭州市科技创新服务平台建设与运行管理办法》(杭科合〔2011〕277 号)等政策促进平台建设,并设立平台专项资金给予资助。目前,杭州市共建设有软件产业、金属材料及其热处理、机械装备制造技术、服装等 22 个科技创新服务平台。

1. 分期补助建设经费

平台完成分期合同指标并通过年度考核后,根据面向企业和社会提供有效服务情况、年度考核情况以及实际投入情况确定并拨付当年度财政补助经费。公共科技基础平台以财政投入为主;专业(行业)科技创新服务平台以平台建设单位自筹为主,补助总额度为平台建设期内实际投入的 20%～30%,最高不超过 500 万元。市财政平台补助经费主要用于平台的科技创新条件建设与服务活动经费。

2. 优惠券补贴运行服务经费

设立优惠券,对建设完成、通过验收并向社会开展科技服务的平台给予一定的运行服务补贴。对专业平台,根据其与企业签订的技术合同及实际抵用的平台优惠券等,给予其不超过技术合同金额 10% 的运行服务补贴。单个平台获年度运行服务补贴金额不超过 50 万元;其中主要为杭州市重点扶持的十大产业提供科技服务的平台,获年度运行服务补贴金额不超过 80 万元。同一企业同年度享受补贴总额不超过 10 万元。

（三）典型案例

表 2　国内公共服务平台建设案例

平台名称	建设模式	融资方式	主要服务功能
杭州高新技术创新公共服务平台	整合"公共服务与技术支撑平台"、"浙江省软件产业科技创新服务平台"、"软件与信息服务外包公共支撑平台"等全部资源和服务功能	总投资规模 2.7 亿元,国家、省市政府多年来共同投资建设	通过在网络环境上提供的虚拟服务和在物理环境中提供的现场服务来实现为软件企业创新服务的目标
天津滨海新区集成电路设计服务中心(BICDS)	依托泰达创业中心,由政府全资建设	政府出资,并采用融资租赁购买大型研发设备	以非营利模式为集成电路设计企业提供公共性、公益性的基础技术支撑服务。企业孵化和市场方案三方面的服务,帮助企业降低创新成本和风险,打造 IC 产业链条,实现产业结构优化,促进滨海新区 IC 设计产业同国际市场接轨
上海动漫研发公共服务平台	由上海浦东新区政府、张江集团投资公司、上海电影艺术学院共同筹建	上海浦东新区政府、张江集团投资公司、上海电影艺术学院共同斥资 1 400 万筹建而成,并接受科委的平台资金支持	上海动漫研发公共服务平台通过自己的行业经验及资源共享为政府定期提供国外行业数据、市场分析报告,根据政府要求协助提出定向调查报告,协助政府进行技术规范及标准制定、方针政策的制定、反馈企业现状及问题等;同时还为企业提供政府的政策引导、政策的实施者,在资金以及技术设备方面协助企业及项目的孵化,高端技术、设备的租借,协助开拓国内外市场等

平台名称	建设模式	融资方式	主要服务功能
MEMS(微机电系统)公共技术平台	依托华润微电子公司,由江苏省物联网研究发展中心、无锡微纳产业发展有限公司和华润微电子等三方共建	由参与各方共同出资	MEMS公共技术平台致力于突破制约物联网产业发展的智能传感器关键技术,垂直整合MEMS传感器产品科研、生产链,为科研院所、企业提供MEMS传感器产品的研发、生产服务。产业服务内容:真空封装,MEMS器件设计与仿真,MEMS1ASIC协同设计,CMOS MEMS工艺整合,典型MEMS传感器产品晶圆级和产品级测试服务,可靠性试验及可靠性分析服务
沈阳铁西装备制造业聚集区公共研发促进中心	依托沈阳工业大学,由沈阳市政府、沈阳工业大学和沈阳经济技术开发区管委会三方共建,在企业设立分中心	政府出资成立启动资金,但逐渐减少投资,吸引企业投入,使公共研发促进中心能够独立运行	为聚集区企业提供基本的平台服务,包括:科技培训平台、基于软件技术的公共设计平台、科技需求发布与咨询服务平台、产品中试试验平台、产品检验与失效分析平台等
山东信息通信技术研究院集成电路公共研发服务平台	山东省政府出资,依托山东信息通信技术研究院建设	省政府拨出专项资金3 000万元用于支持研究院IC平台建设,省经信委、CIIIC管委会等部门也先后投入1 000万元对平台建设予以支持	平台配备了国际先进的EDA设计软件,包括集成电路设计及仿真、半定制/全定制集成电路实现与验证、可测性设计、物理验证及数模混合设计仿真和FPGA-PCB一体化设计、验证

三、青岛市公共研发平台建设情况

2012年,青岛市科技局出台《青岛市公共研发平台建设方案》(青科计字〔2012〕42号)。按照聚焦前沿高端、凸显海洋特色、服务创新创业的原则,围绕青岛市海洋开发、新一代信息技术产业、高端装备制造产业、节能环保、生物产业、新材料、新能源及新能源汽车产业等七大战略性新兴产业领域,结合青岛市的科研和产业基础及下一步高端研发机构引进情况,初步确定在20个方向建设高起点、高投入、高水平的国内一流、国际水准的公共研发平台。

截至2013年底,青岛市科技局组织已完成软件与信息服务公共研发平台和橡胶新材料公共研发平台专家认证和相关部门综合评估认证,平台建设正式启动。海洋设备检验检测、海洋防腐新材料等8个平台已完成技术论证工作,其余平台将按照《方案》的进度要求陆续开展论证与建设。

表3 青岛市公共研发平台建设情况简表

序号	所在区域	平台名称	主要依托单位	启动时间
1	蓝色硅谷(核心区)	国家海洋设备质量监督检测中心(青岛市海洋设备检验检测公共研发平台)	青岛市产品质量监督检验所	2013年
2		青岛市海洋防腐新材料公共研发平台	中船重工集团公司第725研究所等	2013年
3		青岛市海洋药物公共研发平台(青岛海洋药物研究开发院)	中国海洋大学等	2013年
4		青岛市深海探测与运载装备公共研发平台	国家深海基地管理中心	2013年
5		中国药检(青岛)食品药品安全性评价检测公共研发平台	青岛市药品检验所	2013年
6		青岛市海水种苗繁育与健康养殖公共研发平台(筹)	中国水科院黄海水产研究所等	2014~2016年
7		青岛市海洋高性能仿真计算与物联网公共研发平台(筹)	青岛海洋科学与技术国际实验室	2014~2016年

序号	所在区域	平台名称	主要依托单位	启动时间
8	蓝色硅谷（崂山区）	青岛市资源材料化学公共研发平台	中科院兰州化学物理研究所青岛研究发展中心等	2012～2013年
9		青岛市半导体照明公共研发平台	青岛高科园创业园科技有限公司	2014～2016年
10		青岛市海洋环境监测仪器设备公共研发平台（筹）	山东省科学院海洋仪器仪表研究所	2014～2016年
11	中心城区	青岛市橡胶新材料公共研发平台	软控股份有限公司、橡胶谷有限公司	2012年
12	蓝色硅谷（高新区）	青岛市软件与信息服务公共研发平台	青岛高新区管委、青岛高新数字园区发展有限公司	2012年
13		青岛市生物医学工程与技术公共研发平台	青岛蓝色生物医药产业园有限公司	2013年
14		青岛市水下智能化作业装备公共研发平台	中船重工集团公司第710研究所	2013年
15		青岛市光电仪器设备公共研发平台	中科院光电研究院青岛研发中心	2013年
16	西海岸经济新区	青岛市海洋可再生能源公共研发平台	中国海洋大学、中海油集团	2013年
17		青岛市石油化工及功能高分子材料公共研发平台	中国石油大学（华东）	2013年
18		青岛市节能环保公共研发平台（拟）	山东科技大学等	2014～2016年
19		青岛市储能材料与技术公共研发平台（拟）	青岛科技大学等	2014～2016年
20		青岛市现代物流公共研发平台（拟）	现代物流运营管理有限公司	2014～2016年

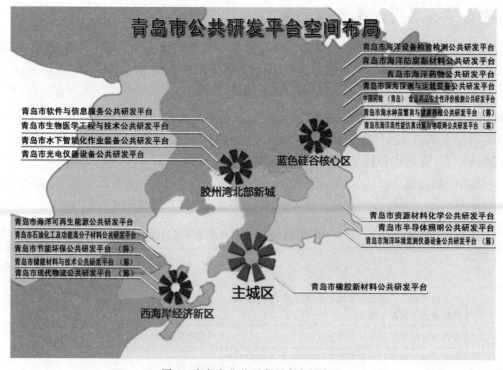

图1　青岛市公共研发平台空间布局

　　为了降低财政资金支付压力,青岛市科技局在国内首次启用融资租赁方式支持平台购置仪器设备。由青岛市政策性科技融资担保机构提供担保,具备资质的融资租赁公司按平台方建设要求购买仪器设备后出租给平台方无偿使用,由青岛市财政科技资金按期支付仪器设备租赁费用,青岛生产力促进中心负责财政购置仪器设备的资产管理、平台运营监管和共享服务补贴,在租赁期满后代持财政资金购置的仪器设备产权。

采用融资租赁这种融资新模式,拉长了财政资金还款期限,降低了财政资金支付压力;在有限资金情况下,可以同时启动多个平台建设;政府拥有仪器设备产权,可充分发挥平台服务的公益性。

四、对策与建议

(一)创新多元化融资模式

市本级与区市财政设立专项经费,支持公共研发平台与专业技术服务平台的建设与运营。综合运用股权融资、知识产权质押、融资租赁等科技金融工具,拓宽平台融资渠道,充分发挥财政资金杠杆放大作用,调动社会各种资源参与平台建设。

(二)完善管理和运行机制

探索建立"产权多元化、使用社会化、营运专业化"的运作模式。在平台的生成机制上拓宽思路,激发企业的积极性,特别是在技术创新服务平台建设中要大胆创新,通过面向产业需求、激活存量资源和整合新增资源,采用"政府引导、企业参与、项目带动、市场运作"的模式建立多元化的平台生成机制。政府主管部门、平台管理中心、资源拥有单位、中介机构等共同为用户建立高效的服务体系。

(三)拓展与完善政府财政购买公共服务的制度

积极探索建立政府购买服务的"政府承担、供需对接、定项委托、合同管理、评估兑现"机制。以政府采购方式提供公共服务,推动企业与公共研发平台联合开展技术创新活动;直接购买信息服务,为中小企业提供所需信息;以服务补贴等形式,扶持人才资源、科技优势、风险投资、科学仪器、科技文献拥有单位组建专业技术服务平台,鼓励中小企业的自主创新活动。

(四)完善平台绩效考核与法规体系

通过合同约定政府项目购置大型仪器设备、产生科学数据等资源共享义务,将资源投入产出和公共服务作为公共研发平台运行绩效的考核指标。加强科技基础条件资源保护、开发、共享的立法工作和制度建设,保护有形与无形资产产权,明晰公共科技资源所有、管理、使用和收益的权属关系。

参考文献

[1] 马涛,姜丽芬,陈家宽. 新形势下上海研发公共服务平台战略转型研究[J]. 科技进步与对策,2012,
(23):27-27.

[2] 王霄,赵敏,孙欣沛. 江苏省科技公共服务平台建设现状与发对策[J]. 江苏科技信息,2013,7(2):
1-2.

[3] 赛迪智库中小企业研究所. 美国中小企业公共服务平台的成功经验及启示[J]. 现代产业经济,
2013,76-80.

编　写:檀　帅

审　稿:谭思明　李汉清　王淑玲

山东省发展排污权交易市场的建议

（一）排污权的定义

排污权（污染排放权）交易是指在一定区域内,在污染物排放总量不超过允许排放量的前提下,内部各污染源之间,通过货币交换的方式相互调剂排污量,从而达到减少污染、保护环境的目的。

根据科斯定理:只要市场交易成本为零,无论初始产权如何配置,市场交易总可以将资源配置达到最优。政府作为社会的代表及环境资源的拥有者,把排放一定污染物的权利像股票一样出卖给出价最高的竞买者。污染者可以从政府手中购买这种权利,也可以向拥有污染权的污染者购买,污染者相互之间可以出售或者转让污染权。

（二）排污权交易的作用

欧美等发达国家排污权交易市场的运行实践取得了良好的效果。与之相比,我国不少城市应对雾霾天气所采用的"行政减排",对排污企业实行停产或限产,不仅成本颇高,也难以从根本上解决问题。

排污权中的排污许可证制度能有效协调环保部门、排污者和公众的环境权力、权益,对于降低环保投入、提升环保效果、促进科技进步有着积极的作用。

（1）获取更多的经济利益。从企业的根本目的来看,不论是污染的排放者还是污染的受害者,都能够从排污权交易的过程中获得相应的经济利益。

（2）降低经济成本。污染物的减排工作主要是由治理成本相对较低的企业来完成,治理成本高于市场上排污权价格的企业可买进排污权以降低成本,就整个市场而言总体上降低了污染治理的成本。

（3）促进环保技术发展。随着排污权交易市场的不断运行,总体排污量逐年减少,排污权的购入成本必然增加,提高企业开发无污染或低污染技术的积极性,促进环保技术的快速发展。

（4）利于宏观调控。政府在掌控排污权在市场交易的同时,科学制订宏观减排计划,通过逐渐减少污染物排放总量的指标,实现宏观调控,并达到保护环境的目的。

排污权交易机制,不仅适用于废气、污水的减排,也同样适用于温室气体的控制。

（三）我国开展排污权交易的紧迫性

目前,我国在大气、水、土壤等方面环境治理的任务都很严峻。

大气污染物方面,二氧化硫、氮氧化物排放总量位居世界第一,均远远超出环境承载能力。2013年持续大规模的雾霾污染范围涉及了 17 个省市自治区四分之一的国土面积,影响人口约 6 亿。2013 年上半年,列入 PM2.5 观测的 74 个城市中仅有舟山、惠州、海口和拉萨 4 个城市达标。PM2.5 为城市环境空气首要污染物。

我国水力资源总量居世界首位,同时也是世界上 13 个最贫水国家之一。90% 的地下水受到污染,25% 的重要河流污染严重,水体污染造成"守在江边无水喝"的困局。在排放的污水中,工业废水竟占 70% 以上。因水污染造成水质性缺水十分普遍。

一些地区不仅大气、水环境污染严重,并由此造成土壤重金属严重超标,引发一大批"癌症村",甚至出现了"癌症乡"、"癌症县"。

人类赖以生存的大气、水体、土壤遭受"立体式"的污染,从根本上和体制上解决好环境保护问题,已迫在眉睫。根据发达国家的成功经验,在我国全面开展排污权交易是环境治理的必由之路。

二、国内外排污权交易发展现状

(一)美国排污权交易发展情况

美国是最早开始排污权交易理论研究的国家,也是交易实践经验最丰富和取得成果最多的国家。

美国自 20 世纪 70 年代实施排污权交易政策,取得了显著的环境和经济效果。以二氧化硫排污权交易实践为例,实施了排污权交易项目以来,2007 年二氧化硫的排放量较 1980 年下降了 48%。据估计,2010 年该项目的直接和间接收益达 1 220 亿美元,而每年的运行成本仅为 30 亿美元。

美国排污权交易建立在"排污削减信用"的基础之上。"排污削减信用"就是允许排放同实际排放之间的差额,是用来在各个污染物排放源之间进行交易的货币。在此基础上,美国排污权交易采取了补偿政策、泡泡政策、净得政策和存储政策等四项政策。

所谓补偿政策是指以一处污染源的污染物排放削减量来抵消另一处污染源的污染物排放增加量或新污染源的污染物排放量,或者指允许新建、改建的污染源单位通过购买足够的"排污削减信用",以抵消其增加的排污量。该政策将未达标的地区视为一个整体,允许有资格的新建或扩建污染源在未达标地区投入运营,条件是它们从现有的污染源购买足够的"排污削减信用";其实质是通过新污染源单位购买"排污削减信用"为现有污染源单位治理污染提供资金。

所谓泡泡政策是指允许现有污染源单位利用"排污削减信用"来履行当地(州)实施计划规定的污染源治理义务。这里的泡泡,是将一个工厂的多个排放点、一个公司的下属多个工厂或一个特定区域内的工厂群看作一个整体或"泡泡",在泡泡的内部允许现有的污染源利用其排污削减信用增加排放,而其他的污染源则要更多地削减以抵消排放量的增加。

所谓净得政策是指只要污染源单位在本厂区内的排污净增量("排污削减信用"也计算在内)并无明显增加,则允许其在进行扩建或改建时免于承担满足新污染源审查要求的负担。该政策允许污染源厂区内无论任何地方得到的"排污削减信用"可以用来抵消扩建或改建部分所预计的排污增加量。如果净增量超过了预计的增加量,该污染源就要受到审查。

所谓存储政策(即排污银行政策)是指污染源单位可以将"排污削减信用"存入当局授权的银行或机构,以便在将来的气泡、补偿和净得政策中使用该"排污削减信用"。

(二)我国开展排污权交易情况

我国第一宗排污权交易发生在 2001 年 9 月。当时,南通天生港发电有限公司与南京醋酸纤维有限公司签订协议,卖方将有偿转让 1 900 吨二氧化硫的排污权,供买方在今后 6 年内使用。2002 年 3 月,国家环保总局与美国环保协会一起,在山东、山西、江苏、河南、上海、天津、柳州七省市以及中国华能集团公司开展"推动中国二氧化硫排放总盘控制及排污权交易政策实施的研究项目"。

2004 年，由国家环保总局、美国环保协会牵头的二氧化硫排放权交易试验，将试点由点状分布转向江苏省、上海市、浙江省三个严重缺电地区的长三角区域合作试验。

自 2007 以来，部分省市开始陆续筹备和构建排污权交易制度，比如浙江省嘉兴市的排污权交易储备中心，江苏省太湖流域排污权交易，湖北武汉光谷联合产权交易所也推出排污权商品交易。省级层面的排污权交易所已建立三家，分别为北京环境交易所、上海环境能源交易所和天津排放权交易所。

不过，总的来说我国污染排放权交易还仅仅局限于个例，较为完备的交易市场尚未形成。

目前，我国正在酝酿开展排污权有偿使用和交易试点工作。国家财政部、环境保护部、国家发展改革委联合起草的《排污权有偿使用和交易试点工作指导意见》几经修改已上报国办，这项国家层面规范排污权有偿使用和交易的指导性文件有望在年内出台，力争 2 至 3 年在全国主要省（市）开展排污权有偿使用和交易试点。对具备条件的省（市）均支持其开展试点，将更多的排污单位纳入排污权有偿使用和交易试点，更大程度地发挥市场在减排中的作用。积极推动跨区域排污权交易，主要是在同一大气污染防控区内推动大气污染物排污权交易，在同一流域内推动水污染排污权交易。

（三）碳交易市场与碳汇渔业

从本质上讲，碳交易与排污权交易一样，都是运用市场机制来实现经济的有效减排，区别仅仅在于减排的对象不同。

自工业革命以来，二氧化碳、甲烷、氧化亚氮等气体在地球大气层内浓度增加，地球温室效应加剧，导致全球变暖、冰川融化、极端天气频繁、自然灾害增多，引起了国际社会的广泛关注。1992 年联合国大会通过了《联合国气候变化框架公约》，1997 年通过了其补充条款的《京都议定书》，诸多国家纷纷提出了二氧化碳的减排目标。我国政府承诺到 2020 年时单位 GDP 碳排放将比 2005 年减少 40% 到 45%。

为了推进二氧化碳减排目标的实现，碳交易市场应运而生。碳交易就是为促进全球温室气体减排，减少全球二氧化碳排放所采用的市场机制。合同的一方通过支付另一方获得温室气体减排额，买方可以将购得的减排额用于减缓温室效应从而实现其减排的目标。

2003 年，芝加哥气候交易所挂牌成立，成为全球第一家碳排放交易所。芝加哥气候交易所与欧盟排放权交易体系、英国排放交易体系和澳洲国家信托为目前世界上最主要的碳交易所。根据世界银行报告，2011 年碳市场总值增长 11%，达 1 760 亿美元，交易量创下 103 亿吨二氧化碳当量的新高。

2008 年国内碳排放交易市场开始起步，先后成立了北京环境交易所、上海环境能源交易所、天津排放权交易所、深圳排放权交易所、广州碳排放交易所、湖北碳排放权交易中心和重庆碳排放交易中心等一批排放权交易机构。2009 年 12 月 16 日，北京环境交易所正式发布中国首个自愿减排标准——熊猫标准。2012 年国家发改委正式批准北京、上海、天津、重庆、深圳、广东和湖北 7 省（市）启动碳排放交易试点。2014 年 2 月 14 日，国家发改委发布消息称，碳排放权交易试点自 2011 年启动以来，7 个试点省市高度重视，各项工作进展顺利。2013 年 6 月深圳市正式启动上线交易，截至 2013 年 11 月，累计交易量超过 13 万吨二氧化碳，交易金额超过人民币 850 万元。

作为碳交易的重要组成部分，碳中和交易往往与碳汇相关联。碳汇是指从空气中清除二氧化碳的过程、活动、机制。目前已经得到国际碳交易市场广泛认可的碳汇主要是森林碳汇（森林植物吸收大气中的二氧化碳并将其固定在植被或土壤中，从而减少该气体在大气中的浓度）。通过植树造林形成对大气中二氧化碳的减排，作为碳交易买方市场的主体参与碳综合交易，在国内外碳交易市场中均不乏成功案例。

在全球自然环境碳循环中，蓝色碳汇占据着举足轻重的地位。蓝色碳汇也叫海洋碳汇，是利用海洋生物吸收大气中的二氧化碳，并将其固定在海洋中的过程、活动和机制。

海洋的植物生境，尤其是红树林、盐沼和海草，覆盖面积不到海床的 0.5%。这些生境构成了地球的蓝色碳汇,占海洋沉积物中碳储存量的50%以上(甚至可能高达71%)。虽然它们只占陆地植物生物量的0.05%,但每年都储存了大量的碳,因而是地球上最密集的碳汇之一。蓝色碳汇(包括内陆河口)每年捕获并储存2.35亿~4.50亿吨碳,相当于全球整个运输部门排放量(大约为10亿吨碳/年)的一半。防止这些生态系统的继续消失和退化并促进它们的恢复,就可以在未来20年抵消目前3%~7%的化石燃料排放量(共计72亿吨碳/年),效果相当于将大气中二氧化碳的浓度维持在450×10^{-6}以下所需的至少10%的减排量。如果措施得当,蓝色碳汇可因此对缓解气候变化起到重要作用。

"渔业碳汇"是指通过渔业生产活动促进水生生物吸收水体中的二氧化碳,并通过收获把这些碳移出水体的过程和机制,也被称为"可移出的碳汇",这个过程和机制,实际上提高了水体吸收大气二氧化碳的能力。渔业具有碳汇功能,因此,可以把能够充分发挥碳汇功能、具有直接或间接降低大气二氧化碳浓度效果的生产活动泛称为"碳汇渔业"。

海洋渔业碳汇不仅包括藻类和贝类等养殖生物通过光合作用和大量滤食浮游植物从海水中吸收碳元素的过程和生产活动,还包括以浮游生物和贝类、藻类为食的鱼类、头足类、甲壳类和棘皮动物等生物资源种类通过食物网机制和生长活动所使用的碳。虽然这些较高营养层次的生物可能同时又是碳源,但它们以海洋中的天然饵料为食,在食物链的较低层大量消耗和使用了浮游植物,对它们的捕捞和收获,实质上是从海洋中净移出了相当量的碳。

我国是世界上率先提出渔业碳汇概念和倡导发展碳汇渔业的国家。2011年1月,我国首个碳汇渔业实验室在中国水产科学研究院黄海水产研究所挂牌成立,实验室主任由中国工程院院士唐启升研究员担任。

目前,广东、浙江、海南、福建等地都在积极探索发展碳汇渔业,其中浙江舟山正在探索碳汇渔业管理模式和"碳交易"市场。中国水产科学研究院黄海水产研究所、中国水产科学研究院东海水产研究所、中国科学院海洋研究所、中国海洋大学、天津科技大学、浙江海洋学院等机构的有关专家针对碳汇渔业展开相关理论研究。碳汇渔业理论与实践的不断发展,为蓝色碳汇进入碳交易市场创造了良好的条件。

三、我省开展排污权交易的基础及存在问题

(一)我省环境及污染物排放基本情况

2012年我省可吸入颗粒物(PM10)、二氧化硫、二氧化氮年均浓度分别为129微克/立方米、66微克/立方米、41微克/立方米,超过《环境空气质量标准》(GB 3095—2012)二级标准0.83倍、0.1倍和0.03倍(经折算,细颗粒物(PM2.5)年均浓度超标1.4倍)。2012年我省二氧化硫与氮氧化物排放量分别达174.9万吨和173.9万吨,均居全国第一。按照环保部确定的基数,山东十大重点行业挥发性有机物(VOCS)排放量也居全国之首。

2013年,我省PM2.5平均数据超过国家二级标准1.8倍,17市空气质量无一达国家二级标准,济南更是全国空气质量最差的十个城市之一。

2014年3月,全省可吸入颗粒物(PM10)平均浓度为174微克/立方米,同比恶化3.6%;细颗粒物(PM2.5)平均浓度为93微克/立方米,同比恶化12.0%;二氧化硫平均浓度为70微克/立方米,同比恶化4.5%;二氧化氮平均浓度为53微克/立方米,同比恶化15.2%;"蓝天白云,繁星闪烁"天数平均13.5天,同比减少了5.7天。(见省环保部发布的《山东省大气环境质量2014年3月份17城市排名》)。

2012年,全省例行监测河流断面中,水质优于Ⅲ类的60个,占45.5%;Ⅳ类的30个,占22.7%;Ⅴ类和劣Ⅴ类共42个,占31.8%。全省城镇污水排放总量达45.78亿立方米(其中设市城市和县城污水排放量35.78亿立方米,1 062个建制镇污水排放量10亿立方米)。

与2011年相比,2012年山东省近岸海域劣四类海水水质面积有较大幅度增加,局部海域呈重度富

营养化,主要河流入海污染物总量略有增加,沿岸排污口超标排放现象依然较为普遍,部分排污口邻近海域水质劣于第四类海水水质标准,赤潮发生次数有所增加,风暴潮灾情较为严重。未达到第四类海水水质标准的海域面积为 4 463 平方千米,主要分布在滨州、东营近岸海域和莱州湾。

我省部分地区存在排污企业将污水高压排入深井的情况,个别村庄因地下水污染严重成了"癌症村"! 近年来,各级环保部门进行多轮次的排污企业地下水污染专项检查,各地地下水水质明显好转,但受到监测技术的制约,加之涉及区域广、处罚力度不够等原因,彻底解决好地下水人为污染问题尚需时日。

(二)我省开展环境保护情况

在大气环境保护方面,各市积极响应"调结构、促管理、搞绿化"的工作思路,将大气污染防治摆在突出位置,积极构建联防联控机制,城市环境综合整治力度进一步加大,有效推进了大气环境治理工作。

能源结构方面,采取大力实施"外电入鲁"、大力推进节能和循环利用、积极发展核电、大力发展清洁能源等多项措施,积极推进以煤炭为主能源结构的调整;产业结构方面,实施《山东省区域性大气污染物综合排放标准》,逐步实现由行业标准向区域性大气污染物排放标准的过渡,最终取消污染行业排放特权,推动电力、钢铁、建材、化工、石化等大气污染行业调整结构优化布局。

工业企业环境管理方面,通过加强监管力度、联动受理群众举报等举措,实现对大气污染企业排放的有效监控;城市综合管理方面,环保部门积极加强与城市建设、交通管理及公安等部门的紧密合作,实现对城建项目扬尘的有效控制;机动车管理方面,省财政设立考核奖励资金,各级财政对黄标车提前淘汰给予补贴,城市全面禁行黄标车,取得了积极的成效;我省建立基于大气环境质量的生态补偿机制,省、市两级均建立大气环境生态补偿专项资金,对大气环境质量同比改善的下一级行政机构给予补偿,对大气环境质量同比恶化的市(县)上一级行政机构向上一级行政机构赔偿。

城市绿化方面,采取城市林荫路系统建设、林荫公园建设、林荫庭院小区建设、林荫停车场建设和立体绿化建设"五大工程",积极实施城市绿荫行动;生态治理方面,一方面沿河环湖大建湿地开展流域治理,另一方面抓好工业园区植树造林,通过多种乔木,把企业和居民区隔离开来,实施生态修复。

(三)我省环境监控体系发展情况

2008 年,我省建立了环境自动监测监控系统,实现对重点污染监管企业(废水企业和废气企业)、污水处理厂、河流断面、饮用水源地和城市空气等实现自动监测数据的接收、存储、审核、分析、显示等功能。在我省 60 条主要河流(管线)的 86 个断面中 59 个设立水质自动监测站,在 17 个设区城市设立 144 个空气质量自动监测站,17 个设区城市主要水源地共设立 25 个自动监测站,建成省和 17 个设区城市、141 个县(市、区)环境监控中心,监控了 1 200 余家国控、省控重点企业和 200 余家城镇污水处理厂,覆盖全省主要污染物产生量的 80% 左右。

(四)排污权交易市场经济性分析

根据全国及山东省主要污染物的排放量(2012 年数据),若减排指标按 5% 计算,仅从废水、二氧化硫和氮氧化物三项,测算出全国及我省污染权交易市场规模分别达 10 402 亿元和 697 亿元(表 1),发展前景十分可观。

表 1　全国及我省预计污染权交易市场规模

主要污染物	排污权参考价格	全国排放量		我省排放量	
		排放量	市场规模	排放量	市场规模
废水[①]	300 元/吨	684.6 亿吨	10 269 亿元	45.78 亿吨	686.7 亿元

主要污染物	排污权参考价格	全国排放量		我省排放量	
		排放量	市场规模	排放量	市场规模
二氧化硫[②]	4 108 元/吨	2 117.6 万吨	43.50 亿元	174.9 万吨	3.59 亿元
氮氧化物[③]	7 639 元/吨	2 337.8 万吨	89.29 亿元	173.9 万吨	6.64 亿元
合　计	—	—	10 402 亿元	—	696.93 亿元

说明:

① 废水排污权参考价格。浙江省嘉兴市秀洲区环保部门参照日处理 1 万吨级生活污水集中处理厂的投资成本,推算出排污企业日排放 1 吨达标废水的排污权购买价格为 300 元。

② 二氧化硫排污权参考价格。2010 年 6 月 5 日,陕西省环境权交易所举行二氧化硫排污权交易竞买会上,参与企业共竞得 2 300 吨二氧化硫的排放权,总成交额 944.9 万元人民币,折合 4 108 元/吨。

③ 氮氧化物排污权参考价格。2011 年 12 月 23 日,全国首次氮氧化物排污权竞买在西安正式交易。榆林市榆阳区易立煤炭运销有限责任公司等 5 家企业通过竞买共取得了 380 吨氮氧化物排污权,成交总金额 290.3 万元,折合 7 639 元/吨。

(五)碳交易市场前景分析

通过碳市场交易,碳汇渔业的"身价"就得以大幅提升。例如,1999～2008 年我国海水贝藻养殖每年从水体中移出的碳量从 100 万吨增至 137 万吨,平均每年移出 120 万吨,折合 440 万吨二氧化碳,10 年合计移出 1 204 万吨碳,折合 4 415 万吨二氧化碳。如果按照林业使用碳的算法计算,我国海水贝藻养殖每年对减少大气二氧化碳的贡献相当于义务造林 50 多万公顷,10 年合计义务造林 500 多万公顷,直接节省国家造林投入近 400 亿元。预计到 2030 年,我国海水养殖产量将达到 2 500 万吨,按照现有贝藻产量比例计算,海水养殖将每年从水体中移出大约 230 万吨碳,折合 9 167 万吨二氧化碳,相当于二氧化碳卖方市场规模达 831 亿元。

不过,只有将碳汇渔业纳入碳交易市场,其经济意义才能得到体现。虽然海洋渔业的碳汇计量尚未得到国际上的普遍承认,但由于我国是世界第二经济体,又是世界碳排放第一大国,所以只要我们自己先把碳汇渔业真正做起来,碳汇渔业得到国际社会的普遍认可只是一个时间的问题。

我省是全国第一海水养殖大省,其中 80% 以上是贝类,贝类养殖产业规模和产量均居全国首位,海水养殖总产量约占全国的 1/4,达 400 多万吨,碳交易卖方市场规模达 100 亿元以上,前景十分可观。鉴于我国包括二氧化碳在内的污染物减排压力和各级政府治理环境污染的决心,发展排污权交易市场是我国社会科学发展的必然选择。

(六)我省主要城市金融发展情况

我国当前正处在工业化的初期向中期过渡阶段,国内二线城市也陆续迈入后工业化时代。与我国社会总体的发展阶段比较吻合,使得二线城市的发展充满了活力和机遇。作为国内二线城市,济南、青岛两市在我国金融中心城市中均占有一席之地。在综合开发研究院(中国深圳)2013 年 7 月发布的第五期中国(城市)金融中心指数(CDI·CFCI)中,青岛位居第 14 位(上升 9 位),济南位居第 20 位(后退 5 位)。上海、北京、深圳三大金融中心遥遥领先于其他城市。其他城市的金融中心指数数值差距不大,济南、青岛两市排名位次跳跃性较大,也说明这些城市金融水平总体上处于伯仲之间(图 1)。

因此,大力发展包括碳交易在内的综合性排污权交易市场,无疑将给我省重点金融业带来巨大的发展机遇。关键是要充分发挥我省自身优势,审视国际、国内发展动向,找出金融建设与发展的突破口,并在此基础上设计出科学可行的发展路径。抓住这个机遇,我省的金融业发展水平有机会赶超广东、江苏两省;继北京、上海、深圳之后的国内"金融中心第 4 极"也极有可能在我省诞生。

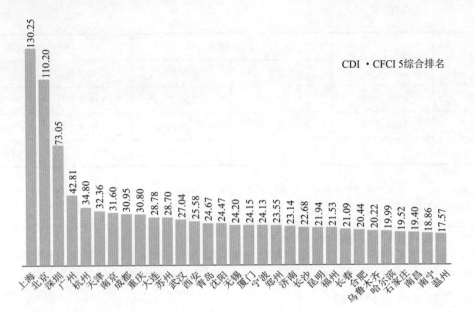

图1　第五期中国(城市)金融中心指数排名

(七) 我省开展排污权交易的意义

开展排污权交易,可以通过市场的调节,实现资源配置的最优,从而降低减排成本,确保减排效果,从根本上逐步解决环境污染问题,实现环境治理目标。

开展排污权交易,可以促进环保技术及其成果的引进、转移和转化,推动环保科技产业的发展。开展排污权交易,还将带动环保服务业的发展,促进产业结构调整和经济发展方式的转变,实现可持续的科学发展。

凭借我省蓝色碳汇理论和海洋养殖业的优势,运用排污权交易的理论和方法,大力开展碳交易,将大大促进我省金融业的发展,为山东半岛蓝色经济区和黄河三角洲高效生态经济区建设、为蓝色硅谷建设创造有力的金融支撑,促进我省蓝色经济的跨越式发展。

(八) 我省存在的问题

目前,我省污水、废气和固体废弃物等污染物排放量还比较显著,我省的大气、水等环境治理的任务还比较艰巨,现有的环境监控体系还有待于进一步完善,环保科技产业和环保服务业还不够发达,排污权交易基本上还是一片空白。

四、措施与建议

1. 积极申报区域试点,力争获得国家财政支持

成立由省委、省政府主要领导担任组长,省财政厅、环保厅、发改委等部门领导为成员的"山东省排污权有偿使用和交易试点工作领导小组",统筹协调和领导我省"排污权有偿使用和交易试点"工作。积极关注国家相关政策动态信息,加强与财政部、环境保护部、国家发展改革委等国家部委的沟通和联系,主动向国家三部委反映我省积极参与排污权有偿使用和交易试点工作的诉求。筹措专项资金,为启动我省排污权有偿使用和交易试点工作创造条件。

2. 完善环境监控体系,科学制定减排目标

针对我省工业废气、污水、固体废弃物的组分,拟定实施有偿使用和交易的污染物具体种类,并在此基础上完善环境监控体系、研究制订污染物排放量计量方法,为我省开展排污权有偿使用和交易试点工作创造条件。根据环境治理的需求,科学制定重点企业逐年减排目标,为全省有计划地科学减排奠定基

础,引导相关排污企业在对减排成本进行估算的基础上选择适当时机实施产业升级。

3. 建立环保公共服务平台,加速环保服务业的发展

建立"山东省环保公共服务平台",围绕相关企业排污权有偿使用和交易,提供公共服务。将排污企业纳入环保监测统计服务体系,在探索建立污染物监测统计制度的基础上,连续实施污染物监控,为污染物排放量统计提供科学依据,为环保技术及其成果的引进、转移和转化提供中介服务。针对环境污染治理设备、药剂、仪器等产品的性能提供第三方认证服务。为相关企业和环保服务机构提供包括排污权有偿使用和交易在内的相关政策咨询服务。

4. 将碳交易纳入试点工作,发展我省特色排污权交易

加强蓝色碳汇理论创新,重点开展海洋渔业、养殖业碳汇计量方法探索。探索相关企业二氧化碳排放量计量方法,对我省重点企业开展二氧化碳排放检测和排放量计量,科学制定减排目标。开展二氧化碳排放权有偿使用和交易,促进我省碳汇渔业的发展,提高海洋渔业、养殖业的附加值,实现传统产业的转型升级,促进我省蓝色经济的发展。

参考文献

[1] 关于发展环保服务业的指导意见. 国家环境保护部, 环发〔2013〕8 号, 2013, 1.

[2] 2012 年中国环境状况公报. 国家环境保护部, 2013, 5.

[3] 刘彦廷. 美国的排污权交易制度对中国的启示[J]. 华东政法大学法律专业硕士学位论文, 2008, 4.

[4] 江庆红. 河北:成功启动首笔排污权交易[J]. 产权导刊, 2012. 04:54-55.

[5] 程宇. 我国排污权交易的实践及其未来发展探讨[J]. 云南财贸学院学报, 2005(S1):199-202.

[6] 吕忠梅. 论环境使用权交易制度[EB/OL]. 中国民商法律网, 2002, 5.

[7] 肖乐, 刘禹松. 碳汇渔业对发展低碳经济具有重要和实际意义[J]. 中国水产, 2010(8):4-8.

编　写:房学祥

审　稿:谭思明　李汉清

青岛市数字化医疗的发展前景及建议

一、国内外卫生信息化发展现状

（一）国外

1. 美国

2005年，美国国家卫生信息网为实施建立电子健康档案计划，选择了4家全球领先的信息技术厂商作为总集成商，在试点区域开发全国卫生信息网络架构原型，研究包括电子健康档案在内的多种医疗应用系统之间互通协作能力和业务模型。2004年美国专门成立了全国医疗信息技术协调官办公室（ONC，Office of the National Coordinator for health IT，一个部级委员会）来管理和协调卫生信息的发展，并在金融危机之后拿出190亿美元专门用来普及电子病历。ONC的主要职能包括敦促卫生信息系统的有效使用、建立区域拓展中心、构建卫生信息交互框架、专业培训和科研支持立法等。ONC实施以来取得了显著成果，病历的数字化基本已经实现，电子病历普及率达到80%，从2014年开始所有美国公民的病历全部电子化、电子病历的市场份额逐年扩大，到2016年能够达到60亿美元的市场份额。

卫生信息化在推动政府工作、提高医疗服务效率、降低医疗成本方面的共识以及作用是一致的。哈佛大学CTIL权威研究报告称，全美范围内实现可共享的电子健康档案与区域卫生信息网络，每年可节约780亿美元医疗费用，占全国医疗卫生总费用的4%。同样，美国华盛顿的一项研究发现，电子健康档案所用的时间要比纸质档案的信息传递时间节约40%。

2. 英国

从2003年年底开始，英国政府已开始陆续与多家跨国医疗卫生信息化巨头签署了为期10年，总金额逾60亿英镑的合同，拟搭建一个全国性的卫生信息网，部署一系列应用服务。通过这一信息网，患者可以选择并预定医院服务、获取自身的电子病历档案并办理出院手续等；医生可以实现包括电子病历、网上预约、电子处方、医学影像共享及远程医疗咨询等。目前，该全国性卫生信息网已经取得了阶段性成就，成为欧洲国家级卫生信息化建设的典型代表，为卫生信息化建设指明了方向。

（二）国内

2009年4月6日，《中共中央国务院关于深化医药卫生体制改革的意见》正式发布，新一轮的医疗改革踏上征程。在这部被形象地比喻为"四梁八柱"的医改文件中，信息化即为其中一大支柱。

1. 上海

目前,上海市区 23 个大型医疗机构实现了检验结果的互认,也取得了其他一些成果,例如:闵行区积极建立以居民电子健康档案为核心的区域卫生信息平台,创新医务人员绩效考核和居民健康管理相结合的管理思路;闸北区实现基于居民健康档案的区域信息协同、突发公共卫生事件实时预警、服务人群信息化动态管理等。

2. 香港

2010 年,香港在特区政府主导下启动了电子健康档案互通计划,计划用 10 年时间,建立全港民众电子健康档案,在港内实现公众健康记录互通。电子健康档案互通计划分为 2 个阶段实施,第一阶段(2009～2014 年),建立电子健康记录互通平台,连接公立医院和私立医院,总体投入 7.2 亿港元;第二阶段(2014～2018 年),完善应用电子健康记录信息,总体投入 4.8 亿港元。目前医管局已存有 800 万个病例记录,8 亿个化验报告,3.4 亿药品处方,3 400 万个放射影像,每天约有 300 万次的信息资源传输。

3. 山东省

依托国家疾病预防控制网络平台疾病监测信息报告管理系统,建立了覆盖山东全省 3 360 个乡镇及以上医疗卫生机构的传染病疫情和突发公共卫生事件直报网,并相继运行了农村卫生信息直报、新型农村合作医疗、妇幼保健、血液管理、120 急救等信息系统。在新农合管理信息系统支持下,到 2012 年 11 月底,全省全部实现了县域内新农合定点医疗机构医疗费用即时结报,以居民健康档案为主的基本公共卫生信息化管理系统在全省得到了普及,城镇居民电子建档率为 74.64%、农村居民电子建档率为 76.32%。

4. 其他省市

近年来,全国各地都在卫生信息化方面创新发展:广东省深圳市的区域卫生信息化建设,充分利用先进的 IT 技术和手段,与国家超级计算深圳中心(深圳云计算中心)合作,借助其丰富的资源为其医疗卫生信息化工作提供强大的支持,打造健康平台;福建省厦门市卫生局基于健康档案的区域信息平台实现了居民健康档案和相关卫生信息资源的共享;江苏省无锡市建立了感知中国物联网,充分利用社会资源为卫生信息化服务;新疆维吾尔自治区开展远程会诊取得初步成效。

二、青岛市卫生信息化发展现状

2009 年 4 月,市委、市政府制定了《关于深化医药卫生体制改革的意见》(青发〔2009〕15 号),揭开了青岛市卫生信息化建设的序幕。2011 年,市政府办公厅下发了《关于加快医药卫生信息化建设的实施意见》(青政办发〔2011〕16 号),制定了卫生信息化建设目标,确立了通过实施"741"工程,即建设完善 7 个重点应用系统、4 个共享平台和 1 个容灾备份中心,初步形成比较完善的医药卫生信息化体系。2011 年,青岛市发改委正式批复青岛市卫生信息化建设的初步设计方案,从此青岛市卫生信息化建设全面展开。

2014 年上半年,青岛市启动区域医疗联合体(简称医联体:将同一个区域内的医疗资源整合在一起,由一所三级医院,联合若干所二级医院和社区卫生服务中心组成,目的是引导患者分层次就医,而非一味涌向三级甲等医院)建设工作,下半年全面铺开。按计划 2014 年完成了 10 个医药卫生信息业务标准和数据标准体系建设,基本建成电子健康档案和电子病历数据库,进一步完善基层和医院信息系统功能,拓展基于平台的各项业务应用,统筹推进全市卫生监督信息化建设,初步实现公共卫生、医疗服务等信息资源互联互通。青岛市大力推进百万平方米医疗设施建设,按政府规划 2014 年建设大型医疗设施项目 18 个,开工项目面积 56.8 万平方米,竣工 17.2 万平方米,完成投资 13.7 亿元。

卫生信息化在政府的主导、医疗机构的配合以及医疗软件厂商的支持之下,势必迎来更快、更好的发展前景。在新一轮医改浪潮中,通过信息化手段改变过去医院陈旧的管理方式,建立医疗卫生机构间的资源共享机制,实现医疗资源的最佳配置和最大协同。加快推进卫生信息化进程还将在降低医疗费用、优化诊疗服务水平、提高公共卫生防疫水平等方面发挥积极的作用。

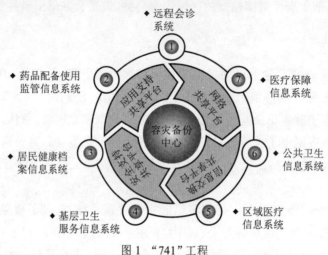

图1 "741"工程

三、青岛市卫生信息化存在的问题

目前,青岛市卫生信息化的发展尚处于起步阶段,卫生计生行政部门办公自动化、网络化有待进一步完善,在大医院普遍采用的诊疗信息管理系统需要进一步推广并向社区医院普及;不同层级医院、医疗管理部门之间统一的数据共享平台尚需进一步完善;城市、农村医疗信息化发展不平衡的局面亟待打破。此外,卫生计生部门需要利用卫生信息化提升卫生计生系统运行、管理、监督等各个环节的水平。

1. 信息交换不够通畅

由于各区市医疗机构使用的信息管理系统多属各医院根据自身需要而定制的,引进的系统品种繁杂且没有统一的标准和接口,导致各医疗机构形成了"信息孤岛"。信息采集渠道较为单一,共享能力有待提高,资源潜力无法得到充分发挥。系统的对接困难,无形中也给医院间的数据汇集与统计分析、交流合作和科研工作带来了阻力。实现一定区域范围内医院信息的统筹、共享以及各个系统的有效集成,可以增强信息的传输能力,通过构建统一的数据信息平台使得为病人提供高质量的医疗服务成为可能。

2. 法规、标准缺乏统一

目前医院信息系统建设缺乏相关规范、标准约束。各家医院都有自己的一套系统,药名、检查方法、手术名称、诊断名称不甚相同,没有统一的标准体系致使各医院的系统自成体系,为信息交换与共享带来了较大困难。在数字影像的采集、显示、远程医疗等方面尚没有指定标准,因而数字化医疗在工作中的可靠性和安全性难以得到保证。

3. 城市、农村发展失衡

信息技术的深入应用,市内各大医院均增加了卫生信息化建设的投入,门诊和住院医生工作站已在许多医院成功实现,有的医院正在努力实现电子病历和医学影像的数字化,逐步完成数字化医院的构建。而在农村地区,卫生信息化在软、硬件方面都还很缺乏,主要表现在目前覆盖全市各乡镇的农村医疗保障信息交换平台有待建立,没有实现计算机辅助管理、辅助医疗,没有实现农村医保信息的数字化、网络化管理以及各医疗机构之间的信息共享等。

4. 信息丰富但利用率低

各大医院均拥有患者既往病史、治疗方案、反馈信息等"大数据"资料,但尚未深入分析和充分利用。

分析病人的来往地、消费水平、消费偏好、科室工作量、工作效率等可调整医疗服务的发展方向,使医院提供的服务更符合病人的需求;总结发病原因、治疗方案、治疗成功率、疾病死亡率等可为医疗科研人员提供宝贵的科研素材,有利于医疗水平的整体提高。新医改方案出台后,健康档案的建设在全国范围内逐步开展,而目前较低的数据汇总和统计分析水平导致大量数据难以充分利用,无法挖掘隐藏在数据中的隐含知识,影响了卫生信息化进程的推进。

5. 认识层次有待提高

医疗卫生信息化不应只围绕医疗机构的业务流程独立展开,而应实现对医疗、公共卫生、医保、药品供应等系统进行资源整合,实现数据共享。只有如此,才能真正优化医疗卫生管理流程、共享医疗资源及信息、规范医疗监督体系。目前,卫生信息化建设伴随着计算机和网络技术的发展,初步形成了比较先进的公共卫生应急系统和相对完善的卫生统计系统,而疾病预防控制、健康教育、新型农村合作医疗、城镇职工和居民医疗保险、妇幼卫生保健、医院信息系统、卫生监督、血液管理、基本药物制度和综合管理系统的开发和使用依然各行其是、封闭运行,使得医疗信息流转不灵,造成数据的重复和人力、物力、财力的浪费。基层卫生行政主管部门对信息化建设在医药卫生体制改革中的作用和认识有待提高,需要增加有效的指导和干预手段。

四、加快推进卫生信息化进程的对策建议

1. 构建多级信息共享的平台

乡镇级平台主要存储个案信息,如健康档案、电子病历,改变医院的传统管理方式,降低医院成本,提高工作效率;区县级平台存储区域内医药卫生管理信息,并可随时访问市级平台的个案信息,实现区域内信息资源的共享,改进对大众的服务质量,实现医疗资源的有效配置;市级平台着重对全市的信息资源库进行数据提取与汇总,建立数据仓库、数据集市,提供多角度、多维度的数据分析功能,为全民健康水平评价、医务人员的绩效考核、行业监管和政策制定等提供科学决策的依据。

2. 引入云计算和物联网技术

在大数据时代下,以云计算平台为支撑,通过软件服务的创新模式向医疗机构和个人提供电子健康档案、注册预约等在线服务,大大减少医疗机构的投资,为病人提供便利。积极推进 RFID 技术[①]在医疗保健、公共卫生、药品、血液等方面进行跟踪治理,与银行、社保等部门联合开展医疗就诊卡的通用,推进集个人 ID 信息、社保、医保、医疗、金融等服务于一体的"一卡通"产品的应用。利用物联网技术实现对医疗废物的电子监管,对问题药品快速跟踪和定位,提供更加安全有效的医疗卫生服务。

3. 重视卫生信息系统安全

卫生信息化的顺利推进需要各个信息系统的正常运行及数据质量的稳定。任何一个子系统的安全出现问题将使得整个系统的安全遭到彻底破坏,因此在系统运行阶段应不断地发现安全问题的薄弱环节并给予解决,尽量避免出现灾难性的后果。同时围绕医院信息的采集、处理、分析和利用,加强医院信息质量管理能力,提高管理意识,确定监控模式,建立监控制度。

4. 整合现有系统中的信息

制定统一的标准和规范,根据需求完成不同层次的数据共享。在信息的搜集、交流层次,要确保信息技术规范的统一使得各种信息流在不同层级、不同部门之间顺利流动;在信息的归档、反馈层次,要保证医疗数据标准的统一使得信息具有可比性,符合监管机构的要求;在信息的分析、提炼层次,要遵守数据

---

① **RFID 技术**:是一种无线通信技术,可以通过无线电讯号识别特定目标并读写相关数据,而无需识别系统与特定目标之间建立机械或者光学接触。

安全标准的统一使得科研工作顺利展开,为行业监管和政策制定提供数据支持。

5. 加强政府引导和人才培养

成立青岛市卫生和计划生育委员会,对青岛市卫生信息化建设进行统筹规划和管理,如制定全市卫生信息化的近期及中期发展规划、建立规范的信息化管理机制、完善标准化和规范化体系建设等。此外,还应建立一支充满活力、具有高水平的复合型信息化人才队伍。当务之急是针对长期从事医疗服务工作的人员加强继续教育,夯实医学业务知识,补充信息技术知识,培养出医院信息化建设需要的复合型人才。从长远考虑,应着手医学院校相关专业学生的培养,提高信息化人才的综合素质,强化医学基础和计算机课程的学习,拓宽学生知识面,扩大专业范围,争取尽快培养出一支复合型人才队伍。

参考文献

[1] 黄文艳. 数字化环境下医院统计信息的整合与利用[J]. 中国数字医学, 2009(5):67-69.

[2] 符晓婷,宗文红,莫晟成. 我国电子病历法制建设现状与对策[J]. 中国卫生信息管理杂质, 2012(6):44-47.

[3] 李新伟,胡红濮,雷行云. 欧盟卫生信息化筹资模式研究[J]. 中国数字医学, 2011(7):16-19.

[4] 何雨生. 从区域卫生信息化角度看医改[J]. 中国数字医学, 2009(11X):10-15.

[5] 陈运奇. 区域卫生信息化潮流与 IT 行业发展[J]. 中国数字医学, 2010(10):54-56.

编　写:付　涛　初　敏
审　稿:谭思明　李汉清　房学祥

关于山东省加快建设人工鱼礁 发展海洋牧场的建议

近年来,由于海洋污染和过度捕捞,我省近海海洋环境质量不断下降,海洋渔业资源持续衰退,同时海水养殖带来的环境、病害等问题也日益凸显。如何优化渔业产业结构,减少海洋污染,保障海洋渔业资源的可持续利用,促进渔业产业转型升级,成为当前必须破解的难题之一。日本、韩国等一些渔业大国海洋牧场的成功建设为上述问题提供了解决方法。但由于海洋牧场在我省的发展历程较短,尚处于初级阶段,在建设研究和管理运营上还存在一些不规范和不完善的地方,及时发现问题,总结经验教训,找到解决对策,对推动我省海洋牧场的建设发展具有一定的借鉴和指导意义。

一、海洋牧场相关概念

(一)海洋牧场的内涵

通俗地讲,海洋牧场就是人为地把鱼贝藻类等海洋生物投放到特定的自然海域里生长,就像在陆地上放牧牛羊一样。科学的定义,海洋牧场则是指通过改善或改造海洋局部环境条件,将人工培育到成活率较高阶段的生产对象幼苗释放到自然海域,提高自然海域的生产力,实现自然海域的"农牧化"生产,其实质是为了培育和管理渔业资源而在特定海域设置的人工渔场。这种生态型渔业发展模式颠覆了以往单纯的捕捞、设施养殖为主的传统渔业生产方式,克服了由于过度捕捞带来的资源枯竭,以及由近海养殖带来的海水污染和病害加剧等弊端,可以说是海洋渔业生产的一次革命。海洋牧场的分类见表1。

表1 海洋牧场的分类

分类依据	海洋牧场分类
海域特征	沿岸(近岸)海洋牧场、大洋海洋牧场
放养生物	金枪鱼海洋牧场、鲑鳟鱼海洋牧场、海珍品海洋牧场、滩涂贝类海洋牧场等
功能作用	休闲观光海洋牧场、生产海洋牧场、多功能海洋牧场等

(二)人工鱼礁的内涵

人工鱼礁,一般是指有目的地在水深100米以内的沿岸海底投放石块、混凝土块、废旧车船等物体而形成的暗礁,可以吸引海洋生物来此繁衍生息,以达到增加渔获量和改善水域生态环境的目的。

按取得的不同效果,人工鱼礁的分类见表2。

表2　人工鱼礁的分类

类　别	主要功能
增殖鱼礁	一般投放于浅海海域,主要可放养海参、鲍、扇贝等海珍品
渔获鱼礁	一般设置于鱼类的洄游通道,主要是诱集鱼类形成渔场
游钓鱼礁	一般设置于滨海城市旅游区的沿岸水域,供休闲、垂钓、健身活动之用

(三)人工鱼礁与海洋牧场之间的关系界定

从定义上看,人工鱼礁投放是海洋牧场建设的前期过程,也是一个基础步骤。人工鱼礁是不成熟的海洋牧场,是海洋牧场的半成品。目前国内所说的海洋牧场建设,其大多是指人工鱼礁的建设,但又不是简单的混凝土、沉船的投放,而是有目的、有规律地营造海洋牧场的一项前期工程。

二、国内外海洋牧场建设的现状

(一)国外

1. 日本

在1971年举行的海洋开发审议会议上,日本第一次提出了建设"海洋牧场"的设想,并在当时成立了专门负责海洋牧场研究的部门——国家栽培渔业中心。1977年,日本开始实施"海洋牧场"战略,在全国近海海域内实施"栽培渔业"项目,并在1978年成功建成了世界上第一个海洋牧场——日本黑潮牧场。至今,日本已在沿海2/3海域、107处海区建设了人工鱼礁,并建成了世界上最大的海洋牧场——北海道海洋牧场。

2. 韩国

1994年,韩国开始实施"海洋牧场"建设计划,主要对建设人工鱼礁、增殖放流、环境监测和管理等方面进行了研究,并于1998年开始在东部海域、南部海域和黄海建设海洋牧场。韩国首先在统营附近的海域建设了总体面积为90平方千米的海洋牧场,其中包括20平方千米的核心区域。在经过10年的建设后,于2007年6月竣工。经韩国农林水产食品部调查,2006年的资源量为750吨,比1998年的118吨增加了近10倍。在统营海洋牧场成功经验的基础上,韩国又建成了4个海洋牧场。

3. 美国

1968年,美国正式提出了建设海洋牧场的计划,并从1972年开始实施。1974年在加利福尼亚附近海域通过投放碎石、移植巨藻,建立小型海洋牧场,并取得了一定的经济和生态效益。到2000年,人工鱼礁的建设数量达到2 400处,带动的垂钓人数高达1亿人,直接经济效益300亿美元。据调查统计,建设人工鱼礁后,海洋渔业资源是投放前的43倍,渔业产量每年增加500万吨。

(二)国内

1. 广东省

2001年,广东省通过人大决议,将海洋牧场上升为广东省发展战略,投资高达8亿元。汕头市于2003年正式启动人工鱼礁建设工程,计划用10年的时间在濠江、潮阳、澄海及南澳地区建成生态公益型和准生态公益型人工鱼礁7座,投放人工鱼礁35万立方米,工程合计总投入7 300万元。

2. 辽宁省

2010年,在大连獐子岛渔业集团带领下,辽宁在长山群岛建成1 000平方千米的全国最大生态海洋牧场。2011年年初,在辽宁省海洋与渔业工作会议上,政府通过了《辽宁省现代海洋牧场建设规划(2011～2020)》,并于当年启动了"1586"工程,其主要任务是围绕建设海洋牧场这一任务,实现海洋渔业资源修复、种类维护、环境改造等五大功能,建立八个核心海洋牧场功能区,实施种苗培育基地建设、关键技术创新研究、海洋生物增殖放流、人工鱼礁建设、海域空间立体开发利用、近岸合理开发养殖六大项目。

3. 其他沿海省市

江苏省于 2002 年在连云港海州湾启动了人工鱼礁建设,已建 5 座渔礁,共 7.5 平方千米。江苏在海州湾投放人工鱼礁 2 000 立方米,用于增养海珍品。

海南省 2009 年规划在三亚蜈支洲岛建设 8 个海洋牧场,在 10 年内投入巨资在近海投放人工鱼礁 80 万平方米和相应地渔业资源增殖流放数量,建立种苗繁殖场、驯养场等。

中国台湾地区为了稳定海洋渔业的可持续发展,从 1974 年开始建设人工鱼礁。到 1999 年,投资了 13 亿台币,在台湾岛周围海域以及澎湖列岛等海域建设了 75 处人工鱼礁区,共投放人工鱼礁 166 372 个。

国内外海洋牧场在发展时间、发展规模、政策保障、科技人才等方面的比较分析详见表 3。

表 3　国内外海洋牧场建设比较分析

类　别	国　内	国　外
发展时间	10 多年	日本:40 多年;韩国:30 多年
发展规模	较小,处于投放礁体的初级阶段	建礁、鱼类选种、繁殖及培育、环境改善、生境修复等系统环节全面实施
政策保障	缺少具体的政策扶持,只在 2006 年颁布《中国水生生物养护行动纲要》	日本:作为国家政策并制定长远发展规划;韩国:成立专门的海洋牧场管理与发展中心
科技人才	相关技术水平发展时间较短、技术不成熟、专业人员比例较低、产学研结合不紧密	完善的科研支撑体系

三、山东省建设人工鱼礁发展海洋牧场基础条件

(一)自然条件

我省地处中纬度地区,三面临海,属暖温带湿润季风气候,温度适宜、降水量适中(年降水量 650～850 毫米);海岸线曲折,海湾、岛屿众多,拥有 200 多处海湾和近 300 个海岛,约 16 万平方千米的海洋面积,近海海域面积占黄海和渤海总面积的 37%。

(二)生物资源

我省海域生物资源丰富,近海鱼虾达 260 多种,主要经济鱼类 40 多种,浅海贝类达百种以上。据监测,近海海域与岛屿周围,微生物以及无机物存量丰富,能够为海洋鱼类提供丰富的饵料,同时周围存在莱州湾、石岛等天然渔场,为海洋牧场的建设和发展提供了有力的支撑。

(三)科技优势

我省海洋科研力量雄厚,拥有占全国 1/4 数量的海洋科研、教学机构,包括中国科学院海洋研究所、中国海洋大学、国家海洋局第一海洋研究所、中国水产科学研究院黄海水产研究所等;海洋科技人才占全国的 2/5;同时,还具有多个国家良种场和养殖示范基地,自 20 世纪 90 年代以来,海洋科技研发和实现转换率达 50% 以上,为山东实现海洋产业的跨越式发展做出了巨大贡献。

(四)放养基础

我省从 20 世纪 80 年代初期开始进行人工增殖放流的实验研究。1983 年,在乳山湾海域对对虾进行增殖放流,实验成功并推广至全国范围。1998 年,省委、省政府发出《关于加快"海上山东"建设的决定》,进一步强调了山东省要全面启动海洋农牧化建设工程。2005 年,实施《山东省渔业资源修复行动规划》,通过项目带动,建立健全人工鱼礁建设管理制度,加强人工鱼礁建设管理,人工鱼礁建设发展迅猛。截至 2013 年 10 月底,省级以上财政及专项扶持资金累计投入 3 亿多元,扶持人工鱼礁建设项目 76 个,带动

社会投资 12 亿元,全省共建设规模以上的人工鱼礁区 170 多处,其中,烟台市 85 处,威海市 77 处,青岛市 6 处,日照市 8 处,潍坊市 2 处,共投放大料石、混凝土构件、船礁、钢制构件、复合材料构件等各类礁体 1 000 万多空方,建成礁区面积 1.5 万公顷。2014 年 1 月 15 日,我省首部人工鱼礁规划《山东省人工鱼礁建设规划(2014～2020 年)》正式发布实施,秉承"生态优先,合理布局;因地制宜,保持特色;统筹兼顾,突出重点;适当控制,和谐发展"的原则,将在山东沿海重点打造 9 大人工鱼礁带,40 个鱼礁群(表4)。

表4　山东省人工鱼礁带建设规划一览表

人工鱼礁带	区　位	优　势	规划区域面积	功能定位	建设规模	礁群分布
东营近海	渤海西南部	含盐度低、含氧量高、有机质多、饵料丰富	1 626 公顷	生态型	投放大型礁体 25 万空方,建设人工鱼礁群 600 公顷	东营河口区
莱州湾	莱州湾中东部(西起寿光市近海,东至龙口市屺坶岛)	底栖生物种间分布均匀、生存环境良好	25 359 公顷	经济型、生态型	投放各类礁体 436 万空方	莱州湾中部
						莱州太平湾-芙蓉岛
						莱州石虎嘴
						招远市辛庄
渤海海峡	西起龙口桑岛,东至蓬莱龙门眼	海水透明度高、水质高、生物资源丰富	12 137 公顷	生态型	投放各类礁体 387 万空方,新建人工鱼礁面积 3 470 公顷	长岛南北隍城
						长岛大小钦岛
						长岛砣矶-喉矶-高山岛
						长岛大小竹山岛-车由岛
						长岛挡浪岛-螳螂岛
						长岛大小黑山岛
						长岛南北长山岛
						龙口桑岛
						蓬莱市刘家沟
烟台近海	西起烟台开发区近海、东至牟平近海	生物资源丰富	22 889 公顷	生态型、经济型	投放各类礁体 677 万空方、新建人工鱼礁面积 3 170 公顷	烟台套子湾
						烟台崆峒列岛
						烟台玉带山-四十里湾近海
						烟台养马岛
威海近海	西起威海双岛湾,东至威海经区泊于镇	海区地势平坦、海水透明度高、野生生物资源丰富	29 305 公顷	生态型、经济型	投放各类礁体 290 万空方、新建人工鱼礁面积 4 900 公顷	威海小石岛-褚岛海域
						威海双岛湾
						威海刘公岛海域
						威海阴山湾-泊于近海
荣成近海	北起鸡鸣岛、南至苏山岛	海水透明度高、生物资源种类多	38 280 公顷	生态型	投放各类礁体 285 空方、新建人工鱼礁面积 4 400 公顷	荣成鸡鸣岛-马栏湾
						荣成荣成湾-俚岛湾
						荣成爱连湾
						荣成桑沟湾
						荣成王家湾-靖海湾
						苏山岛南

续表

人工鱼礁带	区 位	优 势	规划区域面积	功能定位	建设规模	礁群分布
文登-海阳近海	文登、乳山、海阳一线近海	生物资源丰富、食物链与营养级配合比例合理	20 306公顷	生态型	投放各类礁体145万空方、新建人工鱼礁面积2 060公顷	文登小观
						乳山宫家岛-小青岛
						海阳琵琶口
						海阳大闫家
						千里岩
青岛近海	北起丁字湾、南至白马河口	天然渔业港湾、地质条件优越	6 149公顷	生态型	投放各类礁体318万空方、新建人工鱼礁面积3 482公顷	青岛崂山湾
						青岛潮连岛
						青岛大公岛-石岭子
						青岛灵山岛-斋堂岛
日照近海	北起黄家塘湾、南至《山东省海洋功能区划》(2011～2020)的南界线	海水透明度高、水质好	37 808公顷	生态型	投放各类礁体250万空方、新建人工鱼礁区4 965公顷	日照北部近海
						日照中部近海
						前三岛海域

四、山东省建设人工鱼礁发展海洋牧场的主要问题

海洋牧场是一种新兴的渔业生产方式,我省尚处于摸索阶段,主要存在以下几方面问题:

(一)制度保障问题

我国现行的相关法律、法规,对海洋牧场建设方面尚无具体规定。我省的渔业生产经营以个体为主,现行的相关政策和管理办法,尚不能满足海洋牧场的建设和管理需求。

(二)有效管理问题

海洋牧场作为新兴的渔业生产方式,如何运营管理将会是面临的一个重要问题。在实际运行中,尚没有设置专门的职能部门进行监督管理,在人工鱼礁和海洋牧场的建设过程中,缺少全程的管理和维护。

(三)技术保障问题

海洋牧场在我省属起步阶段,还有一批关键技术需要攻克,比如:适合海域地质条件的海底环境再造技术(包括人工鱼礁的结构类型、区域选择,藻类移植品种、移植方式的甄选等)、适宜的增养殖品种的筛选和规模化培养、增殖鱼类的行为控制、环境效益评估等。

五、推进我省建设人工鱼礁发展海洋牧场的建议

海洋牧场建设是一项规模较大的系统工程,是新的渔业发展方式,必须在观念上有创新,技术上有突破,管理上有跟进,制度上有保障,政策上有扶持。虽然我省在建设人工鱼礁发展海洋牧场方面取得了一定的成绩,但随着我省蓝色经济的建设与发展,又对我省渔业生产和建设提出了更高的要求。当前应着力加强以下五个方面的工作:

(一)完善相关政策体系

应进一步完善我省现行的相关渔业地方性法规。根据沿海各市的海域环境和资源状况,针对海洋牧场的建设和运行管理特点,建立健全相关法律法规。同时,还要加强海洋执法队伍的建设,提高执法水平,以保证海洋牧场建设的顺利进行。

（二）创新管理体制和机制

职能管理方面，成立专门的海洋牧场建设管理职能部门：① 应成立山东半岛海洋牧场建设管理委员会，在主管职能部门成立海洋牧场建设办公室；② 在各沿海城市设立海洋牧场建设管理职能部门，专门负责海洋牧场的建设和运营管理工作。

运营管理方面，建立健全运营管理制度，实行建设职能部门与运营管理职能部门分开，用规章制度来强化海洋牧场的管理工作。

（三）加强先进技术的研究开发

先进的科学技术是海洋牧场建设和发展的基础和直接动力。充分利用我省拥有较强海洋科研力量的优势，加强政产学研合作。在强调自主开发的同时，还应注重国外先进技术经验的引进，在消化吸收的基础上，结合我省实际情况进行再创新。同时加快科研成果的转化和应用，提升产业化水平。

（四）推进我省近海国家级耕海牧渔示范区的建设

按照先易后难、以点带面、分类建设、分步推进的思路，逐步形成以人工鱼礁为载体的近海规模化海洋牧场，实现集环境保护、生态修复、海上娱乐及海水增养殖发展于一体的新兴产业发展模式，尽早把我省近海建设成为国家级耕海牧渔示范区。同时，还应积极采取措施，创新方式方法，加大投资力度，以优惠的政策，广泛吸纳民间资本投入人工鱼礁和海洋牧场建设，通过加强监管，切实维护投资者的利益，努力推动人工鱼礁和海洋牧场建设再上新台阶。

（五）加强建设人工鱼礁发展海洋牧场的宣传力度

海洋资源不断枯竭的现实，更加凸显了建设人工鱼礁发展海洋牧场的重要性。各级政府应通过广播、电视、报刊等媒体，加大对建设人工鱼礁发展海洋牧场的宣传力度，更加注重培养宣传在人工鱼礁和海洋牧场建设方面的新典型、新做法、新成果，不断提高社会认知度，努力营造支持建设人工鱼礁发展海洋牧场的良好社会氛围。

🌐 参考文献

[1] 李波，宋金超. 海洋牧场：未来海洋养殖业的发展出路[J]. 吉林农业，2011（4）：1-3.

[2] 曾呈奎，徐恭昭. 海洋牧业的理论与实践[J]. 海洋科学，1981（1）：1-6.

[3] 刘卓，杨纪明. 日本海洋牧场研究现状及其进展[J]. 现代渔业信息，1995.10（5）：14-18.

[4] 徐恭昭. 海洋农牧化的进展与问题[J]. 现代渔业信息，1998（1）.

[5] 黄宗国. 海洋生物学辞典[M]. 北京：海洋出版社，2002：224-226.

[6] 张国胜，陈勇，张沛东，等. 中国海域建设海洋牧场的意义及可行性[J]. 大连水产学院学报，2003，18（2）：142-144.

编　写：付　涛
审　稿：谭思明　李汉清

智能电视关键技术发展研究及对青岛市的建议

一、智能电视简介

（一）智能电视定义

根据中国电子视像行业协会标准（CVIA/ZNDS01—2014），智能电视是指具有操作系统，支持第三方应用资源实现功能扩展，支持多网络接入功能，具备智能人机交互、与其他智能设备进行交互的电视机。

智能电视有如下特征：

（1）具备较强的硬件设备，包括高速处理器和一定的存储空间，用于应用程序的运行和存储；

（2）搭载智能操作系统，用户可自行安装、运行和卸载软件、游戏等应用；

（3）可以连接公共互联网；

（4）具备多种方式的交互式应用，如新的人机交互方式、多屏互动、内容共享等。

（二）智能电视关键技术

智能电视的关键技术主要包括芯片、显示技术、操作系统、软件与应用、联网技术、人机交互技术。其中人机交互技术是制约电视智能化发展和普及的重要瓶颈，操作系统是电视智能化实现的前提，这两项关键技术已成为国际国内智能电视相关企业、研发机构创新竞争的重点，成为智能电视专利布局的重要方向。

本报告将对人机交互和操作系统这两项关键技术进行重点分析，人机交互技术主要选取面部识别、姿势识别、语音识别、智能遥控这四个目前处于主流的技术进行研究。

二、智能电视关键技术国际发展态势

（一）专利申请趋势

智能电视领域的全球专利申请持续了 40 余年，语音识别、智能遥控、姿态识别、人脸识别、操作系统等智能电视关键技术呈现接力式的申请趋势。20 世纪 70 年代开始出现语音识别、智能遥控的专利申请，20 世纪 80 年代姿态识别和人脸识别技术出现，操作系统开始萌芽。截至 2014 年 4 月全球人机交互申请量达 4 282 项，操作系统 3 430 项，各项关键技术正处于快速成长期（图 1）。

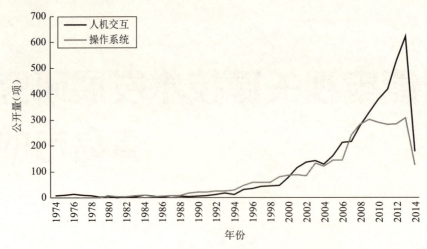

图 1　智能电视关键技术专利公开量年度分布

（二）技术原创国

美国、日本、中国、韩国是专利技术产出的主要国家,集中了人机交互技术领域 86％的原创专利和 88％的操作系统专利,其中美国、日本掌握着核心技术,引领全球技术发展,中国、韩国是技术追随者(图 2)。

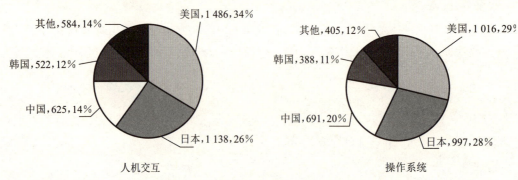

图 2　人机交互技术及操作系统专利优先权国家分布

1. 美国

美国居于技术原创国首位,拥有全球 34％的人机交互专利及 29％的操作系统专利,自 20 世纪 70～80 年代即开始该领域的技术探索,经历了 90 年代的初步发展期,到 2000 年逐渐进入技术成长期。人机交互技术于 2011 年达专利申请量高峰,至今增势明显;操作系统自 2008 年后申请量出现下滑。语音识别、姿态识别、面部识别技术领域处于全球绝对领先地位,智能遥控技术仅次于日本。2000～2008 年期间语音技术领先发展,2008 年以来姿态识别技术成为重点发展领域。美国智能电视关键技术发展趋势及技术发展重点见图 3 和表 1。

表 1　美国智能电视技术发展重点

关键技术	申请量(项)	全球排名	申请量占全球比例	发展重点
语音识别	597	1	38％	美国掌握语音识别核心专利技术,重点进行语音输入/输出、语音数据处理系统及语音软件产品的研究开发
姿态识别	459	1	55％	姿态识别领域,主要关注软件产品技术,其次是视频游戏、电脑游戏、便携手机等技术
人脸识别	159	1	30％	人脸识别领域,涉及的应用技术专利较多,主要包括电视及机顶盒的节目内容控制,手机和个人数字助理等

关键技术	申请量(项)	全球排名	申请量占全球比例	发展重点
智能遥控	292	2	35%	智能遥控方面,在触摸板、便携终端、惯性传感、超声定位四个技术分支均衡发展
操作系统	1 500	1	29%	程序管理、窗口管理、中间件的研究

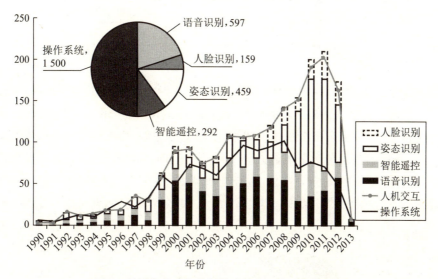

图3　美国智能电视关键技术构成及专利申请趋势

2. 日本

日本居于技术原创国第二位,拥有全球 26% 的人机交互专利及 28% 的操作系统专利,自 20 世纪 70 年代即开始智能遥控技术的探索,80 年代姿态识别和人脸识别技术开始萌芽,进入 90 年代语音识别及操作系统开始发展,各项技术在 2000～2008 年间得到快速发展。2008 年至今,由于日本主流家电企业开始逐步放弃家电业务,智能电视的相关专利申请量开始持续下滑。目前,日本在智能遥控技术领域仍处于全球领先地位,占全球专利总量的 35%。其中,在触摸板遥控、便携终端和超声定位三个技术分支的专利量居全球首位。日本智能电视关键技术发展趋势及技术发展重点见图 4 和表 2。

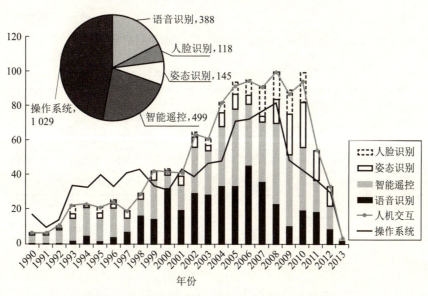

图4　日本智能电视关键技术构成及专利申请趋势

表 2　日本智能电视技术发展重点

关键技术	申请量（项）	全球排名	申请量占全球比例	技术发展重点
语音识别	388	2	25%	语音输入/输出、语音数据处理系统
姿态识别	145	2	17%	软件产品、识别技术
人脸识别	118	2	23%	图像分析，数据索引、搜索、合并、比较等人脸识别技术研究
智能遥控	499	1	35%	触摸板、便携终端和超声定位
操作系统	1 029	2	28%	针对 Android 系统的二次开发

3. 韩国

韩国居于技术原创国第四位，拥有全球 12% 的人机交互专利及 11% 的操作系统专利，20 世纪 90 年代开始智能遥控技术和操作系统的探索，2000 年开始姿态识别、人脸识别和语音识别技术的研究。韩国虽起步时间晚于美国和日本，但人机交互技术 2005 年后发展迅猛，尤其近三年来凭借三星和 LG 两大龙头企业的高量产出，在日本呈现持续下滑的态势下，韩国于 2010 年起已逐渐赶超日本，逐渐成为智能电视领域的强国。三星和 LG 近三年专利产出活跃，专利申请占总量的比例高达 39% 和 48%，在各个技术分支均布局了数量不菲的专利。韩国智能电视关键技术发展趋势及技术发展重点见图 5 和表 3。

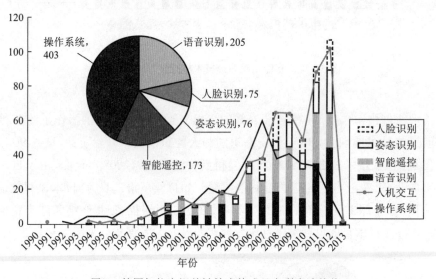

图 5　韩国智能电视关键技术构成及专利申请趋势

表 3　韩国智能电视技术发展重点

关键技术	申请量（项）	全球排名	申请量占全球比例（%）	技术发展重点
语音识别	205	4	13	语音输入/输出、语音分析系统的研究
姿态识别	76	3	9	软件产品、便携手机、识别技术
人脸识别	75	4	14	人脸识别应用技术研究
智能遥控	173	4	12	触摸板和便携终端遥控技术
操作系统	403	4	11	操作系统的优化改进，提升用户体验

（三）创新机构

人机交互技术领域，全球主要的专利申请人主要分布在日本、美国和韩国，排名前十的申请人中日本公司占据一半,美国和韩国各2家,荷兰有1家机构上榜。从近3年专利申请量来看,韩国和美国公司专利产出活跃,而日本公司活跃度普遍降低,呈现整体下滑状态。通过综合考虑企业的专利数量、专利涉及分类数量、专利涉及地区数量、被引次数、营业收入、专利侵权情况等6个方面,综合竞争力较强的机构有三星、苹果、微软、索尼、松下等。人机交互技术全球主要申请人概况及竞争力分布见表4和图6。

表4　人机交互技术前十位申请人概况

申请人	申请量(项)	专利申请持续时间	近三年申请量占比(%)	重点技术领域
微软	208	1997~2014	17	姿态识别、语音识别
索尼	199	1971~2014	15	全领域
三星	189	1991~2014	39	全领域
松下	174	1970~2014	3	语音控制、智能遥控
夏普	101	1995~2012	13	智能遥控
LG	94	1994~2014	48	语音控制、智能遥控、姿态识别
东芝	83	1981~2014	30	全领域
飞利浦	77	1974~2014	8	语音控制、智能遥控、姿态识别
船井电机	56	1999~2014	5	语音控制、智能遥控
AT&T	55	1995~2011	4	语音控制

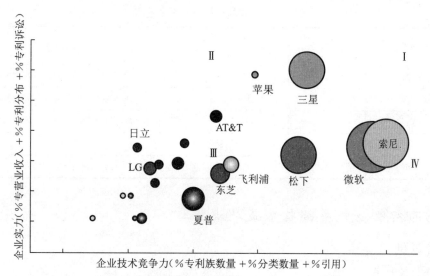

图6　人机交互领域主要申请人综合竞争力分布

操作系统领域,韩国、日本在创新机构和专利总量上都明显多于其他国家,以三星、LG、索尼、松下等大企业带动技术创新;美国主要创新机构是微软、谷歌等公司,专利数量较少,目前仍以PC机、智能手机操作系统为主,尚未将重要研发力量投入到智能电视领域;欧洲创新机构专利数量较多的只有飞利浦公司,反映出欧洲电视厂商的整体实力不如亚洲。

三、智能电视关键技术中国专利分析

中国相比美国和日本,起步时间晚了近20余年,和韩国起步时间相近,于2000年开始涉足智能电视相关技术领域的研发,2008年后进入快速发展阶段,2010年以来中国的专利申请量大幅超越韩国和日本,仅次于美国,目前尚处于技术成长期。从拥有的专利数量看,中国位居美国、日本之后,略超韩国,居于全球第三位,拥有全球34%的人机交互专利及29%的操作系统专利。国内申请人主导中国专利的总体发展趋势,申请比例占中国专利总量的72%,国外技术尚未大举进入我国市场。国外申请主要来自日本索尼、松下,美国微软、苹果和韩国三星、LG等公司,国内申请人主要以电视机厂商为主,具有竞争力的机构依次为 TCL、康佳、海信、长虹、创维、冠捷、中兴、中山大学、乐视、海尔。但总体来说,我国缺乏能与国际龙头企业抗衡的大企业。中国关键技术发展趋势及技术发展重点见图7和表5。

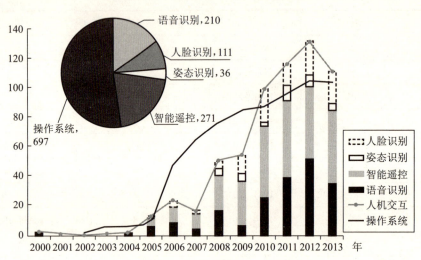

图7 中国智能电视关键技术构成及专利申请趋势

表5 中国智能电视技术发展重点

关键技术	申请量(项)	全球排名	申请量占全球比例(%)	技术发展重点
语音识别	210	3	13	语音输入/输出、语音控制技术
姿态识别	36	4	4	视频游戏、电脑游戏、识别技术
人脸识别	111	3	21	图像分析,数据索引、搜索、合并、比较等人脸识别技术研究
智能遥控	271	3	19	惯性传感
操作系统	697	3	20	主要针对 NGB TVOS 系统、STV OS 系统、COS 系统进行研发

四、青岛市智能电视关键技术发展现状

(一)发展基础

1.专利申请快速增长

青岛市拥有106件人机交互技术专利,73件操作系统相关专利,其中人脸识别专利20件,智能遥控专利36件,语音识别相关专利32件,姿态识别专利20件。对智能遥控和语音识别技术的研究起步较早,优势明显;人脸识别、姿态识别技术近几年发展迅速。

2012年以来,全市涉足智能电视的公司和研发人员数量均明显增长,除海信、海尔外,青岛联合创新技术服务平台有限公司、山东科技大学、青岛大学等公司和研究机构也参与研发。智能电视相关技术专利申请量增长迅速,新技术开始快速出现,青岛市的智能电视技术进入了快速增长期。

2.关键技术有所突破

海信在2012年发布全球首个针对智能电视深度定制的操作系统——海信 AndroidTV Pro(海安系统)。通过"海安"这个平台,可以屏蔽不同芯片带来的差异,并保证未来智能电视 APP 应用的持续兼容性,为开发者提供良好的开发环境,同时也能给消费者提供丰富、实用的业务和良好的操控体验。中国电子视像行业协会副会长兼秘书长白为民评价:采用"海安"软件平台的海信智能电视,是中国智能电视技术的一个飞跃,将智能电视的体验、内容服务提升到了一个新的高度。

海尔 sime 语音软件多项核心技术取得突破,通用识别准确性大幅提高,有限解决抗噪、口音适应、个性化词汇等技术性难题。搭载了该项技术的系列智能电视产品,不仅可以进行语音互动,还能通过强大的后台程序精准分析语义智能交流,语言识别率及连续语言识别率达 90% 以上,口音适应性达到95.75% 以上,语意正确理解率达到 95.56% 以上,思考响应时间缩短至 1.5 秒。

3. 标准制定积极参与

根据智能电视产业发展的现状,青岛海信集团和海尔集团联合中国电子视像行业协会等单位共同起草制定了包括智能电视机总规范、智能电视操作系统技术规范、人机交互技术规范等智能电视标准体系,系列规范于 2014 年 1 月发布实施。规范的制定,可以有效地指导我国智能电视产品的开发、避免重复投入、增强智能电视设备间的兼容性和安全性,对智能电视的发展具有重要的引导和推动作用。

2011 年,海信携手 TCL、长虹发起成立了中国智能多媒体终端技术联盟(中智盟),主要开展智能电视应用程序商店技术标准、智能电视互联互通应用规范标准、智能电视操作系统技术规范标准的制定。联盟的成立是国内家电企业第一次真正联合起来共同打造一个智能终端技术标准,"中智盟模式"将促进国内智能电视标准的统一。

4. 人才团队逐步壮大

自 2008 年以来,新增研发人员数量不断加大,由 2008 年的 10 人猛增至 2012 年的 49 人,目前有157 人涉及人机交互技术的专利申请。研发团队已初具规模,主要分布在海信集团和海尔集团,海信集团的马亮团队有 7 人,以姿态识别技术为主,另外还有李磊、王勇进、刘恒等团队。海尔集团的陈宜龙团队有 16 人,主要技术领域是智能遥控和语音识别,其他还有翟伟伟等团队。

5. 多项技术成功应用

多项技术已在智能电视产品上成功应用,业界反映良好。如海信智能触感遥控器已在 XT39 系列智能 3D 电视上应用;海信人脸识别技术已应用于 XT880、XT710、XT910 系列电视产品;海信AndroidTVPro 智能电视操作系统已在 VIDAA、VISION 两大系列智能电视产品上应用;海信语音助手已在 H6、LED55XT770G3D 等智能电视产品上应用。海尔 sime 语音识别技术被评为"优秀互动体验技术",并已在海尔云搜索智能电视及海尔 4K 智臻 H9000 等产品上成功应用;海尔推出的"云遥控"技术,将机顶盒与电视遥控器合二为一,在玩体感游戏时遥控器就变成了体感手柄,可实现语音识别,成为产品的一大卖点。

(二)存在的不足

1. 核心技术掌握不足

青岛与国外相比,对于智能电视的探索起步晚了近 30 年,技术储备时间短,虽近 3 年来发展迅速,海信、海尔也已掌握部分关键技术,但在语音识别率、姿态识别、人脸识别匹配算法等人机交互领域存在着核心技术掌握不足、与微软、三星、索尼、松下等国际领先企业差距大、专利布局侧重国内市场等一系列问题;在操作系统方面,青岛市企业存在对 Android 系统的严重依赖问题,对操作系统的开发主要是针对Android 系统进行二次开发,开发的深度和广度还有待进一步拓展。

2. 专利数量和质量还需提高

从区域专利申请量上看,青岛与四川、天津、浙江、福建等省市相比,具有一定的优势,但与广东、北京、上海及日本、美国、韩国等来华申请国家相比,差距还较大。尤其是与广东的差距很大,广东的人机交互专利共 614 件,几乎达青岛的 6 倍(青岛 106 件)。

从公司申请量看,海信和海尔的人机交互专利量分别排位国内申请人的第3位和第9位,海信(60件)远低于排名首位的TCL(108件),海尔(27件)居TCL、康佳、海信、长虹、创维、冠捷、中兴、中山大学之下,排位较靠后。与国外竞争对手微软、索尼、三星相比,海信和海尔在专利数量、专利质量及全球专利布局上与之差距明显,至今,仅海信申请了1项关于姿态识别的国际专利,其他均为国内申请。反观竞争对手,微软公司有208个专利族,808件专利,布局在19个国家和专利组织,包括在中国布局了48件专利;索尼公司有201个专利族,732件专利,布局在21个国家和专利组织,其中在中国申请了115件;三星公司有190个专利族,679件专利,共在15个国家和专利组织进行布局,其中在中国申请了105件。

综上所述,海信和海尔作为青岛市的重点电视企业,与国内外竞争对手相比,专利申请数量和质量还需提高。

3. 人才团队规模与实力不足

青岛在人机交互领域的4个技术分支中,共157人涉及专利申请,主要研发团队分布在海尔集团、海信集团,研发团队已初具规模。但相比微软、索尼、三星等国际大公司,青岛的研发人才还很不足,专门的研究人才缺乏,成规模的、合作较紧密的研发团队少,团队产出的持续性不够,产出数量少,团队效应不明显。反观竞争对手,仅在发明人数量上就远远超出青岛,例如在人机交互领域,微软公司拥有专利发明人429人,索尼公司有390人,三星公司有365人。

4. 参与企业数量有限,产业创新链不完整

当前,青岛智能电视的研发主要靠海信和海尔两大企业,海信和海尔的专利申请量占青岛总量的82%。2012年以来,青岛联合创新技术服务平台有限公司、青岛昊天下智能科技有限公司、山东科技大学、青岛大学等单位开始涉足该技术领域,但专利产出很少,其他驻青高校、研究机构及信息软件公司等尚未参与该技术领域研发,青岛市智能电视产业创新链还不完整。

五、青岛发展智能电视的对策建议

1. 抓住产业发展机遇,加强底层技术储备和新产品研发

青岛市应从智能电视发展战略的角度出发,加大底层核心技术的研发力度,开发具有国际竞争力的新技术、新产品。

在人脸识别技术领域,要加强特征提取、匹配算法、交互方式等关键技术的研发;在语音识别领域,重点研发语音软件产品、语音控制技术;在姿势识别领域,从图像获取、姿势分割、姿势识别控制技术入手;在智能遥控技术领域,重点关注惯性传感遥控、射频遥控等关键技术;在操作系统方面,深入开展Android系统的二次开发及基于HTML 5的智能电视操作系统研发。打好基础,不断积累,从而提高产品的国际市场竞争力。

2. 跟踪三星、苹果、Google等企业的研发动向,提高产品竞争力

在日本家电企业整体转型的背景下,传统家电国际巨头韩国三星的优势日益凸显。三星已是当今世界的电视霸主,综合竞争力居全球首位,人机交互专利量全球排位第三,近3年研发活跃程度居全球第二位,专利覆盖全部技术分支。三星的技术研发动向、专利布局、有效整合全产业链资源的经验,都值得国内企业关注和借鉴。三星主要在韩国和美国进行专利布局,其专利布局策略可以给我国企业带来以下启示:在专利布局上,首先在核心市场获得知识产权以在国际竞争中占据主动,然后向外围市场扩张,从而实现市场份额的最大化。三星目前在印度、俄罗斯等新兴市场专利布局较少,国内企业可利用这一有利时机在上述市场抓紧布局;另外,三星在手势遥控技术上缺乏中国有权专利,因而是国内电视厂商进行专利布局的可能突破口。

苹果公司因其在智能手机、计算机领域的巨大成功,使得其在智能电视领域的研发动向备受关注。

在研发方向上,苹果公司在姿势识别、语音控制、遥控、多屏互动等方面均进行了专利布局,国内企业应重点关注其在中国、美国的专利布局,学习苹果的技术,跟上其可能的技术方向。

Google 公司通过收购 Android 软件公司奠定了其在智能电视操作系统市场的重要地位。为了提升专利实力,实现与老牌巨头微软、Oracle 等公司的抗衡,Google 通过并购企业或直接收购专利等方式大补专利。国内企业可借鉴其先进经验,关注其在操作系统领域的技术发展动向。

3. 自主研发与合作攻关并举,实现核心技术突破

青岛市企业要在坚持自主研发的基础上,积极加强与国内外相关机构合作,引进先进技术,弥补自身不足。

在语音技术领域,重点与微软公司语音研究组、松下以及国内的科大讯飞、云知声、TCL 等具有较强技术优势的机构合作,与微软公司华裔科学家邓力、俞栋、宋歌平、张益肇博士建立联系,开展技术合作。在姿态识别技术领域,可与国外的 Timothy Pryor、PointGrab、PrimeSense、Crunchfish、Brandfirst 以及国内的树栈文化传播有限公司、广州新节奏智能科技有限公司以及伟创力等具有较强技术优势的机构合作,借鉴其技术优势,突破技术限制。在人脸识别技术领域,应重点与索尼、三星开展合作。

4. 重视技术人才和团队的引进,形成稳定的研发队伍

智能电视涉及操作系统、人机交互等多项关键技术,需要企业在数字信号处理、人工智能、心理学、计算机软硬件工程、声学等多个领域具有较强的综合实力,技术进入壁垒较高。企业要在智能电视关键技术上实现创新与突破,至少要有一个包含以上多个技术领域的专门人才组成的稳定研发团队。

青岛市可以把日本企业作为重点合作及引进目标。从专利分析结果来看,近 3 年日本公司,除东芝近 3 年专利申请占总量的比例达 30%,较为活跃外,其他几家公司近 3 年专利申请量占总量的比例未超过 15%,活跃度都比较低。实际上,日本家电企业整体面临转型,索尼、松下、夏普等日本主流家电企业,由于布局逐渐落后,业绩下滑,纷纷启动"家电边缘化"战略,显露出了逐步放弃家电、往其他业务探索的迹象。大批家电技术人才开始外流。因此,青岛市应充分利用日本家电产业转型之机,关注日本企业的重点专利,引进其相关人才和团队,壮大企业的人才队伍。

另外,近 3 年没有专利产出的公司和发明人也应作为青岛市人才引进、开展合作和收购专利的重点目标。如:韩国大宇电子、日本公司 Victor、日本公司 KENWOOD、日本发明人 FUJISAKI IWAO、日本先锋电子公司、美国公司 SBC Knowledge Ventures L. P. 、日本公司 NORITZ、爱立信公司、美国公司 ANALOG DEVICES、美国得克萨斯仪器公司、德国公司 Deutsche ITT Industries GmbH。

5. 产品研发与技术保护并重,加大国际国内专利布局力度

重视在该技术领域的专利申请,充分利用国外技术尚未大量进入中国市场及国内竞争对手技术发展较均衡,尚未形成技术垄断这一有利条件,抓紧进行新技术研发,及时申请国内专利,利用专利手段进行技术保护和技术扩张。

另外,海信、海尔的智能电视均已销往海外,而青岛仅海信在世界知识产权组织申请了 1 件关于姿势识别技术的专利,青岛应加大国际专利申请的数量,加快进行国外市场的专利布局,提高专利申请的数量和质量,以避免专利侵权纠纷,不断扩大海外市场。

6. 进一步完善智能电视标准体系

积极争取国家专项支持,发挥青岛市智能数字家电业务链条集群优势,依托海信、海尔及智能数字家电技术创新战略联盟,联手国内其他企业,不断完善智能电视产业链各环节亟须的关键技术标准和产品标准。通过智能电视相关技术标准的制定,规范产品功能,力争在整个产业发展中占据主动地位,在世界智能化大潮中赢得具有优势的技术竞争力,以防在相关技术标准及国际规范上受制于人。

7. 制定青岛市促进智能电视产业发展行动方案

智能电视具有广阔的市场前景,对传统电视产业转型升级具有十分重要的意义。2013 年 8 月,国务院发布的《关于促进信息消费扩大内需的若干意见》明确指出:"鼓励智能电视等终端产品创新发展,促进终端与服务一体化发展,各地区、各部门要尽快制定具体实施方案,完善和细化相关政策措施。"目前,青岛市智能电视产业链、创新链尚不完整,产业可持续发展的能力还不够强,应该借鉴韩国政府长期持续支持三星、LG 等彩电企业技术创新的先进经验,推出促进智能电视产业发展行动方案等一系列政策措施,通过政府引导,企业积极参与,统筹产业发展,科学规划布局加强产学研合作,打造创新团队长期稳定支持企业创新驱动发展,形成青岛市家电领域新的优势龙头产业。

8. 建设完善智能电视产业技术创新链

当前,青岛智能电视的研发主要靠海信和海尔两大企业,其他企业、大学及研究机构参与较少。青岛市应积极运用"引进来"、"走出去"的发展模式,吸引国内外创新资源向青岛市智能电视产业集聚,不断完善青岛市产业技术创新链。一方面要加大招商引智引才力度,加强对外交流与合作,支持企业引进国内外优秀人才和创新团队,或跨领域并购掌握核心技术的公司和创新机构;另一方面,鼓励企业建立海外研发中心,充分利用国外创新资源,快速提高研发能力和水平。

9. 制定产业创新路线图,实现产业链、创新链和资金链的高效协同

围绕产业链部署创新链,围绕创新链完善资金链,在专利分析、文献分析的基础上,全面分析国际、国内和青岛市智能电视产业链上、中、下游竞争格局,及创新链(基础研究—应用研究—中试—产业化)各环节的资源配置情况(资金、机构、人才),深入分析青岛市智能电视产业链的薄弱环节和制约瓶颈,提出青岛智能电视产业未来 5～10 年的技术需求、攻关方向以及需要配套的创新平台、人才团队和创新政策等创新资源,实现创新链各环节的高效配置,提高科技投入和资源配置的有效性。

参考文献

[1] 高峰. 智能电视规范概述 [J]. 电视技术, 2014, 13: 75–78.

[2] 王兴. 浅析智能电视专利中的人机交互技术 [J]. 集成电路应用, 2012, 10: 14–15.

[3] 马亚飞, 邓忠平, 黄华松, 常林. 基于智能语音的人机交互方案设计与实现 [J]. 广播电视信息, 2014, 01: 67–69.

[4] 杨碧玲. 手势和语音识别——智能家电人机交互新趋势 [J]. 集成电路应用, 2013, 03: 32–35.

编　写:秦洪花　赵　霞
审　稿:谭思明　管　泉

关于加快青岛市电视产业转型升级，推进智能电视产业发展的建议

电视自诞生至今，经历了从黑白到彩色，从 CRT 到平板显示等多次重大技术变革。如今，网络化、智能化已经成为彩电产业的主要发展方向，电视产业又迎来了新一轮的升级换代浪潮。随着互联网企业及 IT 商大举进入电视领域，传统电视产业格局即将被打破，盈利模式发生巨变，全球电视产业已经步入智能化时代。

一、智能电视定义及产业链构成

智能电视定义：智能电视是在传统电视功能基础之上，具有嵌入式操作系统平台（如 Android、Windows、iOS 操作系统），能够通过 LAN 或 WiFi 接入互联网，用户能够自行下载、安装、卸载各种互联网应用程序，并可实现自然的人机交互方式的电视产品（图 1）。

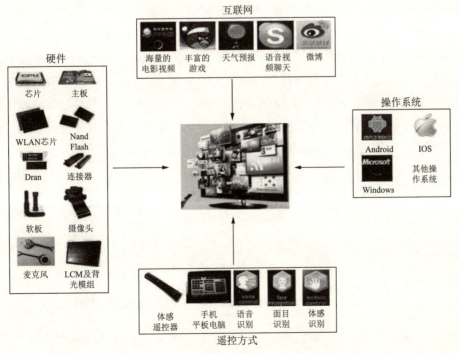

图 1　智能电视示意图

青岛市科技发展战略研究报告 2014

产业链构成:智能电视的产业链(图2)包括传统电视、互联网电视、智能电视共三个部分,扩展了传统电视部分从上游原材料(ITO靶材、玻璃基板等)→中游(包括面板、背光模组等)→下游(电视厂商)的产业链条,增加了包括内容/应用服务提供商、运营商、芯片提供商和系统及软件提供商等产业链环节,以互联网为核心的智能产业已远远超越了电视产业本身。

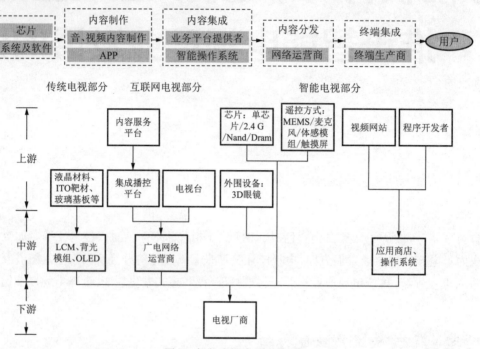

图2　智能电视产业链构成

二、智能电视产业发展概况

1. 全球产业发展迅速

智能电视的出现顺应了电视机"高清化、网络化、智能化"的发展趋势,随着网络技术、芯片技术、软件技术、显示技术及云计算、物联网等技术的快速发展,全球智能电视产业得到了迅猛发展,年出货量日渐攀升。据拓璞产业研究所数据披露,2012 年全球智能电视出货量达到 5 113 万台,渗透率达到 21.6%,预计至 2015 年,全球智能电视出货量将超过 15 349 万台,智能电视渗透率将达 54.6%,智能电视将成为继电脑、手机之后的第三屏,也将是最大、最重要的一块屏(图3,图4)。随着技术研发的创新、生产成本的下降以及产业链的成熟,预计智能电视市场未来 4 年将快速普及。智能电视的快速增长,带来的是整个产业链价值的增长,电视市场价值每年将达 5 000 亿美元。

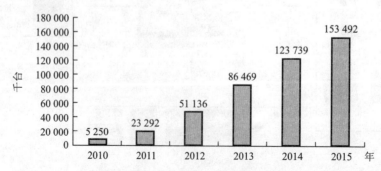

图3　2010~2015 年全球智能电视年出货量(数据来源:拓璞产业研究所)

102

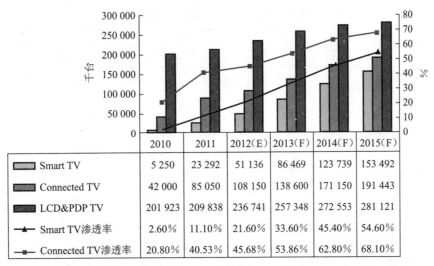

	2010	2011	2012（E）	2013（F）	2014（F）	2015（F）
Smart TV	5 250	23 292	51 136	86 469	123 739	153 492
Connected TV	42 000	85 050	108 150	138 600	171 150	191 443
LCD&PDP TV	201 923	209 838	236 741	257 348	272 553	281 121
Smart TV渗透率	2.60%	11.10%	21.60%	33.60%	45.40%	54.60%
Connected TV渗透率	20.80%	40.53%	45.68%	53.86%	62.80%	68.10%

图4　2010～2015年全球互联网电视及智能电视（Smart TV）出货量及渗透率

2. 专利申请持续增长

智能电视概念始于2010年,但全球相关专利技术已储备了40余年,全球专利申请处于持续上升态势（图5）。日本、美国、韩国、中国既是主要技术原创国,也是全球专利布局的重要目标市场（图6）。

图5　智能电视全球专利申请趋势

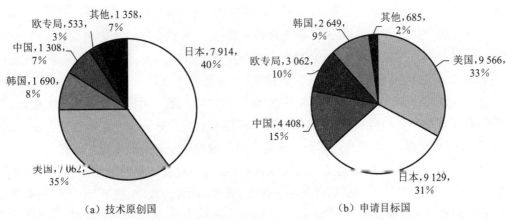

（a）技术原创国　　　　　　　　（b）申请目标国

图6　智能电视全球专利技术原创国与申请目标国分布

全球主要的专利申请人主要分布在日本、韩国和美国,索尼和松下占据领先优势,形成了第一集团;三星和LG处于第二集团。苹果、Google虽在专利数量上不占优势,但因其在智能手机、计算机领域的巨大成功,使得其在智能电视领域的一举一动备受业内关注（表1）。

表1 智能电视全球主要专利申请人

申请人	申请量（授权量）	专利申请持续时间	近三年申请量占申请总量的比例（%）	关注的技术领域	重点申请国家/地区
索尼	1 441（626）	1972 年至今	12	全领域	日本、美国
松下	1 313（342）	1975 年至今	5	芯片	日本
LG	572（232）	1985 年至今	23	全领域	韩国、美国
三星	542（217）	1984 年至今	28	人机交互	韩国、美国
微软	414（251）	1995 年至今	20	芯片除外	美国、欧洲、中国
苹果	123（22）	1992 年至今	30	全领域	美国、欧洲、中国、韩国和日本
Google	288（109）	2001 年至今	5	应用、操作系统	美国

3. 国内厂商迅速跟进

（1）智能电视占据整体市场近半份额，快速普及。

据中怡康中国智能电视月度零售监测报告显示，2012 年国内智能电视的总销量达到 630 万台，智能电视渗透率为 33.7%；2013 年上半年中国智能电视零售量为 1 128 万台，占整体市场 49% 份额，同比增幅 132.2%，预计 2015 年将达到 3 055 万台。

（2）智能电视产业链整合明显提速，互联网融合成为趋势。

随着乐视、小米等互联网企业相继推出自主品牌的智能电视，互联网公司生产、销售包括电视在内的硬件产品已经成为一个趋势，包括硬件、操作系统、视频点播服务等在内的全产业链整合明显加快，对于传统电视产业的影响日益深远。在互联网公司纷纷进军电视产业的大背景下，包括海信、TCL、长虹在内的传统电视厂商不断探索智能电视新的产品形态和模式，新的互联网化商业模式正在形成。

三、智能电视对传统电视产业的影响

从国内外发展经验来看，智能电视的出现打破了传统电视产业封闭的产业链。智能电视将操作系统、影视内容、应用软件等优势凸显出来，而传统电视的高清、亮丽等硬件优势被弱化了。以产品层面升级为主的厂商和其背后的产业链即将开始衰退，而拥有创新能力、硬件整合能力、软硬件（产品与内容）整合能力的厂商和其背后的产业链将会崛起，同时某些新兴元器件行业，也会随着智能电视标准的树立而崛起。另外，随着世界 IT 巨头和互联网企业的争相加入，传统电视产业格局被打破，新兴厂商与传统电视企业开始博弈争夺市场，电视产业迎来了重新洗牌的巨浪，一场新的产业技术革命一触即发。传统电视企业如果跟不上这一轮产业变革，将会陷入"掉队"或被淘汰的危险境地。为应对这场技术大变革，传统电视企业只有全面掌握全球研发趋势及产业发展态势，加速智能电视的研发和产业链的整合，不断突破重点技术，才可能占领产业高端，获得长久生存和发展的机遇。智能电视带来的主要变化有：

（1）用户消费行为发生改变：智能电视的出现，改变了人们观看电视的习惯。用户的收视习惯由线性的、被动式的选择向空间的、主动式的选择状态转变，关于点播、游戏、电视节目回看、社交网络应用等服务内容的主动消费成为主流。

（2）传统竞争格局被打破：智能电视的出现，促进了传统电视产业链的分化及上下游之间的竞争，使得新的竞争者进入到产业链的各个环节。个人、工作室、应用软件开发商等成了内容提供商的一分子；视频网站等成为可能替代电视台的、新的内容集成商；网络不仅局限于广播电视网，还逐步向公开的公共互联网扩散。

（3）促进产业链上下游合作：产业链各参与者积极与上下游进行合作，争夺产业链核心地位。

（4）产业链固有角色被改变：智能电视改变了彩电行业原有的简单产业结构和商业模式，彩电整机企业开始由纯粹的制造向上游延伸，改变了以往仅依靠销售终端产品获得收入的商业模式，产业层次进一步得到提升。

（5）带宽需求迅速增加：智能电视内容多为高清节目，对带宽要求比较高；同时随着智能电视用户的增加，对网络承载能力的需求也会大幅提高，这将给基础网络提供商带来较大的扩容发展机遇。

四、青岛市智能电视产业发展建议

（一）青岛市智能电视产业现状

作为国内智能电视的领航者，海信、海尔这两大传统家电厂商引领着青岛市智能电视产业的发展。早在 2006 年，海信就开始为智能电视的开发做技术储备，通过海信集团旗下传媒网络、通信、宽带多媒体等公司的跨产业合作，布局智能电视产业链。2008 年，海信在国内率先搭建互联网电视运营平台，正式引入用户管理理念。2010 年，海信首家推出自主开发的 HITV-OS 智能电视操作系统和海信 APP 应用商城，正式启动对智能电视从终端和云端的完整产业链建设。2012 年，海信斥资收购世界顶级海外软件开发团队，开发出海信特色的智能电视操作系统。通过智能化产业转型和升级，从关注硬件到软件，从关注产品到关注应用，从关注单一产品到生态链，海信全力推动着这场智能化产业的变革。海尔在智能电视产品研发和设计上处于国内领先地位，建立了"云＋端"的发展模式，奉行"让智能更简单"的发展理念，始终致力于为消费者提供简单易控的智能电视操作体验而不断推出新的产品，开创了彩电业根据市场需求进行产品创新的发展模式，颠覆了原有的产业竞争方式，成为彩电智能时代的引领者。

（二）青岛市智能电视产业发展面临的问题

当前，青岛市智能电视产业的发展正面临着硬件、软件、政策、标准等方面的问题。如果这些问题不能得以很好的解决，我们将会像上一轮由 LCD 取代 CRT 的产业升级中错失液晶显示产业战略发展机遇一样，再次失去当前全球智能电视发展浪潮给青岛市带来的发展机会，以致再次陷入在高端产品上被外企压制，整个产业的发展被局限在产业链低端的境地。

1. 硬件方面

一直以来，我国彩电产业都处在产业链中低端，而产业链上游的核心部件芯片和显示屏被国外厂商垄断，导致中国彩电行业一直陷于被动局面。延续到智能电视，这种差距依然存在，在涉及高效 CPU、大容量内存、多媒体芯片等方面仍需要依赖进口。海信集团已成功研发了具有我国自主知识产权的"信芯"第一代和第二代产品，并在海信平板以及高清电视上大规模应用。但海信的芯片技术起步晚，目前大量核心技术仍被日本、韩国、美国等发达国家掌握，青岛市要在智能电视芯片等核心技术上取得突破仍面临不少困难。

2. 软件方面

全球智能电视产业在飞速发展，销量逐日攀升，但至今全球还没有智能电视专用的操作系统。目前，Google 公司的 Android 操作系统因其系统的开放性、服务的免费性和与互联网的无缝对接等优势而被全球智能电视厂商广泛采用。但随着围绕 Android 操作系统的相关专利诉讼日益增多及模块收费日渐加重的趋势，自主研发适合我国的智能电视操作系统显得日渐迫切。海信集团已经自主研发了 HiTV-OS 操作系统，这是行业内唯一一个自主研发、专为电视高清晰大屏幕量身打造的专属操作系统，可支持部分常用网络应用，但在系统开放性、应用性、网络连接及满足用户的个性化需求等方面还需进一步完善。

3. 政策方面

作为三网融合业务的重要终端，智能电视的发展依赖于三网融合的发展。要想更快地提升青岛市智能电视产业化发展的速度，需进一步提升青岛市三网融合的速度、力度和广度，进一步落实推进三网融合工作的优惠扶持政策。另外,青岛市尚未出台关于智能电视产业发展规划、配套政策和措施等,未能有效整合包括电视厂商、内容与应用平台提供商、应用程序商店平台开发商、节目内容提供商等在内的产业链各方协同创新发展。

4. 标准方面

目前我国还没有一个针对智能电视的统一标准,行业标准或国家标准的相对滞后已成为制约青岛市智能电视产业发展和智能电视普及的主要因素。海尔、海信等 6 家中国彩电企业已开始参与到智能电视相关标准规范的制定,积极尝试摸索智能系统规范标准,待时机成熟以后将向国际市场推广,推动智能电视产业链走向一个良性循环发展的轨道。

(三)措施建议

1. 制定青岛市智能电视产业发展规划

智能电视是彩电产业发展的大势所趋,具有广阔的市场前景,对彩电产业转型升级具有重要的意义。2013 年 8 月 8 日,国务院发布的《关于促进信息消费扩大内需的若干意见》明确指出"鼓励智能电视等终端产品创新发展,促进终端与服务一体化发展,各地区、各部门要尽快制定具体实施方案,完善和细化相关政策措施……"等要求。青岛市智能电视产业刚刚起步,产业链尚不完整,要加强政府引导,学习韩国政府长期持续支持三星、LG 等彩电企业技术创新的先进经验,提前进行产业布局,统筹规划智能电视产业发展,加大财政支持力度,及时完善配套政策措施,在科技金融、银行信贷、贸易政策、税收政策、海外市场开拓等方面对青岛市重点企业、重点项目进行长期稳定地支持,帮助形成智能电视完整产业链。

2. 组建智能电视产业联盟,整合完善智能电视产业链

智能电视产业的良好发展需要面板厂商、芯片厂商、操作系统供应商、内容供应商、互联网供应商、App 应用和配件厂商等多方配合与合作。青岛市可依托海信、海尔等单位组建由以上各方组成的智能电视产业联盟,促进青岛市智能电视产业链的有效整合与完善,形成产业集聚优势。

3. 建设完善智能电视产业技术创新链

目前,青岛市主要是海信、海尔在开展智能电视的相关研发工作,大学及科研机构尚未参与其中。青岛市应积极运用"引进来"、"走出去"的发展模式,吸引国内外创新资源向智能电视产业集聚,不断完善青岛市产业技术创新链。一方面要加大招商引智引才力度,加强对外交流与合作,支持企业引进国内外优秀人才和创新团队,或跨领域并购掌握核心技术的公司和创新机构;另一方面,鼓励企业建立海外研发中心,充分利用国外创新资源,快速提高研发能力和水平。

4. 构建可持续发展的新型商业模式

智能电视的出现颠覆了传统彩电企业纯以实物作为产品的销售商业模式,围绕智能电视用户的广告播放、付费购买和使用等增值服务将会成为重要的新兴盈利来源。青岛市要探索构建产业链共赢发展的新体系,充分发挥青岛市智能电视产业各环节优势企业的作用,构建青岛市可持续发展的商业模式,使参与其中的企业都能找到自己的切入点和盈利模式。

5. 研究建立适合我国国情的智能电视标准体系

积极争取国家专项支持,发挥青岛市智能数字家电业务链条集群优势,依托海信、海尔及青岛市智能数字家电技术创新战略联盟,尽快研究制定科学的智能电视标准体系,加快制定我国智能电视产业链各环节亟须的关键技术标准,通过智能电视相关技术标准的应用实施,规范产品功能,形成核心竞争力。

6. 重点发展应用技术及智能控制技术,增强企业软实力

国外在芯片及操作系统方面经过了多年积累,发展比较成熟,而青岛市起步晚,要想在这两个方向上取得突破存在不少困难,青岛市要积极争取国家专项支持,把自主研发具有我国自主知识产权的芯片和操作系统作为青岛市的长期战略任务。目前,人机交互和应用技术正成为全球研发热点,青岛市应抓紧

在这两个领域进行布局与研发。

（1）加大应用服务技术开发。

智能电视应用技术广泛，涉及点播、电子商务、邮件、社交、浏览器、支付、游戏、云服务等技术分支，在 2000 年后发展迅速。目前，国外企业在我国申请的相关专利很少，这为国内企业提供了良好的发展契机。青岛市企业要充分利用国外技术尚未进入中国市场这一有利条件，积极借鉴国外的先进技术，深入研究消费者的需求特点，加大电视应用相关技术的研发力度，提供更多差异化、个性化的内容和服务，做强做大内容和服务市场。

（2）重点突破手势遥控技术，加速专利技术成果转化。

电视智能化需要方便有效的交互方式，手势遥控技术应运而生。业内人士认为，手势遥控技术最能体现电视智能化所带来的新奇体验，最能代表未来智能电视的功能趋势，也最可能成为现阶段国内相关企业的技术切入点。青岛市（海信）虽拥有一定数量的手势遥控技术专利，但是受实用化水平等因素制约，目前还未完全摆脱对外来技术的依赖。所以青岛市应把手势遥控技术作为研究重点，一方面，需要不断进行自主创新，提高专利质量；另一方面，要加快现有专利技术向产品转化，加速专利技术产业化进程。

（3）加强自主开放式系统平台建设，夯实产业发展基础。

在智能电视产业发展过程中，青岛市对国外技术的引进在所难免。但技术引进的同时，也伴随着知识产权风险，要加强对引进技术的专利风险分析，尤其要加强对 Android 操作系统的风险评估分析，包括版本更新、知识产权、测试认证等方面，从而降低使用 Android 的风险。目前，全球围绕 Android 操作系统的相关专利诉讼日益增多，青岛市企业应逐渐减少对 Android 操作系统的依赖，重视创新，整合资源，自主研制能够与 Android 抗衡的智能电视终端开放式系统平台，增强产业发展的自主权。

7. 重点关注苹果、Google 和三星的专利申请动向和企业发展模式

苹果、Google 和三星是智能电视领域备受关注的三家公司，代表着当今三种典型的智能电视产业发展模式，其专利技术将对智能电视领域产生长远影响。青岛市要对这三大智能电视跨国企业的专利技术、研发动向、市场布局及发展战略进行跟踪研究，为制定青岛市智能电视产业发展战略提供思路和参考。

参考文献

[1] 高峰. 智能电视规范概述 [J]. 电视技术，2014，13：75-78.

[2] 王兴. 浅析智能电视专利中的人机交互技术 [J]. 集成电路应用，2012，10：14-15.

[3] 马亚飞，邓忠平，黄华松，常林. 基于智能语音的人机交互方案设计与实现 [J]. 广播电视信息，2014，01：67-69.

[4] 杨碧玲. 手势和语音识别——智能家电人机交互新趋势[J]. 集成电路应用，2013，03：32-35.

编　写：秦洪花　赵　霞

审　稿：谭思明　管　泉

关于青岛市发展排污权交易市场的建议

一、排污权的内涵

（一）排污权的定义

排污权交易是指在一定区域内，在污染物排放总量不超过允许排放量的前提下，内部各污染源之间，通过货币交换的方式相互调剂排污量，从而达到减少污染，保护环境的目的。

根据科斯定理：只要市场交易成本为零，无论初始产权如何配置，市场交易总可以将资源配置达到最优。政府作为社会的代表及环境资源的拥有者，把排放一定污染物的权利像股票一样出卖给出价最高的竞买者。污染者可以从政府手中购买这种权利，也可以向拥有污染权的污染者购买，污染者相互之间可以出售或者转让污染权。

（二）排污权交易的作用

欧美等发达国家排污权交易市场的运行实践取得了良好的效果。与之相比，我国不少城市应对雾霾天气所采用的"行政减排"，对排污企业实行停产或限产，不仅成本颇高，也难以从根本上解决问题。

排污权中的排污许可证制度能有效协调环保部门、排污者和公众的环境权力、权益，对于降低环保投入、提升环保效果、促进科技进步有着积极的作用。

（1）获取更多的经济利益。从企业的根本目的来看，不论是污染的排放者还是污染的受害者，都能够从排污权交易的过程中获得相应的经济利益。

（2）降低经济成本。污染物的减排工作主要是由治理成本相对较低的企业来完成，治理成本高于市场上排污权价格的企业可买进排污权以降低成本，就整个市场而言总体上降低了污染治理的成本。

（3）促进环保技术发展。随着排污权交易市场的不断运行，总体排污量逐年减少，排污权的购入成本必然增加，提高企业开发无污染或低污染技术的积极性，促进环保技术的快速发展。

（4）利于宏观调控。政府在掌控排污权在市场交易的同时，科学制订宏观减排计划，通过逐渐减少污染物排放总量的指标，实现宏观调控，并达到保护环境的目的。

排放权交易机制，不仅适用于废气、污水的减排，也同样适用于对温室气体的控制。

（三）我国开展排污权交易的紧迫性

目前，我国在大气、水、土壤等方面环境治理的任务都很严峻。

大气污染物方面,二氧化硫、氮氧化物排放总量位居世界第一,均远远超出环境承载能力。2013年持续大规模的雾霾污染范围涉及了17个省市自治区四分之一的国土面积,影响人口约6亿。2013年上半年,列入PM2.5观测的74个城市中仅有舟山、惠州、海口和拉萨4个城市达标。PM2.5为城市环境空气首要污染物。

我国水力资源总量居世界首位,同时也是世界上13个最贫水国家之一。90%的地下水受到污染,25%的重要河流污染严重,水体污染造成"守在江边无水喝"的困局。在排放的污水中,工业废水竟占70%以上。因水污染造成水质性缺水十分普遍。

一些地区不仅大气、水环境污染严重,并由此造成土壤重金属严重超标,引发一大批"癌症村",甚至出现了"癌症乡"、"癌症县"。

人类赖以生存的大气、水体、土壤遭受"立体式"的污染,从根本上和体制上解决好环境保护问题,已迫在眉睫。根据发达国家的成功经验,在我国全面开展排污权交易是环境治理的必由之路。

二、国内外排污权交易发展现状

(一)美国排污权交易发展情况

美国是最早开始排污权交易理论研究的国家,也是交易实践经验最丰富和取得成果最多的国家。

美国自20世纪70年代实施排污权交易政策,取得了显著的环境和经济效果。以二氧化硫排污权交易实践为例,自实施排污权交易项目以来,2007年二氧化硫的排放量较1980年下降了48%。据估计,2010年该项目的直接和间接收益达1 220亿美元,而每年的运行成本仅为30亿美元。

美国排污权交易建立在"排污削减信用"的基础之上。"排污削减信用"就是允许排放同实际排放之间的差额,是用来在各个污染物排放源之间进行交易的货币。在此基础上,美国排污权交易采取了补偿政策、泡泡政策、净得政策和存储政策等四项政策。

所谓补偿政策是指以一处污染源的污染物排放削减量来抵消另一处污染源的污染物排放增加量或新污染源的污染物排放量,或者指允许新建、改建的污染源单位通过购买足够的"排污削减信用",以抵消其增加的排污量。该政策将未达标地区视为一个整体,允许有资格的新建或扩建污染源在未达标地区投入运营,条件是它们从现有的污染源购买足够的"排污削减信用",其实质是通过新污染源单位购买"排污削减信用"为现有污染源单位治理污染提供资金。

所谓泡泡政策是指允许现有污染源单位利用"排污削减信用"来履行当地(州)实施计划规定的污染源治理义务。这里的泡泡,是将一个工厂的多个排放点、一个公司的下属多个工厂或一个特定区域内的工厂群看作一个整体或"泡泡",在泡泡的内部允许现有的污染源利用其排污削减信用增加排放,而其他的污染源则要更多地削减以抵消排放量的增加。

所谓净得政策是指只要污染源单位在本厂区内的排污净增量("排污削减信用"也计算在内)并无明显增加,则允许其在进行扩建或改建时免于承担满足新污染源审查要求的负担。该政策允许污染源厂区内无论任何地方得到的"排污削减信用"都可以用来抵消扩建或改建部分所预计的排污增加量。如果净增量超过了预计的增加量,该污染源就要受到审查。

所谓存储政策(即排污银行政策)是指污染源单位可以将"排污削减信用"存入当局授权的银行或机构,以便在将来的气泡、补偿和净得政策中使用该"排污削减信用"。

(二)我国开展排污权交易情况

我国第一宗排污权交易发生在2001年9月。当时,南通天生港发电有限公司与南京醋酸纤维有限公司签订协议,卖方将有偿转让1 900吨二氧化硫的排污权,供买方在今后6年内使用。2002年3月,国家环保总局与美国环保协会一起,在山东、山西、江苏、河南、上海、天津、柳州七省市以及中国华能集团公司开展"推动中国二氧化硫排放总盘控制及排污权交易政策实施的研究项目"。

2004年,由国家环保总局、美国环保协会牵头的二氧化硫排放权交易试验,将试点由点状分布转向江苏省、上海市、浙江省三个严重缺电地区的长三角区域合作试验。

自2007以来,部分省市开始陆续筹备和构建排污权交易制度,比如浙江省嘉兴市的排污权交易储备中心,江苏省太湖流域排污权交易,湖北武汉光谷联合产权交易所也推出排污权商品交易。省级层面的排污权交易所已建立三家,分别为北京环境交易所、上海环境能源交易所和天津排放权交易所。

不过,总的来说我国污染排放权交易还仅仅局限于个例,较为完备的交易市场尚未形成。

目前,我国正在酝酿开展排污权有偿使用和交易试点工作。国家财政部、环境保护部、国家发展改革委联合起草的《排污权有偿使用和交易试点工作指导意见》几经修改已上报国办,这项国家层面规范排污权有偿使用和交易的指导性文件有望在年内出台,力争2~3年在全国主要省(市)开展排污权有偿使用和交易试点。对具备条件的省(市)均支持其开展试点,将更多的排污单位纳入排污权有偿使用和交易试点,更大程度地发挥市场在减排中的作用。积极推动跨区域排污权交易,主要是在同一大气污染防控区内推动大气污染物排污权交易,在同一流域内推动水污染排污权交易。

(三)碳交易市场发展情况

自工业革命以来,二氧化碳、甲烷、氧化亚氮等气体在地球大气层内浓度增加,地球温室效应加剧,导致全球变暖、冰川融化、极端天气频繁、自然灾害增多,引起了国际社会的广泛关注。1992年联合国大会通过了《联合国气候变化框架公约》,1997年通过了其补充条款的《京都议定书》,诸多国家纷纷提出了二氧化碳减排目标。为了推进二氧化碳减排目标的实现,碳交易市场应运而生。2003年,芝加哥气候交易所挂牌成立,成为全球第一家碳排放交易所。芝加哥气候交易所与欧盟排放权交易体系、英国排放交易体系和澳洲国家信托为目前世界上最主要的碳交易所。根据世界银行报告,2011年碳市场总值增长11%,达1 760亿美元,交易量创下103亿吨二氧化碳当量的新高。

近几年国内碳排放交易市场也开始起步,已成立了多个碳排放交易所,主要包括成立于2008年的北京环境交易所、上海环境能源交易所、天津排放权交易所,以及2010年10月成立的深圳排放权交易所。2012年国家发改委正式批准北京、上海、天津、重庆、深圳、广东和湖北7省(市)启动碳排放交易试点。

三、青岛市开展排污权交易的基础及存在问题

(一)青岛市环境及污染物排放基本情况

2012年青岛市全年灰霾天为74天,为2008年的8倍。在废气排放方面,全市二氧化硫、氮氧化物、烟(粉)尘排放量分别为9.96万吨、11.94万吨、4.12万吨,其中工业二氧化硫、氮氧化物、烟(粉)尘排放量分别为7.26万吨、7.48万吨和2.67万吨。

2012年青岛市主要河流水质功能区达标率为78.7%,胶州湾海域功能区水质达标率为57.1%,全市水体污染折合水量1.893 1亿立方米;全市废水排放总量42 797万吨,其中工业废水排放总量11 145万吨,城镇生活污水排放总量31 641万吨;化学需氧量排放量14.94万吨、氨氮排放量1.26万吨。

2012年全市工业固体废弃物产生量为853.45万吨(综合利用率98.5%),主要种类为冶炼废渣、粉煤灰、尾矿、炉渣等。其中工业危险废物3.55万吨(主要有废矿物油、废酸、废碱、无机氰化物等,全部进行贮存、综合利用和处置),医疗废物4 610.03吨(全部进行无害化焚烧处置);生活垃圾197.62万吨(全部进行无害化处置)。

（二）青岛市开展环境保护情况

近两年,青岛市加强环境保护力度,在废气、污水、固体废弃物减排及海湾环境治理等方面采取了一系列措施,取得良好效果。

积极开展燃煤污染防治,淘汰落后燃煤锅炉、安装燃煤锅炉脱硫系统、对发电机组和工业锅炉实施环保改造,组织开展企业物料堆场扬尘污染防治。在淘汰老旧黄标车的同时,积极开展新能源汽车推广应用城市试点工作,加快新能源汽车更新步伐。对储油库、加油站和油罐车油气污染综合治理。

开展饮用水水源地保护,增设饮用水水源保护区。开展水环境重点基础设施建设,新建、改扩一批污水处理厂(站)工程。对大沽河、海泊河、杭州路河、墨水河、李村河等市域河流实施规划保护、综合整治和生态补偿等措施。对环胶州湾流域污水处理厂、直接入河入海企业及海洋工程严格执行相关标准,重点区域开展执法检查。对大沽河流域实施水质状况动态监测,对胶州湾近岸一代实施陆海统筹监测评价。

积极开展工业固体废物管理及综合利用,以及危险废物与医疗废物监督管理。

2014年,青岛市环保局制定《青岛市2014年主要污染物总量减排项目计划》,将组织工业、生活、交通、农业等领域污染减排重点项目361个。青岛市将采取实施复合碳浆清洁燃烧技术应用示范、进行有机挥发物综合治理技术应用示范、实施地源空气源热泵技术集成与示范、秸秆制糖全利用应用示范、废弃物制沼气应用示范等五大措施,降低空气PM2.5指数。

（三）青岛市环境监控体系发展情况

青岛市奥运重点工程项目和"数字环保"重要项目青岛市环境监控指挥中心系统,于2004年开始建设。环境监控指挥中心系统于2005年9月建成,2006年4月通过验收并正式启用。该系统的应用使青岛市的环境监测能力和环境污染应急处理能力得到大幅度提升,实现环境监察手段和环境管理向自动化、网络化、信息化的转变,为奥帆赛的顺利召开发挥了积极的作用。为了进一步提升环境监控指挥中心系统的功能,目前正在推进青岛市环境监控指挥中心监控室项目建设。

为优化环境资源配置,提高环境保护智能监管水平,青岛胶州市与西安交通大学青岛研究院合作开发建设环保物联网总量控制排污权交易云计算平台项目。这是青岛首个物联网云计算和污染源管理的高科技应用平台,并被列为2014年青岛市创新项目试点。2014年,胶州市将投资3 480万元,建设9套锅炉废气CEMS在线监测监控系统、12套工艺废气在线监测监控系统等项目,能够实现对30余家企业的排污情况进行监控,预计今年年底前建成并投入使用。

（四）排污权交易市场经济性分析

根据全国及青岛市主要污染物的排放量(2012年数据),若减排指标按5%计算,仅从废水、二氧化硫和氮氧化物三项,测算出全国及青岛市污染权交易市场规模分别达10 402亿元和64.20亿元(见表1),发展前景十分可观。

中国水产科学研究院黄海水产研究所所长唐启升院士,是海洋碳汇渔业的倡导者。碳汇渔业就是指通过渔业生产活动促进水生生物吸收水体中的二氧化碳,并通过收获把这些碳移出水体的过程和机制。通过碳市场交易,碳汇渔业的"身价"就得以大幅提升。例如,1999~2008年我国海水贝藻养殖每年从水体中移出的碳量从100万吨增至137万吨,平均每年移出120万吨,折合440万吨二氧化碳,10年合计移出1 204万吨碳,折合4 415万吨二氧化碳。如果按照林业使用碳的算法计算,我国海水贝藻养殖每年对减少大气二氧化碳的贡献相当于义务造林50多万公顷,10年合计义务造林500多万公顷,直接节省国家造林投入近400亿元。预计到2030年,我国海水养殖产量将达到2 500万吨,按照现有贝藻产量比例计算,海水养殖将每年从水体中移出大约230万吨碳,折合9 167万吨二氧化碳,相当于二氧化碳卖方市场规模达831亿元。

表 1　全国及青岛市预计污染权交易市场规模

主要污染物	排污权参考价格（元/吨）	全国排放量		青岛市排放量	
		排放量（亿吨）	市场规模（亿元）	排放量（万吨）	市场规模（亿元）
废水①	300	684.6	10 269	42 797	64.20
二氧化硫②	4 108	2 117.6	43.50	9.96	0.11
氮氧化物③	7 639	2 337.8	89.29	11.94	0.14
合　计		—	10 402	—	64.20

说明：

① 废水排污权参考价格。浙江省嘉兴市秀洲区环保部门参照日处理 1 万吨级生活污水集中处理厂的投资成本，推算出排污企业日排放 1 吨达标废水的排污权购买价格为 300 元。

② 二氧化硫排污权参考价格。2010 年 6 月 5 日，陕西省环境权交易所举行二氧化硫排污权交易竞买会上，参与企业共竞得 2 300 吨二氧化硫的排放权，总成交额 944.9 万元人民币，折合 4 108 元/吨。

③ 氮氧化物排污权参考价格。2011 年 12 月 23 日，全国首次氮氧化物排污权竞买在西安正式交易。榆林市榆阳区易立煤炭运销有限责任公司等 5 家企业通过竞买共取得了 380 吨氮氧化物排污权，成交总金额 290.3 万元，折合 7 639 元/吨。

虽然海洋渔业的碳汇计量尚未得到国际上的普遍承认，但由于我国是世界第二经济体，又是世界碳排放第一大国，所以只要我们自己先把碳汇渔业真正做起来，碳汇渔业得到国际社会的普遍认可只是一个时间的问题。

青岛是国内海水养殖浪潮的发源地，在海水养殖和远洋捕捞方面素有传统。专家估计，青岛这个"蓝色粮仓"2015 年海水养殖量将达百万吨，碳交易卖方市场规模达 30 亿元以上，前景十分可观。鉴于我国包括二氧化碳在内的污染物减排压力和各级政府治理环境污染的决心，发展排污权交易市场是我国社会科学发展的必然选择。

因此，大力发展包括碳交易在内的综合性排污权交易市场，无疑将给青岛市金融业带来巨大的发展机遇。抓住这个机遇，青岛就极有可能成为继北京、上海、深圳之后的国内"金融中心第 4 极"。

（五）青岛市开展排污权交易的意义

开展排污权交易，可以通过市场的调节，实现资源配置的最优，从而降低减排成本，确保减排效果，从根本上逐步解决环境污染问题，实现环境治理目标。

开展排污权交易，可以促进环保技术及其成果的引进、转移和转化，推动环保科技产业的发展。开展排污权交易，还将带动环保服务业的发展，促进产业结构调整和经济发展方式的转变，实现可持续的科学发展。

凭借青岛市蓝色（海洋）碳汇理论和海洋养殖业的优势，运用排污权交易的理论和方法，大力开展碳交易，将大大促进青岛市金融业的发展，为山东半岛蓝色经济区建设、为蓝色硅谷建设创造有力的金融支撑，促进青岛市蓝色经济的跨越式发展。

（六）青岛市存在的问题

目前，青岛市污水、废气和固体废弃物等污染物排放量还比较显著，青岛市的大气、水等环境治理的任务还比较艰巨，现有的环境监控体系还有待于进一步完善，环保科技产业和环保服务业还不够发达，排放权交易基本上还是一片空白。

四、措施与建议

（1）积极申报排污权交易城市试点，力争获得国家财政支持。成立由市委、市政府主要领导担任组长，市财政局、环保局、发改委等部门领导为成员的"青岛市排污权有偿使用和交易试点工作领导小组"，统筹协调和领导青岛市"排污权有偿使用和交易试点"工作。积极关注国家相关政策动态信息，加强与财政部、环境保护部、国家发展改革委等国家部委的沟通和联系,主动向国家三部委反映青岛市积极参与排污权有偿使用和交易试点工作的诉求。筹措专项资金,为启动青岛市排污权有偿使用和交易试点工作创造条件。

（2）完善环境监控体系,科学制定减排目标。针对青岛市工业废气、污水、固体废弃物的组分,拟定实施有偿使用和交易的污染物具体种类,并在此基础上完善环境监控体系、研究制订污染物排放量计量方法,为青岛市开展排污权有偿使用和交易试点工作创造条件。根据环境治理的需求,科学制定重点企业逐年减排目标,为全市有计划地科学减排奠定基础,引导相关排污企业在对减排成本进行估算的基础上选择适当时机实施产业升级。

（3）建立环保公共服务平台,加速环保服务业的发展。建立"青岛市环保公共服务平台",围绕相关企业排污权有偿使用和交易,提供公共服务。将排污企业纳入环保监测统计服务体系,在探索建立污染物监测统计制度的基础上,连续实施污染物监控,为污染物排放量统计提供科学依据。为环保技术及其成果的引进、转移和转化提供中介服务。针对环境污染治理设备、药剂、仪器等产品的性能提供第三方认证服务。为相关企业和环保服务机构提供包括排污权有偿使用和交易在内的相关政策咨询服务。

（4）将碳交易纳入试点工作,发展青岛特色排污权交易。加强蓝色碳汇理论创新,重点开展海洋渔业、养殖业碳汇计量方法探索。探索相关企业二氧化碳排放量计量方法,对青岛市重点企业开展二氧化碳排放检测和排放量计量,科学制定减排目标。开展二氧化碳排放权有偿使用和交易,促进青岛市碳汇渔业的发展,提高海洋渔业、养殖业的附加值,实现传统产业的转型升级,促进青岛市蓝色经济的发展。

🪐 参考文献

[1] 关于发展环保服务业的指导意见. 国家环境保护部,环发〔2013〕8号,2013年1月.

[2] 2012年中国环境状况公报. 国家环境保护部,2013年5月.

[3] 2012年青岛市环境状况公报. 青岛市环境保护局,2013年6月.

[4] 刘彦廷. 美国的排污权交易制度对中国的启示. 华东政法大学法律专业硕士学位论文,2008年4月.

[5] 江庆红. 河北. 成功启动首笔排污权交易[J]. 产权导刊,2012.04:54-55.

[6] 程宇. 我国排污权交易的实践及其未来发展探讨[J]. 云南财贸学院学报,2005(S1):199-202.

[7] 吕忠梅. 论环境使用权交易制度. 中国民商法律网,2002年5月.

[8] 肖乐,刘禹松. 碳汇渔业对发展低碳经济具有重要和实际意义[J]. 中国水产,2010(8):4-8.

[9] MBA智库百科,http://wiki.mbalib.com/

编　写:房学祥

审　稿:谭思明　李汉清

关于青岛市加快建设人工鱼礁发展海洋牧场的建议

海洋牧场是现代渔业可持续发展和生态养殖的主要方式,可以有效提高水产品的质量和改善海域环境。近年来,虽然青岛市海洋牧场的建设和研究发展迅速,在数量和规模上都提升得比较快,但由于人类近海活动和海洋工程项目的增多,近海环境遭到了一定的破坏,也在一定程度上加剧了枯竭的速度(如2012年青岛市渔业养殖面积比十年前减少了近1万公顷,见图1)。

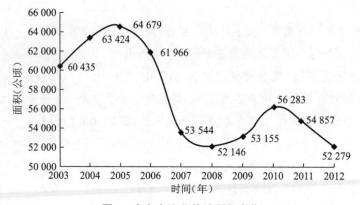

图1 青岛市渔业养殖面积变化

由于海洋牧场在我国只有十几年的发展历程,尚处于初级阶段,在建设研究和管理运营上还存在很多不规范和不完善的地方,及时发现问题,找到决策,总结发展中的经验教训,对推动青岛市海洋牧场的建设发展具有一定的借鉴和指导意义。

一、海洋牧场相关概念

(一)海洋牧场的内涵

通俗地讲,海洋牧场就是人为地把鱼贝藻类等海洋生物投放到特定的自然海域里生长,就像在陆地上放牧牛羊一样。科学的定义,海洋牧场则是指通过改善或改造海洋局部环境条件,将人工培育到成活率较高阶段的生产对象幼苗释放到自然海域,提高自然海域的生产力,实现自然海域的"农牧化"生产,其实质是为了培育和管理渔业资源而在特定海域设置的人工渔场。这种生态型渔业发展模式颠覆了以往单纯的捕捞、设施养殖为主的传统渔业生产方式,克服了由于过度捕捞带来的资源枯竭,以及由近海养殖带来的海水污染和病害加剧等弊端,可以说是海洋渔业生产的一次革命。

表 1　海洋牧场的分类

类　型	种　类
海域特征	沿岸（近岸）海洋牧场、大洋海洋牧场
放养生物	金枪鱼海洋牧场、鲑鳟鱼海洋牧场、海珍品海洋牧场、滩涂贝类海洋牧场等
功能作用	休闲观光海洋牧场、生产海洋牧场、多功能海洋牧场等

（二）人工鱼礁的内涵

人工鱼礁，一般是指有目的地在水深 100 米以内的沿岸海底投放石块、混凝土块、废旧车船等物体而形成的暗礁，可以吸引海洋生物来此繁衍生息，以达到增加渔获量和改善水域生态环境的目的。

按取得的不同效果，人工鱼礁的分类见表 2。

表 2　人工鱼礁的分类

类　别	主要功能
增殖鱼礁	一般投放于浅海海域，主要可放养海参、鲍、扇贝等海珍品
渔获鱼礁	一般设置于鱼类的洄游通道，主要是诱集鱼类形成渔场
游钓鱼礁	一般设置于滨海城市旅游区的沿岸水域，供休闲、垂钓、健身活动之用

（三）人工鱼礁与海洋牧场之间的关系界定

从定义上看，人工鱼礁投放是海洋牧场建设的前期过程，也是一个基础步骤。人工鱼礁是不成熟的海洋牧场，是海洋牧场的半成品。目前国内所说的海洋牧场建设，其大多是指人工鱼礁的建设，但又不是简单的混凝土、沉船的投放，而是有目的、有规律地营造海洋牧场的一个前期工程。

二、国内外海洋牧场建设的现状

（一）国外

1. 日本

在 1971 年举行的海洋开发审议会议上，日本第一次提出了建设海洋牧场的设想，并在当时成立了专门负责海洋牧场研究的部门——国家栽培渔业中心。1977 年，日本开始进行"海洋牧场"战略，在全国近海海域内实施"栽培渔业"项目，并在 1978 年成功建成了世界上第一个海洋牧场——日本黑潮牧场。至今，日本沿海已有三分之二海域、107 处海区建设了人工鱼礁，并建成了世界上最大的海洋牧场——北海道海洋牧场。

2. 韩国

1994 年，韩国进行了海洋牧场建设计划，主要对建设人工鱼礁、增殖放流、环境监测和管理等方面进行了研究，并于 1998 年开始在东部海域、南部海域和黄海建设海洋牧场。韩国首先在统营附近的海域建设了总体面积为 90 平方千米的海洋牧场，其中包括 20 平方千米的核心区域。在经过 10 年的建设后，于 2007 年 6 月竣工。经韩国农林水产食品部调查，2006 年的资源量为 750 吨，比 1998 年的 118 吨增加了近十倍。在统营海洋牧场成功经验的基础上，韩国又建成了 4 个海洋牧场。

3. 美国

1968 年，美国正式提出了建设海洋牧场的计划，并从 1972 年开始实施。1974 年在加利福尼亚附近海域通过投放碎石、移植巨藻，建立小型海洋牧场，并取得了一定的经济和生态效益。到 2000 年，人工鱼礁的建设数量达到 2 400 处，带动的垂钓人数高达 1 亿人，直接经济效益 300 亿美元。据调查统计，建设人工鱼礁后，海洋渔业资源是投放前的 43 倍，渔业产量每年增加 500 万吨。

（二）国内

1. 广东省

2001 年，广东省通过人大决议，将海洋牧场上升为省发展战略，投资高达 8 亿元。汕头市于 2003 年正式启动人工鱼礁建设工程，计划用 10 年的时间在濠江、潮阳、澄海及南澳地区建成生态公益型和准生态公益型人工鱼礁 7 座，投放人工鱼礁 35 万立方米，工程合计总投入 7 300 万元。

2. 辽宁省

2010 年，在大连獐子岛渔业集团带领下，辽宁在长山群岛建成 1 000 立方千米的全国最大的生态海洋牧场。2011 年初，在辽宁省海洋与渔业工作会议上，政府通过了《辽宁省现代海洋牧场建设规划（2011～2020）》，并于当年启动了"1586"工程，其主要任务是围绕实现建设海洋牧场这一任务，以实现海洋渔业资源修复、种类维护、环境改造等五大功能，建立八个核心海洋牧场功能区，实施种苗基地培育建设、关键技术创新研究、海洋生物增殖放流、人工鱼礁建设、海域空间立体开发利用、近岸合理开发养殖六大项目。

3. 山东省

2005～2009 年，共计投入了 2.9 亿元，种苗 95.5 亿尾，用于建设人工鱼礁的海域面积达 2 136 公顷，累计建礁 226.6 万立方米。2011 年，山东半岛蓝色经济区建设上升为国家战略。基于山东省海洋牧场建设的格局，在国家发改委印发的《山东半岛蓝色经济区发展规划》中，明确提出在莱州湾东部、荣成、青岛崂山和即墨等海域重点建设海洋牧场示范区。

4. 其他沿海省市

江苏省于 2002 年在连云港海州湾启动了人工鱼礁建设，已建 5 座渔礁，共 7.5 平方千米。江苏在海州湾投放人工鱼礁 2 000 立方米，用于增养海珍品。

海南省 2009 年规划在三亚蜈支洲岛建设 8 个海洋牧场，在 10 年内投入巨资在近海投放人工鱼礁 80 万平方米和相应地渔业资源增殖流放数量，建立种苗繁殖场、驯养场等。

中国台湾地区为了稳定海洋渔业的可持续发展，从 1974 年开始建设人工鱼礁。到 1999 年，投资 13 亿台币，在台湾岛周围海域以及澎湖列岛等海域建设了 75 处人工鱼礁区，共投放人工鱼礁 166 372 个。

表 3　国内外海洋牧场建设比较分析

类　别	国　内	国　外
发展时间	10 多年	日本：40 年 韩国：30 多年
发展规模	较小，处于投放礁体的初级阶段	建礁、鱼类选种、繁殖及培育、环境改善、生境修复等系统环节全面实施
政策保障	缺少具体的政策扶持，只在 2006 年颁布《中国水生生物养护行动纲要》	日本：作为国家政策并制定长远发展规划 韩国：成立专门的海洋牧场管理与发展中心
科技人才	相关技术水平发展时间较短、技术不成熟、专业人员比例较低、产学研结合不紧密	完善的科研支撑体系

三、青岛市建设人工鱼礁发展海洋牧场基础条件

（一）自然条件

青岛海岸线蜿蜒曲折，岬湾相间，海域辽阔，拥有 730.64 千米的大陆海岸线，49 处海湾和 69 个岛屿，有滩涂 3.8 万公顷，10 米等深线以内的海面 5.8 万公顷，20 米等深线以内的海面 15 万公顷，管辖海域面积 138 万公顷。青岛周围海域海洋环境独特，水质状况良好，水温介于 5.3 ℃～27.6 ℃，盐度介于

29.5～31.7,水深在 15～18 m 之间,潮流性质属正规半日潮流。浮游生物种类多,季节交替明显,饵料生物丰富。

（二）放养基础

青岛作为山东省的渔业大市,也是我国开展人工鱼礁工作较早的沿海城市之一,早在 1981 年就开始在胶南市的灵山岛和胡家山海域投放人工鱼礁,并开展了相关的实验研究工作,积累了丰富的科研资料。2010 年,青岛市人大十四届三次会议形成了"关于加快建设人工鱼礁发展海洋牧场的议案",提出了扩大人工鱼礁建设规模,建设海洋牧场示范区的总体思路,计划在 2010～2015 年 6 年期间在全市沿海建设 8 处人工鱼礁区。其中增殖休闲型人工鱼礁 5 处,生态公益型人工鱼礁 3 处,每处鱼礁规划面积 300 公顷,共计 2 400 公顷,投礁总体积 1 335 万立方米,投资金额 28 100 万元。

崂山湾海洋牧场位于崂山湾南部海域,是青岛市正在建设的我国北方地区首座公益性海洋牧场。2013 年 9 月份开始,崂山湾海洋牧场进入人工鱼礁体海上布放阶段。截至目前,一期工程按计划顺利推进,现已全部完工。会场湾人工鱼礁区已顺利投放扭王字人工鱼礁体 3 317 块和箱式人工鱼礁体 858 块,形成了 2.6 万立方米的人工鱼礁区。

（三）科技优势

青岛市是我国著名的海洋科研城。在海水养殖育苗方面,青岛也处于全国领先地位,中国海洋大学和黄海水产研究所都有很多成就。其中,黄海水产研究所的金乌贼和紫扇贝等育苗研究,都是优质水产品。不仅让消失十几年的海味重现市民餐桌,还将有望大规模养殖,降低成本。

四、青岛市建设人工鱼礁发展海洋牧场主要问题

海洋牧场是一种新兴的渔业生产方式,青岛市尚处于摸索阶段,主要存在以下几方面问题:

（一）规划统筹问题

目前青岛市建设海洋牧场的系统规划有待出台,以便对各海区海洋牧场建设适宜性的统筹指导。

（二）制度保障问题

我国现行的相关法律、法规,对海洋牧场建设方面尚无具体规定。青岛市的渔业生产经营以个体为主,现行的相关政策和管理办法,尚不能满足海洋牧场的建设和管理需求。

（三）技术保障问题

海洋牧场在青岛市属起步阶段,还有一批关键技术需要攻克,比如:适合青岛海域地质条件的海底环境再造技术(包括人工鱼礁的结构类型、区域选择,藻类移植品种、移植方式的甄选等)、适宜的增养殖品种的筛选和规模化培养、增殖鱼类的行为控制、环境效益评估等。

五、推进青岛市建设人工鱼礁发展海洋牧场的建议

海洋牧场建设是一项规模较大的系统工程,是渔业新的发展方式,必须在观念上有创新,技术上有突破,管理上有跟进,制度上有保障,政策上有扶持。虽然青岛市在建设人工鱼礁发展海洋牧场方面取得了一定的成绩,但随着青岛市蓝色经济的建设与发展,又给青岛市渔业生产和建设提出了更高的要求。在关于青岛市加快建设人工鱼礁发展海洋牧场方面,应着力加强以下四个方面的工作:

（一）优化人工鱼礁和海洋牧场的建设规划

针对青岛市海洋气候、地质、洋流等特点,从人工鱼礁、原种育场、海洋牧场、增殖放流、增殖区域保护、海洋环境监测等方面入手,调整完善青岛市人工鱼礁和海洋牧场的总体建设规划和实施细则,明确今

后几年、甚至几十年青岛市人工鱼礁和发展海洋牧场建设的总体目标。同时,还应加快鱼礁管理的立法调研,力争尽早出台《青岛市人工鱼礁管理办法》,规范礁区建设,强化监管和执法保护,为人工鱼礁建设和管理提供科学依据。

（二）加强建设人工鱼礁发展海洋牧场的全程管理

随着人工鱼礁建设的不断推进,全程管理更要注重细节和质量,尤其在礁体投放方面,必须坚持"合域、合适"的原则,严格规范和把关,对不合格或有可能对海洋造成污染的物体,应坚决卡住。对人工增殖放流的海洋鱼类,应保证规格、质量和存活率,并加强对礁区海洋环境、海洋生物资源的跟踪调查,努力实现增殖放流的叠加效果。

（三）推进青岛市近海国家级耕海牧渔示范区的建设

按照先易后难、以点带面、分类建设、分步推进的思路,力争在"十二五"期间,全面建成增殖型鱼礁区 5 处,基本建成公益型鱼礁区 3 处,逐步形成以人工鱼礁为载体的近海规模化海洋牧场,实现集环境保护、生态修复、海上娱乐及海水增养殖发展于一体的新兴产业发展模式,尽早把青岛市近海建设成为国家级耕海牧渔示范区。同时,还应积极采取措施,创新方式方法,加大投资力度,以优惠的政策,广泛吸纳民间资本投入人工鱼礁和海洋牧场建设,通过加强监管,切实维护投资者的利益,努力推动人工鱼礁和海洋牧场建设再上新台阶。

（四）加强建设人工鱼礁发展海洋牧场的宣传力度

随着海洋资源不断枯竭的现实,更加凸显建设人工鱼礁发展海洋牧场的重要性,各级政府应通过广播、电视、报刊等媒体,加大对建设人工鱼礁发展海洋牧场的宣传力度,更加注重培养宣传在人工鱼礁和海洋牧场建设方面的新典型、总结新做法、推广新成果,不断提高社会认知度,努力营造支持建设人工鱼礁发展海洋牧场的良好社会氛围。

参考文献

[1] 李波,宋金超. 海洋牧场:未来海洋养殖业的发展出路 [J]. 吉林农业,2011(4):1-3.

[2] 张国胜,陈勇,张沛东,等. 中国海域建设海洋牧场的意义及可行性[J]. 大连水产学院学报,2003,18(2):141-144.

[3] 李波. 关于中国海洋牧场建设的问题研究 [D]. 中国海洋大学硕士学位论文,2012.

[4] 游桂云,杜鹤,官燕. 山东半岛蓝色粮仓建设研究——基于日本海洋牧场的发展经验 [J]. 中国渔业经济,2012(3):30-36.

编　写:初　敏　付　涛
审　稿:谭思明　李汉清　房学祥

云计算产业全景图及对青岛市的发展建议

云计算至今为止没有统一的定义,不同的组织从不同的角度给出了不同的定义,据不完全的统计至少有 25 种以上。其中,美国国家标准与技术研究院(NIST)对云计算的定义是一个较为公认的"标杆":云计算是一种资源利用模式,它能以简便的途径和以按需的方式通过网络访问可配置的计算资源(网络、服务器、存储、应用、服务等),这些资源可快速部署,并能以最小的管理代价或只需服务提供商开展少量的工作就可实现资源发布。

(一)云计算的产业链结构

云计算产业泛指与云计算相关联的各种活动的集合,其产业链主要分为四个层面,即基础设施层、平台与软件层、运行支撑层和应用服务层(图 1)。

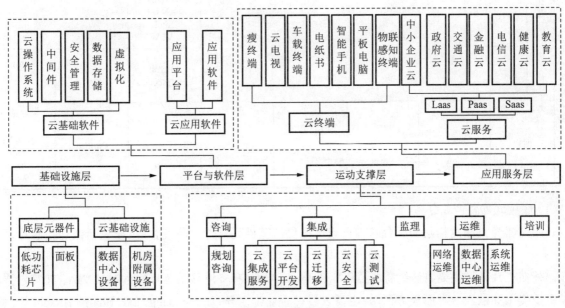

图 1　云计算产业链

119

1. 基础设施层

基础设施层是指为云计算服务体系建设提供硬件基础设备的产业集合,主要包括底层元器件和云基础设施两个方面,处于云计算产业链的上游环节,是云计算产业发展的重要基础,为云计算服务体系建设提供基础的硬件设施资源。

2. 平台与软件层

平台与软件层是指为云计算服务体系建设提供基础平台与软件的产业集合,主要包括云基础软件和云应用软件两个方面,处于云计算产业链的上游环节。其基于基础设施层,为云计算服务体系建设与运行提供基础工具软件、应用开发软件及平台等,是云计算产业发展的活力之源。

3. 运行支撑层

运行支撑层是指为云计算服务体系建设提供规划、咨询及整合相关基础设施资源进行云计算服务体系建设,以及相关运维和培训服务的产业集合,处于云计算产业链的中游,是云计算产业链中连接上下游产业的重要环节。

4. 应用服务层

应用服务层是指在云计算服务体系中提供云服务和云服务应用平台的产业集合,主要包括云终端和云服务两个方面,处于云计算产业链的下游环节,是云计算产业获得持续发展的动力所在。

(二)云计算产业链分布

1. 云基础设施产业

云基础设施主要包括底层元器件和云硬件设备两个方面。

表1　底层元器件产业链分布

类　别			国内重点企业				国际重点企业		
			环渤海	长三角	珠三角	其他地区	美　国	欧　洲	日　韩
底层元器件	低功耗芯片	CPU	龙芯 君正 新岸线 北大众志		新岸线厂		ARM Intel AMD MOTO TI nVIDIA	Infineon	
		GPU					nVIDIA AMD Intel VIA		
		内存					Micron Intel		Samsung Toshiba Hynix
	面板		京东方		LG厂 三星厂 奇美工厂	奇美		Phillips	Samsung LG Toshiba Sharp Hitachi Sony

(1)底层元器件产业分布。

底层元器件是指为构建云平台基础设施而提供的基础元器件产品集合,主要包括低功耗芯片、面板等。

国外在芯片领域主要由传统高端芯片厂商 Intel、AMD 和专注移动芯片的 ARM、VIA、TI 等把持,主要集中于美国和欧洲。在面板方面,则主要以日韩企业为主导,如 Samsung、LG、Sharp、Hitachi 等,整体产业格局已趋于成熟。

国内这一领域的产业链主要分布于北京、武汉、广州等地，环渤海和珠三角地区的分布较为集中，主要企业有君正、龙芯等（表1）。

（2）云硬件设备产业分布。

云硬件设备指的是构建云计算平台的核心硬件设备，主要包括数据中心设备和机房附属设施。其中，数据中心设备包含服务器、存储、网络设备和集成数据中心等产品，机房附属设施则包括监控设施、机柜、精密空调和UPS等机房附属设施。

在这一领域内，国际上的高端服务器和存储设备主要有IBM、HP等美国企业，高端网络设备企业主要以Cisco、HP为代表；机房附属设施中的高端精密空调以欧洲企业为主，包括Emerson-liebert、Hiross；在高端UPS产品方面有美国的APC-MGE、欧洲的Emerson。

国内数据中心设备的主要企业——浪潮、曙光、UIT等均集中于环渤海区域，该地区还拥有精密空调领域的重要企业——阿尔西。珠三角地区则主要分布有华为、中兴等大型网络设备提供商，该地区还有Santak、科华等UPS附属设施企业。此外，监控设备企业多集中在环渤海和珠三角，长三角地区发展状况相对较薄弱（表2）。

表2　云硬件设备产业链分布

类　别			国内重点企业				国际重点企业		
			环渤海	长三角	珠三角	其他地区	美　国	欧　洲	日　韩
云基础设施	数据中心设备	数据中心	浪潮				Oracle EMC/Cisco Microsoft Google IBM HP		
		服务器	曙光 浪潮				IBM HP Dell VCE		
		存储设备	浪潮 联想 UIT			华为赛门铁克	IBM HP EMC Dell NetApp		
		网络设备			华为 中兴 Tenda TP-Link		Cisco HP		
	机房附属设备	监控	全球鹰 智安邦 光桥 汉王				IBM HP		KDDI Nomura
		机柜		图腾 香江			IBM HP		Nitto
		精密空调	阿尔西					Emerson-Liebert Hiross	
		UPS		科华 Santak			APC-MGC	Emerson Socomec	

2. 云平台与软件产业

本产业层次内主要包括云平台的基础软件与应用软件两个方面。

（1）基础软件产业分布。

云基础软件是指构建在云基础平台之上，为各种应用提供必要运行和支撑的软件，主要包括云操作系统、中间件、安全管理软件、海量存储软件和虚拟化软件等。

美国凭借其在传统基础软件市场中的优势，在该领域内具有较强的领先优势，市场份额主要由VMWare、Novell 等美国企业所占据。

国内环渤海地区，主要是北京，聚集了众多安全管理软件企业和数据存储软件企业，如奇虎、金山等；长三角在云操作系统领域具有一定的竞争优势，集中了引跑科技、中标软件等两家重点企业；珠三角目前在这一领域的竞争实力还相对较为薄弱（表3）。

表3　云基础软件产业链分布

类　别			国内重点企业				国际重点企业	
			环渤海	长三角	珠三角	其他地区	美　国	欧　洲
云基础软件	云操作系统		—	浪潮	引跑科技 中标软件			VMWare Novell IBM Redhat Microsoft Oracle	
	中间件		—	东方通 中创软件 航天信息		金蝶		IBM Oracle（BEA） Progress Tibco	
	安全管理	安全加密 杀毒 入侵检测 防火墙	奇虎 金山 网秦天下 瑞星 启明星辰 网御神州 天融信 江民 绿盟 北京傲盾			蓝盾美亚柏科	卫士通东软	Symantec Trend Micro EMC（RSA） Microsoft Mcafee	卡巴斯基
		生物认证	汉王	科大实业				IBM TI	
	数据存储	海量存储	浪潮 中金数据					Apache Yahoo EMC	
		数据库	人大金仓			武汉达梦		Oracle IBM Microsoft Google Teradata	SAP
		分布式数据库	中软 天云科技					Oracle Bigdata	
	虚拟化	桌面虚拟化						Microsoft Citrix VMWare	
		服务器虚拟化						VMWare Microsoft Citrix	
		存储虚拟化						VMWare Microsoft IBM NatApp	
		网络虚拟化						Cisco HP	

（2）应用软件产业分布。

云应用软件是指在平台软件和中间件之上，为特定领域开发的直接辅助人工完成某类业务处理或实现企业业务管理的软件与平台，包括应用平台和应用软件。

美国企业在应用软件领域具有较强的领先优势，尤其在嵌入式软件、工业软件、商业智能软件领域的竞争优势更为明显，并处于产业链的高端，NCR、GE 等是其中的代表企业；欧洲也有部分企业参与其中，如 SAP、Siemens 等，但整体竞争力与美国企业相比仍具有较大差距（表 4）。

表 4　云应用软件产业链分布

类别			国内重点企业				国际重点企业	
			环渤海	长三角	珠三角	其他地区	美　国	欧　洲
云应用软件	应用平台	计费平台	亚信联创 神州数码 神州泰岳			亿阳信通		
		游戏/动漫平台	完美时空	浩方 盛大	腾讯			
		电子商务平台	百度有啊	阿里巴巴	腾讯		Amazon	
		软件运营平台	伟库网 神码在线	风云在线	友商网			
		门户平台	新浪 搜狐		腾讯		Jamcracker	
		位置导航平台	超图 高德		凯立德		Google Esri	
	应用软件	嵌入式软件	航天信息				NCR	ABB
		游戏和动漫软件	完美时空 水晶石	九城	深圳宝德		EA Blizzard	
		企业管理软件	用友		金蝶		Oracle Infor	SAP
		个人应用软件	金山	永中			Microsoft Adobe Google	
		通信软件	中国移动 （飞信）	阿里旺旺	腾讯		Google MSN	Skype
		工业软件					GE Dassault PTC Autodesk	Siemens
		商业智能软件	用友				IBM Oracle SAS	SAP（Sybase）

3.云运营与支撑产业

本产业层次主要包括了云规划与咨询服务、云集成服务、云监理服务、云运维服务和培训服务（表5）。

表 5　云运营与支撑产业链分布

类　别			国内重点企业			国际重点企业		
			环渤海	珠三角	其他地区	美　国	欧　洲	日　韩
云运营与支撑	规划与咨询		赛迪			IBM Accenture Citrix Dell		
	云集成	云集成服务	天宇科技 中金数据 软通动力			Open Nebula Eucalyptus IBM VMWare Enomaly		
		云平台开发	中金动力 新浪	华为		Joyent IBM Salesforce Microsoft rPath		
		云迁移	中金数据 软通动力			IBM Usher		
		云安全	瑞星 奇虎 360 金山			Symantec McAfee Trend Micro		
		云测试	中国软件 中国软件 评测中心			Cloud Testing Keynote System Skytap SOASTA		
	云监理		北京捷通 北京长城电子 中信国安 中华通信 北京飞利信	广宁实业	江西贝尔 太极 成都清华高科	IBM HP		
	云运维	网络运维	中国电信 中国联通 中国移动 世纪互联 万网	华为		Cisco		
		数据中心运维	中金数据 万国数据 世纪互联	世纪互通	鹏博士	IBM		Nomura
		系统运维	中金数据 中企动力			IBM HP CSC Sungard		Fujistu Hitachi
	云培训		浪潮 曙光 北大青鸟 博思创嘉	华为		IBM HP EMC	SAP	Fujisu

（1）云规划与咨询产业分布。

云规划与咨询是指面向云计算产业链上各个环节企业提供云计算业务相关战略决策支撑的活动，或者面向需要构建私有云、公有云、混合云的企业、政府机构等客户提供云构建顶层设计、整体规划的服务。

传统的大型跨国 IT 厂商、信息技术及外包服务机构,如 IBM、Dell 等,迅速从传统 IT 咨询服务向云规划、咨询服务拓展。IBM 在 2008 年就推出了面向企业云计算的行业咨询服务。埃森哲 2010 年开始也推出面向中国市场的"云计算加速器"、托管私有云等咨询及外包服务。Citrix 在 2008 年 10 月份发布了云计算策略并推出 Citrix Cloud Center(C3)产品系列,2011 通过收购 Cloud.com,专注企业私有云技术。

中国企业中能够提供云计算相关规划和顶层设计的还相对较少,具有政府背景的大型 IT 咨询公司研究积累较深、业务优势突出。

(2)云集成产业分布。

云集成是指通过顶层设计、软件开发、系统架构等一系列手段实现云计算数据中心、平台、系统的建设与服务。

国际上如 Open Nebula、Eucalyptus 等厂商主要提供云平台开发环境等支持服务;Fortress、Globus 等厂商主要在云平台开发环节展开开源工具箱、云托管基础架构、云环境的系统部署和维护自动化等多项业务;Symantec、McAfee 等安全厂商主要在云安全领域提供集成的云安全服务;IBM、Usher 等厂商主要在云迁移领域提供面向企业的私有云迁移服务;在云测试领域,则主要有 Keynot、SOASTA 等公司。

国内此领域内的企业主要集中于环渤海区域,包括了天宇、中金等公司;珠三角区域的华为主要涉足云平台开发领域。

(3)云监理产业分布。

云监理是指对私有云、公有云、混合云构建相关工程的生产(进度、质量和投资)进行监督和管理工作。

目前国内私有云、公有云、混合云构建相关工程的监理服务商基本都是本土企业,主要集中于环渤海区域,如北京捷通、中信国安等。跨国企业主要是直接承担系统集成或工程实施,较少提供监理服务。

(4)云运维产业分布。

云运维是指为云计算服务和应用所需的网络、数据中心、系统等基础设施提供运行维护的服务,主要包括网络运维、数据中心运维、系统运维三大部分。

IT 运维服务是互联网服务的基础,发展历程较长,市场已趋于成熟。由于中国的电信市场并未开放,因此在云计算运维领域,占据市场主导地位的仍然是国内厂商。IBM、Nomura 等跨国 IT 厂商主要通过与国内厂商合资、合作的方式,建设运营数据中心。Fujitsu、Hitachi 等企业则是选择系统运维、灾备等管制较为宽松的领域展开业务。

随着新的云计算商业模式的涌现,中国电信、中国联通等传统电信运营商,电信通、世纪互联、万网等传统 IDC 运营商,思科、华为等通信设备供应商,中金数据、万国数据等传统数据中心,都开始向云运维领域转型或布局。

(5)云培训产业分布。

云培训是指为从事云计算产业相关领域业务的决策者、管理人员、技术人员、服务人员提供云计算理念、技术、技能培训的服务。

在该领域,国内外企业实力相当。IBM、HP 等跨国 IT 企业往往拥有自己的培训课程,可以同时针对云计算软件开发人员和购买其设备、软件的客户提供培训服务。

华为、曙光、浪潮等国内大型 IT 设备厂商和系统集成商,通常为购买其设备的客户提供培训服务。北大青鸟、博思创佳等企业主要为软硬件技术人员提供相关认证资格培训。

4.云应用与服务产业

本产业层次主要包括了云终端与云服务。

（1）云终端产业分布。

云终端是指通过加载云平台与应用软件,利用云基础设施提供底层存储与计算资源支撑,从而在各类终端上为消费者提供各种云应用与服务,主要包括智能手机、平板电脑、瘦终端、物联感知终端、车载终端、云电视、电纸书等。

在这一领域,美日韩企业占有较大竞争优势。其中,平板电脑及智能手机有领军厂商 Apple;云电视机领域有 LG、Sony 等企业;在物联感知终端、瘦终端、电纸书等新型终端方面,有美国的 WYSE、Amazon 等企业。

国内,在环渤海、长三角、珠三角以及东南沿海地区相关企业分布较为均衡,产业领域各有所强（表6）。

表6 云终端产业链分布

类 别		国内重点企业				国际重点企业		
		环渤海	长三角	珠三角	其他地区	美 国	欧 洲	日 韩
云终端	智能手机	联想		华为 中兴	HTC	Apple Motorola	Nokia	RIM Samsung LG
	平板电脑	联想			万利达 宏碁 华硕	Apple Motorola Dell		NEC Samsung
	云电视			TCL 创维		Apple	Philips	Sharp Sony LG Samsung
	物联感知终端	歌尔声学	大立科技 华工科技	东信和平		Intermec MTS MOTO		
	瘦终端		国光	长城	升腾 实达 新大陆	WYSE HP NCR		Hitachi
	车载终端	北斗星通 合众思壮 任我游		中兴		MOTO	Bosch Nokia	
	电纸书	汉王 爱国者 纽曼 elink	盛大			Amazon		

（2）云服务产业分布。

云服务是指通过行业云平台为行业、相关组织、公众等提供的云应用服务,主要包括金融、政府、交通、教育、电信、医疗、旅游以及对 IT 投入成本较为敏感的中小企业。

在该产业层次内美国企业优势尤为明显,如 IBM 在除电信、中小企业外的云服务领域均推出了具有竞争力的行业云应用解决方案;Microsoft、Oracl 也迅速深入到金融、政府、医疗等服务领域。

国内的云服务企业以环渤海地区集中程度最高,长三角和珠三角地区相对滞后（表7）。

表7 云服务产业链分布

类 别		国内重点企业			国际重点企业	
		环渤海	长三角	珠三角	美 国	欧 洲
云终端	中小企业云	中国电信 金蝶软件 用友 八百客 北京恩威 中企动力	风云在线	HTC	Salesforce Amazon	
	交通云	青岛海信 上海交技 中电科技 佳讯飞鸿	银江股份	中兴	IBM	
	政府云	浪潮 华胜天成 中科软 北京易迅达 华胜天成	银江股份 物泰科技	TCL 创维	IBM Microsoft	
	教育云	神州数码 浪潮 中软国际		华为	IBM Microsoft EMC	
	金融云	中国电信 中金数据 东华软件			IBM Oracle	
	健康云	东华软件 东软集团	中标软件	华为	IBM Oracle	
	电信云	中国电信 中国联通 中国移动			AT&T	T-mobile

三、青岛市产业发展情况与发展策略分析

（一）青岛市的云计算产业发展情况

青岛市云计算产业集中部署在整个产业链的后端，重点在运维、应用与服务等领域，其中运维产业重点有中国联通在青岛市部署的IDC数据中心，云终端产业重点有歌尔声学，云服务产业重点有海信的城市公共交通云业务。

在整个产业链的前端，如芯片、云基础设施、云平台与云软件等领域青岛市少有重点企业或重点项目布局。

（二）青岛市的云计算产业发展策略分析

根据对云计算产业链各环节技术与业务模式发展的成熟度、市场的竞争度及未来发展空间的分析（表8），结合青岛市云计算产业的发展实际，提出以下三点建议：

1. 保持青岛市重点企业技术优势，提高产业竞争力

青岛市凭借联通IDC数据中心的资源优势和海信在云交通领域的技术优势，在这两个产业环节中处于较好的发展地位，但也应注意这两个领域内本土企业主要是依托本土优势，国外企业正在积极谋求进入相关领域的国内市场。为了维护产业优势地位，在此领域内的政策方向应着眼于鼓励重点企业整合

领域上游的基础技术资源,以此提高产业竞争力。

表 8　云计算产业链发展程度与竞争分析

类 别		成熟度	市场竞争	发展空间
基础设施层	底层元器件	产品和技术相对较为成熟	产业竞争已较为充分	面板领域具有较大发展空间 低功耗芯片领域可能取得一定突破
	云基础设施	中低端已近成熟 高端处于成长阶段	产业竞争已较为充分	集装箱数据中心领域具有较大发展机遇
平台与软件层	云基础软件	基础技术已较成熟 整个产业发展处于成长阶段	产业竞争已较为充分	云操作系统领域可能取得较大发展突破 数据存储软件领域具有较大拓展空间
	云应用软件	处于产业快速成长阶段	美国企业把控价值链高端 国内企业竞争力不断增强	国内企业将主导应用平台领域发展 应用软件将不断由中低端向中高端领域渗透
运行支撑层	咨询	理论基础较成熟,方法技术不断创新	跨国企业抢占市场先机,国内企业跟进布局	顶层设计及基础技术服务将全面快速发展
	云集成	基础技术较成熟,处于快速成长阶段	大型跨国企业把控价值链高端,国内企业竞争力成长迅速	云解决方案及云平台开发领域将取得重大发展
	监理	业务模式与基础技术已较成熟	国内企业主导	产业园区云服务中心建设将产生大量需求
	运维	基础技术和业务模式较成熟	国内企业占据主导地位 跨国企业合资进入市场	数据中心运维服务将继续快速发展 网络运维服务领域将不断产生新的业务形态
	培训	业务模式较成熟,培训内容快速变化	竞争格局分散	专业培训服务具有较大发展机遇
应用服务层	云终端	处于产业快速成长阶段	跨国企业在传统领域优势明显,国内企业加大应用创新	智能手机、平板电脑、物联感知终端、云电视将是未来重点发展领域
	云服务	业务模式快速创新,产业快速成长	美国企业技术领先成熟,国内企业依托本土优势占据产业发展主导地位	SaaS 服务将不断普及 PaaS 服务也具有较大发展空间

2. 以智慧城市建设为契机,重点引进一批云终端企业

消费领域的云服务市场十分依赖智能云终端来提供"消费入口",云终端产品一定程度上又体现了企业整合各种云端软、硬件的能力,较易形成产业控制力和竞争力。青岛市已引进歌尔声学等领域重点企业,且正在开展智慧城市建设试点工作,以此为契机,重点引进并支持一批智能云终端企业,有利于形成有竞争力的地方特色产业。

3. 加大创业扶持力度,重点支持中小型云软件企业发展

云应用软件领域是产业链上最具创新性的环节,国内外很多颇具竞争力的云软件企业多是中小型企业,且成长和迭代速度很快。青岛市已有较成熟的软件、创意产业园区和孵化器,在此领域的政策重点应着眼于大力扶持创业型的中小软件企业,多利用普惠制激励和创业投资手段,激励创新创业,促进产业快速迭代。

参考资料

[1] 中国电子信息产业发展研究院,中国云计算产业链全景图战略研究(2012年)[R]. 北京:赛迪顾问股份有限公司,2013.

[2] 孔华锋. 云计算发展现状研究报告[R]. 上海:信息网络安全公安部重点实验室,2010.

[3] 陈全,邓倩妮. 云计算及其关键技术[J]. 计算机应用,2009,29(9):2562-2567.

编　写:王　栋

审　稿:谭思明　李汉清　王淑玲

第四代移动通信技术的发展趋势与青岛的机遇

一、第四代移动通信技术(4G)概念

(一)4G 的定义

4G 是英文 fourth Generation 的缩写,是第四代移动通信系统及其技术的简称。4G 具有非对称的超过 2Mb/s 的数据传输能力,它包括宽带无线固定接入、宽带无线局域网、移动宽带系统和交互式广播网络。

第四代移动通信可以在任何地方用宽带接入互联网(包括卫星通信和平流层通信),向客户提供定位定时、数据采集、远程控制等多种功能。4G 适用于所有的移动通信用户,并可以在不同的固定平台、无线平台和跨越不同频带的网络中提供无线服务,最终实现商业无线网络、局域网、蓝牙、广播、电视卫星通信的无缝衔接并相互兼容。

(二)移动通信技术发展历程

移动通信技术的发展历程及技术特点见表 1。

表 1 移动通信技术发展历程

历 程	技术特点
第一代移动通信技术(1G)	以模拟技术为主,只提供话音业务,没有国际性标准
第二代移动通信技术(2G)	已经全数字化,除话音外,可传输低速的数据业务,可以漫游,主要有两大国际标准 GSM 和 CDMA
第三代移动通信技术(3G)	将无线通信与多媒体技术结合到一起,能够比较快速地处理声音、音乐、图像、视频流等多种形式的数据,并提供与互联网连接的多种信息服务,主要有 WCDMA、CDMA2000 和 TD-SCDMA 三大主流国际标准
第四代移动通信技术(4G)	多功能集成的宽带移动通信系统,提供包括语音和多媒体的业务

目前,第一代移动通信系统的任务已经达成,第二代移动通信系统也已全面普及,第三代移动通信技术正是方兴正艾的时期,而更高质量、更高速率、更加逼真的第四代移动通信将领导未来。

二、国内外第四代移动通信技术发展现状

（一）国际情况

1. 标准的确定

2012 年 1 月 18 日,国际电信联盟在 2012 年无线电通信全会全体会议上,正式审议通过将 LTE 和 WirelessMAN 技术规范确立为"4G"国际标准,中国主导制定的 TD-LTE 和欧洲主导的 FDD-LTE 同时并列成为 4G 国际标准。

2. 网络建设

美日韩在 4G 网络建设上已先行一步,欧洲及发展中国家也在积极部署,海外 4G 建网高潮已经拉开帷幕。目前,全球 100 多个国家的运营商投资建设了 4G 网络,客户规模呈快速增长态势,其渗透速度明显快于 3G,成为有史以来发展最快的移动通信技术。到 2013 年底,全球大约有 260 张商用 LTE 网络在 93 个国家推出。

3. 终端产品研发应用

早在 2010 年年底,美国运营商 Verizon 就已经推出了 4G 手机和数据卡两种类型的终端。此后,美国 AT&T、日本 Softbank、韩国 SKT、新加坡 Singtel 等多家运营商都普遍提供了以 4G 智能手机为主,并且包含了数据卡、平板电脑和物联网设备在内的新型终端。高通公司目前已在 LTE 芯片和技术方面完成了相应部署,推出同时支持 TDD 和 FDD 两种方式的终端芯片,可以配合运营商进行选择。

在 2013 年移动通信世界峰会(MWC2013)上,中国移动展台就展示了数款 TD-LTE 手机,供应商涵盖了三星电子、LG 电子、中兴和华为等,而 TD 联盟展台则展示了由华为、夏普、HTC、美满电子等十余家企业提供的 TD-LTE 手机。

（二）国内情况

1. 标准的确定及推行

2012 年 1 月 18 日,中国主导制定的 TD-LTE 和欧洲主导的 FDD-LTE 同时确定为 4G 国际标准,标志着中国在移动通信标准制定领域再次走到了世界前列。2013 年 12 月 4 日,工业和信息化部向中国移动通信集团公司、中国电信集团公司和中国联合网络通信集团有限公司颁发"LTE/第四代数字蜂窝移动通信业务(TD-LTE)"经营许可。此举标志着我国电信产业正式进入了 4G 时代。由此,中国在 4G 领域已经与国际同步。

近两年来,TD-LTE 产业发展迅猛,全球产业体系逐步完善,国际化进程成效显著,TD-LTE 正被越来越多的国家、运营商和制造商认可,在 2013 年 2 月 26 日第七届世界移动通信大会 GTI 会议(巴塞罗那)上,巴蒂、高通、三星等企业都表示全力支持 TD-LTE。

由中国移动主导的 4G 标准 TD-LTE 进入测试实验阶段后,除在国内城市进行测试外,还在美国、瑞典、日本等国与海外运营商一起进行测试。从全球 LTE 的发展来看,以中国移动为主导的市场格局已初步形成。

2. 终端产品的研发应用

从工信部发放的电信设备入网许可证的情况可以看出,目前已经获批可以进入市场的 TD-LTE 智能手机总量仍很有限,其中三星、索尼、苹果等外资品牌占据前列。在陆续公布的获得了入网许可证的 4G 终端名单中,中兴、华为均有所斩获。另外,vivo、金立等国产厂商均发布支持 LTE 制式手机的计划。联想、海信则均已推出自主研发的 4G 手机。

3. 4G 业务的推广

中国移动已经在包括广州、深圳、杭州、宁波、上海、南京、沈阳、青岛、厦门、福州、成都等多个一、二

线城市展开了 4G 业务体验。据了解,中国移动通信集团公司目前已在国内 15 个城市完成扩大规模技术试验,2013 年总共投资 417 亿元,建设约有 20 万个 TD-LTE 基站,并计划将 TD-LTE 的覆盖城市扩展到 300 个以上,4G 终端采购将超过 100 万部。目前中国移动已率先在多地开卖 4G 手机,推出 4G 套餐,中国联通、电信也将陆续跟进。

4. 虚拟运营商牌照的正式发放

2013 年 12 月、2014 年 1 月,工信部分别发放了第一批、第二批共 19 家虚拟运营商牌照(即移动通信转售业务运营试点资格,详见表 2)。深圳市爱施德股份有限公司已率先完成系统建设以及与基础电信企业的对接工作,并实现首次虚拟运营商 170 号码通话。

表 2　已获得虚拟运营商牌照的企业名单

批　次	企业名称	企业类型	企业驻地
第一批	北京华翔联信科技有限公司	信息化服务	北京
	北京分享在线网络技术有限公司	移动互联网服务	北京
	巴士在线控股有限公司	新媒体	南昌*
	北京乐语世纪通信设备连锁有限公司	传统手机渠道商	北京
	北京迪信通通信服务有限公司	通信与网络产品销售	北京
	天音通信控股股份有限公司	移动电话综合服务商	深圳
	话机世界数码连锁集团股份有限公司	经营手机通信及日常电子类消费品	余姚*
	北京京东叁佰陆拾度电子商务有限公司	以 3C 产品为主的 B2C 电子商务	北京
	北京万网志成科技有限公司	阿里巴巴公司旗下成员,互联网应用服务提供商	北京
	北京北纬通信科技股份有限公司	移动互联网服务	北京
	浙江连连科技有限公司	移动业务话费充值	杭州
第二批	深圳市爱施德股份有限公司	移动通讯产品销售	深圳
	厦门三五互联科技股份有限公司	提供软件应用及服务	厦门
	苏州蜗牛数字科技股份有限公司	3D 虚拟数字技术研发	苏州
	北京国美电器有限公司	家用电器销售	北京
	苏宁云商集团股份有限公司	电器、电子产品销售	南京
	中期集团有限公司	现代服务业	北京
	长江时代通信股份有限公司	港航综合信息服务	上海
	远特(北京)通信技术有限公司	一站式通信服务提供商	北京

注:巴士在线控股有限公司、话机世界数码连锁集团股份有限公司的企业驻地为初创地。

工信部对参与移动通信转售业务试点的企业数量没有限制。试点受理申请截至 2014 年 7 月,只要经过审核、符合要求的企业都可以获得试点资格。虚拟运营商的注册资本金仅要求 1 000 万,比基础运营商的门槛低得多,但在 2015 年前,将至少给市场增加 5 000 万新增用户。

虚拟运营商牌照的发放,标志着民营资本进入电信迈出了关键性一步。

5. 预期产业规模

作为有着 12 亿用户的世界第一大移动市场,中国 4G 部署有望改变世界电信运营市场的竞争格局,国内大设备商都将率先受益。4G 商用将对基站、传输、网络优化以及增值服务产生持续性利好。以基站为例,中国移动早前公布的 2013 年 TD-LTE 无线主设备招标结果显示,华为、中兴等 9 家企业中标。其中,中兴和华为均占 26% 的份额。而中国电信的 4G 招标,中兴通讯、华为、上海贝尔分别获得 32%、29%、

16%的市场份额,新邮通和大唐电信份额都为6%,爱立信和NSN都为4%,烽火通信为2%。从各种4G招标工作看来,国产通信设备商无疑将大大受益于4G。

据工信部和中科院等权威部门和机构预测,4G网络前期建设拉动的投资规模在5 000亿元左右,网络正式商用后,还将带动终端制造和软件等上下游行业,产业规模有望突破万亿元大关。而国内移动通信转售开放将形成近200亿元的新市场。

三、第四代移动通信技术发展趋势

(一)产业链构成

4G通信网络的建设分为规划期、主建设期和应用期。网络规划设计将最先受益于4G规模建设的开展;之后是4G的主建设期,射频器件、主设备、传输及配套设备、网络覆盖优化、运维将依次受益;在网络建设粗具规模后,进入4G的应用期,移动终端、内容提供商及运营商也会随之获得发展机遇,实现业绩的提高(图1)。

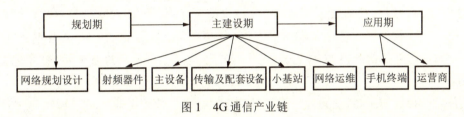

图1　4G通信产业链

在4G产业链中,除了电信运营商、终端设备商、无线主设备制造商等重要环节外,服务提供商、系统集成服务商的作用将得到进一步加强,同时测试设备提供商、网维厂商等环节也将在产业链中扮演一定角色。

虚拟运营是当代通信创业发展的一种必然趋势,将在整个电信运营业的链条中,处于不可缺少的重要一环。虚拟运营商将不同于以往的增值服务商,它以自己的品牌面向最终用户提供服务,拥有自己的计费系统、客服号、营销和管理体系。而通过虚拟运营商,消费者将能够获得移动、电信、联通三大运营商以外的电信服务,服务从"语音和短信能力融合"到"流量经营渗透",将推出流量宝、国际卡、私人定制等多元化服务。

(二)发展应用前景

4G网络时代,各种智能终端将能够发挥出最大效用,上网速度更快,数据资费更便宜,目前互联网上的各种功能都可以便捷地移植到手机上,人们通过智能手机、平板电脑等各类便携式移动终端,就能享受高清视频、互动游戏等原本只能出现在互联网上的业务。

在4G高速运转的环境中,许多业务创新以及业务升级应用不断涌现,催生更多的业务形态和服务模式,成为这个时期的一个重要特征。被誉为"第三次信息产业浪潮"的物联网行业,是一种全新的商业模式,其在安防、电力、交通、物流、医疗、环保等诸多领域的应用模式,例如车联网、智能家居、智能交通、智慧医疗、智慧城市等方面都需要通过巨量的传感设备才能即时接收各类感知数据,而4G网络无疑将是物联网发展过程中的最佳推手。

四、青岛市第四代移动通信技术发展现状

(一)应用推广情况

1. 国家下一代互联网示范城市建设

2014年2月,国家发改委、工信部、科技部、新闻出版广电总局等四部委正式批准青岛市等16个城

市（群）开展国家下一代互联网示范城市建设工作，标志着青岛进入国家下一代互联网建设布局，可在全国首先部署并争取国家政策加快推进下一代互联网建设。

2. 4G 网络建设及业务开展

目前青岛市区已经实现 4G 全覆盖。中国移动在青已建设开通了 6 000 多个基站，实测速率达到 100 兆以上，覆盖面积 304 平方千米，涵盖青岛市南区、市北区、李沧区、崂山区和城阳区，以及胶州湾高速和青银高速的流亭机场至市区段。青岛的 316 路公交车已经开通了 4G 上网服务，以将 4G 网络转换为 Wi-Fi 信号的方式，使乘客在乘车的同时可以用手机、平板电脑享受 4G 高速上网。据了解，青岛移动已与青岛公交集团签署了战略合作协议，不久的将来，市民将在青岛所有公交车上体验到 4G 畅快的网络。

（二）研发及产业基础

在青岛，海信、海尔等不少企业活跃在与 4G 相关产业链的上下游，涉及包括基站建设、网络布线、芯片设计、手机制造、软件应用研发等 4G 产业领域。如：作为青岛软件产业的核心园区——青岛软件园、动漫园已有微软、NEC 软件、鼎信通讯、优创、北京盛安德、琦译信息、玄武网络等 300 多家国内外知名软件企业入驻。2012 年，软件园入驻企业入驻率达 96%；动漫园入驻企业 119 家，入驻率达 99%。青岛高校信息产业公司、青岛瀚邦信息技术有限公司等一批电子信息类企业将得益于 4G 技术的发展和 4G 网络的推广应用。

在 TD-LTE 的 4G 终端上，海信是业内最早进行自主技术开发的企业之一。2014 年 1 月 15 日，海信联合中国移动发布了 4G 时代全新的 X 系列共六款智能手机，以高、中、低三段价位全系列产品正式进入 4G 时代智能手机市场。

海尔以智慧家庭为中心正在给用户提供网络时代最佳的智慧生活体验。海尔构建了"一云 N 端"的产业架构，将每一类产品都变成互联网终端，并且这些终端具备智能感知、互联互通和协调共享的功能，可以实现人与人、人与家电、家电与家电之间的交流沟通，让用户无论何时何地都能充分享受智能时代的最佳应用服务。

（三）青岛市的发展潜力

1. 智慧城市建设有待加速

智慧城市建设已引起广泛关注，北京、上海、南京、沈阳、成都等城市都相继推出了"智慧城市"发展战略。青岛市在 2012 年已将智慧城市建设写入了政府工作报告，2013 年 10 月被科技部、国家标准化管理委员会确定为国家"智慧城市"技术和标准试点城市。近年来，青岛市从基础建设、产业经济、城市管理、社会民生、资源环境等方面开展了多项智慧城市建设相关工作，现有包括青岛市电子政务云计算中心与灾备中心一体化、医药卫生信息化建设等 7 个示范工程。但由于起步相对较晚，青岛市智慧城市建设与杭州、南京等城市尚有一定差距，其中杭州的智慧医疗、南京的智慧交通和智慧医疗、无锡的智慧旅游都已见端倪，初步达到惠及民生、提升城市品牌影响力的效果，很值得青岛市借鉴。青岛市如能借助 4G 建设和发展的契机，以示范工程等形式，积极整合各类优势资源参与智慧政府、智慧旅游、智慧交通、智慧社区等方面的建设，定将助力经济发展。

2. 虚拟运营商资格有待争取

目前，工信部已密集推出了 2 批共 19 家具有移动通信转售业务运营试点资格的虚拟运营商名单。在第一、二批企业中，北京、深圳等一线城市占的份额较大，但厦门、杭州、苏州等二线城市也已在列。由此可以断定，同为二线城市的青岛，应该也同样拥有取得虚拟运营商的能力和机会。因此，青岛市应当尽快争取在这一方面有所突破，争抢这一新兴市场份额，带动产业链的升级发展。

五、措施与建议

在当前4G商用的重要发展时期,青岛市应以4G网络建设为契机,加快智慧城市的建设,着重在与市民生活息息相关、社会关注度高的领域,实现率先突破。针对青岛市在以4G网络为特征的新一代信息技术的建设及应用中的问题,结合青岛市的发展潜力,提出如下建议:

1. 加强信息基础设施建设,建立信息集成共享机制

进一步加强城市信息基础设施,重点建设物联网、新一代移动宽带网、新型互联网等信息网络平台,从业务、网络和终端等层次有序推进互联网、广电网、电信网"三网融合",构建宽带、泛在、融合、安全的信息基础设施体系。同时发挥政府的引导、整合作用,建立科学有效的信息共享机制,打破各系统独立建设、条块分割和部门分治的局面,促进信息集成共享与互联互通,实现城市发展与经济、社会、资源、环境的协调统一。

2. 加强产业关键技术攻关,促进电子信息制造升级

加强技术创新平台、科技创新综合服务平台建设,大力支持云计算、大数据处理、信息安全、新一代网络终端、光电子器件、高端通用芯片、卫星应用等关键技术项目和企业,提升基础创新能力。通过产业政策引导,发挥龙头企业带动作用,重点发展新型元器件、集成电路、新型显示、卫星导航、机器人、3D打印、通信设备、物联网终端产品等电子信息制造产业。

3. 争取虚拟运营商牌照,带动信息服务业发展

重点在与传统运营商联系紧密的渠道代理商、大型传统零售商以及IT互联网企业中,支持并培育"虚拟运营商",鼓励有条件的企业抓住有利时机,尽早进入这一领域。大力发展基于4G技术的现代服务业,鼓励处于同一产业价值链的运营商、设备供应商、虚拟运营商(服务供应商)共同创新(包括新技术、新业务),支持第三方电子平台建设,促进信息服务、交易服务与物流、支付、信用、融资、检测、认证等服务的协同发展,开发面向下一代网络、移动互联网等的产品和新型增值服务,加强公共信息资源开发利用。

4. 加快智慧城市建设,带动产业优化升级

以政府引导、社会参与、立足产业、发展应用为原则,以信息技术开发和深度应用为着力点,推广面向民生服务、企业发展、城市运行管理的智慧应用,包括智慧城市运行服务平台、综合应急系统、智慧交通、智慧安全生产监管、智慧健康、智慧社区、智慧旅游、智慧制造示范等,推动优势产业升级和智慧产业发展。

参考文献

[1] 林丹. 4G移动通信技术的现状与发展趋势探讨[J]. 科技信息, 2013, 24: 241-241.

[2] 张玉龙,李志峰,赵勋. 对4G移动通信技术应用与发展的展望[J]. 信息通信, 2013, 1: 226-226.

[3] 欧晓君. 浅谈4G未来的发展趋势[J]. 信息通信, 2013, 2: 245-246.

[4] 贺林平. 4G技术与世界同步,商用还差几步[J] 科技智囊, 2013, 9: I0017-I0019.

[5] 孙永杰. 4G来临 终端先行的机遇与挑战[J]——厂商逐鹿4G芯片发展需平衡 终端格局短期难改[J]. 通信世界, 2013, 20: 14-15.

编　写:朱延雄

审　稿:谭思明　李汉清　房学祥

关于进一步发展青岛市大物流产业的建议

随着经济全球化、一体化进程的加快和科学技术的飞跃发展,物流业也进入了大发展的时代,全球现代物流发展新理念层出不穷,物流信息化和国际化发展态势日趋加深,物流业正向着全球化、规模化发展。因此,物流产业已纳入各国政府的未来发展规划之中,成为经济发展的重要组成部分和新的增长点。

当前,我国经济运行中的物流成本较高。世界银行的相关研究报告显示,2012年我国物流效率在全世界重要经济体国家排名第26位,企业物流运行质量低下。这其中最重要的原因是产业间的无序、供应链的松散等,且多数企业都有各自一套"小而全"、信息闭塞的物流系统,往往是旺季忙不过来,淡季又造成大量的人力和设备闲置。同时由于国内物流的社会化程度不高,第三方物流占物流市场的比重尚不足25%,而欧美发达国家已经超过70%,尤其是随着网络购物的发展,流通设施不足的矛盾更加突出。

因此,如何跳出传统"小物流"的层次,建立起大物流的环境及系统,是目前区域物流产业发展所需要解决的根本问题。

一、物流的基本概念

(一)物流的概念

在我国国家标准《物流术语》的定义中指出:物流是"物品从供应地到接收地的实体流动过程,根据实际需要,将运输、储存、装卸、搬运、包装、流通加工、配送、信息处理等基本功能实施有机结合"。

(二)物流的分类

按照不同的标准,物流可作不同的分类,通常有下几种分类方式:

表1　物流的分类

分类标准	内　容
按物流的范畴	社会物流
	企业物流
按发展的历史进程	传统物流
	现代物流
按物流作业的执行者	自营物流
	第三方物流

续表

分类标准	内　容
按物流活动地域范围	地区物流
	国内物流
	国际物流

（三）大物流的定义

大物流是现代物流发展的必然趋势,主要是指企业的自有物流(车队、仓库、人员等)和第三方物流企业的配送信息与资源的共享,以实现更大限度地利用社会各方面的资源,减少物流总支出,降低运营成本。它与宏观物流相一致,涉及的因素不仅较多、复杂,而且涉及的面较广,受到经济社会各方面因素的影响,因此,又被称为社会物流。

社会"大物流"形成之后,企业可以根据需要随时选择购买第三方外包物流服务,将企业自有物流与第三方物流有机合理地配置起来,将完全能够避免物流业重复建设、成本过高、管理混乱的现状。

（四）大物流与其他物流的区别与联系

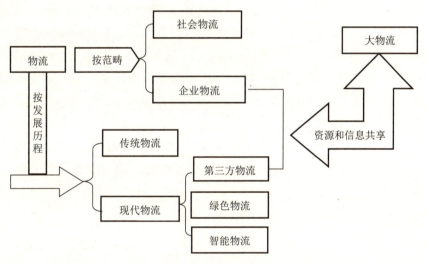

图1　大物流与其他物流的关系

二、全球物流业的发展特点

（一）美国

美国是世界上物流业起步最早、实力最强、技术领先的国家,在全球具有领先地位和优势,无论城市物流,还是物流基础设施的建设和运作,其成功模式都成为各国学习的榜样。自20世纪50年代大力发展现代物流业以来,美国现代物流业先后经历了从强调运输效率到强调综合外包,到强调客户关系和企业延伸,再到强调供应链整合管理的新阶段。

美国的第三方物流市场非常发达,在全球处于领先地位,在第三方物流市场,美国涌现出了一批世界知名的跨国物流企业集团,如 UPS、FedEX、C. H. 罗宾逊全球物流有限公司、莱德系统(Ryder system)公司、万络国际物流(Menlo Worldwide Logistics)公司等。

美国发展现代物流业的成功经验主要包括放宽交通运输管制,鼓励市场竞争;建立密集发达的综合运输网络;重视物流人才培训,物流理论研究与实践紧密结合;重视物流园区建设;加大龙头企业扶持力度等。

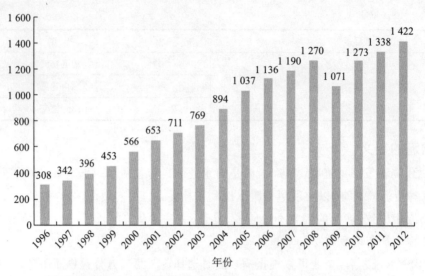

图 2　1996～2012 年美国第三方物流产业市场规模（单位：亿美元）

（二）德国

德国是欧洲的地理中心，也是欧洲最重要的货物转运地，德国现代物流产业的发展在欧洲乃至全球都处于领先地位。德国现代物流业从服务于制造业和国际贸易起步，依托高度发达的交通、通信网络设施和先进的信息技术，逐步发展壮大，形成了独立的复合型服务产业。几年来，德国现代物流业保持了年均 7% 以上的增长速度，远高于德国的 GDP 增速，成为德国经济新的增长点。2011 年，德国约有物流产业企业数 8.8 万家，从业人员超过 190 万人，销售总收入约为 3 700.4 亿美元，同比增长 8.9%，是德国仅次于汽车产业的第二大产业。

德国现代物流业发展主要呈现以下几方面特点：第一，物流园区集聚效应显著；第二，物流龙头企业大而强；第三，广泛应用先进的现代物流技术，信息化、标准化、自动化是德国现代物流产业的一大特点；第四，拥有先进的物流基础设施。

（三）新加坡

新加坡是亚太地区领先的物流和供应链管理中心，新加坡供应链管理系统是世界上最先进的系统之一，物流与供应链相关产业已成为新加坡经济的重要支柱。2011 年，新加坡物流产业占国内生产总值的比重约为 8.0%，行业雇佣员工数量达 20.5 万人。在世界银行 2012 年的物流业排名中，新加坡居世界第一，排在芬兰、德国、荷兰、美国等发达经济体之前。

新加坡现代物流业高度发达主要得益于以下几方面的支持：第一，拥有世界级的基础设施和物流网络；第二，拥有全球领先的物流企业和客户；第三，拥有全球领先的物流业服务效率；第四，拥有物流与供应链管理的先进知识和思想。

（四）日本

日本现代物流产业发展一直处于领先位置。无论是在新技术的应用还是在基础设施的建设上，日本政府和企业都投入巨大的精力以提升物流效率。经过多年发展，日本现代物流产业规模不断扩大，位居世界第三。

日本现代物流业发展主要有以下特点。第一，政府在物流业发展中扮演着重要角色；第二，物流设施信息化程度高；第三，注重提高生产物流管理水平；第四，注重提高物流服务专业化程度。

（五）成功经验

上述国家之所以物流业高度发达，主要有以下经验：一是在宏观政策方面，各国政府都高度重视和大力扶持本国物流业发展,并积极制定各项法律法规及标准来规范其市场竞争秩序,为物流业的发展指明了方向;二是在基础设施方面,各国在基础设施方面都比较完善,为物流业的发展提供了必要的物质基础。

综上所述,目前全球物流业发展趋势有以下几个特点:全球现代物流发展新理念层出不穷;第三方物流成为现代物流业发展重要趋势;物流信息化和国际化发展态势日趋加深。

三、我国物流业发展现状

（一）我国物流业现状

世界银行的相关研究报告显示,2010年、2011年我国物流成本占GDP的比重在18%左右,2008年、2009年则高达21%,而发达国家的这一比重一般控制在8%～10%。2012年国内物流费用总额为9.4万亿元,占GDP比重为18%,比同年世界水平还要高6.8个百分点。

从这些数据对比分析可以看出,我国社会物流总费用占GDP的比重多年来一直持续在18%左右,我们不仅比发达国家高(美国、日本、德国分别是8.5%、8.7%和8.3%),我们跟经济发展水平相当的金砖国家相比也偏高,比印度和巴西分别高5个和7个百分点,这说明中国的物流运作水平依旧粗放。要降低中国企业的物流总支出成本,构建综合化、专业成本更低、配送效率更高的社会化"大物流",已成为现代物流业的发展趋势。

为此,国务院早在2009年3月10日就出台了《物流业调整和振兴规划》(国发〔2009〕8号),明确提出,要做好"统筹协调、改革体制、完善政策、企业重组、优化布局、工程建设等各项工作,促进物流业健康发展"。并同时提出了我国"九大物流区域"划分概念,以打破行业垄断和地区封闭,优化组合全国资源,形成社会化大物流。九大物流区域的详细情况如表2所示:

表2　全国九大物流区域及其中心城市

九大物流区域	区域的中心城市
华北物流区域	北京、天津
东北物流区域	沈阳、大连
山东半岛物流区域	青岛
长江三角洲物流区域	上海、南京、宁波
东南沿海物流区域	厦门
珠江三角洲物流区域	广州、深圳
中部物流区域	武汉、郑州
西北物流区域	西安、兰州、乌鲁木齐
西南物流区域	重庆、成都、南宁

（二）其他省市大物流发展现状

广东、内蒙古、浙江等地区纷纷按照《规划》确定的目标、任务和政策措施,结合当地实际抓紧制订具体工作方案,打破行政区划的界限,推进和加深不同地区之间物流领域的合作,引导物流资源的跨区域整合,逐步形成区域一体化的物流服务格局。具体实施情况如表3所示:

表3 国内省市主要大物流项目

	项目名称	开始时间	项目内容
广东省	智能物流骨干网络	2013年	打造遍布中国各大城市的开放式社会化物流仓储设施,并通过互联网技术"让全中国2000个城市的网购包裹在24小时内送到家门口"
内蒙古	构建承东启西、南联北开的大物流格局	2012年	以打造面向三北的物流通道、打造我国向北开放的国际物流大通道为重点,积极构建承东启西、南联北开的大物流格局
浙江省	大物流整合发展	2012年	建立了国家交通运输物流公共信息共享平台,继续推进"大物流"建设和基础交换网络建设
河北省	最大的物流园	2013年	创新了全省节点和网式分拣配送模式,二期库房面积达到3万平方米,形成集货物流、资金流、信息流三位一体的综合物流园,三期建成后将成为河北省最大的配送物流园
河北省	国内首个物流联盟	2013年	组建跨省域物流企业联盟"中中物流联盟",推动七省区域现代物流业的快速发展

四、青岛市发展大物流的机遇及发展建议

(一)青岛市大物流面临的发展机遇

1. 优越的区位优势和基础条件

青岛地处东北亚地区的中心地带,东临日本、韩国,南北与环渤海经济圈和长江三角洲经济区相接,并通过新亚欧大陆桥连接山西、河南、东北三省等地区,在发展物流产业上有明显的区位优势。

截至2010年,青岛市拥有港口生产性泊位达到102个,开通航线161条。青岛机场飞行区达到4E级标准,开通航线108条。全市公路通车总里程达到16 182千米,高速公路通车里程突破702.6千米。这就形成了以港口为枢纽,铁、公、水、管道、航空多渠道的运输体系,为物流产业的发展奠定了坚实的基础。

2. 青岛市物流业发展现状

截止到2013年,全市共拥有青岛前湾国际物流园区等6个物流园区、西海岸出口加工区物流中心等7个物流中心、7000余家物流服务企业。青岛远洋大亚等7家企业是全国物流百强企业,青岛福兴祥等42家企业被认定为国家A级以上物流企业,青岛海程邦达等4家企业荣获山东省服务名牌,青岛海尔物流成为首家全国物流示范基地,UPS、FEDEX、DHL、TNT等40余家国内外知名物流企业落户青岛市。

2013年前三季度,青岛市物流业实现增加值468.8亿元,同比增长9%,增加值占GDP比重的8.3%,占服务业增加值比重的17.3%。实现社会物流总额20 004.2亿元,同比增长9.3%,增幅同比扩大0.6个百分点,物流业规模持续扩大。社会物流总费用955亿元,占GDP比重16.9%。物流业固定资产投资308.7亿元,增长速度达到17.8%。

2013年12月12日,正式上线运营的青岛市物流公共信息平台,每天可提供4万多条物流供求信息,帮助中小物流企业和物流从业者提供有效的信息交换服务,轻松实现网上交易,将大大减少车辆空驶率和能耗,这将有效推动青岛市物流产业的转型升级。

3. 青岛市发展大物流面临的机遇

(1)政策环境机遇。

国家《物流业调整和振兴规划》将青岛列为21个全国性物流节点城市之一和山东半岛物流区域中心城市;山东半岛蓝色经济区发展规划也提出打造以青岛为龙头的东北亚国际物流中心。

青岛市委市政府对发展现代物流业给予高度重视,先后出台了《关于加快青岛市现代物流业发展的意见》及《青岛市物流业发展推进方案》,紧抓以青岛为核心的山东半岛蓝色经济区建设历史机遇,坚持世界眼光、国际标准,发挥本土优势,以市场需求为导向,以先进技术为支撑,加快构建海港、空港和陆路三大物流系统,优化物流业发展布局,突出物流集聚区建设,着力物流品牌主体培育,积极营造有利于物流业发展的政策环境。

（2）历史机遇。

从国际形势看,全球经济将进入结构再平衡和新产业革命阶段,国际市场的需求结构将面临深度调整,全球产业格局将面临激烈竞争和重新洗牌;从国内形势看,"十二五"是经济发展进入结构优化调整和产业升级创新的关键时期,内外需求结构将面临巨大变化,特别是党的十八届三中全会提出要把加快发展服务业作为扩大内需、培育新的经济增长点和作为转变发展方式、调整经济结构的重要战略举措。

"十二五"期间,青岛出台了《青岛市"千万平方米"物流园区建设推进方案》,将推进"千万平方米"物流园区建设,加快海陆空物流体系和公共信息平台建设,培育、引进一批物流龙头企业。到2015年,实现全市物流业增加值达到1 000亿元,占全市生产总值的比重提高到11%以上。目前,青岛8大物流园区、12个物流中心和8个配送中心,以及总投资230亿元的"千万平方米"物流园工程和30余个投资过亿元的物流大项目,进展顺利。这些都为物流产业的升级创新提供了难得的发展机遇。

4. 青岛市物流业存在的问题

虽然青岛市的物流业发展迅速,但仍然存在一些问题。

（1）物流企业"小、散、弱"问题突出。全市物流企业中民营企业较多,大部分企业规模偏小、资产总额较小、信息化程度不高、利润率较低。同时,全市第三方物流企业仅占企业总数约15%,第四方物流刚刚起步。

（2）制造业物流剥离外包进程缓慢。全市大部分制造企业"小而全"思想严重,物流外包意识淡薄,物流效率低,物流管理普遍粗放。专业物流企业和制造业还没有形成良性互动和融合发展。

（3）物流企业现代物流人才缺乏。物流行业从业人员综合素质较低,缺少专业的物流管理人才和运营操作人才,具有国际化视野的物流高级管理人才相当匮乏。

（二）发展建议

1. 建立和完善现代物流业发展的环境

首先,建立具有电子物流、电子商务、电子政务以及物流咨询等功能的信息资源共享的全市和园区物流公共信息平台。其次,加快海、陆、空港三大物流体系建设,即:发展能力强大、功能健全、服务完善和安全高效的港口物流体系,建设设施先进、功能完备、服务高效的航空物流体系,建设方便快捷、安全通畅、服务一体化的陆路物流体系,形成服务山东、辐射周边、面向国际的国家级物流枢纽节点和一流的国际性物流枢纽城市。

2. 制定、完善推动制造业与物流业联动发展政策

目前,推动青岛市两业(物流业和制造业)联动发展的政策还不完善,大多数物流企业物流服务质量无法满足制造业需求,发展缓慢、行业标准不统一。因此,必须建立、完善并落实两业相关扶持政策,优化两业联动发展环境,发挥行业协会作用,促进沟通和交流,创新合作模式,降低合作成本,创新增值服务,完善供应链,推广物流标准化,为两业联动提供基础。

3. 加大财政税收政策扶持力度促进物流发展

以补助或股权投资方式支持物流业应用新技术、新运输组织方式、公共服务平台项目和集聚效应明显的物流基础设施建设项目。在财政政策上培育和扶持第三方物流企业,鼓励多元化投资主体进入物流市场、进入第三方物流企业,培育大型第三方物流集团公司和大型物流企业,提高现代物流服务供应能

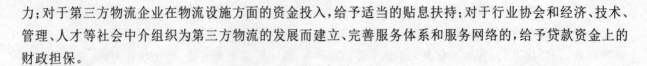

力;对于第三方物流企业在物流设施方面的资金投入,给予适当的贴息扶持;对于行业协会和经济、技术、管理、人才等社会中介组织为第三方物流的发展而建立、完善服务体系和服务网络的,给予贷款资金上的财政担保。

参考文献

[1] 庞彪. 马云的"大物流计划"[J]. 中国物流与采购, 2013(5):48-52.

[2] 浙江省强势推进"大物流"整合发展[J]. 2012(9):76.

[3] 范珍. 基于理论构建及战略实践视角的大物流研究[J]. 价格月刊, 2012(6):62-65.

编　写:孙　琴　刘　瑾
审　稿:谭思明　管　泉

动力型锂离子电池专利发展态势研究及对青岛市的发展建议

一、锂离子电池技术概述

动力型锂离子电池上游关键技术涉及电池正极、负极、电解液和隔膜,其占电池成本的70%左右。中游关键技术涉及电池单体和电池成组技术。

正极材料不仅提供正负极嵌锂化合物往复嵌入、脱出所需要的锂,而且还负担负极材料表面形成固体电解质界面膜所需的锂。正极材料主要包括钴酸锂、镍酸锂、锰酸锂、磷酸亚铁锂以及镍钴锰三元材料等。

负极材料活性成分和活性颗粒尺度、形貌以及电极构成形式直接影响和限制着电池系统的电化学性能和应用范围。目前锂离子电池使用的负极材料有碳材料负极和非碳材料负极。非石墨类负极材料主要包括硅基材料、钛酸锂和锡基材料等。

电解质(电解液)是锂离子电池重要的组成部分之一,起着传输锂离子、沟通正负极的作用,电解质溶液对电池的安全性和使用寿命是至关重要的。常规的电解液体系中,有机溶剂以碳酸酯为主,锂盐主要是六氟磷酸锂($LiPF_6$)。

隔膜的主要作用是使电池的正、负极分隔开来,防止正负极接触而短路。锂离子电池隔膜材料主要有聚烯烃类、高分子材料、无极材料等。

电池单体涉及的技术主要包括电池的装配过程、充放电测试和防止老化等。

电池组技术涉及电池组系统、电池组结构、温度控制、电池充放电、电池测试等,目前研究的更具有通用性的电池管理系统(BMS)已经成为电动汽车关键的技术之一。

二、动力型锂离子电池产业概述

(一)动力型锂离子电池产业链构成

动力型锂离子电池的制造经历电池材料、电芯、电池模组、电池包四步环节,其产业链构成如图1所示。上游主要是正极材料、负极材料、电解质、隔膜等关键原材料的制备;中游包括锂电池制造和电池组集成,涉及电极板制作、电池芯封装、充放电以及安全性能测试、电池成组集成、电池组性能测试、电池组保护装置等环节;下游为锂电池在电动车、电动工具以及大功率器具等的应用。

原材料制备	电芯制造	电池组集成	终端应用
正极材料	电极板制作	电池模块成组	电动汽车
负极材料	电池芯封装	电池组性能测试	电动自行车
电极基材	充放电测试	电池组安全保护	电动工具
隔膜	安全性能测试	电池管理系统	大功率器具
电解质等			

图 1　动力型锂离子电池产业链构成

（二）动力型锂离子电池市场分析

近几年来,在欧美国家一系列优惠政策的激励下,使用锂离子电池的各类电动汽车数量日益增多。Frost & Sullivan 的报告中相关数据表明,2010 年,从全球使用锂电池的混合动力和电动汽车的销售情况来看,欧洲市场占据了 48.2% 的最大份额;北美市场紧随其后,市场份额达到 41.4%;亚太地区市场份额最小,仅为 10.4%。其中,值得注意的是,尽管亚太地区聚集了日韩两国多家锂离子电池制造商,许多国家也出台了相应的激励政策,但装有锂离子电池的各类电动汽车的市场接受度却不如北美地区和欧洲地区高。欧美地区的电动车市场发展较为成熟,相比之下,亚太地区市场处于起步阶段,未来一段时期内具有较大的增长空间,市场购买潜力较大。

三、动力型锂离子电池专利分析

采用 TI 德温特专利数据库和国家知识产权局中国专利数据库,结合关键词、IPC 分类、德温特手工代码的方法进行专利数据采集。截至 2014 年 6 月 30 日,共得到德温特专利族 14 777 项,中国专利 5131 件,青岛专利 100 件。分析工具上,综合应用了汤森路透公司的 TDA、Thomson Innovation、Innography、Incopat 以及国家知识产权局出版社专利分析软件等工具。专利分析结果如下:

（一）全球动力型锂离子电池专利分析

1. 产业研发处于高速发展时期,具有步入成熟期的迹象,行业进入门槛提高

图 2 揭示的是动力型锂离子电池全球专利的年度变化趋势。考虑到专利从申请到公开需要 1 年半至 3 年的时间,因此图 1 中的数据截止至 2012 年。可以看出,全球专利申请大致经历了以下三个阶段:第一阶段技术萌芽期(20 世纪 90 年代中期之前),在此期间,每年的专利申请数量只有几件;平稳增长期

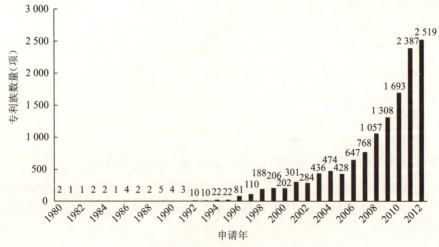

图 2　动力型锂离子电池全球专利申请趋势

（20 世纪 90 年代中期至 21 世纪初），这一时期,全球专利申请量平稳增长,日本和美国在申请和研发方面独占鳌头;快速增长期(21 世纪初至今)这一时期全球申请量快速增长。

图 3 为动力型锂离子电池全球专利技术生命周期图,横坐标为申请人数量,纵坐标为专利族数量。动力型锂离子电池经历了 1970～1995 年的技术萌芽期,1995～2010 年的技术成长期后,在 2011 年,出现了申请人数量降低的趋势,在 2012 年出现了申请人数量明显减少的现象,且专利申请数量与 2011 年相比有所下降,这说明动力型锂离子电池有进入技术成熟期的迹象,表明日前技术竞争趋向激烈,行业进入门槛不断提高。

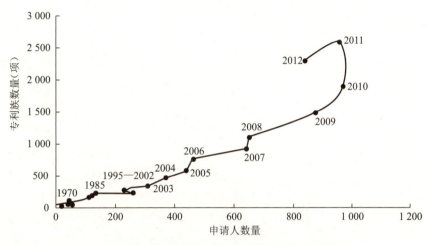

图 3 动力型锂离子电池全球专利技术生命周期

2.技术发展均衡,电池组系统管理、隔膜技术略显热门

动力型锂离子电池技术分为 5 大类,分别为电极、隔膜、电解液、单体和电池组。其中单体和电极的专利规模最大,分别占到总数的 42％和 37％,其次为电池组,专利数量最少的是电解液和隔膜。这 5 项技术随年代都呈现增长的趋势,其中有关电极和电池单体的专利增长速度最快。图 4 绘制了产业技术研发重点的专利地图,山峰表示专利技术的集中区,山峰色度越浅,专利越密集。可以看出,动力型锂离子电池技术中的电池组温度控制、电压电流监测、电池单体制作、电解质(电解液)技术、隔膜技术以及电极技术是产业研发的重点。

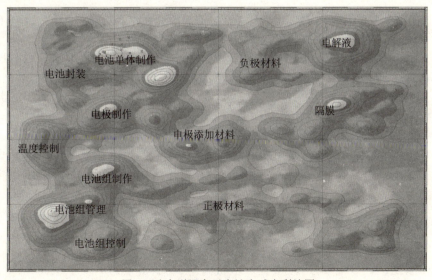

图 4 动力型锂离子电池全球专利地图

3. 日本引领产业技术,美、韩、中、德紧随其后

动力型锂离子电池技术主要集中在日本、美国、德国、中国及韩国。日本基本上垄断了大部分的产业技术,优先权专利数量占总数的65%。日本与美国专利起步早,德国、中国、韩国情况类似,起步略晚,近年来发展速度较快。日本、美国、德国、韩国注重市场布局,同时申请了大量的PCT专利,而中国主要针对本国市场,在国外市场很少有专利布局。图5为主要领先国家专利全球布局优先权和公开国。专利优先权所属国的专利数量可以反映各国在该领域的技术实力,专利优先权所属国的专利数量可以反映各国在该领域的技术市场布局。

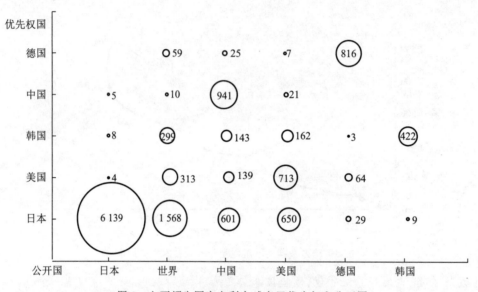

图5 主要领先国家专利全球布局优先权和公开国

4. 日本厂商为行业创新和竞争主体,韩国厂商发展迅猛

企业综合竞争力评估方面,根据Dialog Innograph专利分析平台提供的分析模型,给出了企业竞争力六要素分析图。其中,横坐标代表企业技术竞争力,涉及的参数包括企业的专利数量、专利分类数量、专利被引次数;纵坐标代表企业实力,涉及的参数包括营业收入、专利布局、专利侵权情况;气泡大小表示专利数量。可以看出:丰田汽车位于图6中的第I象限,说明在动力型锂离子电池行业中该企业综合实力最强。其次是松下电器、日立、日产汽车、东芝,位于第IV象限,说明这些企业在技术竞争力方面较强,但在企业实力方面,略微逊色。韩国LG化学、韩国三星SDI、德国博世等企业位于第III象限,在企业技术竞争力和企业实力方面稍微落后。中国专利数量位列第4位,但企业竞争力六要素分析中却没有中国企业上榜,说明在企业技术竞争力以及企业实力方面均落后于日本、美国、韩国与德国。

(二)中国动力型锂离子电池专利分析

1. 专利申请起步晚,发展速度快

图7给出了动力型锂离子电池中国专利申请趋势及专利增长率变化图。条柱代表中国专利的申请量,曲线代表中国专利的增长率。可以看出,中国专利的申请趋势基本与全球相当,但起步晚,2002之后才具备发展规模,此后呈现快速发展趋势。中国专利申请的增长率基本保持正增长,近年来趋于平稳,说明技术也趋向成熟。

2. 电极技术占据主导地位

中国锂离子电池技术中,电极专利占据总专利数量的54%,其次为单体占据28%,电池组、隔膜和电解液所占比例较少,目前呈增长趋势。

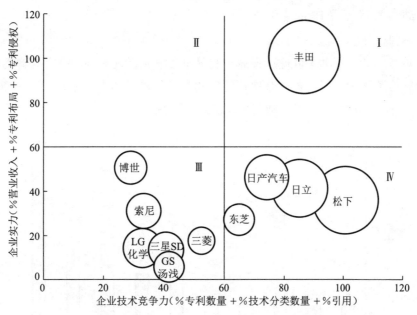

图6 动力型锂离子电池全球专利竞争力六要素分析图

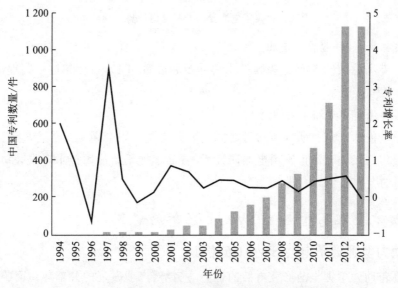

图7 动力型锂离子电池中国专利发展趋势及增长率

3. 国外企业重视在华专利布局, 广东技术领先全国

国外在中国布局的专利数量占总数的22.5%, 涉及的国家主要有日本、韩国与美国。中国相关专利最强的区域集中在广东、江苏、浙江与北京, 占总数的41.6%, 接近一半。国内各省技术分布差别不大。

4. 中国厂商数量多但分散, 且部分集中在科研院所

中国专利数量5件以下的企业占据了中国专利的90%, 由此可见, 中国相关厂商数量虽多, 但是分散, 在动力型锂离子电池领域, 尚未形成有国际影响力的企业, 且部分集中在科研院所。

5. 来华专利逐年递增, 日、韩、美、德加强在中国专利布局

来华专利数量基本呈现逐年增加的趋势, 主要的专利权人集中在日本、韩国与美国。来华专利技术重点在电极和隔膜, 目前在电池组和单体领域的专利布局较少。国内企业应抓住这一契机, 通过追踪电池组和单体领域的研发动向, 有针对性地选取研发重点, 加大研发投入并进行专利申请。

（三）青岛动力型锂离子电池专利分析

1. 专利规模小,起步晚

青岛锂离子电池相关专利共 100 件。青岛专利最早的申请时间是 2003 年,为青岛市家用电器研究所与青岛澳柯玛新能源技术有限公司联合申请的复式卷芯锂离子动力电池专利。在 2008 年之前,每年专利的数量在 2～3 件。2009 开始,专利数量出现增加,详见图 8。

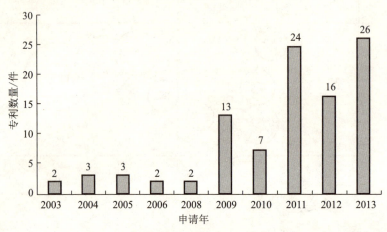

图 8　锂离子电池青岛专利申请趋势与规模

2. 电极技术占据主导,隔膜技术突出

电极技术占据专利总数的 53%。隔膜技术占据专利总数的 19%,远超过中国锂离子电池隔膜占总数的 4%。

3. 生物能源所与海霸为专利主要申请人

中科院青岛生物能源与过程研究所与青岛海霸能源集团有限公司集中了青岛锂离子电池领域的主要专利。其他主要申请人如青岛市家用电器研究所、青岛澳柯玛新能源技术有限公司、青岛乾运高科新材料股份公司申请的专利已全部失效。

四、青岛动力型锂离子电池 SWOT 分析及建议

（一）青岛动力型锂离子电池 SWOT 分析。

综合分析青岛市动力型锂电池产业内部的优势与劣势、产业发展的外部环境面临的机会与挑战,得到 SWOT 分析,详见表 1。总体来看,青岛市在发展动力型锂离子电池产业方面具有一定的产业基础,发展机遇与挑战并存,机会多于威胁,优势大于劣势。

表 1　青岛市动力型锂电池产业 SWOT 分析

优势（S）	劣势（W）
拥有两个较大在建动力型锂电池生产项目 　在正极材料制备方面已具有一定自主知识产权,形成了一定产业规模 　石墨资源丰富,生产负极材料具有资源优势 　在隔膜方面具有一定的自主知识产权 　地方政府支持	现有企业规模较小,资本和技术实力相对薄弱,专利较少,研发水平较低,专利集中在科研单位 　仅有锂电池正极材料实现产业化,动力型锂电池产业链不完整,尚未形成单体电池及电池组的生产能力 　缺乏本地电动汽车企业的带动
机会（O）	挑战（T）
电动汽车得到国家高度重视,动力型锂电池市场前景看好 　青岛市成为电动汽车试点城市,动力型锂电池市场需求旺盛	行业顶级领军人才多来自日韩,国内主要分布在广东 　国际大厂以标准争夺行业话语权 　国内众多省市纷纷开工锂电池项目,发展过热,存在产能过剩危险

（二）对策建议

针对青岛市目前动力型锂离子电池产业存在的创新主体专利申请量少,产业分散,创新资源不足等现状,提出如下发展建议。

1. 构建完善动力型锂离子电池产业链

青岛市动力型锂离子电池正极材料企业乾运高科和新正锂业已积累了较成功的产业化经验,三菱化学投资的青岛雅能都化成有限公司一期项目已经竣工;中科院生物能源所、青岛大学与青岛科技大学在隔膜、电极领域具有技术实力较强的研发团队和数量较多成果产出。

建议有关部门应加大锂离子电池在电动汽车及储能方面的推广应用力度,实现青岛市锂离子电池产业化,构建拥有核心技术和自主知识产权的动力型锂离子电池产业链,通过财政金融等政策引进上游锂离子电池材料生产、下游电动汽车等应用企业,形成有特色、有竞争力的产业集群,提升价值链,推动产业向高端发展,提高锂离子电池产业的整体竞争力。

2. 不断完善相关行业标准体系

鼓励和推动青岛市锂离子电池企业尽快建立新能源汽车、锂离子动力电池等新能源产业的行业标准体系,不断完善锂电池基础标准和产品标准,规范锂电池的生产、监管及市场运作。职能部门尽快确定锂电池产业发展方向,指导锂电池产业健康发展。界定职能部门在锂电池产业管理中的职能范围和权限,各司其职,避免多头管理,提高监管效率。发挥行业协会的协调组织作用,加强行业协会职能,定期组织大型生产企业就行业发展中存在的问题进行交流沟通,及时向政府部门反映行业困难,协助政府推动锂电池行业发展,维护行业利益,促进市场公开公平竞争。

3. 突破动力型锂电池关键技术制约

目前国外来华专利在电池组和单体领域的专利布局较少。青岛企业应抓住这一契机,通过追踪电池组和单体领域的研发动向,有针对性地选取研发重点,加大研发投入,实现关键技术突破并进行专利保护。要加大锂离子电池自主创新、集成创新和引进消化吸收再创新力度,突破动力型锂离子电池成组应用技术的制约,为动力型锂离子电池产业化扫除技术障碍。

此外,青岛市在隔膜技术领域已具有一定的研究优势,因此应进一步加大对隔膜核心关键技术产学研合作的力度,集成和共享技术创新资源,力争取得隔膜领域共性和关键技术问题突破,提升产业自主创新能力。在动力型锂离子电池电解液专利申请方面青岛市尚存在空白,但青岛市企业在普通蓄电池电解液方面有7件专利,建议通过积极推动知识产权清零工程,组织有关企业创新攻关填补专利技术在该技术领域的空白。

4. 培育和引进产业技术人才及团队

在动力型锂离子电池创新资源方面,青岛与国内排名前列的北京、上海等省市差距较大,且主要申请人为科研单位,成果转化效率低。建议要特别重视加强人才团队的引进和培育,并加强与国内外相关企业及研究机构的交流合作。全球专利分析表明,近3年来,美国A123系统公司、德国LI-TE公司、日本富士电化学公司等企业没有专利公开,同时,新出现了韩国第一毛织株式会社等专利申请人。青岛市企业与研究机构应加强对上述企业的交流合作,充分利用全球创新资源,在更高起点上推进自主创新。

5. 积极布局突破专利壁垒

在动力锂电池技术领域,日本、韩国和美国的境外企业已经在华进行了大量的专利布局,而国内企业申请PCT专利量少,青岛市在动力型锂离子电池技术领域申请国际专利的数量屈指可数。因此,为了应对跨国企业在华的专利战略,相关部门应指导和帮助青岛市企业分析在华跨国企业的技术发展路线,监控国际领先企业的专利布局动态,支持企业加强自主知识产权技术研发,开展专利预警研究,制定专利保护战略,实现专利壁垒的突破。

6. 完善青岛市电动汽车配套设施

国务院办公厅发布《关于加快新能源汽车推广应用的指导意见》，为青岛市发展新能源汽车提供了契机。目前青岛市新能源汽车以电动公交车的示范运行为主，家用新能源汽车消费尚未形成成熟市场。目前限制新能源汽车应用的主要因素之一是充电站（桩）等城市配套设施缺乏，因此建议青岛市尽快完善新能源汽车的配套设施的规划建设，推动新能源汽车消费，实现节能减排、保护环境的目标，实现宜居青岛建设的目标。

参考文献

[1] 郭伟春，付艳恕，王丹，等. 车载锂离子电池放电性能影响因素研究[J]. 电源技术，2013，37（3）：372−375.

[2] 赵建庆，何建平. 动力型锂离子电池正极材料 LiFePO₄ 的改性研究[J]. 化学通报，2011，74（3）：238−243.

[3] 卢星河，郑立娟，崔旭轩. 动力型锂离子电池的研究进展[J]. 化工新型材料，2010，（3）：41−43.

[4] 郑立娟. 动力型锂离子电池导电剂的研究及展望[J]. 现代化工，2009（9）：88−91.

[5] 李哲，仝猛. 动力型铅酸及 LiFePO₄ 锂离子电池的容量特性[J]. 电池，2009，39（1）：26−28.

[6] 木易. 以纯电动车为核心的"电动技术产业"正在兴起——中国工程院院士杨裕生专访[J]. 新材料产业，2008，（12）：13−15.

[7] 李滨滨，谷亦杰，陈永翀，等. 正极材料镍锰酸锂的制备研究进展[J]. 新材料产业，2008（11）：63−66.

[8] 王希文. 掺杂氧化镍锰钴锂材料的动力型锂离子电池[J]. 电源技术，2008，32（5）：302−305.

[9] 唐琛明，王兴威，沙永香，等. 动力型 18650 锂离子电池的过充电性能[J]. 电源技术，2007，31（11）：885−887.

[10] 余国华. 大容量动力型锂离子电池的研制与生产[J]. 电池工业，2007，12（2）：78−84.

编　写：王云飞　初志勇

审　稿：谭思明　管　泉　赵　霞

世界海洋园区发展经验与对策建议

一、世界主要海洋园区情况

全球海洋园区的发展主要呈现出如下特征：一是大多依托园区附近密集的高校、院所等智力资源建设，园区发展与智力资源形成良好互动；二是园区所处的区位、交通优势明显，基础设施发达，多数园区依托或靠近重要海岛、海湾、港口或河口；三是园区致力于发展海洋新兴产业，港口、临港工业、渔业的转型发展趋势明显；四是重大的军工、能源、交通开发项目助推园区发展。详见表1。

表1

海洋园区		发展现状	
		产业领域	主要特征
北美	美国波士顿海洋产业园	深海装备、海洋生物医药、船舶电子装备等	依托密集的高校、院所等智力资源，周边拥有伍兹霍尔海洋研究所（WHOI），还有麻省理工学院、哈佛大学、波士顿大学等110多所大学
	美国圣迭戈及加州地区	修造船、船舶装备、海洋探测监测设备、电子信息、海洋生物医药等	依托密集的高校、院所等智力资源，周边拥有美国斯科里普斯（Scripps）海洋研究所，蒙特利海湾研究所，海洋仪器公司TRDI公司以及斯坦福、伯克利等10所大学
	美国休斯敦地区	海洋工程及海洋石油开采	产业基础雄厚，研究机构密集，周边智力资源丰富，至少有1 500家休斯敦本地公司活跃于海工相关领域；美国50%的海洋研究机构在该市设有总部；22家全球500强企业总部设在该市，周边有休斯敦大学、莱斯大学等多所工程技术类高校以及美国船级社（ABS）、国际海洋工程师协会（IAOE）等重要行业组织
	夏威夷	海洋热能转换、海洋生物、海洋矿产、海洋环境保护等领域	依托大型研究机构，以夏威夷自然能实验室（NELHA）为核心，开展相关研究和技术开发
	加拿大思波特海洋产业园	港口物流、海事修理、机械、电子、油气等临港加工业及文化产业	依托港口，区位优势明显
	加拿大穆尔格拉维海洋产业园区	—	良好区位，交通便利，园区附近有悉尼（Sydney）和哈利法克斯（Halifax）两个港口

续表

海洋园区		发展现状	
		产业领域	主要特征
北美	加拿大温哥华海洋科技园区	信息技术、交通技术、无线电、新媒体、生命科学、环境技术、动力技术、能源和海洋技术	拥有良好区位,交通便利,与温哥华、西雅图、波兰特、旧金山和其他太平洋地区等地交通连接非常方便
			依托集聚的智力资源,所在城市聚集了三所地方世界级专科学校:维多利亚大学,卡莫森学院和皇家大学
欧洲	法国布雷斯特高科技园	海洋环境、海洋能源开发、军舰修造及配套、海洋微生物技术、海洋渔业、海洋通讯、海洋探测设备	良好区位,是法国重要的军港和商港
			人才、研发机构集聚,布雷斯特市集中了法国 50% 以上的海洋科研人员和机构
			大企业集中,小企业集聚,园区集中了泰雷兹、DCN、威立雅、道达尔等大型企业和 XSEA、PLASTIMO、MARTEC、ECA 等中小企业
澳大利亚	弗雷泽海岸海洋产业园	游艇和轻型船只的制造和配套,500吨以上的船只的维护和修理,以及其他如项目管理和工程设计等服务	配套设施完善,附近的马里伯勒市、铁罐湾和伯努瓦湾在传统上为游艇业提供了一系列配套措施
	布里斯班海洋产业园	修造船、海洋运输及物流服务、临港加工	良好区位,园区坐落在赫曼特市的布里斯班河
中国	天津塘沽海洋科技工业园	海洋石油综合服务研发,海洋石油工程研发、设计和施工,水电工程设计,海洋信息服务	园内基础设施优良,创新创业服务体系完整
	浙江舟山海洋产业集聚区	海洋科学城重点发展现代服务业和船舶工业、海洋工程装备、临港装备、海洋生物、港口物流、现代渔业	
		海岛开发则以现代港口物流业、临港装备制造业、船舶修造、船舶配套、海水综合利用、海洋新能源、现代远洋渔业、海洋休闲度假旅游业等产业为主	
	上海长兴海洋装备产业园	船舶修造、海洋工程配套	依托大型产业基地,与长兴岛南岸的船舶、海洋工程装备及港口机械的总装基地相邻
			政策扶持,被评为"国家新型工业化产业示范基地(船舶与海洋工程)"、"国家船舶出口基地"
	广西北海海洋产业科技园	水产种业、海水高效健康养殖业、南珠产业、水产品精深加工及贸易物流业、海洋生物技术高新产业、海洋农业观光旅游与休闲渔业	拥有可以辐射北部湾地区及东盟国家的良好区位

二、美欧园区发展经验借鉴

(一)美国波士顿地区

波士顿位于美国东北部大西洋沿岸,是美国马萨诸塞州的首府,拥有 370 多年历史,波士顿曾经是一个重要的航运港口和制造业中心。目前,波士顿是美国仅次于硅谷的第二高科技产业重镇,其科技创新水平在当今美国首屈一指。2010 年,波士顿实现 GDP 3 136 亿美元,同比增长 4.8%,增幅位居美国前列;人均 GDP 达 68 900 美元,高于美国平均水平。波士顿以占马萨诸塞州 9% 的人口,创造了 23% 的总产值,贡献的税收份额达到了 19%,提供的就业岗位占整个州的 16%。波士顿在科技创新方面具有如下的经验:

1. 良好的科教资源和丰富的人才资源

波士顿地区有 100 多所大学,在校生超过 25 万名,包括哈佛大学、麻省理工学院(MIT)、波士顿大学、东北大学等一大批世界级名校。波士顿庞大的大学群是影响该市和整个区域经济发展的主要因素。有研究表明,麻省理工学院等 8 个研究型大学仅在 2001 年就为该地区经济贡献了 740 亿美元,为 48 750 名大学教员和其他 3 700 名各类人才提供了工作机会。此外,波士顿拥有高度密集的创新人才资源,年轻人和受过高等教育的人群比例位于全美国前列。

麻省理工学院对波士顿及其周边的 128 号公路地区的科技发展影响最大,其发明占波士顿地区所有大学发明的一半左右。2000 年,麻州有 1 065 家公司是由麻省理工学院教授参与,或由其毕业生创办的,年销售额达 530 亿美元。128 号公路两旁高技术产业区内的公司,有 70% 是麻省理工学院的毕业生创办的,IBM、ATT 等公司有许多高层领导也都是麻省理工学院毕业生。

2. 传统产业转型成功,高技术产业正蓬勃发展

波士顿拥有世界著名的天然良港,可容最大客、货巨轮直接驶入港内,年吞吐量达 1 200 万至 2 000 万吨;地铁是美国第一个地下快速运输系统,现已扩展到 65.5 英里;波士顿罗根国际机场,与国内外 230 个城市通航,每年可承载旅客流量达 3 000 多万人。

波士顿产业经历了从以制造业为主向以服务业为主的高级化过程,20 世纪 90 年代以来,软件、电子通讯、医疗、金融等成为主导产业,被誉为"美国科技高速公路"的 128 号公路地区,聚集了 2 700 多家研究机构和技术型企业。

目前,波士顿高科技公司雇员达 20 多万,约为整个都市区域雇用人员的 13.5%。其中,软件类企业有 2 000 余家,从业人员达 10 多万,年产值超过 100 亿美元,占美国的 10% 左右。无线通信类企业有 200 多家,机器人制造企业 80 多家,多媒体游戏企业 70 多家。

波士顿还被认为是美国五大生物谷之一(其他为旧金山、马里兰、奥斯汀、北卡三角地区),聚集着 500 多家生物技术公司,全球新药的研发有近 1/10 以波士顿为基地,波士顿地区在生物领域的研发投入居全美首位,生物技术公司研究和开发实力上居第 2 位,生物学博士数量居第 2 位,波士顿每年从国家健康协会得到的资金居首位。

3. 完善的创业设施和优秀的创业文化

目前,在波士顿地区的主要大学周边都建有各类孵化器,如麻省理工的生物产业孵化器影响较大。有很多孵化器也是由政府直接投资,如麻州南部有一批印染厂房,政府投入几百万改造成了孵化器,统一购置了一些共享仪器设备,并联合了一些银行家、投资家、经理人及大学教授等为入孵企业服务,促进企业成长。

与高科技产业伴生的金融业和保险业是波士顿的重要产业,占全美金融服务的 27%。以共同基金著名的富达投资就以波士顿为主要基地,此外波士顿还拥有一批美国知名银行的地区总部,如美洲银行和王者银行等。波士顿的风险资本投资居全美第二位,美国第一家现代意义上的风险投资公司——"美国研究与发展公司(ARD)"就诞生于此。在波士顿地区,聚集了 40 余家专门从事高技术风险投资的公司,100 多名专门投向初创科技企业的天使投资人,超过 10 个天使投资联盟,这些天使投资人往往由成功企业家、高级经理人组成。在麻州的 2 000 余家软件企业中,有 32% 的企业有风险资金注入。正是在风险投资的推动下,美国中小科技企业得以飞速成长,风险投资成了助推美国高新技术产业发展的动力引擎。

长期以来,波士顿形成了一种鼓励创新和自由思考的创新文化和社会氛围。在过去十年里,波士顿地区的科技发明,2/3 是由各大学完成的,大学教授、研究人员,乃至在校学生都积极创办高科技企业,技术入股、公司兼职蔚然成风。波士顿人认为,高科技企业必须要有专利和创造发明,大学一定要有一流的教职人员,有一支善于创新的队伍,否则即使政府建好科学园交给他们也无济于事。

在法律环境方面,波士顿已经建立了一套完整的知识产权法律体系,通过对其知识产权在全球范围内实施保护,为企业和个人营造了良好的创新环境。

4.政府及非政府组织的作用

在促进高科技产业发展方面,美国联邦政府、麻州政府和波士顿市政府都有相应的扶持政策。联邦政府政策主要包括三个方面:一是鼓励加大科技研发,通过提高 R & D 费用扣除标准,提高设备折旧率来加速高新技术企业收回投资;二是风险投资税收抵免,如对风险投资所得的 60% 免税,其余的 40% 减半征收所得税,企业为建立非营利性科研机构提供的资金免交所得税;三是对符合其产业政策的企业产品实行保护性购买政策。麻州政府和波士顿市政府则从高等教育和扶持新兴产业入手,实施了一系列政策。如麻州政府为促进生物产业(含生物工程、医药)发展,设立了 10 亿美元的专项扶持资金,支持高等院校开展相关技术研发,并以税收优惠形式支持生物企业发展;麻州政府还设有新技术产业发展基金,吸收部分私人资金和创投基金参与,对高科技企业给予低息贷款支持。波士顿市政府还通过房地产税优惠等政策扶持中小企业发展,对生物产业通过基础设施建设、研发费用补助等给予支持。

在波士顿经济和社会发展中,非政府组织(NGO)作为一支特殊的力量起到了不可替代的作用。这些组织大部分与政府关系十分密切,很多都是从事政府导向的工作,有些组织的资产甚至直接来自政府,但是其绝大多数都属于非营利性组织。其中有代表性的包括:麻省技术领导委员会(Mass Tech Leadership Council),一个非政府性的高技术产业促进组织,其宗旨是促进中小科技企业发展从而促进就业,主要职能包括协助政府完善产业政策,促进新技术的宣传推广,帮助企业开拓全球市场,开展知识产权保护,帮助引进新的高技术企业等。麻州发展公司(Mass Development),是由麻州土地银行和工业资产公司联合创立的金融性的非政府组织,主要帮助政府开展经济规划以及为科技企业融资。该组织建立了再发展基金、新技术基金及文化设施基金,这些基金的投资对象必须符合政府导向。多切斯特海湾经济发展公司(Dorchester Bay Economic Development Corporation),是由联邦政府、州政府和企业联合出资组建,主要职责是帮助政府发展社区经济及运作廉租房。除此之外,波士顿地区还有麻州港务协会、麻州经济技术咨询委员会等一大批非政府组织,它们从不同的角度为当地的产业发展和社会进步服务。非政府组织的存在及其作用的发挥,是市场经济条件下弥补政府职能和市场失灵的一种十分有益的途径,也是高新技术产业发展十分有益的环境依托。

(二)法国布雷斯特地区

布雷斯特市位于法国西北部沿海布列塔尼大区菲尼斯泰尔省,是法国重要的军港和商港,也是著名的海洋科研和帆船运动城市,人口 38 万(含周边地区)。布雷斯特在科技创新方面的具有如下的经验:

1.海洋科研资源聚集

布雷斯特市集中了法国 50% 以上的海洋科研人员和机构,其中包括法国海洋开发研究院、法国国家科学研究中心、内陆水域生物地理中心、法国保罗-艾米尔-维克多极地学院、发展研究学院、海藻研究及推广中心、法国气象中心等研究机构,也有 Lanvéoc 海洋学院、布雷斯特国立军事工程学校、西布列塔尼大学、南布列塔尼大学、雷恩一大、国立民用航空学校、布雷斯特国立工程师学校、高等技术工程师学校等高校。

法国海洋开发研究院是法国的国家海洋研究机构,于 1984 年 6 月由原在布雷斯特的法国国家海洋开发中心(CNEXO)和南特海洋渔业科学技术研究所(ISTPM)合并而成,简称 IFREMER。研究院在全国设有 5 个海洋学研究中心、24 个台站、72 个实验室和研究室。5 个研究中心为:布雷斯特中心(即布列塔尼海洋科学中心),滨海布洛涅中心(以水产研究为主),南特中心(即南特海洋渔业科学技术研究所),土伦中心(即地中海海洋科学基地),塔希提中心(即太平洋海洋科学中心),分别从事海洋科学和技术研究。这些机构自建立以来,在海洋生态、渔业、水产养殖、潜水技术的研究等方面取得了很大成就。该院拥有包括"让·夏尔科"号在内的海洋调查船 13 艘,以及"赛纳"号等潜水器。

1991 年欧洲太空局(European Space Agency)与法国海洋开发研究院合作在布雷斯特建立 ERS 卫星

数据存储和处理中心 CERSAT(Centre ERS d'Archivage et de Traitement),主要负责在欧洲太空局科学规划下处理来自 ERS-1 和 ERS-2 卫星中的数据。随着 CERSAT 的建立,布雷斯特也就成了一个处理和保管数据和图像的主要基地。同时也使得布雷斯特成为了国家宇宙科学研究者们的基地,其高质量的研究得到了刚创建的欧洲海洋研究学会的肯定。在这里,科学研究者们可以从事大量不相关事物的调查研究,从海洋地球物理学到海岸筹划,从石油开采到海洋法,从植物生理学到海洋技术等等。

2. 产业发展向科技型园区集中

布雷斯特经济主要以国防、造船(修船)、通讯、精密仪器(机械工程)、食品加工、生态科技、海洋科技、电子设备为主。布雷斯特高科技园占地 107 公顷,园区内有超过 6 300 位技术人员,88 家企业。主要发展海洋环境、海洋能源开发、军舰修造及配套、海洋微生物技术、海洋渔业、海洋通讯、海洋探测设备等产业,是世界海洋生物产业最密集的聚集地,园内 90% 的海洋生物企业从事海藻的开发利用。园区集中了泰雷兹、威立雅、道达尔等大型企业,同时也有如 XSEA、PLASTIMO、MARTEC、ECA 等中小企业。

同时,法国已经将布雷斯特-土伦地区海洋产业园区纳入国家科技竞争园区(Les pôles de compétitivité)计划,目标是建成在全球范围内具有无可争议的领先优势的一流科技竞争园区。

3. 丰富的海洋科技与商务交流活动

布雷斯特是海洋科技方面的贸易交流城市,很多海洋业研究机构都驻扎在这里,这使得该城市成为召开国际会议的理想场所。诸如:TECHNOMER,是一项一年一度的海洋科技国际商务例会;OSATES(海洋太空高科技欧洲博览会),是集科学与经济为一体的设备与维修展览会,组织参观船舶及军用民用公司等活动。

4. 国家主义的集中管理方式

法国科技体制是按照柯尔贝尔主义(Colbertism)模式建立起来的,属于集中型的科技体制。在这一体制下,各地方施行独立科技创新政策的空间较小,财政预算上也很难支持。

法国拥有庞大的国立研究系统,可分为两类:一是生产新知识,支持学术科学类,如国家科学研究中心(CNRS)。二是使命导向型(mission-oriented),主要是执行国家使命或公共政策。此类机构有 20 个左右,设立在布雷斯特的国立海洋研究中心(IFREMER)就是其中之一,其他还有如原子能委员会(CEA)、国立空间研究中心(CNES)、国立卫生及医学研究院(INSERM)、国立计算机与自动化研究院(INRIA)、国立农业研究院(INRA)等。法国主要通过一系列庞大的国家科技计划来支持这些国立研究机构的研究活动。

自 1999 年 6 月法国国会正式通过"促进研究及技术创新法"以来,法国政府陆续出台了多项政策法规以鼓励企业技术创新。法国政府鼓励科研机构与企业签订合同,开展合作研究,或由科研机构直接承担企业的研究项目,或由企业出资委托科研机构和大学进行研究。政府经常通过直接或间接的鼓励措施,增加工业研究经费。法国的财税政策也积极向支持科技创新倾斜,向科研领域投资的企业,可获减免 2.5% 的税赋,减免的税款必须全部投入科研创新;大型企业可以将免收税金中的 25% 交给有创造力的中小型企业,扶植这些企业开发新技术。法国鼓励企业从事研发的举措还有:承认科技创新企业的法人地位,规定创办不足 8 年的科技企业可享受一系列税收优惠,如前 3 年的社会税可全部免除,此后两年的社会税减免 50%;免除地方税。企业委托研究机构进行的研究项目也可获得免税。同时,法国政府还通过研究技术部等政府职能部门和法国国家科技创新署等公共机构来促进企业与研究机构的合作,并针对法国企业多为中小型企业的特点,在法国各地设有技术移转中心、技术创新中心、技术资源中心,推动创新信息的交流。同时,在全国范围配置了 1 400 名技术顾问,为中小企业提供技术咨询服务。

在跨国合作领域,法国正在进行一系列由国家工业部支持的跨国研究计划。凡是符合国家工业部优先支持领域的合作项目,参与项目的企业,均可以享受三种奖励政策:减免税、参与研发项目人员的社会保险支出的减免(项目的研究人员、技师、管理人员)、国家补贴研发经费。由于领域内的所有领先企业和研发实验室共同为项目提供支持,有力地促进了国际合作,为所有参与企业提供税收和社会保险方面的减免政策。

此外,法国政府对园区也出台了专门性的支持政策,根据经济园区的不同性质,对园区内企业实施不同类型的税费优惠或减免措施。其中包括鼓励企业创新研发的优惠政策、扶持新创办中小企业发展的优惠政策和鼓励到落后地区投资办厂的优惠政策等。其中,鼓励研发创新类的优惠政策主要包括研发税费抵扣政策(CIR)和创新性企业税费减免政策;扶持新创办中小企业发展的优惠政策主要包括临时免征企业所得税等政策;鼓励到落后地区新园区的优惠政策主要包括特别补助,优先发展地区补助,以及以优惠价格提供用地和建筑物等;鼓励园区升级的优惠政策主要包括“竞争力极点”计划,这是一项旨在使经济园区概念发生根本性改变,建设新型高新技术经济区的国家计划,其特点是推动企业、教育和研究机构以合作伙伴的形式联合起来,共同开发创新项目。除财政支持外,“竞争力极点”计划还包括免除利润税、职业税和地产税等优惠措施。对于在企业从事研究和创新工作的雇员,企业还可以免缴 50% 的社会分摊金。环保类政策主要指凡利用再生能源或采用节能技术设备的企业,均可享受税收优惠。

三、青岛现状与存在问题

(一)青岛园区现状

青岛目前的涉海产业园区主要集中于黄岛(西海岸)新区和青岛高新区胶州湾北部园区。

其中,青岛高新区胶州湾北部园区已初步形成“一核、两带、四岛群、多园区”的岛链状空间发展格局,已获批建设国家高新技术产业化基地、国家科技兴贸基地、国家知识产权示范园区、国家高新技术产业标准化示范区、国家级留学人员创业园和国家“千人计划”创业示范基地。在产业发展上,园区坚持“蓝色、高端、新兴”方向,打造新型“1+5”主导产业,即,以科技服务业为支撑,加快壮大软件与信息技术、海洋生物医药、海工装备研发、高端智能制造、节能技术与新材料产业。园区先后引进建设了中科院青岛光电研发产业化基地、中科院青岛声学研发产业化基地、中科院青岛软件研发产业化基地、中科院青岛新型材料研发产业化基地、中船重工 710 研究所青岛海洋装备研发产业基地、中国家电院华东分院、青岛国家大学科技园、清华科创青岛科技园等创新载体。

黄岛新区已初步形成“双港两翼、东重西新”的海洋产业发展格局。新区东部的青岛海西湾已成为全国四大船舶与海工制造基地和“国家级船舶出口基地”,造船能力突破 400 万载重吨。新区西部拥有世界最大的海藻酸盐生产基地,海藻综合加工能力占全国的 2/3,已形成海洋生物医用材料、功能糖醇及食品、海洋生物化妆品等 3 个百亿级产业链。2013 年,全区实现生产总值 2 266 亿元,海洋经济比重达到21%,占全市的海洋增加值的 37.5%;全区共有高校 8 所,科研院所 3 所,建成市级以上重点实验室、工程技术中心 117 个,其中国家级 8 个,累计竣工科技孵化器 109 万平方米,投入使用 44.95 万平方米,其中市级以上孵化器 8 个,国家级 2 个,累计完成技术合同交易额 12 亿元。新区正在规划建设绿色制造国际创新园、海洋生物特色园、海西湾船舶与海洋工程特色产业园、光谷海洋科技城等一批集生态和蓝色元素为一体的高新产业特色园区。

(二)存在问题

1. 科技创新能力不足

青岛市海洋园区的知识产权创造能力相对较弱,以黄岛新区为例,2013 年每万人发明专利授权量是 2 件,低于全市每万人 2.3 件授权发明专利的平均数。

2. 海洋产业发展不足

一是青岛市海洋园区内的造船和海工装备产业与上海、大连等传统优势地区相比还存在一定差距。

二是海洋新兴产业发展处于起步阶段,在国内具有优势的海洋生物产业规模不大,科技含量比较低。三是目前青岛市尚未形成真正的产业集群,大部分新兴产业的配套程度和能力不足,已经形成规模的产业链面临发展后劲不足的困境。

3. 创新服务尚不完善

一是青岛市海洋领域的产学研用合作还不够紧密,涉海产业技术创新战略联盟缺乏实质性运作,缺乏有效的组织形式和制度安排。二是科技型中小企业培育体系不健全,对科技型中小企业支持的政策没有形成明显的整体效应,部分优惠政策缺乏配套政策和实施细则。三是科技中介服务体系不健全,科技中介服务机构数量少,水平较低,服务范围较窄。四是创新创业环境氛围有待进一步优化,促进科技成果转移转化、产学研协同创新的政策体系尚待完善,鼓励创新、宽容失败的文化氛围还不够浓厚。

四、对策建议

(一)注重集聚和整合高端创新资源

高端创新资源的集聚和整合有助于增强区域创新实力,促进创新合作,优化创新资源配置,提升区域创新能力。青岛的涉海创新资源分布较为分散,与产业发展的结合度不高,应进一步挖掘自身科教资源潜力,加大涉海院所、机构引进力度,加快各类创新平台和载体建设步伐,提升高端创新资源的集聚水平和整合能力,以达到快速增强区域创新能力的要求。

(二)注重创业孵化和科技型中小企业培育

创业孵化和科技型中小企业培育是将科技创新成果转化为经济和产业发展的重要方式,是实现创新驱动经济发展的重要环节。青岛正在推进千万平方米孵化器建设工程,在孵化器建设过程中应注重通过围绕高校区域建设大学科技园等创业孵化服务体系,完善科技型中小企业扶持政策等方式提升创业孵化和科技型中小企业培育水平。

(三)注重创新园区和载体建设

创新园区和创新载体是区域创新活动在空间上的重要承载单元,是区域在促进创新资源和创新产业集聚发展过程中的重要抓手。青岛已经形成了黄岛(西海岸)新区、北部高新区等若干重点园区,可以通过提升现有园区发展水平,规划建设新兴、特色产业园区,整合创新平台和创新载体等方式构建新的科技和产业创新发展空间格局。

(四)注重金融对创新创业的投入

金融是支持创新创业活动最重要的手段,是决定科技创新向经济和产业领域转化的关键一环,对经济发展方式转变和产业结构调整有重要影响。青岛在金融机构、金融资源的集聚上还存在不足,特别是在天使投资、风险投资等科技金融对创新创业的支持方面还存在明显不足。应通过完善多元化的科技金融服务体系,强化产业园区与城区金融机构、投融资平台的合作等方式提升金融对创新创业的服务水平。

(五)注重政策对科技和产业的扶持

科技政策是政府协调科技与经济、社会发展关系的重要手段,既影响区域科技创新和产业的发展方向,又影响科技和产业结合的方式。青岛的科技政策体系尚不完善,可以依靠国家对新区政策倾斜的有利条件,通过科技研发资金补助、加大知识产权保护力度、完善产业配套政策等方式提升政策对科技和产业的扶持力度。

(六)注重发挥社会组织的服务功能

各类社会组织是介于政府和产业部门之间的一类功能性组织,可以有效协调政府和产业之间的关系,弥补政府服务功能的缺失和市场机制的失灵。青岛的各类社会中介组织发育尚不健全,协调政产学研关系、服务市场经济的能力还不强,可以通过鼓励本地机构组建联盟、协会,引进其他中介机构、组织,吸引国际性、地区性组织入驻等方式开辟创新服务社会组织发展的新局面。

参考文献

[1] 杭州高新技术产业发展专题研讨班. 波士顿高新技术产业的发展经验及对杭州的启示[J]. 中共杭州市委党校学报, 2009(4):30-35.

[2] 罗谕,陈杰. 世界高新技术园区的成功因素分析[J]. 上海改革, 1999(10):21-23.

编 写:王 栋
审 稿:谭思明 李汉清 王淑玲

青岛市科技服务业现状分析及发展建议

一、青岛市科技服务业发展现状

（一）科技服务业产值稳步增长

根据市统计局数据,目前青岛市科技服务业统计主要包括专业技术服务行业、科技推广和应用服务业、科学研究和试验发展三部分内容。近三年青岛市科技服务业增加值统计情况见表1。

表1　2011～2013年青岛市科技服务业增加值情况

年　份	增加值（亿元）	同比增长（%）	占GDP比重（%）	占服务业比重（%）
2011	90.1	11.3	1.4	2.9
2012	100.3	17.5	1.4	2.8
2013	109.7	9.2	1.4	2.7

从表1可以看出,2013年全市科技服务业实现增加值109.7亿元,同比增长9.2%,保持增长态势。但2011～2013年,科技服务业增加值占GDP的比重均为1.4%,占比很小,也没有增加。从科技服务业增加值占服务业比重来看,该比重仅为2.7%,且呈逐年递减的趋势。

（二）技术合同交易额大幅提升

截止到2013年年底,青岛市拥有国家级技术转移示范机构2家,市级技术转移服务机构45家,市级技术合同服务点6家,技术经纪人96人,市技术交易市场"一厅一网"（技术交易市场综合服务大厅、技术交易网络服务平台）投入运行。2013年技术合同登记3 666项,技术合同交易额35.42亿元,同比增长39.61%,在同类城市中的排名连续超越济南、厦门、杭州和成都,出2012年的第13位跃升至第9位。

（三）创业孵化体系建设稳步推进

青岛市规划建设千万平方米孵化器,已建和在建孵化器759万平方米,竣工557万平方米,投入使用319万平方米,入驻企业1 900余家,吸纳就业近5万人。2013年年底,全市经认定的各级孵化器数量达到47家,包括综合孵化器22家,专业孵化器25家,孵化场地面积144万平方米,孵化器从业人员764人。其中,拥有国家级孵化器12家,在副省级城市中排第5位。自2012年起,孵化器新引进本科或中级职称以上人员8 000余人,包括院士1人,"千人计划"专家9人,泰山学者特聘专家2人。

(四)公共研发平台建设全面启动

青岛市规划建设20个公共研发平台,其中,10个已启动建设,软件与信息服务、橡胶新材料2个平台投入试运行,7个平台进入实质建设阶段,财政资金共将投入2.53亿元,带动社会投入16亿元;青岛市科技创新综合服务平台受理、评审各类科技计划项目、奖励评价6 143余项,接待人员10 320余人次,受理咨询电话45 000余个,网站点击量近47.5万人次。

(五)知识产权服务业聚集发展

截止到2013年年底,青岛市有资质的专利代理机构共14家;3个专利联盟共拥有成员单位30家、专利1 000余件,年产值超过2 000亿元。2013年发明专利申请32 901件,首次跃居全国同类城市首位,发明专利授权1 930件,居副省级城市第10位;发明专利申请量、授权量同比分别增长172.2%和26.5%,增幅均居副省级城市首位。

(六)科技金融工作成效显著

2013年,青岛市科技金融准入银行15家,授信总额超过30亿元;创新开发"科易贷"、"科满融"、"鑫科贷"等科技金融合作产品;融资租赁担保1亿元;为科技型中小企业担保贷款2.16亿元,拉动社会金融组合贷款总额达到7.53亿元;已建立10个科技信贷风险补偿准备金池,保证金总额共计1.39亿元,可担保总量13.9亿元;首次设立天使投资引导资金,组建的4只基金总规模达4亿元;首次获得科技部创投引导资金5 000万元支持,募集基金2.1亿元。

二、青岛市科技服务业存在的问题

(一)科技服务业规模较小

青岛市科技服务业对区域经济发展的贡献仍然较小。2013年青岛市科技服务业增加值为109.7亿元,而杭州市、天津市于2010年就已经分别达到了117.98亿元、298.92亿元;2010~2013年青岛市科技服务业增加值占GDP的比重仅为1.4%,与杭州市(2%以上)、上海市(2.3%以上)、天津市(3%以上)、深圳市(5%以上)相比,差距明显。

(二)支撑产业技术创新能力不足

青岛市高校、科研机构数量偏少,海洋科研机构大多从事基础研究和应用基础研究,从事工程化、产业化技术创新的力量偏弱。科技服务业体系建设不够完善,在工业设计、创意设计、成果转化、创业孵化、科技金融等科技服务业新型业态发展方面存在不足。

(三)专业化服务程度不高

青岛市许多科技服务机构规模较小,专业化服务水平低,缺乏一批科技服务品牌,不少科技服务机构职能也常常是政府服务职能的延伸,尚不能提供深层次的服务功能,服务的创新性和有效性还不够强,难以满足广大中小科技企业和科技创新研发机构对科技服务专业化、多样化的需求。

(四)人才队伍素质有待加强

从科技服务机构人员构成看,不论是事业型还是企业型服务机构,其从业队伍素质参差不齐,整体素质不高。高科技专业人才的数量和素质都不能完全适应科技创新及科技成果转化的需要,科技服务业中高端人才短缺。

(五)科技服务业政策保障体系仍需完善

由于科技服务业种类众多、发展态势迥异,科技服务机构的经济地位、管理体制、运行机制有待进一步明确。目前,青岛市促进科技服务业发展的政策体系还不完善,扶持政策措施力度还不够,缺乏科技服务业方面专门性的政策规划和实施细则。这些问题的存在不利于科技服务业在全市经济社会发展中的作用得到充分发挥。

三、青岛市科技服务业的发展建议

做大做强青岛市科技服务业是加快产业结构调整，促进经济发展方式转变，建设创新型城市的重要举措。为更好地推进科技服务业可持续发展，结合青岛市的实际情况，现提出以下建议：

（一）制定出台青岛市科技服务业发展规划

政府强力推动并营造良好的政策环境，是促进科技服务业进一步发展的重要保障。为此，要根据青岛市的发展现状，制定出台青岛市科技服务业发展规划及配套政策，从宏观角度引导科技服务业发展的方向，完善科技服务业标准体系，不断加大对孵化服务、技术市场、科技金融、知识产权和信息服务等方面的扶持力度，加快培育科技服务新业态，大力引进科技服务业高层次人才。

（二）大力推进技术市场发展

加紧出台《青岛市技术转移促进条例》，强化"政府、行业、中介、经纪人"四位一体的技术市场服务体系建设，加大对技术市场交易活动的引导与扶持，扩大技术转移转化补助范围，强化对技术转移服务机构和技术经纪人的培养和管理。不断完善市级技术交易市场"一厅一网"和海洋技术交易服务中心建设。探索科技成果交易商业化模式，以挂牌、拍卖等方式推动科技成果产品化、商业化、资本化、证券化。

（三）全面加快科技孵化器建设

健全孵化服务体系，以政府购买服务为引导，强化"联络员 + 辅导员 + 创业导师"三级辅导体系，建立健全孵化培训体系，支持成立孵化器协会和孵化服务联盟。创新孵化模式，开展"苗圃—孵化器—加速器"科技创业孵化链条建设试点，积极申报国家创业孵化链条建设示范。加强专业孵化器建设，支持创业投资机构、平台型企业等各类市场主体创办新型孵化器。

（四）加快推进知识产权服务业聚集

积极创建国家知识产权服务业发展综合实验区，争取国家专利复审中心、审查协作中心、专利代办处、专利培训中心等国家知识产权工作核心资源落户青岛市。大力发展知识产权代理、咨询、专利信息数据检索加工和深度分析等基础服务，提升知识产权服务水平，加快公共服务数字化网络平台建设，培育引进高水平专利代理、诉讼、信息利用等服务机构和人才，促进青岛市高层次知识产权服务业聚集发展。

（五）深度促进科技与金融融合

扩大天使投资引导资金规模，积极开展风险补偿工作，大力引进知名创业投资机构组建天使投资组合基金，募集资金规模达到 10 亿元。探索采用智库投资、天使投资、私募股权投资等方式，全链条支持科技成果转移转化。支持发展社会化科技金融专营机构，搭建科技金融平台、建设科技金融超市，全方位服务科技企业融资发展。

（六）拓展科技信息服务范围

增强科技信息资源的利用深度，建成多层次、多领域、智能化、能为科技创新主体提供全方位服务的科技信息服务体系。大力发展面向典型行业和战略性新兴产业的查新检索、竞争情报分析、科技文献等专业化、个性化的服务。

（七）建立健全科技服务业统计制度

健全科技服务业统计工作体系和报告制度，理顺统计渠道，编制科技服务业季报和年报，建立科技服务业发展的监测评价制度，及时、客观地反映科技服务业发展质量、速度和效益，把握科技服务业发展动态和趋势。

参考文献

[1] 韩鲁南,关峻. 北京市科技服务业发展环境分析及对策研究[J]. 科技进步与对策,2013,30(6):25-29.

[2] 周志英. 宁波市科技服务业发展现状及对策研究[J]. 浙江万里学院学报,2011,24(2):38-41.

[3] 贾蓓妮. 天津市科技服务业的特点与未来发展的思路研究[J]. 科技经济市场,2010,(11):91-92.

[4] 石忆邵. 上海市科技服务业发展的特点、问题与对策[J]. 南通大学学报(社会科学版),2009,25(6):39-45.

[5] 赵飞. 武汉市科技服务业发展现状与对策研究[J]. 河南科技(上半月),2007,(9):19-20.

编 写:厉 娜

审 稿:谭思明 管 泉

木质纤维素生物转化技术国际发展态势及对青岛的发展建议

一、木制纤维素简介

（一）木质纤维素概念及用途

木质纤维素是由纤维素（38%～50%）、半纤维素（23%～32%）和木质素（15%～30%）的混合物组成。纤维素是植物细胞壁的主要组成部分；半纤维素作为分子黏合剂结合在纤维素和木质素之间；而木质素也是构成植物细胞壁的成分之一，具有网状结构可以使细胞相连，它作为支撑骨架包围并加固着纤维素和半纤维素。

木质素是非晶体的高分子化合物，是由苯基丙烷所组成的三维结构物。木质纤维素中可被醇类、醚类、丙酮、二氯甲烷等溶剂分离出的可溶物质，不属于纤维素、木纤维素、木质素的成分皆可称为被萃取物。

（二）木质纤维素来源

木质纤维素可以来源于：① 农业废弃物，如麦草、玉米秸秆、玉米芯、大豆渣、甘蔗渣等；② 工业废弃物，如制浆和造纸厂的纤维渣、锯末等；③ 林业废弃物；④ 城市固体废弃物（MSW），如废纸、包装纸等，是成本较低的原料；⑤ 木质纤维素作物，主要包括：能源甘蔗、甜高粱、芒草、柳枝稷、水葫芦等。

二、木质纤维素主要应用领域

（一）木质纤维素生物转化成生物燃料

生物转化生产的能源产品包括乙醇、甲醇、丁醇、柴油、氢气等。

乙醇是木质纤维素燃料中应用最广泛的产品，传统的方法是用酸或者酶将纤维素水解为可发酵性糖类，再利用微生物将糖转化为乙醇。当前普遍流行的技术是基于酶的水解工艺，因为与酸水解相比，酶水解工艺环境友好，且水解率更高。

生物甲醇的能量得率要高于其他现有的生物燃料。以小麦秸秆为原料，甲醇的产量可达到1 500～2 000吨/公顷·年，以谷物废弃物为原料生产甲醇时，产量为3 200～4 500吨/公顷·年。

生物柴油——采用费托合成工艺，可以将木质纤维素热解生成的合成气合成生物柴油，气化和随后的费托合成过程中，可以转化包括木质素在内的全部原料。

木质纤维素中的纤维素和半纤维素可转化为发酵性糖用于氢气生产。但由于木质纤维素结构复杂，利用木素纤维素中纤维素和半纤维素生产氢气时需要一些额外的工序，如预处理、脱毒处理和生产水解酶类等。

（二）木质纤维素生物转化成化学品和高价值生物副产品

木质纤维素生物转化可生产有机化学品。从生物质中得到的糖通过微生物可以快速发酵为燃料乙醇和化学品。凝结芽孢杆菌可以发酵木质纤维的己糖戊糖为乳酸。超过75%的有机化学品是由5种主要的基础化学品：乙烯、丙烯、苯、甲苯和二甲苯，合成其他有机化合物获得的。木质素中可以生产出芳香族化合物，在纤维素和半纤维素降解发酵生产乙醇的过程中可以获得低相对分子质量的脂肪族化合物。香兰素和五倍子酸是两种具有潜力的化学品。

半纤维素有很多工业用途，它们是现成的木糖来源，可以从中获得木糖醇和糠醛，从棕榈废料中生产的木糖可以用于生产木糖醇。糠醛主要用于生产糠醛苯酚塑料、油漆和农药。通过发酵可以从棕榈废料水解过程中生产出谷氨酸，这样比以葡萄糖作为碳源生产得到的产量要高。此外，通过漏斗状侧耳菌株可以把木质纤维素生物质转化为可食用蛋白质。

酚类是对生物质中木质素成分进行快速热解获得的。乙酰丙酸是一种六碳多糖酸催化解聚的产品，它可以生产甲基四氢呋喃、乙酰丙酸乙酯等生物燃料，以及琥珀酸、双酚酸、δ-氨基乙酰丙酸等化学品。甲酸是六碳糖转化为乙酰丙酸的副产品，是一种具有附加值的化合物。

三、木质纤维素生物转化专利分析

应用国际 Orbit 专利数据库，共检索到木质纤维素生物转化相关的公开发明专利 4461 件。由于专利申请时有 18 个月的公布周期，以及数据库收集及录入延迟，2012、2013 年的专利统计数目会与实际情况有差距。数据检索日期为 2014 年 1 月底。

（一）木质纤维素生物转化专利发展趋势

图1、图2反映了木质纤维素转化领域1994～2013年全球发明专利申请的公开数量变化趋势。总体来看，1994～2005年，木质纤维素生物转化技术处于较平稳的发展过程；2006～2011年，专利申请数量从 171 件上升至 357 件，上升速度加快；但从 2012 年申请数量有所下降；因为专利申请周期和数据库收集录入延迟等因素，2013 年专利申请数目仅为 119 件。

（二）木质纤维素生物转化专利的国家分布情况

按照公开国家（地区）或区域统计专利数量，可以了解专利技术在全球的流动方向、主要竞争区域（即市场布局）。从图3可以看出，木质纤维素生物转化技术主要竞争市场依次是美国、日本、中国、加拿大、德国、澳大利亚等。

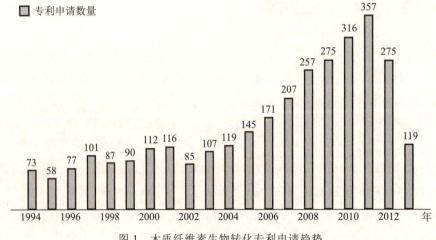

图 1　木质纤维素生物转化专利申请趋势

164

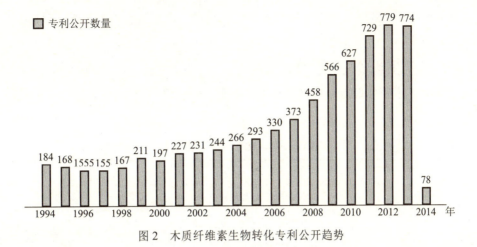

图2 木质纤维素生物转化专利公开趋势

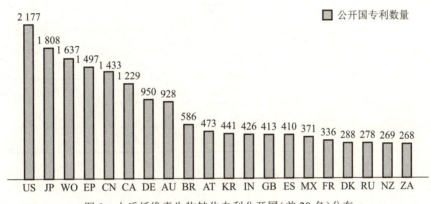

图3 木质纤维素生物转化专利公开国（前20名）分布

通过比较各个国家（地区）获得的优先权专利的数量，可以看出某一技术领域各国或地区的技术水平和实力。

图4显示了不同国家和地区拥有木质纤维素生物转化的优先权专利数量，由高到低分别是美国、日本、中国、德国、英国、法国等，反映了木质纤维素生物转化技术创新国家（地区）竞争力的强弱。美国是木质纤维素生物转化创新技术产出最多、竞争力最强的国家，优先权专利达1 664件，比第二名优先权专利国日本（784件）多出880件，是全球木质纤维素生物转化技术的引领者。中国、德国位列第三、第四，分

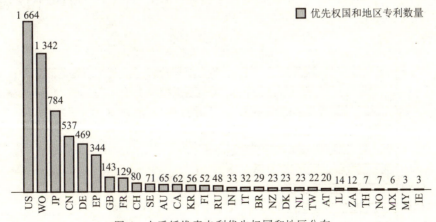

图4 木质纤维素专利优先权国和地区分布

注：图3、图4中，US：美国　WO：世界知识产权组织　JP：日本　EP：欧专局　CN：中国　CA：加拿大　DE：德国　AU：澳大利亚　BR：巴西　AT：奥地利　KR：韩国　IN：印度　GB：英国　ES：西班牙　MX：墨西哥　FR：法国　DK：丹麦　RU：俄罗斯联邦　NZ：新西兰　ZA：南非　CH：瑞士　SE：瑞典　FI：芬兰　IT：意大利　NL：荷兰　TW：中国台湾　TH：泰国　NO：挪威　MY：马来西亚　IE：爱尔兰

别拥有优先权专利 537 件、469 件,上述四国拥有的优先权专利占全球总量的 77%,是主要的木质纤维素生物转化技术创新国家。

(三)木质纤维素生物转化专利权人分布

专利权人是指可以申请并取得专利权的单位和个人,也就是专利权的主体。表 1 中列举了发明专利申请量最多的前 10 个机构。

表 1 木质纤维素生物转化专利申请机构排名(前 10 名)

排 名	专利权人	申请量
1	BASF(巴斯夫股份公司)	94
2	DU PONT NEMOURS(杜邦公司)	53
3	NOVOZYMES(诺维信公司)	47
4	KIOP	41
5	US DEPARTMENT OF ENERGY(美国能源部)	40
6	IFP ENERGIES NOUVELLES(法国石油研究院)	37
7	IOGEN ENERGY	36
8	XYLECO	31
9	SHELL(壳牌集团)	28

(四)木质纤维素生物转化专利技术领域分析

通过国际专利分类(IPC)分析可以了解专利所属的技术领域。根据图 5 可以看出,木质纤维素生物转化主要技术领域名称和代码分别是发酵或使用酶的方法合成目标化合物或组合物或从外消旋混合物中分离旋光异构体(C12P)、浆料或纸浆组合物,不包括在小类 D21C、21D 中的纸浆组合物的制备;纸的浸渍或涂布,不包括在大类 B31 或小类 D21G 中的成品纸的加工;其他类不包括的纸(D21C)、微生物或酶;其组合物(C12N)、高分子化合物的组合物(C08L)、无环或碳环化合物(C07C)、化学或物理方法,例如,催化作用、胶体化学;其有关设备(B01J)、天然高分子化合物的衍生物(C08H),不包含在其他类目中的燃料;天然气,不包含在 C10G 或 C10K 小类中的方法得到的合成天然气;液化石油气;在燃料或火中使用添加剂;引火物(C10L)、人体、动植物体或其局部的保存(A01N)、水、废水、污水或污泥的处理(C02F)等。

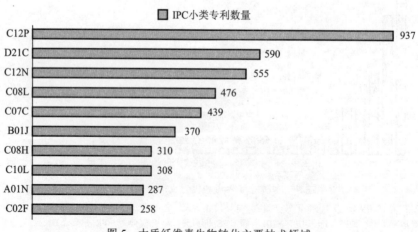

图 5 木质纤维素生物转化主要技术领域

四、木质纤维素生物转化文献分析

本文应用检索式（lignocellulos* OR lignin*）AND（bioconver* OR conver* OR biorefin*），选取 Web of science 数据库中 2004～2013 年与该领域相关的文献共计 4 298 篇（检索时间 2014 年 5 月）。

（一）木质纤维素生物转化相关文献年度分布

根据图 6 所示的年度分布统计，从 2004～2013 年，木质纤维素生物转化相关文献数量整体呈现上升趋势，从 2004 年、2005 年的 120、109 篇，增加到 2013 年的 1 013 篇。

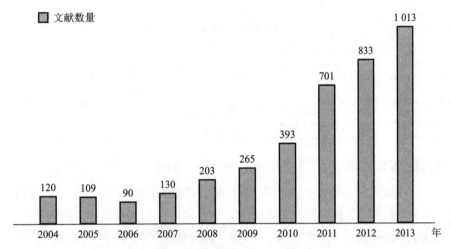

图 6　近 10 年木质纤维素生物转化相关文献数量年度变化趋势

（二）木质纤维素生物转化相关文献的国家分布情况

2004 年以来，约有 90 个国家、地区发表了该领域的研究论文。居前十位的国家依次是美国、中国、日本、加拿大、西班牙、德国、印度、瑞典、巴西、法国，具体见表 2。

表 2　近 10 年来木质纤维素生物转化相关文献发表数量前十位的国家

国家 / 地区		记录数	占 4 298 的 %
USA	美国	1 394	32. 434
CHINA	中国	656	15. 263
JAPAN	日本	315	7. 329
CANADA	加拿大	254	5. 910
SPAIN	西班牙	185	4. 304
GERMANY	德国	183	4. 258
INDIA	印度	166	3. 862
SWEDEN	瑞典	165	3. 839
BRAZIL	巴西	163	3. 792
FRANCE	法国	159	3. 699

（三）木质纤维素生物转化相关文献的主要机构

通过对研究机构分布情况统计发现，2004～2013 年约有 2 180 个机构发表过与木质纤维素生物转化相关的文献。表 3 列出了发表论文占前 10 位的机构。在这 10 个机构中，美国占据 7 个，中国占据 2 个，加拿大占据 1 个。可以看出，美国在木质纤维素生物转化领域的研究机构最多，且实力雄厚。

表3　近10年来木质纤维素生物转化相关文献发表数量前十位的机构

机构扩展	记录数	所属国家
UNITED STATES DEPARTMENT OF ENERGY DOE(美国能源部)	269	美国
UNITED STATES DEPARTMENT OF AGRICULTURE(USDA)(美国农业部)	198	美国
CHINESE ACADEMY OF SCIENCES(中国科学院)	131	中国
UNIVERSITY OF CALIFORNIA SYSTEM(美国加利福尼亚大学)	101	美国
SOUTH CHINA UNIVERSITY OF TECHNOLOGY(中南大学)	98	美国
NATIONAL RENEWABLE ENERGY LABORATOGY USA(美国国家再生能源实验室)	97	美国
UNIVERSITY OF WISCONSIN SYSTEM(威斯康星大学)	96	美国
NORTH CAROLINA STATE UNIVERSITY(北卡罗来纳州立大学)	88	美国
MICHIGAN STATE UNIVERSITY(美国密歇根州立大学)	82	美国
UNIVERSITY OF BRITISH COLUMBIA(英属哥伦比亚大学)	67	加拿大

（四）木质纤维素生物转化相关文献的主要研究方向

2004～2007十年间,该领域涉及多个研究方向,相关文献数量居前10位的研究方向具体见表4。从表中数据可以了解到,木质纤维素生物转化相关的文献主要涉及生物技术和应用微生物学、能源与燃料、农业、化学、工程学、材料科学、生物化学与分子生物学、环境科学与生态学、食品科学与技术、微生物学等研究方向。

表4　近10年来木质纤维素生物转化相关文献发表数量前10个研究方向

研究方向	记录数	占 4 298 的 %
生物技术和应用微生物学	1 724	40. 112
能源与燃料	1 225	28. 502
农业	912	21. 219
化学	886	20. 614
工程学	798	18. 567
材料科学	375	8. 725
生物化学与分子生物学	356	8. 283
环境科学与生态学	298	6. 933
食品科学与技术	152	3. 537
微生物学	129	3. 001

五、木质纤维素生物转化国内研究最新进展

1. 山东大学木质纤维素研究技术转化效益显著

在老一代科学家工作的基础上,山东大学微生物技术国家重点实验室曲音波、鲍晓明等组成的20余人的木质纤维素降解利用研究协作组,在原料预处理、产纤维素酶微生物的选育及分子改造、酶解和全糖的转化等各个环节,从理论及技术层面长期开展研究工作,取得了一系列进展。目前已获得国家发明专利20余项,国际专利1项,并成功得以实用,效益显著。

木质纤维素利用的产业化是国际上公认的科研难题,长期难以真正突破。山东大学取得的这些研究成果受到国际上的广泛关注,先后与英国壳牌公司、意大利康泰斯公司、荷兰帝斯曼公司、丹麦诺维信公司、美国杜邦公司、美国 BetterPlace(Bp)公司、马来西亚棕榈油协会、中国河南天冠企业集团有限公司、山东龙力生物科技股份有限公司等 10 余家国内外知名企业建立了合作关系,合作研发协议合同经费达 1 200 余万元。

曲音波教授主持完成的国家发明专利"利用玉米芯加工残渣发酵生产纤维素酒精的方法(ZL200610131965.X)",率先在山东龙力生物科技股份有限公司实际应用,在国际上首次建成了用玉米芯木糖残渣年产 3000 吨纤维素乙醇的中试生产装置和万吨级的生产示范装置。2012 年 5 月,国家发改委正式批准山东龙力公司 5 万吨纤维素乙醇项目,使其成为国内首家纤维素乙醇定点生产厂,也成为世界上最早实现纤维素资源生物炼制产业化的企业,其产品已经进入汽油销售市场。

2. 青岛生物能源与过程研究所纤维素酶研究取得进展

2013 年,在国家重点基础研究发展计划(973 计划)和科技部科技支撑计划等项目支持下,中国科学院青岛生物能源与过程研究所在细菌纤维素酶表达调控机制研究中取得进展。

木质纤维素的高效降解是发展纤维素液体燃料的主要技术瓶颈之一。青岛能源所功能基因组团队许成钢博士和博士研究生黄冉冉等以解纤维梭菌(C. celluloyticum)为模式物种,通过功能基因组手段,提出了细菌的"纤维素降解组"模型(图 7)。

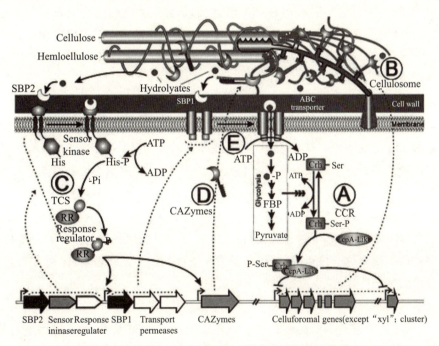

图 7 Clostridiumcellulolyticum 纤维素降解组的模型

该菌近 200 个多糖降解酶(CAZymes)共分为两类:核心酶和附属酶。其中,核心酶主要负责纤维素的降解,主要受到碳代谢抑制(CCR)机制的调控;而附属酶主要受到双组份系统(TCS)的调控。C. celluloyticum 分别通过 CCR 和 TCS 感受胞内和胞外信号,高效地调控纤维素酶的转录。这一工作为在体外和体内针对细菌纤维素酶系的设计和优化提供了重要的思路和靶点。

同时,该小组还发现葡萄糖能够促进其纤维小体组分的表达,有助于实现木质纤维素的整合生物加工。

3. "木质纤维素生物糖化关键技术"主题项目启动会在青岛召开

2013 年 4 月 26 日,"十二五"863 计划生物和医药技术领域"木质纤维素生物糖化关键技术"主题项目启动会在青岛召开。该项目下设 4 个课题,由山东青岛蔚蓝生物集团有限公司牵头,围绕木质纤维素生物糖化及全组分综合利用,通过应用生物学、工程学、化学等相关领域的理论和技术,重点解决木质纤维素原料预处理、高效纤维素酶制备及水解工艺等关键技术,形成适合工业化的生物质糖基平台技术体系。

该项目将全面提升我国木质纤维素生物糖化的技术水平,培育完整、成熟的木质纤维素综合利用示范体系,为规模化开发和利用木质纤维素资源提供技术保障。

六、青岛市发展木质纤维素生物转化产业的对策建议

木质纤维素是地球上最丰富的可再生资源,据测算年总产量高达 1 500 亿吨,蕴储着巨大的生物质能(6.9×10^{15} 千卡)。我国是一个农业大国,作物秸秆(如稻草、麦秆等)的年产量非常巨大(年产可达 7 亿吨左右,相当于 5 亿吨标煤),据统计,目前的秸秆利用率 33%,但经过一定技术处理后利用率仅占 2.6%,其余大部分只是作为燃料等直接利用,开发前景非常广阔。

1. 制定优惠政策,创造良好发展环境

组织有关专家,讨论、研究、制定专门政策,重点支持木质纤维素生物转化产业的发展。设立木质纤维素生物转化相关产品研制专项基金、支持木质纤维素生物转化产业技术研发和产业化。

2. 建立创新研究机制,促进产学研结合

积极创造有利条件和良好的环境,促进产学研结合,加强人才队伍建设。在青岛市已有的木质纤维素生物转化研究的基础上,鼓励木质纤维素生物转化相关企业通过建立工程研发中心、博士后工作站、专家工作站等研发平台,以推动企业加大研发投入,吸引更多的科技人才投入到木质纤维素生物转化的技术创新和成果转化中。

3. 大力发展木质纤维素预处理技术

与粮食不同,木质纤维素是一种廉价的可再生资源,木质纤维素生物转化具有广阔的发展潜力,但目前还未实现大规模的工业化生产。研究表明,预处理环节已成为限制其发展的瓶颈,因此,开发出新型、低成本、经济性好、处理效果好的木质纤维素原料与处理工艺,必将成为木质纤维素生物转化技术及产业发展的关键。

4. 开发可移动的木质纤维素预处理设备

木质纤维素资源丰富,但具有资源分散、原料组分复杂,热值低、不易运输和贮存等特点,在开发新技术时应充分考虑木质纤维素这一特点,研发可移动的木质纤维素预处理设备,采用分布式初加工、相对集中精制加工的管理和生产模式,减少原料收集运输成本。

5. 重视开发多种高附加值产品

在产品方面,纤维素乙醇是木质纤维素的主要产品,已达到中试水平,加工过程中利用了木质纤维素的纤维素部分。木质纤维素通过炼制工艺,可生产多种高附加值化学品,并可充分利用木质纤维素的各个组成部分。木质纤维素化学品中乙酰丙酸是一种具有发展潜力的重要化学品,可以生产甲基四氢呋喃、乙酸乙酯等多种生物燃料和琥珀酸等化学品。

6. 建立木质纤维素转化技术评价方法和体系

生物质能技术的研究开发,要充分考虑生态保护和环境效益,从生命周期角度研究能源净产出和碳排放。在对木质纤维素转化技术进行评价时,应充分考虑木质纤维素作物种植、收集、转化和应用各个环节,建立木质纤维素转化技术评价方法和体系。

参考文献

[1] 李祯祺,许丽,徐萍. 木质纤维素生物炼制的国际发展态势分析[J]. 生物产业技术,2012,4:47-50.

[2] 亓伟,王闻,王琼,等. 木质纤维素预处理技术及其机理研究进展[J]. 新能源进展,2013,1(2):150-158.

[3] 马斌,储秋露,朱均均,等. 4种木质纤维素预处理方法的比较[J]. 林产化学与工业,2013,33(2):25-30.

编　写:王春莉

审　稿:谭思明　于升峰　肖　强

节能减排与低碳先进适用技术发展现状及分析

一、节能减排与低碳技术的概述

节能减排与低碳技术可以开发新能源代替传统能源,减少温室气体(二氧化碳为主)排放,减少从能源生产到消费各个环节中的损失和浪费,更加有效、合理地利用能源。因此大力发展节能减排(减少温室气体的排放量)与低碳技术是世界各国的共识,是防止气候灾难、维持人类可持续发展的重要途径。

节能技术是指根据用能情况、能源类型分析能耗现状,找出能源浪费的节能空间,然后采取先进的技术手段来实现节约能源目的的技术。节能减排就是节约能源、降低能源消耗、减少污染物排放。节能减排包括节能和减排两大技术领域。一般地讲,节能必定减排,而减排却未必节能,所以减排项目必须加强节能技术的应用,以避免因片面追求减排结果而造成的能耗激增,注重社会效益和环境效益均衡。

低碳技术是指涉及电力、交通、建筑、冶金、化工、石化等部门以及在可再生能源及新能源、煤的干净高效应用、油气资源和煤层气的勘察开发、二氧化碳捕获与埋存等范畴有效掌握温室气体排放的新技术。低碳技术可分为3个类型:第一类是减碳技术,是指高能耗、高排放领域的节能减排技术,煤的清洁高效利用、油气资源和煤层气的勘探开发技术等。第二类是无碳技术,比如核能、太阳能、风能、生物质能等可再生能源技术。第三类就是去碳技术,典型的是二氧化碳的捕获与埋存(CCS)。

二、节能减排与低碳先进适用技术发展现状

(一)国外节能减排与低碳先进适用技术发展现状

欧盟研发重点在清洁能源技术。从投入方面来看,2010年到2020年的10年内,欧盟将投入总量达到530亿欧元进行风能、太阳能、生物质能、核能、太阳能、生物质能、电网研究及二氧化碳捕捉和储藏示范项目。欧盟国家在清洁能源上的巨大投入使得欧盟在可再生能源技术方面、技术开发水准和产业技术能力方面,在全世界居于领先地位。

日本研发方向和投入主要集中在五个方面:超燃烧系统技术、超时空能源利用技术、信息生活空间创新技术、交通技术、半导体元器件技术。与化石燃烧相比,超燃烧系统技术可以实现热能利用效率的极大提高。超时空能源利用技术是为了减少因时空的局限造成的能源浪费。信息生活空间创新技术主要包括高效发光的LED新光源技术、节能型显示屏技术。通过汽车电动化等交通技术降低交通运输部门的能源消费,节能型半导体技术成为日本低碳技术的主攻方向。此外,日本还高度重视碳回收与储藏技术

的研发与应用。

美国研发方向主要包括能源基础理论与应用,如太阳能、风能、生物质能、地热能、氢能和核能等技术,智能电网等技术,节能型交通工具及建筑技术,碳处理技术。美国的低碳技术不仅包括清洁能源技术,还包括节能技术和碳排放处理技术。美国选择的是全面推进的低碳技术发展路线。从美国研发投入的分布上看出,以2010年度美国的预算为例,基础研究的投入占总投入的23%,清洁能源的研发投入占总投入的30%,节能技术的研发投入占总投入的17%,碳回收技术研发的投入占总投入的30%左右。

(二)国内节能减排与低碳先进适用技术发展现状

近年来我国节能减排与低碳技术也取得了较大的进步。通过自主研发和引进国外的先进技术和设备,已使国内许多行业从中受益,并形成了良性发展的势头。总体来看,与发达国家相比,中国的技术发展水平依然偏低。

1. 洁净煤内技术

(1)超临界/超超临界燃煤发电。2010年年底,全国在运百万千瓦超超临界火电机组达到33台,在建11台,运行数和在建数均是世界第一。

(2)大容量、高参数循环流化床(CFB)项目。目前,我国已成为世界上CFB锅炉台数最多、总装机容量最大和发展速度最快的国家,但现有CFB技术仍处于亚临界参数水平,明显落后于发达国家。

(3)整体煤气化联合循环(IGCC)及多联产项目。我国华能天津IGCC电站示范工程将建设我国第一台250MW级IGCC发电机组,2009年正式开工,预计到2011年中期投入运行。

2. 智能电网技术

目前我国正加强清洁能源发电并网技术研究,提高电网优化配置能力,研发重点领域集中在智能化电力电子设备、智能化传感技术、可再生能源并网、储能技术和分布式能源。过去两年,国家电网全面推进智能电网试点工程建设,全面启动了21类228项试点工程,制定了15项智能变电站标准,已经建成8个智能变电站。

3. 可再生资源利用技术

(1)风能。我国在技术研究开发上,目前最大问题是尚不具备大型风力发电机组关键部件的制造技术和能力,一直依赖引进国外的设备和技术。

(2)太阳能。光热电转换利用太阳能方面,对光热发电关键技术和抛物聚焦型太阳能热发电装置进行了试验。在光电直接发电上,我国已在海拔4 500米以上的西藏阿里地区建起4座10～25千瓦的独立光伏电站及太阳能卫星电视地面接收站,是迄今世界上海拔最高的太阳光伏电站。

(3)海洋能。我国目前已具备开发10兆瓦级潮汐电站的技术条件。

4. 二氧化碳捕获与埋存(CCS)技术

我国的CCS技术已经走在世界前列。2008年和2009年,中国华能集团在北京和上海的两个热电厂安装了二氧化碳捕集装置并且投产。2010年10月神华集团"二氧化碳捕获与封存(CCS)工业化示范项目"在鄂尔多斯开工建设。这是全国第一个,也是亚洲最大规模把二氧化碳封存在咸水层的全流程CCS项目。

三、青岛节能减排与低碳先进适用技术发展情况

青岛大力发展节能减排与低碳先进适用技术,将低碳经济发展纳入"十二五"全市国民经济和社会发展规划。积极鼓励企业节能技改和低碳技术研发,创立节能和循环经济专项资金支持企业节能和低碳技术研发。强制淘汰一批高耗能、高污染行业,促进石化、钢铁等行业构建循环产业链,确保重点产业可持续发展。引进建设"青岛生物能源与过程研究所",专门从事生物能源与过程领域科技创新研究。在斋

堂岛建立了我国北方最大的海洋能利用综合示范基地——"500 千瓦海洋能独立电力系统示范工程",该项目将潮流能、太阳能、风能多种形态的新能源实现系统集成,真正实现了绿色无污染。发展并推广使用太阳能产品,全市太阳能热水器年生产能力达数十万平方米集热面积,太阳能热水器使用率达 8% 以上。发展大型风电装备产业,培育风电整机龙头企业,建设大型风电装备制造基地。鼓励低碳建筑产业发展,建成首座实用性生态建筑——天人生态大厦,综合应用了高效保温,太阳能、风能等 13 种生态技术,基本实现了零能耗、零排放。积极进行高新区生态型园区建设,推动低碳产业链条集聚,重点培育电子信息、生物与医药、新材料、新能源和现代服务业等低碳产业,形成低碳经济的高端聚集带。积极发展沼气工程,年产气超过 800 万立方米。青岛钢厂每年产生的 170 万吨废渣等用作建材原料,回收利用率达到 100%。青岛碱业将白泥用于电厂烟气脱硫,解决了每年 18 万吨工业废料白泥利用的难题。制定海水淡化的产业发展规划,组织实施重点项目,2010 年已形成 20 万立方米/日的海水淡化能力,相继建成了日产 3 000 立方米低温多效海水淡化、活用海水等一批国家海水综合利用示范工程。

2014 年 5 月,青岛市科技局为贯彻落实国家及部委关于节能减排的各项法规,进一步加快转化应用与推广工程示范性好、减排潜力大的低碳科技成果,在全市范围内公开征集先进技术成果,组织专家对征集到的技术和案例进行评估、筛选,最终在节能减排与环境保护领域汇集了 43 项关键技术和相应案例成果,编制形成了《节能减排与低碳先进适用技术成果转化推广清单(第一批)》(以下简称《成果清单(一)》,见表 1),该清单涵盖了生态环境、新能源与可再生能源利用两个领域的关键技术,包括污染土壤修复、污水处理、大气污染处理、固体废物处理、废旧资源再利用、节能锅炉、节能建筑及材料、生物能源、新型热泵技术、光伏材料设备及利用等。该清单的公布为青岛市政府机构、市场主体、金融资本在进行政策制定、成果转化、技术升级、产业培育等方面提供了针对性、系统性、连续性的信息支撑,引导政府有关部门、企业采用先进适用的节能与低碳新工艺和新技术,推动相关产业的低碳升级改造,实现技术、市场、资本的有效链接,起到了重要作用。

表 1　成果清单(一)内容简介

序号	技术名称	适用范围
生态环境		
1	耕作层下 AO 型污水土地生物处理技术	污染土壤修复
2	水体富营养化防治的环境微生物修复技术	污水处理
3	污水 MBBR 强化脱氮除磷技术	污水处理
4	工业有机废气吸附浓缩——催化燃烧设备	有机废气的治理
5	工业有机废气吸附回收处理设备	有机废气治理
6	养殖业废弃物微生物无害化处理技术	养殖场废弃物处理
7	深水氧化污水处理技术	污水处理
8	连续流砂过滤技术	污水处理
9	无管道中水回用技术	污水处理
10	FCC 新鲜催化剂	催化裂化催化剂
11	FCC 复活催化剂	催化裂化催化剂
12	含铬渣土湿法解毒、稳定化固化及干法解毒联合修复技术	污染土壤修复
13	污染源排放过程(工况)监控系统	污水处理行业
14	植被恢复与环境生态性治理技术	生态治理

续表

序号	技术名称	适用范围
15	生物质能发电汽轮机关键技术研发及产业化	低温余热发电汽轮机
16	热解、气化分相燃烧技术和设备	节能锅炉
17	SHFS 系列水煤浆悬浮硫化高效洁净燃烧锅炉	水煤浆流化锅炉
18	300 兆瓦模壁式循环流化床锅炉冷渣机研发	燃煤电站锅炉
19	无头喷雾式除氧装置	核电常规岛、火电、化工系统等
20	光电建筑一体化绿色节能建筑	光伏幕墙发电系统
21	新型建筑阻燃节能结构图层材料及其体系研究	建筑物节能防腐
22	墙体用超薄高效保温装饰一体化板	建筑保温、节能
23	气动旋转式动力设备	大型发电或转动式动力设备
24	平板真空玻璃规模化生产关键技术与设备的开发应用	建筑节能
25	鳞斗风冷式钢带输渣机	燃煤电站锅炉
26	水性环保型醇酸工业涂料	环保涂料
27	报废汽车资源化利用成套装备	资源循环利用
28	高纯度麦芽酮糖中试生产工艺技术	食品
29	PU 固化环氧酚醛树脂及其制备方法	硅胶生产行业或耐酸要求的钢结构防腐
新能源与可再生能源利用		
30	生物柴油	生物能源
31	光伏幕墙发电系统	光伏幕墙发电系统
32	商业建筑、工业园区分布式光伏发电系统	建筑屋顶，或墙体建设分布式光伏电站
33	生物质锅炉	锅炉
34	有机废弃物制生物燃气技术研究及工程示范	有机废弃物的综合利用、可再生能源
35	基于疏导换的污水及地表水热泵供热供冷	热泵供热供冷
36	高效节能多用途地源热泵机组	商业、工业地源热泵
37	节能环保型冷热联供全效热水空调系统	商业、工业地源热泵应用
38	ZKR 智能型空气源热泵热水机组	热泵热水机组
39	海水源热泵应用关键技术	水源热泵空调系统
40	污水源热泵（水蓄热水蓄冷）技术	污水厂周边区域建筑供热供冷
41	空气源热泵超低温技术	超低温空气源热泵
42	土壤源热泵系统	土壤源热泵
43	光伏农业科技大棚	科技农业

四、青岛发展节能减排低碳技术领域存在的问题及对策

（一）存在的问题

1. 科技研发能力还不足

青岛市近年来在能源生产利用、工业生产等方面虽然引进和开发了相关的新技术，但在节能减排低

碳方面尚未建立起技术研究体系,研发机制不完善,技术创新能力还不足,重大技术进步、技术突破还不够多,一些重点行业落后工艺依然占有一定比重。

2. 企业研发的融资渠道还不够通畅

青岛市对于从事节能减排低碳技术研发的高科技企业支持力度不够,大多数高技术企业规模较小,没有针对企业技术研发的专项基金,融资渠道还不够多,影响企业的做大做强和技术的发展。

3. 企业对使用节能减排低碳技术的积极性不高

一方面表现在企业不知道目前有哪些节能减排低碳技术,主动了解的积极性不高;另一方面,企业由于成本考虑,不主动建设节能减排低碳设施,或者即使建立设施,也流于形式不加以利用,有套取国家补助资金之嫌。

4. 企业自身的发展能力不足

部分企业在进行节能减排低碳技术改造和企业发展中找不到契合点,改造资金过于依赖政府补助,不知道利用市场机制进行改造建设,创新性解决问题的能力不强。

(二)建议和对策

1. 加大节能减排低碳技术的宣传力度

积极拓展宣传渠道,除了在科技周进行宣传外,还可以结合世界环境日进行宣传,亦可专门设立节能减排低碳技术宣传日;增加宣传方式,比如可以设立专门的网站或板块,及时更新相关技术信息,便于企业进行查询。

2. 发挥市场作用促进节能减排低碳技术的推广应用

政府应鼓励企业充分利用市场机制进行节能减排低碳技术改造,减少政府资金补贴投入。如应大力推广能源合同管理模式,即节能服务公司与用能单位以契约形式约定节能项目的节能目标,节能服务公司为实现节能目标向用能单位提供必要的服务,用能单位以节能效益支付节能服务公司的投入及其合理利润的节能服务机制。

3. 进一步提高加强青岛市科技研发能力

政府要进一步加强支持技术研发的力度,鼓励研究人员创业,促进产学研结合;进一步加强技术引进,促进技术的吸收消化再创新;进一步通过财税政策调动企业研发节能减排低碳技术的积极性,比如可以把节能减排技术的研发和费用部分抵扣税金等。

4. 拓宽节能减排低碳技术企业研发的融资渠道

建议青岛市建立节能减排低碳技术研发企业专项补助资金,拓宽这类企业融资渠道,积极发展金融创新,鼓励风险基金投入,促进节能减排低碳高新技术研发企业做大做强。

5. 鼓励企业兼并整合

青岛市大型节能减排环保低碳技术研发企业数量少,在市场竞争中处于不利地位。政府应鼓励有能力的企业进入节能减排低碳技术研发领域,通过市场规律,鼓励产业兼并整合,使有能力的企业家承担起产业、技术发展的重任,促进产业链的深入整合和技术创新的快速发展。

参考文献

[1] 陈武,常燕,李云峰. 我国低碳发展的国际比较研究:资源禀赋视角[J]. 中国人口·资源与环境,2011,(12):276-279.

[2] 高朋幸,侯素美. 国内外低碳城市研究现状比较分析[J]. 中小企业管理与科技(中旬刊),2014,(1):229-230.

[3] 宋洪杰. 中国低碳经济发展现状及国外借鉴分析[J]. 2013,(17):217.

[4] 徐展,仇性启,王玉博,王永刚. 青岛市节能减现状分析及对策探讨[J]. 2010,(5):21-24.

[5] 史云娣,王军,岳思羽. 青岛市发展循环经济与低碳经济的对策研究[J]. 中国人口·资源与环境, 2010,(3):211-213.

编　写:何　欢　肖　强
审　稿:谭思明　于升峰

全球显示技术发展趋势及对青岛市的对策建议

2014年1月7日～10日,全球消费电子展(CES2014)在美国拉斯维加斯举行。CES2014重点展示了智能穿戴设备、超高清电视、曲面电视、智能家居、互联网汽车、曲面屏手机、4G手机、新型平板、智能机器人等一系列前沿科技产品。在众多热门产品中,新型显示技术产品亮点纷呈,高清电视变为更高画质的"超高清电视",平板电视变为画面更完整的"曲面电视",大尺寸电视变为如投影仪投射画面、近距离观看不伤眼睛的"激光电视",主要涉及8K超高清电视技术、曲面显示技术、激光显示技术、低温多晶硅(LTPS)显示技术等。本报告对显示新技术及主要产品进行介绍,分析全球显示技术的重点发展方向,并结合青岛市新型显示产业提出了研究制定青岛市新型显示产业技术路线图,组建3D显示、OLED等领域的技术创新战略联盟等对策建议。

CES展会由美国电子消费品制造商协会主办,是世界上最大、影响最为广泛的消费类电子产品展,也是全球最大的消费技术产业盛会。CES展会云集了全球最优秀的传统消费类电子厂商和IT核心厂商,展示了最先进的技术理念和产品。CES2014有超过3 200多家厂商参展,总计展示15大类产品,20个技术专区,有2万多种新产品问世。展品包括消费类电子产品、通信产品及配件、汽车电子产品、电子元器件及电子材料、节能环保新技术产品、摄影器材等。在显示技术领域,重点展示了超高清电视、曲面电视、激光电视、智能穿戴产品等,代表了显示技术未来的发展方向。

一、CES2014展会显示技术新产品介绍

1. 4K、8K超高清电视

继4K电视成为CES2013热点之后,2014年更进一步将分辨率提升到了8K,即图像分辨率达到7680×4320,屏幕精细度得到进一步提升,8K将成为电视视频技术的未来发展方向。日本夏普公司在CES2014上推出了85英寸8K超高清分辨率液晶电视,支持裸眼立体3D技术,面板使用IGZO屏幕技术,代表了当前电视行业的最高画质标准。韩国三星电子展出了98英寸的8K电视原型机。

日本JVC公司、日本广播公司NHK研发的8K投影仪和摄像机在2013年问世。我国半导体显示领军企业京东方在2013年年底推出了98英寸8K超高清显示屏,采用京东方自主研发的ADSDS显示屏,具有宽视角技术,实现178度的垂直、水平可视角度。

目前,8K电视的配套硬件技术还不完善,例如储存技术以及8K视频拍摄设备等,大部分仍停留在实验室或者测试阶段,即便是已经推出的产品,例如日本JVC的8K投影仪,价格极其高昂,普及尚需时

日。

2. 曲面电视

韩国 LG 公司在 CES2014 展会上推出了 105 英寸超大宽屏曲面液晶电视,与三星公司同样采用 21:9 的显示比例设计,并发布了 56 英寸、65 英寸、77 英寸 4K 超清曲面 OLED 电视。

三星公司展出了 105 英寸超高清曲面电视,这款电视的分辨率达到 4K 标准的 3640×2160,显示比例为 21:9,与电影银幕分辨率相同,这是世界首款采用 4K 分辨率的曲面电视,画面色彩和清晰度达到业界最高水准。同期发布了 55 英寸、65 英寸和 78 英寸三款超高清曲面液晶电视。三星使用基于低温多晶硅(LTPS)TFT 的 RGB OLED 技术。三星同时推出 85 英寸的可弯曲液晶电视,可见弯曲技术并不局限于 OLED 领域。

松下公司在 CES2014 上推出 5 个版本的 55 寸有源矩阵有机发光二极体(AMOLED)超高清电视,并展示了其各自不同的弯曲点和半径。松下使用氧化物薄膜晶体管(TFT)技术与索尼、友达共同开发 AMOLED 电视面板。

在国内厂商方面,TCL 公司展出了 55 英寸 4K 全高清曲面电视,采用 3840×2160 超高清分辨率,使用者可以从 TCL 应用商店中下载、安装各类应用程序,并支持最新的 HMTL5、网页视频播放等新技术。长虹公司推出了 55 英寸可弯曲 OLED 电视,采用了 OLED 材质屏幕,安装了智能操作系统。

3. 激光电视

韩国 LG 公司和国内的环球华影公司在 2013 年相继推出 100 英寸激光巨幕电视。

4. 智能穿戴产品

智能手表:在表盘上设计了一块有机发光显示(OLED)屏幕,可以显示通话信息以及短信等内容,2014 年展品的主要变化是机身设计使用金属材质替代塑料材质。

智能眼镜:谷歌公司推出的智能眼镜一度成为可穿戴智能设备热门产品,谷歌眼镜镜架上有摄像头和小屏幕,能通过 WiFi 无线上网,佩戴者可通过语音、眨眼等方式让眼镜上的摄像头拍照、录制视频以及使用其他应用,并将拍摄的照片等实时上传至网站。爱普生在 CES2014 展出的智能眼镜可以实现脑部追踪以及拍照等功能。

二、青岛市企业在 CES2014 展会推出的显示技术产品

海尔集团推出 55 英寸和 65 英寸两款曲面 OLED 电视、4K 超高清以及裸眼 3D 电视。海尔曲面电视最大的特点就是超薄,此次推出的两款 OLED 曲面电视的机身厚度只有 4 毫米,采用了 OLED 电视技术,在清晰度、响应速度、色彩表现力以及可视角度等方面具有优势,而且由于其自发光属性也成为制作曲面电视的最好材料,可以通过柔性材料固定 OLED,使得屏幕呈现弯曲状态。这两款海尔曲面电视不具有 4K 超高清分辨率。

海信集团推出了曲面电视、OLED 电视、ULED 电视、4K 电视、互联网电视 VIDAA TV、激光影院电视。其中的 65 英寸曲面电视,采用 4K 超高清分辨率,搭载智能系统。海信曲面电视的最大特点是注重音响表现力,在屏幕两边加装扬声器,解决了超薄电视受制于音响腔体体积的问题。

三、全球显示技术重点发展方向

8K 超高清电视、曲面电视等新产品已普遍采用有机发光显示(OLED)技术、低温多晶硅(LTPS)技术。科技部在《新型显示科技发展"十二五"专项规划》中提到"激光显示、3D 显示、有机发光显示、电子纸显示、场发射显示将是未来主流显示技术"。OLED 技术、LTPS 技术、激光显示技术、3D 显示技术的技术特点、国内外及青岛市企业的有关情况详见表 1。

表 1　重点显示技术列表

技术名称	技术说明	国内外重点企业情况	青岛市企业情况
OLED技术	包含柔性显示技术、AMOLED显示技术等。柔性显示技术主要用于曲面显示屏或可折叠显示屏	OLED面板技术主要由三星、LG等公司掌握。OLED面板生产厂商主要集中于日本、韩国、中国台湾地区。国内AMOLED技术与世界先进国家和地区相比，最主要的差距在产业化进程及AMOLED技术开发方面。2013年11月，TCL集团子公司华星光电建立了第8.5代TFT-LCD（含氧化物半导体及AMOLED）生产建设项目。京东方宣布其在鄂尔多斯市的5.5代面板生产线正式投产，并可生产OLED小尺寸面板	海信在CES2014展示了其最新研发的"U-LED画境显示技术"，通过自主算法和创新在LED基础上取得技术突破，在画质表现上可与OLED比肩。该技术已申请13项中国专利，并获得美国和欧洲的专利授权
LTPS技术	LTPS屏具有高分辨率、反应速度快、高亮度等优点	为达到326像素/英寸分辨率，iPhone 5采用LTPS技术，内嵌式触控由LG、夏普和日本显示屏三家厂商生产。华为在CES2014推出Mate 2手机，采用6.1寸屏幕，分辨率为720P，应用LTPS技术。京东方在2013年推出5.5英寸LTPS手机屏；天马微电子股份有限公司拥有国内首条第5.5代LTPS TFT-LCD及彩色滤光片生产线；深圳莱宝高科技股份有限公司建设新型显示面板研发试验中心，开展LTPS TFT-ARRAY驱动基板设计开发	海尔W910手机采用4.5英寸LTPS（低温多晶硅）技术的IPS屏幕，但青岛市企业尚未掌握LTPS相关技术
激光显示技术	采用全新的发光及成像路径设计，匹配独特的屏幕，无论从视距、护眼、节能、色彩表现力方面，相比LED电视，激光电视优势明显	目前国际激光显示技术已发展到产业化前期阶段，未来3到5年，将是全球激光显示技术产业化发展的关键时期。我国已经实现激光显示核心关键技术的突破，拥有完整的自主知识产权。我国在激光材料、激光器件等方面有着良好的技术基础。环球华影公司推出的激光电视采用具有自主知识产权的ALPD（先进的激光荧光粉显示技术）显示技术，采用激光＋稀土发光材料支撑	海信推出的激光影院电视应用海信自主设计的激光光源和超短焦光机，可在超短距离投射高清信号
3D显示技术	3D显示技术可以分为裸眼式和眼镜式两大类别	LG、长虹、康佳、TCL、海信等公司采用偏光式3D技术生产RealD偏光3D电视。LG、立影等品牌采用偏光式3D技术生产IMAX或RealD偏光3D投影。三星、松下、创维等公司推出的3D电视采用主动快门式3D技术	海信50寸透明3D电视采用自主研发的"多偏振透明3D液晶显示技术"，在显示电视画面的同时，能够透过屏幕清晰地看到其后放置的物体

四、青岛市显示技术领域发展面临的问题

（1）在OLED产品领域，青岛市企业具备整机生产能力，但核心显示技术尚不掌握。

三星公司和LG公司掌握显示器面板"AM-OLED"和"WHITE-OLED"的核心技术，三星旗下的SMD公司拥有全球最大的OLED面板生产线，OLED面板产品的市场占有率达到90%。国内面板企业如京东方、华星光电等通过普通液晶面板产业形成技术积累，在OLED面板领域的技术研发进程逐步加快。

反观青岛市企业，海信集团、海尔集团缺乏基础性核心显示技术，已成为制约产业发展的关键因素。只有通过发展拥有自主知识产权的技术，提高OLED显示技术的创新能力，才能突破技术瓶颈。

（2）在激光显示、3D显示领域，青岛市企业拥有部分突破性核心技术，但推广普及尚需时日。激光显示技术是继黑白显示、标准彩色显示、数字显示之后的下一代显示技术，具有高亮度、高色彩饱和度、低辐射、更适合大尺寸显示设备制造等优势。海信激光显示技术在CES2014受到关注，推出的激光影院电视源自海信自主设计激光光源和超短焦光机，可在超短距离投射高清信号。目前激光显示对于国内外企业及相关科研院所来说仍处于技术开发或推出测试机型，真正实现产业化并被市场广泛接受还需较长的一段时间。3D显示技术在近几年实现较快发展，但受制于片源缺乏、"眼疲劳"等健康问题，市场对3D显示产品的接受度还有待提升。

（3）政策支持方面。青岛市尚未出台关于新型显示产业发展配套政策和措施等，未能有效整合海尔、

海信、中科院光电研究院及各高校协同创新发展。要加快发展青岛市新型显示产业,需进一步推进新型显示产业的优惠扶持政策。

五、青岛市显示技术领域发展对策建议

(1)研究制定青岛市新型显示产业技术路线图。加强新型显示产业技术创新链、产业链的系统分析,研究制定青岛市新型显示产业技术路线图,持续监测、跟踪全球领先机构的创新动态及整个显示产业的发展动向,尤其是 OLED 显示技术、激光显示技术、3D 显示技术,为青岛市新型显示发展提供决策支持。

(2)通过制定政策措施支持新型显示产业发展。《青岛市"十二五"科技发展规划》中明确提出:针对新型显示产业发展需要,通过开发激光显示、3D 显示、背光模组、便携式投影系统等关键技术,形成围绕新型显示器件与终端产品的设计、生产与应用的产业链。三星电子、LG 等企业的技术创新得到了韩国政府的长期支持,目标方向明确,并且发展迅速。青岛市新型显示产业同样也需要加强政府引导,青岛市应规划新型显示产业发展的重点领域,并在科技金融、税收政策等方面重点支持掌握激光显示、3D 显示等领域技术的企业、研究机构,从而推动新型显示产业的快速发展。

(3)选择重点研发方向,加快提升技术实力,保护自主知识产权。青岛市企业要结合自身技术优势,针对 OLED、LTPS 技术或激光显示、3D 显示技术,确定重点研发方向。加强与国内外企业的技术合作,尤其是国内面板企业如京东方等,通过成立分支机构(京东方公司、天马公司已在国内多地建设产品线)等方式,加快建设青岛市液晶面板等生产线,并且加大对现有产品升级改造及新技术的研发力度,提升青岛市企业产品的市场竞争力。

(4)鼓励与新型显示技术相关的产业发展,如动漫创意、影视制作产业,积极推出 3D、4K 动漫、影视产品。新型显示技术产品的推广普及需要动漫、影视产业的支持,建议引进培养动漫创意及影视制作技术人才,培育青岛动漫、影视品牌企业,支持 3D、4K 动漫、影视产品制作企业快速发展,推出更多有创意的作品。

参考文献

[1] 林明祥. 显示技术发展与研究现状[J]. 科技创新与应用,2013,(22):81.

[2] 刘炯,孙娜. 从专利角度看 LED 显示技术的发展[J]. 电视技术,2014,38(z2):443-445.

[3] 杨敏,何谷峰. 在中国的 OLED 显示技术专利布局的分析[J]. 科技创新与应用,2014,(13):5-7.

[4] 赵博选,王琦. 柔性显示技术研发现状及发展方向[J]. 电视技术,2014,(4):43-51.

[5] 王天质. 激光显示技术产业及标准化现状[J]. 信息技术与标准化,2014,(5):16-19,28.

编　写:周文鹏

审　稿:谭思明　管　泉　蓝　洁

基于 Web 的科技查新管理系统开发

一、引言

科技查新是指具有查新资质的各级机构,根据用户的查新委托,对需要进行科研立项、鉴定、报奖的相关课题,利用文献检索、对比、分析等方法,提供项目新颖性和先进性查证的一项工作。通过科技查新可有效避免课题重复研究,为政府优化配置科技资源提供有力依据,提高研发效率,促进创新发展。

面对与日俱增的课题量,查新机构应当需要引入现代化网络信息技术,构建科技查新管理系统,一方面将查新员从大量重复性劳动中解放出来,另一方面便于查新管理人员电子化管理,在提高查新效率的同时,进一步提高查新质量和服务水平。

二、查新问题简析

1. 预约委托难

由于查新委托单涉及填写的内容多且细,如科学技术要点、查新点、关键词等项,有的填写篇幅较长,有的专业称谓、特殊符号等需准确,因此查新机构一般只接受电子版委托,不接受手写和电话委托,不提供现场填写服务。

以前,用户通常需要到网站下载电子版查新委托单,填好后发往指定邮箱,然后打电话确认委托是否收到。使用公共邮箱传递委托申请经常会遇到邮件错发、退回、当作垃圾邮件被屏蔽等问题,导致用户与查新机构之间反复电话沟通确认,高峰时期平均一天要接待几百个查询电话,电话经常占线,使得委托不畅。另外,用户填写的邮件标题五花八门,使查新接待员在邮箱中查找相关委托时效率低下,增加了双方沟通的时间成本。查新机构一般不接受用户上门索取委托单、上门提交申请的方式,因为外带 U 盘等移动设备容易感染病毒,影响内部网络办公安全。

2. 人工编号方式落后

一项课题确认委托后,查新接待员要给予其一个唯一编号,以往采取人工方式编号,不仅费时费力,还不可避免地会有错编、重编、漏编等情况发生,有时会造成有的项目在申报时,因为查新机构给予的项目编号不匹配而被退回的严重后果。另外,各类立项和鉴定的报告编号格式不同,也加剧了人工编号的难度,制约了工作效率和准确度。

3. 报告格式不规范

由于没有统一的报告格式,查新员在撰写报告时通常自己排版,字体、字号、行间距等自由确定,使得有些报告版面不佳,用户不满意。这种参差不齐的报告在某些评审会议上使用时,也严重影响了查新机构的形象。

4. 工作流程随意性大

查新接待员将课题分配给查新员、查新员将查新报告提交审核员审核、审核员返回报告给查新员以及查新员将最终查新报告提交查新管理员备份等工作流程中,通常使用 MSN、QQ 等软件传输相关 Word 文档,随意性大,有时会出现接待员将同一课题发给多个查新员、审核员返回他人报告给查新员、查新员提交管理员备份的电子文档不是最终版本等情况,给工作造成诸多不便。

5. 工作进度不易掌握

管理员一般手工将查新课题平均分配给查新员,每个查新员的工作完成进度只能靠管理员口头询问,而不能实时掌握,因查新员个人原因造成的课题积压不能被及时发现,使管理员不能合理调度,影响整个查新工作进度,也易引起分配不公。

6. 档案管理、查询困难

备份文档一般是以课题编号命名的 Word 文档,除了按编号查询外,按课题名称、申请人、项目类别等查询非常困难,不能满足查新用户和上级领导的多元化查询需要,比如有的用户因遗失等原因前来补开报告时,由于记不住课题编号或查新员姓名,往往需要每个查新员挨个儿打开自己曾经出具的查新报告 Word 文档,找出符合的项目,重新出具报告,使得整个查询过程异常烦琐。另外,管理员在进行工作总结时,只能常规统计出查新报告总数,而缺乏个性化统计手段,如某一课题申请单位或个人当年的查新报告统计、某一研究领域的课题统计等。

三、系统开发与设计

(一)系统分析

1. 开发原则

科技查新管理系统意在搭建一个基于 Web 的,集在线委托、自动编号、课题分配、生成报告、审核监管、归档查询、数据统计等多项功能于一体的综合性查新业务平台,其开发建设应遵循实用性、安全性、交互性、智能性、高效性的原则。

(1)实用性。系统采用 B/S 结构(Browser/Server 即浏览器/服务器结构),通过 Web 浏览器呈现用户界面,服务器端(Server)实现逻辑运算,能实现不同人员,从不同地点,以不同的接方式(比如 LAN、WAN、Internet/Intranet 等)访问和操作共同的数据库,不但操作简便、快捷,系统维护与升级的成本也较低。

(2)安全性。系统对访问者实行权限分级管理,访问角色分为管理员、查新员、审核员和查新用户,每个角色在登录时都需通过各自的用户名和密码验证,且登录后拥有的查询和管理权限也不同,管理员拥有最高管理权限。另外,鉴于查新机构对查新负有保密义务,系统对数据库的项目信息做了安全加密设置。

(3)交互性。用户在填写和修改相关表单时,系统会自动进行有效性验证,对不符合要求的填写项会弹出提示信息。

(4)智能性。系统可对项目进行自动编号,可分别自动生成查新合同和查新报告,还可自动判定课题处理状态,引导管理员和查新员对课题做出进一步操作。

(5)高效性。系统使得用户提交查新委托更加方便快捷,也使得查新机构对课题的分配、查询和统计更加快速灵活。

2. 功能需求

根据建设原则和实际需求,该系统主要应实现以下功能:

（1）用户通过 Web 界面在线填写、提交、修改、查看、申请撤销查新委托。

（2）查新课题自动编号。

（3）管理员在线管理、分配、查询查新课题。包括修改、删除查新委托，安排查新员，约定查新日期及费用，查看查新进程和查新统计等。另外，管理员还可在线增删查新员、检索数据库、查新目的等信息。

（4）查新员在线查看工作任务、修改名下查新委托、制作查新报告、提交审核员。

（5）审核员在线修改、确认待审报告。

（6）在线自动生成统一 Word 格式的查新报告，以待打印。

（7）查新电子档案多元化查询、统计。

（二）系统设计

1. 用户模块设计

（1）查新在线委托页面。

① 填写委托。在线委托包括项目中文名称、项目英文名称、委托单位名称、委托单位地址、邮编、负责人、负责人电话、负责人传真、委托人、委托人电话、委托人手机、查新目的、检索范围、分类、Email、中文关键词、英文关键词、项目简介及科学技术要点、查新点或创新点、参考文献、专有名词及术语解释、投资额、效益额、以往课题编号、完成期限等 25 项填写内容（图 1）。其中 12 项为必填项，若未填写完整，系统会自动给出提示，引导用户填完所有必填内容。重点填写项目，当鼠标移至填写框，会弹出详细填写提示。以上设计可大大提高查新委托的合格率。

② 查询合同。用户提交委托成功后会出现提示页面，告知用户名和验证码，用户名为该项课题的委托人姓名，验证码由系统自动生成且唯一。以此用户名和验证码在提示页面右侧或首页右上方登录，可修改课题内容、查询课题安排进度等。若忘记验证码，可致电查新机构，通过合同细节找回验证码。

③ 用户须知。介绍科技查新基本工作流程、收费标准、注意事项等。

④ 最新公告。通告查新计划，以及各级立项、鉴定、报奖的起止时间等事项。

⑤ 联系我们。公开查新机构联系方式，包括电话、传真、邮箱、地址等。

（2）查新委托在线查询页面。

查新用户以用户名和验证码登录后，进入查新委托在线查询页面，系统会显示课题是否已被受理。用户可进入修改删除页面，对委托内容做适当修改并保存，省去了以往通过电话或邮件修改委托内容的烦琐，使得填写中的一些小错误可以快速修正。已受理课题，用户需点击"确认"按钮，若未在约定时间前往查新机构办理查新业务，造成的后果由该用户承担；若用户一直未进行点击确认，且查新机构在预约时间到期前一天未能与该用户取得电话联系，将取消该课题的预约安排。用户若点击"取消合同"并确认，将不能以原用户名和验证码登录，若有其他课题，用户需重新填写在线委托。

2. 管理员模块设计

查新机构的管理员在后台登录页面登录后，进入管理员操作界面，包括课题安排、查询与统计、信息管理等功能。

（1）课题安排。

新到课题按提交先后顺序排列，使管理员一目了然。新到课题列表栏中有验证码一项，以便用户电话询问遗忘验证码时，管理员能快速提供。点击项目名称，进入课题安排页面，可对课题委托内容进行修改，对课题做出安排，包括预约时间、费用、接洽查新员等，项目编号为系统自动生成。

（2）查询与统计。

管理员可按照年份、月份、项目编号、项目名称、委托单位、委托人、查新员、查新目的、检索范围、行业分类等选项自由组合查询，其中，项目编号、项目名称、委托单位、委托人选项支持模糊查询。由指定查询条件检索出的课题列表,可分别进行课题数、收费额、投资额、效益额的统计。点击列表中的课题名称,可查看该课题的具体信息,包括合同信息和报告信息。

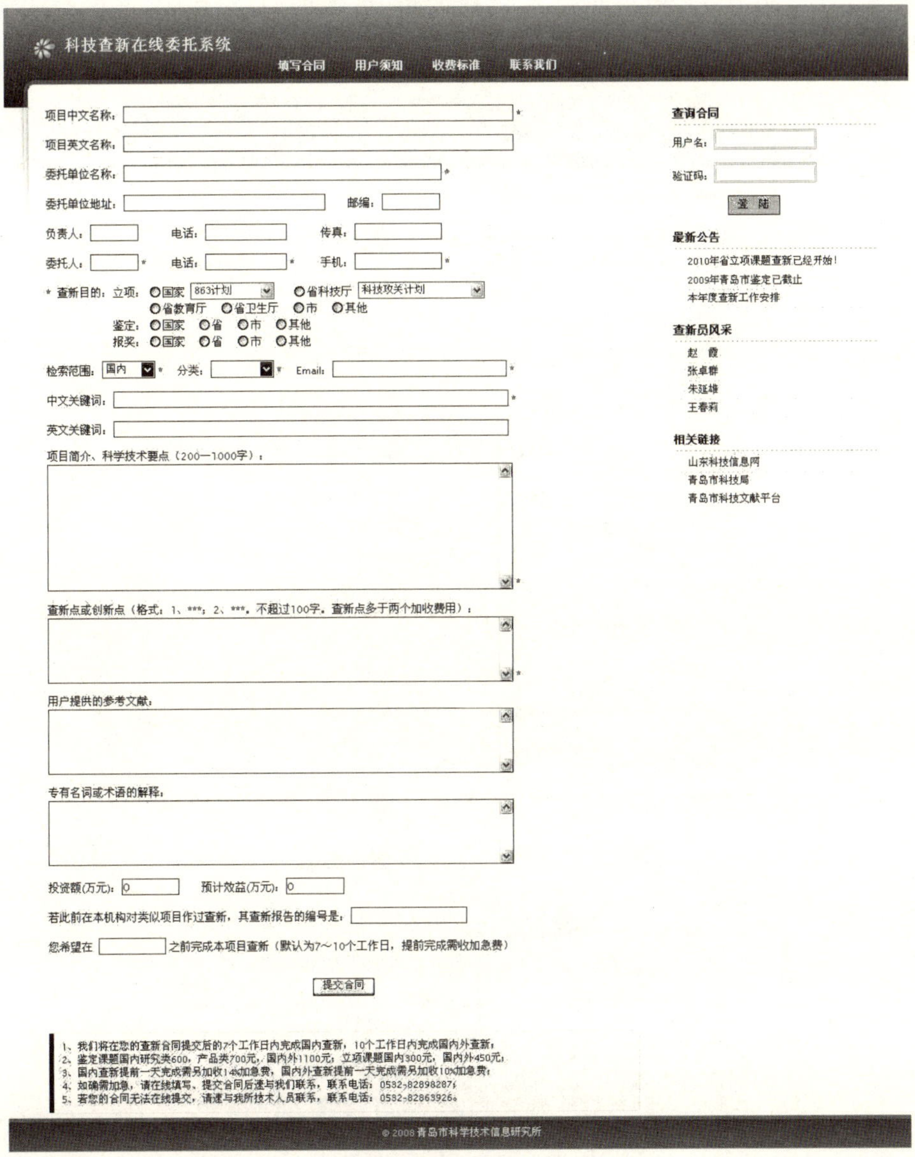

图 1　查新在线委托页面

（3）信息管理。

包括查新员管理、查新目的管理、中文数据库管理、西文数据库管理、密码管理等,可实现以上内容的逐条修改和增删。

3. 查新员模块设计

查新员在系统后台登陆页面登录后,进入其个人的科技查新工作平台,平台首页以列表形式显示管理员当前安排给本查新员的课题。点击课题名称进入课题详细页面,包括合同信息和检索信息两部分。其中,合同信息页可对课题相关内容做修改;检索信息页在填入中英文检索式、相关文献、查新结论等内容后可进行保存、修改等操作。当选择好审核员并保存后,该报告将自动送往该审核员任务栏等待审核。通过审核后,点击"生成报告"按钮,将自动生成格式统一的查新报告。

4. 审核员模块设计

审核员在系统后台登陆页面登录后,进入其个人的科技查新工作平台,首页以列表形式显示当前等

185

待审核的课题。点击课题名称进入课题详细页面,审核员在阅读用户填写的课题信息和查新员填写的检索信息后,审核员对该课题做出判断。点击"审核通过"按钮,该报告通过审核,查新员可在其工作平台上点击"生成报告"按钮并打印;点击"审核未通过"按钮,查新员需对报告做出修改后,再次提交给审核员,直到审核通过。

科技查新工作平台

当前课题   当前审核   查询与统计   修改密码

检索信息

中文检索式:
液相色谱*(初级芳香胺+邻苯二甲酸酯+二苯甲酮*甲基二苯甲酮+荧光增白剂+防油剂),

中文文献库:
☑ 中国科技文献数据库(1999 - 1999)
☑ 中国科技经济新闻数据库(VIP 1992 - 2007.10)
☑ 中国科技成果交易信息数据库(1980 - 2001)
☑ 中国科技成果数据库 (1985-2010.6)
☑ 中国学位论文数据库 (1977-2010.4)
☑ 中国期刊全文数据库 (cnki 1979-2010)

英文检索式:
(HPLC+high*performance*liquid*chromatography+liquid*chromatography*spectrometry)*toxic*substances

西文文献库:
☑ 外文期刊(1990 - 2007.10)
☑ 美国医学索引(MEDLINE 1966 - present)
☑ 科学文摘数据库(INSPEC 1969-2010)
☑ 美国生物学文摘(BIOSIS Previews 1969-2010)
☑ 社会科学引文索引(Social SciSearch 1972-2010)
☑ 美国工程索引(Ei Compendex 1970-2010)

相关文献数: 9

相关文献:
1、
【中文题名】浅谈食品包装用纸中有毒有害物质的来源及其危害
【英文题名】无
【作者中文名】余集锋;
【刊名】湖北造纸 2007年 02期
【关键词】食品包装用纸; 荧光增白剂; 二恶英; 多氯联苯; 重金属;
【中文摘要】对我国食品包装用纸中主要的有毒有害物质如:荧光增白剂、重金属及其化合物、多氯联苯及微量的二恶英等的来源及危害进行了分析,提出了应加强对食品包装用纸中有毒有害物质的监督、检测和控制的建议。
2、
【中文题名】荧光增白剂在造纸中的应用
【英文题名】Application of Fluorescence Brightening Agent in Papermaking
【作者中文名】傅瑞芳
【刊名】湖北造纸 2007年 02期
【关键词】荧光增白剂; 造纸; 应用;
【中文摘要】介绍了荧光增白原理和在造纸工业中使用的荧光增白剂的品种及其特性,叙述了在纸浆增白、施胶增白和涂布增白中影响增白效果的各种因素和应对方法。
3、

查新结论:
1、国内相关文献1-2介绍了纸制食品包装中有毒有害物质的来源,以及荧光增白剂在造纸行业的应用。与本项目相比,相关文献1及2为综述,未涉及相关测试技术及迁移规律。
2、国内相关文献3-4使用液相色谱及液相色谱/质谱,对邻苯二甲酸酯、初级芳香胺进行了检测。分析对象为水及电子食品制品,未涉及本项目研究对象纸制食品接触材料。
3、国内相关文献5对一次性餐具的防油剂进行了安全评价。与该项目相比,研究对象仅涉及一次餐具没有覆盖其它食品接触材料,没有目标化合物的检测方法及迁移规律进行研究。
4、国内相关文献6研究了水中痕量二苯甲酮的检测方法,与该项目相比,分析基质不同。
5、国外相关文献7研究了纸和纸板食品包装材料的迁移,对二烷基二苯甲酮、紫外光固化油墨光引发剂的残留进行了检测,但未涉及初级芳香胺、增白剂和防油剂等有毒有害物质的检测。
6、国外相关文献8利用液相色谱/质谱测定复调用具中初级芳香胺迁移量及其对实际样品的应用,国外相关文献9利用液相色谱-电喷雾串联质谱测定水性食品模拟物中20种初级芳香胺,与该项目相比,分析基质不同。
综上所述,国内外查到与本项目相同的研究报道。

附件:

备注:

省立项上传反馈记录:

查新员职称: 副研   选择审核员: 赵鑫 ▼   审核员职称: 副研
完成日期: 2010 ▼年 10 ▼月 25 ▼日

[保存修改] [生成报告] [导入数据库]

图2 课题检索信息页面

四、系统应用与效果

本科技查新管理系统主程序装配在一台 Web 服务器上,查新用户、查新员、审核员、管理员均可通过个人计算机上网访问 Web 页面,实现可视化操作。管理员可以管理查新用户、查新员及审核员模块,审核员可以管理查新员工作模块,查新员可以管理查新用户项目模块。系统性能稳定、安全,通过网络化、信息化手段,规范了查新流程,统筹了电子档案,方便了查新用户,提高了工作效率。

1. 解决了项目自动编号的问题

由于不同查新项目的查新目的有不同的编号规则,有的以单一数字组成,有的以字母加数字的方式组成,例如青岛市鉴定的编号格式为 201005320001,山东省自然科学基金立项的编号格式为 ZR1005320001。面对十几个不同的编号规则,以往使用人工编号不仅烦琐且错误率高,而本系统能根据课题不同的查新目的,通过一定的运算规则,自动给出该课题的项目编号,且此编号在其编号体系内按由小到大的顺序排列,中间若有课题取消,下一未编号的同类新课题可自动补上这一编号。计算机手段的应用,避免了项目编号漏排、重排、错拍等现象的发生,从而提高了工作效率和准确性。

2. 查询与统计功能实用

若干选项的组合查询,既可快速从查新档案中找到符合的课题,又可方便统计某类课题的数据。例如,某一项目的前期研究已在查新机构申请过查新,且用户可提供该查新项目准确的课题编号,查新员即可在查询界面填入此编号,快速查找到这一课题做参考;若用户遗忘项目编号,查新员还可通过项目名称、委托人、委托单位等进行模糊查询,也可方便地找到所需课题;当选择行业分类、查新目的等选项,在当前查新档案库中可统计出某一时间段的相关课题的申请情况,找出创新研究的热点领域,这些功能在今后查新课题的趋势分析与数据统计中将有广泛应用。

3. 规范工作流程与考核

系统管理员可方便地在线对新到课题做出分配,同时还可在线监管查新员和审核员的工作情况,如每日课题是否按时完成,每月完成的课题量是多少等,这些指标均可用于年底的工作业绩考核。系统确保了这种分级管理模式的安全性,管理员、查新员、审核员有不同的权限和操作模块,凭各自的用户名和密码登录系统。

4. 自动生成报告

系统可自动生成格式统一的查新报告,而不再由查新员自行编辑排版,使得中外文数据库、文献条目等的编排更规范。自动生成报告不仅版面美观,且效率极高,避免了很多重复性劳动。

5. 用户满意度提高

2013 年,青岛市查新课题量近 2 000 项。在查新高峰期,通过配合使用该系统,各项工作井然有序,查新质量和查新效率明显提高,用户满意率调查由系统应用前的 92% 提高到 97%。

6. 数据库数据可作扩展应用

系统具有的多种统计和查询功能不但可以快速查询历年已完成的课题资料,还可按照研究领域、研究单位、申报人等单项分别对某一时间段的数据进行统计,从个不同侧面反映青岛市科技自主创新的发展情况和趋势。

表 1　2013 年青岛市查新课题行业分布统计

行业分类	查新课题(项)
医学	446
农业与水产养殖	255

续表

行业分类	查新课题（项）
材料科学	169
化学化工	152
自动化与计算机	139
生物学	120
机械仪表	103
环境科学	84
轻工业	80
建筑	59
能源与动力工程	51
海洋学	47
无线电电子学	45
交通运输	41
药学	38
数理科学	37
管理科学与软科学	30
纺织	19
矿业工程	14
天文学地球科学	12
水利	11
石油与天然气	11
金属与金属工艺	9
电工技术	8
冶金	6
医疗仪器设备	6
测绘学	4
航空航天	3
气象学	3

从上表可以看出，2013 年青岛市在医学、农业与水产养殖、材料科学、化学化工、自动化与计算机、生物学等领域的创新型活动比较活跃，这也与青岛市高校和科研院所的优势研究领域分布相符合。该系统通过对内部已有数据的挖掘，增加了科技统计的分析手段，可为今后政府科技决策提供一手资料。

五、结束语

本科技查新管理系统稳定、安全、方便、高效，使得科技查新工作迈上了信息化、规范化、自动化的新台阶，查新效率显著提高，查新服务明显改善，查新流程规范有序，真正实现了科技查新的网络化管理和应用。

今后,系统还需从以下方面进一步完善:

一是在用户委托界面增加文本编辑功能,使用户可以在线编辑数学公式、符号或数字上下标等特殊字符;

二是允许用户在线查询项目报告,登陆用户除了可以查看查新委托外,还可实时查看查新员完成的该课题的报告情况,针对文献和结论等内容与查新员展开远程交流;

三是建立网络评价体系,让用户对查新员和查新机构的服务情况在线打分,使考核更为亮化和细化。

论文作者:姜　静　张卓群　赵　霞　李汉清

注:本文于 2014 年刊发在《中国科技信息》第 24 期(总第 507 期)

建立世界海洋科技城市联盟研究初探

一、建立世界海洋科技城市联盟的战略意义

（一）建立世界海洋科技城市联盟的现实背景

21世纪堪称海洋世纪，开发利用海洋已经成为当今世界发展的大趋势，海洋经济跨入了以高新技术为支撑，经济、社会和生态系统整体协调发展的新阶段。从国际上看，海洋科技突飞猛进，海洋新兴产业加速发展，美、日、韩、欧盟等国家和地区把开发利用海洋资源、发展海洋经济作为推动经济和社会发展的重大战略，未来的海洋资源之争以及人才、技术、市场的竞争将更加激烈，博弈的结果将促使国际海洋科研方面的交流更加频繁，国际合作向更加广泛深入的方向发展。

在当今经济全球化背景下，为了有效促进资源合理配置，促进城市经济发展，一些城市积极通过各种方式和渠道加强国际合作与交流，以便更好地融入地区和世界经济大潮中参与合作与竞争。1998年韩国大田市成立了世界科技城市联盟，南京、合肥等国内城市先后参加。国内的沿海城市也纷纷以各种形式，加强了与国际社会的合作交流。厦门市从2005年开始每年举行"厦门国际海洋周"；大连市举办了首届中国大连国际海洋技术大会、世界海洋大会等。

作为山东半岛蓝色经济区的核心区和龙头城市，青岛的海洋科研优势突出，海洋科技国际合作基础雄厚，与国际海洋城市的交往十分广泛，先后举办过许多高层次、大规模的国际、国内海洋高峰论坛、海洋科技国际论坛、展会等活动，政府、高校、科研机构和企业与国外开展了多层次的交往和合作，取得了一定成效。

但是，由于论坛等活动形式存在着组织结构松散，每届活动主题不固定，参会的城市、机构和人员连续性差、自身发展水平参差不齐、参会目的不尽相同等问题，很难做到参会成员间的平等对话；而活动中组织开展的各项合作，由于缺少有效的统一管理、协调和验收评价机制，收效难以达到活动的预期目的。因此，目前急需搭建一个海洋城市政府层面的国际海洋科技交流平台，组织协调海洋科技城市间共同开展国际海洋科技合作，推动海洋科技城市经济社会的持续发展。

（二）建立世界海洋科技城市联盟的意义

建立世界海洋科技城市联盟，是青岛在蓝色硅谷建设发展新阶段，创新国际海洋科技合作渠道的新构想，对集聚世界海洋科研机构和高端人才，建立国际交流合作的长效机制，提升青岛的国际知名度和影响力，推动青岛蓝色经济发展和海洋科技创新，提升城市的综合竞争力具有十分重要的意义。

二、世界海洋科技城市联盟的宗旨和目标

世界海洋科技城市联盟是致力于通过海洋科技城市间的交流与合作促进各地区海洋经济的发展,通过海洋科技进步促进城市间的共同繁荣和幸福,在坚持"平等、自由、中立、科学"原则的基础上,由世界海洋科技城市地方政府为主体组成的多边国际性联盟组织。

(一)联盟的宗旨

通过加强联盟内的合作,推进世界海洋科技城市的科技创新和产业发展,实现低碳环保,促进现代海洋科技城市的健康发展和长期繁荣。

(二)联盟的目标

1. 总体目标

加强联盟内城市间的互动合作,促进城市进一步开放,开展城市间在科技创新合作攻关,推动城市科技创新和新兴产业发展;推进海洋创新资源与人才交流,强化知识产权保护,创造良好市场环境,促进海洋科技城市的持续发展。

2. 具体目标

① 搭建技术转移和科技金融的平台,促进世界海洋科研机构、大学、金融和产业界的沟通,加速国内外产学研资的融合,推动产业的升级和发展;② 建立海洋科技创新人脉网络,汇集一批海内外优秀的海洋研究人才,推动海内外海洋人才的引进和交流,促进海洋科技创新发展。

(三)联盟运行机制

坚持"平等、自由、中立、科学"为原则,实行"自愿、自主、自觉加入、自由退出"机制,把联盟真正办成一个权威、中立的国际性联盟组织。

三、世界海洋科技城市联盟的主要任务

(1)定期(每年或每两年)举办一次联盟成员大会和高峰论坛,由联盟成员单位申请承办。组织联盟内城市围绕城市发展战略、海洋科技和产业发展中的热点、焦点、难点问题开展研讨和学术交流。

(2)建立世界海洋科技城市联盟网站,共享经验与信息。

(3)组织海洋科技创新合作,扩大城市间已有的科技合作项目,不断开展城市间新的科技合作项目。高校、研究所间加强学术交流及学生交流,培养年轻的海洋科技人才;高科园之间加强在具体产业领域的合作,通过共建研发平台、产业园等,实现创新资源的共享,提升联盟成员的海洋科技创新水平。

(4)组织海洋科技城市与产业领域新产品和解决方案的推介活动或展会,促进科技成果转让、加强海洋技术应用。

(5)会员共同参与国际会议、国际活动,提升双方在海洋领域的科技合作;组织会员单位进行国内外海洋科技城市与产业技术培训和考察等活动。

(6)积极开展相关领域信息的采集、调研、分析,组织信息交流活动;宣传推介联盟内城市;推进联盟内城市人才、技术、管理、信息等交流;编辑、出版海洋科技城市与产业建设及应用的有关资料。

四、世界海洋科技城市联盟的成员组成

(一)入选海洋科技城市的标准

(1)入选城市应是在涉海的研究机构和大学、技术、人才、重点企业、产业园区、产业领域等资源较为集中的城市。

（2）入选城市应是海洋人才、资源、技术国际流动较为频繁的城市。

（3）入选城市在区位、规模、科技创新、海洋产业以及园区等方面有相似性。

（4）入选城市与青岛在海洋科技、产业等方面具有合作基础和未来合作可能性的海洋科技城市。

（二）部分世界海洋科技城市概况

根据入选海洋城市的标准,通过对人口规模、城市面积、人均 GDP、海洋科研实力、海洋产业发展、海洋产业园区、技术优势、重点企业等指标进行对比分析,初步选定旧金山（美国）、波士顿（美国）、哈利法克斯（加拿大）、圣彼得堡（俄罗斯）、南安普顿（英国）、布雷斯特（法国）、基尔（德国）、卡伦堡（丹麦）、横滨（日本）、釜山（韩国）、安山（韩国）和青岛等 12 个海洋科技城市,作为青岛倡导建立世界海洋科技城市联盟的首批候选城市。图 1 给出了入选海洋科技城市的分布图,表 1 给出了入选海洋科技城市的简况。

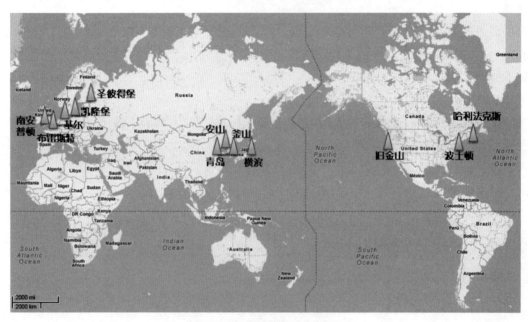

图 1 世界海洋科技城市地图

表 1 入选海洋科技城市情况一览表

城市	基本情况	海洋研究机构和大学	产业园区	重点企业	海洋产业领域	技术优势
青岛	人口 871 万,面积 10 654 平方千米,人均 GDP 1 万美元	中科院海洋所、农林部水科院黄海水产研究所、国家海洋局第一海洋研究所、国土资源部青岛海洋地质研究所、中国海洋大学、海洋国家实验室、深潜基地等 30 多家海洋科研与教学机构	蓝色硅谷、西海岸经济区、高新区等	中船重工 725 所、北船重工、海西重机、武船重工、海西电机、明月海藻集团、海洋化工研究院等	海洋新材料、深海技术与装备、海洋仪表与船舶装备、海洋生物医药、海水种苗、海水综合利用、海洋新能源、海洋节能环保等	海洋防腐、深海运载与探测、海洋仪器仪表与船舶装备、海洋药物、海水种苗、海水淡化与海水化学资源利用、海洋能、海洋污染、生态监测及治理
波士顿	人口 60 万,面积 122 平方千米,人均 GDP 5.3 万美元	麻省理工学院、哈佛大学	波士顿海洋产业园	美国千禧年医药公司（海洋抗肿瘤药物）、波士顿生物技术公司	海洋生物医药、海洋育种	全美第二大生物科技中心
旧金山	人口 81 万,面积 116 平方千米,人均 GDP 4.9 万美元	斯克里普斯海洋研究所、旧金山大学、加利福尼亚大学旧金山分校	硅谷	基因技术公司（Genetech）、Chiron 公司	海洋生物制药、海洋信息服务业	"硅谷"高新技术支持

续表

城市	基本情况	海洋研究机构和大学	产业园区	重点企业	海洋产业领域	技术优势
哈利法克斯	人口40万,面积5 577平方千米,人均GDP 3.2万美元	哈利法克斯海洋研究所、加拿大海洋生物科学研究所、加拿大海运研究中心	13个产业园(7个省级、6个市级)	哈利法克斯造船厂	海洋生物医药、海洋信息服务业	生物技术中心,涉及水产、渔业、海洋科学等。
圣彼得堡	人口500万,面积606平方千米,人均GDP 1.1万美元	俄罗斯科学院希尔绍夫海洋研究所圣彼得堡分所	圣彼得堡"普希金"工业园区	俄罗斯圣彼得堡"孔雀石"海洋机械设计局	舰船制造业、海洋运输、精密仪器	舰船制造、深潜器
南安普顿	人口24万,面积52平方千米,人均GDP 3.1万美元	南安普顿海洋研究中心	南安普敦科技园	塞莱斯-伽利略公司、ABP海洋环境研究有限公司、荷兰BMT ARGOSS公司、欧洲阿斯特里姆公司	海洋生物医药、海洋育种	海洋遥感、探测、育种、能源
布雷斯特	人口14万,面积50平方千米,人均GDP 4.3万美元	法国海洋开发研究院(Ifremer)、国家宇宙科学研究所-法国国家科学研究院(INSU-CNRS)、欧洲海洋科学研究所/西布列塔尼大学(IUEM/UBO)	布列塔尼海洋园区	法国舰艇建造局、泰雷兹集团公司(Thales)、Sobrena船厂、Ixsea公司、ECA公司、塞舍尔公司、法国腐蚀研究所、CLS公司、LIttoralis公司	海洋工程装备、海洋信息服务	军舰制造和维修、空运和水下防御系统,水下声学、海洋技术及生物技术
基尔	人口300万,面积158平方千米,人均GDP 3.2万美元	基尔大学海洋学研究所、德国海洋地球科学中心(DEOMAR)/基尔海姆霍滋海洋研究中心	—	荷瓦兹德意志造船公司——基尔船厂	海洋工程装备	海洋装备技术全球领先
卡伦堡	人口4.8万,面积580平方千米,人均GDP 3.1万美元		生态工业园	诺和诺德生物技术公司	高科技生物制品公司	生物制药、生物炼油
横滨	人口358万,面积434平方千米,人均GDP 3.1万美元	日本海洋科学技术中心横滨研究所、株式会社日本第一产业、横滨国立大学、理化学研究所	横滨科技创新区	三菱重工、日立造船、日本横滨橡胶株式会社	海洋工程装备、海洋新材料、IT、生物技术、生命科学	海洋装备、新材料开发技术领先
釜山	人口400万,面积758平方千米,人均GDP 2.2万美元	国立韩国海洋大学、釜山大学	—	大宇造船海洋株式会社、三星重工业、STX、韩进重工	海洋工程装备	海洋工程设备建造方面全球领先
安山	人口76万,面积149平方千米,人均GDP 2.2万美元	韩国海洋研究与发展研究所(KORDI)、汉阳大学、庆熙大学、明知大学、成均馆大学、水原大学、亚洲大学等	半月始华国家工业园区、京畿科技园	—	—	产学研结合的产业集群

五、世界海洋科技城市联盟组建的具体步骤

（1）成立世界海洋科技城市联盟筹建委员会,由市政府分管科技工作的副市长担任筹委会主任,筹

委会下设办公室,设在市科技局,负责城市联盟筹建的具体工作。建立专项基金。

（2）组建"世界海洋科技城市联盟专家委员会",负责研究制定联盟的章程,制定联盟的发展战略及规划;拟定联盟年度活动主题;评审和验收联盟内合作项目,提供信息和咨询服务。

（3）鉴于美国波士顿市及法国布雷斯特市在海洋科技领域方面的实力和影响力,建议首先邀请美国的波士顿市、法国的布雷斯特市作为联盟的共同发起城市并倡议建立"世界海洋科技城市联盟"。

（4）召开"世界海洋科技城市联盟"建设筹备工作会议,讨论联盟章程、活动形式,确定首届联盟大会的会期、地点和活动内容。

（5）向有关海洋科技城市和机构发出入盟的邀请,为入盟城市和会员办理相关手续。

（6）做好"世界海洋科技城市联盟"首届大会的各项筹备工作。

（7）办理"世界海洋科技城市联盟"社团组织的相关手续,开通国际海洋科技城市联盟中英文网站。

参考文献

[1] 勒景玉. 城市联盟行为研究. 集团经济研究, 2006,（03X）:112-113.

[2] 勒景玉. 城市联盟是提高城市竞争力的有效途径. 生产力研究, 2006(8):120-122.

[3] 卢国能. 巴城合作背景下的城市联盟及其意义[J]. 吉林师范大学学报:人文社会科学版, 2009,（5）:41-43.

论文作者:王淑玲　管泉　王云飞　初志勇

注:本文于 2015 年刊发在《中国科技成果》（2015 年第 11 期）

借鉴美国硅谷创新经验，建设青岛 蓝色硅谷

青岛提出打造蓝色硅谷的战略,体现了真正的世界眼光:瞄准全球最好的、一流的、高科技的基地作为典范,用硅谷的人才标准、企业发展标准、融资的标准、基础设施的标准来衡量,实现自己蓝色经济的发展。青岛海洋人才云集,聚集了全国30%的海洋科研机构,50%的海洋高层次科研人才,70%以上的涉海两院院士,海洋科学研究整体水平国内领先,多个领域具有国际竞争力,因此,青岛建设蓝色硅谷,无论人才条件还是产业基础,都具备了良好的基础,应该很好地借鉴美国硅谷经验,打造蓝色硅谷,当好蓝色经济区建设的排头兵。

一、硅谷概况

硅谷(Silicon Valley)位于加利福尼亚州北部,旧金山湾区南部,面积约3 880平方千米,由40个小城镇组成,人口300万(2011年)。截至2011年6月,这条不足50千米长的狭长地带,已聚集了近10 000家高科技公司,其中全球前100大高科技公司有30%的总部位于硅谷,财富500强中有51家总部在硅谷,硅谷上市科技公司的总市值高达1万亿美元,硅谷GDP总量达6千亿美元,经济总量在全球排名第19位,相当于印尼或瑞士。

表1　2012年4月21日上午硅谷6大公司市值 [2]

序号	公司名称	市值(亿美元)
1	苹果	5 342
2	惠普	484
3	思科	1 072
4	甲骨文	1 436
5	英特尔	1 380
6	谷歌	1 939

硅谷的就业人数133.5万(就业人数平均年收入86 540美元),70%成年人口具有大专以上文凭。硅谷的专利数量最多,专利最多的美国前15个城市中有7个在硅谷,硅谷人口数占全美国的1%,但是专利数却占全国专利的13%、加州专利的50%。2011年获得风险投资78亿美元,占全美总额近30%。

表 2　2011 年硅谷 150 家公司员工人数和销售额

公司类别	公司数量	员工人数(万)	销售额(万美元)
生物医药	14	1.74	80.1
计算机类	7	37.6	54.7
电子承包	2	5.1	30.3
仪器类	11	3.8	34.6
互联网	8	6.2	79.4
网络通信	23	11.6	48.5
非技术类	12	5.8	31.8
半导体设备	8	2.6	67.4
半导体	40	17	46.3
软件	21	18.6	33.5
存储技术	4	1.4	74.6

二、硅谷的全球链接能力

2010 年的《硅谷指数》指出硅谷成为创新栖息地的四个因素：全球链接能力、吸引人才的能力、持续的技术进步和创新、州政府和联邦政府的作用。全球链接能力是硅谷经济获得长足发展的核心原因所在，主要包括硅谷与世界各创新尖峰地区的技术链接、资本链接和人才链接，为硅谷带来互补的优势技术及良好的创新效率；雄厚的创新活动资本及广大的资本增值市场；具备研发、管理或创业的人才或团队等。

人才——硅谷地区依赖全球人才流动。硅谷历史上一个重要的因素来自于该地区移民企业家的卓越贡献。他们中的很多人以学生身份从世界各地来到这里,建立他们的网络并维护与自己母国的密切联系,这些人奠定了硅谷强大的全球链接基础。硅谷理工科背景从业人员中的 60% 是美国以外出生的。

技术——国际合作专利持续上升。硅谷对于国际合作专利的定义是合作发明者中同时包括来自硅谷以及美国以外的发明者。《硅谷指数 2010》数据显示,在 2007 年和 2008 年间,合作发明者的专利注册数量增加了 13%,并且在所有本地投资的专利中比例有所上升,这说明在此地人才与彼地人才之间和在世界其他创新源泉中,技术与知识流动正在增加。

资本——硅谷和国外间的投资流动正在增长。硅谷正越来越多地投资于国际风险资本市场,这使得硅谷在全球各地区间建立了强大的人际关系,促进了技术和商业模式的交流。自 2000 年以来,中国已经成为硅谷风险资本投资的首选国外市场。2006 年至 2008 年,中国公司获得了来自硅谷投资者的风险资本超过 22 亿美元。

三、硅谷创新的经验及做法

美国硅谷是世界上第一个高新技术产业区,也是当今世界上最具创新能力和活力的高科技园区。硅谷的十大特征概括为：有利于企业创业、创新和发展的政策和体制；高密集的高素质人才；世界一流大学及其与产业的互动产学研；高水平的创意、创新活动；浓厚的创业氛围、鼓励冒险容忍失败的文化；雄厚的创业资金来源和成熟的金融体系；专业化中介服务体系；专业化的技术市场服务体系；高质量的生活和人居条件；便于全球化的区位优势。硅谷的成功归纳起来主要是以下几个方面：

（一）政府的政策和体制有利于企业创业、创新和发展

美国政府通过营造创业和创新的制度建设和文化氛围,调动创业者的积极性,保护他们的合法权利。先后出台了公司法、金融法规、审计、税法、知识产权保护、破产、反垄断、行业标准制定、移民政策、科技政策、地方政策等。政府采购对硅谷高新技术产业发展尤其是新兴产业发展起到极大的促进作用。据统计,1955～1963年期间,硅谷半导体产业35%～40%的营业额来自政府采购。政府对研发投入也不少,政府对斯坦福大学研究项目提供大量的直接赞助,2000年斯坦福大学16亿美元的年收入中有40%来源于受政府委托的研究项目。此外,联邦政府还积极支持中心企业的研发创新,例如通过"中小企业技术创新法案",利用国防、卫生、能源等部门的研发基金支持中小企业相关技术创新;实行"研发抵税"的政策等。

（二）大学、科研机构与企业之间的密切联系促进了高技术产业的发展

硅谷非常注重产学研的结合,大学紧密结合产业发展和企业需求进行技术创新和人才培养。硅谷除了拥有斯坦福大学、加州大学伯克利分校等著名研究型大学外,还有多所专科学校和技工学校,以及100多所私立专业学校。学校与企业间的合作,不仅有助于科研成果的迅速转化,斯坦福大学的科技成果转化率极高,达到80%以上,也有利于为企业培训技术和管理人才。更为重要的是,许多大学和科研机构人员直接投资兴办企业。据估计,硅谷中由斯坦福的教师和学生创办的公司达1 200多家,占硅谷企业的60%～70%。硅谷一半的销售收入来自斯坦福大学的衍生公司。此外,斯坦福大学还通过制订产业联盟计划,来促进研究人员、院系之间以及大学与外部企业的合作,进一步发挥大学在地区发展中的作用。

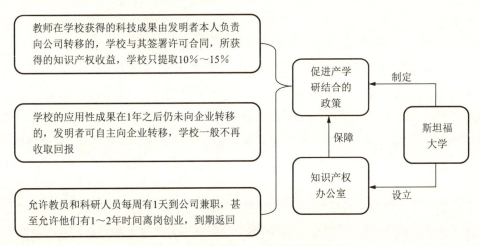

图1 斯坦福大学产学研结合的创新体系

（三）大量风险资本的积极介入和良好的融资环境为硅谷高新企业的发展创造条件

硅谷有着世界上最完备的风险投资机制,有上千家风险投资公司和2 000多家中介服务机构。硅谷地区吸引了全美约35%的风险资本,美国大约50%的风险投资基金都设在硅谷。著名的英特尔公司、罗姆公司、苹果公司等都是靠风险投资发展起来的。据相关资料统计,1977年硅谷的风险资本投资额为5.24亿美元,1983年就猛增到36.56亿美元,2000年达到峰值345亿美元。之后,风险资本投资有所下降,到2004年又开始增长。2007年硅谷的风险投资额达到294美元。2011年,硅谷的风险投资成长了17%,当地总投资额约78亿美元,占全美风险投资约27%;占加州的52%。依产业来看,软件业吸引了极大比重的投资,但创投业者也青睐其他领域,包括能源、生物科技和医疗设备等。风险投资创造了大量的就业机会,风险资本促进企业的R&D,增强了竞争力,风险企业为GDP增长做出了贡献。

（四）完善的中介服务体系促进了硅谷各种创新要素的整合和技术创新能力的提升

硅谷的中介服务主要包括人力资源机构、技术转让机构、会计、税务机构、法律服务机构、咨询服务机构、猎头公司以及物业管理公司、保安公司等其他服务机构。如硅谷的技术转让服务机构由大学的技术转让办公室和技术咨询、评估、交易机构组成，主要工作是将大学的研究成果转移给合适的企业，同时把社会和产业界的需求信息反馈到学校，推动学校研究与企业的合作。此外，硅谷的行业协会也发挥了重要作用。如硅谷生产协会积极与州政府配合，为地区发展解决环境、土地使用和运输问题；半导体设备和原材料协会为半导体芯片技术标准的统一做出了重要贡献。

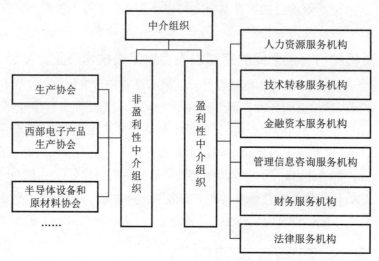

图 2　硅谷的中介组织

（五）人才的引进和激励机制是硅谷高科技产业发展的重要保障

硅谷是海外科技人才集聚创业最集中的地区。为了吸引高端人才，美国政府采取了一系列措施，包括：① 招收留学生培养后备人才。据美国国际教育协会公布的数字，每年全世界 150 万留学生中有 48.1% 在美国学习。② 通过研究机构招聘人才。美国共有 720 多个联邦研究开发实验室招聘或引进国外著名科学家。③ 企业利用平台大量引进人才。④ 联合攻关或企业外迁借用人才。⑤ 实施 H-1B 短期签证计划，放宽对移民的限制吸引留住人才，特别是大力放宽对高技术人才及其家属移民的限制。⑥ 为有突出贡献和成就的科技精英提供优厚的物质和生活待遇，创造良好的研究开发、创新的条件和环境，吸引大量国外优秀人才。此外，硅谷还有技术配股、职务发明收益分享等灵活多样的人才激励机制。

（六）独特的硅谷文化对高科技产业的发展产生巨大影响

硅谷作为高科技产业的集聚中心，具有勇于创业、宽容失败、崇尚竞争、讲究合作、容忍跳槽、鼓励裂变的独特文化。勇于创业、宽容失败激发了员工大胆尝试、勇于探索的创新热情；崇尚竞争使人们既着力于自身能力和水平的不断提高，又注重在竞争中向对手学习；讲究合作使硅谷形成一种拿与给的双向知识交流氛围；容忍跳槽、鼓励裂变则有益于技术扩散和培养经验丰富的企业家。

四、青岛如何借鉴硅谷经验

硅谷不可以复制，但可以借鉴。青岛环境优美，气候宜人，拥有可与美国硅谷相媲美的自然环境和生活环境。2011 年 5 月，青岛市正式启动《青岛蓝色硅谷发展规划》，打造"一区一带一园"的"蓝色硅谷"布局。2012 年 6 月 4 日，省委常委、市委书记李群在调研蓝色硅谷核心区规划建设等情况时指出，建设好蓝色硅谷，对于进一步提升青岛的城市核心竞争力，提高山东半岛蓝色经济区建设水平，增强我国海洋科技创新能力，都具有十分重要的意义。青岛借鉴硅谷经验，可尝试从以下几个方面着手：

（1）打造以人为本的良好工作、生活环境,实现经济发展与环境的良性互动。

在一定意义上说,科技产业就是人才产业,科技经济就是人才经济,人才最看重的是环境。科技产业需要的是高度完善的以人为本的能提供各种良好服务的人居环境。青岛必须加强城市建设与管理的各项基础性工作,完善城市基础设施建设,建设与科技产业相适应的交通体系,加强社会治安综合治理,为科技企业员工提供安全、稳定、卫生、和谐的最佳人居环境。

（2）建立自由、宽松、最优的服务体系,打造良好的软环境。

科技产业实质上是服务经济,作为一种新的经济形态,科技产业对服务的要求很高。科技产业真正需要的是以金融、保险、会计、法律、信息咨询、市场调查、会展、研发与技术服务、教育培训、广告、公关等为主的高度发达的现代服务业的综合配套,特别是风险投资。同时,还要加强信息化建设,推进电子政务、电子商务,提高政府的公共服务效率。可以将政府、市场结合起来,官、产、学、研、金相结合。在政策、规划、教育、交通、信息资源流通、食品药品安全、社会保障等方面,注重细节,打造有利于科技产业发展的自由宽松、以人为本的最优环境。

（3）建立全球链接,打造国际一流的海洋科技研发中心、成果孵化中心、人才集聚中心和海洋新兴产业培育中心。

青岛要建设"蓝色硅谷",发展海洋新兴产业,就要做全球链接,放眼国际,链接全球海洋技术、人才、资本。青岛的海洋新兴产业全球链接主要应抓好以下几个重要的点。一是链接的核心——吸引跨区域创业,包括留学生创业者或团队、移民创业家、创新高地企业来青岛设分公司等;二是链接的关键要素,包括吸引创新高地技术来青岛转化、引进若干名科学家,尤其是华人科学家来青岛成立世界级的海洋研究所,引进一批海洋产业国际知名实验室等;三是打造链接的主要平台,如构建全球最著名且规模最大的海洋产业孵化器、举办全球海洋经济研讨大会或论坛、举办国际海洋产业博览会、举办全球海洋经济交易会等。

（4）加快风险投资发展,加快科技金融创新步伐。

风险投资是高科技企业发展的"助推器",它对硅谷的高技术企业和产业的高速发展充分发挥了引擎和促进作用。青岛市提出要建设千万平方米孵化器,围绕此项任务,要在科技金融上进一步加大创新步伐。一是要设立天使投资引导资金,引导孵化器管理机构、社会投融资机构等多方组建天使投资,专项支持孵化器内初创期科技型中小企业;二是要搭建科技融资担保平台,为孵化器科技基础条件设施建设和在孵企业发展提供融资担保服务。

参考文献

[1] 陈平. 硅谷经验:我们该借鉴什么[J]. 群众, 2011, 11:92-93.

[2] 王成刚,田甜. 全球链接与全球创新地图[J]. 新材料产业, 2011,（10）:82-84:

[3] 依托大学发展高技术产业的奇迹——美国硅谷. 杭州科技, 2011,（5）.

论文作者:王淑玲　王春玲　管　泉

注:本文于 2013 年刊发在《中共青岛市委党校青岛行政学院学报》（2013 年 03 期）

驻青高校和科研院所与地方互动发展情况及其对策建议

驻青高校和科研院所作为城市科技创新体系的重要组成部分,在促进城市实现创新驱动发展中发挥着重要的作用。如何激励和促进驻青高校和科研院所与青岛的互动发展,切实把高校和科研院所的人才优势转化为高校和科研院所与区域之间的发展优势和竞争优势,形成高校和科研院所与区域之间的互相促进和共同发展,长期以来一直是青岛市委市政府十分关注的问题,也是摆在我们面前的一项重要课题。

一、驻青高校和科研院所创新能力基本情况

截至 2012 年年底,青岛市拥有中国海洋大学、中国科学院海洋研究所等 28 家海洋科研与教学机构,各类海洋专业技术人才 5 000 余人,高级海洋专业技术人才 1 300 余人;涉海领域省部级以上重点实验室 33 家、市级重点实验室 13 家;全市有各类涉海工程技术中心 20 家,在海洋科研院所数量、海洋专业技术人员数量、海洋重点实验室数量、涉海工程技术中心数量方面均领先国内同类城市。

青岛市现有高等学校 20 所(不包括军校及成人高校)。从建设水平来看,研究型大学及教学研究型大学共 7 所,其中"211 工程"院校 2 所。青岛主要高校在数量上(7 所)居全国副省级城市第 11 位,科技活动人员、科技投入、产出指标均列全国副省级城市第 12 位。其中中国海洋大学和中国石油大学(华东)两所重点高校创新实力比较强劲,两校撑起全市高校科研的半壁江山,其他地方高校中只有部分高校在技术开发相关领域取得了不小成就,但总量相对偏小。

二、驻青高校和科研院所基本情况与地方互动的情况

青岛高校总体创新能力相对还较弱,但是在服务地方经济方面发展势头良好。而驻青科研院所,特别是海洋科研院所的创新能力在国内处于领先地位,但是,在服务地方经济社会方面的潜力还远远没有发挥出来。

高校来自企业的科研项目经费大幅增加,占到总数的一半以上,已成为高校的主要科研经费来源,显现出高校研发对产业发展的支撑作用。2008～2011 年研究机构和高校的 R＆D 经费支出中企业投入占比从 2008 年的 7.86％增长到 2011 年的 16.46％,在副省级以上城市中名列第一。其中企业对科研院所和高校的 R＆D 支出中投向高校的占比由 2010 年的 40.6％增加到 2011 年的 77.5％,数量上增加了 2 倍多。

2012 年科研院所项目经费来自企业的只有 6％,比 2011 年下降了 7.4％;企业对科研院所和高校的

R&D支出中投向科研院所的占比由2010年的59.4%下降到2011年的22.5%,数量上经2011年大幅下降后2012年又有所回升,但仍低于2010年。说明企业与高校合作近几年有较大提升,但是与科研院所的合作意愿不强。

三、驻青高校和科研院所与地方互动发展状况原因分析

(一)地方对高校和科研院所的技术创新引导不足

2011年地方政府对高校的科研项目经费投入虽比2010年有较大增长,但占高校科研项目经费的比重只增加了1个百分点,达到7%,低于全国平均水平(11.5%)。2012年地方政府对科研院所的科研项目经费投入占科研院所R&D项目经费的比重为7.0%,比2011年下降了0.2个百分点,科研院所的科研项目经费主要来自中央政府,占68.2%。地方政府投入相对不足,一定程度上导致高校和科研院所向科学研究汇集,直接服务地方经济的技术开发不足,与地方经济发展结合不够紧密。

(二)技术交易市场不繁荣,高校和科研院所与地方经济和产业未建立起互动的有效机制

作为技术成果的主要提供方,驻青涉海科研单位中公益类、基础研究类偏多,技术开发类机构偏少,承担的国家海洋科技项目中,公益调查类项目偏多,应用技术开发和产业化项目偏少;作为技术成果的主要需求方,涉海科技型企业和高新技术企业数量偏少,涉海类新产品、新技术研发投入不足,中小企业参与高门槛的海洋技术创新积极性较低。

2012年,青岛全市技术合同成交额为25.37亿元,其中,7所大学和5所国家级科研院所实现技术合同成交额为2.87亿元,占全市总额的11.31%。山东科技大学、中国海洋大学和青岛科技大学分居前三位;海洋领域大学科研院所实现技术合同成交额为0.85亿元,仅占全市总额的3.35%。中国海洋大学、中科院海洋所和中国水科院黄海所分居海洋领域的前三位。上述数据显示,大学和科研院所对青岛经济和产业的发展在技术创新和产品创新方面未能发挥出应有的支撑作用,尤其是海洋领域科研院所的技术交易所占总额比例过低,与青岛在海洋科研方面的全国优势地位极不相称。

(三)中介服务体系不健全,政策法律环境不完善

专业从事科技中介机构数量少,活跃度差;服务、技术转移转化的技术经纪人队伍少,服务水平低;缺乏市场化、商业化、规范化的专业型科技成果转化综合服务平台;科技企业孵化器、公共研发平台等创新创业载体的建设和运行相对滞后;金融资本支撑科技成果转化作用不突出。

现行对科技人员的考核评价标准和制度不利于调动技术创新和成果转化类人员的研发积极性;尚未建立专门针对促进海洋科技成果转化的地方性法律法规体系;缺乏引导和鼓励企业、科研院所、中介机构等从事技术转移与成果转化的政策措施和制度保障。高校和科研院所与地方经济的互动情况缺乏有效的监测和评估。

四、对策建议

地方政府作为区域创新的主导者,在引导高校和科研院所面向地方经济社会发展需要、开展创新活动方面应发挥更加积极的作用。

(一)出台进一步促进高校和科研院所成果转化和人才资源利用的政策

进一步落实《关于加快创新型城市发展的若干意见》,研究部署切实可行的政策,出台更多类似南京"科技九条"、《青岛市促进科技成果转化技术转移专项补助资金实施细则》等能够切实破解科教人才资源向现实生产力转化难题的政策细则,鼓励驻青高校和科研院所和全社会,盘活和用好现有人才、设备、

科技成果等资源,进一步加快技术市场体系建设,促进科技成果转化和技术转移,促使青岛高校和科研院所的科研成果更加贴近市场需求,促进科技成果和技术产品化、商业化和资本化,调动驻青高校和科研院所科研人员的积极性,更好地服务于地方经济社会的发展。

(二)全力构建高校和科研院所与地方互动发展的新机制

一是要搭建校地互动新载体。以"产业技术创新战略联盟"、协同创新中心、共建大学科技园和高校企业产业创新中心、孵化器、公共研发平台、公共信息服务平台等互动合作发展新载体,引导高校和科研院所积极参与青岛重大科技专项和重点工程,从而得到地方政府和企业更多的投入和支持,同时科技中小企业也得到更多技术上的支持。二是激励和引导驻青高校和科研院所改变传统观念,建立和完善相关机制,与地方协同发展。引导高校和科研院所研究制订指向鲜明、基于市场机制的激励政策和制度、配套措施和评估体系,调整对高校和科研院所不同岗位的科技人员采取差异化评价标准,提高科技成果转化和产业化指标的权重,将横向课题纳入考核并提高比重。

(三)开展驻青高校和科研院所与地方互动发展评估工作

从青岛的经济发展与创新型城市建设实际出发,建立有效的驻青高校和科研院所与地方互动发展的统计、监测、评价体系,以便于地方政府及时掌握驻青高校与地方互动发展情况,以形成和实施有针对性的政策措施。评估指标应在尊重不同高校和研究机构实际情况的基础上,科学反映驻青高校和科研院所与青岛互动发展的本质和内在客观规律。要以实施《指标体系》为契机,全力开启校所地互动发展新起点,激励和引导高校和科研院所加强与青岛互动的意识,改变传统观念,营造创业创新的良好氛围,提升高校和科研院所对青岛经济社会发展的助推作用。

参考文献

[1] 王锦生. 辽宁省高校科技创新能力研究[J]. 河南科技:上半月,2012,(12):12-12.

[2] 吴绍芬. 协同创新与高校科技创新能力的提升[J]. 高校教育管理,2012,6(6):16-19.

[3] 丁海德,慕晓卿,周晓梅. 青岛高校科技创新能力分析——基于专利信息视角[J]. 科技管理研究,2012,32(21):103-107.

论文作者:王淑玲　初志勇
注:本文于2013年刊发在《中国科技成果》(2013年第18期)

《青岛市科技创新促进条例》配套政策研究

一、《青岛市科技创新促进条例》落实情况分析

（一）贯彻实施《条例》的主要效果

《青岛市科技创新促进条例》（以下简称《条例》）共八章,分别为总则、科技创新与应用、科技创新服务、高新技术产业培育发展、科技创新人员、科技创新保障、法律责任、附则。《条例》自 2011 年 10 月 1 日颁布实施以来,青岛市政府充分利用科技创新促进政策,鼓励和引导创新活动的开展,不断优化创新环境,整合青岛市的科技资源,促进了青岛科技创新工作的开展,推动了青岛科技与经济的快速发展。

1. 科技创新环境不断改善

《条例》实施以来,市科技局紧紧围绕市委、市政府重大战略部署,坚持"自主创新、重点跨越、支撑发展、引领未来"的科技工作指导方针,采取有效措施,加强《条例》的宣传、学习工作。一是组织区、市科技局相关领导干部认真学习领会《条例》精髓,用法律法规指导和推动日常科技管理工作;二是利用电视、报纸等新闻媒体,采取多种形式,大力宣传《条例》相关内容,为依法推进全市科技创新创造了良好的法制舆论环境,增强了全社会的自主创新意识。

2. 企业科技创新能力不断提高

为加快提升企业自主创新能力,优化产业布局,2012 年 10 月,青岛市科技局制定了《青岛市高新技术产业及特色园区发展规划》,明确重点发展方向及 29 个特色园区空间布局,引导高新技术产业集约化、园区化发展。突出企业创新主体地位,组织 50 家企业申报国家创新型企业试点和国家(重点)高新技术企业,16 家企业获批省级创新型企业试点。到目前为止,青岛市各级创新型企业总数达 212 家,国家级创新型(试点)企业位居副省级城市首位。海尔智能数字家电产业技术创新战略联盟获批成为国家级试点,使青岛市实现了零的突破。2013 年,全市高新技术产业实现产值 5 828.56 亿元,同比增长 12.09%,占规模以上工业总产值比重 39.94%;全市发明专利申请和授权量分别为 32 901 件、1 930 件,居副省级城市第 10 位,发明专利申请量、授权量分别同比增长 172.2% 和 26.5%;技术产权登记交易额 25.61 亿元,同比增长 65.87%。

3. 多元化科技投入体系不断完善

《条例》实施以来,青岛市科技金融工作先行先试、创新探索,取得了较好的成效,成为全国首批科技金融试点城市之一,多元化科技投入体系得到进一步完善。

一是携手金融机构,开展战略合作。与青岛银行、国家开发银行、中国高新投资集团等金融机构签署了战略合作协议,为青岛市科技发展获得了150亿元授信额度。二是创新财政投入,降低信贷门槛。设立科技金融专项资金,引导青岛担保中心、青岛银行按4:4:2比例出资共建1 000万元信贷风险补偿准备金,青岛银行给予1亿元放大授信,降低了信贷门槛,目前已为12家科技型中小企业担保贷款近3 000万元。三是拓展服务职能,开展贴息贷款。协调合作金融机构以优惠利率为企业融资,银行利率上浮不超过15%,担保费率不超过2%,同时创新中小企业培育计划经费投入模式,开展贴息贷款,大幅降低了企业融资成本。四是出台管理办法,规范资金运作。2011年11月,市科技局、市财政局联合出台《青岛市科技局科技金融专项资金管理办法》,明确了专项资金的职责分工、支持范围、使用方式、工作流程、风险控制等。五是搭建平台网络,完善服务体系。建设科技金融服务平台,汇聚科技成果、企业和金融资本信息,建立企业信用评价、技术专家参与审贷机制,打造批量助贷绿色通道,目前科技金融服务体系已有10多家银行和担保机构、5家风险投资机构、500多家科技型中小企业登记在册。

4. 科技进步奖的评审机制不断优化

到目前为止青岛已争取国家科技计划300余项,获资金支持5亿元。2013年,青岛市获得省科技奖89项。其中,一等奖10项,二等奖34项,三等奖45项。青岛市科学技术奖的获奖成果和个人共计153项,其中,青岛市科学技术最高奖2人,自然科学奖11项,技术发明奖17项,科技进步奖122项,国际合作奖3人。青岛市科技领域原始性创新能力不断加强和提升。

5. 强化科技创新服务平台建设

一是加快建设孵化器和公共研发平台。全市已建和在建孵化器717万平方米,建成464万平方米,投入使用319万平方米,在孵企业1 900余家,各级孵化器总数达47家。编制了6个公共研发平台项目可行性报告,与国开行、科技担保公司等金融机构合作,探索综合运用融资租赁、科技担保、大型仪器共享等方式,加快推进橡塑新材料、软件与服务外包等研发平台建设。

二是加快海洋国家实验室建设。2013年青岛海洋科学与技术国家实验室正式获批,15万平方米基建工程全面开工,开放、共享的管理运行架构初步形成,目前一期项目已竣工;国家深海基地设计获批复,已正式开工建设。

三是推进海洋重大创新平台引进建设。国家海洋局第一海洋研究所蓝色硅谷研究院、中科院蓝色硅谷海洋研究所、中船重工725所等一批大院大所和北斗卫星导航及微电网应用技术研发基地、华硕无机非金属材料研发中心等项目已签约落户。创新平台——海洋新材料、深海技术与装备、海洋仪表与船舶装备、海洋生物与医药等400万平方米科技孵化器建设正式启动,同时配套建设国家海洋设备检测公共技术服务平台、海洋科考基础条件共享平台、海洋资源综合利用公共技术服务平台等8个公共研发平台。

四是构建海洋科技成果交易平台。研究制订了青岛海洋技术交易服务中心建设方案,加快推进中心建设选址工作。正式启动中心信息平台软硬件建设工作,完成"海洋科技成果库"和"涉海科技企业库"前期框架搭建,部分成果或企业信息已入库,初步建立了青岛市海洋类成果与中心的对接渠道。

6. 知识产权保护不断加强

《条例》颁布实施以来,各级政府及各有关部门,注重资源整合,积极引导和激励知识产权创造。2013年,全市年发明专利申请32 901件,首次跃升至副省级城市首位;发明专利授权1 930件,居副省级城市第10位;发明专利申请量、授权量分别同比增长172. 2%和26. 5%,增幅均居副省级城市首位;通过PCT途径向国外申请专利224件,在副省级城市中的排名升至第5位;专利申请量过百件单位达到145家;8项专利获第十五届中国专利奖优秀奖,获奖数量创历史新高。

一是实施知识产权优势企业培育工程。以战略性新兴产业和蓝色经济为重点,在全市培育扶持了一批知识产权优势明显、自主创新能力和市场竞争力较强的知识产权优势企业。开展规模以上工业企业发明专利清零行动,支持 200 家企业年内申请 2 件以上发明专利,提高青岛市拥有自主知识产权的企业数量。

二是完善知识产权政策措施。印发了《关于加快推进全市专利工作发展的指导意见》,实施"蓝色硅谷知识产权优势区培育工程"等十大工程。加大对区市发明专利的考核力度,加快区市知识产权机构建设。扩大专利专项资金规模,已发放补贴 910 万元。

7. 人才队伍建设进一步完善

(1)积极实施人才培养计划,加强人才引进工程。为加快实施人才强市战略,青岛市通过拓宽引才渠道、实施专项计划、加快政策创新等方式,大力吸引高层次人才来青创新创业,着力打造人才创新创业沃土。全市人才总量达到 145 万人。其中,拥有两院院士 27 人、外聘院士 33 人,国务院政府特殊津贴人员 863 人,国家有突出贡献中青年专家 57 人,国家杰出青年科学基金获得者 29 人,国家"千人计划"38 人,教育部长江学者奖励计划 17 人,中科院百人计划 38 人,各类人才总量取得较大突破。

(2)加快实施科技创新工程,引进了中科院软件所、山东大学青岛校区等大院大所,目前中科院系统已有 6 家院所落户青岛,成为吸引和留住高层次人才在青创新创业的平台。

(3)实施人才激励措施。先后实施了 300 海外高端人才和急需高层次人才引进计划、"443"引才工程、"青岛英才"评选等系列引才政策,并制定了"人才特区"建设实施办法,对世界一流的创业项目,可给予不低于 5 000 万元的"创业扶持资金",并在投融资支持、贴息贷款、办公场地、工商税收、人才落户、子女入学、配偶安置和医疗保障等方面给予特殊政策扶持,逐步强化了政策的突破性。

(二)实施中存在的问题

1. 企业科技创新意识和科技法制观念仍需强化

由于科技创新存在高投入、高风险的特点,因而青岛市的一些企事业单位在科技创新投入上不愿花费过多资金和精力。甚至认为创新难在短期内出现成果,所以未把科技创新工作摆在重要位置,工作上也缺乏依靠科技创新推动发展的长远目标和举措。甚至一些企业负责人仍然存在急功近利的思想,对技术创新的热情不足,企业作为法定技术创新主体的作用远未充分发挥出来。

2. 科技经费投入规模偏少

近年来,青岛市财政科技投入虽然逐年增长,但与杭州、厦门等同类副省级城市相较仍有差距。同时,企业科技投入明显不足,企业科技投入的主体地位没有真正明确。青岛市大中型企业研发经费(R & D 经费)占销售收入比例较低,中小企业研发经费投入占销售收入的比例则更低。企业技术引进和消化吸收经费支出也有待提高。

3. 科技资源缺乏有效整合

2013 年,全市共有各类科研技术研发机构近 800 家,重点实验室 139 家,工程技术研究中心 175 家,大型科研仪器设备 2 213 台(套)。长期以来,各种科研资源难以打破单位、部门和所有制的界限,导致了科技资源重复配置而不能合作共享,造成了大量的闲置浪费,严重影响了科技资源的使用效益。

4. 科技金融体系有待完善

青岛市科技金融发展相对滞后,科技型企业的资金来源渠道较少,对大规模技术创新形成了制约,科技型企业等新兴产业需要更优质的金融服务以促进其成长,科技金融体系建设尚需进一步完善。

5. 科技人才队伍亟须加强

一是高层次科技人才结构不合理。青岛市两院院士研究领域的涉海性比率较高,仅是海洋领域的院士就占到 53.84%,国家海洋创新成果奖占全国的 50%。而在其他领域的高层次人才比较欠缺,主要是缺少能站在国内外科技前沿、拥有一流科技成果的科技领军人才。二是科技人才的评价、使用、激励机制还不够完善。

（三）解决的主要问题

贯彻落实《条例》工作是一项长期的战略任务,也是一项系统工程,根据《条例》颁布实施以来,青岛市的科技创新工作开展情况,《条例》的相关配套政策研究应着重从以下5方面进行重点研究,制定相应的完善激励机制,为青岛市的经济发展提供科技支撑。

1. 青岛市扶持高新技术产业发展的政策研究

高新技术产业是国民经济的先导产业和战略性产业,高新技术产业的发展水平已经成为衡量一个国家和地区经济实力和竞争力的主要标准,在一定程度上能够反映出一个国家或城市科技创新能力的高低。近年来,世界各国都把发展高新技术产业当作国际经济竞争和综合国力较量的制高点。但其具有的高风险、高投入和外部收益大等特征,客观上要求作为宏观管理者的政府采取必要措施从外部推动高新技术产业的发展。扶持高新技术产业发展是《条例》制定的五大政策之一,但《条例》对这一政策只是作了一些原则性规定。要想使这一政策真正落地,需要在认真研究分析青岛市高新技术产业发展状况的基础上,制定出切实可行的配套政策与措施。

2. 青岛市鼓励从事科技成果转化的政策研究

当今世界经济的竞争归根结底是科技成果商品化、产业化程度及其市场占有率的竞争。成功的科技成果转化除了能够直接给企业带来一定经济效益之外,还能够从总体上推进整个社会技术水平,因此,《条例》将鼓励从事科技成果转化作为其制定的五项重要政策之一。但是,在鼓励从事科技成果转化的具体政策上,《条例》只是从加大科技成果推广应用奖励力度的角度出发,规定了高等学校和利用财政性资金设立的科学技术研究开发机构组织实施科技成果转化中收益分配的两项制度:一是以技术转让方式将职务科技成果提供给他人实施的,可从技术转让所得净收入中提取不低于30%的比例,用于一次性奖励科技成果完成人和为科技成果转化做出重要贡献的人员;二是采用股份制形式实施转化的,可将形成股权的不低于30%,奖励给科技成果完成人和为科技成果做出重要贡献的人员。而对其他鼓励从事科技成果转化的方方面面却没有规定,政策力度还相对较弱。因此,有必要从事关青岛发展全局的战略高度,进一步细化科技成果转化政策,从而促进青岛经济发展方式转变,推动青岛经济优化升级。

3. 青岛市加快科技企业孵化器建设的政策支持研究

实践表明,科技孵化器在培育科技型创新企业、支撑区域技术创新体系构建、提高产业竞争能力、推动地方经济发展等方面作用巨大,已经成为地方发展高新技术产业的重要支撑平台和科技与经济结合的有效载体。同时,作为一种制度产物和推进区域创新的新兴经济组织和制度工具,它还间接地参与和服务城市技术创新,对城市产业链的形成和产业结构的调整也具有强大的支撑作用。

4. 青岛市促进创业投资快速发展的支持政策研究

创业投资,又称风险投资,是促进科技成果转化,培育孵化小企业成长,连接高新技术产业和金融市场的重要桥梁,已被公认为创新企业经济增长的"发动机"。我国自1996年5月国家颁布《促进科技成果转化法》,鼓励设立科技成果转化基金或风险基金以来,部分经济发达地区创业投资事业发展迅速,成为所在地区高新技术发展的"助推器"和"催化剂"。

《青岛市科技创新促进条例》第32条规定:要"鼓励和支持发展创业投资,重点推动高新技术产业领域的创业企业发展"。研究发现,青岛作为国内经济比较发达城市之一,其创业投资事业也有较大发展,但整体规模与青岛的经济规模不够匹配,已经成为影响高新技术产业乃至整体经济快速发展的重要因素。因此,认真研究促进青岛市创业投资加速发展的支持政策,推动青岛市风险投资事业快速发展,对于青岛市高新技术企业乃至全市经济的整体发展意义重大。

5. 青岛市加强科技创新人才培养和激励的政策研究

合理的科技创新人才培养和激励机制是我国建设创新型国家和实施人才强国战略的重要保障。人才的竞争本质上是人才制度的竞争。《条例》虽然对科技创新人员用专章进行了规定,强调要加强科技人才培养,但从现行规定来看,还存在以下问题:人才培养和激励政策弱于人才引进政策;激励手段单一,激励政策过于倚重物质激励;青岛市高层次人才的发展体制机制缺乏系统性和科学化;企业尚未成为科技创新人才培养与发展的主体;企业科技创新人才培养与发展存在障碍;高校、科研机构的人才考核机制还不能较好地适应青岛市科技创新和经济发展的需要。因此,进一步研究制定科技创新人才选拔和评价体系,对促进青岛科技创新升级有着重要的意义。

二、青岛市扶持高新技术产业发展的政策研究

高新技术产业是国民经济的先导产业和战略性产业,高新技术产业的发展水平已经成为衡量一个国家和地区经济实力和竞争力的主要标准,在一定程度上能够反映出一个国家或城市科技创新能力的高低。近年来,世界各国都把发展高新技术产业当作国际经济竞争和综合国力较量的制高点。

(一)青岛市高新技术产业发展概况

1.产业空间布局日趋完善,集聚效应日益显现

自20世纪90年代起,青岛市具有前瞻性、科技含量高、市场前景好、能作为经济增长点的新型科技产业发展迅速,有力地促进了青岛产业结构的调整与优化,为青岛外向型经济的发展做出了重大贡献,也为推动高新技术产业集群化发展奠定了基础。2007年11月,市委、市政府调整成立新的高新区工委、管委,协调指导青岛高科园、青岛新技术产业开发试验区、青岛科技街、市南软件园,形成"一区五园"发展格局。目前,高新区"一区五园"经济运行总体呈现平稳增长的发展态势,2013年全年高新区实现总收入达到1 995.7亿元,同比增长10.3%;实现工业总产值1 553.5亿元,增长7.1%;科技活动经费支出70.4亿元,增长10.5%,其中企业研发支出43.1亿元,增长10.9%;新增专利申请2 996项,增长10.2%,其中发明专利1 224项,增长14.8%。其中,北部园区实现总收入261.3亿元,增长64.1%;科技活动经费支出17 461万元,同比增长51.2%,其中研发支出11 901万元,增长52.1%;新增发明专利申请及授权分别增长90%和87.5%。2013年高新区拥有高新技术企业达到32家、创新型企业达到62家,批准企业技术研发中心达到24个;高新技术产业产值占规模以上工业总产值比重达到42.2%;在全国高新区中的可持续发展能力、国际化和参与全球竞争能力、知识创造和技术创新能力、产业升级和结构优化能力分别为第8、第10和第14位。高新区主园区全年预计实现总收入245亿元,增长63.3%;进出口总额9.3亿美元,增长60%;主要经济指标增幅均超过60%,远高于全市平均水平。

2.产业保持平稳较快发展,支撑引领作用不断增强

据统计,2013年,全市100个高新技术行业中,13个行业累计产值过百亿。其中,家用制冷电器具制造业产值797亿,锻件及粉末冶金制品制造业472.1亿元,轮胎制造业(子午线轮胎)398.1亿元,汽车整车制造业362.7亿元,电视机制造业356.3亿元,铁路机车车辆及动车组制造业350.2亿元。

在全市100个高新技术行业中,80个行业实现累计产值同比增长,累计实现产值总额5 348.9亿元,占全部1 037家企业产值总额的91.77%。产值排名前10位的高新技术行业累计产值合计3 657.7亿元,占全部高新技术产业产值的62.75%。

3.高新技术企业日益壮大,产业实力不断增强

2013年,青岛市新认定高新技术企业125家(含完成公示,上报国家等待备案核查企业),同时完成2010年度认定的84家高新技术企业复审(其中63家通过复审)。截至2013年年底,青岛市高新技术企业642家(含公示企业),其中2012年前认定的538家企业累计实现工业总产值2 260.99亿元,净利润213.02亿元,减免企业所得税15亿元。

（二）青岛市高新技术产业发展中存在的问题

1. 高新技术企业数量少，净资产规模不小但盈利能力偏低

尽管青岛市高新技术企业队伍不断壮大，但大部分企业规模偏小，知名企业不多。首先，高新技术企业数量较少。根据《中国火炬统计年鉴 2012》的统计，截至 2011 年年底，全国经国家认定的高新技术企业共有 39 343 家。其中，青岛市 401 家，在有统计的副省级以上城市中位居 12（表 1）。青岛市被认定为高新技术企业的数量只是深圳的 1/5，北京的 1/15。而且青岛市与其他发达城市之间在这方面的差距还在不断加大。举例来说，根据从深圳市科技创新委员会网站发布的统计信息，截至 2013 年 8 月 11 日，深圳被认定为国家级高新技术企业的企业达 3 507 家。而截至 2013 年年底，青岛市高新技术企业也只有 626 家（含已公示企业）。其次，单个高新技术企业的净资产规模不小，但盈利水平较低。比较可知，青岛高新技术企业的平均净资产规模已达到 47 755.61 万元，但青岛的高新技术企业的净资产利润率只有 9.22%，在 2011 年全国进入《中国火炬统计年鉴》统计的 42 个省市中，有统计的 15 个副省级以上城市高新技术企业中的排名分别为第 1 位和第 13 位（详见表 3-2）。

表 1　截至 2011 年全国进入《中国火炬统计年鉴》统计的 42 个省市中
有统计的 15 个副省级以上城市高新技术企业情况一览表

城　市	高新企业数（个）	名　次	净资产/家（千元）	名　次	净利润（千元）	净资产利润率（%）	名　次
北京	6 088	1	305 146.6	15	111 284 252	0.059 903 268	15
天津	904	6	233 725.6	6	28 528 932	0.135 023 951	7
上海	3 542	2	225 941.7	7	105 056 602	0.131 273 93	9
广州市	1 233	4	134 665.4	11	21 872 076	0.131 725 859	8
深圳市	1 846	3	279 500.5	3	73 190 831	0.141 854 25	6
成都	977	5	132 756.9	12	19 310 614	0.148 882 764	5
青岛	401	12	477 556.1	1	17 660 093	0.092 219 803	13
武汉	604	11	211 997.2	10	16 443 529	0.128 418 61	10
南京	605	10	240 551.2	4	23 394 129	0.160 747 403	4
大连	337	13	236 157.8	5	13 414 181	0.168 551 266	3
宁波	766	8	130 254.2	14	17 504 806	0.175 443 36	1
沈阳	221	15	332 515.4	2	8 933 834	0.121 572 066	11
哈尔滨	308	14	222 091.9	9	71 22 034	0.104 116 747	12
西安	826	7	222 210.2	8	15 009 482	0.081 775 217	14
厦门	650	9	130 809	13	14 790 531	0.173 953 281	2

资料来源：根据《中国火炬统计年鉴 2012》提供的相关数据计算整理而得

2. 高新技术企业的创业融资渠道非常狭窄，且融资困难

由于高新技术的转化和产业化具有风险性，高新技术企业的融资渠道特别是直接融资渠道还比较窄，成为制约高技术产业发展的瓶颈。一是政府风险投资引导基金的规模还比较小，对风险投资企业的扶持力度还缺乏较强的吸引力。二是已有的风险投资公司没有真正起到风险投资的作用。三是地方性资本市场发育尤其是创业风险投资业发展滞后，丰富的民间社会资金未能有效转化成大规模的高新技术产业投资。四是技术市场发展滞后，缺少信誉较高的中介服务组织。

3. 企业自主创新能力不强，市场配置作用未得到充分发挥

青岛市科技成果的总量连续 11 年居全省第一，但成果转化率却不高，全市 70% 以上的科研成果得不到有效地推广应用，真正能够形成产业化的更少；技术市场和科技中介机构组织发育缓慢，科技部门与生产部门的信息交流不通畅，缺乏常设的市场交易市场、快捷的信息交流和发达的中介服务，阻碍了市场对科技创新资源配置作用的发挥。

4. 开放发展、集聚发展力度不够

青岛市虽然属于沿海开放城市，具有比较便利的吸引外资条件，但在开放发展方面却相对落后，尤其是在园区开放合作上主动性不足，缺乏类似江苏新加坡工业园区、广东中新知识城这样的国家层面的战略合作。在集聚发展方面，高新技术企业和项目布局分散，现有高新区与高校、科研机构等创新要素集聚，在空间上结合不够紧密，尚未形成类似江苏泰州中国医药城"产城融合"典型模式。此外，园区开发中政府主导力不强，政府平台公司实力不强，几乎没有上市企业，对园区产业开发、为园区内高新企业提供创业投资等功能不强，影响产业集聚能力。

5. 高技术人才流失大，专业人才匮乏

青岛市科技人才存在严重的断层现象，从事研发、生产、经营的中青年科技人才严重缺乏，而且一大批德高望重的老专家已退休或将近退休。同时，高新技术人才外流也比较严重。因此，技术人员不足致使高新技术产业后劲不足、技术创新不多，从而束缚了青岛市高新技术产业的进一步发展。

（三）扶持青岛市高新技术产业发展的政策建议

1. 制定支持和培育中小型高新技术企业的政策

改革开放以来，随着市场经济的建立和发展，科技型中小企业已成为我国技术创新和发展高新技术产业的生力军。因此，支持和培育科技型中小企业对于高新技术产业的发展至关重要。建议制定出台支持和培育中小型高新技术企业的相关政策，主要采取以下措施：

（1）解决好中小企业资金不足的问题，提升高新技术产业发展水平。高新技术企业是知识密集、技术密集的经济实体。资金不足是导致众多中小型科技企业科技创新能力有限的重要原因之一。政府应该给予相应的财政投资政策扶植中小企业发展。

（2）鼓励中小型高新技术企业提升创新能力。从长远看，如果青岛内生的自主创新能力，尤其是产业技术创新能力培育不起来，经济增长动力将面临衰竭的危险，经济发展的可持续性将受到威胁。所以增加科技创新有效供给，提升自主创新能力，是青岛科技促进区域经济发展的必然选择。要强化企业创新主体地位，引导和支持创新资源向企业进行集聚，使企业成为研发投入、科技创新和成果应用的主体。特别是应高度重视中小型高新技术企业的发展问题，加大"隐形冠军"的扶持力度。对于被认定为高新技术企业的企业给予全方位的支持，加速其成长。

（3）强化对中小型高新技术企业提升自主创新能力的服务。当前，青岛市已经建立了海洋科技技术服务平台。旨在立足青岛，面向世界吸引人才来青创业。不久前，随着青岛市中小企业信息服务平台的建立，中小型企业之间、企业与院所之间在信息沟通方面有望得到改善。但是在中小型科技企业的技术服务平台的建设方面却缺乏统筹规划，因此建议尽快制定青岛市中小企业技术服务平台建设规划，制定科学技术资源共享使用制度，对科学技术研究基地、科学仪器设备、科技文献、科技资源等实行共享，为中小企业科技企业提升创新能力提供条件和支撑。

（4）鼓励中小型高新技术企业采取多重措施推动多种形式的产学研结合。鼓励中小型高新技术企业引入高校、科研院所的科技资源，建立企业技术研发机构；鼓励中小型高新技术企业联合高校、科研院所共同兴办科技企业孵化器，并对孵化基地和在孵企业提供相关的财政支持；引导骨干中小型高新技术企业和优势科研院所组建产学研战略联盟，着力打造以企业为主体的产学研技术创新体系。

（5）实施大企业带动战略，抓好配套产业链的"补链"工作，推动技术关联企业的聚集，促进高新技术产业集群的发展。重点抓好长虹海尔、海信家电产业链，南车高铁产业链，橡胶材料产业链等。

2. 支持战略性新兴产业发展的政策

战略性新兴产业是以是新兴产业和战略产业相结合、新兴科技和新兴产业相融合的产业,在种程度上,高新技术产业涵盖了战略性新兴产业的领域。从此种意义上讲,培育和发展战略性新兴产业是支持高新技术产业发展这一课题的应有之义。同时,由于战略性新兴产业大都是刚刚兴起而且发展速度很快的产业,目前技术水平还较低,产业规模还较小,为此,建议在青岛市十三五发展规划制定中确定重点战略性新兴产业领域,根据企业项目建设、技术创新、产品结构调整以及生产经营情况,每年选定一批产品科技含量高、有一定生产规模、经营状况良好、经营机制灵活、具有高成长性和良好发展前景的企业进行重点培育,形成一批在国际、国内、区域不同层面具有竞争实力的创新型企业梯队,造就一批具有开拓创新精神和竞争能力的企业家,打造一批知名品牌产品和企业,提升战略性新兴产业发展活力和集聚带动能力。

3. 完善企业投融资渠道建设政策

(1) 加大政府科技投入。

改变目前财政直接用于支持企业、科研机构和高校研发创新资金严重偏少的现状,在保持地方创新基金额度稳定并逐步增加的基础上,大幅提升应用技术研究与开发资金的额度,以连续滚动支持一批对青岛高新技术产业发展有较大影响力的重大项目的研发和众多中小企业的自主创新。在贴息贷款、本金注入等方式的结合下,可以充分发挥政府资金的引导和杠杆作用。同时,建议设立每年 3 000 万~5 000 万元规模的青岛市高新技术产业发展资金,持续支持引导重点产业的重点项目产业化前期关键技术和核心技术的研发。

(2) 积极争取金融机构信贷支持。

重大科技产业化项目融资要充分用好国家政策性银行和各专业银行;集合高新技术企业特点,有针对性地加强金融创新,完善和创新信用评级制度,摒弃传统的评价方式,对创新型企业加大支持力度;对涉及高新技术企业的金融产品进行丰富和开发,鼓励金融机构进行知识产权的质押,目前青岛市在专利抵押上已经显现出金融试点城市的潜力;科技城开发银行必须进一步得到巩固和壮大,在功能上必须进一步完善,对科技型中小企业资金需求度高、创新活力强的应予以特殊照顾和重点扶持。

(3) 大力发展创业投资和信用担保公司。

积极争取中央、省、市共同出资建立青岛科技风险投资引导资金,并不断壮大其规模;整合现有的政府类担保基金,采取财政注资、社会资本入股等方式扩充担保公司和中小企业担保公司资本金,为创新型企业的融资提供担保服务;积极吸引国内外风险投资机构和创业投资、金融租赁、信用担保等业务的公司和财团到青岛发展业务,对于军民结合和军转民技术的产业结构进行重点金融支持。对在青岛开展创业风险投资和担保业务的公司除积极帮助企业落实国家和省有关优惠政策外,市财政根据风险投资和担保的项目、额度在一定时期内给予扶持。

(4) 支持企业直接融资。

支持有条件的高新技术企业发行债券,培育有条件的高新技术企业上市融资。加快推进高新技术企业到新三板挂牌交易。

4. 完善青岛科技人才队伍建设的政策

在现有人才政策的基础上,一是进一步完善吸引高级专门人才来青工作的政策。通过项目引进方式,吸引优秀留学人才和海内外科技人才来青岛相关机构进行科研和企业活动或担任顾问,为青岛高新技术产业发展献计献策等;建议设立由从事研究开发的专业人员和科研管理人员,包括在相关领域中具有专业和广博知识背景的研究人员组成的相应科学技术咨询委员会,在重点技术领域确定、重大项目选择和技术预见研究中起到决策咨询作用。二是改革培养创新创业人才培养模式。不断整合国内外及省内外的科研机构、高等院校、大型企业在人才培养和科技创新方面,以重点实验室、大型国企、科研院所的载体平台,培养和造就科技人才和企业管理人才。鼓励青岛市高等院校培养技术研究型人才,根据细分市场需求,吸引各种人才到各个适合的岗位上做研究。三是围绕新一代信息技术、高端装备制造、节能环保、生物、新材料、新能源和新能源汽车等产业,大力发展职业技术教育,加大技能人才培训力度。

三、青岛市促进科技成果转化的政策研究

当今世界经济的竞争归根结底是科技成果商品化、产业化程度及其市场占有率的竞争。成功的科技成果转化除了能够直接给企业带来一定的经济效益之外,还能够从总体上推进整个社会技术水平,因此,《条例》将鼓励从事科技成果转化作为其制定的五项重要政策之一。但是,在鼓励从事科技成果转化的具体政策上,《条例》只是从加大科技成果推广应用奖励力度的角度出发,规定了高等学校和利用财政性资金设立的科学技术研究开发机构组织实施科技成果转化中收益分配的两项制度,而对其他鼓励从事科技成果转化的方方面面却没有规定,政策力度还相对较弱。

(一)青岛市科技成果转化的基本状况

技术合同成交额是反映科技成果转化水平和能力的一项重要指标。自 2003 年以来,青岛市技术合同成交额成交量和成交金额来两项指标均呈攀升趋势(表2),说明青岛市科技成果转化的水平和能力逐步提高。但与其他副省级城市相比差距较明显(表3)。2012 年青岛市技术合同成交额 21.97 亿元,增长 18.91%,在副省级城市中排名第4,而同期合同成交额居前三位的深圳、大连、厦门则分别成交了 153.05 亿元、48.43 亿元和 37.52 亿元,分别是青岛市的 6.97 倍、2.2 倍和 1.7 倍。

表2 2003 年以来青岛市技术合同成交情况

年 份	2003	2004	2005	2006	2007	2008	2009	2010	2011	2012
成交量(项)	1 239	1 362	1 414	1 707	2 245	1 947	2 195	2 034	2 308	2 673
成交金额(亿元)	3.49	4.07	4.31	6.14	9.14	10.30	11.7	14.7	18.5	21.97

数据来源:《2013 年全国技术市场统计年度报告》

表3 2012 年计划单列市技术合同成交情况(单位:项、亿元)

地 区	输出技术			吸纳技术		
	合同数	成交金额	排名	合同数	成交金额	排名
合计	23 032	271.61		21 678	489.05	
深圳	10 077	153.05	1	9 066	251.10	1
大连	5 937	48.43	2	5 179	130.94	2
青岛	2 673	21.97	4	2 659	34.17	4
宁波	1 267	10.64	5	2 338	24.97	5
厦门	3 078	37.52	3	2 436	47.87	3

数据来源:《2013 年全国技术市场统计年度报告》

(二)影响青岛市科技成果转化的主要不利因素

科技成果转化是科技与经济相结合的过程,其两端分别是科研主体和企业主体,科技中介则在两者之间承担着桥梁和纽带作用。因此,科研成果能否顺利转化为生产力很大程度上取决于科研机构、企业、中介组织及政府这四者的协调程度,而这四者之间的不协调性恰恰是影响青岛市科技成果转化的主要不利因素。

1. 科技资源供给与科技资源需求之间不平衡

青岛市科技资源供给与其产业布局的吻合度非常差,科技资源供给与产业布局对科技成果的需求存在着严重的不平衡性。具体表现是:

(1)青岛市科技资源供给主要集中在海洋领域。这可以在三个方面得到反映:一是青岛市两院院士研究领域的涉海性比率较高,仅是海洋领域的院士就占到 53.84%(表4)。二是重点实验室分布领域的涉海性比率比较高,截至 2013 年年底,全市 132 家重点实验室涉及 14 个研究领域,仅海洋科学就占了19%,接近全市重点实验室的 1/5。三是青岛市国家级获奖科技成果的涉海性比率较高,2011 年青岛市共有 5 项科技成果获得国家科学技术奖励,主要集中在海洋科技领域。

表4 青岛两院院士研究领域分布情况

领域	海洋	地质	电子	环境	材料	复杂性科学	医学	化学	合计
人数	19	4	2	2	1	1	1	1	31

数据来源:《2013 青岛市科技统计报告》

(2)海洋产业在青岛市经济发展中所占的比重却非常小。以青岛市产值居前的高新企业所在产业为例,截至 2013 年年底,青岛市高新技术企业 642 家(含公示企业),实际纳入省高新技术产业统计口径的有 1 037 家企业,全年实现产值 5 828.56 亿元,涉及 80 个行业。产业产值列前十位的产业分别为家用制冷电器具制造、橡胶制品业、其他金属制品制造、视听设备制造、电子元件制造、汽车整车制造、铁路运输设备制造、船舶及相关装置制造、合成材料制造、金属加工机械制造。产业产值列前三位的产业中鲜见海洋产业的身影。

2. 概念成果向产品成果转化过程中资金投入不足

通常产品的研发过程要经过研发、中试和产业化三个阶段,三者之间所需花费的合理资金比例一般为 1∶10∶100。现在政府比较重视对处于高校和研发机构阶段的研发项目的投入,而当科研成果从研发单位出来进入产业化之前的中试阶段及其后续阶段,资金投入却出现了断档。主要原因是,许多在实验室研究阶段非常理想的研究成果,在进行中试时往往会出现各种各样意想不到的问题,如技术上不可行、前后工艺间难以衔接等。这种情况越是到了开发工作后期,其所涉及的环境就越复杂,因而也就越难以控制。由于许多研究项目经费并不包括中试经费以及后续阶段的费用,而如果再重新设计和修正又要花费很多经费,所以研发单位也只好忍痛作罢。而企业由于担心资金投入会变为沉没成本,也不愿意承担这部分费用。长此以往造成现实中许多成果停留在离产业化要求相差甚远的"概念成果"阶段,研究成果在产品化过程中因缺乏资金投入而出现夭折的现象时有发生。

3. 科技中介提供科技成果转化服务能力欠缺

科技中介是各类创新主体的黏结剂和创新活动的催化剂。科技中介的存在有助于降低技术转让过程中信息、技术、管理和融资的壁垒和交易成本,已成为政府部门转变职能、完善自身管理和服务的重要依托力量。青岛市现有科技企业孵化器 41 家、专利代理机构 8 家,还设有生产力促进中心、青岛市科技创业服务中心、青岛市科学技术交流中心、青岛技术产权交易所、青岛科技工程咨询研究院、青岛市国际科学技术合作协会等科技中介机构。应当说,科技中介服务机构设置比较齐全。但调查中却发现,在科技成果转化方面,青岛市科技中介服务机构主要从事着中低水平的"牵线"式服务,尚不具备提供深层次服务的功能,资源整合能力有限。同时,服务的针对性不强,不能根据科技型中小企业的实际需要提供有针对性的服务。这就导致了一方面科研机构的很多成果找不到需求者而无法实现转化;另一方面,企业需要的技术成果找不到合适的供应者,企业产品开发中的难题找不到合适的科技人才来研究。可见,科技中介机构的服务还远远不能适应科技成果转化的需要。

4. 产学研合作层次低,合作关系不稳定

产学研结合被世界公认为是进行科技成果转化的一条有效途径。然而调查中却发现,当前青岛市的产学研合作的层次比较低,其主要表现:一是企业和科研机构的合作多属于临时合作,未能形成长期稳定的合作关系。比如,由于担心科技成果转化产生经济效益后无法取得合同约定的经济利益,科研机构或发明人往往更愿意接受一次性的转让回报,部分合作主要是购买技术成果、解决技术难题等,这不利于企业内生研发能力的提高。二是有些经济实力比较强的研发单位为了保证自身的经济利益,更愿意选择对科技成果自行进行转化。这种转化模式显然违背了社会化大生产专业化分工的规律,资源配置效率不高,也无法带动和培养企业承接科研成果的能力。三是部分产学研合作还存在机会主义行为,表现为公司与大学研究者的合作可能是源于双方获取资助基金的动机,实际上则是既无企业对技术的需求也无研发单位对技术难题的解决的"假合作"。

(三)影响科技成果转化不利因素的成因分析

通过实地调研以及对其他副省级城市相关情况的比较分析,发现造成上述问题的原因主要有以下几个方面:

1. 政府未能有意识地对科技资源供给状况进行调节

在科技资源供给方面,青岛市存在着两种突出现象:一是真正能够提供适应青岛经济发展所需科技成果的本地科技资源占有量相对较少。主要原因:第一,在青岛市科技资源占绝对优势的海洋科学领域,有些研究机构本身承担者国家在基础理论方面的研究职责,因此成果本身就不具有可转化性;第二,国家级驻青研究院所的科研服务定位是面向全国,不能寄希望于它们的研究成果仅为青岛市服务;第三,与西安、武汉、南京、哈尔滨等副省级城市相比,驻青高校数量相对较少(表5),且和青岛市重点产业吻合度高的专业领域不足。

二是科技成果的可转化性不足。由于多数高校和科研机构的科技成果绩效评价体系较少设置成果转化的指标,结果导致科研人员对成果能否市场化、产业化不会过多考虑,不能根据现实产业发展需要开展科研活动。据了解,青岛市大多数高校在职称评定量化打分中,承担政府部门纵向课题的赋分比重远远高于来自企业的横向课题。以某大学为例,主持或参加国家级重大项目、国家级项目、省部级项目、地厅级项目、横向课题的赋分,按实际到位科研经费的标准分分别乘以2.5、2、1.5、1、0.5的系数。横向课题的赋分只是国家级重大项目的1/5。这样的赋分,其导向性是很明显的,追求较高级别的纵向课题成为高校教师的首选,和企业开展联合研究的横向课题被严重边缘化。

表5　全国副省级城市普通高校统计　　　　　　　　　　　　　　　　　(单位:所)

城市	济南	沈阳	杭州	哈尔滨	广州	长春	南京	武汉	厦门	西安	宁波	成都	深圳	大连	青岛
本科高校	18	22	15	23	21	19	24	28	3	31	6	17	2	15	7

数据来源:根据《全国普通高校名单》(http://www.huaue.com/gxmd.htm)整理而得。

2. 企业无法集聚较多的科技成果转化资金

2013年青岛市全部R&D投入为218.73亿元,规模以上工业企业R&D投入为167.44亿元,占R&D投入总额的76.56%,而中小企业的研发投入更是少之又少。可见,多数中小企业无力承担中试和产业化所需要的研发投入。同时,调研中还发现,不少企业没有建立科研机构,即使是有科研机构,也是为了应付上级检查或者为了达到评选先进或争取政府资金支持而临时拼凑的,科研设备闲置,甚至被"借"了出去。

上述现状造成中小企业技术力量薄弱,所以中小企业在接受成果转化时,往往只注意接纳现有的比较成熟的技术和产品,而没有能力对新技术和新成果进行中试,并将其转化为被市场接受和认可的产品。因而在对待科技成果的问题上,过多地考虑科技成果转化的风险性,却对科技成果转化给企业带来的竞争优势与市场先机以及由此产生的高回报性认识不到位,形不成企业对科技成果转化市场的持续需求。同时,青岛市企业在科技成果转化过程中,尚不太善于广泛调动资金来源,尤其是还没有寻找到撬动风险投资的有效路径。

3.科技中介服务机构对于科技成果转化的作用甚微

调查发现,青岛市技术交易机构的技术成果信息来源相对狭窄,信息集中在已经建立了业务联系的单位,主要是一些大院大所,而青岛本地以及许多地方的科技资源反而没有进入这个信息网络,因而其能够提供的服务具有一定的局限性。同时,由于地方高校的科研及管理人员无时间主动去联系企业,而企业把目标又集中在重点、名牌大学的科研成果上,因此,青岛地方高校和科研机构更多的是通过技术转让、参加各地组织的各种成果博览会和交易会,或科研人员自己到社会上去推广,或在有关网站上发布成果介绍等来转让科技成果。虽然科技展览会的针对性较强,适用于一些投资少、见效快的项目,但往往意向性的项目多,实质性合作的项目少,并且高校又缺少意向合同签订后的后续联系,导致转化成功率不高。可见,科技中介的作用堪忧。

4.缺乏对产学研合作的政策激励

《条例》提出,科技创新促进应当坚持"以市场为导向、产学研联动、全社会参与的原则","鼓励企业与科研机构、高校组建科技型企业或者企业研究开发中心,或者采取委托开发、联合开发、建立产业技术创新战略联盟等形式,开展产学研合作,实现创新成果产业化。企业与科研机构、高校建立产业技术创新战略联盟的,可以优先承担财政性资金设立的科学技术项目"。这些规定目前还只是一些原则性的规定,缺乏相应的配套政策。

此外,科技诚信缺失也是造成科技成果转化效率低下的重要原因。例如,某技术交易中介机构将一项获得国内专利授权的科研成果向某大型企业进行了推介,由于双方处于同一个行业领域,该企业对该技术成果核心内容的了解随着双方洽谈内容的深入而不断深入,后撇开技术研发机构,独立研制出类似的产品。并且该企业还直接将其成果在美国等国外申请专利,有效地避免了可能要承担国内专利侵权的法律风险。正因为这样,导致了一些研发成果不愿意通过中介机构进行转让,而是科研人员手持科研成果直到遇到满意的受让人为止,这在一定程度上延缓了科技成果进入产业化阶段的时间。

(四)促进科技成果转化的政策建议

通过前文分析可知,当前影响青岛市科技成果转化不利因素主要是:青岛市科技资源和产业之间吻合度比较差,科技成果供应"先天不足";青岛市多数企业的研发投入还相对较少;科技成果转化受到成果供给和资金支持的双重约束。建议采取以下政策措施,化解这些不利因素:

1.大力加强产学研合作,提高科技成果转化的有效性

首先,建立以项目为纽带的产学研合作机制,促进驻青高校科研院所和地方的互动融合,提高驻青高校和科研院所为青岛服务的积极性。鉴于许多高校和科研院所的行政隶属关系不在青岛,青岛市政府制定的政策对高等科研院所作用甚微的实际建议,出台以项目为纽带的项目立项和科技成果转化政策,以研究资金的流向为杠杆,引导大学与企业密切合作。在项目立项上,重点关注以围绕地方经济建设进行深度开发的项目,使项目从立项开始就瞄准市场需求,如此则可以大幅度地提高成果的转化效率。具体来说,政府可以制定政策规定,今后凡是由青岛市政府财政资金支持的研发项目,项目以企业为申报主体,并有和高等学校或科研院所签订的合作协议为获得资金支持的条件。换言之,今后高校和院所要想得到政府财政资金的支持,就必须和企业建立深入的合作关系。

其次,支持有条件的高等学校、科研院所与地方政府或企业联合建设以产品开发项目为轴心的研究

开发院、科技研发中心和博士后工作站,鼓励企业在高等学校设立实验室或研发机构,促进产学研结合点前移。推动高等学校和科研机构以人才、智力和技术为要素,企业以资金、设备为要素,通过联营、参股、合作等多种形式,整合优化现有资源,组建产学研联合体,实现产学研的深度合作。

最后,积极开展公共科技服务平台和开放实验室建设,提高中小企业对于公共科技资源的集约利用,减少中小企业进行科技成果转化的资金投入负担。具体来说,一是可以引进专业机构来办这些科技资源共享平台;二是利用本地大学和科研院所现有的设备组建科技服务平台。同时,有针对性地培训企业的研发人员学会利用这些资源开发本企业产品的能力。

2. 积极采取各种政策措施,吸引外地成果到青岛进行转化

(1)完善科技成果转化收益的税收优惠制度。一是制定针对科研人员个人进行科技成果转化的税收优惠政策。建议对科技成果完成人所获取的转让收益采取"先缴后返"的政策,规定成果完成人所获取的转让收益,经市政府批准,所缴纳的个人所得税可由同级财政采取列收列支的方式,返还给成果完成人。同时,建议制定针对从事高新技术成果转化的科技人员将其股权收益用于高新技术成果转化项目投资,以及从事高新技术成果转化的海外留学生在青取得的工薪收入的在计征个人所得税方面的税收优惠政策。例如,可以借鉴上海的做法,规定在青注册并缴纳企业所得税的企业(包括外商投资企业的中方投资者),以近三年的税后利润投资于经认定的高新技术成果转化项目,形成或增加企业的资本金,且投资合同期超过五年的,在第二年度内由财政专项资金给予一定的扶持。二是制定针对从事科研成果转化单位的税收优惠政策。比如,可以借鉴重庆的做法,规定"科研机构、高等学校的技术转让收入免征营业税。服务于各行业的技术成果转让、技术培训、技术咨询、技术服务、技术承包所取得的技术性服务收入免征企业所得税"。

(2)制定外地高校和科研院所进行科技成果转化的鼓励政策。一是改革科技成果转化的奖励政策。高校、科研院所转化职务科技成果以股份或出资比例等股权形式给予科技人员个人奖励,按规定暂不征收个人所得税。申请设立企业注册资本在 10 万元以下的,其资本注册实行"自主首付"办理注册登记,其余出资两年内缴足。二是改革科技奖励制度。对于应用与开发性质的研究成果,纳入现行政府科技进步奖励体系,在评审指标中,除了评价技术创新程度、技术经济指标的先进程度外,还要加大经济效益和社会效益指标的权重,引导科技人员投入到科技成果产业化上来,增加科技成果转化及推广应用在科技进步奖评审中的权重,引导高等院校输出科技成果、企业吸纳科技成果。三是放宽无形资产作价出资的比例限制。借鉴"南京九条"的相关规定,规定知识产权等无形资产折算为技术股份的最低比例,"允许科技领军型创业人才创办的企业,知识产权等无形资产可按至少 50%、最多 70% 的比例折算为技术股份"。

3. 建立科技成果转化专项资金,引导和带动社会资金支持科技成果转化

(1)设立科技成果转化专项资金,一是用来重点支持已取得的科技成果,经中试并进入产业化开发或直接进入产业化开发、能较快形成较大产业规模、显著提升相关产业技术水平和核心竞争力的重大科技成果转化项目。二是加人对创新意义重大、产业带动性强、发展前景好但处于转化前期、具有一定风险的项目,以及对初创期企业的支持。

(2)发挥科技成果转化专项资金放大使用的效率,撬动全社会共同投入成果转化:一是积极开展与风险投资互动,不仅在项目指南中强调优先支持已有风险投入的项目,还专门设立风险投资类项目,专项支持风险投资公司投资参股的科技型中小企业的成果转化工作;二是在经费资助方式上不断扩大贷款贴息的使用比例,引导信贷资金投入;三是发行在场外交易市场上交易的私募股票筹集资金;四是规范民间资本投资,鼓励更多的社会资本投资创业企业,支持科技成果转化。要制定种子资金的运行管理规则和相应的财务审计管理办法,既要有利于天使投资市场的培育,又要防范恶意损害投资人利益的行为。最

后,确立转化科技成果的专利申请费和年费补贴制度,规定大学向民间机构转让科技成果,可享受 1～3 年的专利年费的补贴。

4. 加强科技成果转化中介服务机构建设

(1)进一步完善青岛市技术产权交易所的科技成果转让服务功能。西方发达国家的经验已经证明,高等院校和科研机构的科技创新活动离不开良好的支撑服务体系为其提供支持和帮助,而一般情况下,这种支撑服务体系是不可能靠市场推动而自发形成的,需要由政府强力推进。青岛市技术产权交易所已经有了 11 年的发展历程,积累了一定的技术交易经验,建立了比较广泛的科技成果供求关系。今后政府要加大对技术产权交易所的支持力度,提升其服务能力和服务水平。

(2)首先,通过举办各种技术交易会吸引国内外高水平技术成果到青岛来进行转化;再次,制订吸引外资公司到青岛来设立研发机构的政策;最后,积极引导社会资金建立技术转移服务机构,例如,可以规定凡在本市注册登记的技术转移机构,第一年由政府相关部门免费为其提供一定面积的工作用房和一定数量的启动经费,以后每年根据向本市转移科技成果且实现产业化的数量,给予一定数额运营费资助。

5. 针对科技成果转化的不同环节实施不同的税收政策

要重视事前的鼓励和扶持,提高税收优惠的针对性。其主要措施为:

(1)推行企业科技项目立项登记制度,对企业的研究与开发项目要给予优惠。当然,应将税收优惠的重点放在科技成果转化阶段。对于未被确认为高新技术性质的企业,只要其从事高新技术的研发或成果转化活动的,也应给予相应税收优惠。

(2)逐步从直接优惠转向能有效促进企业科技开发与成果转化的间接优惠,如对企业用于科技开发、研制或试验的固定资产,允许其缩短折旧期限和提高折旧率,以引导企业加大科技投入。

(3)健全高技术领域人力资本的税收激励机制,即对高科技产业领域从事科技开发与成果转化工作的人员,在计征个人所得税时,要提高其工资薪金所得税起征点。同时,应适当扩大科研奖励收入及科研成果收益的免税范围,以提高科技人员从事科技开发及成果转化的积极性与创造性。

四、青岛市加快科技企业孵化器建设的政策支持研究

科技孵化器在培育科技型创新企业、支撑区域技术创新体系构建、提高产业竞争能力、推动地方经济发展等方面作用巨大,已经成为地方发展高新技术产业的重要支撑平台和科技与经济结合的有效载体。同时,作为一种制度产物和推进区域创新的新兴经济组织和制度工具,它还间接地参与和服务于城市技术创新,对城市产业链的形成和产业结构的调整也具有强大的支撑作用。

(一)青岛市科技企业孵化器的发展现状

自 1993 年成立第一家科技孵化器——青岛高科技工业园科技创业中心以来,青岛市孵化器建设已经走过了 20 个春秋。截至 2013 年 4 月,青岛已建成孵化器 51 家。从孵化器的级别看,国家级孵化器 12 家,市级孵化器 2 家;从孵化器的性质看,综合型孵化器 18 家,专业型孵化器 33 家,国家大学科技园 2 家。在孵企业 1 809 家,累计毕业 694 家。通过对青岛市科技孵化器的调研和分析认为,青岛市科技企业孵化器建设主要取得了以下成绩:

1. 孵化器建设已初具规模

以国家级孵化器的情况为例,从对全国副省级以上城市(香港、澳门除外)科技企业孵化器的统计情况来看(表 6),截至 2012 年,青岛市国家级科技企业孵化器"场地面积"均位居第 8,说明目前青岛市孵化器规模在副省级以上城市中居中游偏上位置。虽然这个指标无法反映青岛市科技孵化器的全貌,但是将青岛市国家级孵化器和其他副省级以上城市的国家级孵化器相比,也有一定的说服力。由于孵化器物理空间的建设在某种程度上具有科技房产的性质,因此有可能成为房地产商新的投资选择。随着青岛市

"千万平方米孵化器"建设规划的逐步落实,孵化场地面积有望继续增加。

表6　青岛市科技孵化器在副省级城市国家级科技企业孵化器中的位次一览表

序号	项目	指标	名次	序号	项目	指标	名次
1	孵化器总收入(千元)	109 765	8	10	大专以上人员(人)	253	11
2	综合服务收入(千元)	26 362	11	11	留学回国人员(人)	7	5
3	总面积(平方米)	400 522	8	12	批准知识产权数(个)	461	12
4	累计毕业企业(个)	443	17	13	发明专利数(个)	175	11
5	在孵企业人员数(人)	18 707	10	14	承担国家级科技计划项目(个)	18	15
6	收入达千万元企业(个)	17	14	15	孵化基金总额(千元)	53 000	15
7	创业导师(人)	36	16	16	累计公共技术服务平台投资(千元)	74619	11
8	管理机构人员(人)	253	3	17	获得投融资企业数(个)	72	13
9	专业技术人员(人)	121	5	18	在孵企业累计获得风险投资(千元)	204 500	12

数据来源:根据科技部火炬高技术产业开发中心编《2012中国火炬统计年鉴》相关数据整理而得。

2. 全市重视孵化器发展的氛围正在形成

早在2004年,青岛市崂山区(高新区)就制定了包括《科技企业孵化器管理暂行办法》在内的一系列有力政策促进科技企业孵化器建设,为入孵企业营造了良好的创业发展环境,降低了企业创新创业成本,提高了初创企业的成活率,从而有效地促进科技成果向现实生产力转化,推动了高新技术产业发展,完善了区域创新体系,繁荣了青岛市经济。青岛市早期孵化器建设的成功起到了较好的示范引领作用,吸引了许多其他社会主体的加盟,也得到了青岛市党政领导的高度认可,当前全市各部门对孵化器事业发展的关心和支持,为孵化器事业的持续发展奠定了良好的基础,重视孵化器发展的氛围正在形成。

3. 孵化器体系多元化发展

目前,青岛市孵化器投资主体已经出现了多元化的发展态势,即从原来单一的政府投资主体发展到企业、社会等多元投资主体。青岛市的35家孵化器中,除最初的青岛高新技术创业服务中心、青岛留学人员创业园等少数几家孵化器是由政府投资以外,其他大多数孵化器(如石老人科技创新园、兖矿基地,等等)均为社会投资。除此之外,有些孵化器本身的投资主体也呈现出了多元化的特征。如橡胶谷的投资主体,就是由青岛四方城市发展有限公司等5大股东组成。正在建设的国家大学科技园也是由中国海洋大学、青岛大学等5所大学和青岛高新区管委共同投资。这些孵化器成为高校、科研机构与市场结合的前沿阵地,不断地把研发成果与产业化紧密衔接,成为创新成果产业化过程的一个关键节点。与此相应,孵化器的组织形式也不再是单一的事业组织或行政部门,出现了政府投资的企业孵化器、民营孵化器以及行政和企业双重身份的孵化器。这些管理体制上的变化创新使得青岛市孵化器的经营更加灵活、更便于服务企业。

4. 产学研结合初见成效

孵化器作为创新源头与产业的承接载体,将高校科研院所的研发体系与产业体系相衔接,有力地促进了产学研相结合。目前,青岛市的孵化器大多与高校科研院所建立了紧密的联系,例如橡胶谷依托青岛科技大学、国家轮胎工艺与控制工程技术研究中心、轮胎先进装备与关键材料国家工程实验室、高性能聚合物及成型技术教育部工程研究中心、中国杜仲胶科学研究院等6个国家级重点实验室、工程技术研究中心和33个省市级重点实验室和研究中心等科研机构建立起了强大的技术支撑平台。据统计,截至2012年12月,仅是从国家级企业孵化器毕业的企业就有443家。

5. 形成了较大规模的特色产业集群

目前青岛市的 35 家孵化器中,多数都是专业性孵化器和专门性孵化器,例如市南区的青岛软件园和青岛国际游戏动漫产业园、四方区的青岛理工大学建筑创意产业园和青岛市工业设计孵化器、李沧区精细化工孵化器和机械制造孵化器、崂山区生物创业园基地和崂山软件园等都是具有鲜明特色的专业孵化机构。这些孵化器的出现为集聚相关产业,延长产业链条提供了基础性条件,促进了一批产业关联度高、已经具备一定规模和实力的科技企业的形成和发展,成了创新驱动转型发展的助推器。同时,青岛市早期的孵化器建设还盘活了社会存量资产。例如,兖矿基地、橡胶谷、青岛前哨都市科技园等都是利用闲置的旧厂房改建的。

(二)青岛市科技企业孵化器建设中存在的主要问题

1. 孵化水平总体偏低

由表 9 可以看出,在全国 19 个副省级以上城市(香港、澳门除外)的 18 项统计指标中,只有 6 项指标高于副省级以上城市国家级孵化器的平均值,12 指标低于副省级以上城市国家级孵化器的平均值,13 项指标位次在第 10 位以后,这说明青岛市国家级孵化器的整体发展情况在副省级以上城市中的发展状况偏弱,孵化水平较落后。这可以通过两个方面反映出来:一是孵化效率,二是在孵企业的创新能力和水平。表 9 中反应孵化效率的指标"累计毕业企业"显示,青岛市在副省级城市中居于 17 位,位居倒数第 3;"在孵企业人数"位居第 10,属中游偏后。这个数据带有一定的必然性。同时,表 1 中反映孵化企业科技创新水平的指标"获得发明专利数",青岛市位居第 11,属中等偏后,说明青岛市科技企业孵化器在孵企业的创新能力和水平也有待于提高。

2. 整合社会资源的能力不足

表 6 中反映孵化企业获取外部资源支持的指标"承担国家级科技计划项目数",青岛位居第 15 位;"累计获得投融资企业总数",位居第 13 位;"孵企业累计获得风险投资总额",位居第 12 位。由此可以推断,青岛市孵化器获取外部资源的能力较低。同时,调研发现,孵化器和大学科研院所的结合不够紧密。青岛市拥有全国 30% 的海洋科技资源,发展海洋科技的基本条件是具备的,但是目前这方面工作尚未见有大的起色。可见,青岛市部分孵化器离提高科技自主创新能力和经济健康发展的要求还有差距,整合社会各种资源的能力不足。

3. 部分民营孵化器过分追求经济利益而忽视了社会效益

孵化器投资主体多元化可以有效地引导社会资源投向实体经济,方向无疑是值得肯定的。但由于目前在此方面激励政策有余,约束制度不足,造成了孵化器过分追求经济利益,而忽视了社会效益。这里的社会效益主要是指孵化器本身为促进科技成果转化、培养科技企业和企业家的功能。许多孵化器将房租的稳定性当作筛选企业进入孵化器的首要标准,至于该企业的项目是否属于当地优先发展的产业,则考虑得少之又少。如此一来,孵化器之聚集产业集群的功能得不到发挥。在孵化设施建设上,许多孵化器最大限度地将所有的空间都用作孵化企业的办公室或厂房,许多孵化器根本没有配备共用活动空间,建有专业服务平台的孵化器更时为数很少。

4. 孵化器提升服务能力的动力不足

有些孵化器在建设之初,地价比较便宜,或者有的孵化器的建设用地属于社区集体土地,建设成本较低,加上青岛得天独厚的宜居环境对于吸引企业在此落户的比较优势,调查结果显示,青岛市现有孵化器的出租使用率基本上都是百分之百饱和。因此,不少孵化器仅靠租金收入就已经挣得盆满钵满,因而患上了"服务能力提升动力缺乏综合征"。但是从孵化企业的角度来看,此类孵化器没有符合企业经营发展需要的实际服务内容,企业的发展与孵化器没有直接联系,此类孵化器对地区科技成果转化的贡献不大,对地区科技产业的发展无实际效果,不是成功的孵化器。

（三）加快青岛市科技企业孵化器发展的对策

据不完全统计,青岛市千万平方米孵化器建设预计需要投资在450亿元左右,而从拟定的运营主体看,绝大多数属于没有孵化器运营经验的实体。数目如此巨大的投资开始运营以后,其进入正常运转的时间越短则功能发挥的越快,对社会的贡献也就越大。因此,政府应当千方百计促进孵化器能力的提升。为此,建议政府重点从以下几方面开展工作:

1. 加强科技企业孵化器的标准化建设

目前,我国孵化器的运作机制是由投资主体自发或者在政府的引导下先行建立孵化器,包括其物理空间的建设和项目引进,待时机成熟后由孵化器申请政府认定,从而获得得到优惠政策的资格。虽然国家以及青岛市颁布的《科技企业孵化器认定和管理办法》中对申报国家级或市级孵化器在人员、孵化场地面积、孵化服务功能等方面应当达到的条件有相应的规定,某种程度上可以起到孵化器建设指南的作用,但是这些条件特别是国家规定的条件是针对全国的平均情况确定的,有些条件规定得过低,已经不能适应孵化器创新发展的需要。而且这些规定是对孵化器建设的事后认定,性质属于自愿认定而非强制性认定,无助于孵化器建设的规范化,也不利于孵化器实现对于地区经济发展和经济转型的贡献。因此,建议青岛市相关部门建立《孵化器建设规范指引》,加强对孵化器软件建设的引导,使孵化器的建设和运行皆有标准可循,促进孵化器走标准化发展之路。具体说来,政府主管部门要组织制定孵化器服务与活动的具体标准。例如,在产业定位方面要求孵化器的产业定位必须符合青岛市孵化器发展的整体规划;在人员的招募上,像会计师事务所的设立那样,要求具有"创业辅导员"、"企业联络员"的人才若干名;在科技研发平台的建立上,要求达到若干万元的投入,等等。

2. 建立严格的项目筛选程序

目前青岛市《科技企业孵化器认定和管理办法》对入孵企业只有规模上的要求,对于项目所属行业没有作出相应的规定。这虽然在一定程度上赋予孵化器极大的自主权,却不利于青岛市战略性新兴产业的培育以及企业集群的集聚。因此,建议借鉴以色列的经验,建立项目筛选委员会,对入驻孵化器的项目进行严格的筛选。首先在项目入驻前由项目创始人向企业孵化器提交创新理念,企业孵化器负责对其专利进行审查,并听取专家的意见,从技术、市场等角度对项目作初步判断。然后,由行业专家筛选。最后经过项目筛选委员会审通过批准入驻并进行经费资助。项目筛选委员会成员由政府科技部门组织专家、企业家及企业孵化器领导组成。项目筛选的标准包括但不限于:该项目是否属于青岛市优先发展的战略性新兴产业;申请企业提交的企业计划书是否具有可行性;申请企业的管理团队是否达到规定标准;申请项目是否具有良好的市场前景等。此项措施可以达到一石二鸟之效果,不但能够加速青岛市战略性新兴产业的形成,还能推动孵化器的专业化建设。

3. 制定政策引导孵化器建立科学的用人机制

孵化器管理人员素质是影响孵化器与创业投资、创业企业合作绩效的关键因素,尤其是对高层管理人员。孵化器高管应该是既懂得孵化器经营又懂得创业,而且是科技企业的创业,还要熟知创业投资的职业经理人。在现实情况中,这样的人才本来就很少,如果没有合理的用人机制很难吸引这类人才,更不用说留住人才。孵化器缺乏优秀高管,首先不能有效筛选出创业企业,然后不能有效利用孵化基金,也不能找到合作的创业投资机构。即便有创业投资机构有合作意向,没有孵化器高管的有效推动,也难以开展。因此,建议政府主管部门制定政策,引导孵化器建立科学的用人机制:一是建立"联络员—辅导员—创业导师"晋升机制。让主动为企业服务成为工作人员个人成长的一种途径,激发孵化器工作人员主动为入驻企业提供服务的积极性。二是深化孵化器人事制度、分配制度改革,培育高素质、职业化的管理团队。鼓励孵化器面向社会招聘高级孵化管理人才,充实孵化器的经营管理,允许孵化器经营者和管理骨干实行年薪制或股权激励制。三是积极开展"持股孵化"试点。按国际惯例,每个在孵企业都有专门的辅导员联络、管理,一旦孵化成功,辅导员可获得一定比例股权。作为科技企业孵化器建设比较先进的城市,青岛市应该将"持股孵化"作为一项体制和机制创新的试点工作,以股权为纽带建立企业孵化器管理者与孵化企业之间的利益联结关系,完善孵化器的治理结构,在有条件的科技企业孵化器内积极推进。四是建立开放、流动、竞争、激励机制。公开招聘、选拔孵化器经理及管理人员,选拔年富力强、综合能力和业务素质较高的人员充实孵化管理队伍。

4. 制定专门的风险基金引入激励政策

风险基金的介入不但能够为孵化企业带来发展急需的资金,而且能够为孵化企业带来帮助其进入国际市场的经验,引进大量潜在的"战略投资人",在管理支持、网络资源和声誉等提高方面起到比传统金融中介更重要的作用,而且这种作用某种程度上具有一定的放大效应,从而使孵化器赢得市场的认可,实现快速成长。因此,政府就有必要制定专门政策鼓励孵化器创新工作方式,尽可能多地帮助在孵企业和风险投资基金之间建立联系,吸引风险基金进入孵化企业。具体来说,可以制定《吸引风险基金奖励规定》,对引进风险投资基金的单位和个人,按照引进资金数额的一定比例给予奖励。

5. 设立孵化器专项资金以及贷款信用共同体

目前,国内广州、杭州、北京市海淀区、上海市张江、湖北省襄阳市等地区都设立了孵化器专项资金。为加速青岛市孵化器建设,市政府也应当尽快出台孵化器专项资金,每年拨付一部分资金用于资助孵化器的科技平台建设。为规范资金的管理,青岛市应当出台《科技企业孵化器专项资金管理办法》,具体规定资金的来源、使用方向等。同时,建议由市科技局发动,通过全市各科技企业孵化器组织一定数量的在孵企业,形成规模化的信用共同体,与政策性银行和商业银行洽商,获取信用额度,并为在孵企业提供贷款融资,从而解决创业企业由于无资产抵押、无信用资格而产生贷款难的问题,促进创业企业成长。

6. 建立孵化器对外合作机制

进入新世纪以来,国际合作、建设国际孵化器,成为孵化器事业发展的未来主流方向。国际孵化器是通过各种国际合作的方式(如培训、讲习、资助),引入国外科技企业和资金技术,并把本国的企业培养到国际市场竞争的一种孵化器。目前国家指定了深圳、成都、上海、重庆、苏州等八家孵化器作为国际孵化器的试点,各国际孵化器日渐成功地探索出了自己独特的国际化之路。今后青岛要借鉴上述城市的成功经验,加大国内、国际优秀的企业孵化器引进力度,独立或者与青岛企业合作共建国际孵化器,输入国外和国内同行先进的孵化器建设经验和管理理念,提升青岛企业孵化器发展的软实力。既要把本国孵化出的企业推向外国产品市场和资本市场,也要引入外国企业进入本国市场或在本国孵化。同时,广泛开展与国际知名孵化器的交流和合作,不断优化现代化的基础环境设施,提升国际企业孵化器的出口产品、服务与技术的国际竞争力,并建立起长期稳定、友好紧密的战略合作伙伴关系。

7. 推动孵化器联盟建设

为加强孵化器行业管理,促进各孵化器、大学科技园之间,孵化器与中介服务机构、创业投资机构之间,科技企业与中介机构之间的合作与交流,青岛市应当通过信息、咨询、培训、研讨、交流与服务等方式,增强青岛市各孵化器的孵化服务能力,促进科技成果转化、培育高科技企业和高科技企业家队伍,推动青岛市高新技术产业的发展。作为其中的一个重要平台,青岛市应当积极推动青岛孵化器联盟的成立。为发挥好其协同作用,还应加强以下五个方面的工作:一是加强孵化器联盟机构建设,健全联盟内部各项规章制度;二是加强各孵化器之间的交流与合作,定期召开联盟会议,通过咨询、培训、研讨、交流等方式,推广行之有效的管理经验;三是由孵化器联盟组织成立各行业联盟,加强各行业间的交流合作,充分利用行业内资源;四是统一孵化器的标识、规划、政策及管理,加大青岛市科技企业孵化器的发展步伐;五是建立统一的信息平台。

五、青岛市促进创业投资快速发展的支持政策研究

创业投资,又称风险投资,是促进科技成果转化,培育孵化小企业成长的重要制度安排,是连接高新技术产业和金融市场的重要桥梁,是促进高新技术发展的"助推器"和"催化剂"。

(一)青岛市鼓励创业投资发展的政策及创业投资发展现状

1.青岛市出台的鼓励创业投资发展的政策

(1)《青岛市鼓励风险资本投资高新技术产业规定》

该规定是2002年7月由青岛市政府出台的。其主要目的为了吸引国内外资金投资高新技术产业,保护风险投资者的合法权益,规范风险投资机构的投资行为,加速高新技术产业发展。该规定对风险投资机构的定义、设立条件、业务范围等进行了规定,是创业投资企业开展创业投资活动的基础性文件。

(2)《青岛市人民政府关于加快股权投资发展的意见》

随着我国经济持续快速发展以及资本市场改革开放的不断深化,股权投资基金、风险投资、创业投资等各类股权投资不断涌现,已成为现代金融市场的重要组成部分。在此宏观背景下,青岛市人民政府为加快多层次资本市场体系建设,拓宽直接融资渠道,培育和发展战略性新兴产业,推动"转方式,调结构",促进区域性金融中心建设,于2012年1月17日颁布了《青岛市人民政府关于加快股权投资发展的意见》(青政发〔2012〕4号)。该意见提出了包括加大财政税收、股权投资类企业落户补贴以及在办公用房和利润分配等方面的相关优惠政策。意见极大地提高了各项政策的扶持力度,为青岛市加快创业投资事业的发展注入了活力。

2.青岛市创业投资发展现状

与国内创业投资发达地区相比,青岛市创业投资起步较晚但门类齐全,一个由政府创业投资引导基金、政府直接投资以及民间资本构成的"三位一体"创业投资体系已经基本形成。

(1)政府出资建立各类政府引导基金。

首先,青岛市成立了市级创业投资引导基金。为充分发挥财政资金的杠杆放大作用,推动青岛市创投企业发展,增加创业投资资本的供给,促进高端产业和新兴产业壮大规模,尽快形成新的经济增长点,青岛市于2010年4月12日制定了《青岛市市级创业投资引导基金设立方案》。2010年5月3日,青岛市市级创业投资引导基金管理中心经青岛市编办批准设立,该基金计划规模5亿元人民币,现实际累计出资2亿元。经过2年多时间的运作,该基金已经参股4家创业投资机构,参股基金5只(其中,外地基金4只,青岛本地基金1只),引导的创业投资规模超过10.5亿元,撬动50亿元社会资金投入中小型科技企业。

其次,青岛高新区创建了创业投资引导基金。2011年3月31日,为加快推进高新区科技金融集聚区建设,完善"政府引导、企业主导、市场运作"的创业投资发展模式,充分发挥财政资金杠杆放大作用,积极吸引各类社会资本投资高新区落地产业项目,青岛市高新区制定并发布了《关于青岛高新区创业投资引导基金设立方案》,2011年4月2日又出台了《青岛高新区创业投资引导基金管理暂行办法》,确定建立总规模为1亿元的青岛高新区创业投资引导基金。该基金首期安排3 000万元,主要以成长期、初创期的高科技项目为重点,专注投资于软件信息服务、生物医药、科技服务、先进装备制造与节能环保等国家、省市及青岛高新区重点扶持的领域。

最后,青岛市科技局出资建立天使投资组合基金。根据《青岛市激励创新创业加快科技企业孵化器建设与发展的若干政策》(青政字〔2012〕76号)第5条的规定,2013年青岛市科技局出资1 000万元,与社会专业投资机构合作,发起组建天使投资组合基金,对处于孵化期和初创期的科技型中小微企业进行天使投资。

通过上述基金的设立和运作，改变了过去政府在财政投入方式上的行政分配模式，发挥了政府资金的杠杆放大作用，有效撬动了更多的社会资本参与到创业投资中来，实现了政府支持的规模效应，政府资金可实现循环多次使用，从而提高了政府资金的使用效率。

（2）政府直接投资组建创业投资企业。

一是1999年青岛市政府拨款3 000万元设立青岛市第一支科技创业投资基金，2000年又投入6 000万元，在此基础上组建青岛市科技创业投资有限公司，资本金高达1亿元，成为政府直接投资的创业投资。二是2011年6月，青岛国家高新技术产业开发区（简称"高新区"）管委注资2亿元，成立青岛高新创业投资有限公司（简称"高新创投"），成为高新区直属的国有独资公司。

（二）青岛市创业投资发展过程中存在的主要问题

1. 创业投资规模小，与经济发展规模不匹配

首先，青岛单个创业投资企业的资产规模普遍较小。据统计，截至2011年年末，全国备案创业投资企业882家，备案创业投资企业资产总规模达2 207亿元。计算可知，平均每家投资企业的资产规模为2.5亿元。而青岛市备案创业投资企业为14家，资产总规模为16.4亿元，平均资产规模为1.17亿元。可见，单个创业投资企业的资产规模远低于全国的平均水平。

其次，青岛创业投资企业的资产规模与其经济总量也不匹配。2012年青岛市GDP数量为7 302.11亿元，而同期深圳的GDP为12 950.08亿元，是青岛市GDP的1.77倍。在创业投资方面，青岛市备案创业投资企业管理的资产规模为16.4亿元，而早在2011年11月，深圳市各类创投机构管理基金规模已经超过3 000亿元，是青岛创业投资企业管理资产规模的182.93倍。比较可知，深圳市GDP不足青岛GDP的2倍，但创业投资机构管理的基金规模却是青岛市的183倍。可见，青岛市的创业投资基金规模已经远远落后于国内发达地区，相对于7 000多亿的经济规模而言，应当说是"杯水车薪"，与其经济发展规模非常不匹配。

2. 创业投资促进高新技术产业化的功能远未发挥出来

当前，青岛市中小型科技企业能够争取到风险投资介入的数量微乎其微。以孵化器内的在孵企业为例，截至2011年，青岛市国家级孵化器内在孵企业累计获得投融资企业的总数为72个，累计获得的风险投资总额为20 450万元。两项指标在全国的副省级以上城市中分别位居第13和第12位。平均每个在孵企业能够获得的风险投资只有284万元。由于资金缺口不能及时填补，其创新技术的商业化从此永远无从实现了，这是造成中小科技型死亡率夭折的根本原因之一。可见，理论上或制度设计上的创业投资对于促进科技创新和推动高新技术产业化的功能根本没有发挥出来。

（三）青岛市创业投资发展过程中存在问题的成因

1. 创投规模小，与经济发展规模不匹配的原因分析

（1）青岛市出台的政策的吸引力还不够强。

早在2002年，青岛市政府就出台了《青岛市鼓励风险资本投资高新技术产业规定》。2012年，青岛市政府为了进一步加快股权投资的发展，又颁布了《青岛市人民政府关于加快股权投资发展的意见》（以下简称"《青岛意见》"）。这两个文件的出台充分反映了青岛市政府在着力搞好青岛市风险投资事业方面的决心及具体政策。但与其他地区相比，青岛市出台的政策吸引力还不够强。以《青岛意见》为例，与深圳市2010年颁布的《深圳关于促进股权投资基金业发展的若干规定》（以下简称"《深圳规定》"）相比，《青岛意见》不但在颁布时间上比深圳晚了17个月，而且在许多方面的支持力度也比不上《深圳规定》。

首先，与先进城市相比，股权投资企业落户待遇的性质、方式和迁离限制方面存在着较大的差别：

① 性质上的差异：深圳为奖励；而青岛为补贴。② 方式上的差异：深圳的落户奖励是一次性的；而青岛的补贴则按在青岛的投资额与注册资本的比例逐年兑现，由市与各区、市按现行财政体制分别负担。其中，资金到位情况占补贴额的40%；资金投放情况占补贴额的60%。③ 迁离限制：深圳规定，享受落户奖励的股权投资基金，5年内不得迁离深圳；青岛无迁离限制。

其次，与先进城市相比，当前青岛市尚未对许多问题做出规定。例如，尚未规定投资本市企业或项目的奖励政策，而深圳市则规定，"股权投资基金投资于本市的企业或项目，可根据其对青岛市经济贡献，按其退出后形成地方财力的30%给予一次性奖励，但单笔奖励最高不超过300万元"。又例如，青岛市对于新购置自用办公用房没有任何补贴，而深圳市则规定，"股权投资基金、股权投资基金管理企业因业务发展需要新购置自用办公用房，可按购房价格的1.5%给予一次性补贴，但最高补贴金额不超过500万元。享受补贴的办公用房10年内不得对外租售"。再例如，青岛市未对股权投资基金、股权投资基金管理企业以及私募证券投资基金管理企业的交通提供任何便利，而深圳市则规定："股权投资基金、股权投资基金管理企业以及私募证券投资基金管理企业纳入青岛市大企业便利直通车服务范围，并按相关规定为其提供优质、便利的服务。"此外，青岛市在人才引进、人才奖励、配偶就业、子女教育、医疗保障等方面对于股权投资基金、股权投资基金管理企业以及私募证券投资基金管理企业的高级管理人员也未做出任何特别规定。而深圳市则规定："股权投资基金、股权投资基金管理企业以及私募证券投资基金管理企业的高级管理人员，经市人力资源保障部门认定符合条件的，可享受青岛市关于人才引进、人才奖励、配偶就业、子女教育、医疗保障等方面的相关政策。"

此外，在享受相关扶持政策的创业投资企业和创业投资管理企业的注册资本金数额的规定上，青岛的门槛显然高于其他地方。以宁波市为例，《宁波市关于鼓励股权投资企业的若干意见》规定："股权投资企业的注册资本应不低于人民币3 000万元；股权投资管理企业以股份有限公司形式设立的，注册资本应不低于人民币500万元；以有限责任公司形式设立的，其注册资本应不低于人民币100万元。而《青岛市关于加快股权投资发展的意见》则规定"股权投资企业、股权投资基金企业的注册资本不低于人民币5 000万元，仅限于货币出资，首期到位资金不低于2 500万元并不低于其注册资本或出资金额的20%；股权投资管理企业，以股份有限公司形式设立的，注册资本应不低于人民币1 000万元，以有限责任公司形式设立的，其注册资本应不低于人民币500万元"，方可享受相关的扶持政策。

（2）符合创业投资企业投资标准的优质企业数量较少。

首先，高新技术企业数量较少。根据《中国火炬统计年鉴2012》的统计，截至2011年底，全国经国家认定的高新技术企业共有39 343家。其中，青岛市401家，在有统计的副省级以上城市中位居12（表1）。青岛市被认定为高新技术企业的数量只是深圳的1/5，北京的1/15。而且青岛市与其他发达城市之间在这方面的差距还在不断加大。举例来说，根据从深圳市科技创新委员会网站发布的统计信息，截至2013年8月11日，深圳被认定为国家级高新技术企业的企业达3 507家。而截至2013年年底，青岛市高新技术企业642家（含公示企业），可以推知，创业投资企业在这401家企业中进行选择的余地显然要小于许多其他城市。其次，单个高新技术企业的净资产规模过大，不利于风险投资的介入。一般而言，如果一个被投企业的净资产规模大，一定规模资金介入后，其在被投企业中的份额就会相对较小。通常情况下，风险投资更愿意投入较小的资金却能够占得较大的份额。而青岛高新技术企业的平均净资产的规模即已达到47 755.61万元，显然不利于吸引风险投资的介入。上述因素已经成为影响创业投资机构介入青岛高新技术企业的重要因素。

（3）创业投资企业资金来源不够丰富。

首先，政府对于引导基金的注资数量太少。截至2010年年底，全国已设立政府引导基金超过40只，基金总额超过300亿元。计算可知，平均每个政府引导基金的规模为7.5亿元。青岛市市级创业投资引导基金的总规模为 5 亿元人民币,而目前实际到位资金目前只有 2 亿元人民币,基金规模远低于全国的平均数。据了解,国内 10 亿元人民币是目前大多数政府引导基金的普遍规模,推算分散到每个子基金平均仅有 4 000 万~5 000 万元,据说这对于一个大中型创投及私募股权投资机构来说已经形不成足够的吸引力,更何况青岛市各类创业投资引导基金实际到位的加在一起也不过 4 亿元。政府引导基金较少的资金数量无法引导资金数量庞大的资金介入。这在国内其他城市政府引导基金数额较多的情况下,使青岛市风险投资的发展输在了起跑线上,因而也就难以撬动足以助推中小型企业发展所需资金的介入。

其次,许多民间资本背景的创业投资企业虽然在青岛办公,但其资金来源和投向均不在青岛。此外,研究还发现,与国内先进地区相比,青岛的民间资本更加偏向于债权式投资,进行真正意义上的股权投资的积极性尚未被唤起。

(4)创业投资的退出渠道狭窄。

通常情况下,风险资本完成一次完整的循环要经历资本的筹集、项目筛选、选择合作者及蜕资退出等阶段,退出是一个完整的风险资本循环最重要的必经环节,是风险资本能够循环产生利润的关键。对于创业投资而言,投资于早期阶段的创业企业或项目,通过精心培育最后推动企业上市退出是最理想的结果。虽然目前国内已经建成了由交易所、创业板、中小企业板和三板为构成的多层次资本市场体系。但是,青岛市的企业却没有能够较好地运用这一资本市场体系。据统计,截至 2013 年 7 月,青岛市辖区内的各类上市或挂牌公司仅有 23 家,不及深圳市 151 家的 1/6,即使在山东省内名次也比较落后。各类上市公司数量明显偏少已经成为风险投资不愿或不能介入青岛企业的原因。此外,由于传统观念的影响,大多数企业家对于自己的企业被别的企业收购兼并也不能接受,加之一些政府部门也不能客观地看待企业的被收购或兼并,造成创业投资机构通过出售所持股份退出的路子也被严严实实地堵上了。

2. 创投促进高新技术产业化的功能远未发挥出来的原因分析

调查发现,出于利润最大化的需要,民间资本组建的创业投资企业往往更愿意将原本就相对不十分丰裕的创业投资资金挤进那些资金并不紧张的拟上市公司,这种风险投资后移现象在民间资本组建的创业投资企业中已经屡见不鲜。而对于政府出资组建的创业投资企业来说,虽然其所从事的是风险投资事业,但其主管部门在进行决策时所关心的首要问题仍然是资金的安全性,因而自然会尽量避免将资金投向那些前景尚不明朗的处于早期发展阶段科技型公司。另外,政府背景创投机构的制度严格而且烦琐,团队人员出于回避潜在的道德风险工作中缺乏主动性,长此以往导致投资理念更为保守。如此一来,那些即使是未来市场前景有可能相当可观的中小型科技企业,在其发展早期遇到资金捉襟见肘的时候也得不到所谓的风险投资的资助。

(四)促进青岛市创投快速发展的政策建议与措施

根据上述分析可知,当前青岛市的创业投资发展进入了一个发展怪圈:即符合创投企业投资标准的科技企业资源少,从而导致创业投资企业不愿在青投资,而众多的中小科技企业在得不到创投介入的情况下,靠自然成长,企业成长速度必然慢,而这又重新成为创投企业不愿介入的原因。因此,青岛市要想使高新技术产业有大的发展,必须以加快创投发展为突破口,打破上述发展怪圈。为此,提出以下政策建议与措施:

1. 多措并举促进青岛市创投快速发展

(1)制定具有足够吸引力的政策,采取得力措施,鼓励创业投资事业发展。

① 进一步完善创投企业的落地政策。借鉴宁波的政策规定,下调享受政府优惠政策的落户创投企业的注册资本金数额,吸引更多创投企业在青落户。建议将享受相关扶持政策的创投企业的注册资本金数额分别调整为:股权投资企业的注册资本不低于人民币 3 000 万元;股权投资管理企业以股份有限公司形式设立的,注册资本不低于人民币 500 万元;以有限责任公司形式设立的,其注册资本不低于人民币

100万元。同时,建议参照杭州市2010年7月16日《关于促进青岛市股权投资业发展的实施办法》和2012年5月2日《杭州市人民政府办公厅关于进一步促进青岛市股权投资业发展的补充意见》(杭政办函〔2012〕134号)设置开办费奖励、投资追加奖励、办公用房补助、税费政策以及高管政策等项政策规定。尤其是要制定专门针对创投企业高管的优惠政策,体现出对他们的人文关怀,激励他们落户青岛。

② 出台创业投资风险补贴规定。创投是一项高风险的投资,为了鼓励和吸引创投机构到本地区投资,不少城市或高新技术园区都出台了一些分担创投企业风险的政策。例如,上海市在2006年出台的《上海市创业风险救助专项资金管理办法》中规定,风险救助专项资金来源于上海创投企业自愿提取的风险准备金和政府1:1匹配资金。对投资于经认定的上海高新技术企业的,可按不超过投资损失的50%给予补助;对其中投资于经认定的上海高新技术成果转化项目,可按不超过投资损失的70%给予补助。又如,北京中关村在《中关村国家自主创新示范区创业投资风险补贴资金管理办法》中规定:按照创投企业"实际投资额的10%给予风险补贴,单笔补贴金额不超过100万元。因此,建议青岛市政府也出台类似规定,对投资于符合产业政策、科技政策的创投企业,由政府部门按其投资损失的一定比例给予专项风险补贴。

③ 建立创投综合服务平台,为创投企业提供决策前中后的一站式配套服务。科技中介服务体系是由具备不同功能的中介服务机构组成,只有各个中介服务机构都各司其职,形成合力,科技中介服务体系才能正常发挥应有作用,才能保证风险投资活动的顺利进行。风险投资综合服务平台是科技中介服务体系的重要载体,目前深圳等地已经建成类似的机构并投入使用,对促进风险投资发展发挥了重要作用。例如深圳高新区创投服务广场,于2007年10月正式投入使用,该平台专门为创业活动提供投融资服务,实现项目对接投融资洽谈,其功能涵盖了风险投资活动中介服务的各个环节,包括项目评价、融资辅导、融资担保、风险资本引入等功能。建议青岛市以青岛市市级创业投资引导基金管理中心为依托,打造以股权投资为主要内容的投融资服务平台,服务范围积极向全域青岛拓展。

(2)挖掘和培育优势企业,丰富产业项目资源。

① 围绕青岛市创新型企业培育发展和高新技术企业认定管理两项工作,梳理发展较快的优势企业,建立重点培育企业资源库。特别是要结合青岛市"千万平方米孵化器"建设工作,发现各类创业团队、归国留学人员创业项目、大学生创业项目等;结合青岛市东部"蓝色硅谷"推进工作,梳理软件及服务外包相关企业和项目资源;结合青岛蓝色生物医药产业园的规划建设,围绕高新区生物医药产业推进工作,梳理生物医药相关企业和项目资源。

② 围绕青岛市科技创新工作,梳理各类科技计划项目、各级创新基金项目和国家863、支撑计划、新药创制基等重大专项项目,形成科技创新项目资源库。

③ 成立引项目基金,专门用于鼓励外地项目入青。在开展前述三项工作的基础上,首先对项目库中的企业进行认真分析,然后按照排队先后,集中各种优惠政策进行重点培养。

(3)着力促进创投机构和创业资本的快速聚集。

呈如前文所言,青岛市的创业投资发展状况与青岛市的经济总量出现了严重的不匹配,为此,今后要将增加创投资本供给作为做好创投工作的首要任务来抓。

① 增加创投引导基金供给,放大"母基金"的倍数效应。国内外创投发展的经验已经证明,政府引导基金在创投资中的重要作用。鉴于青岛市目前政府创投引导基金规模偏小的现状,建议市政府调整财政投资结构,加大对创业引导基金的支持力度,争取在短时间内使全市引导基金的规模达到10元以上,以期放大"母基金"的倍数效应。

② 吸引更多外地创投机构入青投资。一是市政府要把引进创投机构入青列为招商部门的重要考核指标,通过加强金融招商人才队伍并加大专业培训力度,会同金融、产业、科技等部门形成联动互动机制,

合力推进青岛金融招商引资工作。要结合青岛产业发展和项目资源情况，瞄准一批国内外知名股权投资机构，增强信息跟踪、高层会面、政策谈判等环节的工作实效。二是要积极吸引国际顶尖股权投资机构来青设立外资基金。

③ 引入"引导基金＋担保机构"的模式，加速创业投资的发展。一是要在扩大政府引导基金的基础上，尽快将更多的引导基金投放出去。二是对于那些已经在青注册或投资的创投公司，则要出台相应的政策鼓励担保机构为其融资提供担保，扩大融资规模，加速创业投资的发展。

（4）健全资本市场体系，拓宽创投企业的退出渠道。

一是要加快青岛股权交易中心建设的速度，发展场外交易市场。二是要加强与国内其他产权交易机构的联系，加强与北京产权交易所旗下的北京金融资产交易所、中国技术交易所和北京股权登记管理中心等机构的合作，充分利用其市场资源优势，进一步完善青岛市的产权交易市场服务体系。三是推动齐鲁股权交易中心及旗下的金融资产、商品、环境等交易所落户青岛并加快发展。四是制定鼓励企业到创业板等资本市场上市融资的政策。五是出台鼓励企业间进行兼并与收购的政策，推动以龙头企业为核心、以产业资本为载体的企业并购重组。

（5）针对性地加强金融专业人才培养、引进和实训。

加大与知名金融机构和高等院校合作力度，联合建设金融人才实训基地。面向国内外公开招聘政府背景创业投资企业的领军人才。

（6）注重对股权投资产业和优势产业项目的宣传力度。

邀请中央、省、市主流媒体和专业财经媒体，策划专题报道，就青岛市现有支持创投产业发展的相关政策、优势产业集群和优良企业资源进行全面宣传，突出产业、政策和项目整体资源优势。

（7）合理定位政府引导基金的角色。

理论和实践均表明，通过建立政府引导基金，引导社会资本流向风险投资领域，是解决风险投资市场失灵行之有效的手段。需要指出的是，大多数风险投资机构都热衷于投资中后期项目，因此此类企业的市场资金充裕，根本不需要政府的介入和扶持。青岛市在建立政府引导基金时，一定要考虑到全市的整体风险投资体系和产业发展，将其定位于推动战略性新兴产业的种子期、初创期项目，承担"天使投资人"角色。

（8）改变政府引导基金的投资结构，加大跟进投资力度。

虽然《青岛高新区创业投资引导基金管理暂行办法》第10条规定了引导基金的引导方式为阶段参股、跟进投资和风险补助三种。但对各基金采用的各种方式的比例未做任何规定，从而导致了政府引导基金以阶段参股为主，其他形式尚未启动。而根据创业投资较为发达的其他地区的经验，跟进投资对于引导外地基金介入，尤其是那些尚未在本地建立基金管理公司的创业投资效果尤为突出。如《浙江省创业投资引导基金管理办法》规定，当创投企业投资初创期企业或政府重点扶持和鼓励的高新技术等产业领域的创业企业时，引导基金可以按适当股权比例向该创业企业跟进投资。建议市级创投基金管理中心等政府引导基金管理部门要逐步扩大基金在跟进投资方面的比例。

（9）采取措施强化风险投资基金对于科技型中小企业培育的有效性。

修改现行规定，对被投中小企业进行定义。对向符合条件的被投企业投资的创投企业进行奖励。例如采取北京中关村的方法，按一定比例向创业投资企业返还一定的投资金额。同时，要落实对创业投资活动进行税收优惠的政策，并加大优惠力度，激励种子期创业投资行为。要通过对天使投资网络进行补贴以及对其税收激励来鼓励商业天使的进入和发展，促进创业资本更多地投资于创业企业或创业项目的早期阶段。

六、青岛市加强科技创新人才培养和激励的政策研究

合理的科技创新人才培养和激励机制是我国建设创新型国家和实施人才强国战略的重要保障。人才的竞争本质上是人才制度的竞争。

（一）青岛市科技创新人才培养与激励的基本状况

1. 青岛市科技创新人才培养与激励政策

（1）人才引进政策。

2010年9月6日，市委市政府印发《青岛市中长期人才发展规划纲（2010～2020年）》（以下简称《人才规划纲要》），并下发《通知》，要求各部门各单位结合各自实际，认真贯彻执行。《通知》指出，《人才规划纲要》是当前和今后一个时期全市人才工作的指导性文件。制定实施《人才规划纲要》是贯彻落实科学发展观、更好实施人才强市战略、加快建设人才强市的重大举措，是在激烈的国内外竞争中赢得主动的战略选择，对于加快经济发展方式转变、实现建设富强文明和谐的现代化国际城市目标具有重大意义。

为配合《人才规划纲要》的实施，青岛市还陆续出台了十大人才引进优惠政策。具体包括：引进高层次优秀人才来青创新创业政策；青岛"人才特区"政策；"青岛英才"扶持政策；急需高层次人才引进政策；事业单位引进特殊人才收入分配政策；高技能人才引进政策；青岛高层次人才创业中心优惠政策；引进博士、硕士优惠政策；高校毕业生就业创业政策；大学生创业引领计划优惠政策等。

（2）人才引进与激励政策。

近年来，随着《青岛蓝色硅谷发展规划》和《青岛西海岸经济新区发展规划》的实施，青岛市蓝色经济区建设工作进入重点突破、加速发展的新阶段，经济社会发展驶入"快车道"。但由于本地人才培养及柔性引进人才激励政策力量薄弱，造成部分本地人才外流，外地人才留不住，一定程度上制约了发展。2012年12月6日市人社局下发了《关于青岛市享受政府特殊津贴专家选拔工作的实施意见》和《关于青岛市特聘专家表彰奖励工作的实施意见》，全面启动全方位的人才战略引擎，"本地培养"与"外地引进"并举，首次建立"青岛市政府特殊津贴"制度、设立"青岛市特聘专家突出贡献奖"。市政府特贴人员选拔范围扩大至包括驻青单位在内的各类企事业单位在编在岗的专业技术人员。定期选拔，一次性奖励特殊津贴2万元；设立"青岛市特聘专家突出贡献奖"，对青岛市各类企事业单位柔性引进的，户籍和工作关系不在青岛的，以兼职聘用、合作开发、人才培养等形式为青岛市经济社会发展贡献智力的国内外高层次专业技术人才，定期予以表彰，激励高层次人才更好地服务于青岛市经济建设和社会发展。

2. 青岛市科技创新人才培养与激励存在的主要问题

虽然青岛市在培养和激励科技创新人才取得了一些卓有成效的工作，但从现行规定来看，还存在以下问题：

（1）人才培养和激励政策弱于人才引进政策。调研发现，许多企业的科技创新人才抱怨，同等情况下，只因自己是本地人而无法享受到外地引进人才的优厚待遇。在其他城市提供的优厚待遇面前，感到矛盾和不平衡。

（2）激励手段单一，激励政策过于倚重物质激励。精神激励的科学性、系统性、连续性明显滞后，忽略了科技创新人才看重工作成就、个人发展、自我价值等精神层面上的激励。而在物质激励层面又主要以工资、奖金、住房、交通等短期激励手段为主，灵活运用年薪制、股票激励、知识等要素参与分配等形式对科技创新人才进行长期激励的案例缺乏。

（3）青岛市高层次人才的发展体制机制缺乏系统性和科学化。青岛市高层次科技创新人才发展体制机制有了较大改革创新，但尚未进入实质性操作阶段，体制机制的创新力度、程度和速度明显滞后于国内先进城市，距离人才发展体制机制的系统化、科学化仍有较大差距。

（4）企业尚未成为科技创新人才培养与发展的主体。企业应是科技创新人才培养的主体，但长期以来，由于高层次的科技创新人才集中于科研机构和高等院校，而企业的研发人才非常少，且专业技术人员占企业全员的比例较低，大多数企业没有建立自己的研发机构。企业专业技术人员中的高层次科技创新人才不仅缺乏，而且流失严重。企业科技创新人才培养与发展能力的薄弱使企业自主创新能力较差，成为制约青岛市经济社会发展的瓶颈。

（5）企业科技创新人才培养与发展存在障碍。一是企业创新意识不强。大多数企业缺少对研发和创新足够的重视，自主创新和研发意识较弱，而更多地关注如何扩大市场份额以增加销售收入。二是承担技术创新风险的能力低。由于绝大多数企业规模小，资金少，筹资渠道少，生产的产品技术含量低，附加值低，造成企业承担技术创新风险的能力比较低。三是组织机构不健全，缺乏长期战略性规划。企业大多不具备长远的发展战略，没有建立推动自主创新的机构和组织，没有制定长期的自主创新规划以及科技创新人才培养计划。四是科技创新人才的选聘、培养、评价以及激励等机制不完善。

（6）高校、科研机构的人才考核机制还不能较好地适应青岛市科技创新和经济发展的需要。

（二）加强科技创新人才培养和激励的政策建议

1. 拓宽人才培养渠道

青岛应当充分利用国内外优质教育资源，开展对高层次创新科技人才继续教育。与国内外著名高校、科研院所和高新企业共建高层次创新科技人才培训基地，定期或不定期地开展前沿理论和创新技术培训。实行高层次科技创新人才参加国内外培训和研讨资助政策，每年择优选择一批优秀的高层次科技创新人才、研究团队，由财政给予培训、进修、研讨交流资助，给他们创造更多的交流进修、提升能力的机会，提升高层次科技创新人才创新能力，造就更多的领军人才。

2. 帮助企业消除科技创新人才培养与发展的障碍

由政府相关部门牵头，实施高校、科研院所与企业对接科研项目或科研指导，选派一批高校、科研院所高层次科技创新人才到各地企业进行项目研发或挂职，参与产业实践，促进科技成果转化，推动企业技术进步和效益提升，进而培养企业科研技术骨干，提高企业人才科学创新能力。

3. 完善高层次科技创新人才选拔和评价体系

彻底转变"功利化"的绩效评价机制，突破主要以学历、学位、职称、论文数量为人才评价指标的限制，体现以能力、突出业绩为主，建立以综合素质、知识结构、业务能力、创新业绩成果等为主要指标的高层次科技创新人才综合评价体系，分类分层进行评价。创新科技人才的能力主要表现在科研创新能力方面，其业绩表现主要是所从事的专业技术工作在同行业中所处的地位，衡量学术研究成果，以承担的项目（课题）结题，同行评议为主，应用研究、工程技术开发以成果转化为主，重点以成果转化和产学研结合的贡献评价人才的水平。在此基础上针对不同的行业特点和职位、职业的要求，制定出分类分层的人才评价体系。

七、研究结论

《条例》以地方立法的形式固化和强调了青岛市原有科技政策的部分重要条款，并体现了青岛市科技创新特色的突破和创新，为完善和优化自主创新制度环境提供了法律保障，对青岛市的科技创新工作必将起到重要的促进作用。但从法学理论上讲，《条例》属于促进型地方立法，它是一个不同于管理型立法又对管理型立法起着补充作用的新型立法模式；它是一种事先性规范，针对的是社会关系尚未得到良好发育而急需鼓励的特殊领域。《条例》的这种特点不可避免地决定了其在许多方面只能做出一些原则性的规定。要想使它真正发挥实效，还有待于一系列配套政策的制定与实施。本研究报告选取了《条例》规定的扶持高新企业发展、鼓励从事成果转化、科技人才培养以及对于提高科技创新能力至关重要的孵

化器建设和创业投资发展等五大问题作为研究目标,得出了如下研究结论:

(1)在扶持高新企业发展方面,目前青岛存在着高新技术企业数量少,净资产规模不小但盈利能力偏低,创业融资渠道狭窄且融资困难,企业自主创新能力不强,市场配置作用未得到充分发挥,开放发展、集聚发展力度不够,高技术人才流失大,专业人才匮乏等问题。为更好地扶持青岛市高新技术产业发展,应当出台专门扶持高新技术企业发展的税收、财政政策;制定支持和培育中小型高新技术企业的政策;制定支持战略性新兴产业发展的政策;完善企业投融资渠道建设等方面政策,并且要加大政府科技投入,积极争取金融机构信贷支持,大力发展创业投资和信用担保公司,支持企业直接融资。同时,在现有人才政策的基础上,进一步完善吸引高级专门人才来青工作的政策;进一步完善人才奖励政策;改革培养创新创业人才培养模式。

(2)在鼓励从事成果转化方面,目前青岛的科技资源供给与科技资源需求之间的不平衡性、概念成果向产品成果转化过程中资金投入的非衔接性、科技中介提供科技成果转化服务的不适应性以及产学研合作层次低与合作关系不稳定等问题成为制约科技成果转化的重要影响因素。而政府未能有意识地对本地科技资源的供给状况进行调节、企业无法集聚较多的科技成果转化资金、科技中介服务机构对于科技成果转化的作用甚微、缺乏对产学研合作的政策激励也是主要的影响因素。因此,青岛市应当在借鉴江苏省促进科技成果转化成功经验的基础上,大力加强产学研合作,提高科技成果转化的有效性;积极采取各种政策措施,吸引外地成果到青岛进行转化;建立科技成果转化专项资金,引导和带动社会资金支持科技成果转化;加强科技成果转化中介服务机构建设;针对科技成果转化的不同环节实施不同的税收政策。

(3)在科技孵化器建设方面,当前青岛市科技企业孵化器建设中存在的主要问题是:孵化水平总体偏低、整合社会资源的能力不足、部分民营孵化器过分追求经济利益而忽视了社会效益、孵化器提升服务能力的动力不足等问题。因此青岛市应当完善科技企业孵化器的标准化建设;建立严格的项目筛选程序;制定政策引导孵化器建立科学的用人机制;制定专门的风险基金引入激励政策;设立孵化器专项资金以及贷款信用共同体;建立孵化器对外合作机制;推动孵化器联盟建设。

(4)在创业投资发展方面,青岛市创业投资规模小,与经济发展规模不匹配,创业投资促进高新技术产业化的功能远未发挥出来。其主要原因:一是青岛市出台的政策的吸引力还不够强;二是符合创业投资企业投资标准的优质企业数量较少;三是创业投资企业资金来源不够丰富;四是创业投资的退出渠道狭窄。今后应当多措并举促进青岛市创投快速发展,并着力提高创投资金在促进中小型科技企业快速发展的作用。制定具有足够吸引力的政策,采取得力措施,鼓励创业投资事业发展;挖掘和培育优势企业,丰富产业项目资源,着力促进创投机构和创业资本的快速聚集;健全资本市场体系,拓宽创投企业的退出渠道;针对性地加强金融专业人才培养、引进和实训;注重对股权投资产业和优势产业项目的宣传力度。同时,在着力提高创投资金在促进中小型科技企业快速发展的作用方面,合理定位政府引导基金的角色;改变政府引导基金的投资结构,加大跟进投资力度;采取措施强化风险投资基金对于科技型中小企业培育的有效性。

(5)在人才培养方面,虽然青岛市在培养和激励科技创新人才做了一些卓有成效的工作,但从现行规定来看,还存在以下问题:人才培养和激励政策弱于人才引进政策;激励手段单一,激励政策过于倚重物质激励;青岛市高层次人才的发展体制机制缺乏系统性和科学化;企业尚未成为科技创新人才培养与发展的主体;企业科技创新人才培养与发展存在障碍;高校、科研机构的人才考核机制还不能较好地适应青岛市科技创新和经济发展的需要。因此,青岛市应当拓宽人才培养渠道、完善精神激励政策、帮助企业消除科技创新人才培养与发展的障碍、完善高层次科技创新人才选拔和评价体系。

编　写:李汉清　刘　瑾　姜　静　郭琳琳

提高城市自主创新能力　建设创新型城市研究

一、国内外建设创新型城市的发展战略概述

创新型城市是支撑创新型国家的基本单元。目前许多国家都希望通过重点城市的优先发展来带动所在区域的经济发展和社会进步,进而推动整个国家在未来全球竞争中占据领先地位。进入 21 世纪后,我国的一些城市也提出了建设创新型城市的目标与措施。

(一)国外概况

我们可以把美国西海岸硅谷的形成看成创新型城市建设的"发端"、"雏形"和"模版"。美国联邦政府及当地市政府通过营造创业和创新的制度建设和文化氛围,调动创业者的积极性,保护他们的合法权利,大学、科研机构与企业之间的密切联系促进了硅谷高技术产业的发展,大量风险资本的积极介入和良好的融资环境为硅谷高新企业的发展创造了条件,完善的中介服务体系促进了硅谷各种创新要素的整合和技术创新能力的提升,人才的引进和激励机制为硅谷高科技产业发展提供重要保障。尽管硅谷不是一座独立的城市而是一个"城市带",但作为全球独一无二的科技、理念、管理、制度、品牌、产品、产业、金融等的创新及创意创业中心,它呈现出了今天人们所构想的创新型城市的诸多本质特征。

伦敦一方面借助创意产业实现了城市的产业结构优化和升级,另一方面特别关注企业创新在创新型城市构建中所发挥的作用。赫尔辛基 2005 年提出把该地区打造成建立在艺术和科学基础之上的世界水平的创新中心,为此当局提出了四大主要策略:提高科技研究和专门知识的国际化水平、增强专门知识技术的聚集、改革与创新公共服务以及积极支持创新活动。新加坡政府于 2002 年提出《创意产业发展策略》、开发文化艺术活动的经济潜力,协助企业将设计视为一种工具来规划商业策略,定位新加坡为全球媒体城市,通过发展创意产业建设创新型城市,目前新加坡已经成为亚洲创意枢纽,极大地提升了城市创新能力。

(二)国内概况

在国内较早确立建设创新型城市战略的是深圳。随后合肥、北京、天津、上海、南京等五个国家主要科技中心城市也纷纷提出建设创新型城市的目标,并很快进入准备和实施阶段。

从基础条件上看,这六个中心城市各具特色,但也具有共同的特征:地理位置优越,拥有发达的经济基础、丰富的智力资源,区域创新体系相对完善。

从发展目标来看,六个城市都提出了以创新型城市为中长期发展目标,但其定位各有不同。深圳更加强调这一战略的主导性和"国家级"、"率先"两个概念,并十分突出企业的自主创新主体地位及人才、产业、知识产权与支持系统的作用;北京则更加强调知识创新和原始创新,注重自身在全球创新网络中的地位;天津立足本地实际,更加强调基于产业发展的技术创新的重要性;上海凭借自身得天独厚的基础条件,提出在知识竞争力方面进入世界级大都市的行列;南京将软件、生物医药、新材料、新型光电、文化五个新兴产业作为突破口,以科技对产业的引领显示创新型城市建设的特色;合肥则主要围绕国家级高校和高新技术产业化基地,以建设国际著名科学城为创新型城市的发展目标。从任务上看,根据各地具体情况不同,六个城市均提出整合现有资源、培育创新能力的核心任务。

从主要政策走向上看,六个城市都提出了吸引人才、营造环境、扶持企业、集聚资源、开展合作等。

二、青岛市建设创新型城市基本情况分析

2006年全国科技大会召开之后,青岛市委、市政府将增强自主创新能力确定为城市发展的主导战略,明确了在全国率先建成创新型城市的目标,将加快构建开放有序、优势突出、功能互补、充满活力的科技创新体系作为创新型城市建设的主要任务,城市经济社会实现持续快速发展,为创新型城市建设提供了良好的环境基础。2010年,青岛获批国家首个技术创新工程试点城市后,探索构建以企业为主体的技术创新体系,企业主体地位进一步强化,创新型企业、产业技术创新战略联盟、技术创新服务平台、创新人才团队等工作取得重大进展,为创新型城市建设奠定了良好的产业基础。

(一)青岛市建设创新型城市的基本条件分析

1.青岛的经济发展水平状况

2011年青岛市的经济发展跃上新台阶,生产总值达到6 615.60亿元,年均增长13.8%。地方财政一般预算收入达到566.00亿元,是2005年的2.6倍。现代服务业发展显著加快,先进制造业不断壮大,三次产业比例调整为4.6∶47.6∶47.8,服务业比重比2005年提高了4.8个百分点。自主创新能力进一步增强,高新技术产业产值比重达到38.95%。国有经济行业分布缩减到48个,民营经济占全市生产总值比重超过50%。利用外资水平和质量不断提高,2007~2011年累计完成进出口总额达2 331.12亿美元。

2.创新型城市建设工作推进情况

(1)科技创新基础条件更加扎实。

目前,青岛市共有各类科研与技术开发机构500多家,重点实验室99家,工程技术研究中心55家,科技孵化器15家,科技部国际科技合作基地3家,国家级创新型企业10家,高新技术企业213家。2011年,全社会研发(R&D)投入124.47亿元,地方财政科技投入9.87亿元、市本级财政科技投入1.97亿元,研发活动人员达4.6万人年、大型科研仪器设备达1 547台(套)。

(2)城市创新体系进一步完善。

市科技创新综合服务平台建成运行,一批区(市)中小企业创新服务平台建成并运营;企业国家重点实验室、国家工程技术研究中心、国家工程实验室、国家企业技术中心对行业和企业创新的支撑作用越来越突出。

(3)创新成果大量涌现。

"十一五"期间,青岛市承担的国家、地方、企业等各类科技计划项目达3.5万项,其中争取国家各类科技计划4 800余项,项目资金逾32亿元。承担国家自然科学基金820余项、经费2.73亿元。时速350千米动车组、数字家庭流媒体终端、自升式钻井船、1 000千伏特高压导线、LED背光模组、智能交通等近百项关键技术取得重大突破。全市共获国家科技奖31项、省科技奖308项,其中"时速250千米动车组高速转向架及应用"、"海洋特征寡糖的制备技术与应用开发"分别获得国家科技进步一等奖和国家技术

发明一等奖。

（4）高新技术产业持续快速发展。

"十一五"以来，规划建设了软件与集成电路、新材料、光电子、高速列车等一批高新技术项目产业化基地，2010年实现产值逾600亿元，占全市高新技术产业产值比重11%；培育了新一代网络终端设备及软件、光电子器件及装备、海洋药物及生物材料等一批战略性新兴产业；滚动培育创新型中小企业175家，其中特锐德电器成为我国创业板首家批准上市企业。2011年，全市高新技术产业实现产值4 640.08亿元，占规模以上工业总产值比重的38.95%。

（5）科技支撑社会发展成效显著。

青岛市建成省级痛风病重点实验室、省内首家脐带血间充质干细胞库、首家省级角膜捐献接收机构。在国内首次建立了常见毒物致病性和毒性数据库、常用农药快速检测毒理学质谱库，建成药物非临床研究质量管理规范（GLP）平台并通过国家食品药品监督管理局认证，提高了青岛市食物中毒突发事件应急处置和食品药品检验水平。开发应用可移式多普勒雷达、海水源热泵等50余项科技奥运创新成果，为奥帆赛和残奥帆赛的成功举办提供了有力支撑。科技强警工作进入全国先进行列，青岛市成为首批全国科技强警试点市和示范市，全市十二个区（市）全部跨入省级科技强警示范区（市）行列。即墨、莱西等5市全部成为国家科技富民强县（市），带动了县域经济的快速发展。农作物新品种培育、农村科技服务等一系列科技成果加快了社会主义新农村的建设步伐。

（6）国内外科技合作向纵深发展。

青岛市与中科院建立了全面战略合作关系，中科院在青研发机构由2家增至8家，新引进了中科院5个专业技术团队、100余名高层次科技人才。青岛市企业与国内知名大学、科研机构合作共建研发中心达81家，合作开发项目1 100多项。国际科技合作层次不断提升，青岛市与法国布列斯特市签署了海洋科技中心合作协议，与乌克兰国家科学院签署科技合作备忘录。驻青岛市省海洋仪器仪表研究所与乌克兰巴顿焊接研究所和俄罗斯科学院生态环境保护中心，市半导体所与俄罗斯拉明斯克仪表设计局签订了合作协议。青岛市与境外科技合作项目达560项。

（7）知识产权管理迈上新台阶。

青岛市获国家知识产权局批准成为国家知识产权工作示范城市。建立了国家专利技术（青岛）展示交易中心，推动专利技术的实施和产业化。建成了青岛市专利信息服务平台，专利信息利用能力显著增强。成立了中国（青岛）知识产权维权援助中心，知识产权保护水平进一步提高。"十一五"期间，青岛市专利申请3.48万件、授权1.68万件，其中发明专利申请7 786件、授权1 737件。

3. 创新型城市发展政策措施出台情况

出台《关于增强自主创新能力推进创新型城市建设的意见》、《关于实施技术创新工程加快高新技术高端产业发展的意见》，将自主创新确定为青岛市发展的主导战略，明确了在全国率先建成创新型城市的目标。发布了《青岛市高新技术高端产业创新发展工程建设规划》、《青岛市知识产权战略纲要》、《青岛市科技奖励办法》、《青岛市科技创新促进条例》等一系列规范性文件，逐步建立健全具有地方特色的自主创新政策体系。

4. 创新平台建设情况

（1）引进大院大所成绩显著。

中科院青岛生物能源与过程研究所整建制落户青岛市，中科院能源科学与技术中心、产业技术创新育成中心成立，中科院光电院青岛研发中心、兰化所青岛研发中心正式奠基；青岛海洋科学与技术国家实验室开工建设；中海油重质油加工工程技术研究中心、海洋工程腐蚀与控制工程技术中心加快建设；德国朗盛高性能橡胶新材料研发中心建成并投入使用。

（2）工程技术研究中心建设。

国家工程技术研究中心是国家科技创新体系建设和国家科技发展计划的重要组成部分,代表行业或领域最高研究开发水平。截至 2011 年底,青岛市共获批建设 7 家国家级工程技术研究中心,建成了 11 家省级、37 家市级工程技术研究中心。

（3）海洋科技创新平台建设。

青岛海洋国家实验室建设取得新进展,1.39 万平方米的主体楼建成封顶;与中船重工 710 所签署了在青共建协议,拟建设中船重工 710 研究所青岛分部,分部将由青岛海洋工程装备研究所、青岛海洋工程装备技术孵化中心和青岛海洋工程装备产业园三部分组成;引进中海油投资 6 000 万在青建设海洋能综合利用基地。目前,示范项目及基地建设的选址及规划工作已经全面启动;组建"深海海洋工程腐蚀与控制工程技术中心",大力开展海洋工程腐蚀控制与防护技术、施工工艺技术、检验技术以及作业装备和技术的研发;加快建设国际科技合作交流平台。通过关键技术攻关项目支持山东省科学院海洋仪器仪表研究所与乌克兰国家科学院、俄罗斯科学院合作建设"海洋仪器装备国际合作研发中心",重点与乌克兰国家科学院巴顿焊接研究所联合建设"海洋水下焊接技术重点实验室"。

（4）科技创新综合服务平台。

作为青岛区域创新体系的重要组成部分,科技创新综合服务平台通过整合全市科技资源,为社会公众提供科技资源、科技政务、科技成果转化、专业技术四大类服务业务。科技创新综合服务平台设置了市科技计划、国家科技计划、高新企业、科技成果、科学仪器、科技文献、科技查新、科学数据、知识产权、技术交易、技术合同、专业技术等 12 个服务窗口,涵盖了原来科技局 8 个业务处室、11 个二级单位的职能,更快更好地给企业特别是中小企业、科研工作者提供一站式服务。

（5）青岛市工业技术研究院建设。

组建青岛市工业技术研究院是青岛市实施国家技术创新试点城市,构建以企业为主体的技术创新体系的重大体制机制创新,是集聚各类创新要素,实现官、产、学、研、资紧密结合,推进科技成果产业化的重要平台。依托原高新区企业加速器园区,组建了青岛市工业技术研究院。园区占地 86 亩,建筑面积 6.2 万多平方米,总投资约 2.5 亿元,计划建成一个规划明确、设施完善的先进工业技术园区。新能源新材料、生物医药与海洋科技、精密电子与先进制造、光电工程、服务中心五个功能区已建设完成。

5. 产业创新联盟情况

青岛市科技局制定出台了《产业技术创新战略联盟构建与发展管理办法》。确认了数字家电、生物质能源、海洋防腐等 15 家产业技术创新战略联盟,涉及成员单位超过 300 家,涵盖企业、高校院所、科研机构、科技服务机构和应用部门等,不断展现出蓬勃的生机与活力。联盟逐渐成为主导产业竞争格局演变的新型产业组织,对产业发展的作用日益凸显。

6. 创新型企业基本情况

为深入推进国家技术创新工程试点工作,培育一批研发能力强、发展潜力大的创新型企业,青岛市于 2010 年 11 月出台了《青岛市创新型企业培育管理暂行办法》,从申报资格、考核程序、管理评价和支持政策等多方面做出了规定。

截至"十一五"末,青岛市已拥有国家级创新型(试点)企业 14 家,省级创新型(试点)企业 25 家,市级创新型企业 60 家,初步形成了国家级、省级、市级创新型企业梯队化共同发展的良好局面。2009 年采集的数据表明,13 家创新型(试点)企业资产总额达 1 762.36 亿元,主营业务收入达 1 891.08 亿元,占全市工业主营业务收入的 20.52%,其中新产品销售收入 1 343 亿元,占全市新产品销售收入 45% 以上;研究与试验发展(R & D)经费支出 98.02 亿元,研发人员 10 124 人,占全市研发人员的 36.92%;主持制定国家标准 80 项,参与制定国家标准 180 项,主持制定行业标准 159 项,参与制定行业标准 329 项。

（二）青岛市建设创新型城市的优势分析

1. 区位优势

青岛是我国著名的沿海开放城市之一。地处山东半岛南部，东、南濒临黄海，东北与烟台市毗邻，西与潍坊市相连，西南与日照市接壤。全市总面积为 10 654 平方千米，海岸线长 730.64 千米，加上所属 69 个海岛的岸线，全市海岸线总长 862.64 千米，其中大陆岸线占山东省全省岸线的 1/4。

作为半岛城市群和山东经济发展的龙头城市，青岛位于亚欧大陆和太平洋的交汇地带，与日本、韩国隔海相望，是中国通向世界的重要口岸之一。作为承接国际资本转移的重要城市之一，青岛已成为日、韩产业转移的最大地区和桥头堡城市。

此外，青岛是 2008 年北京奥运会帆船项目举办城市，是中国北方最大的深水国际港口城市，经济发达，产业结构较为合理，城市的软硬件条件都比较完善，其国际和国内地位是胶东半岛范围内其他城市所无法相比的。青岛已成为多机遇重叠、多区域合作的交汇点，区位优势越来越突出。

2. 自然资源优势

青岛所在地理位置优越，有山地、平原、海岛、沿海滩涂和河流，森林植被良好，气候适宜，冬暖夏凉，野生动物资源比较丰富。青岛地区有各种生物 1 400 种，其中动物近 400 种，植物 1 000 余种。

青岛地区有耕地 48.33 万公顷，沿海滩涂 3.8 万公顷，其中可利用的面积 11 万多亩。青岛海区岸线曲折，港湾众多，滩涂广阔，水质肥沃，是多种海洋生物繁衍生息合适的场所，具有较高的经济价值和开发利用潜力。青岛邻近海域栖息的鱼类有 100 余种，主要品种有比目鱼、黄姑鱼、青鳞鱼、鲈鱼、鲜鲽、带鱼、鳗鱼等。

青岛地区矿藏多为非金属矿。已发现各类矿产（含亚矿种）66 种，占全省已发现矿种的 44%。已探明或查明各类矿产地 730 处。优势矿产资源有石墨、饰材花岗岩、饰材大理石、矿泉水、透辉岩、金、滑石、沸石岩。除铀、钍、地热、天然卤水、建筑用砂、砖瓦用黏土外，矿产资源保有储量潜在总值达 270 亿元。

青岛的风能资源非常丰富。据测定有效风能密度为 240.3 瓦/平方米，有效风能年平均时间达 6 485 小时。光能资源也较好，全年太阳辐射总量为 120 千卡/平方厘米，年平均日照时数为 2 550.7 小时，日照百分率达 58%。

3. 产业基础优势

青岛历史上是一个工业门类相对齐全的城市，其中以纺织为代表的轻工业占据的份额更大，特别是改革开放后，随着家电业的异军突起，青岛轻工业城市的形象日趋突出。进入新世纪实施经济重心向西海岸挺进之后，石化、造船、汽车等重工业、装备制造业的发展以产业集群的方式突飞猛进，城市的经济总量因此得以快速攀升。现在青岛的制造业已然积蓄了雄厚的实力，青岛经济总量在副省级位置上不断攀升。

"十一五"以来，青岛市坚持以科学发展观统领经济社会发展全局，积极促进经济增长方式转变，大力推动结构优化升级，取得显著成效：港口、旅游、海洋三大特色经济优势日益彰显，电子家电、石油化工、汽车机车造船、新材料四大工业基地规模加快扩张，家电、电子、石化、汽车、造船、港口六大产业集群迅速发展，可持续发展的经济体系初步建立。三次产业比例更趋合理，轻重工业比重发生了重大转变，高新技术产业比重逐步提高。青岛的产业结构调整取得了一定成效，第二产业比重保持稳定，第三产业所占比重逐年提高，二、三产业并驾齐驱的格局逐渐形成。三次产业结构日趋合理，产业结构优化升级成效显著。这种变化趋势符合工业化进程中产业结构的一般规律，呈现出一种工业化、合理化、高度化的发展势头。

蓝色经济发展具有一定规模。青岛海洋开发历史悠久，已形成了以海洋船舶、海洋工程装备制造等为主体的临港产业集群，以海洋新材料、海洋生物医药为支撑的新兴海洋产业发展迅速。船舶工业造船能力进入全国前 10 位，集装箱产量占全国的 15%，海洋生物医药产值占全国的 30%，水产品加工出口占全国的 10%，年海水直接利用总量超过 10 亿吨，日海水淡化量超过 2 万吨。临港经济具有相当的基础，港口经济发达,作为区域性国际航运中心,青岛拥有位居世界前 10 位的亿吨大港,与 15 个国家和地区的 450 个港口有经贸往来;2011 年青岛港港口吞吐量 3.75 亿吨,列全国第六位;外贸货物吞吐量 2.6 亿吨,依然列第 3 位,仅次于上海港和宁波舟山港。

4. 基础设施与环境优势

青岛市已建成面积超过 300 平方千米的比较完善的基础设施;建成港口吞吐量达到 3 亿吨的基础设施设备;正在建设的顺岸长码头成为目前世界最长的码头。港口拥有生产性泊位 94 个;城市道路长度达到 3 160 千米,面积为 5 218 万平方米,其中公共汽车、电车线路网为 1 362 千米;机场已经建成年旅客吞吐量达 1 000 万人次的硬件设施。空港起降能力达到 4E 级标准,已开通 94 条国际、国内航线。高速公路、铁路连接全国网络;海底隧道、跨海大桥等一批影响城市未来发展的战略性工程相继建成;通讯基础设施设备已具备承担如奥帆赛这样的大型活动,邮路总长度为 74 903 千米;中美、环东亚、亚太新国际海底光缆均在青岛登陆,是全国重要的通信枢纽城市;自来水管道达到 3 984 千米,形成供水能力年超 3 亿立方米,排水管道为 3 994 千米;发电设备总容量达到 313 万千瓦,基本保证了城市的需求;煤气、天然气、液化气供应总量突破 10 万吨,燃气普及率实现 100%;供热面积达到 3 111 万平方米;建成一批使用生物质能、太阳能、海水能和地热能等清洁可再生能源利用技术的基础设施;硬件设施建设使用的新材料达到 69%,新技术覆盖面为 73%,尤其是在较大基础设施建设中普遍采用现代信息技术。

青岛的人力资源竞争力较强,劳动力素质相对较高。青岛的商业传统悠久,开放历史较长,综合知识水平与技术能力水平在全国处于中上等水平。

青岛企业竞争力水平很高。企业文化特色突出,企业形象鲜明。均衡先进的科技水平、管理水平和营销水平保证了青岛企业较强的竞争优势。

青岛市生活环境竞争力很好。它自然环境优美,温度适中,气候宜人,城市自然环境指标居全国前列。卫生教育基础设施质量较高。青岛就业机会适中,收入水平及增长预期平稳,其有可持续性。

青岛的文化包容性比较强,本土文化与外来文化结合得比较好,平等观念比较强。

青岛市的商务环境竞争力比较强。它的要素资源条件比较好,人才资源充足,人才培训和引进体系比较有效,融资体系也比较健全。青岛市地理环境独特,区位优势比较强,它的基础设施配套齐全,方便有效。市场竞争与开放程度较高。

5. 人才与研发优势

青岛集聚了实力雄厚的海洋科研机构和人才资源。作为全国著名的海洋科学城,青岛拥有中国海洋大学等 7 家国家级海洋科教机构,1 个国家级、17 个省部级海洋类重点实验室,22 艘海洋调查船,9 个海洋观测站及 10 个海洋数据库,国家水下考古基地、中国海洋咨询中心落户青岛。拥有涉海两院院士 19 人,各类海洋专业技术人才 5 000 余人,高级海洋专业技术人才占全国同类人才的 30%。青岛海洋科学与技术国家实验室、国家深海基地等国家级平台正加快建设。

青岛创造了众多领先的海洋科技成果。承担了"十五"以来国家"863"、"973"计划中 55% 和 91% 的海洋科研项目,荣获的国家海洋创新成果奖占全国的 50%,全国海水养殖的五次浪潮均起源于青岛。海洋科学研究整体水平国内领先,多个领域具有国际竞争力。

青岛培育了初具特色的现代海洋产业体系。海洋生物医药、海洋工程装备、海水综合利用、海洋新材料等新兴产业加快发展,是国家生物产业基地、船舶与海洋工程装备产业示范基地、海水淡化示范城市,海洋防腐、生物质纤维等新材料产业初具规模。

6. 政策优势

2010 年 3 月,国家科技部等六部委批准青岛市为首个国家技术创新工程试点城市,标志着青岛市技术创新工程上升为国家战略,成为创新型国家战略重要组成部分。青岛作为全国首个国家技术创新工程试点城市,体现了国家对青岛的高度重视,是支持青岛发展的重大举措,也是青岛实现跨越式发展难得的战略机遇。青岛担当国家技术创新工程城市试点的重任,这意味着国家对青岛市提出了更高的期望,将青岛推到了一个全新的起点上。

2011年1月,国务院正式批复《山东半岛蓝色经济区发展规划》,成为我国第一个以海洋经济为主题的区域发展战略,标志着山东半岛蓝色经济区建设正式上升为国家战略。国务院批复中明确指出,胶东半岛高端海洋产业聚集区,是山东半岛蓝色经济区核心区域,核心区域以青岛为龙头。

2012年,青岛将积极创建国际贸易中心试点城市,加速外贸转型升级。创建国际贸易中心城市,有利于吸引国内外各类优势要素向青岛聚集,除口岸贸易外,还将带动与之相关的物流、仓储、金融、会展、商业等服务功能的高速发展,推进青岛外贸加速转型升级。

青岛还成为全国首批科技金融试点城市。青岛市科技局、财政局联合出台《青岛市科技局科技金融专项资金管理办法》。专项资金主要支持在青岛国家高新区、大学科技园区、国际科技合作园区等各类科技孵化器内兴办的属于战略性新兴产业领域的科技型中小企业。

三、青岛市创新型城市建设现状评价

(一)评价指标体系

通过参考《欧洲创新记分牌》、科技部《全国科技进步统计监测报告》、国家统计局《创新型国家进程统计监测研究报告》等,根据创新城市的基本特征,并考虑到城市统计指标取得的可能性和数据质量,建立了由创新资源、创新投入等六个一级指标,R&D 经费支出占 GDP 比重、地方财政科技拨款占地方财政支出比重等 31 个二级指标组成的创新指数评价指标体系,通过向 15 位长期研究科技管理和创新的专家发放调查问卷,确定了各指标的权重(表1)。

表1 创新指数评价指标体系

一级指标	二级指标
创新资源	专业技术人员占就业人员比重(%)
	大专以上学历人口占6岁以上人口比重(%)
	百万人口大专院校在校学生数(万人/百万人)
	人均GDP(万元/人)
	万人国际互联网络用户数(万户/万人)
	国家重点实验室数(家)
创新投入	R&D经费支出与GDP比例(%)
	企业R&D经费支出中政府投入占比重(%)
	基础研究支出占R&D经费支出比重(%)
	地方财政科技拨款占地方财政支出比重(%)
创新企业	企业R&D经费支出占产品销售收入比重(%)
	开展创新活动的企业占比重(%)
	企业其他创新经费支出占产品销售收入比重(%)
	企业消化吸收经费支出与技术引进经费支出比例(%)
	企业R&D科学家和工程师占企业就业人员比重(%)
	国家工程技术研究中心数(家)

一级指标	二级指标
创新产业	高技术产业就业人员占全社会就业人员比重（％）
	知识密集型服务业就业人员占全社会就业人员比重（％）
	高技术产业增加值占 GDP 比重（％）
	知识密集型服务业增加值占 GDP 比重（％）
	高技术产品出口额占商品出口额比重（％）
创新产出	百万人发明专利拥有量（件/百万人）
	百万人美国专利拥有量（件/百万人）
	百万人技术合同成交额（亿元/百万人）
	百万人向国外转让的专利使用费和特许费（万美元/百万人）
	百万人驰名商标拥有量（个/百万人）
创新效率	高技术产业劳动生产率（万元/人）
	知识密集型服务业劳动生产率（万元/人）
	劳动生产率（万元/人）
	资本生产率（万元/万元）
	综合能耗产出率（万元/千克标准煤）

（二）评价方法

采用统计综合评价方法,将不同量纲的指标加以综合而形成无量纲化的二级评价值,将这些评价值按照创新资源、创新投入、创新企业、创新产业、创新产出和创新效率等六个模块加以合成为六个一级评价值（一级指数）,然后再将这六个一级指数合成为总指数。各级评价值指数的计算方法如下:

（1）将各二级指标除以相应的评价标准,得到二级指标的评价值,即为二级指数,计算方法为:

$$d_{ij} = \frac{x_{ij}}{x_j} \times 100\%$$

其中:x_{ij} 为第 i 个一级指标下的第 j 个二级指标;x_j 为第 j 个二级指标相应的标准值;当 $d_{ij} \geqslant 100$ 时,取 100 为其上限值。

（2）一级指标评价值（一级指数）由二级指标评价值加权综合而成,即

$$d_i = \sum_{j=1}^{n_i} w_{ij} d_{ij}$$

其中:w_{ij} 为各二级指标评价值相应的权数;n_i 为第 i 个一级指标下设的二级指标的个数。

（3）总评价值（总指数）由一级指标加权综合而成,即

$$d = \sum_{i=1}^{n_i} w_i d_i$$

其中:w_i 为各一级指标评价值相应的权数;n 为一级指标个数。

本方法采用固定的标准值对原始数据进行归一处理。评价标准重点参考了欧盟《欧洲创新记分牌》和国家统计局"创新型国家进程监测指标体系"的监测标准。

（三）评价结果

通过采集 2007 年以来青岛市公开发布的经济、科技数据,以及通过其他途径获取的数据,经测算,得

出评价结果如下。

1. 城市创新指数

2011 年青岛城市创新指数是 29.22。从图 1 可以看出，2007～2010 年分别为 26.10、26.88、27.59 和 28.48，呈现逐年递增趋势，年均增长率约为 2.86%。这表明近年来随着创新型城市建设的进一步深入，青岛市的创新能力和水平得到持续的提高，但与经济社会发展和产业升级需求相比，增长速度仍较为缓慢。

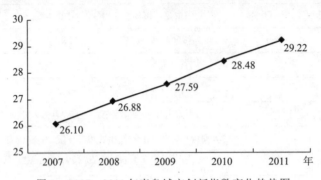

图 1　2007～2011 年青岛城市创新指数变化趋势图

2. 创新资源指数

图 2 显示，2011 年青岛创新资源指数为 32.18。2007～2011 年，青岛的创新资源指数持续增加，年均增长率达到 9.54%。其中，大专以上学历人口占 6 岁以上人口比重从 7.64% 增加到 8.81%；百万人口大专院校在校学生数从 3.14 万人/百万人增加到 3.27 万人/百万人；人均 GDP 增长迅速，从 3.78 万/人提高到 6.03 万元/人，接近人均一万美元；国家重点实验室数量实现突破，达到 5 家；万人国际互联网络用户数从 0.13 万户/万人增加到 0.22 万户/万人；专业技术人员占就业人员比重扭转了连续 3 年下降的趋势（从 2007 年的 7.38% 下降到 2010 年的 6.44%），回升到 6.66%。创新资源是开展创新活动的基础，由于国家布局等历史原因，青岛市的高等院校和科研院所等资源远落后于国内同类城市，加强科技资源建设将成为青岛市"十二五"期间提升创新能力的关键。

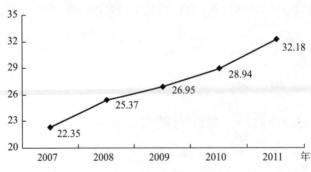

图 2　2007～2011 年青岛创新资源指数变化趋势图

3. 创新投入指数

图 3 显示，2011 年青岛创新投入指数为 25.83。2007～2011 年，除 2009 年出现轻微反弹外，青岛市创新投入指数呈现持续下降的态势，并且 2011 年比 2010 年出现大幅下滑，形势十分严峻。

其中，R & D 经费支出占 GDP 比重实现连续 3 年增长，2011 年达到 2.20%，恢复并超过了 2007 年的水平（2.18%）；企业 R & D 经费支出中政府资金占比重从 2007 年的 1.74% 增加到 2011 年的 2.97%，表明政府对企业创新的支持力度不断增强。但是，地方财政科技拨款占地方财政支出比重从 2007 年的 2.80% 下降到 2010 年的 1.85%，基础研究支出占 R & D 经费支出比重从 2007 年的 3.29% 下降到 2.53%，两项关键指标均出现大幅度的下滑，直接影响了创新投入指数的走势。科技投入是提升科技创新能力的重要资金保障,创新投入指数的下降影响了青岛市科技创新活动的开展,是全市创新指数增长缓慢的主要原因之一。

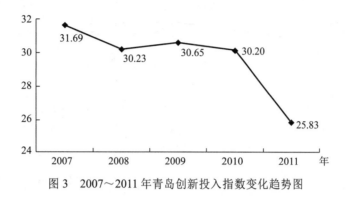

图 3   2007~2011 年青岛创新投入指数变化趋势图

4. 创新企业指数

图 4 显示,2011 年青岛创新企业指数为 29.75。2007~2011 年,除 2009 年出现轻微下滑外,青岛市的创新企业指数呈现了快速上升的趋势。反映了企业作为青岛市的创新主体,自主创新能力稳步提高。其中,国家工程技术研究中心由 1 家增加为 7 家,增长迅速;企业 R&D 科学家和工程师占企业就业人员比重从 1.76% 增加到 1.79%。但是,企业 R&D 经费支出占产品销售收入比重从 2007 年的 1.63% 下降到 2011 年的 1.43%;开展创新活动企业的比重从 31.85% 下降到 30.57%;企业其他创新经费支出占产品销售收入比重从 0.73% 下降到 0.72%、企业消化吸收经费支出与技术引进经费支出比例从 33.71% 下降到 24.67%,四项指标都出现不同程度的下降。表明青岛市拥有研发机构的大型企业的创新能力提高明显,但大部分企业普遍存在缺乏创新活动或创新经费过低的情况。

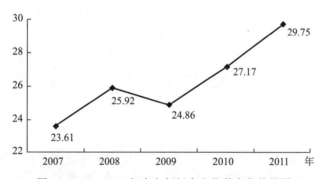

图 4   2007~2011 年青岛创新企业指数变化趋势图

5. 创新产业指数

图 5 显示,2011 年青岛的创新产业指数是 16.96,在六个一级指标中表现最差。2007~2011 年,青岛创新产业指数变化幅度较小,2007~2009 年微弱上升,2009~2011 年略有下滑,但 2011 年的指数值已经比 2007 年的 17.31 有所降低。表明近几年青岛市的经济增长主要依靠资源、人力的投入,增长方式粗放,产业效率增长缓慢。二级指标中,高技术产业就业人员占全社会就业人员比重从 2007 年的 1.81% 下降到 2011 年的 1.49%;高技术产业增加值占 GDP 比重从 2007 的 4.34% 下降到 2010 年的 3.64%;知识密集型服务业就业人员占就业人员比重从 2007 年的 1.36% 增长到 2011 年 1.41%;知识密集型服务业增加值占 GDP 比重从 2007 年的 7.74% 增长到 2011 年的 8.70%。这反映了青岛市高技术产业发展较为缓慢,低于同期 GDP 的增长速度;同时,知识密集型服务业发展良好,对就业和 GDP 增长的贡献比较明显。

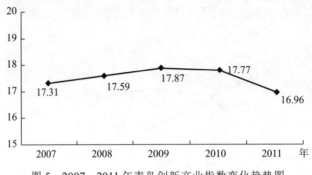

图 5　2007～2011 年青岛创新产业指数变化趋势图

6. 创新产出指数

图 6 显示,2011 年青岛创新产出指数为 20.04。2007～2011 年,青岛市创新产出呈现快速增长的态势,累计增长 117.12%,年均增长率达到 21.39%,其中,五个二级指标都出现了大幅增长,百万人发明专利拥有量从 83.67 件/百万人提高到 256.91 件/百万人,增长了两倍多;百万人美国专利拥有量从 4.10 件/百万人增长到 7.69 件/百万人;百万人技术合同成交额从 0.65 亿元/百万人增长为 1.69 亿元/百万人,增长了一倍多;百万人向国外转让的专利使用费和特许费增长幅度最大,从 1.28 万美元/百万人增长到 16.80 万美元/百万人,增长了 12 倍;百万人驰名商标拥有量增长稍慢,也从 2.53 个/百万人增长为 4.13 个/百万人。

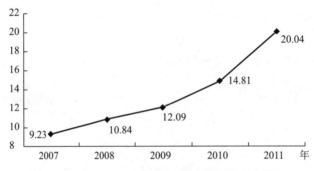

图 6　2007～2011 年青岛创新产出指数变化趋势图

7. 创新效率指数

图 7 显示,2011 年青岛创新效率指数为 44.71,在六个二级指标中表现最好。2007～2011 年,青岛市创新效率平稳增长,年均增长率约为 4.98%。在二级指标中,除资本生产率逐年下降外(从 2007 年的 0.49 万元/万元下降到 2011 年的 0.40 万元/万元),其他四个指标都有明显上升。高技术产业劳动生产率从 16.33 万元/人上升为 23.75 万元/人;知识密集型服务业劳动生产率从 38.84 万元/人增加到 59.77 万元/人;劳动生产率从 6.83 万元/人增加到 9.60 万元/人;综合能耗产出率从 10.87 万元/千克

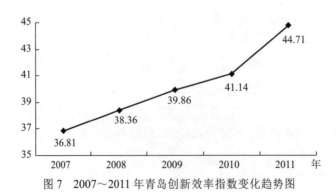

图 7　2007～2011 年青岛创新效率指数变化趋势图

标准煤上升为 15.93 万元/千克标准煤,提高了 50% 左右,能源利用率大幅提高。

四、青岛市建设创新型城市存在的问题

通过以上数据定量分析,可以看出青岛市创新过程中存在的问题:研发机构、研发人才难易满足产业发展的需求,企业创新欲望不足,中小企业较少有创新活动,高新技术产业发展还不够快,政府的科技投入还有待进一步加大。究其深层次原因,不外乎以下几个因素:

(一)产业因素

青岛市目前存在的问题即是第三产业发展不充分,优势地位不够突出。从青岛市的金融业发展中也可透析出第三产业的发展状况。第一,金融业内部结构不均衡,银行业居绝对的主导地位。而证券业、保险业、其他金融业各项指标的比重相对偏低,需要进一步拓宽发展空间,构建结构完整、各行业均衡发展的金融业体系。第二,资本结构以公有制为主。由于在国民经济中的重要地位,我国金融业长期以来是以公有制居主导地位,青岛市的金融业发展和国家金融结构相符合。第三,金融业对经济增长的贡献偏低。青岛市金融业增加值的规模偏小,在国民经济和第三产业中的比重偏低。

产业结构转型升级的重要途径是要坚持高端化发展方向,促进高端制造业发展,促进高端制造业聚集,形成高端制造业聚集区。而青岛市高端产业发展不够快,产业结构优化升级压力较大。2011 年青岛市高新技术产业产值 4 640.08 亿元,占工业总产值的比重 38.95%。青岛市虽然培育出了数字家电、新型显示、高速列车等高端产业和一批领军企业,但大部分高新技术行业仍然缺乏龙头企业和本地配套产业链,产业集聚程度低、辐射带动作用弱,未能形成集群化、规模化发展态势。特别是在当前产业体系中,对未来城市发展具有重要战略意义的软件和集成电路、光电子、新材料、生物医药等新兴产业发展缓慢,与上海、深圳、苏州、无锡、大连等城市相比有明显差距,是青岛市高新技术产业发展不快、产业结构升级缓慢的根源所在。

(二)研发资源因素

青岛市高端研发机构数量相比北京、上海、南京、武汉、西安、成都等城市差距较大,在上述所做的创新评价中,青岛的创新资源指数在 15 个副省级城市中,一直在低位徘徊。创新体系整体上还不够完善,人才、技术、设备、投资等各类创新要素的集聚效应还不够突出。同时,青岛市虽然有一批在国内外知名的大企业,但总体看,企业创新欲望还不够高,创新企业指数与其他同类城市相比,处于落后局面,创新活力不足且发展不均衡。

1. 点高面低的配置态势依然较明显

技术创新是企业科技活动的精髓,是支撑企业长期健康发展的关键。整体上看,青岛市规模以上工业企业在科技资源配置中存在着"点高面低"的态势。2011 年青岛市 8 大企业集团占全部规模以上工业企业研发经费总额的比例超过 2/3,占青岛市研发经费总额的比例超过 1/2。造成这一局面的原因主要有:一是开展科技创新活动的单位比例较低。2011 年,尽管青岛市规模以上工业企业中开展科技活动的单位数量有所增加,但开展科技活动的单位所占比重却较低,仅为 8%。二是小型企业创新能力较弱。青岛市大中型工业企业开展科技活动的单位比例为 30.6%,而规模以上小型工业企业开展科技活动的单位比例仅为 4.8%,两者相差 25.8 个百分点,科技创新的主体地位在规模以上小型企业中还没有真正确立起来。三是部分行业存在科技创新盲点。从 2011 年青岛市规模以上工业企业所涉及的 39 个行业大类看,黑色金属矿采选业、有色金属矿采选业、非金属矿采选业、燃气生产和供应业、废弃资源和废旧材料回收加工业等六个行业从未开展过科技创新活动。

2. 科技研发投入强度亟待快速提高

研发经费投入与产品销售收入之比是国际上通用的反映企业自主创新投入强度的重要指标。2011

年青岛市规模以上工业企业用于 R & D 研发活动的经费支出为 88.5 亿元,年均增长 12.8%;而同期产品销售收入为 7 781.8 亿元,年均增长 23.6%;研发经费比销售收入的年均增速低 10.8 个百分点,由此使得企业科研经费投入强度连年下降。规模以上工业企业研发经费投入强度为 1.43%。按照国际公认标准,R & D 经费占销售收入 1% 的企业难以生存,占 2% 的可以维持,这需要引起有关方面的警觉。导致上述问题的主要原因有:一是企业的整体创新意识不强,关注当前效益而忽略长远持续发展的现象比较普遍,开展科技创新活动的单位覆盖面较小。二是受国际金融危机影响,2008 年青岛市企业生产经营遭遇寒流,在一定程度上羁绊了企业科技自主创新的步伐,特别是一些大企业集团盈利能力减弱,利润空间受到挤压,致使研发投入增速回落。

3. 科技产学研合作有待向纵深发展

开展产学研合作,可以有效发挥企业和院所的科技资源优势,实现互利共赢,进一步提升科技自主创新能级。近年来,青岛市已有不少企业与高校、科研机构进行了产学研合作,2011 年企业 RD 经费支出中对科研院所及高校的支出为 5.9 亿元,比 2005 年增长 578%。但从产学研合作的广泛程度看,开展产学研合作的企业比例却呈现出下降趋势。青岛市开展产学研合作的企业比例为 1.8%,比 2005 年降低 0.8 个百分点,表明企业与科研院所、高等院校的合作程度较低,产学研的紧密联合有待向纵深发展。

4. 新产品的开发尚需加大工作力度

新产品开发是企业科技创新的重要方面之一,通过产品的升级换代,可以不断提升企业的可持续发展能力。2011 年青岛市规模以上工业企业实现新产品销售收入 1 782.2 亿元,比 2006 年增长 67.8%;规模以上工业企业共实现产品销售收入 6 168.4 亿元,比 2007 年增长 88%;新产品销售收入的年均增长速度比全部产品销售收入的年均增长速度低 13.6 个百分点。由于新产品销售收入增速明显低于全部产品销售收入增速,致使全市规模以上工业企业新产品销售收入所占比重出现下滑趋势,2011 年青岛市规模以上工业企业新产品销售率为 28.9%,比 2007 年降低了 3.5 个百分点,对提高企业产品竞争力带来了负面影响。

(三)人才因素

人是生产力中最活跃的因素,开展科技创新活动离不开人力资源的投入。近年来,青岛市企业普遍加强了科技创新活动的人力投入,研发人员总量有了明显增长,但其增速明显滞后于从业人员,致使研发人员占从业人员比重呈现下降趋势。问题主要表现在以下几点:

1. 人才总量不足、高层次人才较少

2011 年青岛市高层次创新型科技人才占创新型科技人才 8.8%,但是博士以上高层次人才缺乏。院士主要在海洋科学、石油化工、电子信息、新材料、机械设计、环境工程、卫生等领域的重要行业,现代服务、先进装备制造、交通运输装备、新能源、生物、现代农业、战略性新兴产业等领域的高层次创新型科技人才相对短缺。

2. 科技领军人才缺乏

缺乏在高新技术产业发展的高层次创新型科技人才,以及从事应用研究和科技成果产业化的领军式人才,造成研发人才队伍薄弱、技术创新能力不足,严重制约了新型行业和重点产业的发展。青岛市电子信息、石油化工以及先进装备制造、新能源、生物等领域等重点产业领域的领军式创新型科技人才相对短缺,不足以支撑这些高新技术产业的可持续发展。

3. 人才结构不合理

在青岛市产业发展急需的研究领域缺乏从事基础研究特别是应用基础研究的人才,特别是与蓝色经济、现代服务业、战略性新兴产业相关人才短缺,不能适应青岛市经济建设与社会发展的需要;促使人才脱颖而出的体制机制尚不健全,优秀中青年学术带头人数量较少,既懂科技业务又懂管理的复合型人才更为缺乏。

（四）政策因素

"十一五"期间,青岛市针对鼓励企业技术创新制定出台了一些政策,如《关于加强区域创新体系建设推进高新技术产业持续快速发展的意见》等。但与国家要求相比、与国内先进城市相比,青岛市还有一定差距。一方面,部分国家优惠政策没有用足用好,缺乏市级配套政策和实施细则,比如企业研发费用150%加计抵扣、自主创新产品政府采购、科技项目配套资金等落实不够到位;另一方面,青岛市政策体系还不够完善,特别是针对创新型企业培育、产业技术创新联盟、产业化基地建设、人才技术引进的政策措施力度不够大,创业投资、科技保险及科技银行等科技金融政策也不够完善。此外,产学研合作尚未完全破题,利益共享和风险共担的合作机制还没有真正形成,企业与高校、科研院所之间的合作仅停留在一些短平快项目上,缺乏长远部署,以产学研合作为核心的产业技术创新战略联盟至今尚未建立。

五、青岛市建设创新型城市的对策建议

青岛市创新型城市建设必须把增强科技实力和促进发展方式转变结合起来,把加强自主创新和加快产业结构升级结合起来,把攻关突破重大关键技术和培育发展战略性新兴产业结合起来,通过搭建创新平台、优化创新环境、集聚高端人才、集中科技资源、发展高端产业、创新管理模式、完善创新体系,快速提高企业自主创新能力、产业核心竞争力和城市可持续发展能力,为加速实现产业价值链分工的高端延伸和结构升级提供新的契机。

（一）完善创新型城市体制机制建设

建立创新型城市建设的长效机制。坚持党政一把手抓创新型城市建设工作,统筹协调创新型城市建设工作,推进创新型城市建设的法制化、制度化进程。

成立创新型城市建设专家委员会。对创新型城市发展战略、实施计划等重大决策进行论证和咨询,推动创新型城市建设研究及配套改革试验工作,研究并解决重要问题,审定专项方案等。

建立创新型城市建设考核机制。把促进自主创新和人才培养纳入党政领导班子综合考评体系。明确各区、有关部门创新型城市建设责任。聘请人大代表、政协委员和媒体等组成联合考核监督小组,对政府创新绩效及资源分配予以监督。

（二）进一步加大创新型城市建设的融资投入

持续稳定增加财政投入。全社会研究开发投入占国内生产总值的比例逐年提高,各级财政一般预算安排的科技投入增幅高于财政经常性收入的增长幅度,各区(市)对列为市级重大专项资金的项目给予配套支持。

落实鼓励创新的财税政策。落实对企业自主创新投入的加计抵扣政策;落实促进高新技术企业发展的税收政策;落实支持企业加强自主创新能力建设的政策;落实支持创业风险投资企业的发展政策;落实扶持科技中介服务机构政策等。

加大金融机构信贷支持。利用政府贴息、担保等方式,引导各类金融机构对重大科技专项、重大科技产业化项目的规模化融资和科技成果转化项目、高新技术产业化项目、引进技术消化吸收项目、高新技术产品出口项目等提供重点支持。改善对中小企业科技创新的金融服务。探索创立多种担保方式,建设中小企业信用担保机构。

发挥资本市场的融资功能。力争进入国家"新三板"首批试点。对符合条件上市融资的企业实行分类指导,推进科技型企业境外上市,拓宽企业债务融资渠道,扩大科技型企业集合债券和集合票据发行规模。加快发展创业风险投资,拓宽创业风险资本退出渠道。通过财政支持、资源共享等方式,加快青岛产

权交易所、技术产权交易所的战略性整合。

（三）提升企业在创新型城市建设中的战略地位

培育建设科技型企业。对新列入国家级、省级的高新技术企业分别给予相应的奖励及补助；对获得国家财政科技经费支撑项目的企业给予配套资助；对被认定为国家、省、市级企业研发机构和企业与知名院校合作兴办的研发机构给予经费资助；对被评定为优秀的企业研发机构给予奖励。

完善企业主体的创新平台。推进大院名校名企与青岛市规模型企业共建创新载体，对国家级工程技术中心、省级工程技术中心、市级工程技术中心、市级工程技术创新中心，分别给予补助；对企业建设国家级创新平台（国家级实验室、工程中心等）给予政策支持及运营经费资助。对已建的各级各类研发机构，引导企业加大研发投入，提高技术创新和高新技术产品开发能力。

实施产业链打造工程。鼓励科技型中小企业围绕战略性新兴产业链进行关键零部件配套；鼓励具有较大规模、较多科技研发业务或拥有独立研发机构的龙头企业，组建专业化的具有科技研发、技术推广、工业设计和关键性部件配套企业。

（四）推进科技成果转化的政策扶持

鼓励引进消化吸收再创新。对引进技术进行消化吸收再创新并形成自主知识产权或技术标准的企业给予支持。全面总结海尔、海信等企业再创新的典型经验，引导重大装备引进用户单位联合制造企业、高等院校和科研院所，在消化吸收的基础上，开展自主创新活动。

加大知识产权保护。加大对获得国内外授权的发明专利、实用新型专利和外观设计专利的补助力度；对主持、参与制订行业标准已确认为国家级、国际级行业标准的企业分别给予补贴或奖励。建设标准服务平台、知识产权信息服务平台、知识产权侵权举报中心，健全知识产权保护协会和专利代理人协会。

（五）进一步完善创新型城市建设的人才政策

落实引进培育创新人才政策。完善引进高层次优秀人才创新创业发展的办法，落实人才安家落户、医疗保健、配偶就业和子女入学等问题。引进高层次创新创业人才，给予一定数额的安家补贴；根据创业项目的规模和进度，给予相应的科研经费资助。

健全创新型人才激励机制。深化人才管理体制改革，完善创新型、高端型人才评价体系和机制；落实知识、技术、管理要素参与分配的政策。制定科技人员创业失败保障措施，减轻科技人员创业失败的压力。

（六）制定落实法规保障

完善创新政策法规。推进《科技创新促进条例》等法规的落实，推动制定促进自主创新、保护知识产权、优化创新型人才环境的法规政策。

六、企业创新案例分析

（一）南车四方——打造中国高速列车升级版

青岛是我国重要的列车机车车辆研究和制造基地，诞生了我国第一台蒸汽机车、第一台液压传动内燃机车和第一列高原列车等，创造了多个我国铁路机车车辆研制和生产的第一。伴随我国铁路发展的大提速，青岛高速列车发展造就"中国速度"。目前拥有包括南车四方、四方庞巴迪等大型铁路机车车辆制造企业、北车四方车辆研究所有限公司等车辆研究机构，形成了城阳轨道交通装备制造集聚区，初步建立了较完整的高速列车制造产业链架构，生产的高速列车占全国份额的66%以上，研发和制造能力居国内行业领先水平。2013年3月底，被认定为第四批"国家新型工业化产业示范基地"。根据预计，2013年集聚区将实现工业总产值650亿元，2020年将实现工业总产值1 000亿元以上。

南车四方按照国家"引进先进技术、联合设计生产、打造中国品牌"的总体要求，坚持引进消化吸收再创新和自主创新相结合,以设计、制造、产品三大技术平台为依托,构建了开放的中国高速列车自主创新平台,实现高速动列车制造从"跟随者"到"领跑者"的跨越,推动企业向世界级轨道交通装备制造企业迈进。

南车四方把握国家产业政策方向和中国铁路快速发展的历史机遇,参加了科技部、铁道部共同签署的《中国高速列车自主创新联合行动计划》,该计划目标是自主研发最高运营时速380千米的新一代高速列车,建立并完善具有自主知识产权、国际竞争力和可持续发展能力的中国高速列车技术、装备与创新体系,成为我国新一代高速列车的主导研制单位。南车四方与国内21所大专院校、科研院所以及41家配套企业形成了紧密的产学研合作模式,并于2012年牵头成立国家高速列车产业技术创新战略联盟。这种以主机厂为龙头的"点对链"的模式,把国内优秀的科研资源发挥出了组合的能量,实现对核心技术的自主掌控,形成我国高速列车技术领域从研发、技术转化到产业化的互动平台。CRH380A的"火箭"头型的成功研制就是南车四方联合中科院力学所、清华大学、北京大学、中国空气动力研究与发展中心、同济大学、西南交通大学共同攻关实现的。

南车四方科学制定科研规划,坚持"制造一代、研发一代、储备一代"的开发机制,成立了重大科研项目管理办公室,以加强项目组织实施、进度和质量的动态管理。制订了国家级科研项目管理办法,规定国家课题实行课题组管理制度,实行课题总师负责制。同时,强化知识产权管理,把知识产权管理纳入计划管理的全过程。2006年以来,先后承担及参与国家级课题共计14项,其中,科技支撑计划7项,863计划4项,973计划3项,实际直接利用专项经费超过2.23亿元。

南车四方把研发体系和平台建设作为公司"长青基业",建立了完备的研发体系,建设了国家级企业技术中心、国家高速动车组总成工程技术研究中心、高速列车系统集成国家工程实验室、博士后科研工作站等四个国家级创新平台和设计、制造、产品三大技术平台,汇集全国的优势科研创新资源,为高速列车的持续创新和产业发展提供全面支撑。

南车四方十分重视对国外先进技术和装备的消化吸收,制定了引进消化吸收再创新战略。为加快研制"高新技术之大成"的高速动车组产品,提出了"1比7"的投资理念,即花1元资金引进技术,就要配以7元资金消化吸收和自主创新。近年来,南车四方每年拿出十几亿用于技术创新投入,这种技术投入和投资理念为南车四方超前的科研规划赢得了先机。

2006年以来,南车四方承担完成了共性基础及系统集成技术、关键材料及部件可靠性、高速转向架技术、智能高速列车系统关键技术研究及样车研制等7项科技支撑计划项目,突破列车系统集成设计技术和制造技术,提升高速列车持续创新能力和批量制造能力;突破转向架、粉末冶金闸片等关键零部件的技术壁垒,满足时速350千米以上高速列车运营需求,形成了一套适合我国高速铁路运营的高速转向架、高速列车车体标准规范。

承担基于永磁电机的高速列车牵引传动系统、高速列车谱系化技术平台及系列车型研制等4项863项目课题,参与高速列车弓网关系研究等3项973计划项目。2011年12月,研制的首列时速500千米试验列车下线。

2010年,主持完成的"时速250千米动车组高速转向架及应用"获2009年度国家科技进步一等奖;研制的"和谐号"CRH380A新一代高速动车组跑出486.1千米的运营时速,创世界铁路最高纪录,入选科技日报2010国内十大科技新闻。

目前,南车四方生产的动车数量已占到全国上线运营动车组的50%以上。与国内同样拥有高速列车主机厂的长春和唐山两个城市相比,技术创新能力更强,配套企业更全,获得了更多的国家级科研项目支持,高速列车创新处于领先地位。

（二）海尔海信——引领传统家电产业转型升级

作为全国最大的家电制造业基地，青岛市已形成了以海尔、海信等大企业集团为主导，80多家规模以上企业配套发展的家电产业集群。青岛作为国家"两化融合"试验区和"三网融合"试点城市，拥有"数字化家电国家重点实验室"、"数字多媒体技术国家重点实验室"和"数字家庭网络国家工程实验室"等国家级研发机构，国家数字化家电高新技术产业化基地、国家家电及电子信息新型工业化产业示范基地、国家软件和信息服务业新型工业化产业示范基地、国家（青岛）家用电子产品产业园、国家（青岛）通信产业园等一批国家级产业化园区，被评为"中国城市信息化十佳城市"，家电产品占据全国市场的20%以上。

随着"信息家电"概念兴起，智能家庭（以家庭网络为核心）成为数字化家电的主要发展目标，围绕《科技发展规划》中涉及的重点领域和优先主题，青岛在数字化家电领域以海尔集团、海信集团为依托，重点开展高清数字电视、网络家电、智能家居、数字家庭等数字家电研究。2006年以来，海尔、海信在多媒体、通信、数字化家电领域承担了国家重大科技专项、863计划、973计划、科技支撑计划等一大批国家科技计划项目。在世界权威管理咨询公司——美国波士顿咨询公司公布的"2012全球最具创新力企业50强"榜单中，海尔位居第8位，位居消费及零售行业第一，是唯一进入前十的中国企业。根据世界权威调研机构——欧睿国际公布的2012年全球家电市场调查数据，海尔在大型家电市场的品牌占有率提升到8.6%，第四次蝉联全球第一。据中怡康调查数据，2012年海信液晶电视销量占有率16.35%，连续9年居全国平板电视销量第一。

1. 海尔——基于全球研发中心的开放式创新体系模式

海尔集团集聚全球研发资源，提出"世界是我们的研发中心"，实施开放式全面创新的研发战略，通过在全球设立研发中心（分别是中国青岛、德国纽伦堡、美国南卡州、新西兰达尼丁、日本佐谷田地区），广泛开展国际科技合作，与世界顶尖的研究机构建立全面战略合作关系（如美国麻省理工学院、斯坦福大学等），结合当地优势研发资源，积极开展家电核心技术、电子信息、先进制造等关键技术研究，为海尔实现全球白色家电领域行业的引领者和规则的制定者的目标提供技术支持。

2007年，国家科技部正式批准海尔数字化家电国家重点实验室建设计划。海尔数字化家电国家重点实验室主要进行面向家电的SOC芯片及嵌入式软件技术、家电通信技术与协议、智能控制技术和家庭信息化网络平台技术研究，制定国家标准，减少对国外的依赖程度，提高自主创新能力。由海尔集团牵头承担的国家核高基重大专项课题——开放式流媒体模卡数字电视嵌入式软件平台研发及产业化已顺利通过科技部组织的专家验收。

核高基重大专项是科技部"十二五"期间启动的16个重大专项之一，海尔集团承担的该课题面向三网融合数字家庭的发展需求，研制开发出高清互动数字电视嵌入式软件平台，解决了数字电视多标准兼容、多协议融合、多业务集成等问题，形成了基于国产数字电视SOC芯片的完整的、高可用低成本的数字电视解决方案，从根本上解决了中国数字电视的发展瓶颈。

课题成果已在716万台新一代模卡数字电视上装机应用，实现销售收入138亿元，成功规避了美国ROVI公司的EPT（电子节目菜单）专利，如按ROVI专利2018年到期，预计节省专利费用2亿美元，有力地推动了我国数字电视行业自主知识产权标准体系的建立，对于推动三网融合国家战略的实施具有重要意义。

目前，海尔实验室拥有3 500平方米的科研和试验基地，先后承担了国家863计划课题"HDTV SOC平台"、"家庭网络核心SOC平台"、"支持远程维护的安全结构网络终端技术"等项目，以海尔集团技术研发中心为理事长单位的智能数字家电产业技术创新战略联盟，经科技部审核入选2012年度产业技术创新战略联盟试点单位（共39个），成为青岛市第一个国家级产业技术创新战略联盟。

此外,海尔还制定了绿色可持续发展战略,通过自身流程再造,逐步将传统产品生产线打造成了一条"绿色生命线",从产品研发设计,到采购、制造、物流、使用,再到产品废弃、回收和循环,都实现"绿色化",实现产品生命周期内的环境负面影响最小、资源利用再用率最大化。2010年世界贸易中心协会将"全球可持续发展杰出成就奖"颁发给了海尔集团。在国内,海尔是通过节能认证产品最多、规格最全的企业;在国外,海尔达到了欧盟、美国能源之星标准,获得多个国家的环保节能补贴,为全球消费者提供了创新型的绿色产品和服务。

2. 海信——以 R＆D 中心为核心的多层次研发体系

海信的技术研发体系共分4个层次:第一个层次是以数字多媒体技术国家重点实验室为基本研发团队,主要从事前瞻性、共性关键性技术研发;第二个层次是面向市场、以满足当期市场需要的产品为主要定位的专业性产品开发机构;第三个层次是专业研发支持平台,如工业设计中心、检测中心等;第四个层次是量大面广的群众性革新活动。这种多层次研发体系首先保障了技术创新在企业中的定位和技术创新必需的资源投入;其次,通过有竞争力的薪酬机制和建立内部公平合理的研发评价制度,建立起一支能从事技术创新工作的技术队伍。第三,该体系保障了技术开发选题来自市场需求和技术发展前沿,用市场效果评价创新成果,以此确保创新投入的有效性和持续性;第四,创新体系保障了预研技术和开发产品的质量和进度。

2007年,科技部正式批准建设海信数字多媒体技术重点实验室,成为电子信息领域唯一设立国家重点实验室的企业。同年,海信在荷兰设立欧洲研发中心,成为国内彩电企业在欧洲设立的首个独立研发中心,对海信国际化和技术立企战略的延伸具有重大意义。海信集团通过在巴基斯坦、埃及、南非、法国、匈牙利、阿尔及利亚建立生产基地,进一步加快了开拓海外市场的步伐。

2011年海信在国内同行业中率先发布智能化战略,在前期技术积累的基础上,相继推出新一代Android平台智能电视系统、个人智能电视"I'TV"产品,为海信智能化战略落地和多媒体产业的升级发展奠定了基础。该系列高端智能产品打造出完全开放的多类型应用商店,"多屏互动,无线连接"成为海信新一代智能电视的独有特色。

截至2012年,海信国家重点实验室共申请各类专利213项,软件著作权147项,发表论文17篇,承担各级科研项目12项,参与国际标准制定6项,主持和参与国家、行业标准制定40项。

(三)青岛高校软控——整合行业创新资源,引导全产业链协同创新

青岛高校软控股份有限公司充分发挥国家工程技术研究中心的纽带作用,以提升企业自主创新能力、优化配置行业创新资源、做大做强橡胶轮胎产业链条为主线,不断加大科研投入,全面开发和推广橡胶轮胎产业链相关工程化技术,推动我国橡胶轮胎产业的转型升级。紧紧围绕新型合成橡胶原料、信息化与装备制造业融合、轮胎新品研发、废旧轮胎循环利用等几大产业板块,现已基本打造出一条从上游橡胶原材料,到生产轮胎的高端装备制造业、轮胎生产工艺技术、轮胎生产示范工厂、轮胎产品、技术输出孵化,再到旧胎翻新、废旧轮胎循环利用,直至国内外物流及营销渠道——完整的环环相扣的橡胶轮胎产业链,初步形成一支集约高效的产业联合舰队。

青岛市是传统橡胶工业强市,随着汽车工业的快速发展,青岛高校软控股份有限公司紧抓机遇,创新发展,积极争取国家科技计划项目的支持,与国内外高校科研院所、行业优秀企业联合研发,不断提高新技术、新产品的研发速度,产业规模、市场份额迅速扩大,销售收入由2007年国际排名十七位上升到目前的第二位。2009年获批组建国家橡胶与轮胎工程技术研究中心、轮胎先进装备与关键材料国家工程实验室,系统整合橡胶轮胎行业的优势资源,全面开发和推广橡胶轮胎产业链相关工程化技术,推动橡胶轮胎产业的转型升级。全产业链协同创新,逐步形成产学研用相融合的发展模式。

青岛高校软控股份有限公司(以下简称软控股份)在国家级科技计划项目的支持下,成功研发了轮胎

数字化制造管控系统,形成了具有完全自主知识产权的数字化轮胎生产装备的成套解决方案,提高了轮胎制造业的信息化水平,提升了国内轮胎产品的品质,打破了国外公司的长期垄断,促进了整个轮胎产业结构从劳动密集型向技术密集型的转变。软控也由成立之初几十人的校办企业,发展成为员工近2 000人、资产近20亿的高科技上市企业。

2012年,在行业引领、政府推动下,以青岛科技大学为核心、建成化工橡胶行业产学研示范基地——青岛橡胶谷,汇集了涉及橡胶化工原材料、轮胎、化工橡胶机械、化工橡胶机电电子产品等领域的制造类企业、贸易公司以及相关技术服务型企业和机构,形成了完整的行业生态链条,企业间彼此成为上下游、供需方,互相助力、资源共享,形成了一个橡胶贸易生态圈。

自2007年起,青岛高校软控股份有限公司先后承担了"数字化橡胶轮胎生产专用装备开发"、"轮胎绿色制造关键技术与装备"等国家科技支撑计划;"混炼胶门尼黏度在线测量关键技术的研究"、"基于声表面波技术的无源无线轮胎温度压力监测系统设计及示范应用"等863计划;"子午线轮胎小角度钢丝帘截断生产线"、"制造高性能子午胎重大装备关键技术的引进与联合研发项目"、"巨型全钢工程子午胎成型重大装备及关键技术的联合研发"等国际科技合作专项。通过项目的实施,成功研发了轮胎数字化制造管控系统,形成了具有完全自主知识产权的数字化轮胎生产装备的成套解决方案;以轮胎制造、旧轮胎翻修利用、废轮胎处理为研发主线,提出一套从工艺、技术到装备的轮胎绿色制造综合优化方案,建成达到国际先进水平的全生命周期轮胎绿色制造示范生产线;通过国际合作实现高精度钢丝帘布纵裁纠偏和自动接头两项关键技术的消化、吸收、再创新,打破了国外关键技术垄断;完成了制造高性能子午胎重大装备样机的加工与装配,研制出轿车子午线轮胎一次法全自动成型系统。

在项目开展过程中,软控股份与CONTI-MATADOR、KONSTRUKTA、FARRLE等全球行业优秀企业,以及ROCKWELL、SIEMENS、MITSUBISHI等著名工业自动化企业建立了战略合作伙伴关系,并联合青岛科技大学、北京大学、浙江大学、国防科技大学、天津大学等国内高校与科研机构,走联合开发之路,大大加快了新技术、新产品的研发速度。

2009年,软控股份获评"国际科技合作基地"和"2009年中国创新软件企业",并先后获批"国家创新型试点企业"、"国家火炬计划优秀高新技术企业"、"国家优秀软件企业"等。拥有国家橡胶与轮胎工程技术研究中心、国际科技合作基地、博士后科研工作站、院士工作站等多个国家级研发平台,在欧洲、美国等地区和国家建立软控欧洲研发中心、软控北美技术和服务中心等海外研发中心。获得国家科技进步二等奖1项、省部级科技进步奖近10项,拥有专利、软件著作权300余项,并主持和参与起草了10项国家标准、8项行业标准。2013年该中心被科技部树立为全国唯一一个模式创新试点单位。

附录　指标解释与标准值

● 专业技术人员占就业人员比重

专业技术人员是创新活动的主要人力资源。我国的专业技术人员是指从事专业技术工作的人员以及从事专业技术管理工作且已在1983年以前评定了专业技术职称或在1984年以后聘任了专业技术职务的人员。具体指工程技术人员、农业技术人员、科研人员(自然科学研究、社会科学研究及实验技术人员)、卫生技术人员、教学人员(含高等院校、中等专业学校、技工学校、中学、小学)、民用航空飞行技术人员、船舶技术人员、经济人员、会计人员、统计人员、翻译人员、图书资料、档案、文博人员、新闻、出版人员、律师、公证人员、广播电视播音人员、工艺美术人员、体育人员、艺术人员及政工人员。参考有关资料,专业技术人员占就业人员比重的最高标准应设为30%。

● **大专以上学历人口占6岁以上人口比重**

创新人力资源与国民的受教育水平和劳动者素质密切联系,而大专以上学历人口占6岁以上人口比重也是反映科技人力资源和劳动者素质的重要指标。大专以上学历人数来源于国家统计部门的人口调查。参考有关资料,将大专以上学历人口占6岁以上人口比重确定为45%。

● **百万人口大专院校在校学生数**

创新与教育是密不可分的。教育不仅是知识和专业技能的直接来源,能够改善人口素质,而且,一定规模的在校生对当地创新活动的支持和影响也不容忽视。在校生虽然不属于专业技术人员,但从近年来科技论文作者的构成看,在校生,特别是在校博士生和研究生已渐成研究的主力,已成为当地重要的科技活动人力资源。参考有关资料,将百万人口大专院校在校学生数评价标准设为15万人/百万人。

● **人均 GDP**

经济社会的快速、持续、稳定发展离不开创新活动,创新活动的开展也离不开一定经济社会发展水平的依托。创新资源不仅需要人力的支持,也需要财力、物力的支持。人均 GDP 是衡量一个国家或城市经济发展水平最具有代表性的指标。参考有关资料,评价标准确定为12万元(人民币)。

● **万人国际互联网络用户数**

信息化建设,特别是国际互联网络的发展既是科技发展直接的成果和体现,又是创新活动得以顺利开展的条件,两者具有相互依存、相互促进的关系。国际互联网络用户数采用的是信息产业部统计并公布的数据。评价标准设定为0.5万户/万人,即基本上达到每两人有一人"上网"的水平。

● **国家重点实验室数**

国家重点实验室是依托一级法人单位建设、具有相对独立的人事权和财务权的科研实体,作为国家科技创新体系的重要组成部分,是国家组织高水平基础研究和应用基础研究、聚集和培养优秀科学家、开展高层次学术交流的重要基地。国家重点实验室的数量反映了城市原始创新的能力。本报告中国家重点实验室包括国家重点实验室、企业国家重点实验室和国家实验室,将这一指标的评价标准设为20家。

● **R&D 经费支出占 GDP 比重**

R&D 经费支出占 GDP 比重是国际上通用的衡量国家或地区科技投入水平最为重要、最为综合的指标。参考有关资料,将这一指标的评价标准确定为6%。

● **企业 R&D 经费支出中政府投入占比重**

企业 R&D 经费支出中政府投入占比重反映了政府对企业创新活动的支持力度。参考有关资料,将评价标准确定为50%。

● **基础研究支出占 R&D 经费支出比重**

基础研究水平代表着知识创新水平的高低,也是创新型国家或创新型城市的重要区别。参考有关资料,将评价标准确定为20%。

● **地方财政科技拨款占地方财政支出比重**

地方财政科技拨款占地方财政支出比重是衡量地方政府科技投入力度的重要指标。根据我国现阶段科技经费投入趋势及中央、地方、企业之间的投入比例关系,将评价标准确定为5%。

● **企业 R&D 经费支出占产品销售收入比重**

企业 R&D 经费支出占产品销售收入比重是衡量企业科技经费投入的重要指标。发达国家的经验表明,若这一比例低于2%,企业创新将难以维持,只有高于6%,企业创新才能形成良性循环。因此,将评价评价标准确定为 6%。

● 开展创新活动的企业占全部企业比重

企业是创新的主要场所,是新技术应用的主要用户,因此,开展创新活动的企业占全部企业比重的大小可以反映出一个国家或城市技术创新活动的普及程度。企业都应开展创新活动的角度设定这一标准作为评价标准较为合适,即标准为 100%。

● 企业其他创新经费支出占产品销售收入比重

企业其他创新经费支出包括技术引进经费支出、消化吸收经费支出、技术改造经费支出和购买国内技术经费支出。企业其他创新经费支出占产品销售收入比重＝(企业技术引进经费支出＋企业消化吸收经费支出＋企业技术改造经费支出＋企业购买国内技术支出)/企业产品销售收入比重×100%。参考有关资料,评价标准和企业 R&D 经费支出占产品销售收入比重同样设定为 6%。

● 企业消化吸收经费支出与技术引进经费支出比例

引进与消化吸收都是企业技术创新相辅相成的重要手段。不引进无法消化吸收,但只引进不进行积极有效的消化吸收,企业自主创新也无法维持。我国企业盲目引进忽视消化吸收的倾向较为严重,设置这一指标在于促进企业在引进的同时加强对消化吸收的重视。发达国家的经验表明,消化吸收经费支出至少应达到引进经费支出的 3 倍以上,因此,将评价标准确定为 300%。

● 企业 R&D 科学家和工程师占企业就业人员比重

企业 R&D 科学家和工程师占企业就业人员比重是衡量企业创新人力投入水平的重要指标。参考有关资料,将评价标准确定为 5%。

● 国家工程技术研究中心数

国家工程技术研究中心是国家科技部依托于行业、领域科技实力雄厚的重点科研机构、科技型企业或高校,设立的拥有国内一流的工程技术研究开发、设计和试验的专业人才队伍,具有较完备的工程技术综合配套试验条件,能够提供多种综合性服务,与相关企业紧密联系,同时具有自我良性循环发展机制的科研开发实体。国家工程技术研究中心的数量反映了城市高端技术研发的实力。参考有关资料,将评价标准确定为 12 家。

● 高技术产业就业人员占全社会就业人员比重

高技术产业就业人员占全社会就业人员比重反映了创新对产业结构的优化程度。高技术产业是按照国家统计局国统字〔2002〕033 号文件中制定的《高技术产业统计分类目录》方法进行统计的。包括:信息化学品制造业、医药制造业、航空航天器制造业、电子及通信设备制造业、电子计算机及办公设备制造业和医疗设备和仪器仪表制造业。参考有关资料,标准确定为 10%。

● 知识密集型服务业就业人员占全社会就业人员比重

知识密集型服务业又可称为高技术服务业。《OECD 科学技术和工业记分牌》认为,基于 ISIC 第 3 版可被视为知识密集型行业的"市场"服务活动包括:① 第 64 类:邮政和电信;② 第 65～67 类:金融和保险;③ 第 71～74 类:商业活动(不包括房地产)。将 ISIC 第 3 版与我国国民经济行业分类(GB/T4754—2002)对照,可大致转换为我国的国民经济行业:① 邮政业;② 信息传输、计算机服务和软件业;③ 金融业;④ 租赁和商务服务业;⑤ 科学研究、技术服务和地质勘查业。以上 5 个行业之和大体代表了我国的知识密集型服务业。参考有关资料,评价标准确定为 10%。

● 高技术产业增加值占 GDP 比重

高技术产业增加值占 GDP 比重反映了区域产业结构中高技术产业的发展情况,是创新能力在产业发展中的体现。高技术产业是按照国家统计局国统字〔2002〕033号文件中制定的《高技术产业统计分类目录》方法进行统计的。包括：信息化学品制造业、医药制造业、航空航天器制造业、电子及通信设备制造业、电子计算机及办公设备制造业和医疗设备和仪器仪表制造业。参考有关资料,将评价标准确定为30%。

● 知识密集型服务业增加值占 GDP 比重

知识密集型服务业又可称为高技术服务业。《OECD科学技术和工业记分牌》认为,基于ISIC第3版可被视为知识密集型行业的"市场"服务活动包括：① 第64类：邮政和电信；② 第65～67类：金融和保险；③ 第71～74类：商业活动(不包括房地产)。将ISIC第3版与我国国民经济行业分类(GB/T4754—2002)对照,可大致转换为我国的国民经济行业：① 邮政业；② 信息传输、计算机服务和软件业；③金融业；④ 租赁和商务服务业；⑤ 科学研究、技术服务和地质勘查业。以上5个行业之和大体代表了我国的知识密集型服务业。参考有关资料,将该指标的标准确定为30%。

● 高技术产品出口额占商品出口额比重

高技术产品出口额是根据海关总署《高技术产品目录》从商品出口额中分离出的数据,按原产地进行统计。高技术产品出口额占商品出口额比重可以反映一个国家或城市高技术产品的国际竞争力水平。参考有关资料,将评价标准确定为80%。

● 百万人发明专利拥有量

专利的数量是反映一个国家或城市的科技活动产出水平的重要指标,发明专利的数量又是其中极为重要的指标。测度发明专利水平的指标可分为发明专利授权量和发明专利拥有量。前者反映的是一定时期(通常为一年)发明专利产生的数量；后者反映的是在某一时点上发明专利的存量。参考有关资料,将百万人发明专利拥有量确定为800件/百万人。

● 百万人美国专利拥有量

美国专利拥有量的数据来源于美国联邦专利局,自1976年以来我国参评各城市在美国申请并授权的有效专利数量。这一指标2005年美国为301.4件/百万人,日本为273.9件/百万人,欧盟25国为59.9件/百万人。参考有关资料,将百万人美国专利拥有量的评价标准确定为80件/百万人。

● 百万人技术成果成交额

技术市场的发展,技术成果交易的繁荣,对技术成果迅速转化为生产力具有十分重要的作用,并反映了技术成果的市场化水平。参考有关资料,评价标准确定为20亿元/百万人。

● 百万人向国外转让的专利使用费和特许费

技术成果成交额反映的是国内技术成果的市场化水平,而向国外转让的专利使用费和特许费则反映了我国技术成果的国际竞争力和市场化水平。参考有关资料,评价标准确定为600万美元/百万人。

● 白万人驰名商标拥有量

商标是工业产权的重要组成部分。这是因为商标总是与某一商品或服务的特有的专利、非专利发明、技术标准和技术诀窍相联系,因此商标的拥有和使用反映了技术创新的水平和程度。驰名商标拥有量数据来源于知识产权统计资料,参考有关资料,将评价标准确定为10个/百万人。

● 高技术产业劳动生产率

高技术产业劳动生产率为高技术产业增加值与高技术产业就业人员数之比。反映了高技术产业劳动投入量与产出量之间的关系。参考有关资料,将评价标准确定为50万元/人。

● 知识密集型服务业劳动生产率

知识密集型服务业劳动生产率为知识密集型服务业增加值与知识密集型服务业就业人员之比。反映了知识密集型服务业劳动投入与产出之间的关系。参考有关资料,将评价标准确定为100万元/人。

● 劳动生产率

区别于劳动和资本对经济社会外延发展的作用,创新的作用体现为对集约型经济发展方式的促进。而集约型经济增长方式具体体现为人、财、物的节约和使用效率的提高。劳动生产率是从劳动节约的角度反映经济发展方式转变的指标,为生产总值与就业人员数之比。参考有关资料,将评价标准确定为20万元/人。

● 资本生产率

资本生产率反映的是资本投入量与经济产出量之间的关系,经济产出量由生产总值表示。反映资本投入量的指标为固定资本形成存量净额,由各城市基年(1978年)的固定资本形成存量净额、每年的固定资本形成和折旧额,用永续盘存法求得。参考有关资料,评价标准定为1。

● 综合能耗产出率

我国是一个能源相对短缺的国家,因此,在现代化进程中提高能源使用效率具有十分重要的意义,而这只能通过创新得到解决。参考有关资料,将42元/千克标准煤作为创新城市评价标准。

参考文献

[1] 周勇. 欧洲创新记分牌及其启示[J]. 创新科技, 2006, 11: 62-62.

[2] "创新型国家进程统计监测研究"课题组. 创新型国家进程统计监测研究报告[J]. 统计研究, 2007, 24(7): 11-16.

[3] 全国科技进步统计监测及综合评价课题组. 全国科技进步统计监测报告.

编　写:蓝　洁　吴　宁　檀　壮

区域产业技术创新生态系统评价与优化研究

——以青岛等 15 个副省级城市为例

一、区域产业技术创新生态系统模型分析

（一）系统模型的提出

企业是技术创新的主体，也是产业发展的核心元素，产业技术创新的目的是培育出更多的创新型企业，从而提高产业技术创新能力。对于创新型企业而言，因其高技术含量、高创新速度、高竞争、高投入、高收益、高风险等特点，因此在技术、资金、人才及政策、制度、市场等方面，要比一般企业的发展对环境的要求更高，受支持环境的影响也更加明显。因此，提高产业技术创新能力，培育更多的创新型企业，不但需要企业自身创新能力的改进，加强和改善企业创新的环境同样重要，并且加速企业与环境间的物质能量流动也是不可缺少的方面。

将生态学的理论和研究方法应用到区域产业技术创新系统的研究领域之中，将产业技术创新系统看成是一个由企业及相关机构与其外部环境之间通过相互作用、相互影响而形成的相互依存的动态平衡的生态系统，便构成了产业技术创新生态系统。通过对这一生态系统的解释和评价，从而分析区域产业技术创新现状，寻找产业技术创新中存在的问题，提出相应的改进措施。最终，使得该产业技术创新生态系统得以改进与优化。

仿照生态学对生态系统的分类并结合本文研究的目的和内容，可以将产业技术创新生态系统划分为两大部分：内生态系统和外生态系统，内生态系统即企业与机构群落，主要由高校及科研单位、科技服务业机构和企业种群集合三部分组成；外生态系统即外部支持环境集合，主要由产业所处的技术环境、资金环境、人才环境、市场环境、政策制度环境以及社会文化环境六大部分组成。上述生态系统的组成可用下面的形式表示：

产业技术创新生态系统 = F(内生态系统、外生态系统)

= F(企业与机构群落、外部支持环境集合)

= F(高校及科研单位、科技服务业机构、企业种群集合；技术环境、资金环境、人才环境、市场环境、政策制度环境、社会文化环境)

综上所述，区域产业技术创新生态系统模型如图 1 所示。

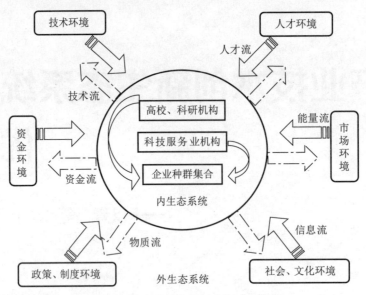

图1 区域产业技术创新生态系统模型

（二）模型解释

1. 内生态系统

区域产业技术创新生态系统模型中,内生态系统对应的是生命系统中的生物群落,在这里我们称之为企业与机构群落。企业与机构群落中包含企业种群集合与不同类型的支持型机构群落(指高校与科研机构组织以及包括科技孵化器、科技中介组织等在内的科技服务机构等)。

（1）企业种群集合。

本文对内生态系统的研究是对企业群落的生存、创新发展能力进行的评价、研究,而不是仅仅对单个企业的评价、研究。本文研究的企业群落不仅包含我们要研究的创新型企业、高技术企业群,而是指区域内欲提高企业创新能力、欲发展成创新型企业或高技术企业的所有企业集合,即研究具有研发活动的企业群落的多寡。企业种群集合是产业技术创新系统中的核心部分,也是技术创新活动的主体。同时,某一区域中具有研发活动的企业群落的多寡将直接反映该区域技术创新的活跃程度,参与创新的企业越多,产业技术创新系统越有活力。

同时,本文研究的各企业之间也并非完全独立的,同一地区之间、同一行业之间甚至不同地区不同行业的企业种群之间也有着物质、能量和信息的相互作用和交换。

（2）高校及科研单位。

类似于自然生态中的绿色植物通过光合作用为生物提供所需的营养源物种,高校及科研单位也通过自身的技术研发活动为企业提供技术创新的初级成果。然后,由下游的各企业种群对这些技术创新成果进行有选择地消化吸收,最终通过成果转化及市场化运行得到技术创新的最终产品。因此,高校及科研单位往往是技术创新产生的源头。

然而,往往早期高校与科研机构以及企业均以自身的发展为主,之间的联系相对不足,出现协同性较差、创新能力低、创新型成果转化率低等问题。针对此问题,目前,越来越多的产学研合作项目将高校、科研机构与企业紧密地联系在一起,提高了各主体间的协同性,加速物质、能量、信息的循环传递。使高校与科研机构的技术研发项目更有针对性和市场性,同时,为产业技术创新活动节约成本、提高效率。

同时,高校及科研机构还为企业提供技术创新的高级人才,成为产业技术创新的主力军。

（3）科技服务机构。

科技服务业是指一个区域内,为促进科技进步和提升科技管理水平,运用现代科学知识、现代技术手段和分析方法,为科学技术的产生、传播和应用提供智力服务并独立核算的所有组织或机构的总和。按照国家对国民经济行业的分类,科技服务业主要包含研究与试验发展、专业技术服务业、科技交流和推广服务业以及地质勘查业四大类。其中,也包括对初创型企业的成长和企业技术创新的发展具有重要指导和培育作用的科技企业孵化器以及各类中介组织机构等。

其中,企业孵化器是一个创造成功的、创新型的新企业的综合系统。企业孵化器发现和培育那些幼小的有潜力的初创企业,使它们度过高死亡率的幼年期。孵化器的主要功能是为初创期的小企业生存和成长提供服务,包括共享空间在内等多项优惠政策、降低风险和提升管理水平的措施、促进科技向生产转化的服务,以提升地方经济发展水平,解决社会就业问题。其他中介组织及机构主要包括律师事务所、会计事务所、商务代理公司、咨询和信息服务公司等组织和机构。它们为企业技术创新提供必要的咨询和服务,不但可以弥补企业部分方面的不足,为企业降低成本,同时通过其各自领域专业的服务降低企业技术创新中的风险,加快企业科技成果转化的速度和效率。

2. 外生态系统

外生态系统包含所有为产业技术创新发展提供支持和产生影响的环境因素,对应自然生态系统中的生命保障系统。内生态系统对企业创新发展起着不可替代的作用,但外生态系统则是某一地区对产业技术创新能力进行培育的关键支撑部分,因此,外生态系统同内生态系统一样对于产业技术创新发展的作用非常重要。

具体来说,产业技术创新外生态系统包含技术支持环境、人才支持环境、资金支持环境、市场支持环境以及政策制度环境和社会文化环境六大部分。

(1)技术环境。

对于产业创新而言,技术是根本,没有技术何谈技术创新。产业技术创新系统中的企业群落对技术的依赖和要求都非常高,并且在具有潜在的高回报的同时也需要承担高风险,使得企业若独自开展技术研发并进行产业化会存在风险,因此,需要外部提供的技术支持。这里包含两部分:

首先,是由高校和科研单位提供的技术支持,高校与科研单位位于企业群落的上游,在企业生态系统中起着绿色植物的作用,通常由高校及科研机构进行技术研发,通过与企业合作的方式将技术创新传递到中游的企业,再由企业进行产业化和市场运作。因此,高校与科研机构往往是技术创新的源头,为企业提供巨大的技术支持。

其次,是由整个社会提供的技术支持。企业所处地区的整体技术环境将会直接影响企业个体的技术发展。个体企业为社会提供技术创新成果的同时,也对社会存在技术依存,企业通过包括从社会购买专利、获取技术合作等方式获取社会的技术支持。

(2)资金环境。

除技术风险外,资金风险也是产业创新发展中面临的另一大问题。资金链从来都是决定企业发展成败的关键因素,对于创新型企业尤其是如此。企业进行技术创新和创新产业化、市场化均需要大量的资金支持,同时,这些资金大部分需要企业从外界获取。从银行等金融机构以及风险投资公司获得的贷款和投资是企业得到资金的最主要也是最有效的手段。换句话说,金融机构和风投公司是为企业提供资金支持的主要来源。

另外,地方政府也会为企业提供专门的研发投入资金或者设立相应的企业创新基金,从而为产业技术创新系统中的企业群落提供相应的资金支持。

(3)人才环境。

当今社会,人才就是竞争力,对于创新型企业而言更是如此。技术研发的专业人才及高学历人才给企业在技术创新上提供人才保障。

（4）市场环境。

市场既是技术创新的起点，又是技术创新的终点。在生态系统中，市场作为食物链中的分解者，对上游生产出的产品进行消化、吸收。它包括消费需求、消费结构、市场容量、市场竞争结构等因素。消费需求对技术创新有巨大的拉动作用，企业要根据变化的市场、变化的技术，创新出适合这种变化的产品。市场的消费结构对企业技术创新的创新类型选择起引导作用。没有市场，产品无法被消费，企业的创新和存在也就都没有了意义。

（5）政策制度环境。

只有形成鼓励和保护企业创新发展的制度环境，才能帮助企业更好地提高创新能力并向创新型企业或高新技术企业发展，从而提高整个区域的产业技术创新水平。政府通过制定各种政策来体现其对企业创新发展的参与程度和支持力度。同时通过为企业创新提供鼓励政策和优惠政策，为产业技术创新创造一个良好的宏观环境，这对产业的创新发展有着重大影响。

（6）社会文化环境。

一个国家或地区的社会文化环境可以影响到该地进行科技创新的动力和氛围。另外，良好的生活与文化环境也是吸引人才长期定居的重要因素之一。教育投入可以直接影响一个国家或地区文化环境的优劣，是衡量一个地区社会文化环境的必备要素。同时，在信息高速发展的现代社会，互联网的应用给人们的生活、学习和工作提供便利的同时，网络环境也成了衡量一个地区社会文化环境的重要指标。

3. 内、外生态系统融合

外生态系统为内生态中的企业群落输入物质、能量，提供相应的环境支持，企业群落本身也在源源不断地向外输出产出，二者之间的物质能量信息等均始终处于不断的相互流动之中。同时，在内生态系统中，企业群落与相关机构之间以及各企业种群之间也在不断地传递各种信息和能量。如图 3-1 所示，由企业与机构群落和支持环境相互作用形成的具有内在创新能力与外在创新条件协调互动的统一体，就是我们将要研究的区域产业技术创新生态系统。

这样，内、外生态系统通过不断的物质、能量、信息的交换进而融合发展，最终为整个社会的技术进步和创新发展做出贡献。而区域内、外生态系统间的融合效果则可以通过产业技术创新系统对整个地区产值、能耗产出和生产率的贡献几个方面表现出来。

二、区域产业技术创新生态系统综合评价体系

目前，已有一些组织或学者对企业技术创新能力、高新技术产业生态系统等内容进行评价，这些研究对本文区域产业技术创新生态系统评价模型的构建具有重要的参考意义。但就目前的研究现状而言，这些评价仅针对某一企业或产业或者未将产业生态系统理论进行结合，基于此，本文参照前述产业技术创新生态系统模型为区域产业技术创新系统评价建立了一套更加全面的指标评价体系。

（一）指标体系构建

1. 指标体系的设计原则

（1）科学性原则。评价指标的选择首先应当建立在科学的基础上，选择的评价指标应当能够全面、系统地反映出区域产业技术创新生态系统中各个部分和环节的基本情况。并且选择的评价指标本身应当具有清晰、明确的内涵和意义。

（2）可操作性原则。影响区域产业技术创新生态系统发展的相关因素很多，但本文将对该系统的发展情况进行定量的评价，因此，在选择评价指标时，应当充分考虑这些指标因素是否可以进行量化、数据是否可得、计算是否可行。

（3）可比性原则。该原则包含两部分含义：一是针对同一评价对象不同时间的可比，即纵向可比性；

二是相同时间不同评价对象的可比,即横向可比性。这就要求选择的评价指标应当在评价年限内是连续的,并且在样本城市中的统计口径和范围是一致的。

2. 指标确定与体系构建

运用层次分析法,依照上述产业技术创新生态系统模型,将区域产业技术创新生态系统作为总目标,将目标分解为多个目标或准则,进而分解为多指标(或准则、约束)的若干层次,从而建立区域产业技术创新生态系统评价层次分析模型(表1),通过该模型构建评价指标体系。

表1　区域产业技术创新生态系统评价层次分析模型

目标层	子目标	准则层(B_i)	具体指标(C_{ij})
区域产业技术创新生态系统(E)	内生态系统(A1)	企业与机构	开展创新活动的企业数/企业总数
			国家级创新型企业数
			高新技术企业数
			驻地高校数
			科研机构数
		创新投入	企业R&D人员数/从业人员总数
			知识密集型服务业就业人员数/从业人员总数
			高新技术产业就业人员数/从业人员总数
			企业R&D经费支出占销售收入比重
			企业R&D支出中对科研院所及高校支出
		创新产出	企业专利授权量/专利总授权量
			企业新产品销售收入/产品销售收入
	外生态系统(A2)	技术环境	百万人技术合同成交额
			百万人发明专利拥有量
		资金环境	风险投资强度
			工业流动短期贷款/贷款总额
			技术改造贷款/贷款总额
		人才环境	专业技术人员占就业人员比重
			百万人口大专院校在校学生数
		市场环境	人均工业增加值
			人均GDP
		政策制度环境	企业R&D经费支出中政府资金占比重
			地方财政科技拨款/政府财政支出
		社会文化环境	人均教育费支出
			万人国际互联网络用户数
	内、外生态系统融合(A3)	内外生态融合效率	高新技术产品出口额/出口总额
			高技术产业增加值/工业增加值
			知识密集型服务业产业增加值/工业增加值
			综合能耗产出率
			劳动生产率

本指标体系共分四层,设立四级评价指标。其中,一级指标即目标层为本文的研究内容及评价的总体目标,设立区域产业技术创新生态系统一项指标;二级指标为子目标层,设立3项指标,分别是内生态系统、外生态系统和内、外生态系统的融合;三级指标为准则层,包含10项指标,其中,内生态系统包含企业及机构群落、创新投入和创新产出3项指标,外生态系统包含技术环境、资金环境、人才环境、市场环境、政策制度环境及社会文化环境6项指标,内外生态系统的融合将通过融合绩效这一指标进行评价;四级指标为具体准则层,共有30项指标。

(二)各级指标的解释及算法

1. 内生态系统指标

区域产业技术创新生态系统的内生态系统即为企业与机构群落,包含企业种群集合(由创新型企业、高新技术企业及开展创新活动的企业等企业种群构成)、高校与科研机构以及科技服务业机构。对企业的衡量要从企业的概况和企业创新能力方面考虑,而创新能力则包含创新投入与创新产出两大部分。因此,内生态系统下的三级指标有企业与机构群落、企业创新投入和企业创新产出三项。

(1)企业与机构群落。

关于企业与机构群落共设五个指标,其中,

① 开展创新活动的企业数占企业总数比重 C_{11}。该指标反映企业开展创新活动的基本情况,在一定程度上可以说明企业技术创新的活跃程度,参与创新的企业越多,产业技术创新系统越有活力。

$$C_{11} = \frac{开展创新活动的企业数}{企业总数} \times 100\%$$

② 国家级创新型企业数 C_{12}。本文的研究目的就是将群落中的企业通过自身的努力与环境的支持不断提高创新能力,并最终向创新型企业转变,从而提高整个系统的技术创新水平。此外,为了研究的先进性和示范性,本文研究中创新型企业的样本选择的是由国家科技部、国家发改委评定出的国家级创新型企业。

③ 高新技术企业数 C_{13}。该指标指由国家科技部组织认定的国家级高新技术企业的数量。高新技术企业是知识密集、技术密集的经济实体,在技术创新方面较为活跃,也是企业通过产业技术创新生态系统的培育以及自身的努力要达到的目标。以上创新型企业和高新技术企业分别代表系统中企业群落中的一个种群,选用这两个指标可以反映系统中企业技术创新的活跃程度。

④ 驻地高校数 C_{14}。高校是为企业技术创新提供创新成果和输入人才的重要途径,包括实施高等教育的全日制大学、独立设置的学院和高等专科学校、短期职业大学。该指标是指该地区作为企业创新发展的营养源种群之一的高校的数量。

⑤ 科研机构数 C_{15}。指长期从事研究与开发活动的独立科研机构,是企业技术创新的重要来源。

(2)创新投入。

企业的创新活动主要通过研发工作来完成,因此我们从研发投入的角度来衡量企业的创新投入。本文共设五个指标分别从研发的资金投入与人才投入两个方面对企业创新投入进行评价,其中,

① 企业 R&D 经费支出占销售收入比重 C_{21},即企业的 R&D 投入强度。该指标反映了企业对技术研发的重视程度和投入强度。

$$C_{21} = \frac{企业 R\&D 经费支出}{企业销售收入} \times 100\%$$

② 企业 R&D 人员占企业从业人员比重 C_{22}。该指标表示企业从事研究与开发的人力投入占全社会的比重,反映了企业技术创新的人力投入强度。

$$C_{22} = \frac{\text{企业 R \& D 人员数}}{\text{企业从业人员总数}} \times 100\%$$

③ 高技术产业就业人员占从业人员比重 C_{23}。该指标反映了创新对产业结构的优化程度。高技术产业是按照国家统计局国统字〔2002〕033 号文件中制定的《高技术产业统计分类目录》的方法进行统计的。包括：信息化学品制造业、医药制造业、航空航天器制造业、电子及通信设备制造业、电子计算机及办公设备制造业和医疗设备和仪器仪表制造业。

$$C_{23} = \frac{\text{高新技术企业就业人员数}}{\text{企业从业人员总数}} \times 100\%$$

④ 知识密集型服务业就业人员占从业人员比重 C_{24}。该指标反映了技术创新中知识密集型服务业人才的投入。

$$C_{24} = \frac{\text{知识密集型服务就业人员数}}{\text{企业从业人员总数}} \times 100\%$$

⑤ 企业 R \& D 支出中对科研院所及高校支出 C_{25}。该指标反映了企业对于与企业合作的高校及科研单位的技术创新投入支持力度，间接反映了产学研结合强度。

（3）创新产出。

通过技术创新产生的成果主要包括新产品和专利两大部分。因此，我们用企业新产品产值率和企业专利情况来评价企业的创新产出。具体指标含义及算法如下：

① 新产品销售收入占产品销售收入比重 C_{31}，即企业新产品产值率。该指标可以反映我国企业采用新技术原理、新设计构思研制、生产的全部新产品，或在结构、材质、工艺等某一方面比原有产品有明显改进，从而显著提高了产品性能或扩大了使用功能的产品对全部产品销售收入的影响作用。该指标反映了企业开发新产品的经济效益。

$$C_{31} = \frac{\text{新产品销售收入}}{\text{产品销售总收入}} \times 100\%$$

② 企业授权专利占授权专利总数的比重 C_{32}。该指标反映了在全部专利授权中，企业获得授权的比重，是衡量企业专利产出水平的一个重要的相对指标值。

$$C_{32} = \frac{\text{企业专利申请授权量}}{\text{专利申请授权总量}} \times 100\%$$

2. 外生态系统指标

相对于内生态系统而言，外生态系统即为内生态系统企业提供各项支持的外部环境，对产业技术创新生态系统中企业的创新能力培育起着至关重要的作用，外生态系统可以为企业群落提供包括技术、资金、人才、市场以及政策制度和社会文化几个方面的外部支持环境。其中：

（1）技术环境。

企业可以通过使用专利与技术转让等方式来获取新技术，从而降低研发风险。本文选取百万人发明专利拥有量和百万人技术合同成交额来评价社会对企业提供的技术环境。具体指标含义及算法如下：

① 百万人发明专利拥有量 C_{41}。是重要的技术能力评价指标之一，反映了社会的创新产出水平，以及企业从社会获取新技术的难易程度。

$$C_{41} = \frac{\text{全市发明专利拥有量}}{\text{全市总人口数}} \times 100\%$$

② 百万人技术合同成交额 C_{42}。技术市场的发展，技术成果交易的繁荣，对技术成果迅速转化为生

产力具有十分重要的作用,并反映了技术成果的市场化水平以及技术交易的活跃程度。

$$C_{42} = \frac{全市技术合同成交总额}{全市总人口数} \times 100\%$$

(2)资金环境。

从银行等金融机构获得资金是支持企业进行技术创新最主要也是最有效的渠道之一。考虑到数据的可得性,这里我们选取技术改造贷款及工业流动短期贷款两项指标来衡量企业在资金上获得的支持力度。

此外,争取风险投资机构的资金投入对于企业技术创新特别是处于初创期的科技型企业也同样非常重要。选择风险投资这一指标来衡量企业创新所处的资金环境,是因为它有普通银行贷款不可比拟的优势。首先,与普通贷款相比,风险投资资金的投入更具针对性,投资对象多为处于创业期(start-up)的中小型企业,而且多为高新技术企业,这类企业正是产业技术创新的主力,又是失败风险较大、银行贷款较为困难的企业。另外,风投机构除了对企业投入资金外,其风险投资人(venture capitalist)一般还将积极参与被投资企业的经营管理,提供增值服务,从而促使高新技术成果尽快地商品化和产业化。因此,风险投资是资金环境中不可缺少的一部分。具体指标含义及算法如下:

① 技术改造贷款占贷款总额比率 C_{51}。该指标反映了企业从银行获得的可用于企业技术改造的资金支持程度。

$$C_{51} = \frac{技术改造贷款额}{全部贷款总额} \times 100\%$$

② 工业流动短期贷款占贷款总额比率 C_{52}。工业流动短期贷款是企业确保正常生产经营所需周转资金的主要来源。反映了银行对企业的资金支持情况。

$$C_{52} = \frac{工业流动短期贷款额}{全部贷款总额} \times 100\%$$

③ 风险投资投资强度 C_{53}。该指标表示某地区平均每个项目的风险投资额,反映了某区域风险投资企业和机构对企业创新发展提供资金支持的总体环境。风险投资又是企业获得创新资金的重要来源之一,是资金环境中不可缺少的一个指标,但由于缺少城市的风险投资数据,因此,我们借用城市所在省份的投资强度数据进行代替。

$$C_{53} = \frac{风险投资总额}{项目总数} \times 100\%$$

(3)人才环境。

当今社会,人才是企业竞争中不可或缺的资源,对于企业创新而言更是如此。技术研发的专业人才及高学历人才给企业在技术创新上提供人才保障。本文选择专业技术人员占就业人员的比重和百万人口大专院校在校学生数两个指标,分别从社会技术人才供给和高校高学历人才输出两方面评价企业可以得到的人才支持。具体指标含义及算法如下,

① 专业技术人员占就业人员比重 C_{61}。该指标反映了全社会专业技术人员的投入强度。

$$C_{61} = \frac{专业技术人员数}{从业人员总数} \times 100\%$$

② 百万人口大专院校在校学生数 C_{62}。科技人力资源与国民的受教育水平密切联系,而百万人口大专院校在校学生数也是反映科技人力资源的重要指标,该指标反映了整个社会的人力资源水平。

$$C_{62} = \frac{\text{大专院校在校生数}}{\text{总人口}} \times 100\%$$

（4）市场环境。

市场既是技术创新的起点，又是技术创新的终点。在生态系统中，市场作为食物链中的分解者，对上游生产出的产品进行消化、吸收。它包括消费需求、消费结构、市场容量、市场竞争结构等因素。消费需求对技术创新有巨大的拉动作用，企业要根据变化的市场、变化的技术，创新出适合这种变化的产品。市场的消费结构对企业技术创新的创新类型选择起引导作用。没有市场，产品无法被消费，技术创新也就没有了意义。本文以人均 GDP 和人均工业增加值两个指标来衡量某一地区的市场容量与消费能力。具体指标含义及算法如下：

① 人均 GDP 指标 C_{71}。该指标反映一个地区的经济发达程度和生产能力，从而反映了整个市场的消费容量和消费能力。

$$C_{71} = \frac{\text{GDP}}{\text{常住总人口}} \times 100\%$$

② 人均工业增加值 C_{72}。人均工业增加值是国民经济核算中的一项基本指标，反映一个地区的经济发展水平和市场环境。

$$C_{52} = \frac{\text{工业增加值}}{\text{常住总人口}} \times 100\%$$

（5）政策、制度环境。

由于政策多为定性的指标，出于量化的方便和数据的可得性考虑，我们选用地方财政科技拨款占政府财政支出比重和企业 R & D 经费支出中政府资金占比重两个定量指标评价政府对区域产业技术创新的支持力度。具体指标含义及算法如下：

① 地方财政科技拨款占政府财政支出的比率 C_{81}。该指标反映了某区域在技术创新中获得地方政府政策和资金上的支持力度。是衡量地方政府科技投入力度的重要指标，也是政府科技发展政策的具体体现。

$$C_{81} = \frac{\text{地方财政科技拨款}}{\text{地方政府财政支出}} \times 100\%$$

② 企业 R & D 经费支出中政府资金占比重 C_{82}。该指标反映了政府在资金上对企业研发投入的支持。

$$C_{52} = \frac{\text{企业 R \& D 支出中政府资金}}{\text{企业 R \& D 经费支出}} \times 100\%$$

（6）社会、文化环境。

我们选取人均教育费支出和万人国际互联网络用户数两个指标对社会文化环境进行评价。具体指标含义及算法如下：

① 人均教育费支出 C_{91}。该指标反映了全社会在培养人才中对教育的支持程度。

$$C_{91} = \frac{\text{财政性教育经费支出}}{\text{常住总人口}} \times 100\%$$

② 万人国际互联网络用户数 C_{92}。该指标通过互联网的应用情况反映了社会的信息环境状况，即该地区的信息化程度，是社会开展创新活动的重要基础条件。

$$C_{92} = \frac{\text{互联网宽带数}}{\text{常住总人口}} \times 100\%$$

3. 内、外系统的融合指标

产业技术创新内、外生态系统之间通过不断地物质、能量和信息的交换进行融合,最终使得整个系统的发展实现一种螺旋式前进的效果。通常,评价一个地区的产业发展均从该地区的产值、能耗与生产率来进行衡量。这里,我们就选用高新技术产品出口额、高技术产业增加值、知识密集型服务业增加值、能耗产出率以及劳动生产率几个相关指标来表示产业技术创新对整个地区产值、能耗产出和生产率的贡献,从这三个角度来衡量和评价产业技术创新内、外生态系统融合的效果。具体指标含义及算法如下:

① 高新技术产品出口额占出口总额比重 C_{01}。这是一个反映科技产业国际化程度及国际竞争力水平的指标。

$$C_{01} = \frac{高新科技产品出口额}{出口商品总额} \times 100\%$$

② 高技术产业增加值占工业增加值比率 C_{02}。高技术产业是按照国家统计局国统字〔2002〕033 号文件中制定的《高技术产业统计分类目录》的方法进行统计的。包括:信息化学品制造业、医药制造业、航空航天器制造业、电子及通信设备制造业、电子计算机及办公设备制造业和医疗设备和仪器仪表制造业。高技术产业增加值占工业增加值比率这一指标反映了高技术产业的发展程度和产业结构的优化程度,是反映科技产业化的一个重要指标,体现了创新对社会和经济发展的作用。

$$C_{02} = \frac{高技术产业增加值}{工业增加值} \times 100\%$$

③ 知识密集型服务业产业增加值占工业增加值比率 C_{03}。知识密集型服务业又称为高技术服务业。《OECD 科学技术和工业记分牌》认为,基于 ISIC 第 3 版可被视为知识密集型行业的"市场"服务活动包括:第 64 类:邮政和电信;第 65-67 类:金融和保险;第 71-74 类:商业活动(不包括房地产)。知识密集型服务业产业增加值占工业增加值比率同样是反映科技产业化的重要指标。

$$C_{03} = \frac{知识密集型服务业产业增加值}{工业增加值} \times 100\%$$

④ 能耗产出率 C_{04}。C_{04} 是万元 GDP 能耗的倒数,该指标反映了消耗单位标准煤能够产出的工业产值。可反映一个地区的科学发展和可持续发展水平。

$$C_{04} = \frac{GDP}{能源消耗总量} \times 100\%$$

⑤ 劳动生产率 C_{05}。是考核企业经济活动的重要指标,是企业生产技术水平、经营管理水平、职工技术熟练程度和劳动积极性的综合表现。

$$C_{05} = \frac{工业总产值}{就业人员总数} \times 100\%$$

(三)评价指标的相关性分析

评价决策一般要求评价指标具有独立性,如果评价指标相关,评价结果具有倾向性。为了筛除重复指标或相关性较大的指标,提高指标体系的科学性,我们对各类指标进行相关性分析。其中,同级指标间相关性过高的指标可以只选择其中一个具有代表性的指标,将其余相关指标剔除;上下指标间应保留具有一定相关性的指标,对相关性较差的指标进行剔除。

相关分析的方法包括散点图法、相关系数法、直线回归方法等。本文选择相关系数法,搜集上述各指标数据,进行相关性分析。相关分析结果显示绝大多数指标之间相关性很小,有个别指标间相关性较大,分别是 C_{21}(企业 R&D 人员占从业人员比重)与 C_{24}(企业 R&D 经费支出占销售收入比重)两个指标之间的相关系数为 0.802；C_{71}（人均 GDP）与 C_{72}（人均工业增加值）两个指标之间的相关系数为 0.903；C_{01}（高新技术产品出口额占出口总额的比重）与 C_{02}（高技术产业增加值占工业增加值的比重）两个指标之间的相关系数为 0.811。

根据评价指标的独立性要求，以上三组指标中应每组保留一个指标，删除另外一个相关指标。但在应用相关分析法研究复杂的社会经济现象时，不仅要考虑数字的意义，同时也要考虑到指标的现实意义以及分析的实际需要，从而进行综合判断。上述三组指标尽管相关系数较大，但均有其不可替换的评价意义，因此，都应当保留下来。首先，指标 C_{21}（企业 R & D 人员占从业人员比重）与 C_{24}（企业 R & D 经费支出占销售收入比重）分别代表了创新投入中的人才投入与资金投入的强度，是创新投入中不可缺少的因素。其次，指标 C_{71}（人均 GDP）与 C_{72}（人均工业增加值）都是衡量区域市场容量与消费能力的指标，本文考虑到数据的可得与可比，在市场环境中仅选了这两个指标。另外，指标 C_{01}（高新技术产品出口额占出口总额的比重）与 C_{02}（高技术产业增加值占工业增加值的比重）分别反映了技术创新系统的融合对国际产品出口竞争力与国内产业发展的影响，缺一不可。

（四）指标权重确定

1. 权重确定方法选择

由于每个评价指标对于整个产业技术创新生态系统的影响程度不同，因此，在构建了评价指标体系之后，应对不同指标赋予权重以表示其在评价中的相对重要程度。指标权重的确定是综合评价的基础，其准确与否直接影响综合评价结果的有效性和科学性。

关于指标权重的确定方法主要分为主观赋权法与客观赋权法两大类。其中又包含很多种具体方法，客观赋权法不依赖于人的主观判断，因此客观性和准确性较强，但是操作起来比较复杂，另外该方法较注重指标的数学含义，对指标具体的经济意义重视不够；主观赋权法主要包括 AHP 法、Delphi 法等，这些方法的研究和使用均较早也较为成熟，缺点是受专家主观影响较大。

综上，考虑到保证权重确定的相对客观性以及可操作性，本文选择运用层次分析法（AHP），通过向相关专家进行咨询确定出每层指标的权重并最终得出具体指标的总的权重。

2. 层次分析法确定指标权重的步骤

（1）建立树状层次结构模型（表 1）。

（2）对同一层次的各元素关于上一层次某一准则的重要性进行两两比较，构造两两比较矩阵，并进行一致性检验。

其中，在进行因素的两两比较时，应当确立定量的判断标度，如表 2 所示。

表 2 指标重要性赋分值表

标 度	含 义
1	表示两个因素相比，具有同样重要性
3	表示两个因素相比，一个因素比另一个因素稍微重要
5	表示两个因素相比，一个因素比另一个因素明显重要
7	表示两个因素相比，一个因素比另一个因素强烈重要
9	表示两个因素相比，一个因素比另一个因素极端重要
2, 4, 6, 8	为上述相邻判断的中值
倒数	若元素 i 与元素 j 的重要性之比为 a_{ij}，则元素 j 与元素 i 的重要性之比为 $1/a_{ij}$

（3）通过 AHP 软件计算出指标权重。

3. 指标权重结果

本文运用以上层次分析法,确定了各级指标的最终权重,如表 3 所示。

表 3　评价指标体系及权重

一级指标	二级指标	二级权重	三级指标	三级权重	四级指标	四级权重	总权重
区域产业技术创新生态系统（E）	内生态系统（A_1）	0.4	物种情况（B_1）	0.4	开展创新活动的企业数/企业总数（C_{11}）	0.306	0.048 96
					国家级创新型企业数（C_{12}）	0.219	0.035 04
					高新技术企业数（C_{13}）	0.219	0.035 04
					驻地高校数（C_{14}）	0.104	0.011 2
					科技服务业机构数（C_{15}）	0.152	0.029 76
			创新投入（B_2）	0.325	企业 R&D 经费支出占销售收入比重（C_{21}）	0.335	0.043 55
					企业 R&D 人员数/从业人员总数（C_{22}）	0.245	0.031 85
					高技术产业就业人员/从业人员（C_{23}）	0.165	0.021 45
					知识密集型服务业就业人员/从业人员（C_{24}）	0.125	0.016 25
					企业 R&D 经费外部支出中对科研院所及高校支出（C_{25}）	0.13	0.016 9
			创新产出（B_3）	0.275	新产品销售收入/总销售收入（C_{31}）	0.55	0.060 5
					企业专利数/专利总数（C_{32}）	0.45	0.049 5
	外生态系统（A_2）	0.4	技术环境（B_4）	0.218	百万人发明专利拥有量（C_{41}）	0.5	0.043 6
					百万人技术合同成交额（C_{42}）	0.5	0.043 6
			资金环境（B_5）	0.218	技术改造贷款/贷款总额（C_{51}）	0.54	0.047 09
					工业流动短期贷款/贷款总额（C_{52}）	0.16	0.013 95
					风险投资投资强度（C_{53}）	0.30	0.026 16
			人才环境（B_6）	0.218	专业技术人员占就业人员比重（C_{61}）	0.667	0.058 16
					百万人口大专院校在校学生数（C_{62}）	0.333	0.029 04
			市场环境（B_7）	0.077	人均 GDP（C_{71}）	0.5	0.015 4
					人均工业增加值（C_{72}）	0.5	0.015 4
			政策、制度环境（B_8）	0.218	地方财政科技拨款/政府财政支出（C_{81}）	0.5	0.043 6
					企业 R&D 经费支出中政府资金占比重（C_{82}）	0.5	0.043 6
			社会、文化环境（B_9）	0.051	人均教育费支出（C_{91}）	0.5	0.010 2
					万人国际互联网络用户数（C_{92}）	0.5	0.010 2
	内、外生态系统融合（A_3）	0.2	内、外生态系统融合效率（B_0）	1	高新技术产品出口额/出口总额（C_{01}）	0.318	0.063 6
					高技术产业增加值/工业增加值（C_{02}）	0.318	0.063 6
					知识密集型产业增加值/工业增加值（C_{03}）	0.134	0.026 8
					能耗产出率（C_{04}）	0.115	0.023
					劳动生产率（C_{05}）	0.115	0.023

4. 原始数据的规范化处理

由于不同评价指标的原始数据间采用了不同的量纲和数量级,无法直接进行统一比较,为了实现数据的统一性和可比性,需要对评价指标数据进行规范化处理。本文采用极值法消除原始数据间量纲的差异。公式如下：

$$C'_{ij} = \frac{C_{ij}}{\max C_{ij}} \ (i = 1, 2, \cdots, 9, 0; j = 1, 2, \cdots, 5)$$

其中，C_{ij} 表示原始数据，C'_{ij} 表示处理后的规范化数据，i 为三级指标序列，j 为四级指标序列。

5. 评价指标得分测算方法

本指标体系的得分测算采用的是多因素综合评价法。具体算法为：三级指标得分由各三级指标下的四级指标规范化数据加权求和得到，二级指标得分由各二级指标下的三级指标得分值加权求和得到，最终，由二级指标得分加权求和得出总指标得分值。测算公式表示为：

$$E = \sum_{i=1}^{3} \alpha_i A_i$$

式中，$A_i (i = 1, 2, 3)$ 分别表示三个二级指标，α 表示指标 A_i 的权重；

$$A_1 = \sum_{j=1}^{3} \beta_j B_j, \quad A_2 = \sum_{j=4}^{9} \beta_j B_j, \quad A_3 = B_0$$

式中，$B_j (j = 1, 2, \cdots, 9, 0)$ 分别表示 10 个三级指标，β_j 表示指标 B_j 的权重；

$$B_j = \sum_{j=0}^{9} \gamma_n C_{jn} \ (n = 1, 2, \cdots)$$

式中，$C_{jn} (j = 1, 2, \cdots, 9, 0; n = 1, 2, \cdots)$ 分别表示 28 项四级指标，γ_n 表示指标 C_{jn} 的权重。

三、青岛市产业技术创新生态系统评价

（一）总指标对比

按照前文所述测算方法，对青岛市 2006～2010 年的指标数据进行搜集整理，进行规范化处理计算，并进行加权计算，得到"十二五"期间青岛市产业技术创新生态系统的总得分，如图 2 所示。

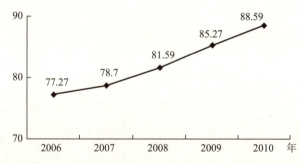

图 2　2006～2010 年青岛市产业技术创新生态系统的总得分

由图 2 可见，2006～2010 年青岛市产业技术创新生态系统的得分呈逐年上升趋势，由 2006 年的 77.27 增长到 2010 年的 88.59，年均增长率达到 3.48%。从纵向看，青岛市产业技术创新系统的建设正在逐步加强和完善。

（二）二级指标评价结果分析

青岛市产业技术创新生态系统二级指标得分如图 3 所示。总体来看，青岛市产业技术创新生态系统三个二级指标的得分是逐年升高的。说明从纵向看来，不论是对青岛市企业群落本身还是产业技术创新的外部环境以及最终内外系统间的融合效果而言，青岛市的整体产业技术创新系统环境随着时间的推移，都是在逐步改善的。

其中，内生态系统由 2006 年的 79.73 增长到 2010 年的 87.57，年均增长率为 2.37%，在 2008 年和 2010 年均出现回落；外生态系统由 2006 年的 73.21 增长到 2010 年的 87.61，年均增长率达到 4.59%，

在2007年有小幅下降,随后呈现快速增长态势;内外生态系统融合由2006年的80.49增长到2010年的92.60,年均增长率为3.57%,在2007年出现下降,但总体呈增长趋势。个别年份评价值有小幅下降的原因可以从三级指标得分情况进行分析。

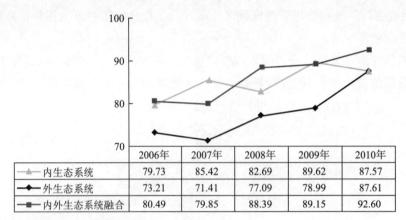

	2006年	2007年	2008年	2009年	2010年
内生态系统	79.73	85.42	82.69	89.62	87.57
外生态系统	73.21	71.41	77.09	78.99	87.61
内外生态系统融合	80.49	79.85	88.39	89.15	92.60

图3 2006~2010年青岛市产业技术创新生态系统二级指标得分

(三)三级指标评价结果分析

(1)内生态系统三级指标对比。

如图4所示,内生系统的三项指标中,企业群落的指标值在2006~2010年间快速增长,特别是高新技术企业由2006年的54家增长到2010年的289家,国家级创新型企业数也由2006年的2家增长到14家,使得青岛市的企业创新群落不断壮大,但开展创新活动的企业数所占比重、驻地高校数和科研机构数变化不大。

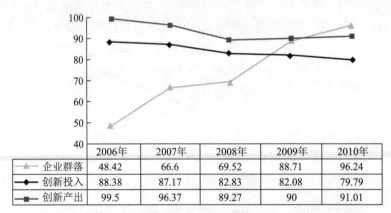

	2006年	2007年	2008年	2009年	2010年
企业群落	48.42	66.6	69.52	88.71	96.24
创新投入	88.38	87.17	82.83	82.08	79.79
创新产出	99.5	96.37	89.27	90	91.01

图4 2006~2010年青岛市产业技术创新内生态系统三级指标得分

而创新投入与创新产出两项指标存在着不同程度的波动下滑趋势。首先,从创新投入的资金投入与人才投入两个方面来看,资金投入方面存在的问题比较突出,企业的R&D支出占销售收入的比重从2006年的1.63%降至2009年的1.35%,虽然2010年小幅上升到1.43%,但较2006年低0.2%,降幅较大;人才投入方面,尽管总体趋势是上升的,但高新技术产业就业人员占从业人员总数比重从2007年1.87%降至2010年的1.49%,说明对高新技术人员的引进与培养还不够。其次,从创新产出的新产品和专利两个方面来看,企业新产品的销售比重与企业专利数在2006~2009年间均呈现下降趋势,2010年小幅回升,体现出创新产出与创新投入变化的密切相关。

综上,青岛市企业创新内生态系统中企业的R&D支出比重与高新技术产业就业人员比重方面存在较大的问题,是今后需要改善的重点方向。

（2）外生态系统三级指标对比。

由图5可见，2006～2010年，外生态系统的技术环境、市场环境、政策制度环境和社会文化环境等三级指标均呈现上升趋势，政府与社会在对区域内产业技术创新提供的支持是逐年增多的。但资金环境与人才环境两个三级指标，却呈现逐年下滑的趋势，说明企业在技术创新外生态系统中得到的资金与人才支持反而越来越少。

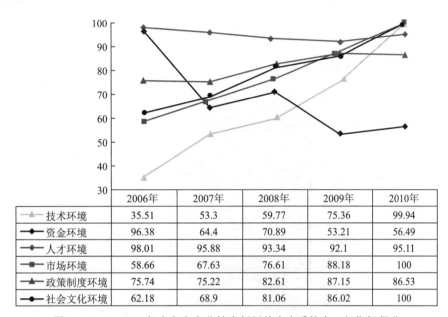

	2006年	2007年	2008年	2009年	2010年
技术环境	35.51	53.3	59.77	75.36	99.94
资金环境	96.38	64.4	70.89	53.21	56.49
人才环境	98.01	95.88	93.34	92.1	95.11
市场环境	58.66	67.63	76.61	88.18	100
政策制度环境	75.74	75.22	82.61	87.15	86.53
社会文化环境	62.18	68.9	81.06	86.02	100

图5　2006～2010年青岛市产业技术创新外生态系统中三级指标得分

首先，资金环境中技术改造贷款占贷款总额比例由2006年的0.79%下降到2010年的0.30%，降幅较大。实际上，银行的技术改造贷款总额每年都在不断地增多，只是远远低于贷款总额每年增长的幅度，导致技术改造贷款所占的比重在逐年降低。也就是说，银行每年提供的贷款更多的投向了其他方面，而对企业技术改造方面的支持力度没有因为向社会投放贷款的增多而同步增加，该指标是拉低资金环境评价值逐年降低的最主要因素。技术改造贷款又是企业从外部获得创新资金最直接和最重要的来源，这一贷款比例的大幅降低直接影响了企业进行创新活动获得资金的来源。此外，工业流动短期贷款也是企业获得资金的主要途径之一，而工业流动短期贷款占贷款总额比重由2006年16.40%下降到2010年的13.26%，降低了3.14个百分点。可以看出，对于企业创新发展的资金支持环境很不稳定，无法满足更多的企业进行不断创新的需要。此外，风险投资也是企业获得外部资金支持的重要方面，青岛市的风险投资环境是依据山东省总的风险投资强度数据进行推算的，2008年由于金融危机的影响，风险投资的总体环境有所收缩、投资强度降低，2009年随着经济的逐渐复苏，风险投资强度也开始回升。

其次，关于人才环境，高校在校生可以作为产业技术创新发展的储备人才，这一指标值在2006年至2009年间没有很大变化，基本稳定。而专业技术人员则是正在参与企业创新的中坚力量，直接反映了当前企业创新的人才现状。青岛市的专业技术人员占就业人员比重由2006年7.38%下降到2010年的6.66%，降低了0.72个百分点，导致了青岛市企业创新的整体人才环境不尽人意，这是需要改进的地方，说明整个社会对技术人员的培养还有待加强。

四、副省级城市产业技术创新生态系统评价结果对比分析

（一）样本城市的选择

选择与青岛市同级别的15个副省级城市（包括青岛）作为样本城市。通过对样本城市的评价，可以

找出青岛市在产业技术创新系统建设方面所处的位置,并且,通过对每一层指标的对比,发现这些样本城市在产业技术创新系统建设的不同方面的优势和特点,对青岛市的产业技术创新系统建设同样具有借鉴意义。

（二）评价结果分析

1. 15个副省级城市评价总得分对比

由图6可以看到,在15个副省级城市的产业技术创新生态系统总体评价中,青岛排在第12位,处于中等偏下水平,并且与排在附近的几个城市差距不大,但与排在首位的深圳相比,青岛市的总指标得分值低了44.92%,可以说,差距还是相当大的。

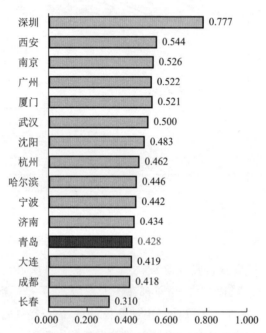

图6　15个副省级城市产业技术创新生态系统总指标对比

2. 二级指标对比

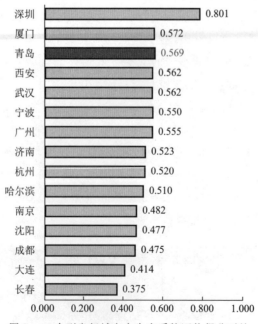

图7　15个副省级城市内生态系统评价得分对比

从内生态系统来看,青岛市的排名比较靠前,在15个副省级城市中处于第三位。但其优势并不明显,与排在第一位的深圳相比,青岛市的评价值低了28.96%,而与排在第四位的西安相比,指标值仅高了1.23%,并且与排在后面的城市的指标值相比并未拉开距离。

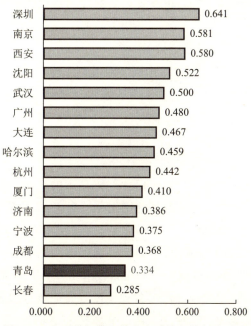

图8　15个副省级城市外生态系统评价得分对比

青岛市外生态系统的评价得分比较低,在15个副省级城市中排在倒数第二位,比排在第一位的深圳的评价值低了47.89%。依据评价数据可以看到,这15个城市可以分成四大类,第一类是深圳,深圳的评价得分远远高于其他城市;第二类是得分在0.5~0.6之间的四个城市,分别是南京、西安、沈阳、武汉;第三类是得分在0.4~0.5之间的五个城市,分别是广州、大连、哈尔滨、杭州、厦门;最后一类是得分低于0.4的济南、宁波、成都、青岛和长春。

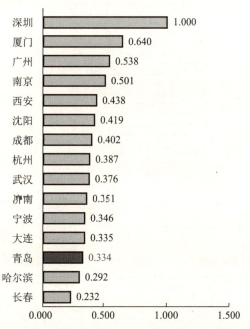

图9　15个副省级城市内外生态系统融合评价得分对比

青岛市的内外生态系统融合效果评价得分为 0.334,在 15 个副省级城市中排在倒数第三位,与排在首位的深圳相比,评价得分低了 66.6%,差距相当大,整体处于十分落后的位置。

综合对比可以看到,青岛市的内生态系统评价值较高,但外生态与内外生态融合评价值都很低,在 15 个副省级城市中非常落后,这说明,青岛市具有创新活动与意识的企业并不算落后,但为企业创新提供的环境尚有较大差距。

3. 三级指标和四级指标对比

2009 年,在全部三级指标中,青岛市在 15 个副省级城市中排名在前 5 位(包含第 5 位)的有 2 项,占全部三级指标的 20%;排名在第 6 到第 10 之间的有 3 项,占全部三级指标的 30%;排在 11 位之后的有 5 项,占全部三级指标的 50%。

(1)内生态系统三级指标及四级指标对比。

① 企业和机构群落。

首先,关于企业群落的对比。如图 10 及表 4 所示,青岛市的企业与机构群落评价得分在 15 个副省级城市中排名第 11 位,属于落后水平,与排在第一位的深圳相比,评价值低了 42.35%。其中,青岛市在国家级创新型企业数这个指标上的表现较好,在 15 个副省级城市中排第 3 位。而其余四个指标值均较低,在 15 个副省级城市中仅排 12~13 位。其中,青岛市开展创新活动的企业比重这一指标值在 15 个副省级城市中仅排 13 位。该指标的大小可以反映一个城市技术创新活动的普及程度。说明青岛市的创新型企业数量很多,但普通企业中对创新活动开展的重视程度与其他城市相比还不够,许多企业对创新的需求不强,反映了低端加工组装企业较多的现状。关于高新技术企业数,青岛市的总数量比较少,在 15 个副省级城市中排在倒数第四位,说明青岛市在国家级高新技术企业的培育与建设中还需要改进。

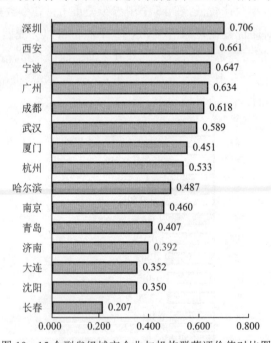

图 10　15 个副省级城市企业与机构群落评价值对比图

表 4　15 个副省级城市企业和机构群落下的各四级指标标准化数据对比

城市	沈阳	大连	长春	哈尔滨	南京	杭州	宁波	厦门	济南	青岛	武汉	广州	深圳	成都	西安
C_{11}	0.55	0.35	0.27	0.72	0.74	0.82	0.9	0.79	0.69	0.45	0.8	0.64	0.51	0.63	1.0
排名	11	14	15	7	6	3	2	5	8	13	4	9	12	10	1

城市	沈阳	大连	长春	哈尔滨	南京	杭州	宁波	厦门	济南	青岛	武汉	广州	深圳	成都	西安
C_{12}	0.42	0.75	0.08	0.58	0.33	0.5	1.0	0.92	0.17	0.83	0.58	0.58	0.75	0.58	0.67
排名	12	4	15	7	13	11	1	2	14	3	7	7	4	7	6
C_{13}	0.13	0.16	0.11	0.25	0.4	0.3	0.6	0.41	0.22	0.2	0.4	0.85	1.0	0.89	0.46
排名	14	13	15	10	7	9	4	6	11	12	7	3	1	2	5
C_{14}	0.369	0.34	0.57	0.6	0.51	0.49	0.16	0.15	0.42	0.33	1.0	0.4	0.13	0.61	0.76
排名	10	11	5	4	6	7	13	14	8	12	1	9	15	3	2
C_{15}	0.15	0.05	0.15	0.15	0.13	0.38	0.05	0.02	0.35	0.08	0.15	0.56	1.0	0.27	0.19
排名	7	13	7	7	11	3	13	15	4	12	7	2	1	5	6

另外,科技服务业是指运用现代科技知识、现代技术和分析研究方法,以及经验、信息等要素向社会提供智力服务的新兴产业,主要包括科学研究、专业技术服务、技术推广、科技信息交流、科技培训、技术咨询、技术孵化、技术市场、知识产权服务、科技评估和科技鉴证等活动。科技服务业是现代服务业的重要组成部分,是推动产业结构升级优化的关键产业。青岛市的科技服务业机构数排名比较靠后,在15个副省级城市中排名第12,说明青岛市的科技服务业规模有待提高,为企业的技术创新提供的技术、知识服务与其他城市相比存在差距。

② 创新投入。

其次,关于创新投入评价。如图11所示,青岛市的创新投入总评价得分在15个副省级城市中排名第6位,处于中间的位置。从表5的数据可以看出,企业R&D经费支出中对科研机构及高校的支出以及企业R&D人员数所占比重这两个指标排名十分靠前,分别在副省级城市中排名第一和第三位。其中,科研院所及高校为企业技术创新投入了大量的技术及人才。该指标反映了城市产学研的一体化程度,是科技创新的重要保证。该项指标排名靠前,说明青岛市的独立科研机构的研究方向与企业的需求一致,产学研合作水平在国内处于领先地位。

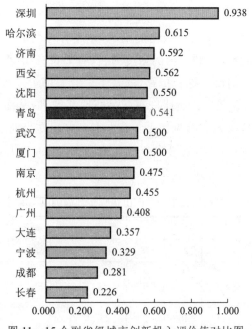

图 11 15个副省级城市创新投入评价值对比图

表5　15个副省级城市创新投入指标下的各四级指标数据对比

	沈阳	大连	长春	哈尔滨	南京	杭州	宁波	厦门	济南	青岛	武汉	广州	深圳	成都	西安
C_{21}	3.3	1.5	1.8	3.7	3.2	2.3	1.3	2.1	3.7	2.4	3.1	1.3	4.5	1.3	3.1
排名	4	12	11	2	5	9	13	10	2	8	6	13	1	13	6
C_{22}	2.8	2.1	0.4	1.3	3.4	2.2	3.3	7.1	0.9	1.6	2.5	3.3	20.6	1.8	2.4
排名	6	10	15	13	3	9	4	2	14	12	7	4	1	11	8
C_{23}	3.7	2.5	1.7	2.6	2.4	3.2	1.9	1.9	3.1	1.4	3.5	3.2	2.9	2.0	4.4
排名	2	9	14	8	10	4	12	12	6	15	3	4	7	11	1
C_{24}	1.3	1.0.	0.4	1.5.	0.9	1.2	0.8	1.1	1.3	1.4	1.2	0.9	2.0	0.70	1.4
排名	5	10	15	2	11	7	13	9	5	4	8	11	1	14	3
C_{25}	4.0	2.5.5	0.6	9.1	5.6	2.1	4.1	10	9.2	14	1.4	7.9	12	2.1	2.5
排名	9	10	15	5	7	12	8	3	4	1	14	6	2	12	10

注：C_{21}—企业 R＆D 人员数占比重；C_{22}—高技术产业就业人员比重；C_{23}—知识密集型服务业就业人员比重；C_{24}—企业 R＆D 经费支出占销售收入比重；C_{25}—科研院所及高校 R＆D 经费中来自企业投入。

其他三项指标均较靠后。尤其是高技术产业及知识密集型服务业就业人员比重,在 15 个副省级城市中更是基本垫底。这是由于青岛市本身的高新技术企业数量与其他副省级城市相比就存在差距,高技术从业人员数量相应地也就较少,加之青岛市从业人员总数较大,使得计算后的比重更低了。这说明了青岛市企业内部本身缺乏对创新及高技术人才的投入。其中,高技术产业就业人员占就业人员比重是反映了创新对产业结构的优化程度的指标。青岛市经济产业结构中传统产业所占的比重仍然很大,高技术产业对全市就业率的贡献较低。知识密集型服务业是现代服务业的重要组成部分,低消耗、无污染,是发达国家产业发展的主要方向。近年来,青岛市知识密集型服务业发展缓慢,只出现了轻微增长,与先进城市的差距不断拉大。政府应该提高招商引资的门槛,加大对知识密集型服务业的扶持力度。此外,企业 R＆D 经费支出占销售收入比重反映了企业科技创新的投入强度。企业是创新的主体,政府应该采取各种措施激发企业的创新热情,重视技术研发,加大创新投入。

③创新产出。

青岛市的创新产出水平较高,由于指标数据的限制,本指标体系的指标并无法完全地反映创新产出的准确水平,但就新产品销售与企业专利产出的角度而言,青岛市在 15 个副省级城市中位于前列。企业新产品销售收入占产品销售收入的比重这一指标,反映了企业采用新技术原理、新设计构思研制、生产的全新产品,或在结构、材质、工艺等某一方面比原有产品有明显改进,从而显著提高了产品性能或扩大了使用功能的产品对全部产品销售收入的影响作用。企业专利产出是企业进行技术创新的重要成果,青岛拥有像海尔、海信这样的创新型企业,对专利的产出贡献很大。这是青岛市产业技术创新生态系统中的优势所在。

表6　15个副省级城市创新产出指标下的各四级指标数据对比

	沈阳	大连	长春	哈尔滨	南京	杭州	宁波	厦门	济南	青岛	武汉	广州	深圳	成都	西安
C_{31}	22	18	36	16	17	20	18	19	20	29	18	20	22	9.2	12
排名	3	9	1	13	12	5	9	8	5	2	9	5	3	15	14
C_{32}	54	66	54	37	57	59	95	88	71	87	70	69	98	78	51
排名	12	9	12	15	11	10	2	3	6	4	7	8	1	5	14

注：C_{31}—企业新产品销售收入占产品销售收入比重；C_{32}—企业专利数占专利总数比重。

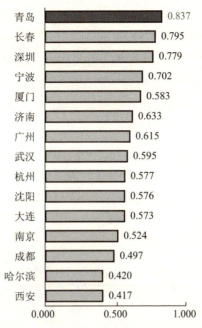

图12　15个副省级城市创新产出评价值对比图

（2）外生态系统下的三级指标对比。

表7　15个副省级城市技术环境指标下的各四级指标数据对比

	沈阳	大连	长春	哈尔滨	南京	杭州	宁波	厦门	济南	青岛	武汉	广州	深圳	成都	西安
C_{41}	289	326	207	219	639	771	263	341	271	177	407	431	2126	252	363
排名	9	8	14	13	3	2	11	7	10	15	6	4	1	12	6
C_{42}	8.6	7.2	2.6	4.7	8.3	5.1	0.7	4.6	2.1	1.4	8.1	6.6	9.3	3.4	7.9
排名	2	6	12	9	3	8	15	10	13	14	4	7	1	11	5

注：C_{41}—百万人发明专利拥有量；C_{42}—百万人技术合同成交额。

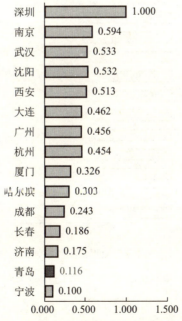

图13　15个副省级城市技术环境评价值对比图

由图表可以看出,青岛市的技术环境评价得分十分落后,在 15 个副省级城市中位于倒数第二位。从构成总体技术环境的两个评价指标的数据来看,青岛市百万人发明专利拥有量及百万人技术合同成交额这两个指标均处于 15 个城市的末尾。这是由于整个社会的技术创新的氛围还不够。结合前面创新产出的分析可以看到,青岛市企业的专利产出在整体专利产出中的比例很大,但整个青岛市的专利产出量并不大。并且技术合同成交额较低,说明青岛市技术创新成果的市场化水平较低。青岛市在成果产出数量和转化效率等方面做得还不够,要多向先进城市学习,在增加科技成果产出数量的同时,把更多精力放在成果转化上。

　　综合青岛市纵向分析的结果来看,青岛市本身在技术环境的纵向发展上是不断进步的,但与其他副省级城市相比较却存在明显差距。这说明青岛市技术环境发展的趋势是好的,但水平还是有待提高的。需要企业、科研院所、高校以及全社会对专利重视起来,并且不应仅局限于专利申请,更应注重专利的应用及保护。

表 8　15 个副省级城市资金环境指标下的各四级指标数据及排名对比

	沈阳	大连	长春	哈尔滨	南京	杭州	宁波	厦门	济南	青岛	武汉	广州	深圳	成都	西安
C_{51}	0.62	0.67	0.66	0.61	0.65	0.27	0.2	0.28	0.31	0.28	0.87	0.64	0.71	0.63	1.51
排名	9	4	5	10	6	14	15	12	11	12	2	7	3	8	1
C_{52}	7.26	10	8.6..	8.4	6.1	12	18	9.4	11	13	6.9	4.7	5.3	9.1	9.3
排名	11	5	9	10	13	3	1	6	4	2	12	15	14	8	7
C_{53}	1 783	1 783	302	2 133	1 127	1 678	1 678	1 441	2 557	2 557	946	1 472	1 472	1 413	2 191
排名	5	5	15	4	13	7	7	11	1	1	14	9	9	12	3

注:C_{51}—技术改造贷款占贷款总额比重;C_{52}—工业流动短期贷款占贷款总额比重;C_{53}—风险投资投资强度。

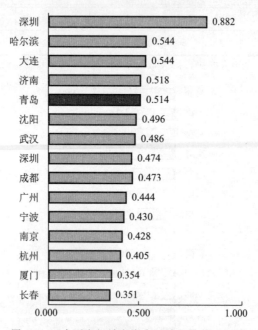

图 14　15 个副省级城市资金环境评价值对比图

　　从外部资金环境来看,青岛市在 15 个副省级城市中排在第 5 位。但细分的三项四级指标中,技术改造贷款比重这一指标的数据排名很靠后,排在第 12 位,并且与前面城市的数据差距相当大,说明银行对技术创新的资金投入力度亟待加强,从而从外部资金供给上给企业的创新发展保驾护航。

表9　15个副省级城市人才环境指标下的各四级指标数据对比

	沈阳	大连	长春	哈尔滨	南京	杭州	宁波	厦门	济南	青岛	武汉	广州	深圳	成都	西安
C_{61}	8.4	6.9	5.1	7.6	18	6.4	12	7.9	6.5	6.4	13	7.3	8.7	9.7	9.9
排名	7	11	15	9	1	13	3	8	12	13	2	10	6	5	4
C_{62}	4.4	3.8	4.8	4.7	10	4.9	1.9	5.2	9.5	3.2	9.3	7.7	0.8	4.6	7.5
排名	11	12	8	9	1	7	14	6	2	13	3	4	15	10	5

注：C_{61}—专业技术人员占就业人员比重；C_{62}—百万人口大专院校在校学生数。

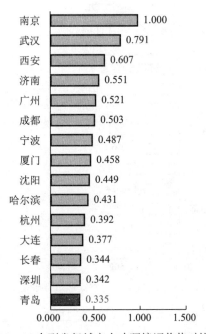

图15　15个副省级城市人才环境评价值对比图

人才环境方面，青岛市的评价得分值在15个副省级城市中排在最末位。依据表10中的两项四级指标数据可以看到，百万人口大专院校在校学生数这一指标在15个副省级城市中排名倒数第三，主要是因为青岛的高等院校和大专院校总数较少，与排名在前列的南京、济南、西安等城市差距较大。百万人口大专院校在校学生数主要反映一个城市的高等教育水平和高学历人才的供给水平，这一现状说明了青岛市的高等教育发展还不够成熟与壮大，无法满足向企业和社会输出高等人才的需求，出现了企业创新发展的人才瓶颈。但是，教育的发展及高校的建设是个长期的工作，短期内增长比较困难，需要全市的重视与持续的努力。

表10　15个副省级城市市场环境指标下的各四级指标数据及排名

	沈阳	大连	长春	哈尔滨	南京	杭州	宁波	厦门	济南	青岛	武汉	广州	深圳	成都	西安
C_{71}	5	6.6	3.8	3.1	6.4	6	6.60	6.5	4.8	5.6	4.3	8.5	9.4	3.2	2.7
排名	9	3	12	14	6	7	3	5	10	8	11	2	1	13	15
C_{72}	2.667	3.3	1.5	0.9	2.1	2.7	2.2	2.7	1.8	2.8	1.8	2.9	4	1.3	1
排名	7	2	12	15	9	5	8	5	10	4	10	3	1	13	14

注：C_{71}—人均GDP（万元/人）；C_{72}—人均工业增加值（万元/人）。

另外，专业技术人员占就业人员比重一项在15个副省级城市中也排在倒数第三位。青岛市劳动力投入的总体质量不高，一方面是由于青岛市整体的就业人员构成中，专业技术人员较为欠缺；另一方面主要是由于青岛市的经济增长过度依赖于初级的加工制造，对专业技术人员的需求较低。而专业技术人员是进行企业各项创新活动以及建设创新型企业所必需的人才基础。

综合该横向对比分析与前面的纵向对比分析可以看到,青岛市在对企业创新的人才环境支持方面存在很大的问题。不但与其他副省级城市相比存在较大差异,自身看来随着时间的推移非但没有逐步完善,反而评价值在逐年降低。究其原因,主要在于大专院校等专业技术类的教育发展不够,缺乏相应的人才供给。

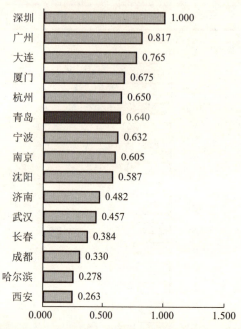

图16　15个副省级城市市场环境评价值对比图

青岛市产业技术创新的市场环境属于中上游水平,在15个副省级城市中排名第六。市场环境主要取决于青岛市整体的经济发展水平,人均GDP与人均工业增加值都是衡量一个地区经济发展的重要和必备指标,反映城市的整体经济社会发展水平,是城市创新的重要基础保障。青岛市的经济发展水平在15个副省级城市中处于中等偏上的水平,因此,其市场环境也处于中上游。但与排在前列的城市之间的差距还是很大的,其中,青岛市市场环境的评价值比深圳低了35%,与排在第二位的广州相比也低了20.9%。

如图17所示,青岛市政策制度环境评价得分值在15个副省级城市中排在倒数第三位。是青岛市产业技术创新环境中较薄弱的环节。各项优惠政策和制度大多可以落实到财政的支持上来。地方财政科技拨款占政府财政支出的比重是衡量地方政府科技投入支持力度的重要指标。2009年青岛市地方财政科技拨款占政府财政支出的比重为2.36,不足深圳市的1/3,在副省级城市中排名第9位。企业R&D经费支出中政府资金占比重为2.54,排在倒数第2位。与领先城市相比,差距十分巨大。虽然领先城市多位于我国中西部或东北地区,国有企业比重比较大,但青岛市与东南沿海的厦门、深圳、宁波等城市也有一定的差距,政府对企业的创新活动支持力度还应继续加大。

表11　15个副省级城市政策制度环境指标下的各四级指标数据及排名

	沈阳	大连	长春	哈尔滨	南京	杭州	宁波	厦门	济南	青岛	武汉	广州	深圳	成都	西安
C_{81}	2.9	3.9	1	1.8	3.6	5.4	3.3	2.9	2	2.4	2	4.1	7.8	1.5	1.4
排名	7	4	15	12	5	2	6	7	10	9	10	3	1	13	14
C_{82}	18	4.2	3.2	22	3.7	2.1	2.9	5.3	5.8	2.5.	3.3	2.6	3.5	7.6	17
排名	2	7	11	1	8	15	12	6	5	14	10	13	9	4	3

注:C_{81}—地方财政科技拨款占政府财政支出的比重;C_{82}—企业R&D经费支出中政府资金占比重。

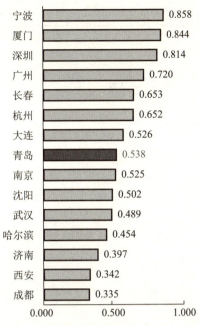

图 17 15 个副省级城市政策制度环境评价值对比图

表 12 15 个副省级城市社会文化环境指标下的各四级指标数据及排名

	沈阳	大连	长春	哈尔滨	南京	杭州	宁波	厦门	济南	青岛	武汉	广州	深圳	成都	西安
C_{91}	844	949	637	646	831	1 065	1073	1 497	551	846	731	1 064	1 318	619	465
排名	8	6	12	11	9	4	3	1	14	7	10	5	2	13	15
C_{92}	0.16	0.2	0.33	0.18	0.18	0.22	0.37	0.26	0.16	0.19	0.18	0.27	0.28	0.1	0.14
排名	13	7	2	9	9	6	1	5	12	8	9	4	3	15	14

注:C_{91}—人均教育费支出(元/人);C_{92}—万人国际互联网络用户数(万户/万人)。

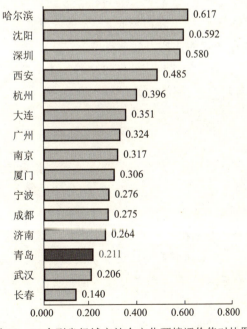

图 18 15 个副省级城市社会文化环境评价值对比图

　　青岛市的社会文化环境评价值为 0.538,在 15 个副省级城市中排在第 8 位,其中,人均教育费支出及互联网用户数两个指标均排在中游位置。

表 13　15 个副省级城市内外生态系统融合效果下各四级指标数据及排名

指标 城市	高新技术产品出口额		高技术产业增加值		知识密集型服务业产业增加值		综合能耗产出率		劳动生产率	
	占比	排名	占比	排名	占比	排名	占比	排名	占比	排名
沈阳	16.98	5	8.32	11	21.68	14	16.13	4	11.67	2
大连	2.20	15	7.19	14	25.58	12	17.54	2	10.30	4
长春	9.39	11	2.83	15	22.10	13	8.52	14	4.75	14
哈尔滨	3.93	14	8.71	10	37.45	6	8.06	15	6.34	12
南京	27.40	2	15.51	6	36.65	7	8.93	13	9.85	5
杭州	9.02	12	10.46	8	38.46	5	14.29	6	7.88	11
宁波	10.64	8	7.81	13	28.86	11	12.20	8	8.45	9
厦门	23.06	4	39.30	2	31.01	10	17.24	3	8.97	6
济南	9.94	9	9.52	9	33.67	9	9.60	11	8.56	8
青岛	13.09	7	7.85	12	17.90	15	12.74	7	8.74	7
武汉	5.53	13	18.70	3	34.85	8	9.01	12	8.30	10
广州	24.22	3	13.09	7	41.17	3	15.36	5	11.54	3
深圳	56.16	1	55.17	1	45.82	1	18.90	1	11.88	1
成都	9.75	10	18.30	4	39.56	4	11.90	10	5.48	13
西安	16.08	6	17.77	5	42.55	2	12.20	9	4.72	15

从总体内外生态系统融合效果来看,青岛市基本处于 15 个副省级城市的中游,综合得分与排在前列的城市相比差距较大。

其中,高技术产业增加值比重及知识密集型服务业产业增加值比重这两项指标比较落后。知识密集型服务业是现代服务业的重要组成部分,低消耗、无污染,是发达国家产业发展的主要方向。近年来,青岛市知识密集型服务业发展缓慢,只出现了轻微增长,与先进城市的差距不断拉大。政府应该提高招商引资的门槛,加大对知识密集型服务业的扶持力度。青岛市综合能耗产出率是 12.74 万元/千克标准煤,居于副省级城市的第 7 位,比排名最高的深圳市少了 32.59%。青岛市高能耗、低技术的工业企业产出占 GDP 的比重比较大,未来几年转方式、调结构的任务还很重。只有大力发展战略性新兴产业和现代服务业才能加快综合能耗产出率的增长速度。

(三)评价结论

综合以上纵向与横向的对比结果来看,青岛市的产业技术创新系统总体呈现一种整体水平一般、局部优势与问题并存的情况。尽管近几年的发展趋势良好,但与领先城市相比,差距还较明显。

首先,值得肯定的是,作为国家首个在市级层面开展国家技术创新工程试点的城市,青岛市在产业技术创新生态系统的建设中进行了长期探索和实践,并取得了一定的成绩,在一些方面处于副省级城市中的领先地位,可以为其他城市的技术创新系统建设提供经验与借鉴,为开展国家技术创新工程试点工作提供了宝贵经验。就内生态系统而言,青岛市产业技术创新资源丰富、企业技术创新投入力度较大、产出效果明显。知名品牌聚集、大企业创新实力强,使得青岛市发挥了大企业技术创新能力强的优势和龙头带动作用,借助海尔、海信等青岛市的龙头企业集团,带动和激发中小型科技企业技术创新的活力与潜力,是青岛技术创新的鲜明特点。这也带动了青岛市在企业开发新产品和申请发明专利方面具有明显优势。在外生态系统方面,青岛市良好的经济基础和综合竞争力为其开展产业技术创新系统建设提供了良好的大环境。政府和社会各部门为企业的技术创新活动提供了相应的外部支持。

然而,针对各级评价指标,通过对青岛市自身产业技术创新系统的纵向对比以及与其他十四个副省级城市的横向对比分析,发现青岛市在技术创新系统建设中存在的问题也不容忽视。问题主要集中在以下几个方面:第一,参与技术创新活动的企业占比不高;第二,全市企业的总体技术创新的成果转化效果不好,主要体现在企业专利产出的比例呈现了逐年递减的趋势,并且全市发明专利数及技术合同成交额相对领先城市差距较大;第三,全市为企业创新提供的资金支持环境还不够完善,尤其是银行等部门专门为企业技术创新提供的贷款比重相对较低,融资难的局面仍未得到有效改善;第四,专业技术人才及高学历人才供给不足;第五,政府对企业 R & D 的投入强度不够;第六,全市高技术产业及知识密集型服务业的发展相对其他副省级城市还稍有落后。

五、区域产业技术创新生态系统的优化与改进对策

(一)区域技术创新生态系统的优化

通过对 15 个副省级城市产业技术创新生态系统的评价分析,并结合产业生态学中的生物多样性理论、协同进化理论和系统稳定性等理论分别对区域技术创新系统模型中的内、外系统进行优化分析。

1. 区域产业技术创新内生态系统的优化

企业群落由许多不同类型的企业种群组成,每个企业种群又由许多类型相似但各具特点的企业组成,加上各种各样中介和服务组织,企业群落与机构群落的总和构成了复杂的内生态系统。其中,企业之间既有竞争又有合作,也有上下游的互动关系,同时,不同的科研机构、中介组织等机构为不同企业提供服务,企业又向这些机构反馈不同的需求信息,这些企业之间以及企业与相关机构之间都是一个互动进化的过程。同时,这些各不相同的企业与机构的构成体现出了内生态系统中组织成员的多样性,组织成员也在不停地变化。

从前述研究可见,尽管青岛市的国家级创新型企业较多,技术创新水平较高,但整体具有创新活动的企业数相对较少,加之高校及科技服务业机构数量均较少,同时,产学研结合不紧密,使得青岛市的产业技术创新内生态系统未能处于优势。这些具有创新活动的企业与机构是内生态系统中的成员,上述问题反映出了内生态系统成员缺乏多样性,以及系统中的各成员间缺乏必要的协同互动。

因此,应通过加强组织成员的多样性和加强组织成员间的协同进化对内生态系统进行优化。

2. 区域技术创新外生态系统的优化

外生态系统中各部分环境为系统内企业所提供的技术、资金、信息等因素都可以作为影响和促进企业群落技术创新发展的生态因子。这些生态因子不应该毫无目的一股脑地注入整个内生态系统之中,这样只会事倍功半,造成不必要的资源浪费。因为每个企业种群的发展模式不同,每个企业的生长阶段也不一样,使得它们对外界各环境因子的需求量和需求程度不同。

据此,应当针对各个企业种群的特点和发展规律,对外部环境中生态因子的供给进行逐步调整,使各种群协调发展,以加强外部环境对企业的孵化和培育能力,从而最终提高整个系统的技术创新水平。

3. 区域技术创新内、外生态系统融合的优化

产业技术创新生态系统的发展首先应当以稳定为前提,增强系统的稳定性可以帮助系统抵御区域系统外部的变化对系统内组织成员的不利影响,并且在系统受到干扰时能尽快地恢复原系统的结构和功能。

前述组织成员的多样性和协同进化的推进以及外生态系统各生态因子孵化、培育能力的加强都可以提高生态系统的稳定性。此外,在分别优化内、外生态系统以提高系统的稳定性的同时,还应当注重内外生态系统之间的融合和互动。

通过加速系统内物质、能量、资金、人才、信息的相互流动,推进技术创新成果的相互转化与渗透应用等方式,可以减少系统风险,从而加强系统的稳定性,最终提高内外系统间的融合绩效。

（二）青岛市技术创新系统改进的具体对策建议

前文通过对青岛市产业技术创新生态系统的横纵向评价结果，分析了青岛市产业技术创新系统建设中存在的问题与不足，结合上述产业技术创新生态系统优化理论，提出以下改进的具体对策和建议。

1. 重视内外生态系统的平衡发展，为产业创新提供良好的培育环境

就青岛市的产业技术创新生态系统的整体而言，内生态系统的发展优于外生态系统的支持，使得内外生态系统的融合出现无法同步、不平衡的状况。青岛市本身已有的创新型企业数目较多，发展也较好，并且拥有一部分创新发展模式有代表性的国家级创新型企业。然而，产业技术创新的对象并非仅仅针对创新型企业，而是放大至全市的企业，已有的创新型企业相对于全市企业而言，比例却很小，并且开展创新活动的企业占比也较小。

因此，应当加速外生态系统的建设，从技术、资金、人才、市场、政策制度及社会文化环境等方面给予企业创新更多的支持，为企业创新提供良好的培育环境，以适应企业创新发展的需求，从而通过内外生态系统的平衡发展，培育出更多更好的高技术企业及创新型企业。

2. 密切产学研合作，重视技术创新的成果转化及应用

对于产业创新而言，技术是关键，如何为产业提供良好的技术支持是产业创新发展的核心所在。青岛市为产业创新提供的技术环境存在技术成果少、成果转化和应用效果不好的问题。应当密切加强产学研间的合作与交流，找准市场定位，有针对性的进行技术创新，并将创新成果进行市场化运作，完成技术创新的整个过程。另外，需要各级政府及有关部门出台相应的鼓励政策激励企业以及科研院校积极进行专利的申请、使用和保护以及技术创新的交流与合作。

3. 政府给予适当引导和干预，加大银行及风投机构对企业创新的资金支持

从前面的分析可以明显看出，青岛市产业技术创新环境中资金环境是较薄弱的环节。依据上述评价分析结果，青岛市应重点加强对企业创新发展的资金支持力度。为降低银行和风险投资机构为企业创新提供资金的风险，可以由政府牵头，为企业创新发展融资提供相应的担保，设立创业投资引导基金和风险补偿金等专项资金；同时，制定相关优惠政策，鼓励银行及风险投资机构向企业技术创新活动提供资金，尤其应加强风险投资市场的培育，加强对初创型企业的资金支持力度。

4. 加大专业技术人才及高学历人才的培养和引进

科技人才是技术创新的实施者，其素质的高低，直接影响到技术创新的成败。目前，由于驻青高校的数量和水平限制，青岛市可以向企业输出的高素质的科技人才还无法完全满足企业进行技术创新所需高级人才的需求。青岛市一方面要引导和帮助全市高校及科研院所通过加强重点学科、重点实验室、博士后流动站、博士点、硕士点的建设，进行专业技术人才的培养，使其成为全市高层次科技人才的培养、培训基地；一方面应带领企业加大人才引进和再培养力度。同时，各级政府应增强紧迫感和危机感，把培养、引进和储备人才的工作放在重要位置，树立人才环境意识。

5. 发挥大企业带头作用，加强企业间的协同发展

青岛市有很多行业领军企业，如海尔、海信等国家级创新型企业，在技术创新方面有丰富的资源和经验，但全市整体的技术创新水平却不尽如人意。因此，应当发挥这些大企业的带动作用，以龙头企业为核心，整合创新资源，形成产业规模优势，从而带动全市企业参与到技术创新活动之中，最终，增强全市的产业技术创新水平。

🌐 参考文献

[1] 崔建格. 高新技术产业生态系统研究[D]. 北京：北京工业大学. 2004：16-19.

[2] T. E. Tansly, B. R. Allenby. 产业生态学[M]. 北京:清华大学出版社,2004:23.

[3] 张睿,钱省三. 区域产业生态系统及其生态特征研究[J]. 研究与发展管理.2009,2(1):79-81.

[4] 张治河,胡树华,金鑫,谢中全. 产业创新系统模型的构建与分析[J]. 科研管理.2006,27(2):36.

[5] 王常柏,于华龙,刘立霞. 产业技术创新制度环境评价指标体系研究[J]. 科技进步与对策.2009,26(20):46-48.

[6] 范德成,周豪. 区域高新技术产业化系统评价指标体系研究[J]. 科技进步与对策.2007(5):125.

[7] 文宗川,张璐. 生态化视角下城市技术创新体系的演化研究[J]. 大连理工大学学报(社会科学版).2011,32(2):311.

[8] 阎李力,朱伟伟. 产业技术创新能力测度和评价研究——以广东省高技术产业为例[J]. 生产研究.2009(24):45-47.

编　写:谭玉龙　王志玲　蓝　洁

青岛市建设创新型城市调研报告

青岛是全国率先提出创新发展战略的城市之一。全国科技大会后,青岛市委、市政府将增强自主创新能力确定为城市发展的主导战略,明确了在全国率先建成创新型城市的目标,将加快构建开放有序、优势突出、功能互补、充满活力的科技创新体系作为创新型城市建设的主要任务,城市经济社会实现持续快速发展,为创新型城市建设提供了良好的环境基础。2010 年和 2013 年,青岛市分别被科技部批准为国家技术创新工程试点和创新型试点城市,成为全国唯一的"双试点"城市。青岛市委、市政府以实施技术创新工程和创新型城市试点为契机,相继出台了《关于实施技术创新工程加快高新技术高端产业发展的意见》、《关于加快创新型城市建设的若干意见》、《关于优化资源配置加快创新驱动发展的若干意见》、《关于加快推进科技改革发展的若干意见》等一系列政策,实施了海洋科技创新、科技孵化器建设、企业研发中心培育、高端研发机构引进建设、科技成果转移转化促进等十大科技创新工程,不断深化创新型城市建设,提升城市综合竞争力。

一、青岛市创新型城市建设基本情况

(一)创新城市综合实力显著提升

2011 年以来,青岛先后获批国家技术创新工程试点城市、国家创新型试点城市、国家促进科技和金融结合试点城市、国家新能源汽车推广应用城市、国家"十城万盏"半导体照明应用工程试点城市、国家级文化和科技融合示范基地、国家智慧城市技术和标准试点示范城市、国家知识产权示范城市等一批试点示范称号。2013 年 4 月,又入选《经济日报》评选的全国十大创新型城市,城市综合实力显著提升。

(二)创新体系日益完善

青岛市全力推进实施"以搭建创新平台建设"为核心的科技创新工程,国家实验室、国家工程技术研究中心、国家和省市认定的企业技术中心、国际合作研发中心、综合创新服务平台、高新科技园区和基地建设均取得新的突破。目前,全市现有公办普通本科高校 7 所,国家驻青科研机构 19 家,省属科研机构 6 家;全市共有科研与技术开发机构近 800 家,其中,重点实验室 139 家,工程技术研究中心 175 家;创新型企业 296 家;国家级科技孵化器 12 家,在副省级城市中排第 5 位,全市经认定的各级孵化器达到 47 家,目前全市已建和在建孵化器 875.2 万平方米,投入使用 348 万平方米;国家级产业技术联盟 3 家;启动建设海洋药物、生物技术药物等 10 个公共服务平台建设;国家级国际科技合作基地 9 家;先后引进中科院系统 6 个研发机构。基本形成了以知识创新体系、技术创新体系、中介服务体系等三大体系为构架的城市创新体系。

（三）创新能力稳步上升

2011 年以来，青岛市共承担国家、省自主创新专项项目 508 项，直接争取项目资金 17.64 亿元，到位资金 11.18 亿元。有 65 家企业主持和参与制定了国际、国家或行业标准 562 项；拥有 64 个中国驰名商标、69 个中国名牌产品、2 个中国世界名牌产品。2014 年上半年，青岛市技术市场交易量 18.1 亿元，同比增长 27.38％。1～5 月，全市发明专利申请 4 765 件，位居国内同类城市第 6 名；发明专利授权 1 059 件，同比增长 25.2％，增幅位居同类城市首位；截至 5 月底，青岛市有效发明专利拥有量 6 940 件，同比增长 33.5％，增幅位居副省级城市第 2 位。在国家知识产权示范城市年度考核中，青岛市由副省级城市第 9 名跃升为第 4 名。

（四）创新团队不断壮大

近年来，青岛市科技人才数量显著增长，全民科学素质普遍提高，初步形成全社会创新文化氛围。目前，青岛市人才资源总量超过 155 万人，R＆D 活动人员总数近 6 万人。截至 2013 年底，青岛市有各类国家级人才 1 219 人，其中，两院院士 28 人，外聘院士 33 人，国家杰出青年基金获得者 29 人、国家"百千万人才工程"人选 21 人、"新世纪百千万人才工程"国家级人选 41 人、国家有突出贡献中青年专家 57 人。

二、创新型城市建设具体做法

（一）全力打造蓝色硅谷

2012 年青岛市委、市政府抢抓蓝色经济区建设重大战略机遇，立足青岛城市特色，提出了打造"蓝色硅谷"的工作目标，制定了《青岛蓝色硅谷发展规划》，以即墨市鳌山卫为核心区规划了蓝色硅谷"一区一带一园"，确定以海洋生物、海水资源综合利用与新材料、海洋可再生能源与环保、海洋仪器仪表及海洋装备领域等为重点领域，促进了科技研发机构集聚、创新型企业培育、人才培养引进、信息化建设、公共服务、生态环境保护等六大工程的推进。

目前蓝色硅谷核心区各项工作有序开展。2013 年 12 月科技部正式批复建设青岛海洋科学与技术国家实验室，这是我国海洋领域首个获批组建的国家实验室。目前，青岛海洋国家实验室累计完成基建总投资 13 亿元，东、西区共 15 万平方米全面开工建设；国家深海基地、山东大学青岛校区、国家海洋设备质量监督检验中心等重大项目正式开工建设。规划建设的 400 万平方米科技孵化器已竣工 115.9 万平方米，海洋科技创新及成果孵化带的崂山生物医药产业园、高新区胶州湾北部园区的蓝色生物医药产业园和海洋仪器装备产业园两大特色园区建设进展顺利。

（二）推进千万平方米孵化器和公共研发平台建设

2012 年，启动千万平方米孵化器建设工程，编制了《青岛市孵化器发展规划纲要（2012～2016）》，出台了《关于激励创新创业加快科技企业孵化器建设与发展的若干政策》，其中科技企业孵化器房屋分割转让政策为全国首创。在资金保障方面，设立孵化器建设与发展专项，财政安排 1 亿多元资金用于支持建设孵化器及公共研发平台、创业项目等。科技局内部专门增设了科技平台管理处，并成立了专门的工作机构，还成立了省内首家科技企业孵化器协会。目前青岛市已建和在建孵化器 875.2 万平方米，投入使用 348 万平方米，引进企业 2 627 家，各级孵化器总数达 47 家。制定出台了《青岛市公共研发平台建设方案》，形成了 20 个平台建设方向和建设方案。目前，已有 10 个公共研发平台启动建设，橡胶新材料、软件与信息服务 2 个平台即将投入运行，海洋药物、生物技术药物、食品药品安全性评价检测等 4 个平台正在购置设备，资源材料化学等 3 个平台已完成技术论证。

（三）实施高端研发机构引进工程

深化与中科院合作，启动了新一轮院市合作，中科院青岛产业技术育成中心获批国家技术转移示范机构；推进青能所组建青岛储能产业技术研究院和自动化所智能产业技术研究院完成事业单位注册工作；中科院兰化所青岛研发基地和长春应化所青岛研发基地建设正在加快推进。加强与高校的科技合作，青岛市已与清华大学签署全面合作协议，哈工程青岛科技园落户蓝色硅谷；与北大、大连理工、航空航天大学、天津大学等高校也将在共建研究院、大学科技园、联合实验室等领域深入开展科技合作。

（四）培育创新创业领军人才

实施"创新人才工程"和"青岛英才211计划"，加大吸引留学和海外高层次人才、创业创新领军人才等高层次科技人才和团队，先后制定出台了《青岛市中长期人才发展规划纲要（2010～2020）》《青岛市引进高层次优秀人才来青创新创业发展的办法》《青岛市加快引进海外高层次创新创业人才专项计划的实施意见》《青岛市人才公寓建设和使用管理规定（试行）》等政策及配套实施细则，在科研条件、住房保障、子女安置等方面为引进人才营造了良好的工作和生活环境。实施青年专项，支持35岁以下青年博士100名，为首批70名创业创新人才发放安家补贴2 040万元。截至目前，全市人才总量突破155万人，R&D活动人员总量达58 783人，国家级高层次科技人才总数达1 219人。

（五）加强企业研发中心建设

青岛市将企业技术研发中心建设作为增强企业自主创新能力的突破口，不断完善研发中心组织体系和运行机制，提高研发中心的创新能力，推动企业技术研发中心成为技术创新活动的发动机。为此，进一步完善鼓励企业研发中心建设的科技、财税、金融、土地等优惠政策，引导国内外企业在青岛设立产业技术应用类研发中心，支持青岛市企业组建研发中心，贴近产业技术需求提供创新支撑；规划布局市级工程技术研究中心和市级重点实验室建设。加快现有国家级、省级和市级企业研发中心建设步伐，力争实现企业研发中心数量、研发投入、研发人员、发明专利申请量"翻一番"，企业研发中心对大中型企业全覆盖、对高新技术企业全覆盖。目前青岛市已有海尔数字化家电、海信多媒体技术、安工院化学品安全控制等5家企业国家重点实验室，以及高速列车、轮胎工艺与控制、海洋监测设备工程等9个国家工程技术中心。

（六）壮大高新技术企业

加强高新技术企业培育，积极推动新认定高企补助政策的制定与落实，启动高企认定及复审工作。截至2013年，青岛市高新技术企业642家，其中2012年前认定的538家企业累计实现工业总产值2 260.99亿元，净利润213.02亿元，减免企业所得税15亿元。为了加快创新型企业培育，制定出台了《创新型企业培育管理暂行办法》《关于鼓励和促进中小企业发展的意见》"蓝色小巨人计划"等政策文件。支持具有自主知识产权的科技型企业承担国家、省市科技计划项目，对新获批的国家级创新型企业、国家技术创新示范企业，给予100万元奖励。目前，共拥有国家级创新型（试点）企业18家、省级创新型（试点）企业48家、市级创新型企业230家，总数位居全国计划单列城市之首。2012年创新型企业实现资产总额3 405.08亿元，净资产1 185.30亿元；企业增加值639.86亿元，占全市工业增加值20.77%。创新型企业成为推动全市经济社会发展的骨干力量，示范并带动了更多的企业走上创新驱动发展的道路。

（七）培育战略性新兴产业

围绕"蓝色、高端、新兴"，培育了新一代网络终端设备及软件、光电子器件及装备、海洋药物及生物材料等8个战略性新兴产业。海洋新兴产业方面，中船重工青岛海洋装备研究院已落实了800亩的海工装备研发园区；中-乌特种船舶研究设计院预计7月底完成注册，已承揽四艘特种船舶设计任务，合同额近2 000万元；中日（日东电工）海洋防腐研发及产业化基地近期将投入试运营生产。关键技术攻关方面，组织实施战略性新兴产业培育计划,今年支持项目 74 项;重点培育石墨烯、3D 打印等战略性新兴产业。为了加快新能源汽车推广应用,建立了联席会议制度,扎实做好推广工作,公共领域已投运纯电动公交车 450 辆,开通公交线路近 30 条。

(八)完善技术成果转让转移机制

通过加强技术市场体系建设、推动科技与金融结合等进行了落实,促进了企业之间、企业与高等院校和科研院所之间的知识流动和技术转移。初步构建了以国家海洋技术交易服务与推广中心、市技术转移中心、市知识产权交易中心、技术交易市场等市场平台为主体,"政府、行业、科技中介、技术经纪人"四位一体的技术市场服务体系;出台了《科技成果转化促进工程实施方案》、《促进科技成果转化技术转移专项补助资金实施细则》等政策措施;开展《青岛市促进技术转移条例》立法调研工作,提出了对中介机构、经纪人培训、交易量和高校院所成果转化项目的"四补"措施。2013 年全年实现技术合同登记 3 666 项,交易金额 35.42 亿元,在同类城市中的排名由 2012 年的 13 位跃升至第 9 位。截至目前青岛市拥有国家级技术转移机构 8 家、市级技术转移机构 64 家,新增市级技术经纪人 124 人。在今年举行的青岛市首次科技成果拍卖会上,共有 9 项科技成果参加拍卖,4 项成交,金额 1 095 万元。

(九)深化科技与金融结合

针对中小微企业融资难等问题,青岛市财政注资 1 亿元组建了青岛市首家政策性科技融资担保公司。出台《青岛市天使投资引导资金管理暂行办法》,设立天使投资引导资金,完成 4 只天使投资组合基金,总规模 3.75 亿元,已投资到位项目 1 个,投资金额为 100 万元。新组建崂山区、平度市两个科技信贷风险补偿准备金池,实现科技信贷风险补偿准备金池全市覆盖。积极开展贷款担保业务,共担保企业 92 家,担保金额 3.37 亿元,银行组合贷款总额 11.64 亿元。

(十)实施知识产权战略

出台《青岛市专利专项资金管理暂行办法》、《青岛市知识产权优势企业培育工程实施方案》等政策措施,资助发明专利申请和授权 6 000 余项,资助金额近 3 000 万元。首次实施《企业知识产权管理规范》国家标准的推行工作,30 家企业签订了贯标合同。开展专利代理机构资助,新增专利代理机构 1 家,总量达到 16 家。在全国率先举办了专利分析实战培训班中级班培训,培养初、中级水平专利分析师 128 名。落实专利激励政策,调整完善了区(市)目标绩效考核体系中的知识产权指标。深入开展专项执法行动,共查处假冒专利案件 19 起,处理专利纠纷案件 9 起。

(十一)完善创新政策体系

近年来,青岛市先后制定出台了《青岛市科技创新促进条例》、《加快创新型城市建设的若干意见》、《激励创新创业加快科技企业孵化器建设与发展的若干政策》、《促进科技和金融结合的实施意见》、《加快推进全市专利工作发展的指导意见》等 20 多项科技政策措施,为优化创新环境提供了有力的政策支撑。近期刚出台的《关于加快推进科技改革发展的若干意见》,提出了 10 大改革任务和 32 项改革举措。推进科技项目和经费管理改革,进一步提高财政资金资本性支出范围和比重,创新财政科技资金投入方式,通过"拨、投、贷、补、奖、买"等方式,引导和鼓励各类市场主体参与创新活动。完善科技项目评估制度,实施异地评审。改革科技成果评价,推进科技成果评价与科技成果登记制度结合,采用政府购买社会机构服务的方式免收科技成果评价咨询服务费。

(十二)实施科技惠民工程

围绕医疗卫生、智能交通、数字社区、节能减排、食品安全等重点民生领域,开展技术攻关和示范应用 160 余项。大沽河流域国家农业科技园区总体规划获批建设。青岛农业大学获批建设国家级新农村发展研究院,青岛市与大连成为唯一获批建设的副省级城市。青岛市科技特派员农村科技创业行动进入"国家级"队伍。组建运行青岛市首支生物医药产业创新基金,首批 5 500 万元资金已完成签约投资。高效污水源热泵集中供暖项目、重组高致病禽流感病毒亚型细胞灭活疫苗等节能环保、生物医药领域一批技术取得突破。建立节能减排技术成果清单发布制度,编写首批节能减排与低碳先进适用技术成果转化推广清单。建立了一批民生领域先进技术应用示范点。

三、主要问题和不足

(一)科技投入不足

2012 年青岛市全社会 R&D 投入占 GDP 比重为 2.61%,地方财政科技投入 17.29 亿元,占地方财政支出比重为 2.28%,这两个数据在 15 个副省级城市中排名居中。企业研发投入不足,青岛市规模以上工业企业的 R&D 投入占销售收入的比重为 1.06%,深圳是 1.37%,厦门是 1.29%,杭州是 1.19%,差距十分明显。80% 以上的企业研发投入数来自海尔、海信、青啤等少数大企业集团,6 000 多家规模以上工业企业中开展 R&D 活动的仅占 4%,南京、深圳和武汉分别为 32.1%、6% 和 18%。青岛市的高新技术企业、科技型企业数量偏少。2013 年全市共认定高新技术企业 642 家,广州 1 546 家,杭州 1 107 家,宁波 760 家,差距明显。

(二)技术成果转移转化体系不完善

科技中介体系不完善,科技咨询、技术贸易服务、知识产权服务、科技孵化、科技风险投资业等科技中介服务机构数量少,活力不足。技术市场交易总额低,2013 年,青岛市共成交技术合同 3 666 项,交易额 35.42 亿元,在副省级城市中排名靠后,南京为 169.83 亿元,大连 90.3 亿元,武汉 209.3 亿元。技术成果转移转化较弱,产学研合作主要停留在技术转让、合作开发等浅层次上,而共建研发机构、共建产业技术战略联盟等深层次的合作还较少,高校、科研院所的科研能力没有得到有效发挥,产学研合作机制有待完善。

(三)创新创业人才不足

全市拥有高校、科研院所、重点实验室、工程技术研究中心、企业研究中心等科研与技术开发机构近500 家,这些机构大多分布在海洋科学、电子信息等领域,涉及新材料、新能源等领域的高端研发机构数量少、力量弱,难以支撑青岛市主导产业和战略性新兴产业的发展。人才结构不合理,高端创新创业人才不足,青岛市拥有高层次海洋科研人才占全国 50% 左右,但 80% 以上科研人员从事基础研究,从事高新技术产业开发的不足 20%。到 2013 年,青岛市入选国家"千人计划"人才只有 24 人,苏州有 105 人,南京 60 人,杭州 43 人。

(四)科技服务业专业化服务程度不高

青岛市科技服务业对区域经济发展的贡献仍然较小。2013 年青岛市科技服务业增加值为 109.7 亿元,而杭州市、天津市于 2010 年就已分别达到 117.98 亿元、298.92 亿元;2010～2013 年青岛市科技服务业增加值占 GDP 的比重仅为 1.4%,与杭州市(2% 以上)、上海市(2.3% 以上)、天津市(3% 以上)、深圳市(5% 以上)相比,差距明显,支撑产业技术创新能力不足。许多科技服务机构规模较小,专业化服务水平低,缺乏一批科技服务品牌,不少科技服务机构职能也常常是政府服务职能的延伸,尚不能提供深层次的服务功能,服务的创新性和有效性还不够强,难以满足广大中小科技企业和科技创新研发机构对科技服务专业化、多样化的需求。

(五)高新技术产业集聚度不高

青岛市高新技术产业园区缺乏科学规划,存在先建设后规划,同类产业园多点分散等现象。高新技术产业投资规模偏低,投资只占规模以上工业总投资的25%左右,缺乏拉动力强的高新技术大项目,发展后劲明显不足。高新技术产业集聚度不高,本地配套能力差,产业链不完善。如家电电子、轨道交通产业,本地配套率不足30%;汽车产业本地配套率只有50%左右,大部分关键零部件需市外配套。同时,青岛市战略性新兴产业产值规模较小,与国内先进城市相比有较大差距。

(六)政策配套和落实滞后

青岛市针对创新型城市建设制定出台了一系列政策,但与国家要求相比、与国内先进城市相比,青岛市还有一定差距。一方面,部分国家优惠政策没有用足用好,缺乏市级配套政策和实施细则,比如企业研发费用150%加计抵扣、自主创新产品政府采购、科技项目配套资金等落实不够到位;另一方面,青岛市政策体系还不够完善,特别是针对创新型企业培育、产业技术创新联盟、产业化基地建设、人才技术引进的政策措施力度不够大,创业投资、科技保险及科技银行等科技金融政策也不够完善。此外,产学研合作尚未完全破题,利益共享和风险共担的合作机制还没有真正形成,企业与高校、科研院所之间的合作仅停留在一些短平快项目上,缺乏长远部署,以产学研合作为核心的产业技术创新战略联盟至今尚未建立。

四、措施建议

上海、苏州、杭州、南京等先进城市,在推进创新型城市建设中,工作重点均放在提升企业自主创新能力、加强创新创业载体建设、加快科技成果转移转化、完善科技投融资服务体系、培养和引进高层次人才等方面。针对存在的问题,借鉴先进城市的有关政策措施,应重点抓好六个方面的工作。

(一)强化企业创新主体地位,提升产业核心竞争力

健全技术创新市场导向机制。充分发挥市场对技术研发方向、路线选择、要素价格、各类创新要素配置的导向作用,积极引导企业成为技术创新决策、投入、组织和成果转化的主体。重点从加强企业研发中心建设、构建产业技术创新战略联盟、鼓励企业加大研发投入、支持企业自主创新成果应用、贯彻落实企业研发费税前加计扣除、高新技术企业税收优惠等激励政策。

(二)完善利益引导机制,提高技术转移和成果转化能力

鼓励企业吸纳高校、科研院所科技成果。支持高校、科研院所开展技术服务和技术咨询,鼓励以挂牌、拍卖等方式交易科技成果和专利技术。推进技术转移促进条例地方立法及配套政策制定工作,建立科技成果确权、评估、交易和激励机制。建立健全"政府、行业、中介、经纪人"四位一体的技术市场服务体系。鼓励和支持各类市场主体联合国际知名技术转移机构,在青岛市建设国际技术转移服务平台。

(三)打造科技金融服务链,建立多元化科技投融资体系

为提高财政资金使用效益和杠杆放大作用,以新获"国家促进科技和金融结合试点市"为契机,围绕创新链完善资金链,按照"政府资金引导、多元化融资、多业态经营、市场化运作、社会化服务"的原则,推进金融产品和金融服务方式创新,促进各类金融机构与科技项目、创业投资的紧密结合,全方位服务科技企业融资发展。

(四)培育蓝色、高端、新兴产业,构建创业孵化生态体系

围绕产业链部署创新链,充分发挥海洋生物医药、新材料、现代海水种苗等领域科研优势,突破一批关键技术,开发一批战略产品,引领海洋高端产业创新发展。紧跟科技前沿,组织实施自主创新重大专项,加大战略高技术研发支持力度,力争在智能机器人、石墨烯、清洁能源等领域拥有更多核心技术、标准规范和市场份额。健全孵化服务体系,以政府购买服务为引导,强化"联络员 + 辅导员 + 创业导师"三级辅导体系,建立健全孵化培训体系,支持成立孵化器协会和孵化服务联盟。创新孵化模式,开展"苗

圃—孵化器—加速器"科技创业孵化链条建设试点。

（五）集聚高端创新资源，加强高端人才引进培育

聚焦全球高端创新资源，吸引海外著名高校、科研机构和企业在青岛市设立研发中心和技术转移机构，建立各具特色的国际科技合作基地。支持企业"走出去"设立海外研发中心和国际孵化器，利用全球资源开展创新。深入实施"英才211计划"，重点做好高端创新创业人才和团队的引进培育工作。加强人才政策协同，坚持引技与引人并举、引资与引智并重，健全"引、育、用、留"人才政策体系。

（六）夯实城市创新基础，加强科技宏观统筹协调

加强创新驱动发展战略顶层设计，制定"十三五"全市科技发展规划。完善科技创新资源配置协调机制，避免重复部署建设。加强科技部门与行业主管部门协作，推动行业技术进步。强化多领域协同，推动创新向技术、产业、金融、管理、商业模式等综合创新转变。

参考文献

[1] 刘冠男. 加强科技创新驱动引领智慧城市建设[J]. 建设科技. 2015，5:29-29.

[2] 崔周晶晶，吴思慧. 超效率视角下的我国创新型城市效率评价—以长三角地区为例[J]. 科技管理研究. 2015，16:68-71.

编 写:吴 宁
审 稿:谭思明 管 泉 蓝 洁

青岛市企业科技创新体系建设现状及发展思路

2006 年全国科技大会后,青岛市委、市政府将增强自主创新能力确定为城市发展的主导战略,明确了在全国率先建成创新型城市的目标,将突出企业主体地位、增强企业技术创新能力作为一项重要工作来抓。2010 年以来,青岛先后获批国家首个技术创新工程试点城市和创新型试点城市,成为全国唯一的"双试点"城市,为此,市委、市政府先后出台了《关于加快创新型城市建设的若干意见》《关于实施技术创新工程加快高新技术高端产业发展的意见》《关于优化资源配置加快创新驱动发展的若干意见》《青岛市科技创新促进条例》等一系列政策措施,全市创新创业环境不断优化;企业主体地位进一步强化,创新型企业、产业技术创新战略联盟迅速增多;技术创新及服务平台数量增加、功能增强;企业创新人才团队培育和引进成效显著;科技与金融结合不断加深;全市以企业为主体的技术创新体系得以完善,创新产出成效斐然;企业综合实力不断提升,全面推动了青岛创新型城市的建设。

一、强化企业技术创新主体地位的基本情况

2006 年以来,青岛市通过创新型企业培育、高端研发机构和人才团队引进、公共服务平台搭建、科技金融融合发展等措施,大力培育、提升企业技术创新能力,企业创新主体作用日益突显。企业 R & D 投入、发明专利申请量均占全市总量的 80% 以上。拥有企业国家重点实验室 5 家、国家创新型企业 18 家、国家工程技术研究中心 9 家、国家级产业技术创新战略联盟 3 家。承担了 863 计划、火炬计划、中小企业创新基金等国家级科技计划项目 700 余项,经费超过 10 亿元。有 65 家企业主持和参与制定了国际、国家或行业标准 562 项,拥有 64 个中国驰名商标、69 个中国名牌产品、2 个中国世界名牌产品。

(一)培育壮大科技型企业规模

1. 实施创新型中小企业培育计划

自 2006 年起在市级科技发展计划中设立创新型中小企业培育计划,采取择优滚动支持方式培育壮大科技型中小企业。7 年来,青岛市创新型中小企业培育计划共投入经费 1.3 亿元,累计扶持企业近 600 家,带动企业研发创新投入近 7 亿元,所培育企业申请专利累计突破 1 000 项。2013 年启动实施"蓝色小巨人"计划,针对中小企业生产成本提高、融资难、抗风险能力弱等困难,对从事高新技术产品研发、生产服务的中小微企业,提供贷款贴息或无偿补助,支持中小微企业发展。

2. 争取国家中小企业创新基金支持

深入企业开展工作调研,积极培育科技创新项目,组织企业申报国家创新基金项目争取国家支持。

2013年,青岛市共有153个项目获得国家创新基金支持,资助金额9 490万元,位居全国计划单列市之首。据统计,自1999年国家创新基金设立以来,青岛已累计争取项目809项,获得经费支持5.5亿元,在国家创新基金的支持下,青岛科技型中小企业获得了长足的发展,已有金王集团、软控股份、特锐德等科技型中小企业成功上市,为青岛市经济社会发展做出了突出贡献。

3. 实施创新型企业培育计划

自2010年起青岛市启动创新型企业培育计划,引导企业走创新发展道路。目前,青岛市市级、省级、国家级创新型企业(试点)总数分别达到230家、48家、18家,总数位居全国计划单列城市之首。据不完全统计,2013年,青岛市创新型企业研发经费支出总额153.28亿元,占全市研发经费费用支出比重76%;作为第一承担单位承担国家或省部级的科技计划项目490项,获得经费支持4.75亿元。企业申请专利9 078项,其中发明专利申请数3 758项,占全市发明专利申请量的31.08%;专利授权数5 615项,其中发明专利授权数993项,占全市发明专利授权数的65.76%。利润总额316.95亿元,占全市工业利润总额的47.26%。创新型企业已成为推动全市经济社会发展的骨干力量,示范并带动更多的企业走上创新驱动发展的道路。

4. 培育壮大高新技术企业

2013年新认定高新技术企业125家,高企总数达到642家;其中11家企业获批国家火炬计划重点高新技术企业,重点高企总数达27家。全市高新技术企业总体发展情况良好,实现工业总产值2 260.99亿元,净利润213.02亿元,落实减免企业所得税15亿元;全市高新技术企业科技研发项目总数为7 435项。

(二)推进企业研发中心建设

1. 实施企业研发中心培育计划

将企业技术研发中心建设作为增强企业自主创新能力的突破口,推动研发中心成为企业技术创新活动的发动机。启动实施企业研发中心培育工程,计划到2016年实现企业研发中心数量、投入、人员、发明专利申请量四个"翻一番"和对大中型企业和高新技术企业两个"全覆盖"。目前,已对首批204家科技中小企业进行立项评审,将择优给予30万元后补助支持。

2. 提升研发中心建设水平

积极组织申报国家、省级工程技术研究中心,大力建设市级工程技术研究中心和企业重点实验室。目前,青岛市国家工程技术研究中心总数达到9家,省级工程技术研究中心实现零的突破,8家获批组建省级工程技术研究中心,市级工程技术研究中心达到91家。企业国家级重点实验室5家,居全国同类城市前列;市级企业重点实验室12家,占全市重点实验室23.53%。2013年,首次组织青岛易邦生物工程有限公司、青岛双瑞海洋环境工程有限公司及青岛云路新能源科技有限公司等3家企业申报省级重点实验室,目前已完成评审,有望实现企业省级重点实验室零的突破。

(三)构建产业技术创新战略联盟

积极组织企业牵头申报国家级、省级联盟。2012年,海尔牵头的智能数字家电联盟被批准为国家级产业技术创新战略联盟,实现青岛市国家级联盟零的突破;2013年,新获批2个国家级产业技术创新战略联盟,1个联盟进入国家重点培育计划。目前青岛市拥有国家级联盟3家,省级联盟7家,市级联盟42家,市级联盟建设工作已完成"十二五"科技发展规划确定50家产业技术联盟建设任务的84%。同时,青岛市还优先支持联盟申报各级科技计划项目,组织联盟聚焦国际前沿技术,重点围绕石墨烯、3D打印、页岩气、机器人等领域加强协同创新,开展技术攻关,加快培育战略性新兴产业链。

（四）加大对企业的支持力度

充分发挥财政科技资金的引导作用,2011～2013年共支持企业科技项目800余项,支持经费达7.5亿元,带动社会研发投入超过52亿元。2011～2013年,帮助企业争取国家、省级科技计划项目,获得上级经费支持超过10亿元。时速380千米新一代高速动车组、船舶压载水处理设备、码垛机器人、巨型全钢工程子午线轮胎成型机、新型护盾式硬岩掘进机、自升式钻井平台等200多项企业自主研发的重大关键技术取得突破。

（五）强化企业创新人才支撑

实施创业创新领军人才计划,围绕新一代信息、新医药、新能源、新材料、高端装备、现代服务业、海洋产业等青岛市优先发展的重点产业,引进培育并择优资助能够突破关键技术、发展高新技术产业、带动新兴学科和新兴产业发展的高层次经营管理人才和高水平研究开发专家、领军型科技创业创新团队。对获得立项的创业创新领军人才给予30万～100万元的安家补贴;根据项目规模和进度,给予50万～400万元资金支持;提供100～200平方米办公用房、60～120平方米人才公寓,三年内免收租金,所免租金全额补贴。创业创新领军人才在居留和出入境、落户、医疗、子女入学、配偶安置、住房、税收等方面享受"一卡通"服务。截至目前,已累计引进各类高层次人才近9 000人,其中中国工程院院士2人、千人计划16人、泰山学者3人、博士410人。

（六）完善创新创业服务体系

1. 全面推进千万平方米孵化器建设

启动千万平方米孵化器建设工程,编制《青岛市孵化器发展规划纲要(2012～2016)》,明确6大领域22个产业方向和规划,规划到2016年,全市各类孵化器面积突破千万平方米,在孵企业累计达到10 000家,毕业企业1 000家。制定《关于激励创新创业加快科技企业孵化器建设与发展的若干政策》,在建设用地、鼓励创业、人才引进、投融资等方面制定了10条突破性政策。截至目前,目前全市已建和在建孵化器875.2万平方米,投入使用348万平方米,在孵企业2 627家,各级孵化器总数达47家;拥有国家级孵化器10家,国家大学科技园2家。

此外,为更好地支撑孵化器的发展,还重点规划建设20个国内一流、国际水准的公共研发平台和30个运行高效、开发共享的专业技术服务平台,平台建设工作正在加快推进。

2. 健全技术市场体系

初步构建了以国家海洋技术交易服务与推广中心、市技术转移中心、市知识产权交易中心、技术交易市场等市场平台为主体,"政府、行业、科技中介、技术经纪人"四位一体的技术市场服务体系;出台了《科技成果转化促进工程实施方案》、《促进科技成果转化技术转移专项补助资金实施细则》等政策措施,设立促进科技成果转化技术转移政策性补助资金。出台全国首个全方位扶持科技中介的政策,对中介机构、技术合同成交量、技术经纪人和大学科研机构成果转化,给予一定资金补助。目前,青岛市拥有国家级技术转移机构8家、市级技术转移机构64家,新增市级技术经纪人124人。

2013年,位于高新区、总面积为1 850平方米的青岛技术交易市场建成并投入运行。技术交易市场由具有技术交易、科技成果展示、科技成果发布、科技成果对接、科技金融、知识产权服务、创新创业人才服务和科技论坛沙龙等八大功能板块的技术市场交易大厅和科技成果云数据、云存储、云服务的技术交易网络信息服务系统组成,形成科技成果网上交易网下对接相结合,技术、资金、人才相融合,具有交易、交流、服务、融资功能的综合性区域技术交易市场。2013年实现技术合同登记3 666项,交易金额35.42亿元,在同类城市中的排名由2012年的13位跃升至第9位。2014年青岛市举行了首次科技成果拍卖会,共有9项科技成果参加拍卖,4项成交,金额1 095万元。

（七）深化科技与金融结合

加快构建"拨、投、贷、转"科技金融服务体系，市财政注资1亿元组建青岛市首家政策性科技融资担保公司——青岛高创科技融资担保有限公司，推出知识产权质押组合担保、天使投资投贷联保等七大系列的科技信贷担保产品；设立1个市级和7个区（市）级科技信贷风险准备金池，总额达1亿元，授信总额10亿元。目前，已为60多家中小微企业提供担保，拉动银行贷款6.3亿元。与国开行、中国高新投、建行、招行、光大等21家银行及投资机构开展合作，获授信额度400亿元。设立市级天使投资引导资金，引导社会资本发起成立天使投资组合基金，重点支持孵化器初创期科技企业融资发展，已安排2 000万元阶段出资4只基金，首期筹集资金规模达到4亿元。启动实施"蓝色小巨人"计划，以贷款贴息和无偿补助相结合的方式加快培育创新型中小企业，2013年已拉动银行贷款1.38亿元。

（八）营造创新创业的政策环境

为支持鼓励企业成为技术创新主体，自2006年以来，青岛市相继出台了《青岛市科技创新促进条例》等2部地方性法规，《青岛市科学技术奖励办法》等3部政府规章，《关于加快创新型城市建设的若干意见》等70余项政府规范性文件，不断健全完善科技创新政策法规体系。为贯彻落实党的十八大三中全会精神，深化青岛市科技体制改革，今年又出台了《关于加快推进科技改革发展的若干意见》，以改革充分释放各类市场主体创新活力。针对中小企业技术创新融资难的问题，目前正在研究制定《关于实施"千帆计划"加快推进科技型中小企业发展的意见》，从专项资金、税收奖励、发展用地等方面拟出台优惠政策，加快推进科技型中小企业的发展。

二、存在的问题

（一）中小企业技术创新能力不足

目前，青岛市超过1/3的研发资源仍主要集中在大企业集团，研发活动点高面低的格局依然未变。全市具有一定科技水平和创新能力的中小企业，仅占中小企业总数（约7.9万家）的3.7%。2013年高新技术企业有642家，而广州有1 546家，杭州1 107家，宁波760家，差距明显。中小企业创新意识不强，投入不足，多数中小企业没有设立研发机构，缺乏创新人次，横向联合进行研发的企业较少，合作广泛程度较低，相较天津、浙江、江苏等地，企业技术创新的活跃程度明显偏弱。

（二）科技成果转移转化体系尚不完善

虽然青岛市已构建了技术交易市场等平台和四位一体的技术市场服务体系，出台了相关促进政策，2013年交易金额在同类城市中的排名也已升至第9位，但是青岛市与排名靠前的深圳等城市的差距巨大，技术转移机构、技术经纪人数量不足，仍存在着科技咨询、技术贸易服务、知识产权服务、科技孵化、科技风险投资等科技中介市场不繁荣、活力不足、技术成果转移转化较弱、技术市场交易总额较低等问题，产学研合作主要停留在技术转让、合作开发等浅层次上，缺乏深层次合作，高校、科研院所服务产业能力没有得到充分释放，产学研合作机制和政策环境有待完善。

（三）高端创新创业人才匮乏

高端人才总量不足，驻青两院院士27人，列同类城市第10位；国家"千人计划"22人，而苏州81人、南京80人、杭州34人，新能源、高端装备制造等战略性新兴产业领域急需的高层次科技人才不足。人才结构不合理，科研人员大多从事基础研究和应用基础研究，从事科技成果转化的领军型创业人才不足，如青岛市拥有高层次海洋科研人才占全国的50%左右，但是85%以上科研人员从事基础性研究和公益调查，从事高新技术产业开发的不足10%，严重制约了海洋新兴产业的发展。支撑人才创新创业的载体不够完备，与先进城市相比，创新平台偏少、研发场所等提供不足，制约了高端人才吸纳引进，青岛市国家级孵化器 10 个,位同类城市第 9 位,而武汉 15 个、南京 13 个、西安 11 个。

(四)高新技术产业尚未形成集聚发展态势

一是高新技术产业园区分散。青岛市国家级高新区主园区建设尚处起步阶段,与西安、成都、武汉等城市持续发展 20 年的国家高新区相比差距十分明显,尚未形成集聚效应;其他分布在各区(市)的产业园区也缺乏科学规划,散、小、弱现象较为突出。二是战略性新兴产业未成气候。同类城市都在大力培育高端产业,例如大连着力培育软件、兆瓦级风电、核电装备等产业,厦门重点打造汽车、光电、生物医药等百亿元以上产业链,省内烟台市培育的新能源、新材料、新医药等战略性新兴产业也异军突起,青岛市目前没有形成在国内有影响力的战略性新兴产业。三是高新技术产业企业数量和投资规模偏低。青岛市整体产业结构仍以传统行业为主,纳入高新技术产业统计口径的企业数量为 948 家,仅占全市规模以上工业企业总数的 21.4%;投资只占规模以上工业总投资的 25% 左右,缺乏高新技术大项目拉动,发展后劲明显不足。

(五)科技投入不足

2012 年青岛市全社会 R&D 投入 190 亿元,占 GDP 比重为 2.61%,同类城市中排第 7 位。地方财政科技投入 16.12 亿元,同类城市中排名第 8 位;占地方财政支出比重为 2.45%,同类城市中排名第 9 位;市本级科技财政专项经费投入 3.16 亿元,同类城市中排名第 13 位。企业研发投入不足,总体分布不平衡,中小企业研发投入较低,大企业相对集中的通信及电子设备制造业、电气机械及器材制造业、交通运输设备制造业等三个行业的研发投入占全部规模以上工业企业研发投入的 64.16%。全市具有一定科技水平和创新能力的中小企业,仅占中小企业总数(约 7.9 万家)的 3.7%。

(六)政策配套和落实滞后

青岛市针对企业技术创新制定出台了一系列政策,但与国家要求相比、与国内先进城市相比,青岛市还有一定差距。一方面,部分国家优惠政策没有用足用好,缺乏市级配套政策和实施细则,比如企业研发费用 150% 加计抵扣、自主创新产品政府采购、科技项目配套资金等落实不够到位;另一方面,青岛市政策体系还不够完善,特别是针对创新型企业培育、产业技术创新联盟、产业化基地建设、人才技术引进的政策措施力度不够大,创业投资、科技保险及科技银行等科技金融政策也不够完善。此外,产学研合作尚未完全破题,利益共享和风险共担的合作机制还没有真正形成,企业与高校、科研院所之间的合作仅停留在一些短平快项目上,缺乏长远部署,以产学研作为核心的产业技术创新战略联盟至今尚未建立。

三、下一步发展思路

全面贯彻落实党的十八大、十八届三中全会和全国科技创新大会精神,围绕青岛市委、市政府重大战略部署,深入实施创新驱动发展战略,以推进创新型城市建设为中心,以深化科技体制改革为动力,进一步突出企业主体地位,优化促进企业创新发展政策和氛围,抓好科技型中小企业培育、创新创业平台建设、科技成果转移转化、高端人才和团队引进等方面的工作,构建完善的企业科技创新体系,推动经济社会又好又快地发展。

(一)突出改革主题

深入贯彻落实党的十八大和十八届三中全会精神,进一步深化科技管理改革,围绕处理好政府和市场的关系,使市场在资源配置中起决定性作用和更好发挥政府作用,发挥市场对技术研发方向、路线选择、要素价格、各类创新要素配置的导向作用,政府主要通过制定政策、营造环境,引导企业成为技术创新决策、投入、组织和成果转化的主体,以改革充分释放各类市场主体创新活力。

（二）进一步强化企业主体地位

坚持把研发机构建在企业、将人才工作重心转向企业、将科技创新政策落实到企业、将创新资源集聚到企业、将科技服务覆盖到企业，健全完善以企业为主体、市场为导向、产学研相结合的技术创新体系，建立企业主导技术创新的体制机制，形成具有自主知识产权、自主品牌和较强核心竞争力的创新型企业集群。加大对中小企业、微型企业创新活动的支持力度，鼓励科研院所和高等院校的科技人员创办科技型企业，着力培养一批具有全球眼光、开拓精神和创新能力的优秀企业家。

（三）加强产学研合作

抓住成果转移转化不畅、产学研协同创新不力、资源开放共享不够等问题，突出重点领域和关键环节，从机制、政策、措施上全面考虑解决方案。支持企业牵头组建产业技术创新战略联盟，主导产学研合作研发产业重大共性关键技术，促进企业和高校、科研院所在产业链、创新链、资金链上的全链融合。引导支持企业增加研发投入，建设高水平研发机构，联合高校、科研院所开展前沿技术和共性关键技术研究。支持高校、科研院所建立技术转移机构，加快科技成果工程化开发与转化应用，加强高校、科研院所对企业创新的源头支持。

（四）完善创新产业环境

以提升企业自主创新能力为核心，加强创新创业载体建设、培养和引进高层次人才、科技投融资服务体系建设等，营造良好的环境氛围。加强有关扶持创新鼓励研发优惠政策的执行力度，贯彻落实政府已出台的财政补贴、税收优惠与激励、政府采购、政策性金融支持等鼓励创新的政策措施，使更多的企业能够真正享受到优惠政策，提高企业开展研发活动的积极性。

编　写：蓝　洁

审　稿：谭思明　管　泉